机械振动理论与应用
（第二版）

李有堂 著

科学出版社

北京

内 容 简 介

本书为适应现代机械产品和结构的振动检测与分析、振动利用与振动防治需要,以及研究生"机械振动"课程的教学要求,结合作者多年的科研实践、机械振动教学实践撰写而成。

全书共 13 章。第一部分为基础理论篇,内容包括:绪论;振动问题的力学基础;单自由度系统的振动;两自由度系统的振动;多自由度系统的振动。第二部分为应用篇,内容包括:机械振动系统利用工程;机械振动系统防治工程;振动系统的测试、辨识与分析。第三部分为深化理论篇,内容包括:多自由度系统振动的分析方法;连续系统的振动;随机激励下的振动;非线性振动;自激振动。书中各章均有相当数量的例题、思考题和习题,便于读者理解和练习。

本书可供高等学校机械工程等相关设计与制造专业作为"机械振动"、"非线性振动"、"随机振动"、"自激振动"等研究生课程的教材使用,也可供现代制造领域相关高级技术人员、科学研究人员参考。

图书在版编目(CIP)数据

机械振动理论与应用/李有堂著. —2 版. —北京:科学出版社,2020.6
ISBN 978-7-03-065272-0

Ⅰ.①机… Ⅱ.①李… Ⅲ.①机械振动-研究生-教材 Ⅳ.①TH113.1

中国版本图书馆 CIP 数据核字(2020)第 090500 号

责任编辑:裴 育 陈 婕/责任校对:王萌萌
责任印制:赵 博/封面设计:蓝 正

科 学 出 版 社 出版
北京东黄城根北街 16 号
邮政编码:100717
http://www.sciencep.com

中煤(北京)印务有限公司印刷
科学出版社发行 各地新华书店经销
*
2012 年 10 月第 一 版 开本:B5 720×1000
2020 年 6 月第 二 版 印张:34
2024 年 1 月第三次印刷 字数:685 000

定价:198.00 元
(如有印装质量问题,我社负责调换)

第二版前言

机械振动是机械装备运行过程中存在的普遍现象。同其他自然现象一样,机械振动具有有利与有害两个方面的特性。充分利用振动的有利特性和有效防控振动的有害特性是机械振动研究的主要目标和核心内容。随着现代工业和科学技术的快速发展,良好的结构动态性能要求已成为机械产品设计中的重要优化指标之一。机械振动对机械设备,尤其是高速、精密机械的运行和使用寿命具有极为重要的影响。为了保证机械装备的精确度和稳定性,需要利用机械振动理论对机械装备进行系统分析和优化设计,也需要对已经运行的机械装备进行振动检测与振动防治。

机械振动是机械学的一个重要分支,其研究任务和内容包括机械系统的振动、机械结构动强度和机构动力学分析。现代机械与设备日益向高效率、高速度、高精度、高承载能力及高度自动化方向发展,而工程结构却又向着轻型、精巧的方向发展,这使得振动问题更加突出,因此振动学科得到了飞速的发展。随着机械振动理论的迅速发展,出现了许多新理论、新方法和新成果,总结这些新的理论和成果,并将其运用于教学实践中,使学生掌握现代动态设计的基本理论和方法,是机械工程学科发展的迫切需要。本书为适应现代机械产品和结构的振动检测与分析、振动利用与振动防治需要,以及研究生"机械振动"课程的教学要求,结合作者多年的科研实践、机械振动教学实践撰写而成。

本书在指导思想、内容选材、结构体系和写作方面有以下特点:注重结构体系的完整性,将振动基础理论、振动应用和深化基础理论有机结合起来,内容全面,结构完整;注重内容的合理衔接,突出机械振动和相关理论的逻辑关系;注重学习与实践的结合,每章后均有若干思考题,便于学习和理解;注重课堂学习和课后巩固的结合,章后附有大量的习题,便于读者理解和练习。

本书再版时,突出了本学科的最新研究现状和趋势,完善了基础理论和方法;增加了部分最新研究成果,删除了不符合时代发展要求的内容;修订了原版存在的问题和不足,理顺了部分内容的衔接关系;更换了部分图表,统一了全书的符号。

本书相关内容得到国家自然科学基金、教育部"长江学者和创新团队发展计划"、兰州理工大学红柳一流学科发展计划和研究生精品课程建设计划的支持,在此表示感谢!

本书难免存在不足之处,希望使用本书的师生和广大读者批评指正。

作 者

2020 年 4 月

于兰州理工大学

第一版前言

机械振动是机械学的一个重要分支,其研究任务和内容包括机械系统的振动、机械结构动强度和机构动力学分析。现代机械与设备日益向高效率、高速度、高精度、高承载能力及高度自动化方向发展,而工程结构却又向着轻型、精巧的方向发展,这使得振动问题更加突出,因此振动学科也得到了飞速的发展;同时,电子计算机与现代测试、分析设备的迅速发展与完善,又为机械系统动力学的发展提供了良好条件。随着机械系统动力学的迅速发展,出现了许多新理论、新方法和新成果,总结这些新的理论和成果,并将其运用于教学实践中,使学生掌握现代动态设计的基本理论和方法,是机械工程学科发展的迫切需要。另外,目前的教学模式向厚基础、宽口径的方向发展,迫切需要既注重基础理论,又重视应用技巧的教材。

本书根据高等学校机械工程专业硕士研究生学位课程"机械振动"的教学要求,结合作者多年讲授"机械振动"和"机械系统动力学"课程的教学经验与科研实践,参考多种同类教材与专著编著而成。本书在指导思想、内容选材、结构体系和写作方面具有以下特点:注重结构体系的完整性,将振动基础理论、振动应用和深化基础理论有机结合起来,内容全面,结构完整;注重内容的合理衔接,突出机械振动和相关课程的逻辑关系;注重学习与实践的结合,各章均有若干思考题,便于学习和理解;注重课堂学习和课后巩固的结合,章后附有大量的习题,便于读者理解和练习。

在本书的编著过程中,冯瑞成博士、党兴武博士参加了部分章节初稿的编写,望紫薇、杨瑞芳、刘金锋、顾东开、李怀清、冀伟、周强、雷翼凤、张媛媛、郭亚林、李翔和郑建欣等研究生参加了部分章节习题的选择和文稿的录入工作;西安交通大学徐华教授、北京工业大学孙启国教授、兰州理工大学黄建龙教授认真审阅了本书,并提出了宝贵意见。本书的出版得到教育部"长江学者和创新团队发展计划"的支持。在此特表示衷心的感谢!

限于作者水平,书中不妥之处在所难免,恳请使用本书的师生和广大读者批评指正。

作 者
2012 年 4 月

目　　录

第二版前言

第一版前言

第一篇　基础理论篇

第1章　绪论 ·· 3

1.1　系统与机械系统 ·· 3

    1.1.1　系统 ·· 3

    1.1.2　机械系统 ·· 4

    1.1.3　系统组成 ·· 4

1.2　材料变形与动力学分类 ·· 5

    1.2.1　动态系统问题的类型 ·· 5

    1.2.2　材料的变形和断裂 ·· 5

    1.2.3　动力学分类 ·· 6

1.3　系统模型与振动分类 ·· 6

    1.3.1　力学模型与数学模型 ·· 6

    1.3.2　振动及其分类 ·· 7

    1.3.3　振动问题的求解步骤 ·· 8

1.4　系统模型分类与处理方法 ·· 9

    1.4.1　系统模型分类 ·· 9

    1.4.2　离散系统与连续系统 ·· 9

    1.4.3　线性系统与非线性系统 ·· 10

    1.4.4　确定性系统与随机性系统 ·· 11

    1.4.5　无阻尼系统与有阻尼系统 ·· 12

    1.4.6　定常系统与参变系统 ·· 13

1.5　机械振动的理论体系与研究内容 ·· 14

    1.5.1　机械振动的研究意义 ·· 14

    1.5.2　机械振动的理论体系 ·· 15

    1.5.3　机械振动的研究内容 ·· 15

思考题 ·· 18

第 2 章　振动问题的力学基础 ·· 19

　2.1　自由度与广义坐标 ·· 19

　　2.1.1　自由度 ·· 19

　　2.1.2　广义坐标 ·· 21

　2.2　虚位移原理与广义力 ·· 23

　　2.2.1　功与能 ·· 23

　　2.2.2　虚位移 ·· 24

　　2.2.3　理想约束 ·· 25

　　2.2.4　虚位移原理 ·· 26

　　2.2.5　广义力 ·· 26

　2.3　影响系数、系统机械能与互易定理 ·· 28

　　2.3.1　影响系数 ·· 28

　　2.3.2　势能及其线性化 ·· 30

　　2.3.3　动能的广义坐标表达式及其线性化 ·· 33

　　2.3.4　互易定理 ·· 34

　2.4　建立振动方程的原理与常用方法 ·· 35

　　2.4.1　达朗贝尔原理 ·· 35

　　2.4.2　动力学普遍方程 ·· 37

　　2.4.3　拉格朗日方程 ·· 37

　　2.4.4　哈密顿方程 ·· 40

　思考题 ·· 43

　习题 ·· 43

第 3 章　单自由度系统的振动 ·· 46

　3.1　振动系统模型及其简化 ·· 46

　　3.1.1　单自由度系统的基本模型 ·· 46

　　3.1.2　单自由度系统模型的简化 ·· 47

　3.2　单自由度系统的自由振动 ·· 48

　　3.2.1　单自由度线性系统的运动微分方程及其系统特性 ······························ 48

　　3.2.2　振动系统的线性化处理 ·· 50

　　3.2.3　单自由度无阻尼系统的自由振动 ·· 51

　　3.2.4　自然频率的计算方法 ·· 63

　　3.2.5　有阻尼系统的自由振动 ·· 66

　3.3　谐波激励下的强迫振动 ·· 71

　　3.3.1　谐波激励下系统振动的求解方法 ·· 71

　　3.3.2　谐波激励下的无阻尼强迫振动 ·· 74

　　3.3.3　谐波激励下的有阻尼强迫振动 ……………………………………… 79
　3.4　周期性激励下的强迫振动 ……………………………………………………… 85
　　3.4.1　傅里叶级数分析法 ………………………………………………………… 85
　　3.4.2　周期性激励下的稳态强迫振动 …………………………………………… 87
　3.5　任意激励下的强迫振动 ………………………………………………………… 88
　　3.5.1　脉冲响应法与时域分析 …………………………………………………… 88
　　3.5.2　傅里叶变换法与频域分析 ………………………………………………… 93
　　3.5.3　拉普拉斯变换法 …………………………………………………………… 95
　思考题 …………………………………………………………………………………… 98
　习题 ……………………………………………………………………………………… 98
第4章　两自由度系统的振动 …………………………………………………………… 110
　4.1　引言 ………………………………………………………………………………… 110
　4.2　两自由度系统的自由振动 …………………………………………………… 111
　　4.2.1　两自由度振动系统的运动微分方程 ……………………………………… 111
　　4.2.2　无阻尼系统的自由振动与自然模态 ……………………………………… 112
　4.3　坐标耦合与自然坐标 …………………………………………………………… 120
　　4.3.1　坐标耦合 …………………………………………………………………… 120
　　4.3.2　自然坐标 …………………………………………………………………… 123
　4.4　两自由度系统振动的拍击现象 ……………………………………………… 125
　4.5　两自由度系统在谐波激励下的强迫振动 ………………………………… 128
　　4.5.1　无阻尼系统的强迫振动 …………………………………………………… 128
　　4.5.2　有阻尼系统的强迫振动 …………………………………………………… 131
　思考题 …………………………………………………………………………………… 134
　习题 ……………………………………………………………………………………… 134
第5章　多自由度系统的振动 …………………………………………………………… 145
　5.1　引言 ………………………………………………………………………………… 145
　5.2　多自由度系统的振动微分方程 ……………………………………………… 146
　　5.2.1　用牛顿运动定律或定轴转动方程建立运动方程 ………………………… 146
　　5.2.2　用拉格朗日方程建立运动微分方程 ……………………………………… 148
　　5.2.3　用刚度影响系数法建立运动微分方程 …………………………………… 149
　　5.2.4　用柔度影响系数法建立运动微分方程 …………………………………… 153
　5.3　线性变换与坐标耦合 …………………………………………………………… 155
　5.4　多自由度系统的自由振动 …………………………………………………… 156
　　5.4.1　无阻尼自由振动与特征值问题 …………………………………………… 156
　　5.4.2　模态向量的正交性与正规性 ……………………………………………… 159

    5.4.3 模态矩阵与正则矩阵 ……………………………………… 161

    5.4.4 自然坐标与正则坐标、微分方程解耦 ……………………… 163

    5.4.5 多自由度系统对初始激励的响应 …………………………… 164

    5.4.6 系统矩阵与动力矩阵 ………………………………………… 167

    5.4.7 有阻尼多自由度系统的自由振动 …………………………… 169

  5.5 多自由度系统的强迫振动 ………………………………………… 171

    5.5.1 无阻尼系统的强迫振动 ……………………………………… 171

    5.5.2 有阻尼系统的强迫振动 ……………………………………… 172

思考题 ……………………………………………………………………… 176

习题 ………………………………………………………………………… 176

第二篇 应 用 篇

第 6 章 机械振动系统利用工程 ……………………………………… 185

  6.1 机械振动系统利用工程概述 ……………………………………… 185

    6.1.1 振动利用的途径 ……………………………………………… 185

    6.1.2 振动利用的分类 ……………………………………………… 185

  6.2 材料和结构参数的确定 …………………………………………… 187

    6.2.1 转动惯量的确定 ……………………………………………… 187

    6.2.2 摩擦系数的确定 ……………………………………………… 190

    6.2.3 动载荷系数的确定 …………………………………………… 191

    6.2.4 轴的临界转速的确定 ………………………………………… 193

  6.3 振动机械的工作原理与构造 ……………………………………… 195

    6.3.1 振动机械的分类与用途 ……………………………………… 195

    6.3.2 惯性振动机械的工作原理与构造 …………………………… 197

    6.3.3 弹性连杆式振动机械的工作原理与构造 …………………… 210

    6.3.4 电磁式振动机械的工作原理与构造 ………………………… 212

    6.3.5 液压式振动机械的工作原理与构造 ………………………… 215

  6.4 非共振型振动机械 ………………………………………………… 217

    6.4.1 平面运动单轴惯性式非共振型振动机械 …………………… 217

    6.4.2 空间运动单轴惯性式非共振型振动机械 …………………… 221

    6.4.3 双轴惯性式非共振型振动机械 ……………………………… 224

  6.5 近共振型振动机械 ………………………………………………… 228

    6.5.1 惯性式近共振型振动机械 …………………………………… 228

    6.5.2 连杆式近共振型振动机械 …………………………………… 232

    6.5.3 电磁式近共振型振动机械 …………………………………… 237

思考题 ………………………………………………………………………… 240
习题 …………………………………………………………………………… 240

第7章　机械振动系统防治工程 ……………………………………… 242
　7.1　机械振动系统防治工程概述 ……………………………………… 242
　　7.1.1　振动防治的途径 ……………………………………………… 242
　　7.1.2　振动防治的分类 ……………………………………………… 242
　7.2　隔振原理及其应用 ………………………………………………… 242
　　7.2.1　隔振原理 ……………………………………………………… 243
　　7.2.2　隔振器的设计 ………………………………………………… 248
　　7.2.3　冲击隔离 ……………………………………………………… 251
　7.3　减振原理及其应用 ………………………………………………… 253
　　7.3.1　动力减振器 …………………………………………………… 254
　　7.3.2　变速减振器 …………………………………………………… 258
　　7.3.3　阻尼减振器 …………………………………………………… 261
　　7.3.4　摩擦减振器 …………………………………………………… 262
　　7.3.5　冲击减振器 …………………………………………………… 264
　7.4　挠性转子的振动与平衡 …………………………………………… 265
　　7.4.1　转子在不平衡力作用下的振动 ……………………………… 266
　　7.4.2　单圆盘挠性转子的振动 ……………………………………… 269
　　7.4.3　多圆盘挠性转子的振动 ……………………………………… 273
　　7.4.4　挠性转子的平衡原理 ………………………………………… 278
　　7.4.5　挠性转子的平衡方法 ………………………………………… 280
　7.5　发动机的振动与减振 ……………………………………………… 285
　　7.5.1　发动机位形描述 ……………………………………………… 285
　　7.5.2　发动机的自然频率 …………………………………………… 286
　　7.5.3　发动机的临界转速 …………………………………………… 289
　　7.5.4　发动机的共振避免 …………………………………………… 290
　　7.5.5　发动机的耦合度缩减 ………………………………………… 291
　思考题 ………………………………………………………………… 292
　习题 …………………………………………………………………… 292

第8章　振动系统的测试、辨识与分析 …………………………… 294
　8.1　振动系统的测试 …………………………………………………… 294
　　8.1.1　振动测量的力学原理 ………………………………………… 294
　　8.1.2　振动测试传感器与测振仪器设备 …………………………… 297
　　8.1.3　激振设备与激振方法 ………………………………………… 299

　　　8.1.4　振动测试系统 ……………………………………………………… 302
　8.2　振动系统的辨识 ……………………………………………………………… 307
　　　8.2.1　模态参数识别 …………………………………………………………… 307
　　　8.2.2　物理参数识别与修改 …………………………………………………… 314
　8.3　振动与故障诊断 ……………………………………………………………… 318
　　　8.3.1　机械故障诊断概述 ……………………………………………………… 318
　　　8.3.2　齿轮故障产生机理及其诊断方法 ……………………………………… 321
　8.4　凸轮机构的振动分析与控制 ………………………………………………… 322
　　　8.4.1　凸轮机构的振动模型 …………………………………………………… 323
　　　8.4.2　凸轮机构的振动分析 …………………………………………………… 325
　8.5　机械传动系统的振动分析 …………………………………………………… 329
　　　8.5.1　汽车起重机传动系统的振动分析 ……………………………………… 329
　　　8.5.2　汽轮机-压气机喘振分析 ……………………………………………… 332
　　　8.5.3　轧钢机的冲击现象 ……………………………………………………… 333
　　　8.5.4　桥式起重机起升机构振动分析 ………………………………………… 336
　思考题 ……………………………………………………………………………… 339
　习题 ………………………………………………………………………………… 339

第三篇　深化理论篇

第9章　多自由度系统振动的分析方法 ……………………………………………… 343
　9.1　引言 …………………………………………………………………………… 343
　9.2　估算多自由度系统自然频率与模态向量的常用方法 ……………………… 343
　　　9.2.1　瑞利商 …………………………………………………………………… 343
　　　9.2.2　迹法 ……………………………………………………………………… 346
　　　9.2.3　里茨法 …………………………………………………………………… 348
　9.3　子系统综合法 ………………………………………………………………… 352
　　　9.3.1　传递矩阵法 ……………………………………………………………… 352
　　　9.3.2　机械阻抗法 ……………………………………………………………… 355
　9.4　求解特征值问题的方法 ……………………………………………………… 366
　　　9.4.1　实对称正定方阵的楚列斯基三角分解法 ……………………………… 367
　　　9.4.2　矩阵迭代法 ……………………………………………………………… 367
　　　9.4.3　子空间迭代法 …………………………………………………………… 371
　9.5　求解线性系统响应的方法 …………………………………………………… 373
　思考题 ……………………………………………………………………………… 378
　习题 ………………………………………………………………………………… 378

第 10 章　连续系统的振动 ·· 382

10.1　引言 ·· 382

10.2　连续系统的自由振动 ·· 382

　　10.2.1　弦的横向振动 ··· 382

　　10.2.2　杆的纵向振动 ··· 386

　　10.2.3　轴的扭转振动 ··· 388

　　10.2.4　弦、杆、轴振动方程的相似性 ······················· 389

　　10.2.5　梁的弯曲振动 ··· 389

10.3　边界条件和自然模态 ·· 392

　　10.3.1　杆的边界条件、自然频率和振型 ··················· 392

　　10.3.2　梁的边界条件、自然频率和振型 ··················· 395

10.4　系统对于激励的响应 ·· 396

　　10.4.1　系统对于初始激励的响应 ································· 396

　　10.4.2　系统对于过程激励的响应 ································· 399

　　10.4.3　剪切变形和转动惯量的影响 ··························· 400

10.5　连续系统的强迫振动 ·· 402

　　10.5.1　弦的横向强迫振动 ·· 402

　　10.5.2　杆的纵向强迫振动 ·· 403

　　10.5.3　轴的扭转强迫振动 ·· 405

　　10.5.4　梁的横向强迫振动 ·· 405

思考题 ··· 409

习题 ··· 410

第 11 章　随机激励下的振动 ·· 413

11.1　引言 ·· 413

11.2　随机过程的基本概念 ·· 413

　　11.2.1　随机过程 ··· 413

　　11.2.2　随机过程的统计参数 ·· 414

　　11.2.3　平稳随机过程和各态历经随机过程 ··············· 417

　　11.2.4　几种典型的随机过程 ·· 418

11.3　随机过程的描述 ·· 420

　　11.3.1　随机过程的幅域描述 ·· 421

　　11.3.2　随机过程的时域描述 ·· 422

　　11.3.3　随机过程的频域描述 ·· 423

11.4　单自由度系统的随机响应 ·· 429

　　11.4.1　单自由度系统振动响应的基本形式 ··············· 429

11.4.2 初始条件是随机时的振动响应 ·················· 430

11.4.3 系统受基础运动随机激励的响应 ·················· 431

11.4.4 对输入是白噪声的响应 ·················· 432

11.5 多自由度系统的随机响应·················· 433

思考题·················· 436

习题·················· 437

第 12 章 非线性振动·················· 440

12.1 引言·················· 440

12.2 状态空间与相图·················· 442

12.2.1 状态空间·················· 442

12.2.2 相图 ·················· 445

12.2.3 奇点邻域中相图的特性 ·················· 449

12.3 保守系统及其在大范围的运动·················· 457

12.3.1 相图与轨线·················· 457

12.3.2 振动周期与极端位移 ·················· 458

12.4 非线性振动分析的常用方法·················· 459

12.4.1 极限环·················· 459

12.4.2 平均法·················· 462

12.4.3 迭代法·················· 467

12.4.4 摄动法·················· 472

12.5 非线性振动的应用·················· 478

12.5.1 利用复摆测量轴与轴套的干摩擦系数·················· 478

12.5.2 利用弗洛特摆测量滑动轴承的动摩擦系数·················· 479

12.5.3 利用硬式光滑非线性振动系统来增加振动机振幅的稳定性·················· 481

12.5.4 硬式对称分段线性非线性振动系统 ·················· 483

12.5.5 软式不对称分段线性非线性振动系统 ·················· 486

思考题·················· 488

习题·················· 489

第 13 章 自激振动·················· 492

13.1 引言·················· 492

13.2 由速度反馈引起的自激振动·················· 494

13.2.1 速度反馈与负阻尼·················· 494

13.2.2 爬行现象及其机理·················· 496

13.2.3 爬行的数学模型·················· 499

13.3 由位移的延时反馈引起的自激振动·················· 503

13.3.1　位移反馈、负刚度与静态不稳定性 ·· 503

13.3.2　位移的延时反馈 ··· 507

13.3.3　金属切削过程中的再生颤振 ···································· 508

13.4　由模态耦合引起的自激振动····································· 515

13.4.1　模态耦合系统的稳定性 ································ 515

13.4.2　金属切削过程中的模态耦合自激振动 ····················· 517

13.5　自激振动的识别、建模、防治及应用····························· 520

13.5.1　自激振动的识别 ·· 520

13.5.2　自激振动的建模 ·· 521

13.5.3　自激振动的防治 ·· 521

13.5.4　自激振动的应用 ·· 522

思考题·· 524

习题··· 524

参考文献··· 525

第一篇　基础理论篇

第1章 绪 论

动力学是研究惯性效应不能忽略的那些力学问题,研究作用于物体的力与物体运动之间的关系,研究对象为运动速度远小于光速的宏观物体。原子和亚原子粒子的动力学问题属于量子力学的研究范畴;可比拟光速的高速运动问题属于相对论力学。同静力学问题相比,动力学的控制方程仅仅多出了惯性项和时间变量,但相对而言,动力学问题不仅在数学求解上困难得多,而且其物理本质也复杂得多。根据研究对象不同,动力学问题包括晶格动力学、分子动力学、生物动力学、电磁动力学、机械动力学、天体动力学和星系动力学等。依据材料的变形和载荷状况,机械动力学问题又包括刚性动力学、弹性动力学、机械振动、塑性动力学和断裂动力学等。

振动是一类特殊的动力学问题,机械、车辆、飞机、桥梁等工程系统经常处在各种激励的作用下,因而不可避免地产生响应,即发生各种各样的振动。现代工程技术对振动问题的解决提出更高、更严格的要求,因此振动理论在工程实际上有着广泛的应用。

机械振动是机械学的一个重要分支,振动理论是许多科学技术领域的基础理论。其研究任务和内容包括机械系统的振动、机械结构动强度和机构动力学分析。随着智能制造、工业 4.0 等先进制造技术的突飞猛进,机械产品与设备日益向着高效、高速、精密、轻量化和自动化方向发展,良好的结构动态性能要求已成为产品设计中的重要优化指标之一。在高速、精密机械设计中,为了保证机械装备的精确度和稳定性,需要对结构进行动力学分析和动态设计。现代机械设计已经从为实现某种功能的运动学设计转向以改善和提高机器运动和动力特性为目标的动力学综合分析与设计。机械振动作为一类特殊的动力学问题,对机械设计的动态特性和机械运动规律具有重要影响。本书系统讨论机械振动的基础理论,分析各类振动问题的解决方法,阐述机械振动的应用工程、防治工程、机械振动的检测与分析等内容。

1.1 系统与机械系统

1.1.1 系统

系统可定义为一些元素的组合,这些元素之间相互关联、相互制约、相互影响,并组成为一个整体。从此定义来看,系统是由多个元素组成的,单一元素不能构成系统。系统的概念范围很广,大到天体系统,小到微观系统。

按照受力性质,系统可以分为静态系统和动态系统。

按照应用性质,系统一般可分为工程系统和非工程系统两类:

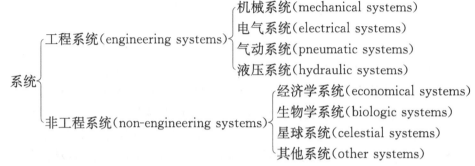

从工程应用的角度来考虑,把研究和处理的对象定义为一个工程系统。例如,对于一个机械设备而言,一般由下列三大部分组成:动力装置、传动装置和工作装置。而将每一部分作为对象来研究时,就形成一个系统,即动力系统、传动系统和执行系统,如图1-1所示。对图1-1中的传动系统,在机床和车辆中大多数是齿轮传动箱,而齿轮传动箱要完成传递动力的任务,需要齿轮箱内部各元件(如齿轮、轴、轴承等)协调配合起来完成工作,不得出现卡死、干涉等现象,这样才能实现自身功能,发挥自己的作用与任务。除了系统中各个元件(元素)协调工作之外,系统与系统之间也必须协调工作,才能完成机械分配给系统的任务。

图1-1　机械设备的系统组成

1.1.2　机械系统

机械系统是指由一些机械元件组成的系统。例如,平面连杆机构系统,由凸轮元件组成的凸轮机构系统,由齿轮元件组成的齿轮系统等。这些元件常常与电气系统、液压系统等结合起来,组成一种新的系统,如机和电结合形成的机电一体化系统、机和液压结合形成的机液控制系统等。

1.1.3　系统组成

在研究和分析一个系统时,常用“信号”这一物理量来描述。

信号是在系统之间连接通道中“流动”着的物理变量,是一个“动态”量。例如,对如图1-2所示的车辆传动系统,M_1是动力源(发动机)输入给传动系统的转矩,

M_2是经过系统后输出给执行系统(驱动车轮)的转矩。由于输入转矩M_1较小,而输出转矩M_2较大,故转矩M经过传动系统后由小变大,是一个动态量,可视为信号。同样,转速n也可看成是一个信号。由于发动机输入的转速n_1较高,而经过传动系统后输出给车轮的转速n_2较低,是一个动态量。也就是说,传动系统的作用是减速增矩,转矩M和转速n都可以作为信号来处理。

在研究一个系统的动力学问题时,总是给系统施加一个输入信号,观察和检测其输出信号,来辨明系统的特性,常采用图 1-3 的框图来表示。

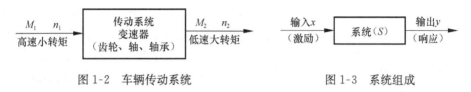

图 1-2 车辆传动系统　　　　　　　图 1-3 系统组成

实际应用中,将系统输入信号称为激励,把系统在激励作用下的动态行为,即输出信号称为响应。

1.2 材料变形与动力学分类

1.2.1 动态系统问题的类型

根据图 1-3 的模型框图,动力学研究的问题可归纳为以下三类:

(1)已知激励 x 和系统 S,求响应 y。这类问题称为系统动力响应分析,又称为动态分析。这是工程中最常见和最基本的问题,其主要任务在于为计算和校核机器、结构的强度、刚度及允许的振动能量水平提供依据。动力响应包括位移、速度、加速度、应力和应变等。

(2)已知激励 x 和响应 y,求系统 S。这类问题称为系统辨识,即求系统的数学模型及其结构参数,也可称为振动系统设计。主要是指获得系统的物理参数(如质量、刚度及阻尼等),以便了解系统的固有特性(如自然频率、主振型等)。在目前现代化测试试验手段已十分完备的情况下,这类研究十分有效。

(3)已知系统 S 和响应 y,求激励 x。这类问题称为环境预测。例如,为了避免产品在运输过程中的损坏,需要通过记录车辆或产品的振动,以便通过分析激励而了解运输过程的振动环境,以及对产品产生的激励,为减振包装提供依据。又如,飞机在飞行过程中,通过检测飞行的动态响应预测飞机飞行的随机激励环境,为优化设计提供依据。

1.2.2 材料的变形和断裂

材料在外力作用下,将会发生变形。对各向同性的金属材料而言,随着力的增加,先后发生弹性变形、塑性变形、材料强化直至断裂。图 1-4 是低碳钢在拉伸试验时的应力-应变曲线。

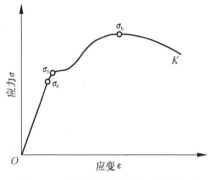

图 1-4　金属材料的应力-应变曲线

在应力(σ)低于弹性极限(σ_e)时,材料发生的变形为弹性变形,其特点是外力去除后变形便完全恢复,其应力(σ)与应变(ε)遵守"胡克定律",即$\sigma = E\varepsilon$。其中比例常数 E 为"弹性模量",它反映金属材料对弹性变形的抗力,代表材料的"刚度"。弹性变形的实质是在应力的作用下,金属内部的晶格发生了弹性的伸长或歪扭,但未超过其原子间的结合力,故外力去除后,其变形便可完全恢复。

当应力大于弹性极限时,材料不但发生弹性变形,而且发生塑性变形,即外力去除后,其变形不能得到完全的恢复,有残留变形或永久变形。不能恢复的变形称为塑性变形。通常用屈服极限(σ_s)表示金属对开始发生微量塑性变形的抗力,而塑性是指金属材料能发生塑性变形的量或能力,用伸长率(δ)或断面收缩率(ψ)表示。塑性变形的实质是金属内部的晶粒发生了压扁或拉长的不可恢复的变形。

随着应力的增加,材料的塑性变形逐渐增大,至应力达到强度极限(σ_b)后,将开始发生不均匀的塑性变形,产生缩颈,变形量迅速增大至 K 点而发生断裂。故强度极限表示金属材料发生不均匀塑性变形的抗力。断裂通常分为韧性断裂和脆性断裂两类。

1.2.3　动力学分类

根据是否考虑材料的变形、连续性和响应特性,机械系统动力学中的动态分析问题可以分为:

$$
\text{机械系统动力学} \atop (\text{dynamics of mechanical systems}) \left\{
\begin{array}{l}
\text{刚性动力学(dynamics of rigidity)} \\
\text{弹性动力学(dynamics of elasticity)} \\
\text{机械振动(mechanical vibration)} \\
\text{塑性动力学(dynamics of plasticity)} \\
\text{断裂动力学(dynamics of fracture)}
\end{array}
\right.
$$

本书主要对机械振动问题进行讨论。

1.3　系统模型与振动分类

1.3.1　力学模型与数学模型

在分析一个动态系统时,必须首先建立与实际系统接近的物理模型,称为力学模型,然后根据力学模型建立数学模型,最后通过求解数学模型分析系统的动态特性。因此,建立的力学模型是否符合实际系统,将对动态分析结果产生重要影响,所以力学模型应尽可能地反映实际系统。而数学模型是对系统动态特性进行描述的数学表达式,是分析问题的关键。如果数学模型不能建立起来,就无法对系统进行分析。数学模型通常用微分方程的形式来表达。

1.3.2　振动及其分类

机械振动简称振动,是工程实际中常见的物理现象,也是最典型的一类动力学问题。

振动就是在一定条件下,振动体在其平衡位置附近所做的往复性机械运动。

振动现象是多种多样的,和其他自然现象一样,振动既有有利的性质,也有有害的性质。要了解、分析和处理好振动问题,必须研究振动的性质,弄清楚振动产生的原因,找出振动的规律,确定振动的影响。研究振动的目的,就是按照不同的情况,采取适当的措施防止振动有害的一面,应用振动有利的一面。

根据图 1-3 的系统组成,可以按照系统的输入、输出、系统自由度和系统方程性质对振动进行分类。

(1) 按系统的输入(激励),系统振动可以分为:自由振动、强迫振动、自激振动和参数振动。

自由振动:系统受到初始激励作用,也就是在特定的初始位移和初始速度下产生的振动。

强迫振动:系统在给定的外界激励作用下的振动,这种受外界控制的激励包括外载荷和系统的非匀速支座运动。

自激振动:激励受系统振动本身控制的振动。在适当的反馈作用下,系统将自动地激起定幅的振动。一旦系统的振动被抑止,激励也就随之消失。

参数振动:激励方式是通过改变系统的物理参数而实现的振动。

(2) 按系统的输出(响应),系统振动可以分为:简谐振动、周期振动、准周期振动、拟周期振动、混沌振动和随机振动。

简谐振动:振动量(响应)为时间的正弦或余弦函数。

周期振动:振动量(响应)为时间的周期函数,可用频谱分析方法展开为一系列周期可通约的简谐振动的叠加。

准周期振动:若干个周期不可通约的简谐振动组合而成的振动。

拟周期振动:振动量(响应)为时间的拟周期函数。拟周期函数 $f(t)$ 是指对任意给定的 $\varepsilon > 0$,存在 $T(\varepsilon) > 0$,使得 $|f(t) - f(t + T(\varepsilon))| < \varepsilon$。

混沌振动:振动量(响应)为时间的始终有限的非周期函数。

随机振动:振动量为时间的随机性函数,不能预测而只能用概率方法来研究。

（3）按系统的自由度，系统振动可以分为：单自由度系统的振动、两自由度系统的振动、多自由度系统的振动和连续系统的振动。

单自由度系统的振动：用一个独立广义坐标就能确定的系统振动。

两自由度系统的振动：用两个独立广义坐标能确定的系统振动。

多自由度系统的振动：用多个独立广义坐标才能确定的系统振动。

连续系统的振动：需用无限多个自由度才能确定的系统振动。

（4）按描述系统的微分方程的性质，系统振动可以分为：线性振动和非线性振动。

线性振动：用常系数线性微分方程来描述的振动，其弹性力、阻尼力和惯性力分别与位移、速度及加速度成正比。

非线性振动：用非线性微分方程来描述的振动，即微分方程中出现非线性项。

1.3.3　振动问题的求解步骤

实际工程中的振动系统及振动现象是相当复杂的，按照机械动力学研究的思想，解决机械振动问题的步骤如下。

1）建立振动系统的力学模型

力学模型是抓住系统振动的主要特征，忽略次要因素，从而抽象出来的一个简化的理论模型，这样可以反映问题本质，便于分析。在满足工程要求的条件下，尽可能将其模型简单化，以便于研究分析计算。例如，在理论力学中有质点、刚体、弹簧系统，在材料力学中有梁、板、壳等，这些都是抽象化的模型，都是依靠模型来分析和解决问题的。

一个振动系统必须具有弹性元件和质量元件，或者说具有弹性和惯性的系统才可能振动，弹性和惯性是系统的振动特征。机械系统的振动现象是弹性和惯性相互交替作用而产生的结果。一般情况下，实际系统都有阻尼，因此一个系统发生振动的条件或者振动三要素是具有质量、弹簧和阻尼。一般常用"质块-弹簧"系统作为实际系统的力学模型，简称为"m-k"系统。

2）建立振动系统的数学模型

当力学模型建立起来后，要深入地研究此系统的振动特性，必须将振动特性用精确的数学方程来表示，这就是根据力学模型来建立系统的数学模型。数学模型常常用微分方程来表示，也就是建立运动微分方程。建立运动微分方程的步骤一般为：首先选取广义坐标，然后写出运动微分方程。一般情况下可采用牛顿第二定律、定轴转动方程、能量原理和拉格朗日方程等方法建立运动方程。

3）求解运动微分方程

运动微分方程建立起来以后，要了解系统的振动特性，分析系统的动力问题，必须求解系统的运动微分方程。一般情况下，线性方程的求解采用解析法，对于非线性方程，常采用数值方法来求解。

1.4　系统模型分类与处理方法

1.4.1　系统模型分类

一般来讲,一个系统可按下列情况进行分类:

力学模型(是否连续) $\begin{cases} \text{离散系统(discrete systems)} \\ \text{连续系统(continuous systems)} \end{cases}$

数学模型(是否线性) $\begin{cases} \text{线性系统(linear systems)} \\ \text{非线性系统(nonlinear systems)} \end{cases}$

激励(是否确定) $\begin{cases} \text{确定性系统(deterministic systems)} \\ \text{随机性系统(random systems)} \end{cases}$

阻尼(是否有阻尼) $\begin{cases} \text{无阻尼系统(no-damping systems)} \\ \text{有阻尼系统(damping systems)} \end{cases}$

系统参数(是否变化) $\begin{cases} \text{定常系统(steady systems)} \\ \text{参变系统(alterable parameters systems)} \end{cases}$

下面将分别讨论这几种系统。

1.4.2　离散系统与连续系统

离散系统:由集中参数元件所组成的系统。基本的集中参数元件包括三种:质量、弹簧和阻尼器。在实际处理集中参数系统的振动问题时,一般假设:①质量(包括转动惯量)模型只有惯性;②弹簧模型只有弹性,其本身质量可以略去不计;③阻尼模型是耗能元件,在有相对运动时产生阻尼力,既不具有弹性,也不具有惯性。离散系统的运动,在数学上用常微分方程来描述。

连续系统:由分布参数元件组成的系统。典型的分布参数元件包括杆、梁、轴、板、壳等。连续系统的运动在数学上用偏微分方程来描述。

图 1-5 为简支梁系统,当研究梁在垂直平面内的振动时,若只考虑梁作为一个整体而振动,且简化点取在梁的中点处时,则梁有总体质量 m 和纵向方向的变形,可简化为如图 1-5(b)所示的具有 m 和 k 集中参数元件的系统,即用离散系统来研究和分析。而要研究每点的振动特性时,由于梁具有分布的空间质量和每点都有不同的变形,故图 1-5(a)可作为连续系统模型来处理。

安装在基础上的机床如图 1-6 所示,为了进行隔振,在基础下面设置有变形较大的弹性衬垫,其弹性用 k 来表示。在振动过程中,弹性衬垫有内摩擦作用,弹性衬垫与基础及周围也有摩擦阻尼的作用,将此简化为一个阻尼器 c,如图 1-6(b)所示的集中参数系统,即离散系统。

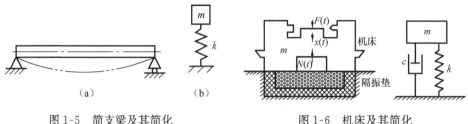

图 1-5　简支梁及其简化　　　　　图 1-6　机床及其简化

1.4.3　线性系统与非线性系统

1. 线性系统及叠加原理

当系统质量不随运动参数而变化,且系统弹性力和阻尼力可以简化为线性时,可用线性方程来表示,如

$$m\ddot{x}(t) + c\dot{x}(t) + kx(t) = 0 \tag{1-1}$$

是二阶齐次线性微分方程,线性微分方程描述的系统是线性系统。线性系统很重要的特征是能够满足叠加原理。

叠加原理:如果系统在 $F_1(t)$ 激励下的响应为 $x_1(t)$,系统在 $F_2(t)$ 激励下的响应为 $x_2(t)$,则当以 $F_1(t)$ 和 $F_2(t)$ 的线性组合 $c_1F_1(t) + c_2F_2(t)$ 激励系统时,系统的响应为 $c_1x_1(t) + c_2x_2(t)$,即对于同时作用于系统的两个不同的输入(激励),所产生的输出是这两个输入单独作用于系统所产生的输出(响应)之和,如图 1-7 所示。

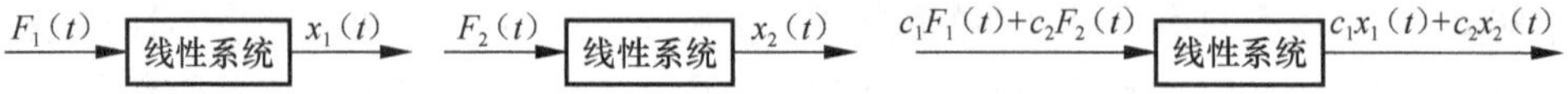

图 1-7　线性系统的叠加原理

根据系统是否满足叠加原理可推断该系统是否是线性系统。傅里叶级数分析法、傅里叶变换法、脉冲响应函数法等就是叠加原理成功应用的典型代表。这是因为对于任何复杂的激励,都可将其分解为一系列的简单激励,将系统对于这些简单激励的响应加以叠加,就得到了系统对于复杂激励的响应。而根据所分解的简单激励的形式不同,出现了不同的分析方法。例如,将周期性激励分解为基波及其高次谐波的组合,将这些谐波的响应叠加,就是傅里叶级数分析法;将任意激励分解为具有所有频率成分的无限多个无限小的谐波的组合,对这些谐波响应进行叠加,就是傅里叶变换法;将任意激励分解为无穷多个幅值不同的脉冲的组合,再对这些脉冲的响应进行叠加,就是脉冲响应函数法。

2. 非线性系统及线性化处理

凡不能简化为线性系统的动力学系统都称为非线性系统,如

$$m\ddot{x}(t) + c\dot{x}(t) + k(x(t) + x^3(t)) = 0 \tag{1-2}$$

在实际工程中,严格的线性系统是不存在的。只有在小位移或小变形的情况下才可简化为线性系统,否则将为非线性系统。非线性问题有**材料非线性**和**几何非线性**两类。

对材料力学中的应力-应变(σ-ε)曲线,当 $\sigma \leqslant \sigma_e$ 时,σ 与 ε 成正比,线性关系成立,即满足胡克定律 $\sigma = E\varepsilon$。而当 $\sigma > \sigma_e$ 时,σ 与 ε 呈非线性关系,这类由材料性质引起的非线性问题就是材料非线性。

对图1-8所示的单摆系统,其运动微分方程

$$\ddot{\theta} + \frac{g}{l}\sin\theta = 0 \tag{1-3}$$

是非线性方程,这类由运动性质引起的非线性问题就是几何非线性。对 $\sin\theta$ 作级数近似时,$\sin\theta = \theta - \dfrac{\theta^3}{3} + \dfrac{\theta^5}{5} - \dfrac{\theta^7}{7} + \cdots$,代入方程(1-3)得

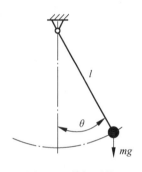

图1-8 单摆系统

$$\ddot{\theta} + \frac{g}{l}\left(\theta - \frac{\theta^3}{3} + \frac{\theta^5}{5} - \frac{\theta^7}{7} + \cdots\right) = 0 \tag{1-4}$$

当摆做微小摆动时,即 $|\theta| \ll 1$ 时,可忽略式(1-4)中的高次项,即 $\sin\theta \approx \theta$,此时方程(1-4)变为线性方程

$$\ddot{\theta} + \frac{g}{l}\theta = 0 \tag{1-5}$$

1.4.4 确定性系统与随机性系统

系统的输入信号称为激励。激励是系统振动的前提条件,激励可以概括为:

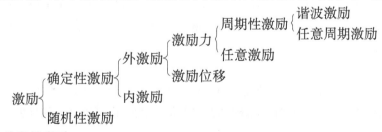

1) 确定性激励

系统的激励是时间的确定性函数,如正弦与余弦函数激励、脉冲函数激励等。如果系统的质量、弹性和阻尼以及激励都是确定性的,则系统可用确定的微分方程来表示,当初始条件已知时,就可求出系统的运动状态,这种情况称为确定性现象。

2) 随机性激励

系统的激励是时间的非确定性函数,不能用解析式或表达式给出,且具有一定的统计规律,必须用随机过程来表示。所对应的微分方程为随机微分方程,不能实际表示出来,如汽车在公路上行驶时,路面凹凸不平给予汽车的激励,就可看成是随机性激励。

1.4.5　无阻尼系统与有阻尼系统

振动系统中的阻尼特性及阻尼模型是振动分析中最困难的问题之一。在振动系统中,阻尼元件(或阻尼器)对于外力作用的响应,表现为其端点的一定的速度。根据系统的阻尼性质,系统可以分为无阻尼系统和有阻尼系统。

按照速度与阻尼的关系,阻尼可分为黏性阻尼和非黏性阻尼。

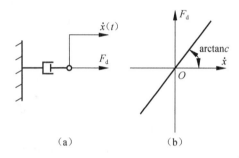

图 1-9　黏性阻尼的线性关系

1. 黏性阻尼

图 1-9(a)为阻尼器的示意图,阻尼器所受到的外力 F_d 是振动速度的函数,即

$$F_d = f(\dot{x}) \tag{1-6}$$

与运动速度成正比的阻尼称为黏性阻尼,对于黏性阻尼,F_d 是速度的线性函数,即

$$F_d = c\dot{x}(t) \tag{1-7}$$

式中,c 称为阻尼系数,其量纲为 MT^{-1},通常取单位为 N·s/m 或 N·s/mm。阻尼系数 c 是阻尼器产生单位速度所需要施加的力。黏性阻尼线性关系如图 1-9(b)所示。

对角振动系统,阻尼元件为扭转阻尼器,其阻尼系数 c 是产生单位角速度所需要施加的力矩,其量纲为 ML^2T^{-1},通常取为 N·m·s/rad,阻尼力矩 M_d 是角速度的线性函数,即

$$M_d = c\dot{\theta}(t) \tag{1-8}$$

需要指出:①通常假定阻尼器没有质量,也没有弹性;②阻尼器通常以热能、声能等方式耗散系统的机械能,耗能过程可以是线性的,也可以是非线性的。

2. 非黏性阻尼

除黏性阻尼外的其他阻尼统称为**非黏性阻尼**。在处理非黏性阻尼问题时,通常将之折算为等效的黏性阻尼系数 c_{eq},折算的原则是:一个振动周期内由非黏性

阻尼所消耗的能量等于等效黏性阻尼所消耗的能量。常见的非黏性阻尼有库仑阻尼、流体阻尼和结构阻尼等。

　　1) 库仑(Coulomb)阻尼

　　库仑阻尼也称为**干摩擦阻尼**,如图 1-10 所示。振动时,质量 m 与摩擦系数 μ 的表面间产生库仑摩擦力 $F_c=\mu mg$,F_c 始终与运动速度的方向相反,而大小保持为常值,即

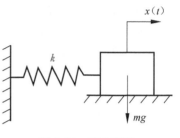

图 1-10　库仑阻尼

$$F_c = -\mu mg \cdot \text{sgn}(\dot{x}) \qquad (1\text{-}9)$$

式中,sgn 为符号函数,定义为

$$\text{sgn}(\dot{x}) = \frac{\dot{x}(t)}{|\dot{x}(t)|} \qquad (1\text{-}10)$$

当 $\dot{x}(t)=0$ 时,库仑阻力是不定的,取决于合外力的大小,而方向与之相反。

　　2) 流体阻尼

　　流体阻尼是当物体以较大速度在黏性较小的流体(如空气、液体)中运动时,由流体介质所产生的阻尼。流体阻尼力始终与运动速度方向相反,而大小与速度的平方成正比,即

$$F_a = -\gamma \dot{x}^2 \text{sgn}(\dot{x}) \qquad (1\text{-}11)$$

式中,γ 为常数。

　　3) 结构阻尼

　　由材料内部摩擦所产生的阻尼称为**材料阻尼**;由结构各部件连接面之间相对滑动而产生的阻尼称为**滑移阻尼**,两者统称为**结构阻尼**。试验表明:对材料反复加载和卸载,其应力-应变曲线会成为一个滞后回线。此曲线所围的面积表示一个循环中单位体积的材料所消耗的能量,这部分能量以热能的形式耗散掉,从而对结构的振动产生阻尼。因此,这种阻尼又称为**滞后阻尼**。大量试验结果表明,对于大多数金属,材料阻尼在一个周期内所消耗的能量 ΔE_s 与振幅的平方成正比,而在相当大的范围内与振动功率无关,即有

$$\Delta E_s = \alpha |x|^2 \qquad (1\text{-}12)$$

式中,α 是由材料性质所决定的常数;$|x|$ 为振幅。

1.4.6　定常系统与参变系统

　　1. 定常系统

　　如果一个振动系统的质量、刚度、阻尼等各个特性参数都不随时间而变化,即不是时间的显函数,则称为**定常系统**或**不变系统**。定常系统的运动用常系数微分方程来描述。

　　假定某个系统的输入为 $x(t)$,相应的输出为 $y(t)$。当输入经过 Δt 的延时后,

即输入为 $x(t+\Delta t)$ 时,若输出也相应地延时 Δt,即输出 $y(t+\Delta t)$,这个系统即为定常系统。系统的输出与延时无关。

严格地说,没有一个物理系统是定常的,如系统的特性或参数会由于元件的老化或其他原因而随时间变化,引起模型中方程的系数发生变化。然而如果在所考察的时间间隔内,其参数的变化相对于系统运动变化要缓慢得多,则这个物理系统就可以看做是定常的。定常系统分为**非线性定常系统**和**线性定常系统**。

如图 1-8 所示的单摆是由一个摆锤与一条绳子组成的简单机械;绳子的上端固定,下端系着摆锤。由于这绳子是无法伸缩的,绳子的长度是常数。所以,该系统是定常系统,遵守定常约束

$$\sqrt{x^2+y^2}-l=0 \tag{1-13}$$

式中,x,y 是摆锤的位置;l 是摆长。

2. 参变系统

如果一个振动系统的质量、刚度、阻尼等各个特性参数随时间而变化,即是时间的显函数,则称为参变系统或变参数系统。参变系统的运动用变系数微分方程来描述。

火箭是参变系统的一个典型例子,在飞行中其质量会由于燃料的消耗而随时间减少;另一个常见的例子是机械手,在运动时其各关节绕相应轴的转动惯量是以时间为自变量的一个复杂函数。参变系统的特点是,其输出响应的波形不仅同输入波形有关,而且同输入信号加入的时刻有关。这一特点增加了分析和研究的复杂性。对于参变系统来说,即使系统是线性的,也只能采用时间域的描述。

1.5　机械振动的理论体系与研究内容

1.5.1　机械振动的研究意义

振动理论在工程和日常生活中得到了广泛应用,关于振动应用和振动防治的研究无处不在。研究机械振动的意义体现在发展振动理论、防范有害的振动和利用有益的振动等方面。

研究机械振动是发展振动理论的必然要求。和其他自然现象一样,振动也存在着有害和有利两方面的特性,无论防止和减少机械系统的振动,还是充分利用振动现象为人类造福,都需要坚实的理论做指导。对于线性振动理论的研究已经比较成熟,但对非线性振动还需继续深入研究。

研究机械振动是防范有害振动的迫切要求。现代机械产品向着高速化、精密化和轻量化的方向发展,机械产品的这些特性都对防范振动提出了更高的要求。

高速化是现代机械产品最为突出的特征之一。在高速化的机械产品设计中,

需要考虑的因素越来越多。振动是影响高速化的机械产品性能的主要因素,为了满足高速化机械产品的设计质量,设计分析方法从动态静力分析,发展到动力分析、弹性动力分析和振动分析,分析的复杂程度也越来越高。例如,汽车的高速化推动了对整车振动和传动系统振动与噪声的研究;内燃机和各种自动机械的高速化推动了高速凸轮机构振动理论的研究和应用。

精密化要求机械的实际运动尽可能与期望运动相一致,这一要求使我们在分析误差时必须尽可能地计入各种因素的影响,如间隙、弹性、制造误差等。在精密加工领域,机械振动是影响加工精度和表面质量的主要因素之一,严重时会影响系统的稳定性。因此,对系统的振动进行预测和分析,从而采取有效的防范和抑制措施是保证加工质量的重要手段。

轻量化是现代机械产品的一个重要特征,现代机械产品对节能、节材的要求十分严格,而材质的改善和产品的轻量化,对产品结构的动态特性和稳定性提出了更高的要求。振动对轻量化机械设备的影响很大,需要在设计和运行时严格控制振动现象。

研究机械振动是机械产品动态设计的必然要求。传统的静态设计方法对运转速度低、精度要求低的产品设计可能有效。但对于运转速度高、精度要求高的机械产品,如高速旋转机械、精密加工机床等,必须通过动平衡减少振动,使运转速度避开共振的临界转速。随着转速的提高和柔性转子的出现,必须采用全方位的综合措施才能达到要求。不仅在设计时要进行详细的动力分析,在设计阶段就要考虑被动减振和主动控振措施,而且在运行过程中还要进行状态监测和故障诊断,及时维护,排除故障,避免重大事故发生。

研究机械振动是振动利用工程的迫切要求。在许多行业,振动机器和振动仪器已经用来完成各种不同的工艺过程,如给料、筛分、振捣、夯土、压路、诊断等。振动送料机、振动筛、振动离心脱水机、振动破碎机、振动球磨机、振动压路机和振动夯土机等得到充分应用,这些振动机械在各个工业部门发挥了重要作用。目前在振动利用工程学科取得了一系列研究成果,但仍然需要发展和开拓新的应用领域。

1.5.2　机械振动的理论体系

研究机械振动学的理论与方法,解释机械结构系统中的各种复杂的运动现象,实现大型复杂装备振动与噪声的有效控制,充分利用振动现象,是提升机械装备性能的重要手段。机械振动学的总体框图如图 1-11 所示。

系统振动的类型由力学模型、数学模型、激励和阻尼共同决定。系统振动的理论体系如图 1-12 所示。

1.5.3　机械振动的研究内容

机械振动研究的问题大体可归纳为以下几个方面:

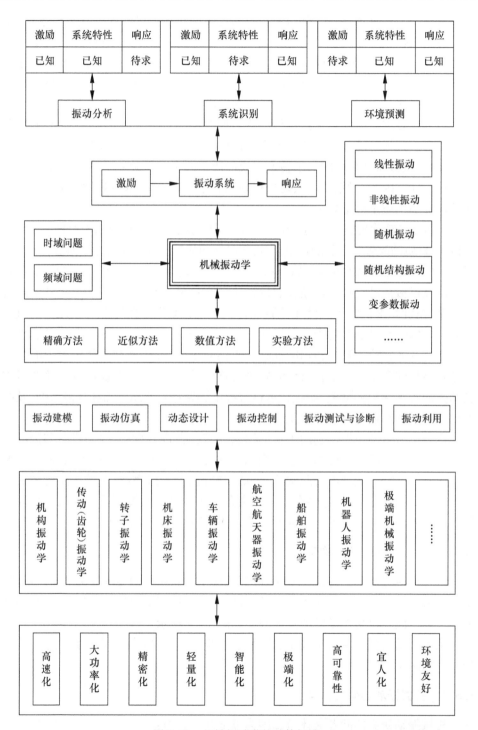

图 1-11　机械振动学的总体框图

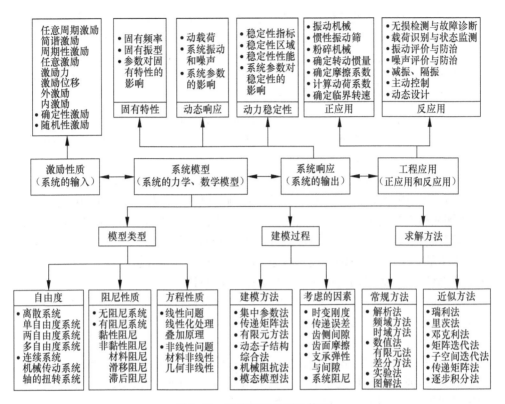

图 1-12 系统振动的理论体系

1) 确定系统的自然频率,预防共振的发生

机械设备性能的高速重载化和结构、材质的轻型化,导致机械设备的自然频率下降,而激励频率上升。因此,有可能使得机械设备的运转速度进入或接近"共振区",引发强烈的共振,从而破坏机械设备的正常运转状态,所以对高速机械设备均应进行共振验算,避免共振事故的发生。

2) 计算系统的动力响应,确定机械或结构受到的动载荷或振动的能量水平

传统机械设计方法中,对机械运动分析与载荷的计算是建立在刚性假定的基础上,按照静力学或刚体动力学方法进行分析设计,这种方法面临着现代机械轻型化、高速化趋势的挑战。而现代化机械设计方法正由静态设计向动态设计过渡,需要考虑机械构件的弹性来分析机械振动载荷。

3) 研究平衡、隔振和消振方法,消除振动的影响

现代机器与仪器的重要特征之一就是高速与精密。高速易导致振动,而精密设备却往往对自身与外界的振动有极为严格的限制。因此,对机械的减振、隔振技术提出了越来越高的要求。所以,隔振设备的设计、选用与配置,以及减振措施的采用,是机械振动研究的主要内容。

4）研究自激振动及其他不稳定振动产生的原因，从而有效地加以控制

自激振动是一种恒定频率和恒定振幅的周期运动，与其他受周期性外作用激励的振动有本质区别。自激振动是有能源支持的非线性自治系统各个单元相互作用形成的稳态周期运动，是此类系统平衡状态失稳后的一种终极状态，描述其运动规律的数学模型都是非线性自治方程。

对自激振动的研究必须解决两个基本问题：如果自激振动是需要的，就要研究如何得到所需频率、功率和波形的振动；如果自激振动是有害的，就要研究如何设法消除它。解决问题的关键在于相位关系和能量平衡。

5）进行振动诊断，分析事故产生原因及控制环境噪声

在各种故障诊断技术中，基于振动分析判断机械工作状态、识别故障类型和位置、预测故障趋势的振动诊断方法占据着主导地位。振动诊断涉及两类基本问题，即故障分析与故障诊断。机械故障诊断，就是通过检测、提取、利用机械系统运行中所产生的相关信息，识别其技术状态，确定故障的性质，分析故障产生的原因，寻找故障部位，预报故障的发展趋势，并提出相应的对策。

机械故障诊断包含以下三个基本环节：①设备运行状态的检测和识别；②运行状态异常的故障分析、诊断与趋势预报；③故障治理方案的形成。

6）振动技术的利用

作为一种自然现象，振动存在着有利的一面，也存在着有害的一面。对于振动问题的研究，要充分利用振动现象为人类造福，如振动破碎、振动送料、振动球磨机和振动成型机等都是振动正向应用的实例。

思　考　题

判断以下陈述是否正确；如果有误，请指出错误所在，并给出正确说法：

1. 同静力系统相比，动力系统仅多了一个时间变量，求解问题的难度不大。

2. 机械系统是仅与机械设备相关的系统，与非机械设备无关。

3. 研究系统的动力学问题，就是已知系统和输入信号，求解和检测系统的输出信号，辨明系统的特性。

4. 根据系统的力学模型，动力学系统有线性系统和非线性系统两类。

5. 如果质量元件是刚性的，弹性元件在线弹性范围内变形，则系统一定是线性问题。

6. 由于振动现象影响机械装备的精度，所以在机械系统中，振动是不利因素，在任何设备中均须避免。

7. 叠加原理是解决一切动力学问题的普遍方法。

8. 在工程实际中，离散系统与连续系统是有本质区别的。任何情况下，质量连续分布的系统必须按照连续系统问题处理。

9. 机械设备完成设计并制造出以后，其系统参数即确定，因而该设备一定是定常系统。

10. 金属切削机床的加工对象确定后，在加工过程中该系统一定是确定性系统。

第2章　振动问题的力学基础

2.1　自由度与广义坐标

2.1.1　自由度

在动力问题分析中需要建立系统质量上的惯性力、弹性力、阻尼力与其加速度、速度、位移等运动参量之间的关系,而速度、加速度分别是位移对时间的一阶和二阶导数,位移又与质量在任意时刻所处的位置有关,由此就引出了自由度的概念。

完全确定一个物体在空间位置所需要的独立坐标数目,称为这个物体的**自由度**。一个刚体在空间任意运动时,可分解为质心 O 的平动和绕通过质心轴的转动,它既有平动自由度也有转动自由度。确定刚体质心 O 的位置,需三个独立坐标 (x, y, z),自由刚体有三个平动自由度 $t=3$。

确定刚体通过质心轴的空间方位的三个方位角 (α, β, γ) 中,只有其中两个是独立的,需两个转动自由度;另外还要确定刚体绕通过质心轴转过的角度 θ,还需一个转动自由度。这样,确定刚体绕通过质心轴的转动,共有三个转动自由度,$r=3$。所以,一个任意运动的刚体,一共有 6 个自由度,即 3 个平动自由度和 3 个转动自由度,即 $i=t+r=3+3=6$。

一个动力学系统的自由度,就是为了确定系统的质量在任一时刻的位置所需要的独立的几何参数(坐标)的数目。严格地说,所有动力学系统的质量虽都是连续分布的,即所有的振动系统都应是连续系统,具有无穷多个自由度。但是如果所有的系统都按无限自由度去分析计算,不仅十分困难,而且没有必要。因此,在许多情况下,我们都选择离散系统模型来分析动力学问题,也就是将系统简化为有限自由度系统。

当离散系统的自由度很多时,就可以逼近连续系统,因此离散系统和连续系统只是形式上的两种不同类型而已,其本质是一样的,只不过是人为地将其简化成两种不同的形式。而某一实际系统到底应该简化成离散系统还是连续系统,应按照实际系统要求及研究问题的精度指标而定。按照连续系统来考虑,求解更接近于实际,但分析计算烦琐,多数情况下不可能得到问题的精确解,所以在工程实际应用中常将连续系统进行离散化处理。系统自由度常用的简化方法有以下三种。

1) 集中质量法

把连续分布的质量集中到几个质点上,这是最直接的一种简化自由度的方法。许多机械设备,如机床、汽车等,在近似研究其整体振动特性时,可将连续分布的质量按静力等效原则进行集中。

振动系统的自由度并不是一成不变的,而是与所采用的计算假定有关。一般来说,计算假定越少,自由度就越多,就越能反映系统实际的动力性能,计算精度就越高,计算工作量也越大;反之,计算假定越多,自由度就越少,计算工作就越简便,但计算精度也就越低。对于一个实际动力学问题,应该同时兼顾计算精度和计算工作量,在不改变所研究问题的本质并保证足够的计算精确度的前提下,做出合理的假设,尽量减少自由度以简化计算。

例 2-1　对如图 2-1 所示的振动系统,按考虑定滑轮质量与不计定滑轮质量的情况分别确定系统的自由度。

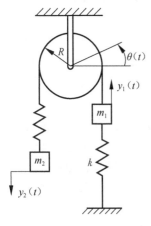

解　若不计定滑轮的质量,则本系统的两个集中质量 m_1 和 m_2 在任一时刻的位置可分别用它们在竖直方向的位移 $y_1(t)$ 和 $y_2(t)$ 来确定,系统的自由度为 2。若考虑定滑轮的质量,由于定滑轮做刚体定轴转动,只需用其转过的角度 $\theta(t)$ 就能描述其上所有质点在任何时刻的位置。而在绳子不打滑的前提下有

$$\theta(t) = \frac{y_1(t)}{R} \tag{2-1}$$

即 $\theta(t)$ 不是独立参量,故系统的自由度与不计定滑轮质量的情况相同,仍然为 2。

图 2-1　滑轮质块弹簧系统

2) 广义坐标法

与集中质量法采用真实的物理坐标的做法不同,广义坐标法是将质量连续分布的动力学系统的位移表达为满足位移边界条件的基函数的线性组合,这些组合系数就称为**广义坐标**。如对长为 l、质量连续分布的简支梁,设在 t 时刻,x 点的位移为 $y(x,t)$,可将它表示为

$$y(x,t) = \sum_{i=1}^{\infty} a_i(t)\sin\left(\frac{i\pi x}{l}\right) \tag{2-2}$$

式中,$\sin(i\pi x/l)$ 为基函数,满足梁的位移边界条件;$a_i(t)$ 为待定的组合系数即广义坐标。若求得各个广义坐标 $a_i(t)$,则 $y(x,t)$ 即可确定。在一般情况下,只需用前面有限的 n 项叠加就有足够的精度,即

$$y(x,t) = \sum_{i=1}^{n} a_i(t)\sin\left(\frac{i\pi x}{l}\right) \tag{2-3}$$

这样,一个无限自由度的连续系统就通过 n 个广义坐标,转化为一个 n 自由度系统。里茨法就是广义坐标法的一种。

3) 有限单元法

有限单元法是求解偏微分方程的一种通用的近似方法,当然也能用来近似求解动力学问题。它将实际动力学系统用由有限个仅在节点处相互连接的单元组成的离散系统来代替,对每个单元定义插值函数(前面的广义坐标法是在整个求解域上定义基函数),用节点的位移来表示单元内任一点的位移,然后将每个单元内各个相应节点的位移叠加,从而建立系统的求解方程。这样,一个无限自由度系统的振动问题,就转化为以节点位移为自由度的有限自由度动力学问题。

2.1.2 广义坐标

集中参数系统的自由度和广义坐标是与系统的约束有连带关系的两个概念。系统的**广义坐标**就是能够完备地描述系统运动的一组独立参变量。广义坐标具有两个特性,一是**完备性**,即能够完全地确定系统在任一时刻的位置或形状;二是**独立性**,即各个坐标都能在一定范围内任意取值,其间不存在函数关系。

广义坐标的完备性和独立性决定了广义坐标数目与系统的自由度是一致的,广义坐标数小于系统的自由度,坐标是不完备的;相反,广义坐标数大于系统的自由度,坐标是不独立的。

广义坐标不是唯一的,各组广义坐标都可以描述系统的运动,但运动方程的耦合方式和繁简是不同的。广义坐标可以是长度,也可以是角度。

各组广义坐标间存在确定的函数关系。如笛卡儿坐标、柱坐标和球坐标之间均存在函数关系。系统广义坐标的总体构成位形向量,位形向量所存在的空间称为**位形空间**。

如图 2-2 所示的双摆,质量为 m_1, m_2,在图示平面内摆动,可以用 m_1, m_2 的坐标 (x_1, y_1),(x_2, y_2) 来描述其运动,但是 m_1, m_2 的坐标并不独立,满足约束方程

图 2-2 双摆系统

$$x_1^2 + y_1^2 = l_1^2, \quad (x_2 - x_1)^2 + (y_2 - y_1)^2 = l_2^2$$

$$(2\text{-}4)$$

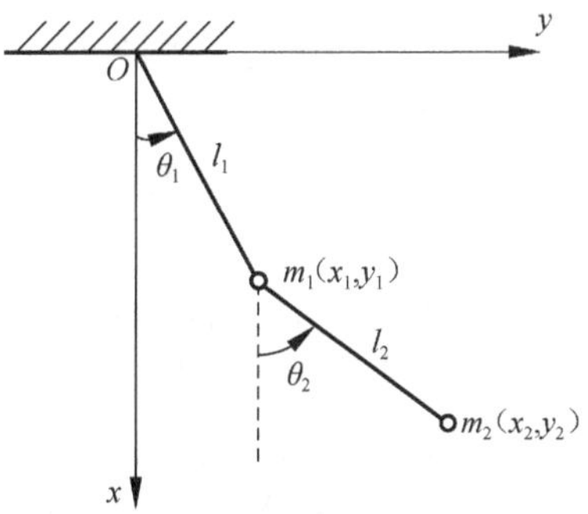

因此,坐标 (x_1, y_1),(x_2, y_2) 中只有两个是独立的,系统只有两个自由度,只需要两个参变量。

在约束方程(2-4)中,只包含一些坐标和常数项,这种约束称为**定常约束**。如果约束方程中显含时间项时,则称为**非定常约束**。

广义坐标用 q_i 表示,对于 n 个自由度系统来说,其 n 个广义坐标分别用 q_1,

$q_2, \cdots, q_n$ 来表示。

一般地,系统中任一点 i 的位置用矢径 $\boldsymbol{r}_i$ 表示,对于定常约束情况而言,$\boldsymbol{r}_i$ 均可以表达为广义坐标 q_i 的函数,即

$$\boldsymbol{r}_i = \boldsymbol{r}_i(q_1, q_2, \cdots, q_n) \tag{2-5}$$

式(2-5)也可写为投影形式,即

$$x_i = x_i(q_1, q_2, \cdots, q_n), \quad y_i = y_i(q_1, q_2, \cdots, q_n), \quad z_i = z_i(q_1, q_2, \cdots, q_n) \tag{2-6}$$

在如图 2-2 所示的双摆系统中,可以选择独立参变量 θ_1, θ_2 为广义坐标,也可以选择 y_1, y_2 为广义坐标,m_1, m_2 两质点的坐标和广义坐标之间存在下列关系:

$$x_1 = l_1\cos\theta_1, \quad y_1 = l_1\sin\theta_1, \quad x_2 = l_1\cos\theta_1 + l_2\cos\theta_2, \quad y_2 = l_1\sin\theta_1 + l_2\sin\theta_2 \tag{2-7}$$

在应用中应该根据需要选择合适的广义坐标,既要满足完备性,也要满足独立性。如图 2-2 所示的双摆系统最方便的就是选取 θ_1, θ_2 为广义坐标。

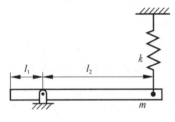

图 2-3　刚性杆弹簧系统

例 2-2　试求如图 2-3 所示刚性杆弹簧系统的自由度,并规定出一组该振动系统中可用的广义坐标系。

解　因为该杆是刚性的,所以该系统只有 1 个自由度。选择广义坐标为 θ,即杆的角位移,此角位移从系统的平衡状态开始,顺时针为正的方向度量。

例 2-3　试求如图 2-4 所示机械系统的自由度,并规定一组振动分析时可行的广义坐标系。

解　该系统有 3 个质块和 2 个圆盘,可以选择 5 个参量来描述,分别为:

θ_1:以 O_1 为圆心的圆盘从平衡位置起顺时针角位移;

θ_2:以 O_2 为圆心的圆盘从平衡位置起顺时针角位移;

x_1:质块 A 向上的位移;

x_2:质块 B 向上的位移;

x_3:质块 C 向下的位移。

注意到质块 A 向上的位移由 $r_1\theta_1$ 给出,即 $x_1 = r_1\theta_1$,对于该圆盘的运动是不独立的。故系统有 4 个自由度,一套可行的广义坐标为 $(x_2, x_3, \theta_1, \theta_2)$。

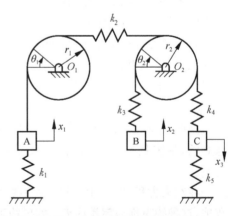

图 2-4　圆盘质块弹簧系统

2.2　虚位移原理与广义力

2.2.1　功与能

牛顿第二定律是讨论振动问题的基础,牛顿第二定律可以表示为

$$\boldsymbol{F} = m\ddot{\boldsymbol{r}} \tag{2-8}$$

在式(2-8)的两端点乘微分位移 $\mathrm{d}\boldsymbol{r}$,得到

$$\boldsymbol{F} \cdot \mathrm{d}\boldsymbol{r} = m\ddot{\boldsymbol{r}} \cdot \mathrm{d}\boldsymbol{r} = \mathrm{d}\left(\frac{1}{2}m\dot{\boldsymbol{r}} \cdot \dot{\boldsymbol{r}}\right)$$

上式左端表示力 $\boldsymbol{F}$ 在微分位移 $\mathrm{d}\boldsymbol{r}$ 上所做的功,将其记为 $\mathrm{d}W$;而右端表示一标量函数

$$T = \frac{1}{2}m\dot{\boldsymbol{r}} \cdot \dot{\boldsymbol{r}} = \frac{1}{2}m\dot{\boldsymbol{r}}^2 \tag{2-9}$$

的增量,此函数就是动能,从而可以得到

$$\mathrm{d}W = \boldsymbol{F} \cdot \mathrm{d}\boldsymbol{r} = \mathrm{d}T \tag{2-10}$$

即力 $\boldsymbol{F}$ 在 $\mathrm{d}\boldsymbol{r}$ 上做功,使质点的动能增加 $\mathrm{d}T$。如图 2-5 所示,如果质点在力 $\boldsymbol{F}$ 作用下,从位置 $\boldsymbol{r}_1$ 运动到 $\boldsymbol{r}_2$,则将式(2-10)从 $\boldsymbol{r}_1$ 到 $\boldsymbol{r}_2$ 积分,得到

$$\int_{\boldsymbol{r}_1}^{\boldsymbol{r}_2} \boldsymbol{F} \cdot \mathrm{d}\boldsymbol{r} = T_2 - T_1$$
$$= \frac{1}{2}m\dot{\boldsymbol{r}}_2 \cdot \dot{\boldsymbol{r}}_2 - \frac{1}{2}m\dot{\boldsymbol{r}}_1 \cdot \dot{\boldsymbol{r}}_1$$

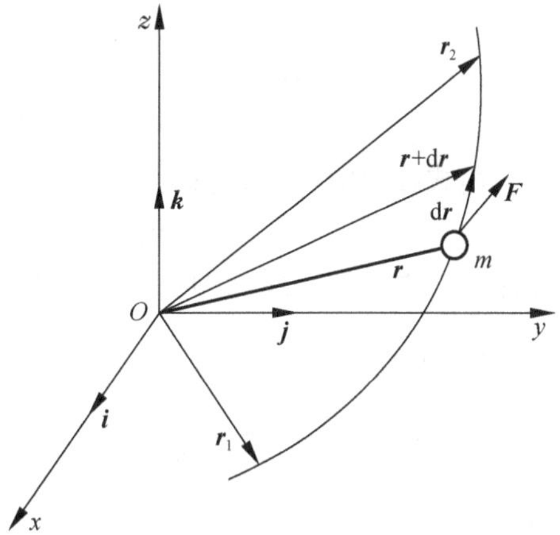

即 $\boldsymbol{F}$ 推动质点沿轨线从位置 $\boldsymbol{r}_1$ 移动到 $\boldsymbol{r}_2$ 所做的功等于质点动能的增量。在许多情况下,如果作用力 $\boldsymbol{F}$ 仅仅与质点所在的位置有关,即

$$\boldsymbol{F} = \boldsymbol{F}(\boldsymbol{r}) \tag{2-11}$$

图 2-5　质点的运动关系

则 $\boldsymbol{F} \cdot \mathrm{d}\boldsymbol{r}$ 可以表示为某一标量函数的全微分

$$\mathrm{d}W = \boldsymbol{F}(\boldsymbol{r}) \cdot \mathrm{d}\boldsymbol{r} = -\mathrm{d}V(\boldsymbol{r}) \tag{2-12}$$

式中,$V(\boldsymbol{r})$ 为势能函数;$\boldsymbol{F}(\boldsymbol{r})$ 为势场力,或称**保守力**。这表明势场力做功,消耗了质点的部分势能。将式(2-12)代入式(2-10),得到全微分

$$\mathrm{d}(T+V) = 0$$

即

$$T+V = E = \mathrm{const.} \tag{2-13}$$

即在势场力作用下,系统的机械能 E 保持为恒量,这就是**机械能守恒定律**。图 2-5 中,向量 $\boldsymbol{F}$ 可以写成坐标形式:

$$\boldsymbol{F} = F_x\boldsymbol{i} + F_y\boldsymbol{j} + F_z\boldsymbol{k} \tag{2-14}$$

式中,F_x,F_y,F_z 分别是 $\boldsymbol{F}$ 在 x,y,z 三个坐标轴上的投影;$\boldsymbol{i}$,$\boldsymbol{j}$,$\boldsymbol{k}$ 分别是三个坐标方向上的单位向量。向量 $\boldsymbol{r}$ 可以写成坐标形式:

$$\boldsymbol{r} = x\boldsymbol{i} + y\boldsymbol{j} + z\boldsymbol{k} \tag{2-15}$$

将式(2-14)和式(2-15)代入式(2-8)得到

$$F_x = m\ddot{x}, \quad F_y = m\ddot{y}, \quad F_z = m\ddot{z} \tag{2-16}$$

将式(2-14)和式(2-15)代入式(2-12)得到

$$F_x\mathrm{d}x + F_y\mathrm{d}y + F_z\mathrm{d}z = -\left(\frac{\partial V}{\partial x}\mathrm{d}x + \frac{\partial V}{\partial y}\mathrm{d}y + \frac{\partial V}{\partial z}\mathrm{d}z\right)$$

从而可以得到

$$F_x = -\frac{\partial V}{\partial x}, \quad F_y = -\frac{\partial V}{\partial y}, \quad F_z = -\frac{\partial V}{\partial z} \tag{2-17}$$

即势场力等于势能函数的梯度取负值。

一般情况下,当 $\boldsymbol{F}$ 有保守力 $\boldsymbol{F}_c$ 与非保守力 $\boldsymbol{F}_{nc}$ 两部分组成时,有

$$\boldsymbol{F} = \boldsymbol{F}_c + \boldsymbol{F}_{nc}$$

代入式(2-10),得到

$$\boldsymbol{F}_c \cdot \mathrm{d}\boldsymbol{r} + \boldsymbol{F}_{nc} \cdot \mathrm{d}\boldsymbol{r} = \mathrm{d}T$$

由式(2-12)可知,上式第一项为 $-\mathrm{d}V$,代入上式,得到

$$\boldsymbol{F}_{nc} \cdot \mathrm{d}\boldsymbol{r} = \mathrm{d}(V + T) = \mathrm{d}E \tag{2-18}$$

即保守力做功使得质点的机械能发生变化。

2.2.2　虚位移

在某给定瞬时,质点或质点系为约束所允许的无限小的位移称为质点或质点系的**虚位移**。

如图 2-6 所示,$\delta\theta$,δr_A,δr_B 分别是曲柄-滑块系统中点 O,A,B 处的虚位移。

虚位移与实际位移是两个截然不同的概念。二者的区别为:

(1) 实位移是质点系在一定时间 Δt 内真正实现的位移,不仅与约束条件有关,还与主动力、运动初始条件和时间有关。虚

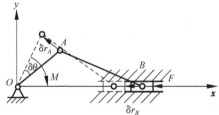

图 2-6　曲柄连杆滑块机构的虚位移

位移则是一个纯粹的几何概念,只与约束条件有关,不需经历时间。

(2) 实位移具有确定的方向,可能是微小值,也可能是有限值。虚位移为无穷

小,根据约束情况可能有多种不同的方向。

（3）一个平衡的物体,不会发生实位移,但可以使其具有虚位移。实位移可用矢径 r 的微分 dr 表示;虚位移由于是想象的,不需要时间,只取决于约束,因此用变分表示,如 δr 或其投影 δx_i, δy_i, δz_i 等。δ 是变分符号,表示在时间不变的情况下,线位移或角位移的无穷小变化。δ 的运算规则与微分算子"d"的运算规则相同,是为了强调虚位移并非在时间 dt 内实际发生的位移。由于虚位移必须适应约束条件的要求,虚位移的个数必须等于系统的自由度。如图 2-6 所示的杠杆两端的虚位移 δr_A 和 δr_B 其实只有一个是独立的,因为这是一个单自由度系统。

2.2.3　理想约束

设具有 N 个质点的系统处于静力平衡状态,则作用在其中每一个质点上的合力必然为零,即

$$\boldsymbol{R}_i = \boldsymbol{0}, \quad i = 1, 2, \cdots, N \tag{2-19}$$

式中,$\boldsymbol{R}_i$ 是作用在第 i 质点上的合力,包括施加力和约束力两部分。施加力包括主动施加的外力和质点之间主动作用的内力(如弹性连接的两个质点之间的内力),记为 $\boldsymbol{F}_i$;约束力是由约束产生的被动力,包括支反力和约束产生的内力(如刚性连接的质点之间的约束力),记为 $\boldsymbol{f}_i$,从而有

$$\boldsymbol{R}_i = \boldsymbol{F}_i + \boldsymbol{f}_i = \boldsymbol{0}, \quad i = 1, 2, \cdots, N \tag{2-20}$$

此合力在虚位移 δr_i 下所做的功,即虚功,应必然为零

$$\delta W = \boldsymbol{R}_i \cdot \delta \boldsymbol{r}_i = 0, \quad i = 1, 2, \cdots, N \tag{2-21}$$

这里

$$\delta \boldsymbol{r}_i = \delta x_i \boldsymbol{i} + \delta y_i \boldsymbol{j} + \delta z_i \boldsymbol{k}, \quad i = 1, 2, \cdots, N \tag{2-22}$$

将式(2-20)代入式(2-21),得到

$$\boldsymbol{F}_i \cdot \delta \boldsymbol{r}_i + \boldsymbol{f}_i \cdot \delta \boldsymbol{r}_i = 0, \quad i = 1, 2, \cdots, N \tag{2-23}$$

再对下标 i 求和,得到

$$\sum_{i=1}^{N} \boldsymbol{F}_i \cdot \delta \boldsymbol{r}_i + \sum_{i=1}^{N} \boldsymbol{f}_i \cdot \delta \boldsymbol{r}_i = 0 \tag{2-24}$$

如果式(2-24)中的第二项为零,即如果在质点系的任何虚位移上,质点系的所有约束反力的虚功之和等于零

$$\sum_{i=1}^{N} \boldsymbol{f}_i \cdot \delta \boldsymbol{r}_i = 0 \tag{2-25}$$

则称这种约束为**理想约束**。

如图 2-7 所示,两个光滑表面在 O 点相互接触,如果摩擦力可以略去,则两曲面间的约束力 $\boldsymbol{N}_1$, $\boldsymbol{N}_2$ 应沿接触点的公法线方向,其中 $\boldsymbol{N}_1$ 是曲面 2 对曲面 1 的作

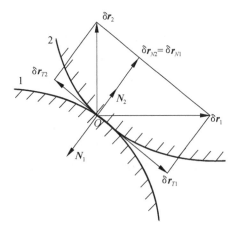

图 2-7　光滑接触

用力,而 N_2 是曲面 1 对曲面 2 的作用力,故有

$$N_1 = - N_2 \qquad (2\text{-}26)$$

两曲面的虚位移分别为 δr_1 及 δr_2,它们在接触点的公切线与公法线方向的分量分别是 δr_{T1},δr_{T2},δr_{N1} 及 δr_{N2}。其中 δr_{T1},δr_{T2} 由于分别与约束力 N_1,N_2 相垂直,因而约束力在该方向不做功。又由于两曲面相互啮合的约束力条件,必然有

$$\delta r_{N1} = \delta r_{N2} \qquad (2\text{-}27)$$

在此虚位移下,约束力做的虚功为

$$N_1 \cdot \delta r_1 + N_2 \cdot \delta r_2 = - N_1 \cdot \delta r_{N1} + N_2 \cdot \delta r_{N2} = 0$$

即式(2-25)得到满足。对于机械工程中所实际采用的许多种约束,如光滑支承面、光滑铰链、皮带传动、无重刚体杆等都可以作为理想约束。

2.2.4　虚位移原理

对于具有理想约束的质点系,将式(2-25)代入式(2-24)得到

$$\delta W = \sum_{i=1}^{N} F_i \cdot \delta r_i = 0 \qquad (2\text{-}28)$$

可见,具有理想约束的质点系平衡的充分必要条件是作用于质点系的主动力在任何虚位移中所做虚功之和等于零。这就是**虚功原理**,也叫做**虚位移原理**。式(2-28)是矢量形式的虚位移原理,也可写为直角坐标形式,即

$$\sum_i (F_{ix} \delta x_i + F_{iy} \delta y_i + F_{iz} \delta z_i) = 0 \qquad (2\text{-}29)$$

式中,F_{ix},F_{iy},F_{iz} 分别为作用于点 r_i 处的主动力 F_i 在坐标轴上的投影;δx_i,δy_i,δz_i 分别为虚位移 δr_i 在坐标轴上的投影。

2.2.5　广义力

式(2-28)是在直角坐标系表达的,为便于应用,将其变换到广义坐标。由式(2-5),求全微分,得

$$\delta r_i = \sum_{j=1}^{n} \frac{\partial r_i}{\partial q_j} \delta q_j \qquad (2\text{-}30)$$

即各质点在直角坐标系下的虚位移 δr_i 可以表达成其广义坐标的虚位移 δq_j 的线性组合。把式(2-30)代入式(2-28),得到

$$\delta W = \sum_{i=1}^{N} F_i \cdot \sum_{j=1}^{n} \frac{\partial r_i}{\partial q_j} \delta q_j = 0 \qquad (2\text{-}31)$$

变换求和次序,得到

$$\delta W = \sum_{j=1}^{n} \left(\sum_{i=1}^{N} \boldsymbol{F}_i \cdot \frac{\partial \boldsymbol{r}_i}{\partial q_j} \right) \delta q_j = 0$$

记

$$\sum_{i=1}^{N} \boldsymbol{F}_i \cdot \frac{\partial \boldsymbol{r}_i}{\partial q_j} = Q_j, \quad j = 1, 2, \cdots, n \tag{2-32}$$

得到

$$\delta W = \sum_{j=1}^{n} Q_j \delta q_j = 0 \tag{2-33}$$

此即在广义坐标下表达的虚位移原理,即系统处于静平衡的充要条件。其中 Q_j 为对应于广义坐标的广义力,其量纲与 q_j 的量纲有关,即 $Q_j \delta q_j$ 的乘积的量纲必须为功的量纲。因此,当 q_j 的量纲为转角时,Q_j 的量纲必须为力矩。式(2-33)所表示的条件还可以再进一步简化。注意到各广义坐标的取值是相互独立的,而约束的条件自动地满足,因此总可以令某一广义坐标上的虚位移不为零,如 $\delta q_j \neq 0$,而其他广义坐标上的虚位移均为零。由此代入式(2-33),必然得到所对应的 $Q_j = 0$,对所有的广义坐标利用同样的方法,可以得到虚位移原理的另一表述为:在理想约束情况下,n 个自由度的系统处于平衡的充要条件是其 n 个广义力为零,即

$$Q_j = 0, \quad j = 1, 2, \cdots, n \tag{2-34}$$

下面讨论广义力的求法。

方法一　用公式直接计算

用各向量在坐标轴上的投影表示时,式(2-32)可以写为

$$Q_j = \sum_{i=1}^{N} \left(F_{ix} \frac{\partial x_i}{\partial q_j} + F_{iy} \frac{\partial y_i}{\partial q_j} + F_{iz} \frac{\partial z_i}{\partial q_j} \right) \tag{2-35}$$

式中,F_{ix}, F_{iy}, F_{iz} 分别为作用于点 $\boldsymbol{r}_i$ 处的主动力 $\boldsymbol{F}_i$ 在坐标轴上的投影;x_i, y_i, z_i 分别为点 $\boldsymbol{r}_i$ 的位置坐标。

对于保守系统,如果主动力是有势力,则当势能 V 已知时,主动力和势能的关系为

$$F_{ix} = -\frac{\partial V}{\partial x_i}, \quad F_{iy} = -\frac{\partial V}{\partial y_i}, \quad F_{iz} = -\frac{\partial V}{\partial z_i}$$

广义力可表示为

$$Q_j = \sum_{i=1}^{N} \left(-\frac{\partial V}{\partial x_i} \frac{\partial x_i}{\partial q_j} - \frac{\partial V}{\partial y_i} \frac{\partial y_i}{\partial q_j} - \frac{\partial V}{\partial z_i} \frac{\partial z_i}{\partial q_j} \right) = -\frac{\partial V}{\partial q_j} \tag{2-36}$$

方法二　利用虚位移原理间接计算

给 q_j 一个增量 δq_j,而其他广义坐标保持不变,即虚位移是相互独立的,可令

$$\delta q_i \neq 0 (i = j), \quad \delta q_i = 0 (i \neq j)$$

主动力元功之和为 $\delta W_j = Q_j \delta q_j$,因而有

$$Q_j = \frac{\delta W_j}{\delta q_j} \tag{2-37}$$

在工程实际问题中,如果对一具体的两自由度机械系统,可以利用主动力的功率 P 与广义速度的关系式求得广义力,即

$$P = Q_1 \dot{q}_1 + Q_2 \dot{q}_2 \tag{2-38}$$

式中,Q_1,Q_2 是广义速度对应的广义力。

例 2-4　在如图 2-2 所示的双摆系统中,杆的质量不计,杆长分别为 l_1,l_2,两杆的末端各自连接一个质量分别为 m_1,m_2 的小球。在 m_2 上作用有一水平力 $\boldsymbol{F}$,试求此双摆在铅直面内的平衡位置。

解　双摆是两自由度系统,取固定坐标系 Oxy,取 θ_1,θ_2 为广义坐标,则固定坐标系和广义坐标之间存在式(2-7)的关系。对式(2-7)求变分得

$$\delta x_1 = -l_1 \sin\theta_1 \delta\theta_1, \quad \delta x_2 = -l_1 \sin\theta_1 \delta\theta_1 - l_2 \sin\theta_2 \delta\theta_2$$

$$\delta y_1 = l_1 \cos\theta_1 \delta\theta_1, \quad \delta y_2 = l_1 \cos\theta_1 \delta\theta_1 + l_2 \cos\theta_2 \delta\theta_2$$

各主动力在坐标轴上的投影为

$$F_{1x} = m_1 g, \quad F_{2x} = m_2 g, \quad F_{2y} = F$$

由于该双摆系统的主动力不全是有势力,采用第二种方法求广义力。

由虚位移原理,即式(2-10)可得 $F_{1x}\delta x_1 + F_{2x}\delta x_2 + F_{2y}\delta y_2 = 0$,即

$$m_1 g(-l_1 \sin\theta_1 \delta\theta_1) + m_2 g(-l_1 \sin\theta_1 \delta\theta_1 - l_2 \sin\theta_2 \delta\theta_2)$$

$$+ F(l_1 \cos\theta_1 \delta\theta_1 + l_2 \cos\theta_2 \delta\theta_2) = 0$$

整理得

$$(F\cos\theta_1 - m_1 g\sin\theta_1 - m_2 g\sin\theta_1)l_1 \delta\theta_1 + (F\cos\theta_2 - m_2 g\sin\theta_2)l_2 \delta\theta_2 = 0$$

因为虚位移是相互独立的,所以上式中 $\delta\theta_1$,$\delta\theta_2$ 前的系数须分别为零,即

$$F\cos\theta_1 - m_1 g\sin\theta_1 - m_2 g\sin\theta_1 = 0, \quad F\cos\theta_2 - m_2 g\sin\theta_2 = 0$$

从上两式中分别可得

$$\theta_1 = \arctan\left[\frac{F}{(m_1 + m_2)g}\right], \quad \theta_2 = \arctan\left(\frac{F}{m_2 g}\right)$$

2.3　影响系数、系统机械能与互易定理

2.3.1　影响系数

1. 刚度影响系数

对于如图 2-8 所示的多自由度系统,**刚度影响系数** k_{ij} 定义为在坐标 q_j 上产生单位位移 $q_j(t)=1$,而在坐标 $q_i(t)$ 上需要施加的力,它表征了线性系统在外力作用下的刚度特性。

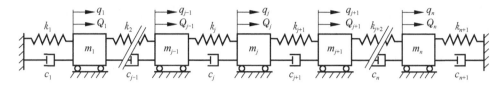

图 2-8 多自由度系统

按照刚度影响系数的定义,系统在坐标 $q_j(t)$ 处的位移在坐标 $q_i(t)$ 上产生的力为 $k_{ij}q_j(t)$。应用叠加原理,系统在各个自由度上的位移 $q_j(t)(j=1,2,\cdots,n)$ 在 $q_i(t)$ 上产生的力为

$$Q_i(t) = \sum_{j=1}^{n} k_{ij}q_j(t), \quad i=1,2,\cdots,n \tag{2-39}$$

式中,$q_j(t)$ 是广义坐标;$Q_i(t)$ 是广义力。以 $\{q(t)\}$,$\{Q(t)\}$ 表示系统的广义坐标列向量和广义力列向量。式(2-39)写成矩阵形式为

$$\{Q(t)\} = [k]\{q(t)\} \tag{2-40}$$

式中,$[k]$ 为由刚度影响系数 $k_{ij}(i,j=1,2,\cdots,n)$ 组成的 $n \times n$ 方阵,称为**刚度矩阵**。

2. 柔度影响系数

对于图 2-8 所示的多自由度系统,**柔度影响系数** a_{ij} 定义为在坐标 $q_j(t)$ 上作用单位力 $Q_j(t)=1$,而在坐标 $q_i(t)$ 处所引起的位移,它表征了线性系统在外力作用下的变形情况,即柔度特性。

按照柔度影响系数的定义,系统在坐标 $q_j(t)$ 处的力 $Q_j(t)$ 在坐标 $q_i(t)$ 上产生的位移为 $a_{ij}Q_j(t)$。应用叠加原理,系统在各个自由度上的作用力 $Q_j(t)(j=1,2,\cdots,n)$ 在 $q_i(t)$ 上产生的位移为

$$q_i(t) = \sum_{j=1}^{n} a_{ij}Q_j(t), \quad i=1,2,\cdots,n \tag{2-41}$$

式(2-41)写成矩阵形式为

$$\{q(t)\} = [a]\{Q(t)\} \tag{2-42}$$

式中,$[a]$ 为由柔度影响系数 $a_{ij}(i,j=1,2,\cdots,n)$ 组成的 $n \times n$ 方阵,称为**柔度矩阵**。

将式(2-42)代入式(2-40),得

$$\{q(t)\} = [a][k]\{q(t)\}$$

故有

$$[a][k] = [I] \tag{2-43}$$

由上式可知,当 $[k]$ 存在逆矩阵时,柔度矩阵 $[a]$ 与刚度矩阵 $[k]$ 互为逆矩阵。

即$[a]=[k]^{-1}$。这一性质与单自由度系统的刚度系数 k 和柔度系数 a 之间的关系相似。

2.3.2 势能及其线性化

1. 势能及其广义坐标表达式

对于如图 2-9(a)所示的单独的弹簧,当受到拉伸变形时,其位移由零增加到 q,而作用在弹簧上的作用力则由 0 逐渐增加到 $Q=kq$,如图 2-9(b)所示,系统的势能等于有阴影的三角形的面积

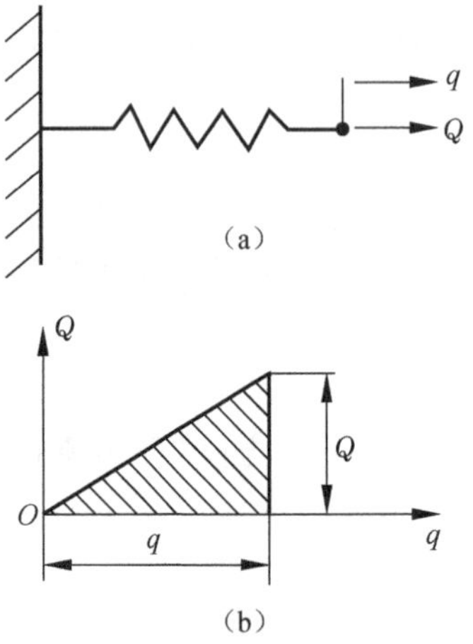

$$V = \frac{1}{2}Qq = \frac{1}{2}kq \cdot q = \frac{1}{2}kq^2 = \frac{1}{2}aQ^2$$

(2-44)

图 2-9 弹簧势能及其表达

这是一个关于 q 或 Q 的二次函数。

对于如图 2-8 所示的多自由度线性系统,有 n 个力 Q_i 作用在系统上,先不妨设想各力是按照比例施加上去的,并且假设加载过程十分缓慢,因而不会引起动态效应。现在考虑质块 m_i,在加载过程中其上受到的作用力由 0 增加到 Q_i,而其位移也相应地由零增加到 q_i,可以得到作用在 m_i 上的外力做功,即系统由此获得的势能为

$$V_i = \frac{1}{2}Q_i q_i$$

对于各个质块的受力与变形都作同样的分析,因此整个系统的势能为

$$V = \sum_{i=1}^{n} V_i = \frac{1}{2}\sum_{i=1}^{n} Q_i q_i \tag{2-45}$$

为了讨论问题的需要,有必要将系统的动能和势能表示为广义坐标及广义速度的表达式,并将其线性化。一般而言,势能是系统的位形的函数,即

$$V = V(\boldsymbol{r}_1, \boldsymbol{r}_2, \cdots, \boldsymbol{r}_N) \tag{2-46}$$

将式(2-5)代入式(2-46),可将势能表示成广义坐标的函数,即

$$V = V(q_1, q_2, \cdots, q_n) \tag{2-47}$$

由式(2-12),保守力在虚位移下所做的虚功为

$$\delta W = -\,\mathrm{d}V = -\sum_{j=1}^{n} \frac{\partial V}{\partial q_j}\delta q_j$$

与式(2-33)比较,可知广义力与势能函数的关系为

$$Q_j = -\frac{\partial V}{\partial q_j}, \quad j = 1, 2, \cdots, n \tag{2-48}$$

与式(2-34)比较,得到系统静平衡的充要条件为

$$\frac{\partial V}{\partial q_j} = 0, \quad j = 1, 2, \cdots, n \tag{2-49}$$

即只在保守力作用下的系统,在其势能函数的驻值点上实现平衡。将式(2-39)代入式(2-45),得

$$V = \frac{1}{2} \sum_{i=1}^{n} \left(\sum_{j=1}^{n} k_{ij} q_j \right) q_i = \frac{1}{2} \sum_{i=1}^{n} \sum_{j=1}^{n} k_{ij} q_i q_j \tag{2-50}$$

这里将势能表示成系统状态(即其广义坐标)的函数。事实上,势能只由系统的状态确定,而与到达该状态的加载过程无关。所以式(2-50)适用于任何缓变的加载过程。

从式(2-50)可见,势能是广义坐标的二次齐次函数,也称为二次型,其系数即为系统的刚度影响系数,可用矩阵形式表达为

$$V = \frac{1}{2} \{q\}^{\mathrm{T}} [k] \{q\} \tag{2-51}$$

式中,$[k]$是刚度矩阵;$\{q\}$是广义坐标向量。

另一方面,将式(2-41)代入式(2-45),得

$$V = \frac{1}{2} \sum_{i=1}^{n} Q_i \left(\sum_{j=1}^{n} a_{ij} Q_j \right) = \frac{1}{2} \sum_{i=1}^{n} \sum_{j=1}^{n} a_{ij} Q_i Q_j \tag{2-52}$$

式(2-52)可用矩阵形式表达为

$$V = \frac{1}{2} \{Q\}^{\mathrm{T}} [a] \{Q\}$$

式中,$[a]$是柔度矩阵;$\{Q\}$是广义力向量。

例 2-5　对于如图 2-10 所示的机构,线性弹簧原长为 x_0,系统的约束如图中所示,当弹簧未伸长时,可以不计质量的刚性杆处于水平位置,如图中虚线所示。试以虚功原理确定系统处于静平衡位置时的 θ 角。

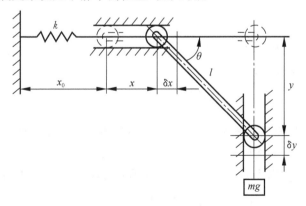

图 2-10　杆-轮-弹簧机构

解　在平衡位置附近,系统产生的虚位移为 $\delta x, \delta y$,则弹性力与重力所做的虚功和为

$$\delta W = -kx\delta x + mg\delta y = 0 \tag{2-53}$$

系统为单自由度系统,取 θ 角为广义坐标,由几何关系可以得到 x, y 坐标与 θ 角的关系为

$$x = l(1-\cos\theta), \quad y = l\sin\theta$$

对上式两端取微分,得到

$$\delta x = l\sin\theta\delta\theta, \quad \delta y = l\cos\theta\delta\theta \tag{2-54}$$

将式(2-54)代入式(2-53),得到

$$\delta W = -kl(1-\cos\theta)\sin\theta + mg\cos\theta = 0$$

化简得到

$$(1-\cos\theta)\tan\theta = \frac{mg}{kl} \tag{2-55}$$

式(2-55)就是确定平衡时的广义坐标 θ 值的表达式。

2. 势能的线性化

式(2-47)表明系统的势能可以表示为广义坐标的函数,为了将系统线性化,将此函数在原点附近展成泰勒(Taylor)级数

$$V = V(q_1, q_2, \cdots, q_n)$$

$$= V(0,0,\cdots,0) + \sum_{j=1}^{n} \frac{\partial V}{\partial q_j}\bigg|_{(0,0,\cdots,0)} q_j + \frac{1}{2}\sum_{r=1}^{n}\sum_{s=1}^{n} \frac{\partial^2 V}{\partial q_r \partial q_s}\bigg|_{(0,0,\cdots,0)} q_r q_s + \cdots \tag{2-56}$$

现将该式作如下简化:

第一,不失一般性,总可以选定广义坐标的原点作为计算势能函数的零点,于是有

$$V(0,0,\cdots,0) = 0$$

第二,总可以将坐标的原点设在系统的平衡点上,于是按照式(2-48),式(2-56)等号右边第二项又应该为零,即

$$\sum_{j=1}^{n} \frac{\partial V}{\partial q_j}\bigg|_{(0,0,\cdots,0)} q_j = 0$$

第三,假定系统只在坐标原点附近的小范围内振动,因而 q_i 均很小,于是式(2-56)中三次及三次以上的乘积项均可以略去不计。

基于以上三点假定,可以将系统的势能函数写成广义坐标的二次型

$$V = \frac{1}{2}\sum_{r=1}^{n}\sum_{s=1}^{n} \frac{\partial^2 V}{\partial q_r \partial q_s}\bigg|_{(0,0,\cdots,0)} q_r q_s \tag{2-57}$$

令

$$k_{rs} = k_{sr} = \frac{\partial^2 V}{\partial q_r \partial q_s}\bigg|_{(0,0,\cdots,0)}, \quad r,s = 1,2,\cdots,n \tag{2-58}$$

则式(2-57)可写成

$$V = \frac{1}{2}\sum_{r=1}^{n}\sum_{s=1}^{n}k_{rs}q_r q_s \tag{2-59}$$

式中,系数 k_{rs} 均为常数,由式(2-58)给出。式(2-59)与式(2-50)具有相同的形式,是已经线性化的势能函数, k_{rs} 即为弹性系数。

2.3.3　动能的广义坐标表达式及其线性化

1. 动能及其广义坐标表达式

由式(2-9),单个质点的动能为

$$T_i = \frac{1}{2}m_i \dot{\boldsymbol{r}}_i^2 \tag{2-60}$$

由于动能是可加量,全系统中 N 个质点的总动能为

$$T = \sum_{i=1}^{N} T_i = \frac{1}{2}\sum_{i=1}^{N}m_i \dot{\boldsymbol{r}}_i \cdot \dot{\boldsymbol{r}}_i \tag{2-61}$$

以广义坐标 q_i 及广义速度 $\dot{q}_i$ 来表示系统的动能。由式(2-5)对时间求导数,得

$$\dot{\boldsymbol{r}}_i = \sum_{r=1}^{n}\frac{\partial \boldsymbol{r}_r}{\partial q_r}\dot{q}_r \tag{2-62}$$

代入式(2-61),得

$$T = \frac{1}{2}\sum_{i=1}^{N}m_i\left(\sum_{r=1}^{n}\frac{\partial \boldsymbol{r}_r}{\partial q_r}\dot{q}_r\right)\left(\sum_{s=1}^{n}\frac{\partial \boldsymbol{r}_s}{\partial q_s}\dot{q}_s\right)$$

改变求和次序,得

$$T = \frac{1}{2}\sum_{r=1}^{n}\sum_{s=1}^{n}\left(\sum_{i=1}^{N}m_i\frac{\partial \boldsymbol{r}_r}{\partial q_r}\cdot\frac{\partial \boldsymbol{r}_s}{\partial q_s}\right)\dot{q}_r\dot{q}_s = \frac{1}{2}\sum_{r=1}^{n}\sum_{s=1}^{n}m_{rs}\dot{q}_r\dot{q}_s \tag{2-63}$$

式中

$$m_{rs} = \sum_{i=1}^{N}m_i\frac{\partial \boldsymbol{r}_r}{\partial q_r}\cdot\frac{\partial \boldsymbol{r}_s}{\partial q_s} \tag{2-64}$$

式(2-63)写成二次型的矩阵形式为

$$T = \frac{1}{2}\{\dot{q}\}^{\mathrm{T}}[m]\{\dot{q}\} \tag{2-65}$$

式(2-65)表明系统的动能可表示为广义速度的二次型函数。但必须注意,此二次型的系数 m_{rs} 一般也是广义坐标的函数。

例 2-6　对于如图 2-2 所示的双摆系统,试以 θ_1, θ_2 为广义坐标表达系统的动

能和势能。

解　取 y 轴为重力势能的零点,系统的势能可表示为

$$V = -m_1 g x_1 - m_2 g x_2$$

将式(2-7)的第二、第四式代入上式,得到以广义坐标 θ_1, θ_2 表示的势能表达式

$$V(\theta_1, \theta_2) = -m_1 g l_1 \sin\theta_1 - m_2 g (l_1 \sin\theta_1 + l_2 \sin\theta_2)$$

系统的动能为

$$T = \frac{1}{2} m_1 v_1^2 + \frac{1}{2} m_2 v_2^2$$

式中, v_1, v_2 分别为两质点 m_1, m_2 的线速度,用固定坐标表示为

$$v_1^2 = \dot{x}_1^2 + \dot{y}_1^2, \quad v_2^2 = \dot{x}_2^2 + \dot{y}_2^2$$

将式(2-7)求导后代入,得

$$v_1^2 = (-l_1 \dot{\theta}_1 \sin\theta_1)^2 + (l_1 \dot{\theta}_1 \cos\theta_1)^2$$

$$v_2^2 = (-l_1 \dot{\theta}_1 \sin\theta_1 - l_2 \dot{\theta}_2 \sin\theta_2)^2 + (l_1 \dot{\theta}_1 \cos\theta_1 + l_2 \dot{\theta}_2 \cos\theta_2)^2$$

化简得

$$v_1^2 = (l_1 \dot{\theta}_1)^2, \quad v_2^2 = (l_1 \dot{\theta}_1)^2 + (l_2 \dot{\theta}_2)^2 + 2 l_1 l_2 \dot{\theta}_1 \dot{\theta}_2 \cos(\theta_2 - \theta_1)$$

代入式(2-63)并整理,得到以广义坐标和广义速度表达的动能为

$$T(\theta_1, \theta_1, \dot{\theta}_1, \dot{\theta}_2) = \frac{1}{2}(m_1 + m_2) l_1^2 \dot{\theta}_1^2 + m_2 l_1 l_2 \dot{\theta}_1 \dot{\theta}_2 \cos(\theta_2 - \theta_1) + \frac{1}{2} m_2 l_2^2 \dot{\theta}_2^2$$

从上式可以看出,动能 T 确实是广义速度 $\dot{\theta}_1, \dot{\theta}_2$ 的二次型,且此二次型的系数 $m_2 l_1 l_2 \cos(\theta_2 - \theta_1)$ 又是广义坐标的函数。

2. 动能的线性化

从式(2-63)和例 2-6 可知,系统的动能 T 是广义速度的二次型。一般而言,二次型的系数 m_{rs} 是广义坐标的函数,即

$$m_{rs} = m_{rs}(q_1, q_2, \cdots, q_n)$$

为将系统线性化,可以将上式在原点附近展开,对于线性问题,要求 q_i 均很小,因此可将展开式中的 q_i 中的一次及高次项均略去,而仅保留常数项,于是有

$$m_{rs} = m_{rs}(0, 0, \cdots, 0) \tag{2-66}$$

这样,式(2-63)中系数 m_{rs} 均成为常数,成为线性系统的动能函数, m_{rs} 即为质量系数。

2.3.4　互易定理

柔度矩阵 $[a]$ 和刚度矩阵 $[k]$ 是对称矩阵,下面给出一般性证明。

对于如图 2-8 所示系统,假设 Q_i 作用在 m_i 上,此时系统在坐标 q_i 处的位移为 $q_i' = a_{ii} Q_i$,在坐标 q_j 处的位移为 $q_j' = a_{ji} Q_i$,系统因 Q_i 作用而产生的动能为

$$\frac{1}{2}Q_i q_i' = \frac{1}{2}a_{ii}Q_i^2 \tag{2-67}$$

保持 Q_i 不变,在系统的 m_j 上再施加一个力 Q_j,按照叠加原理,在坐标 q_i,q_j 处增加的位移分别为 $q_i'' = a_{ij}Q_j$ 和 $q_j'' = a_{jj}Q_j$,从而系统的势能改变为 $Q_i q_i'' + Q_j q_j''/2$,系统的总势能为

$$\frac{1}{2}Q_i q_i' + Q_i q_i'' + \frac{1}{2}Q_j q_j'' = \frac{1}{2}a_{ii}Q_i^2 + a_{ij}Q_i Q_j + \frac{1}{2}a_{jj}Q_j^2 \tag{2-68}$$

现在,改变加力次序,即先加 Q_j,再加 Q_i 以同样的分析方法,可以得到系统的总势能为

$$\frac{1}{2}Q_j q_j' + Q_j q_j'' + \frac{1}{2}Q_i q_i'' = \frac{1}{2}a_{jj}Q_j^2 + a_{ji}Q_i Q_j + \frac{1}{2}a_{ii}Q_i^2 \tag{2-69}$$

系统的势能只是状态的函数,而与加载过程无关,也与加载次序无关。因此,方程(2-68)和(2-69)的右端必然相等,故得

$$a_{ij}Q_i Q_j = a_{ji}Q_j Q_i \tag{2-70}$$

从而得到

$$a_{ij} = a_{ji}, \quad i,j = 1,2,\cdots,n \tag{2-71}$$

式(2-71)称为麦克斯韦(Maxwell)互易定理,它对于一般的线性问题而言都成立。从式(2-71)可知 $[a]=[a]^{\mathrm{T}}$,而考虑到式(2-43),又有 $[k]=[k]^{\mathrm{T}}$,进而有

$$k_{ij} = k_{ji}, \quad i,j = 1,2,\cdots,n \tag{2-72}$$

由此证明了刚度矩阵与柔度矩阵均应为对称矩阵。

2.4　建立振动方程的原理与常用方法

2.4.1　达朗贝尔原理

1. 惯性力

惯性力是指物体在外力作用下发生运动状态改变时,给予施力物体的反作用力。

如图 2-11 所示,非自由质点 A 沿轨迹 S 运动,受到主动力 $\mathbf{F}$ 和约束力 $\mathbf{F}_\mathrm{N}$ 作用,根据牛顿第二定律,有 $\mathbf{F}+\mathbf{F}_\mathrm{N}=m\mathbf{a}$,即

$$\mathbf{F} + \mathbf{F}_\mathrm{N} - m\mathbf{a} = \mathbf{0} \tag{2-73}$$

所以惯性力为

$$\mathbf{F}_\mathrm{I} = -m\mathbf{a} \tag{2-74}$$

惯性力的方向与物体加速度的方向相反,作用在使物体运动状态发生改变的施力物体上。

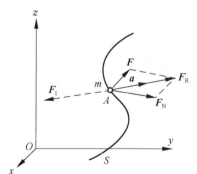

图 2-11　非自由质点的运动

2. 质点的达朗贝尔原理

由式(2-73)和式(2-74)可得

$$\boldsymbol{F} + \boldsymbol{F}_{\mathrm{N}} + \boldsymbol{F}_{\mathrm{I}} = \boldsymbol{0} \tag{2-75}$$

式(2-75)是非自由质点的达朗贝尔原理,它所描述的是在质点运动的任一瞬时,作用在质点上的主动力和约束力与假想施加在质点上的惯性力,在形式上组成一个平衡力系。达朗贝尔原理是求解有约束质点系动力问题的基本方法。

式(2-75)在形式上与静力学的平衡方程一致。但静力学中构成平衡力系的都是外界物体对质点的作用力,而惯性力并不是外加的。所以,惯性力是一种为了便于解决问题而假设的"虚拟力"。

3. 质点系的达朗贝尔原理

设质点系由 n 个质点组成,其中质量为 m_i 的质点在主动力 $\boldsymbol{F}_i$ 和约束力 $\boldsymbol{F}_{\mathrm{N}i}$ 的作用下运动。其加速度为 $\boldsymbol{a}_i$,该质点的惯性力为 $\boldsymbol{F}_{\mathrm{I}i} = -m_i\boldsymbol{a}_i$,根据质点的达朗贝尔原理有

$$\boldsymbol{F}_i + \boldsymbol{F}_{\mathrm{N}i} + \boldsymbol{F}_{\mathrm{I}i} = \boldsymbol{0}, \quad i = 1, 2, \cdots, n \tag{2-76}$$

对质点系的每个质点都作这样的处理,则作用于整个质点系的主动力系、约束力系和惯性力系组成一空间力系,此时力系的主矢和力系向任一点 O 简化的主矩都等于零,即由式(2-73)可知,质点系运动的每一瞬时,作用于系内每个质点上的主动力、约束力和质点的惯性力构成一平衡力系,这就是质点系的达朗贝尔原理。利用静力学平衡方程,有

$$\sum_{i=1}^{n}\boldsymbol{F}_i + \sum_{i=1}^{n}\boldsymbol{F}_{\mathrm{N}i} + \sum_{i=1}^{n}\boldsymbol{F}_{\mathrm{I}i} = \boldsymbol{0}, \quad \sum_{i=1}^{n}M_O(\boldsymbol{F}_i) + \sum_{i=1}^{n}M_O(\boldsymbol{F}_{\mathrm{N}i}) + \sum_{i=1}^{n}M_O(\boldsymbol{F}_{\mathrm{I}i}) = 0 \tag{2-77}$$

如果将力系按外力系和内力系划分,用 $\sum\limits_{i=1}^{n}\boldsymbol{F}_i^{(\mathrm{e})}$ 和 $\sum\limits_{i=1}^{n}\boldsymbol{F}_i^{(\mathrm{i})}$ 分别表示质点系外力系主矢和内力系主矢, $\sum\limits_{i=1}^{n}M_O(\boldsymbol{F}_i^{(\mathrm{e})})$ 和 $\sum\limits_{i=1}^{n}M_O(\boldsymbol{F}_i^{(\mathrm{i})})$ 分别表示质点系外力系和内力系对任一点 O 的主矩,由于质点系内力系的主矢和主矩均等于零,故式(2-77)可以改写为

$$\sum_{i=1}^{n}\boldsymbol{F}_i^{(\mathrm{e})} + \sum_{i=1}^{n}\boldsymbol{F}_{\mathrm{I}i} = \boldsymbol{0}, \quad \sum_{i=1}^{n}M_O(\boldsymbol{F}_i^{(\mathrm{e})}) + \sum_{i=1}^{n}M_O(\boldsymbol{F}_{\mathrm{I}i}) = 0 \tag{2-78}$$

式(2-78)表明:任一瞬时,作用于质点系上的外力系和虚加在质点系上的惯性力系在形式上构成一平衡力系。

2.4.2　动力学普遍方程

按照达朗贝尔原理,质点系所有的主动力、约束力和惯性力构成一个平衡力系。如果该质点系所受的约束均为理想约束,考虑到 $\sum\limits_{i=1}^{n} \boldsymbol{F}_{Ni} \cdot \delta\boldsymbol{r}_i = 0$,由虚位移原理有

$$\delta W = \sum_{i=1}^{n} (\boldsymbol{F}_i + \boldsymbol{F}_{Ii}) \cdot \delta\boldsymbol{r}_i = 0$$

由于 $\boldsymbol{F}_{Ii} = -m_i\boldsymbol{a}_i = -m_i\ddot{\boldsymbol{r}}_i$,上式可写为

$$\delta W = \sum_{i=1}^{n} (\boldsymbol{F}_i - m_i\ddot{\boldsymbol{r}}_i) \cdot \delta\boldsymbol{r}_i = 0 \tag{2-79}$$

式(2-79)称为**动力学普遍方程**,即在有理想约束的质点系在运动过程中,其上所受的主动力和惯性力在质点系的任何虚位移上所做的虚功之和为零。

动力学普遍方程也可写成下列直角坐标的形式:

$$\sum_{i=1}^{n} \left[(F_{ix} - m_i\ddot{r}_{ix}) \cdot \delta r_{ix} + (F_{iy} - m_i\ddot{r}_{iy}) \cdot \delta r_{iy} + (F_{iz} - m_i\ddot{r}_{iz}) \cdot \delta r_{iz} \right] = 0 \tag{2-80}$$

2.4.3　拉格朗日方程

在动力学普遍方程(2-79)中,左边由两部分组成,可以写为

$$\sum_{i=1}^{N} \boldsymbol{F}_i \cdot \delta\boldsymbol{r}_i - \sum_{i=1}^{N} m_i\ddot{\boldsymbol{r}}_i \cdot \delta\boldsymbol{r}_i = 0 \tag{2-81}$$

式(2-81)第一项为施加力所做的虚功,此虚功又可用广义力与广义坐标上的虚位移表示,即式(2-33)。以下证明式(2-81)中的第二个和式,即惯性力的虚功部分,可表示为

$$\sum_{i=1}^{N} m_i\ddot{\boldsymbol{r}}_i \cdot \delta\boldsymbol{r}_i = \sum_{j=1}^{n} \left[\frac{\mathrm{d}}{\mathrm{d}t}\left(\frac{\partial T}{\partial \dot{q}_j}\right) - \frac{\partial T}{\partial q_j} \right] \delta q_j \tag{2-82}$$

式中,T 为系统的动能,将式(2-30)代入式(2-82)左边,并交换求和次序,得

$$\sum_{i=1}^{N} m_i\ddot{\boldsymbol{r}}_i \cdot \delta\boldsymbol{r}_i = \sum_{j=1}^{n} \left(\sum_{i=1}^{N} m_i\ddot{\boldsymbol{r}}_i \cdot \frac{\partial \boldsymbol{r}_i}{\partial q_j} \right) \delta q_j \tag{2-83}$$

从式(2-83)等号右边双重求和符号中拿出一项,加以变化为

$$m_i\ddot{\boldsymbol{r}}_i \cdot \frac{\partial \boldsymbol{r}_i}{\partial q_j} = \frac{\mathrm{d}}{\mathrm{d}t}\left(m_i\dot{\boldsymbol{r}}_i \cdot \frac{\partial \boldsymbol{r}_i}{\partial q_j} \right) - m_i\dot{\boldsymbol{r}}_i \cdot \frac{\mathrm{d}}{\mathrm{d}t}\left(\frac{\partial \boldsymbol{r}_i}{\partial q_j} \right) \tag{2-84}$$

注意到式(2-62)中,$(\partial r_r/\partial q_r)$ 只与广义坐标有关,而与广义速度无关,该式两边对 $\dot{q}_j$ 求导,得

$$\frac{\partial \dot{\boldsymbol{r}}_i}{\partial \dot{q}_j} = \frac{\partial \boldsymbol{r}_i}{\partial q_j} \tag{2-85}$$

将式(2-85)代入式(2-84)等号右边第一项,而对其第二项则交换对 t 求全微分及对 q_j 求偏微分的次序,得

$$m_i \ddot{\boldsymbol{r}}_i \cdot \frac{\partial \boldsymbol{r}_i}{\partial q_j} = \frac{\mathrm{d}}{\mathrm{d}t}\left(m_i \dot{\boldsymbol{r}}_i \cdot \frac{\partial \boldsymbol{r}_i}{\partial q_j}\right) - m_i \dot{\boldsymbol{r}}_i \cdot \frac{\partial \dot{\boldsymbol{r}}_i}{\partial q_j} = \left[\frac{\mathrm{d}}{\mathrm{d}t}\left(\frac{\partial}{\partial \dot{q}_j}\right) - \frac{\partial}{\partial q_j}\right]\left(\frac{1}{2}m_i \dot{\boldsymbol{r}} \cdot \dot{\boldsymbol{r}}\right)$$

$$\tag{2-86}$$

对 i 求和,得

$$m_i \ddot{\boldsymbol{r}}_i \cdot \frac{\partial \boldsymbol{r}_i}{\partial q_j} = \left[\frac{\mathrm{d}}{\mathrm{d}t}\left(\frac{\partial}{\partial \dot{q}_j}\right) - \frac{\partial}{\partial q_j}\right]\left(\frac{1}{2}\sum_{i=1}^{N} m_i \dot{\boldsymbol{r}} \cdot \dot{\boldsymbol{r}}\right) \tag{2-87}$$

式(2-87)等号右边圆括号中的标量即为系统的动能,因此上式成为

$$m_i \ddot{\boldsymbol{r}}_i \cdot \frac{\partial \boldsymbol{r}_i}{\partial q_j} = \frac{\mathrm{d}}{\mathrm{d}t}\left(\frac{\partial T}{\partial \dot{q}_j}\right) - \frac{\partial T}{\partial q_j} \tag{2-88}$$

将式(2-88)代入式(2-83)等号右边的圆括号部分,即得到需要证明的式(2-82)。现在将式(2-33)和式(2-82)代入式(2-81),即得

$$\sum_{j=1}^{n}\left[\frac{\mathrm{d}}{\mathrm{d}t}\left(\frac{\partial T}{\partial \dot{q}_j}\right) - \frac{\partial T}{\partial q_j} - Q_j\right]\delta q_j = 0 \tag{2-89}$$

由于广义虚位移 δq_j 都是独立的,因此可以任意选取,为使式(2-89)恒成立,必须有

$$\frac{\mathrm{d}}{\mathrm{d}t}\left(\frac{\partial T}{\partial \dot{q}_j}\right) - \frac{\partial T}{\partial q_j} - Q_j = 0, \quad j = 1, 2, \cdots, n \tag{2-90}$$

式(2-90)称为**拉格朗日方程**。式中,q_j 为第 j 个广义坐标;Q_j 为对应广义坐标 q_j 的广义力。

对于保守系统,主动力为有势力,将式(2-48)代入式(2-90),可得保守系统的拉格朗日方程为

$$\frac{\mathrm{d}}{\mathrm{d}t}\left(\frac{\partial T}{\partial \dot{q}_j}\right) - \frac{\partial T}{\partial q_j} + \frac{\partial V}{\partial q_j} = 0, \quad j = 1, 2, \cdots, n \tag{2-91}$$

系统的动能 T 与势能 V 的差可以用拉格朗日函数(或称动势)来表示,动势用 L 表示,即

$$L = T - V \tag{2-92}$$

势能与广义速度无关,所以保守系统的拉格朗日方程(2-91)可以写为

$$\frac{\mathrm{d}}{\mathrm{d}t}\left(\frac{\partial L}{\partial \dot{q}_j}\right) - \frac{\partial L}{\partial q_j} = 0, \quad j = 1, 2, \cdots, n \tag{2-93}$$

系统除受有势力外,还会受到其他非有势力的作用,如果把所有非有势力的虚功记为

$$\delta W' = \sum_{j=1}^{n} Q_j' \delta q_j \tag{2-94}$$

式中，Q'_j 为对应于非有势力的广义力。将用动势表示的拉格朗日方程推广到非保守系统，即

$$\frac{\mathrm{d}}{\mathrm{d}t}\left(\frac{\partial L}{\partial \dot{q}_j}\right) - \frac{\partial L}{\partial q_j} = Q'_j, \quad j = 1, 2, \cdots, n \tag{2-95}$$

由式(2-90)可以看出，拉格朗日方程的数目和广义坐标的数目相等，即与质点系的自由度相等。具体应用时只需计算系统的动能和广义力；对于保守系统，只需计算系统的动能和势能。因此，对于约束多而自由度少的动力学系统，应用拉格朗日方程求解要比用其他方法方便。

利用拉格朗日方程建立多自由度机械系统的运动微分方程的步骤如下：

(1) 选取适当的广义坐标 $q_1, q_2, \cdots, q_n$ 来表示系统的运动状态。

(2) 计算系统的动能 T，并将动能用广义速度表示。

(3) 计算对应于广义坐标 $q_1, q_2, \cdots, q_n$ 的广义力 $Q_1, Q_2, \cdots, Q_n$。当主动力是有势力时，建立用广义坐标表示的势能 V 的表达式，利用势能和广义力的关系求得广义力。对于非有势力，根据实际问题所给出的条件，选用式(2-35)~式(2-38)中的某一公式计算。

(4) 将求得的 T, V 和 Q_i 代入两自由度系统的拉格朗日方程中，并进行运算和简化，即可得到系统的运动微分方程。

将式(2-66)代入式(2-63)，再将式(2-63)、式(2-50)代入式(2-92)，然后将式(2-92)代入式(2-90)所表示的拉格朗日方程，并注意到 k_{rs}, m_{rs} 均为常数，得

$$\sum_{s=1}^{n} (m_{js}\ddot{q}_s(t) + k_{js}q_s(t)) = Q_j(t), \quad j = 1, 2, \cdots, n \tag{2-96}$$

将以上 n 个方程综合成矩阵形式为

$$[m]\{\ddot{q}(t)\} + [k]\{q(t)\} = \{Q(t)\} \tag{2-97}$$

式中

$$[m] = [m_{rs}], \quad [k] = [k_{rs}], \quad \{q\} = \{q_1, q_2, \cdots, q_n\}^{\mathrm{T}}$$

式(2-97)即为 n 自由度线性无阻尼系统的运动微分方程。以上推导过程一方面告诉我们一种对系统进行线性化的方法，即分别按照式(2-58)与式(2-66)计算势能二次型和动能二次型的系数，然后将这些系数代入式(2-97)，即得到线性化的系统的运动方程；另一方面，还表明对于线性系统来说，形如式(2-90)的拉格朗日方程和形如式(2-97)的运动微分方程是等价的。因此，一旦得到动能与势能二次型的系数矩阵 $[m]$ 与 $[k]$，则由式(2-97)立即得到系统的运动方程，而不必要再利用拉格朗日方程(2-90)。

同拉格朗日方程一样，**尼尔森方程**也可用于建立系统的运动微分方程，其方程可以表示为

$$\frac{\partial \dot{T}}{\partial \dot{q}_i} - 2\frac{\partial T}{\partial q_i} = Q_i, \quad i=1,2,\cdots,k \tag{2-98}$$

尼尔森方程与拉格朗日方程的重要差别在于函数 $\dot{T}$ 的出现,尼尔森方程具有重要的理论价值,具体体现在:尼尔森方程向高阶系统推广便产生了切诺夫方程;尼尔森方程向非完整系统推广便产生了广义尼尔森方程。

当分析实际工程问题时,采用广义坐标代替笛卡儿坐标可使未知变量明显减少。利用广义坐标表示的拉格朗日方程仅限于不含多余坐标的完整系统,对于非完整系统或具有多余约束的完整系统,需要用其他方法进行处理。利用**拉格朗日乘子方法**将约束条件引入方程,可使拉格朗日方程的使用范围扩大到非完整系统或含有多余坐标的完整系统。**劳斯方程**是将与坐标对应的理想约束力所构成的广义力附加到方程中,是拉格朗日方程的扩展。**阿佩尔方程**是以准速度为独立变量,代替拉格朗日方程使用的广义坐标,以加速度能为动力学函数,得到系统的动力学方程,是另一种处理非完整系统的经典方法。**凯恩方程**以准速度为独立变量,但将准速度改称为广义速率,是阿佩尔方程的另一种表达形式。

2.4.4　哈密顿方程

设质点系由 n 个质点组成,受到 r 个完整约束,具有 $k=3n-r$ 个自由度。保守系统的拉格朗日方程(2-93)是关于广义坐标 $q_j(j=1,2,\cdots,k)$ 的二阶微分方程组。由广义坐标 $q_1,q_2,\cdots,q_k$ 构成的 k 维空间中,拉格朗日方程的解对应于位形空间中的一条曲线。因为广义速度 $\dot{q}_1,\dot{q}_2,\cdots,\dot{q}_k$ 不能确定,可能有无穷多条不同广义速度、相同广义坐标的轨线重叠在一起,位形空间中的一条轨线不能唯一地确定方程的解。所以,在位形空间中,无法看清动力学方程(2-95)解的几何性质,而需要同时考虑广义速度 $\dot{q}_1,\dot{q}_2,\cdots,\dot{q}_k$ 的增广位形空间。

将广义速度与广义坐标看作独立的变量,可以将 k 个二阶微分方程组(2-93)变换成 $2k$ 个一阶微分方程组,这种变换可有多种形式。哈密顿引入广义动量

$$p_i = \frac{\partial L}{\partial \dot{q}_i}, \quad i=1,2,\cdots,k \tag{2-99}$$

以广义动量 $p_1,p_2,\cdots,p_k$ 和广义坐标 $q_1,q_2,\cdots,q_k$ 为描述系统的状态变量,建立系统的运动微分方程组。与拉格朗日方程、拉格朗日函数 L 以广义速度 $\dot{q}_1,\dot{q}_2,\cdots,\dot{q}_k$ 和广义坐标 $q_1,q_2,\cdots,q_k$ 为变量描述系统相比较,相当于将广义速度变换为广义动量,而该广义动量式(2-99)由拉格朗日函数关于广义速度的偏导数生成,这将是一个勒让德变换。利用勒让德变换,拉格朗日函数 L 变换为

$$H = H(p_1,p_2,\cdots,p_k;q_1,q_2,\cdots,q_k) = \sum_{i=1}^{k} p_i\dot{q}_i - L \tag{2-100}$$

式中,H 称为哈密顿函数。利用哈密顿函数,可以得到关于系统状态变量 $q_1,q_2,\cdots,$

q_k 和 $p_1,p_2,\cdots,p_k$ 的 $2k$ 个一阶微分方程组

$$\dot{q}_i = \frac{\partial H}{\partial p_i}, \quad \dot{p}_i = -\frac{\partial H}{\partial q_i}, \quad i=1,2,\cdots,k \tag{2-101}$$

式(2-101)称为**哈密顿方程**,哈密顿方程由哈密顿函数的偏导数完全确定,该方程形式简洁,具有广义坐标 q_i 与广义动量 p_i 的对偶性和反对称性。哈密顿方程是代数形式的方程,其数目等于系统自由度的 2 倍,可用于建立复杂系统的动力学关系及其解的研究。

利用动能的广义速度表达式(2-63),将拉格朗日函数表示为

$$L = \frac{1}{2}\sum_{i=1}^{k}\sum_{j=1}^{k}m_{ij}\dot{q}_i\dot{q}_j - V \tag{2-102}$$

将式(2-102)代入式(2-99),得到广义动量为

$$p_i = \sum_{j=1}^{k}m_{ij}\dot{q}_j, \quad i=1,2,\cdots,k \tag{2-103}$$

因系数矩阵 $[m]$ 正定,故可解得广义速度关于广义动量的表达式为

$$\dot{q}_i = \sum_{j=1}^{k}d_{ij}p_j, \quad i=1,2,\cdots,k \tag{2-104}$$

其中,系数矩阵 $[d]$ 为 $[m]$ 的逆矩阵,是广义坐标及时间的函数。将式(2-104)代入式(2-100),并利用式(2-102),得到哈密顿函数为

$$H = \frac{1}{2}\sum_{i=1}^{k}\sum_{j=1}^{k}d_{ij}p_ip_j + V \tag{2-105}$$

式中,V 是势能,前一项是广义动量的二次型。利用哈密顿函数(2-105),可将哈密顿方程(2-101)表示为

$$\dot{p}_i = -\frac{1}{2}\sum_{j=1}^{k}\sum_{l=1}^{k}\frac{\partial d_{jl}}{\partial q_i}p_jp_l - \frac{\partial V}{\partial q_i}, \quad \dot{q}_i = \sum_{j=1}^{k}d_{ij}p_j, \quad i=1,2,\cdots,k \tag{2-106}$$

对于非保守系统,主动力可以分为有势力与非有势力两类,系统的拉格朗日方程为式(2-95),非保守系统的哈密顿方程为

$$\dot{q}_i = \frac{\partial H}{\partial p_i}, \quad \dot{p}_i = -\frac{\partial H}{\partial q_i} + Q_i', \quad i=1,2,\cdots,k \tag{2-107}$$

式(2-107)与保守系统哈密顿方程(2-101)的区别仅在于第二个方程等号右边多了一项非有势力的广义力,非有势力的广义力 Q_i' 应表示为广义坐标和广义动量的函数。哈密顿方程(2-107)建立了一般系统的动力学关系。当广义力 Q_i' 相对于其他力,如有势力等较小时,方程(2-107)描述的系统称为**拟哈密顿方程**,拟哈密顿系统的运动将以相应的哈密顿系统的运动为基础。

非保守系统的哈密顿函数 H 仍然可以表示成式(2-105),代入式(2-107),得到

$$\dot{p}_i = -\frac{1}{2}\sum_{j=1}^{k}\sum_{l=1}^{k}\frac{\partial d_{jl}}{\partial q_i}p_j p_l + Q'_i, \quad \dot{q}_i = \sum_{j=1}^{k} d_{ij}p_j + e_i, \quad i=1,2,\cdots,k \qquad (2\text{-}108)$$

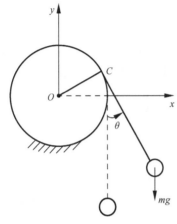

图 2-12　小球摆

例 2-7　铅直平面内的小球摆如图 2-12 所示,小球质量为 m,通过细绳悬挂,绳另一端绕在固定的圆柱上,圆柱半径为 R。摆在铅直位置时,绳的直线部分长度为 l,绳的质量不计。求:摆的哈密顿方程和系统的运动微分方程。

解　摆受定常、理想、完整约束,系统自由度为 1,选取角度 θ 为广义坐标。摆为保守系统,系统的动能和势能分别为

$$T=\frac{1}{2}m(l+R\theta)^2\dot{\theta}^2$$

$$V=mg\left[(l+R\sin\theta)-(l+R\theta)\cos\theta\right]$$

则拉格朗日函数为

$$L=\frac{1}{2}m(l+R\theta)^2\dot{\theta}^2 - mg\left[(l+R\sin\theta)-(l+R\theta)\cos\theta\right]$$

这是广义速度的二次函数,因定常约束而无广义速度的一次项。故系统的广义动量为

$$p=\frac{\partial L}{\partial \dot{\theta}}=m(l+R\theta)^2\dot{\theta}$$

它是广义速度的线性函数,一次项系数为正,相应于定常约束的拉格朗日函数而无零次项。故可得广义速度为

$$\dot{\theta}=\frac{p}{m(l+R\theta)^2}$$

利用广义速度的表达式,哈密顿函数可表示为

$$H=(p\dot{\theta}-L)_{\theta\to p}=\frac{p^2}{2m(l+R\theta)^2}+mg\left[(l+R\sin\theta)-(l+R\theta)\cos\theta\right]$$

这是广义动量的二次函数,因定常约束而无广义动量的一次项,且 H 与 L 的二次项系数的 2 倍互为倒数。将哈密顿函数 H 代入保守系统的哈密顿方程(2-101),即得摆的哈密顿方程为

$$\dot{\theta}=\frac{\partial H}{\partial p}=\frac{p}{m(l+R\theta)^2}$$

$$\dot{p}=-\frac{\partial H}{\partial \theta}=\frac{Rp^2}{m(l+R\theta)^3}-mg(l+R\theta)\sin\theta$$

上两式是关于系统状态变量 (θ,p) 的一阶微分方程组。由第一式得到广义动量,并代入第二式,可得关于广义坐标 θ 的二阶微分方程为

$$(l+R\theta)\ddot{\theta}+R\dot{\theta}^2+g\sin\theta=0$$

这就是摆的运动微分方程。

思　考　题

1. 实位移与虚位移有何异同?

2. 计算系统虚位移之间的关系有几种方法? 各有什么特点?

3. 虚位移原理与静力学平衡方程有何区别?

4. 什么是惯性力? 怎样确定其大小和方向?

5. 从拉格朗日方程,我们可以很容易地看出对于主动力有势的系统(保守系统),系统的动力学行为完全由一个函数确定,从牛顿动力学方程你能看出这一点吗?

6. 试用拉格朗日方程导出刚体的定轴转动微分方程和刚体的平面运动学方程。

7. 根据系统自由度的概念,系统的自由度和系统的质块数量总是相同的,对吗?

8. 对于确定的动力学系统,可选择不同的广义坐标,各个广义坐标之间有没有任何关系?

习　题

1. 试求如图 2-13 所示各机械系统的自由度,选择一套振动分析时所用的广义坐标系。

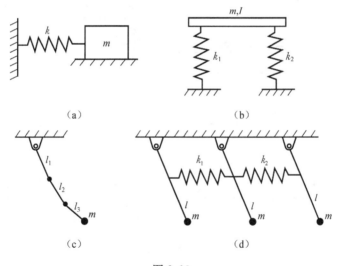

图 2-13

2. 试求如图 2-14 所示各机械系统的自由度,选择一套振动分析时所用的广义坐标系。

3. 对如图 2-15 所示系统,两个杆的长度均为 l,质量均为 m,试确定运动分析时系统的自由度,选择一套振动分析时所用的广义坐标系。

4. 对如图 2-16 所示系统,杆的长度为 l,杆和质块的质量均为 m,惯性矩为 I,试确定运动分析时系统的自由度,选择一套振动分析时所用的广义坐标系。

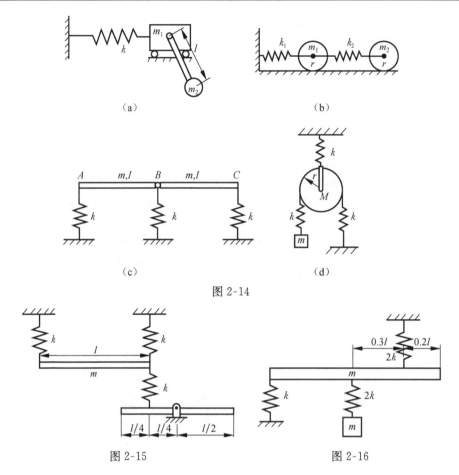

（a）　　　　　　　　　　　　　　（b）

（c）　　　　　　　　　　　　　　（d）

图 2-14

图 2-15　　　　　　　　　　　　图 2-16

5. 对如图 2-17 所示系统,试确定运动分析时系统的自由度,选择一套振动分析时所用的广义坐标系。

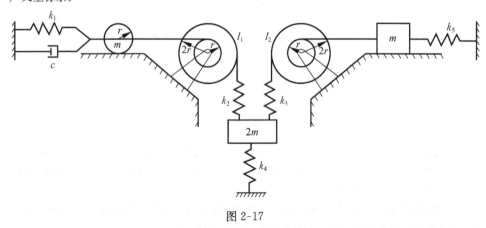

图 2-17

6. 如图 2-18 所示双摆系统由质量 m_1，m_2 和通过长 l_1 及 l_2 的两个无重杆铰接而成，用拉格朗日方程推导系统的运动微分方程。

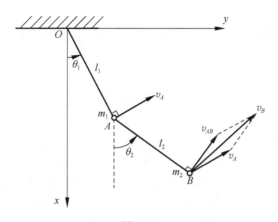

图 2-18

第3章 单自由度系统的振动

3.1 振动系统模型及其简化

单自由度系统是只有一个自由度的振动系统,是最简单、最基本的振动系统。这种系统在振动分析中的重要性,一方面在于很多实际问题都可简化为单自由度线性系统来处理,从而可直接利用对这种系统的研究成果来解决问题;另一方面在于,单自由度系统具有一般振动系统的一些基本特性。单自由度系统是对多自由度系统、连续系统乃至非线性系统进行振动分析的基础。

3.1.1 单自由度系统的基本模型

振动系统的力学模型由三种理想化的元件,即质块、阻尼器和弹簧组成。振动体的位置或形状只需用一个独立坐标来描述的系统称为**单自由度系统**。图 3-1 为常见的单自由度系统,图中 m 表示质块,c 表示阻尼器,k 表示弹簧。图 3-1(a)～(c)为平动运动系统,图 3-1(d)为摆动运动系统。实际上,人们并不一定能在实际的振动系统中直接找到图 3-1 所示的理想元件。图 3-1 是对实际物理系统的一种抽象和简化。需要指出的是,系统的简化取决于所考虑问题的复杂程度与所需要的计算精度。

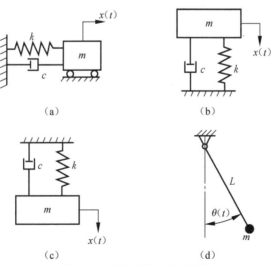

图 3-1 常见的单自由度系统

3.1.2　单自由度系统模型的简化

模型的抽象和简化是振动分析的第一步工作。对如图 1-6(a)所示安装在基础上的机床,当机床工作时,由于机床产生的惯性力的作用,机床和基础一起产生振动。在振动过程中,基础下面的地基即土壤产生较大的弹性变形,因此可将它作为弹簧来处理。机床和基础的变形相对来说比较小,因而可将机床和基础一起看成一个没有弹性的质量。在振动过程中,地基层之间由于弹性较大,内部具有摩擦力,基础与地基之间也有摩擦阻尼的作用,因此将其视为阻尼器 c,故机床的振动系统力学模型可简化为如图 3-1(b)所示的单自由度模型。

对于如图 3-2 所示由电动机和梁组成的振动系统,在建立力学模型时,可以进行这样的简化:电动机在工作过程中,由于不平衡因素的影响而引起垂直方向的振动,是一个振动系统,但电动机与梁相比较质量较大,而梁与电动机相比挠度(弹性)较大,因此将电动机的

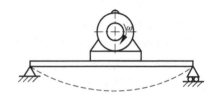

图 3-2　电动机和梁

质量简化为集中质量 m,作为一个刚体来处理,而忽略梁的质量,梁的弹性简化为一根弹簧 k,而将电动机弹性忽略掉,故将其可简化为一个集中质块弹簧系统,即如图 3-1(b)所示的单自由度系统。

对于如图 3-3 所示的连杆,当研究连杆的角振动 $\theta(t)$ 时,若将连杆的分布质量简化为其质心在 c 处的集中质量 m,则可以简化为如图 3-1(d)所示的单摆系统。

对于如图 3-4 所示的飞轮的扭转振动,由于飞轮的惯性矩相对于轴的惯性矩要大得多,可将轴简化为一扭转弹簧,从而得到单自由度扭振系统,该系统以角度 θ 为坐标,又称为角振动系统。

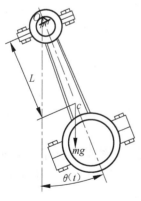

图 3-3　连杆

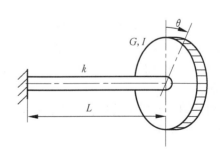

图 3-4　飞轮

3.2　单自由度系统的自由振动

3.2.1　单自由度线性系统的运动微分方程及其系统特性

建立运动方程是研究振动的核心问题。建立单自由度系统的运动微分方程的基本方法一般有牛顿运动定律、能量法和拉格朗日方程等。下面讨论用牛顿运动定律建立系统的运动微分方程。

将质量元件作为研究对象,对其进行受力分析,包括实际存在的外载荷、弹性力、阻尼力、约束反力等,然后描述所受到的力,将弹性力用位移表示,阻尼力用速度表示(位移对时间的一阶导数),惯性力用加速度(位移对时间的二阶导数)表示;最后应用牛顿第二定律列出系统的运动方程。

图 3-5(a)是一个典型的单自由度振动系统,质块 m 直接受到外界激励 $F(t)$ 的作用。对质块 m 取脱离体,如图 3-5(b)所示。以 $x(t)$ 表示以 m 的静平衡位置为起点的位移,$F_s(t)$ 表示弹簧作用在 m 上的弹性恢复力,$F_d(t)$ 表示阻尼器作用在 m 上的阻尼力,按照牛顿第二定律有

$$m\ddot{x}(t) = F(t) - F_s(t) - F_d(t)$$

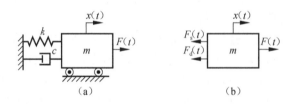

图 3-5　力激励的单自由度系统及其分析

对于线性系统而言,阻尼力是速度的线性函数,弹性恢复力是位移的线性函数,即有 $F_d(t) = c\dot{x}(t)$,$F_s(t) = kx(t)$,代入上式方程并整理得到

$$m\ddot{x}(t) + c\dot{x}(t) + kx(t) = F(t) \tag{3-1}$$

这就是单自由度线性系统的运动微分方程。从数学上看,这是一个二阶常系数、非齐次线性微分方程。方程的左边完全由系统参数 m, c, k 所决定,反映了振动系统本身的自然特性,方程的右边则是外加的驱动力 $F(t)$,反映了振动系统的输入特性。

对如图 3-6 所示的单自由度振动系统,外界对振动系统的激励是左端支承点的位移 $y(t)$,对质块 m 取脱离体,以 $x(t)$ 表示 m 的位移,按照牛顿运动定律有

$$m\ddot{x}(t) = -F_s(t) - F_d(t)$$

此时,$F_s(t) = k(x(t) - y(t))$,$F_d(t) = c(\dot{x}(t) - \dot{y}(t))$,代入上式并整理得到

$$m\ddot{x}(t) + c\dot{x}(t) + kx(t) = c\dot{y}(t) + ky(t) \tag{3-2}$$

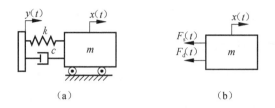

图 3-6　位移激励的单自由度系统及其分析

　　比较式(3-1)和式(3-2)可知,两者的差别在于方程的右边。可见,方程的右边不仅描述了振动系统的输入特性,还描述了系统与输入的相互联系方式。式(3-1)中等号右边为 $F(t)$,表示外界激励 $F(t)$ 直接作用在质量 m 上,而式(3-2)中等号右边为 $cy(t)+ky(t)$,表示外界激励位移作用在阻尼器 c 和弹簧 k 上,而不是直接作用在质量 m 上。

　　对于如图 3-5 和图 3-6 所示的系统,其弹簧与阻尼器是水平放置的,无重力的影响,系统的平衡位置与弹簧未伸长时的位置是一致的。对于如图 3-7 所示的系统,弹簧和阻尼器垂直放置,系统受到重力的影响,弹簧被压缩或伸长,其静变形量 δ_{st} 为

$$\delta_{st} = mg/k \tag{3-3}$$

式中,g 为重力加速度。

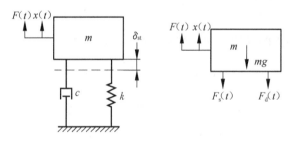

图 3-7　垂直放置的单自由度系统

　　由牛顿第二定律有

$$m(\ddot{x}(t) - \ddot{\delta}_{st}) = F(t) - k(x(t) - \delta_{st}) - c(\dot{x}(t) - \dot{\delta}_{st}) - mg$$

式中,$x(t)$ 是从弹簧末端的静变形位置计算的位移。考虑到式(3-3),且 $\dot{\delta}_{st} = \ddot{\delta}_{st} = 0$,则上式可化简为式(3-1)所表示的运动方程,说明质块的重力对系统的运动方程没有影响。上述分析表明,振动系统的运动微分方程全面地描述了如下的系统的动态特性:

　　(1) 单自由度线性系统的运动微分方程是一个二阶常系数、非齐次线性微分方程;

　　(2) 方程的左边由系统参数 m,c 和 k 决定,反映振动系统本身的自然特性,右边的项反映振动系统的输入特性和系统与输入的相互联系方式;

（3）线性系统中，可忽略恒力及其引起的静位移。

3.2.2　振动系统的线性化处理

如图 3-8 所示，一台机器安装在地基上，为了减小振动，在地基和机器间装有

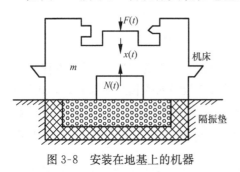

隔振垫。将机器简化为一刚性质块，设其质量为 m。机器在铅直方向的位移为 $x(t)$，从静平衡位置开始计算质块的位移。作用在质块上的外力为 $F(t)$，而隔振垫对机器的支反力为 $N(t)$。取机器为脱离体，按牛顿第二定律有

$$m\ddot{x}(t) = F(t) - N(t) \quad (3\text{-}4)$$

图 3-8　安装在地基上的机器

一般而言，隔振垫的支反力 $N(t)$ 是机器的位移和速度的函数，即

$$N = f(x, \dot{x})$$

上式一般为非线性函数，可按泰勒级数展开为

$$N = f(0,0) + \frac{\partial f(0,0)}{\partial x}x + \frac{\partial f(0,0)}{\partial \dot{x}}\dot{x} + \cdots + \frac{\partial f^n(0,0)}{n!\partial^n x}x^n + \frac{\partial f^n(0,0)}{n!\partial^n \dot{x}}\dot{x}^n + \cdots$$

由于 x 和 $\dot{x}$ 较小，忽略高阶小项，仅取一次项，得到

$$N \approx f(0,0) + \frac{\partial f(0,0)}{\partial x}x + \frac{\partial f(0,0)}{\partial \dot{x}}\dot{x} \quad (3\text{-}5)$$

式中，$f(0,0)$ 是常量，表示恒力，在线性系统中可以忽略，若记

$$\frac{\partial f(0,0)}{\partial x} = k, \quad \frac{\partial f(0,0)}{\partial \dot{x}} = c$$

则可将式（3-5）写成

$$N \approx kx(t) + c\dot{x}(t)$$

上式等号右边两项分别表示弹性力和阻尼力，代入式（3-4）就得到前面已经得到的运动微分方程（3-1）。而系统的模型就成为如图 3-1(b) 所示的由质块、阻尼器和弹簧组成的单自由度系统。

以上推导过程表明，弹簧刚度与阻尼系数实际上是泰勒展开式中相应的一阶导数的数值。这表明前述运动微分方程是对振动系统的一种线性近似。对于大多数工程问题，线性化处理足以满足精度要求。

例 3-1　图 3-9 为用于流体力学实验的压力表，具有均匀内径，截面面积为 A。内有长度为 l、密度为 ρ 的液体，在静止液面附近做微幅摆动，假设液体运动是均匀

的,管壁的摩擦力忽略不计,试建立其运动微分方程。

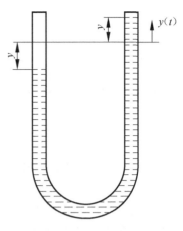

解　U 形柱体的运动坐标如图 3-9 所示。在任一时刻取整个液柱为隔离体,惯性力为 $-lA\rho\ddot{y}(t)$,整个液柱的恢复力为右柱与左柱的重力差 $2Ay(t)\rho g$。

由牛顿运动定律得到

$$lA\rho\ddot{y}(t) = -2Ay(t)\rho g$$

化简得到运动方程为

$$\ddot{y}(t) + \frac{2g}{l}y(t) = 0$$

图 3-9　压力表原理

例 3-2　一个质量为 m 的均匀半圆柱体在水平面上做无滑动的往复运动,如

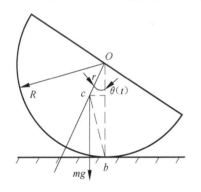

图 3-10 所示,圆柱体的半径为 R,重心在 c 点,$Oc = r$,物体对重心的回转半径为 l,试导出系统的运动微分方程。

解　设半圆柱体的角位移为 $\theta(t)$,瞬时与水平面的接触点为 b,对 b 取力矩有

$$I_b\ddot{\theta}(t) + M_b = 0 \qquad (3\text{-}6)$$

式中,I_b 为半圆柱体对 b 点的转动惯量;M_b 为重力产生的恢复力矩,由理论力学有

$$I_b = I_c + m\,\overline{bc}^2 = m(l^2 + \overline{bc}^2) \qquad (3\text{-}7)$$

图 3-10　均匀半圆柱体的振动

式中,按余弦定理,$\overline{bc}^2$ 可表示为

$$\overline{bc}^2 = r^2 + R^2 - 2rR\cos\theta(t) \qquad (3\text{-}8)$$

而

$$M_b = mgr\sin\theta(t) \qquad (3\text{-}9)$$

将式(3-7)~式(3-9)代入式(3-6),整理得到运动微分方程为

$$m(l^2 + r^2 + R^2 - 2rR\cos\theta(t))\ddot{\theta}(t) + mgr\sin\theta(t) = 0$$

对上式进行线性化处理,对于微小振动有:$\cos\theta(t) \approx 1$,$\sin\theta(t) \approx \theta(t)$,从而得到线性化的运动微分方程为

$$\left[l^2 + (R-r)^2\right]\ddot{\theta}(t) + gr\theta(t) = 0$$

3.2.3　单自由度无阻尼系统的自由振动

1. 自由振动的微分方程及其解

如图 3-11 所示的质块弹簧系统是无阻尼的自由振动,$c = 0$,$F(t) = 0$,从而得

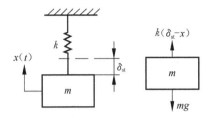

图 3-11　质块弹簧系统

到无阻尼自由振动的运动微分方程为

$$m\ddot{x}(t) + kx(t) = 0 \qquad (3\text{-}10)$$

对无阻尼的自由振动系统,在平衡位置满足式(3-3)。当质块偏离平衡位置时,弹簧力为 $k(\delta_{st} - x)$,从而有

$$m\ddot{x}(t) = k(\delta_{st} - x) - mg \qquad (3\text{-}11)$$

将式(3-3)代入式(3-11)同样得到式(3-10),记 $\omega_n^2 = k/m$,则得到

$$\ddot{x}(t) + \omega_n^2 x(t) = 0 \qquad (3\text{-}12)$$

式(3-12)是无阻尼自由振动微分方程的标准形式,是二阶齐次线性常系数微分方程。众所周知,这种方程的解具有指数形式。设其特解为 $x(t) = e^{rt}$,代入方程(3-12)后,消去公因子 e^{rt},得到特征方程

$$r^2 + \omega_n^2 = 0$$

求解上式得到特征根为:$r_1 = +i\omega_n$,$r_2 = -i\omega_n$。从而得到方程(3-12)的通解,即自由振动的运动规律为

$$x(t) = A_1 \cos(\omega_n t) + A_2 \sin(\omega_n t) \qquad (3\text{-}13)$$

运动的速度和加速度分别为位移的一阶导数和二阶导数,表示为

$$\dot{x}(t) = -A_1 \omega_n \sin(\omega_n t) + A_2 \omega_n \cos(\omega_n t), \quad \ddot{x}(t) = -A_1 \omega_n^2 \cos(\omega_n t) - A_2 \omega_n^2 \sin(\omega_n t)$$

$$(3\text{-}14)$$

正弦和余弦函数是周期函数,即

$$\sin(\omega_n t + 2\pi) = \sin\left[\omega_n\left(t + \frac{2\pi}{\omega_n}\right)\right] = \sin(\omega_n t)$$

$$\cos(\omega_n t + 2\pi) = \cos\left[\omega_n\left(t + \frac{2\pi}{\omega_n}\right)\right] = \cos(\omega_n t)$$

这表明物体的运动是振动,周期为 $2\pi/\omega_n$,ω_n 是系统自由振动的角频率,称为**自然频率**。系统的周期为

$$T = \frac{2\pi}{\omega_n} = 2\pi\sqrt{\frac{m}{k}} = 2\pi\sqrt{\frac{\delta_{st}}{g}} \qquad (3\text{-}15)$$

式(3-15)表明,振动的周期只决定于物体质量 m 和弹性常数 k,质量大而弹簧软的系统振动周期长,质量小而弹簧硬的系统振动周期短。

单位时间内的振动次数称为**频率**,频率是周期的倒数,即

$$f = \frac{1}{T} = \frac{\omega_n}{2\pi} = \frac{1}{2\pi}\sqrt{\frac{k}{m}}$$

频率是振动系统的自然属性。在式(3-13)中,A_1 和 A_2 是待定常数,由运动的初始条件(位移或速度)决定。

若记初始条件为：$x(0) = x_0$，$\dot{x}(0) = v_0$，由式(3-13)和式(3-14)的第一式得到：$A_1 = x_0$，$A_2 = v_0/\omega_n$，从而得到系统的振动方程为

$$x(t) = x_0 \cos(\omega_n t) + \frac{v_0}{\omega_n} \sin(\omega_n t) \tag{3-16}$$

式(3-16)可写为

$$x(t) = A\cos(\omega_n t - \psi) \tag{3-17}$$

式中，A 为振幅；ψ 为初相位。A 和 ψ 可分别表示为

$$A = \sqrt{x_0^2 + \left(\frac{v_0}{\omega_n}\right)^2}, \quad \psi = \arctan\left(\frac{v_0}{\omega_n x_0}\right) \tag{3-18}$$

2. 无阻尼自由振动的特性

无阻尼自由振动的运动规律如图 3-12 所示。从上面的分析，得到无阻尼自由振动的一些特性：

（1）式(3-16)或式(3-17)表明，单自由度无阻尼系统的自由振动是以正弦或余弦函数，即谐波函数表示，故称为**简谐振动**，该系统称为**谐振子**。

（2）自由振动的角频率，即系统的自然频率 $\omega_n = \sqrt{k/m}$ 仅由系统本身的参数确定，与外界激励和初始条件无关。

（3）无阻尼自由振动具有"等时

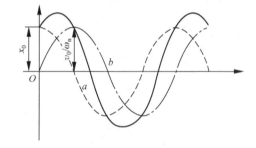

图 3-12　无阻尼自由振动的运动规律

性"，即线性系统自由振动的周期由系统本身的参数所确定，与外界激励和初始条件均无关。这说明自由振动显示了系统内在的特性，说明简谐振动具有"等时性"。

（4）自由振动的振幅 A 和初相位 ψ 由初始条件所决定。

（5）单自由度无阻尼系统的自由振动是等幅振动，这意味着系统一旦受到初始激励的作用，就将按振幅 A 始终振动下去。这显然是一种理想情况。实际上，绝对的无阻尼是不存在的，当系统的阻力很小，而考察的振动时间间隔又相当短时，阻尼的作用不明显，可近似为简谐振动。

（6）振动包括两部分，一部分是与 $\cos(\omega_n t)$ 成正比的振动，决定于初位移，另一部分是与 $\sin(\omega_n t)$ 成正比的振动，决定于初速度。推离平衡位置，不给初速度，只有第一部分，在平衡位置给初速度，只有第二部分。

3. 简谐振动的几种表示方法

简谐振动是最基本的振动，是分析和处理较为复杂的振动信号的基础，因此必须深入理解和掌握。下面介绍简谐振动常用的几种表示方法：三角函数表示法、旋

转向量表示法和复数表示法。

1) 三角函数表示法

三角函数表示法就是用三角函数表示振动量,如:

振动位移:$x(t)=A\cos(\omega_n t-\psi)$。

振动速度:$\dot{x}(t)=A\omega_n\cos(\omega_n t-\psi+\pi/2)$。

振动加速度:$\ddot{x}(t)=A\omega_n^2\cos(\omega_n t-\psi+\pi)$。

可知速度比位移超前 $\pi/2$,而加速度比速度超前 $\pi/2$。

2) 旋转向量表示法

谐振子振动的时间历程是时间的谐波函数,如式(3-16)和式(3-17)所示。沿时间轴展开的谐波函数与平面上的旋转向量之间存在着严格的对应关系,因而可以平面上的旋转向量来直观地表示简谐振动,并以旋转向量的合成表示简谐振动的和。

图 3-13(a)表示一旋转向量 $\boldsymbol{X}$,其模为 X,以角速度 ω_n 沿逆时针方向旋转,其初始转角为 $-\psi$,可知在任何时刻 t,$\boldsymbol{X}$ 与图中 x 轴的夹角为$(\omega_n t-\psi)$,而 $\boldsymbol{X}$ 在 x 轴上的投影为 $x(t)=X\cos(\omega t-\psi)$,如图 3-13(b)所示,而这正好是式(3-17)表示的简谐振动。因此,旋转向量 $\boldsymbol{X}$ 与简谐振动 $x(t)$ 之间具有确定的对应关系,记为 $\boldsymbol{X}\backsim x(t)$,而 $\boldsymbol{X}$ 的有关参数与 $x(t)$ 之间的有关参数的对应关系,如表 3-1 所示。

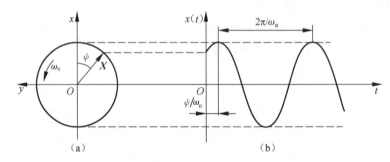

图 3-13　旋转向量与简谐振动的对应关系

表 3-1　旋转向量与简谐振动之间的关系

参　数	简谐振动	旋转向量
X	振幅(m)	模(m)
$-\psi$	初相位(振幅的初始值与最大值之间的相位)(rad)	$\boldsymbol{X}$ 的初始位置与垂直轴之间的夹角(rad)
ω_n	自然频率(rad/s)	角速度(rad/s)
$f=\omega_n/(2\pi)$	频率(Hz)	转速(1/s)
$T=2\pi/\omega_n$	周期(s)	旋转 1 周的时间(s)

如果 $\boldsymbol{X}_1$ 和 $\boldsymbol{X}_2$ 是两个以相同的角速度逆时针转动的向量,如图 3-14 所示,而且有 $\boldsymbol{X}_1\backsim x_1(t)=X_1\cos(\omega t-\psi_1)$,$\boldsymbol{X}_2\backsim x_2(t)=X_2\cos(\omega t-\psi_2)$,根据投影定理,可以推知,如果

$$\boldsymbol{X} = \boldsymbol{X}_1 + \boldsymbol{X}_2 \backsim x(t) = X\cos(\omega t - \psi)$$

则有

$$X\cos(\omega t - \psi) = X_1\cos(\omega t - \psi_1) + X_2\cos(\omega t - \psi_2)$$

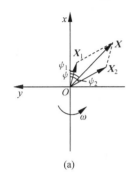
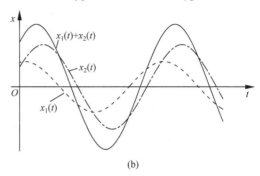

(a)　　　　　　　　　　　　　　　　　　　(b)

图 3-14　运动合成的旋转向量表示

从图 3-14 可知,图 3-14(a)中平面向量的合成关系比图 3-14(b)中简谐振动的叠加关系要直观得多。因此,可以遵从平面向量的平行四边形合成法则立即求出 X, ψ 与 X_1, X_2, ψ_1, ψ_2 之间的关系,即

$$X^2 = X_1^2 + X_2^2 - 2X_1 X_2\cos(\psi_2 - \psi_1), \quad \tan\psi = \frac{X_1\sin\psi_1 + X_2\sin\psi_2}{X_1\cos\psi_1 + X_2\cos\psi_2}$$

这样,就将两个简谐振动沿时间轴的叠加,转化成两个对应的旋转向量在平面上的合成。

3）复数表示法

在复平面内的一个复数可表示成下列形式:

$$z = |z|[\cos(\omega t - \psi) + i\sin(\omega t - \psi)] = a + ib$$

该复数的实部 $\mathrm{Re}(z) = |z|\cos(\omega t - \psi)$ 和虚部 $\mathrm{Im}(z) = |z|\sin(\omega t - \psi)$ 都是谐波函数,因此可以用复平面内的一个复数(复数的模和幅角)来表示一个简谐振动。

变换后,复数 $z = A\mathrm{e}^{\mathrm{i}(\omega t - \psi)} = A\mathrm{e}^{-\mathrm{i}\psi}\mathrm{e}^{\mathrm{i}\omega t} = A_0\mathrm{e}^{\mathrm{i}\omega t}$,其中 A_0 称为复数的振幅。复数 z 对时间 t 求导数,则有 $\dot{z} = A_0(\mathrm{i}\omega)\mathrm{e}^{\mathrm{i}\omega t}$(复速度);$\ddot{z} = A_0(\mathrm{i}\omega)^2\mathrm{e}^{\mathrm{i}\omega t}$(复加速度)。表明每求一次导数,幅值增加 ω 倍,而幅角增加 $\pi/2$。所以,复数的旋转角速度就是振动频率,复数的幅值就是振动的振幅。

4. 等效刚度

研究系统动力学问题时,首先要建立系统的力学模型,这就需要确定系统的简化质量和简化刚度,或者说确定系统的等效质量和等效刚度。

刚度是指系统在某点沿指定方向产生单位位移(角位移)时,在该点沿同一方向所要施加的力（力矩）。简单地说，就是产生单位位移所需要的力。若在 x 方向上施加的力为 F_x，在 F_x 作用下产生的位移为 Δx，则刚度为 $k=F_x/\Delta x$。下面以一端固定的等直圆杆为例，讨论杆的拉压刚度、弯曲刚度和扭转刚度的确定问题。

一端固定的等直圆杆，如图 3-15 所示，设杆长为 l，截面面积为 A，截面惯性矩为 I，截面极惯性矩为 I_{p}，材料的弹性模量为 E，切变模量为 G，建立 Oxy 坐标系如图 3-15(a)所示，试确定端点 B 处在 x 方向、y 方向和绕 x 轴转动方向的刚度。

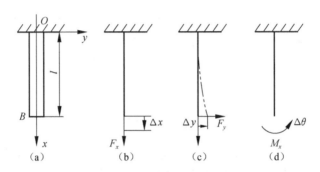

图 3-15　一端固定的等直圆杆及变形

1）拉压刚度（沿 x 方向的刚度）的确定

在 B 处沿 x 方向加一力 F_x，如图 3-15(b)所示，则杆将出现拉伸变形 Δx，按照材料力学中直杆拉伸变形的公式，得到 $\Delta x=\dfrac{F_x l}{EA}$，则由刚度的定义 $k_x=\dfrac{F_x}{\Delta x}$，得到 x 方向的拉压刚度为

$$k_x = \frac{EA}{l}$$

2）弯曲刚度（沿 y 方向的刚度）的确定

在 B 处沿 y 方向加一力 F_y，如图 3-15(c)所示，则杆将出现弯曲变形（变形量为 Δy），根据悬臂梁直杆弯曲变形的挠度公式，得到 $\Delta y=\dfrac{F_y l^3}{3EI}$，则由刚度定义 $k_y=\dfrac{F_y}{\Delta y}$，得到弯曲刚度为

$$k_y = \frac{3EI}{l^3}$$

3）扭转刚度（绕 x 轴转动的刚度）的确定

在 B 处绕 x 轴转动方向加一扭矩 M_x，如图 3-15(d)所示，则杆将产生扭转变形（变形量为 $\Delta\theta$），由材料力学知，B 端相对于固定端的扭转角度为 $\Delta\theta=\dfrac{M_x l}{GI_{\mathrm{p}}}$，则由

刚度定义 $k_\theta = \dfrac{M_x}{\Delta\theta}$，得到扭转刚度为

$$k_\theta = \frac{GI_p}{l}$$

从上面的例子可以看出，即使是机械系统中同一元件、同一点，根据所要研究的振动方向不同，会出现不同的刚度。刚度 k 定义中的单位位移可以是线位移，也可以是角位移，对应于线位移所施加的载荷是力（N），刚度单位是 N/m；对应于角位移所施加的载荷是力矩（N·m），刚度单位是 N·m/rad。

例 3-3　单圆盘转子如图 3-16(a)所示，当忽略轴的质量时，可化简为如图 3-16(b)所示的简支梁系统，求其在跨度中点垂直方向的刚度及系统的自然频率。

解　这是一个弯曲变形振动问题。为了求其刚度，按照材料力学中的公式，其跨度中点在集中力 P 的作用下，产生的挠度 y 为

$$y = \frac{Pl^3}{48EI}$$

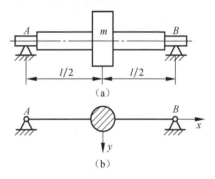

则由 $k = P/y$ 得到

$$k = \frac{48EI}{l^3}$$

系统可进一步简化为 m-k 系统，则单自由度系统的自然频率为

图 3-16　单圆盘转子

$$\omega_n = \sqrt{\frac{k}{m}} = \sqrt{\frac{48EI}{ml^3}}$$

4）组合刚度（串联与并联弹簧的等效刚度）

在机械系统中不只是使用一个弹性元件，而是根据结构的需要将若干个弹簧串联或并联起来使用。这样在分析这个系统动力学问题时，就需要将这若干个弹簧折算成一个等效弹簧来处理，这种等效弹簧的刚度与原系统组合弹簧的刚度相等，称为**等效刚度**，也称为**组合刚度**。

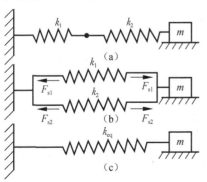

图 3-17　串联与并联弹簧的组合刚度

对于图 3-17(a)所示的组合弹簧，弹簧 k_1 和弹簧 k_2 首尾相接，这种形式称为**串联**。对其进行受力分析可知，弹簧 k_1 和 k_2 的受力相等，即 $k_1 x_1 = k_2 x_2 = k_{eq} x$。而质块 m 的位移是弹簧 k_1 和 k_2 的位移之和，即 $x = x_1 + x_2$。由此可得到，串联弹簧的特点是两弹簧的受力相等，而变形不相等。两弹簧的变形之和等于质块 m 的位移。由此得到串联弹簧的等效刚度为

$$\frac{1}{k_{eq}} = \frac{1}{k_1} + \frac{1}{k_2} = \sum_i \frac{1}{k_i} \tag{3-19}$$

对于如图 3-17(b)所示的组合弹簧,两弹簧的两端同时连接于固定面上,又同时连接于质块 m 上,这种形式称为**并联**。对其进行受力分析可知,弹簧 k_1 和 k_2 的变形相等,都等于质块 m 的位移,即 $(k_1 + k_2)x = k_{eq}x$,但受力不相等,两个弹簧的受力之和等于作用在质块上的力,即 $x_1 = x_2 = x$。由此可得到:并联弹簧的特点是两弹簧的变形相等,都等于质块的位移,但受力不等。各个弹簧的受力之和等于作用在质块上的力,由此得到并联弹簧的等效刚度为

$$k_{eq} = k_1 + k_2 = \sum_i k_i \tag{3-20}$$

需要指出,确定弹簧元件的组合方式是串联还是并联,关键在于看它们是"共力"还是"共位移"。

例 3-4　求如图 3-18 所示各振动系统的自然频率。

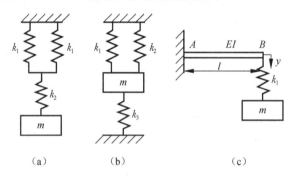

图 3-18　组合弹簧的振动系统

解　图 3-18(a)所示系统中,刚度为 k_1 的两根弹簧并联,等效刚度为 $2k_1$,而等效后刚度为 $2k_1$ 的弹簧又与刚度为 k_2 的弹簧串联,则由串联弹簧的等效刚度公式 $\frac{1}{k} = \frac{1}{2k_1} + \frac{1}{k_2}$ 得到等效刚度 $k = \frac{2k_1 k_2}{2k_1 + k_2}$,所以自然频率为

$$\omega_n = \sqrt{\frac{k}{m}} = \sqrt{\frac{2k_1 k_2}{m(2k_1 + k_2)}}$$

图 3-18(b)所示系统中,当质块 m 发生位移 x 时,弹簧 k_1,k_2 和 k_3 同时发生位移 x,则 3 个弹簧的位移相同,是并联关系,其等效刚度为 $k = k_1 + k_2 + k_3$,因此,系统的自然频率为

$$\omega_n = \sqrt{\frac{k_1 + k_2 + k_3}{m}}$$

图 3-18(c)所示系统是悬臂梁和弹簧的组合系统,根据悬臂梁的特点求得 B 点处的变形为 $y_B = \frac{mgl^3}{3EI}$,从而可求得梁在 B 点处的弯曲刚度为

$$k_B = \frac{mg}{y_B} = \frac{3EI}{l^3}$$

刚度为 k_B 的梁与弹簧 k_1 是串联关系,则得到等效刚度为

$$\frac{1}{k} = \frac{1}{k_B} + \frac{1}{k_1}, \quad k = \frac{k_1 k_B}{k_1 + k_B} = \frac{3k_1 EI}{3EI + l^3 k_1}$$

所以自然频率为

$$\omega_n = \sqrt{\frac{k}{m}} = \sqrt{\frac{3k_1 EI}{m(3EI + l^3 k_1)}}$$

5. 等效质量

在前面的分析中,忽略了弹性元件或弹簧本身的质量,这在一般的振动分析中已经能够满足精度要求。但在一些要求比较精确的高精度振动分析中,由于弹性元件本身的质量,要占系统总质量的一定比例,这时就不得不考虑弹簧的质量。当考虑弹性元件的质量时,就要面临解决一个分布质量的振动问题。下面用能量法分析弹性元件的等效质量。

1) 弹簧的等效质量

如图 3-19 所示的质块弹簧系统,除了系统的质块 m 的质量外,还要考虑弹簧本身的质量。设均质弹簧在平衡时的长度为 l,质量为 m_s,线密度为 $\rho(\mathrm{kg/m})$,下面分析系统的等效质量。

单自由度系统的自由振动方程为

$$\ddot{x}(t) + \frac{k}{m}x(t) = 0$$

在上述方程的两边乘以 $\dot{x}(t)$,得到

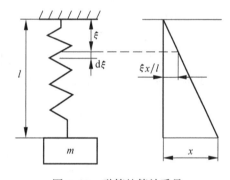

图 3-19　弹簧的等效质量

$$\ddot{x}(t)\dot{x}(t) + \frac{k}{m}\dot{x}(t)x(t) = 0$$

两边积分有

$$\frac{1}{2}\dot{x}^2(t) + \frac{1}{2}\frac{k}{m}x^2(t) = C$$

从而得到

$$\frac{1}{2}m\dot{x}^2(t) + \frac{1}{2}kx^2(t) = Cm$$

式中,等号左边第一项为质量 m 的瞬时动能,第二项为弹簧相对于静平衡位置的瞬时位能;等号右边表示系统的总能量;方程表示能量守恒。因此,可从能量守恒出发,讨论弹簧的等效质量问题。

振动位移 $x(t)$ 最大时，$\dot{x}(t)=0$，$\frac{1}{2}kx_{\max}^2(t)=Cm$；在平衡位置，$x(t)=0$，$\frac{1}{2}m\dot{x}_{\max}^2(t)=Cm$，从而有

$$\frac{1}{2}m\dot{x}^2(t)+\frac{1}{2}kx^2(t)=\frac{1}{2}kx_{\max}^2(t)=\frac{1}{2}m\dot{x}_{\max}^2(t)=Cm=\text{const.}$$

弹簧 $d\xi$ 段的动能为

$$dT_s=\frac{1}{2}\rho\left(\frac{\xi\dot{t}}{l}\right)^2d\xi$$

整根弹簧的动能为

$$T_s=\frac{1}{2}\rho\int_0^l\left(\frac{\xi\dot{t}}{l}\right)^2d\xi=\frac{1}{2}\times\frac{\rho l\dot{t}^2}{3}=\frac{1}{2}\times\frac{m_s}{3}\dot{x}^2$$

系统的总动能为

$$T=\frac{1}{2}\left(m+\frac{m_s}{3}\right)\dot{x}^2$$

因此，系统的等效质量为 $m_{eq}=m+m_s/3$。也就是说，将弹簧本身质量的 1/3 加入集中质量中，就可以对系统进行精确计算。

2）弹性梁的等效质量

如图 3-20 所示的弹性梁系统，其长度为 L，弯曲刚度为 EI，在梁的悬伸端放一质量为 m 的物体，梁的质量为 m'，线密度为 ρ，试确定系统的等效质量。

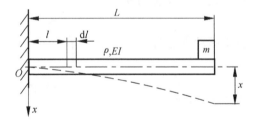

图 3-20　弹性梁系统

假定梁的挠曲线与不计其质量的相同，由材料力学，在距 O 点为 l 处的静挠度为

$$x_1=x\frac{3Ll^2-l^3}{2L^3}$$

整段梁的动能为

$$T=\int_0^L\frac{1}{2}\rho\dot{x}_1^2dl=\frac{\rho\dot{x}^2}{8L^6}\int_0^L(3Ll^2-l^3)^2dl=\frac{1}{2}\times\frac{33}{140}m'\dot{x}^2$$

因而弹性梁的等效质量为 $m_s=\frac{33}{140}m'$。整个系统的等效质量为

$$m_{eq} = m + m_s = m + \frac{33}{140}m'$$

不计梁的质量时，系统的自然频率为 $\omega_n = \sqrt{\dfrac{3EI}{L^3 m}}$，考虑梁的质量时，系统的自然频率为

$$\omega_n = \sqrt{\frac{3EI}{L^3[m + (33/140)m']}}$$

等效质量法估计弹性体内的分布质量对系统自然频率的影响，其精度取决于对弹性变形规律假设的正确程度。

例 3-5　对于如图 3-21(a)所示的模型化系统，试将其质块连接在具有等效刚度的单个弹簧上。

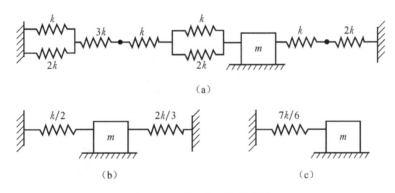

图 3-21　模型化系统的等效

解　系统左边的弹簧的等效刚度为

$$k_{e1} = \frac{1}{(k+2k)^{-1} + (3k)^{-1} + k^{-1} + (k+2k)^{-1}} = \frac{k}{2}$$

系统右边的弹簧的等效刚度为

$$k_{e2} = \frac{1}{k^{-1} + (2k)^{-1}} = \frac{2k}{3}$$

等效后的模型如图 3-21(b)所示，该模型中每根弹簧的位移相等，作用在质块上的力为作用在每个等效弹簧上的力之和，因此左右两个等效弹簧具有并联弹簧的特征，故可等效为单个弹簧，等效刚度为

$$k_{eq} = k_{e1} + k_{e2} = \frac{k}{2} + \frac{2k}{3} = \frac{7k}{6}$$

等效模型如图 3-21(c)所示。

例 3-6　如图 3-22 所示系统，梁的长度为 l，以质块位移为广义坐标，求系统的等效刚度。

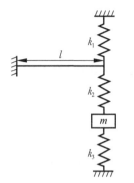

图 3-22　弹簧-梁的
组合系统

解　在自由端受单位集中载荷的悬臂梁在其自由端的挠度为 $l^3/(3EI)$，因此悬臂梁的等效刚度为 $k_b = 3EI/l^3$。由于悬臂梁和上面的弹簧 k_1 的运动等位移，因而两者是并联的。然后这个并联组合又和弹簧 k_2 串联，最后此串联的组合与弹簧 k_3 并联。因此应用并联和串联的组合式求得系统的等效刚度为

$$k_{eq} = \frac{1}{(k_b + k_1)^{-1} + k_2^{-1}} + k_3 = \frac{k_2(k_b + k_1)}{k_1 + k_2 + k_b} + k_3$$

例 3-7　如图 3-23 所示的系统中，假定盘很薄，并且做无滑动的纯滚动。以从平衡位置算起盘中心的位移为广义坐标，求系统的等效刚度和等效质量。

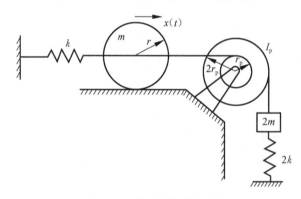

图 3-23　圆盘滑轮质块系统

解　由于盘做纯滚动，滑轮的角位移 $\theta(t)$ 和质块 $2m$ 的位移 $y(t)$ 可表示为

$$\theta(t) = x(t)/r_p, \quad y(t) = 2r_p\theta(t) = 2x(t)$$

注意到重力作用和静变形相互抵消，系统的势能为

$$V = \frac{1}{2}kx^2(t) + \frac{1}{2}(2k)y^2(t) = \frac{1}{2}kx^2(t) + \frac{1}{2}(2k)(2x(t))^2 = \frac{9}{2}kx^2(t)$$

从而得到系统的等效刚度为

$$k_{eq} = 9k$$

系统的动能为

$$T = \frac{1}{2}m\dot{x}^2(t) + \frac{1}{2}I_d\omega_d^2(t) + \frac{1}{2}I_p\dot{\theta}^2(t) + \frac{1}{2}(2m)\dot{y}^2(t)$$

由于盘很薄，则 $I_d = mr^2/2$，并且由于盘做纯滚动，则 $\omega_d(t) = \dot{x}(t)/r$，因此有

$$T = \frac{1}{2}m\dot{x}^2(t) + \frac{1}{2}\left(\frac{1}{2}mr^2\right)\left(\frac{\dot{x}(t)}{r}\right)^2 + \frac{1}{2}I_p\left(\frac{\dot{x}(t)}{r_p}\right)^2 + \frac{1}{2}(2m)(2\dot{x}(t))^2$$

$$= \frac{1}{2}\left(\frac{19}{2}m + \frac{I_p}{r_p^2}\right)\dot{x}^2(t)$$

所以系统的等效质量为

$$m_{eq} = \frac{19}{2}m + \frac{I_p}{r_p^2}$$

例 3-8　如图 3-24 所示系统，以质块从平衡位置向下的位移 $x(t)$ 为广义坐标，求系统的等效质量、等效刚度和等效阻尼。

解　圆盘的角位移为 $\theta(t)$、阻尼器的位移为 $y(t)$，在任意瞬时 $\theta(t)$ 和 $y(t)$ 与 $x(t)$ 的关系为

$$\theta(t) = \frac{x(t)}{r}, \quad y(t) = 2r\theta(t)$$

系统在任意瞬时的动能为

$$
\begin{aligned}
T &= \frac{1}{2}m\dot{x}^2(t) + \frac{1}{2}I\dot{\theta}^2(t) \\
&= \frac{1}{2}m\dot{x}^2(t) + \frac{1}{2}I\left(\frac{\dot{x}(t)}{r}\right)^2 \\
&= \frac{1}{2}\left(m + \frac{I}{r^2}\right)\dot{x}^2(t)
\end{aligned}
$$

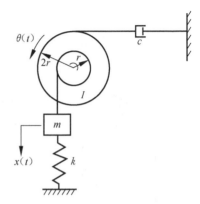

图 3-24　滑轮质块阻尼系统

由于重力引起的势能变化与弹簧静止位移引起的势能变化平衡，系统在任意瞬时的势能为

$$V = \frac{1}{2}kx^2(t)$$

黏性阻尼在两个任意瞬时之间所做的功为

$$W_{1\to2} = -\int_{x_1}^{x_2}c\dot{y}(t)\mathrm{d}y = -\int_{x_1}^{x_2}c(2\dot{x}(t))\mathrm{d}(2x) = -\int_{x_1}^{x_2}4c\dot{x}(t)\mathrm{d}x$$

由以上可知等效质量、等效刚度和等效阻尼分别为

$$m_{eq} = m + \frac{I}{r^2}, \quad k_{eq} = k, \quad c_{eq} = 4c$$

3.2.4　自然频率的计算方法

自然频率是振动研究中的一个重要物理量，反映了系统的内在振动特性。当外激励的频率接近系统的自然频率时，系统将会出现剧烈的振动现象，即共振，从而增加系统的附加应力，严重的会导致系统破坏。所以计算系统的自然频率，了解系统的自然特性，设法避开共振区具有重要意义。

下面介绍几种常用的自然频率的计算方法：公式法、静变形法和能量法。

1. 公式法

从前面的讨论可知，单自由度无阻尼系统的振动微分方程为

$$m\ddot{x}(t) + kx(t) = \ddot{x}(t) + \omega_n x(t) = 0$$

这里，ω_n 就是系统无阻尼时的自然频率。从上式可知

$$\omega_n = \sqrt{k/m}$$

可见，可以通过建立振动微分方程的方法来求解系统的自然频率。

例 3-9 如图 3-25 所示的质块-滑轮系统，绳与滑轮间纯滚动，求系统的运动微分方程和自然频率。

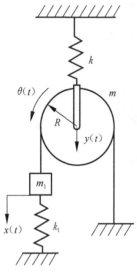

图 3-25 质块-滑轮系统

解 系统有两个质量元件 m_1 与 m，但两者间的运动用绳索连接，有一定的关系，可以用一个广义坐标来确定，因此是单自由度系统。选 m_1 的位移 $x(t)$ 为广义坐标，设滑轮中心位移为 $y(t)$，则有 $x(t) = 2y(t) = 2R\theta(t)$，圆盘的转动惯量 $I = mR^2/2$。向 m_1 上等效，系统的动能为

$$\frac{1}{2}m_{eq}\dot{x}^2(t) = \frac{1}{2}m_1\dot{x}^2(t) + \frac{1}{2}m\dot{y}^2(t) + \frac{1}{2}I\dot{\theta}^2(t)$$

$$= \frac{1}{2}\left(m_1 + \frac{3}{8}m\right)\dot{x}^2(t)$$

所以等效质量为

$$m_{eq} = m_1 + \frac{3}{8}m$$

系统势能为

$$\frac{1}{2}k_{eq}x^2(t) = \frac{1}{2}k_1 x^2(t) + \frac{k}{2}\left(\frac{x(t)}{2}\right)^2$$

$$= \frac{1}{2}\left(k_1 + \frac{k}{4}\right)x^2(t)$$

所以等效刚度为

$$k_{eq} = k_1 + \frac{k}{4}$$

系统的振动方程为

$$\ddot{x}(t) + \frac{k_{eq}}{m_{eq}}x(t) = 0$$

系统的自然频率为

$$\omega_n = \sqrt{\frac{k_{eq}}{m_{eq}}} = \sqrt{\frac{2k + 8k_1}{8m_1 + 3m}}$$

2. 静变形法

对于如图 3-11 所示的质块弹簧系统，由于 $mg - k\delta_{st} = 0$，故有

$$\omega_{n} = \sqrt{\frac{k}{m}} = \sqrt{\frac{g}{\delta_{st}}}$$

可见,只要计算或测量出系统的静变形,即可求得系统的自然频率。δ_{st} 是指作用在物体振动方向上,其大小等于物体重量的一个静力使物体在该方向上产生的位移。

3. 能量法

系统振动时,能量只是在动能和势能之间进行周期性的转换,但总能量始终保持不变。设 T_1, V_1, T_2, V_2 分别是振动中两个不同时刻的动能和势能,则根据能量守恒有

$$T_1 + V_1 = T_2 + V_2$$

对两个特殊时刻:在静平衡位置,系统的势能等于零,而动能达到最大值 T_{max};在最大位移处,系统的动能为零,而势能达到最大值 V_{max},从而有

$$T_{max} = V_{max} \tag{3-21}$$

利用式(3-21),即可方便地计算出系统的自然频率。对于复杂的系统,这种方法十分有效。

例 3-10　测量低频振幅用的传感器中的无定向摆如图 3-26 所示,摆轮 2 上铰接摇杆 1,其质量不计,摇杆 1 的另一端装一敏感质量 m,并在摇杆上连接刚度为 k 的两弹簧以保持摆在垂直方向的稳定位置,若记系统对 O 点的转动惯量为 I_0,其余参数如图中所示,确定系统的自然频率。

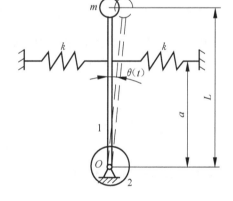

图 3-26　无定向摆

解　设摇杆偏离平衡位置的角振动为 $\theta(t)$,摇杆角摆动的时间历程为

$$\theta(t) = A\cos(\omega_n t - \psi)$$

角速度为

$$\dot{\theta}(t) = -\omega_n A \sin(\omega_n t - \psi)$$

故有

$$\theta_{max} = A, \quad \dot{\theta}_{max} = A\omega_n$$

系统的最大动能为

$$T_{max} = \frac{1}{2} I_0 \dot{\theta}_{max}^2 = \frac{1}{2} I_0 A^2 \omega_n^2$$

在摇杆摇到最大角位移处,两个弹簧储存的最大势能为

$$V_{1,max} = 2 \times \frac{1}{2} k(\theta_{max} \cdot a)^2 = ka^2 A^2$$

质量 m 重心下降到最低点处失去的势能为

$$V_{2,\max} = -mgL(1-\cos\theta_{\max}) = -2mgL\sin^2(\theta_{\max}/2) \approx -\frac{1}{2}mgLA^2$$

由式(3-21)有

$$\frac{1}{2}I_0 A^2 \omega_n^2 \approx ka^2 A^2 - \frac{1}{2}mgLA^2$$

从而求得系统的自然频率为

$$\omega_n = \sqrt{\frac{2ka^2 - mgL}{I_0}}$$

3.2.5　有阻尼系统的自由振动

1. 有阻尼系统的自由振动规律

对于如图 3-27 所示的单自由度有阻尼的自由振动系统,其运动微分方程为

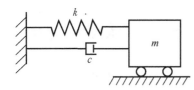

图 3-27　单自由度有阻尼系统

$$m\ddot{x}(t) + c\dot{x}(t) + kx(t) = 0$$

上式可以写为

$$\ddot{x}(t) + 2\xi\omega_n\dot{x}(t) + \omega_n^2 x(t) = 0 \quad (3-22)$$

式中

$$\omega_n = \sqrt{\frac{k}{m}}, \quad \xi = \frac{c}{2m\omega_n} = \frac{c}{2\sqrt{mk}} \quad (3-23)$$

其中,ω_n 为系统的自然频率;ξ 为无量纲的黏滞阻尼因子或阻尼率。

设式(3-22)的通解为

$$x(t) = Xe^{st} \tag{3-24}$$

式中,X,s 为待定常数,这里将 X 视为实数,而 s 为复数。将式(3-24)代入式(3-22)得到特征方程

$$s^2 + 2\xi\omega_n s + \omega_n^2 = 0$$

求解可得到两个特征根为

$$s_{1,2} = (-\xi \pm \sqrt{\xi^2 - 1})\omega_n \tag{3-25}$$

由式(3-25)可见,特征根 s_1,s_2 与 ξ,ω_n 有关,但其性质取于 ξ。所以方程的通解为

$$x(t) = X_1 e^{s_1 t} + X_2 e^{s_2 t} = e^{-\xi\omega_n t}(X_1 e^{\omega_n\sqrt{\xi^2-1}t} + X_2 e^{-\omega_n\sqrt{\xi^2-1}t}) \tag{3-26}$$

下面分别讨论对于 ξ 的不同取值的情况。

1) 无阻尼($\xi=0$)情况

$\xi=0$ 就是 $c=0$,这就是前面讨论的无阻尼振动。由式(3-25)得到此时的两个特征根为虚数

$$s_{1,2} = \pm \mathrm{i}\omega_n$$

从而得到运动微分方程的两个解为 $X_1 \mathrm{e}^{\mathrm{i}\omega_n t}$，$X_2 \mathrm{e}^{-\mathrm{i}\omega_n t}$，而由于方程(3-22)是齐次的，因此这两个解之和仍为原方程的解，故得到通解为

$$x(t) = X_1 \mathrm{e}^{\mathrm{i}\omega_n t} + X_2 \mathrm{e}^{-\mathrm{i}\omega_n t}$$

应用欧拉公式 $\mathrm{e}^{\pm \mathrm{i}(\omega_n t)} = \cos(\omega_n t) \pm \mathrm{i}\sin(\omega_n t)$，将上式展开并整理有

$$x(t) = (X_1 + X_2)\cos(\omega_n t) + \mathrm{i}(X_1 - X_2)\sin(\omega_n t)$$

式中，X_1，X_2 为两个待定的常数。若记

$$X_1 + X_2 = X\cos\psi, \quad \mathrm{i}(X_1 - X_2) = X\sin\psi \tag{3-27}$$

则得到运动方程的解为

$$x(t) = X\cos\psi\cos(\omega_n t) + X\sin\psi\sin(\omega_n t) = X\cos(\omega_n t - \psi)$$

可见上式与式(3-17)完全一致，其中常数 X 和 ψ 由初始条件决定。如图 3-28 所示，这种情况下特征根 $s_1 = \mathrm{i}\omega_n$，$s_2 = -\mathrm{i}\omega_n$ 在复平面的虚轴上，且处于与原点对称的位置。此时 $x(t)$ 为等幅振动，如图 3-29(a)所示。

2) 小阻尼($0 < \xi < 1$)情况

由式(3-25)得到此时的两个特征根为共轭复数根

$$s_{1,2} = (-\xi \pm \mathrm{i}\sqrt{1-\xi^2})\omega_n = -\xi\omega_n \pm \mathrm{i}\omega_d$$

式中

$$\omega_d = \sqrt{1-\xi^2}\,\omega_n \tag{3-28}$$

称为**有阻尼自然角频率**，或简称为**有阻尼自然频率**。将 s_1，s_2 代入式(3-24)，有

$$x(t) = X_1 \mathrm{e}^{(-\xi\omega_n + \mathrm{i}\omega_d)t} + X_2 \mathrm{e}^{-(\xi\omega_n + \mathrm{i}\omega_d)t}$$

应用欧拉公式，将上式展开并整理有

$$x(t) = \mathrm{e}^{-\xi\omega_n t}\big[(X_1 + X_2)\cos(\omega_d t) + \mathrm{i}(X_1 - X_2)\sin(\omega_d t)\big]$$

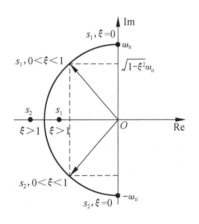

图 3-28　振动的复平面表示

应用式(3-27)的记法，并整理则得到运动方程的解为

$$x(t) = X\mathrm{e}^{-\xi\omega_n t}\cos(\omega_d t - \psi) \tag{3-29}$$

式中，常数 X 和 ψ 由初始条件 x_0，v_0 决定，可以求得

$$X = \sqrt{x_0^2 + \frac{(v_0 + \xi\omega_n x_0)^2}{\omega_d^2}}, \quad \psi = \arctan\left(\frac{v_0 + \xi\omega_n x_0}{x_0\omega_d}\right) \tag{3-30}$$

可见，当 $\xi = 0$ 时，退化为无阻尼的形式。分析上述结果，有：

(1) 系统的特征根 s_1，s_2 为共轭复数，具有负实部，分别位于复平面左半面与实轴对称的位置上，如图 3-28 所示。

(2) 若将 $X\mathrm{e}^{-\xi\omega_n t}$ 视为振幅，则表明有阻尼系统的自由振动是一种减幅振动，其

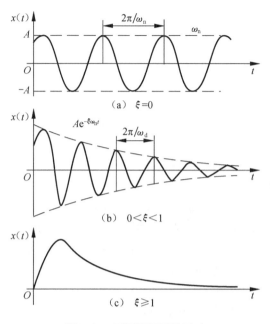

图 3-29　不同阻尼下的运动

振幅按指数规律衰减。阻尼率 ξ 值越大,振幅衰减越快。其时间历程如图 3-29(b)所示。

(3) 特征根虚部的取值决定了自由振动的频率,有阻尼自然频率也完全由系统本身的特性所决定,且有 $\omega_d < \omega_n$,即有阻尼自然频率低于无阻尼自然频率。表现在旋转向量中,则是阻尼的作用减慢了向量旋转的角速度。

(4)初始条件 x_0,v_0 只影响有阻尼自由振动的初始振幅 X 与初相位 ψ。

3) 过阻尼($\xi > 1$)情况

由式(3-25)得到此时的两个特征根为实数

$$s_{1,2} = (-\xi \pm \sqrt{\xi^2 - 1})\omega_n$$

则由式(3-24)有

$$x(t) = X_1 e^{s_1 t} + X_2 e^{s_2 t}$$

式中,常数 X_1 和 X_2 由初始条件 x_0,v_0 决定,可以求得

$$X_1 = \frac{v_0 - s_2 x_0}{s_1 - s_2}, \quad X_2 = \frac{s_1 x_0 - v_0}{s_1 - s_2}$$

可见,系统的运动规律中没有周期性变化的因子,因此不是振动。这种条件下 s_1,s_2 均为负实数,处于复平面的实数轴上,如图 3-28 所示。这时系统的运动很快就趋近到平衡位置,如图 3-29(c)所示。从物理意义上来看,表明阻尼较大时,由初始激励输入给系统的能量很快就被消耗掉了,而系统来不及产生往复振动。

4) 临界阻尼($\xi=1$)情况

这种情况是小阻尼和过阻尼两种情况的分界线,由式(3-23)的第二式,有$c_0=2\sqrt{mk}$,即临界阻尼系数c_0由系统的参数确定。将此式代回式(3-23)有 $\xi=c/c_0$。这可以看成是阻尼率的一种定义。

由式(3-25)得到此时的特征根为两重根($-\omega_n$),系统运动的通解为

$$x(t) = (X_1 + X_2 t)e^{-\omega_n t}$$

式中,常数 X_1 和 X_2 由初始条件决定。以初始条件 x_0, v_0 代入,消去 X_1, X_2,得到

$$x(t) = e^{-\omega_n t}[x_0 + (v_0 + \omega_n x_0)t]$$

可见,系统的运动规律中也没有周期性变化的因子,因此不是振动。

5) 负阻尼($\xi<0$)情况

这时,特征值 s_1, s_2 处于复平面的右半平面,而 $x(t)$ 表现为一种增幅运动,是自激振动。

例 3-11　试求单自由度小阻尼系统对初始速度和初始位移的响应。

解　当系统受到初速度 v_0 作用时,$x_0=0$,由式(3-30)有

$$X = \frac{v_0}{\omega_d}, \quad \psi = \frac{\pi}{2}$$

由式(3-29)得到系统对于初始速度的响应为

$$x(t) = \frac{v_0}{\omega_d}e^{-\xi\omega_n t}\sin(\omega_d t)$$

当系统是受到初位移 x_0 作用时,$v_0=0$,由式(3-30)有

$$X = x_0\sqrt{1+\left(\frac{\xi\omega_n}{\omega_d}\right)^2} = \frac{x_0}{\sqrt{1-\xi^2}}, \quad \psi = \arctan\left(\frac{\xi\omega_n}{\omega_d}\right)$$

由式(3-29)得到系统对于初始位移的响应为

$$x(t) = \frac{x_0}{\sqrt{1-\xi^2}}e^{-\xi\omega_n t}\cos(\omega_d t - \psi)$$

综合以上结果,当初始位移 x_0 和初始速度 v_0 作用时,系统的响应为

$$x(t) = \frac{x_0}{\sqrt{1-\xi^2}}e^{-\xi\omega_n t}\cos(\omega_d t - \psi) + \frac{v_0}{\omega_d}e^{-\xi\omega_n t}\sin(\omega_d t) \tag{3-31}$$

2. 对数衰减率

与自然频率一样,阻尼率 ξ 也是表征振动系统特性的一个重要参数。ω_n 比较容易由实验测定或辨识出,而对 ξ 的测定或辨识则较为困难。利用自由振动的衰减曲线计算阻尼率 ξ 是一种常用的方法。

图 3-30 为单自由度系统自由振动的减幅振动曲线,这一曲线可在冲击振动实验中记录得到。在间隔一个振动周期 T 的任意两个时刻 t_1, t_2 时,相应的振动位

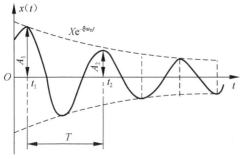

图 3-30　阻尼振动的衰减

移为 $x(t_1),x(t_2)$,由式(3-29)有

$$x(t_1) = Xe^{-\xi\omega_n t_1} \cos(\omega_d t_1 - \psi)$$

$$x(t_2) = Xe^{-\xi\omega_n t_2} \cos(\omega_d t_2 - \psi)$$

由于 $t_2=t_1+T=t_1+2\pi/\omega_d$,有

$$x(t_2) = Xe^{-\xi\omega_n (t_1+T)} \cos(\omega_d t_1 - \psi)$$

即有 $\dfrac{x(t_1)}{x(t_2)}=e^{\xi\omega_n t}$,为了提高测量与计算的准确度,可将 $x(t_1),x(t_2)$ 分别选在相应的峰值处,如图 3-30 所示,于是

$$A_1/A_2 = e^{\xi\omega_n t} \tag{3-32}$$

由于对于正阻尼恒有 $x(t_1)>x(t_2)$,上式表示振动波形按照 $e^{\xi\omega_n t}$ 的比例衰减,且当阻尼率 ξ 越大时,衰减越快。对上式取自然对数,有

$$\delta = \ln A_1 - \ln A_2 = \xi\omega_n T = \xi\omega_n \frac{2\pi}{\omega_d} = \frac{2\pi\xi}{\sqrt{1-\xi^2}} \tag{3-33}$$

式中,δ 称为对数衰减率。

当由实验记录曲线测出 $x(t_1),x(t_2)$ 后,容易算出对数衰减率 δ,再根据 δ 就可算出 ξ 为

$$\xi = \frac{\delta}{\sqrt{4\pi^2 + \delta^2}} \tag{3-34}$$

当 ξ 很小时,$\delta^2 \ll 1$,与 $4\pi^2$ 相比可略去,故 ξ 的近似计算公式为

$$\xi \approx \frac{\delta}{2\pi} \tag{3-35}$$

由于单个周期 T 不易测得准确,实际中常常测量间隔 j 个振动周期 jT 的波形,以便更精确地计算出 δ 值。由于相邻两振动波形的衰减比例均为 $e^{\xi\omega_n T}$,故有

$$\frac{x(t_1)}{x(t_1+jT)} = \frac{x(t_1)}{x(t_1+T)} \cdot \frac{x(t_1+T)}{x(t_1+2T)} \cdot \cdots \cdot \frac{x(t_1+(j-1)T)}{x(t_1+jT)} = e^{j\xi\omega_n T}$$

对上式取对数,并根据式(3-33)有

$$\delta = \frac{1}{j} \ln \frac{x(t_1)}{x(t_1+jT)} \tag{3-36}$$

只要取足够大的 j,测取振动位移 $x(t_1),x(t_1+jT)$,即可按式(3-36)与式(3-34)算出 ξ。

例 3-12　龙门起重机设计中,为避免在连续启动和制动过程中引起振动,要求由启动和制动引起的衰减时间不得过长。若有一 15t 龙门起重机,其示意如图 3-31 所示,在做水平纵向振动时,其等效质量 $m_{eq}=275\text{N} \cdot \text{s}^2/\text{cm}$,水平方向的刚度为 19.8kN/cm,实测对数衰减率为 $\delta=0.10$,若要求振幅衰减到最小振幅的

5％,所需的衰减时间应小于 30s,试校核该设计是
否满足要求。

解　由式(3-36)有

$$j = \frac{1}{\delta}\ln\left(\frac{x(t_1)}{x(t_1 + jT)}\right)$$

将已知条件代入上式,可解得振幅衰减到最大振幅
的 5％时需要经过的周期数 j 为

$$j = \frac{1}{0.1}\ln\left(\frac{1}{0.05}\right) = 29.85732 \approx 30$$

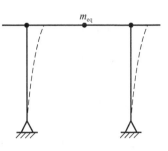

图 3-31　龙门起重机示意图

而由 $\omega_n = \sqrt{k/m}$,得到起重机纵向振动的自然频率为

$$\omega_n = \sqrt{\frac{19800}{275}} = 8.48528\text{rad/s}$$

则周期为

$$T = \frac{2\pi}{\omega_d} \approx \frac{2\pi}{\omega_n} = 0.7405\text{s}$$

经过 30 个周期后所需时间为

$$0.7405 \times 30 = 22.2144\text{s} < 30\text{s}$$

可见,该龙门起重机设计满足要求。

3.3　谐波激励下的强迫振动

系统在持续的外激励作用下所产生的振动称为强迫振动。因为外激励对于系统做功,用于补充消耗在阻尼上的耗散能量,所以振动将持续下去。强迫振动是区别于自由衰减振动的一种振动,是工程实际中常见的振动现象。

谐波激励是最简单的激励。谐波激励的特点是系统对于谐波激励的响应仍然是频率相同的谐波;由于线性系统满足叠加原理,各种复杂的激励可先分解为一系列的谐波激励,而系统的响应则可由叠加各谐波响应得到。因此,掌握了谐波响应分析方法,就可以求一个线性系统在任何激励下的响应。

3.3.1　谐波激励下系统振动的求解方法

由式(3-1)知,单自由度线性系统强迫振动的运动方程为

$$m\ddot{x}(t) + c\dot{x}(t) + kx(t) = F(t) = F\cos(\omega t) = kf(t) = kA\cos(\omega t) \quad (3\text{-}37)$$

式中,$F(t)$ 为谐波激励,具有力的量纲,而 $f(t)$ 应具有位移量纲。这样,激励函数 $f(t)$ 与系统的响应 $x(t)$ 均具有位移量纲,便于分析。$A = F/k$ 为谐波力的力幅,是与谐波激励的力幅 F 相等的恒力作用在系统上所引起的静位移。下面讨论方程(3-37)的求解,分析谐波激励下系统的振动规律。

1. 解析法

引入式(3-23)的记号,得到

$$\ddot{x}(t) + 2\xi\omega_n\dot{x}(t) + \omega_n^2 x(t) = \omega_n^2 A\cos(\omega t) \qquad (3\text{-}38)$$

设上式的特解为

$$x(t) = X\cos(\omega t - \varphi) \qquad (3\text{-}39)$$

将式(3-39)及其一阶导数和二阶导数代入微分方程(3-38),并整理得到

$$X[(\omega_n^2-\omega^2)\cos\varphi+2\xi\omega_n\omega\sin\varphi]\cos(\omega t)+X[(\omega_n^2-\omega^2)\sin\varphi-2\xi\omega_n\omega\cos\varphi]\sin(\omega t)$$
$$= \omega_n^2 A\cos(\omega t)$$

上式对于任意时刻 t 都成立,因此等号两边 $\cos(\omega t)$ 和 $\sin(\omega t)$ 项的系数必须相等,即

$$X[(\omega_n^2-\omega^2)\cos\varphi + 2\xi\omega_n\omega\sin\varphi] = \omega_n^2 A$$
$$X[(\omega_n^2-\omega^2)\sin\varphi - 2\xi\omega_n\omega\cos\varphi] = 0$$

联立求解上述两式,可解得

$$X = A\,|\,H(\omega)\,|, \quad \varphi = \arctan\left[\frac{2\xi\omega/\omega_n}{1-(\omega/\omega_n)^2}\right] \qquad (3\text{-}40)$$

式中

$$|\,H(\omega)\,| = \frac{1}{\sqrt{[1-(\omega/\omega_n)^2]^2+(2\xi\omega/\omega_n)^2}} \qquad (3\text{-}41)$$

是无量纲的。在物理意义上表示动态振动的振幅 X 较静态位移 A 的放大倍数,故又称为**放大系数**。这表明式(3-39)所设的解确是微分方程(3-38)的解,其中的 X 和 φ 分别由式(3-40)确定。

2. 图解法

向量和方程存在对应关系,可以这种对应关系求解方程中的待求常量。下面介绍谐波激励下强迫振动的运动规律中待定常数的图解方法。考虑到式(3-39),可将方程(3-38)的各项表示为

$$\omega_n^2 x(t) = \omega_n^2 X\cos(\omega t - \varphi)$$
$$2\xi\omega_n\dot{x}(t) = -2\xi X\omega\omega_n\sin(\omega t - \varphi) = 2\xi X\omega\omega_n\cos(\omega t - \varphi + \pi/2)$$
$$\ddot{x}(t) = -X\omega^2\cos(\omega t - \varphi) = X\omega^2\cos(\omega t - \varphi + \pi)$$

从而方程(3-38)可以写为

$$\omega_n^2\cos(\omega t - \varphi) + 2\xi\omega\omega_n\cos(\omega t - \varphi + \pi/2) + \omega^2\cos(\omega t - \varphi + \pi) = \frac{\omega_n^2 A}{X}\cos(\omega t)$$

$$(3\text{-}42)$$

上面的恒等式可以用向量图解法。恒等式左边三项为相互垂直的向量,恒等

式右边的项应该与前三项组成一个封闭多边形,如图 3-32(a)所示。

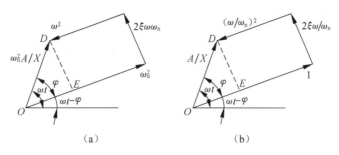

图 3-32　方程的向量关系

利用直角三角形 ODE,可以求得常数 X 和 φ,如果对各向量都除以 ω_n^2,那么这些向量便成为无量纲的量,计算更方便,如图 3-32(b)所示。从图中可以直接求得 X 和 φ,结果和式(3-40)相同。

3. 系统的运动特性

(1) 在谐波激励的作用下,强迫振动是简谐振动,振动的频率与激振力的频率 ω 相同。

(2) 强迫振动稳态振幅 X 和相位 φ 都只取决于系统本身的物理特性(ξ,ω_n)和激振力幅值 A 与频率 ω,而与初始条件无关。初始条件只影响系统的瞬态振动。

(3) 响应的振幅 X 与激励的振幅 A 成正比。

从式(3-41)中可见,$|H(\omega)|$不仅是系统参数 ξ,ω_n,m,c,k 的函数,而且是激励频率 ω 的函数。因此,即使对于同一系统,激励频率 ω 不同,放大系数 $|H(\omega)|$ 的取值将不同,从而系统响应的振幅也不相同。

(4) 相位差 φ 表示响应滞后于激励的相位。注意此处的 φ 和式(3-29)中的 ψ 的区别,在式(3-29)中,ψ 表示系统自由振动在 $t=0$ 时刻的初相位由振动系统的初始条件,即初位移和初速度决定。而式(3-39)中的相位差 φ 反映响应相对于激励的相对滞后,由系统的惯性引起。

4. 振动系统的全部响应

根据微分方程理论,运动微分方程(3-38)的解包括两部分:一部分是响应的齐次微分方程的通解,这就是有阻尼系统的自由振动,由式(3-29)确定;另一部分是非齐次微分方程的一个特解,由式(3-39)确定。综合这两部分,谐波激励下的强迫振动的全部解为

$$x(t) = Ce^{-\xi\omega_n t}\cos(\omega_d t - \psi) + A \mid H(\omega) \mid \cos(\omega t - \varphi) \qquad (3\text{-}43)$$

式中右端第一项对应于自由振动,其中 C 和 ψ 由初始条件决定。显然,随着时间的增长,此项将趋近于零,故称为**瞬态振动**,如图 3-33(b)所示。式中右端第二项

对应于稳态的强迫振动,这是一种持续的振动,故称为方程的稳态解,如图 3-33(a)
所示。整个强迫振动是瞬态振动和稳态振动的叠加,如图 3-33(c)所示。

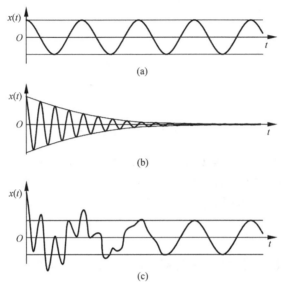

图 3-33　振动的全部响应

3.3.2　谐波激励下的无阻尼强迫振动

1. 无阻尼强迫振动的运动规律

对于无阻尼($\xi=0$)系统,由式(3-28)知:$\omega_d=\omega_n$,式(3-41)和式(3-40)的第
二式得到

$$|H(\omega)|=\frac{1}{1-(\omega/\omega_n)^2}, \quad \varphi=0$$

因此无阻尼时,谐波激励下强迫振动的全解式(3-43)成为

$$x(t)=C\cos(\omega_n t-\psi)+\frac{A}{1-(\omega/\omega_n)^2}\cos(\omega t) \tag{3-44}$$

式中右端第一项代表系统由于初始条件引起的自由振动,其中 C 和 ψ 由初始条件
决定。将式(3-44)对时间求导,得到

$$\dot{x}(t)=-C\omega_n\sin(\omega_n t-\psi)-\frac{A\omega}{1-(\omega/\omega_n)^2}\sin(\omega t) \tag{3-45}$$

如果激励突加在系统上,即初始条件为:$t=0$ 时,$x(0)=0$,$\dot{x}(0)=0$。将初始
条件代入式(3-44)和式(3-45)得到

$$C\cos\psi=-\frac{A}{1-(\omega/\omega_n)^2}, \quad C\omega_n\sin\psi=0$$

联立求解上述两个方程得到 $C=-\dfrac{A}{1-(\omega/\omega_n)^2}$，$\psi=0$。代入式(3-44)，得到系统的
运动规律为

$$x(t) = \frac{A}{1-(\omega/\omega_n)^2}\big[\cos(\omega t) - \cos(\omega_n t)\big] \tag{3-46}$$

从式(3-46)可见，即使是零初始条件，强迫振动的解也是两个不同频率的简谐
振动之和，一是按自然频率振动的自由振动部分，二是按激励频率振动的纯强迫振
动部分。实际运动已经不再是简谐运动，只有当二者的频率可通约时，实际运动才
为周期振动。

两部分简谐振动共存的阶段为过渡阶段。实际上，由于阻尼的存在，自由振动
部分很快衰减，过渡阶段持续时间很短，很快只剩稳态强迫振动部分。稳态强迫振
动部分的振幅可记为 $A\beta$，其中

$$\beta = \frac{1}{1-(\omega/\omega_n)^2} \tag{3-47}$$

称为**动力系数**，为振幅与激励幅值引起的静位移之比。

2. 动力系数的性质

由式(3-47)可知，动力系数 β 具有以下特点：

(1) 动力系数 β 是无量纲的。

(2) 动力系数 β 只与激励频率和系统的自然频率之比 ω/ω_n 有关，与其他因素
无关。

(3) 动力系数 β 可正可负，正号表示位移与激励同步，相位差为 0，负号表示位
移与激励反相，位移落后激励的相位差为 180°。

动力系数绝对值与频率比的关系曲线如图 3-34 所示，从图中可见：

(1) 频率比 $\omega/\omega_n \to 0$ 时，激励频率与系统的自然频率相比很小，激励变化很
慢，接近静载荷的情况，动力系数 $\beta \to 1$。

(2) 频率比 $\omega/\omega_n \to \infty$ 时，激励频率与系统的自然频率相比很大，激励变化很

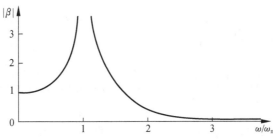

图 3-34 动力系数绝对值与频率比的关系

快,系统来不及响应,动力系数 $\beta \to 0$。

(3)频率比 $\omega/\omega_n \to 1$ 时,激励频率与系统的自然频率相接近,动力系数 $\beta \to \infty$,系统发生共振现象。共振现象对于系统的正常工作是很危险的,应当避免。一般来说,激励频率是由工艺或使用要求决定的,可以通过调整结构系统的质量或刚度来避免共振。

动力系数曲线只表示振动系统稳态运动的情形,即激励频率固定在某一个 ω 值相当时间时振幅达到定值后的情况。在共振时,振幅在理论上将趋近于无穷大,实际上这是不可能的,原因如下:

(1)实际的振动系统不可能完全没有阻尼,只要有极微小的阻尼就可以限制振幅的无限扩大。

(2)在建立运动微分方程时,假定了弹簧力与变形成正比,这在微幅振动时一般是符合实际的,在振幅扩大后,弹簧的线性假定已不再成立。

3. 共振现象

如上所述,当频率比 $\omega/\omega_n \to 1$ 时,动力系数 $\beta \to \infty$。动力系数理论上接近于无穷大,系统将发生共振现象。由三角函数的和差化积公式,可得系统的运动规律方程(3-46)变为

$$x(t) = \frac{2A}{1-(\omega/\omega_n)^2} \sin\left(\frac{\omega_n - \omega}{2} t\right) \sin(\omega t)$$

可见,当频率比 $\omega/\omega_n \to 1$ 时,系统的运动为以 ω 为频率的简谐运动,其振幅为

$$X(t) = \frac{2A}{1-(\omega/\omega_n)^2} \sin\left(\frac{\omega_n - \omega}{2} t\right)$$

是时间的函数,当 $\omega/\omega_n \to 1$ 时

$$\lim_{\omega \to \omega_n} X(t) = \lim_{\omega \to \omega_n} \frac{2A}{1-(\omega/\omega_n)^2} \sin\left[\left(1-\frac{\omega}{\omega_n}\right)\frac{\omega_n t}{2}\right] = \frac{\omega_n A}{2} t$$

因此,系统的运动规律为

$$x(t) = \frac{\omega_n A}{2} t \sin(\omega t) \quad (3\text{-}48)$$

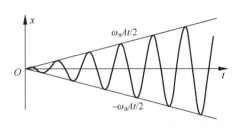

图 3-35　无阻尼系统的共振

将式(3-48)画出曲线如图 3-35 所示。可见共振时,强迫振动的振幅随时间线性增大,需要经过无限长的时间,振幅才能达到无穷大。许多机器在正常运转时,激励频率 ω 远远超过系统的自然频率,在开车和停车过程中都要越过共振

区,只要机器有足够的加速功率,一般可以顺利通过共振区而不致发生过大的振幅,必要时可以采用限幅器。如果机器长期逗留在共振区内是危险的,其工作区应该远离共振区。

4. 拍振现象

在生产实际中,某些利用强迫振动进行正常工作的机械,如振动运输机、振动筛等,有时出现非常不稳定的运动状态,振幅出现周期性变化,这就是单自由度系统的**拍振现象**。不考虑阻尼时,在初始条件 $x(0)=0,\dot{x}(0)=0$ 时,余弦谐波激励下系统的运动规律式(3-46)可通过和差化积表示为

$$x(t)=2A\beta\sin\left(\frac{\omega_{\mathrm{n}}-\omega}{2}t\right)\sin\left(\frac{\omega_{\mathrm{n}}+\omega}{2}t\right)$$

若记 $\varepsilon=(\omega_{\mathrm{n}}-\omega)/2$,当 ω 和 ω_{n} 相接近时,$(\omega_{\mathrm{n}}+\omega)/2\approx\omega_{\mathrm{n}}$,上式表示为

$$x(t)=2A\beta\sin(\varepsilon t)\sin(\omega_{\mathrm{n}}t) \tag{3-49}$$

式(3-49)代表一种特殊的振动,如图 3-36 所示。其周期和振幅分别为

$$T=\frac{4\pi}{\omega_{\mathrm{n}}+\omega}, \quad X=2A\beta\sin(\varepsilon t) \tag{3-50}$$

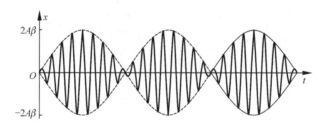

图 3-36 余弦谐波激励下的拍振现象

如果激励以正弦形式作用在系统上,则无阻尼系统的运动方程为

$$m\ddot{x}(t)+kx(t)=F(t)=F\sin(\omega t)=kf(t)=kA\sin(\omega t) \tag{3-51}$$

按照和前面相同的分析方法,式(3-51)的通解为

$$x(t)=C\cos(\omega_{\mathrm{n}}t-\psi)+A\beta\sin(\omega t) \tag{3-52}$$

对式(3-52)求导数得到

$$\dot{x}(t)=-C\omega_{\mathrm{n}}\sin(\omega_{\mathrm{n}}t-\psi)+A\beta\omega\cos(\omega t) \tag{3-53}$$

如果激励突加在系统上,即初始条件为:$t=0$ 时,$x(0)=0,\dot{x}(0)=0$。将初始条件代入式(3-52)和式(3-53)得到

$$C\cos\psi=0, \quad C\omega_{\mathrm{n}}\sin\psi=-A\beta\omega$$

联立求解上述两个方程得到 $C=-(\omega/\omega_{\mathrm{n}})A\beta,\psi=\pi/2$。代入式(3-52),得到系统的运动规律为

$$x(t)=A\beta\left[\sin(\omega t)-\frac{\omega}{\omega_n}\sin(\omega_n t)\right] \tag{3-54}$$

若记 $\varepsilon=(\omega_n-\omega)/2$,式(3-52)表示为

$$\begin{aligned}
x(t)&=A\beta\left[\sin(\omega t)-\frac{\omega}{\omega_n}\sin(\omega_n t)\right]\\
&=\frac{A\beta}{\omega_n}\left\{\frac{\omega_n+\omega}{2}\left[\sin(\omega t)-\sin(\omega_n t)\right]+\frac{\omega_n-\omega}{2}\left[\sin(\omega t)+\sin(\omega_n t)\right]\right\}\\
&=\frac{A\beta}{\omega_n}\left[(\omega_n+\omega)\cos\left(\frac{\omega_n+\omega}{2}t\right)\sin(\varepsilon t)-2\varepsilon\sin\left(\frac{\omega_n+\omega}{2}t\right)\cos(\varepsilon t)\right]
\end{aligned}$$

当 ω 和 ω_n 相接近时,$(\omega_n+\omega)/2\approx\omega_n$,$\varepsilon\to 0$,可略去上式括号中的第一项,则有

$$x(t)=-2A\beta\cos(\varepsilon t)\sin(\omega_n t) \tag{3-55}$$

式(3-55)可以看成是 $\sin(\omega_n t)$ 的简谐运动,而其振幅为 $-2A\beta\cos(\varepsilon t)$,振幅按谐波形式变化,这种特殊的振动现象称为拍振,如图 3-37 所示。拍振周期为 π/ε,由于 ε 很小,拍振的周期很长,振幅按 $\cos(\varepsilon t)$ 变化得很慢。在接近共振时,系统的振幅有时出现周期性忽大忽小的变化,就是产生拍振的原因。

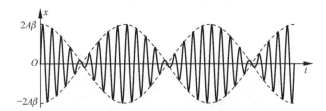

图 3-37　正弦谐波激励下的拍振现象

5. 动应力幅值

在谐波激励作用下,单自由度系统稳态强迫振动的惯性力及其幅值为

$$B=-m\ddot{x}(t)=-m[-A\omega^2\sin(\omega t)]=mA\omega^2\sin(\omega t),\quad B_{\max}=mA\omega^2$$

可见,惯性力与位移始终同步,数值上成正比,相差 $m\omega^2$ 倍。与位移一样,惯性力与谐波激励的相位差为 0 或 180°,即谐波激励达到正的最大时,惯性力达到正的最大或负的最大。

根据惯性力的上述特点,利用动静法,将激励力幅值和惯性力幅值一起加到振动系统上,即为最大内力,按照静力学方法即可计算得到最大动内力。若谐波激励不是作用在质量运动方向,分别将激励力幅值和惯性力幅值加在振动系统上,计算动内力幅值。若谐波激励作用在质量运动方向,激励力和惯性力可以直接叠加,可不计算振幅,只需将激励力幅值扩大 β 倍后加在振动系统上,即可计算动内力幅值。

由于应力与内力成正比,故以上对动内力的处理方法也可用于处理动应力的幅值。

3.3.3　谐波激励下的有阻尼强迫振动

1. 幅频曲线及其特性

根据式(3-40),$|H(\omega)|$ 与振幅 X 之间仅相差一个常数 A,因此 $|H(\omega)|$ 描述了振幅与激励频率 ω 间的函数关系,故称为系统的幅频特性。图 3-38 表示了单自由度系统对应于不同的 ξ 值的幅频特性曲线。图中横坐标为 ω/ω_n,即频率比。幅频特性曲线具有如下特点:

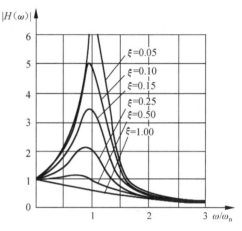

图 3-38　幅频特性曲线

(1) 由式(3-41)知,当 $\omega = 0$ 时,$|H(0)| = 1$,所有曲线均从 $|H(0)| = 1$ 开始。当激励频率很低,即 $\omega \ll \omega_n$ 时,$|H(\omega)|$ 接近于 1,说明低频激励时的振动幅值接近于静态位移。这时动态效应很小,强迫振动的这一动态过程可以近似地用静变形过程来描述。

$\omega/\omega_n \ll 1$ 的频率范围称为"准静态区"或"刚度区"。在刚度区,振动系统的特性主要是弹性元件作用的结果,阻尼的影响不大。

(2) 当激励频率很高,即 $\omega/\omega_n \gg 1$ 时,$|H(\omega)| < 1$,且当 $\omega/\omega_n \rightarrow \infty$ 时,$|H(\omega)| \rightarrow 0$,说明在高频激励下,由于惯性的影响,系统来不及对高频激励作出响应,因而振幅很小。$\omega/\omega_n \gg 1$ 的频率范围称为"惯性区"。在惯性区,振动系统的特性主要是质量元件作用的结果,阻尼的影响很小。

(3) 在激励频率 ω 与自然频率 ω_n 相近的范围内,$\omega/\omega_n \approx 1$,$|H(\omega)|$ 曲线出现峰值,说明此时动态效应很大。在这一频率范围内,$|H(\omega)|$ 曲线随阻尼率 ξ 的不同有很大的差异。当 ξ 较大时,$|H(\omega)|$ 的峰值较低;反之 $|H(\omega)|$ 的峰值较高。$\omega/\omega_n \approx 1$ 的频率范围称为"阻尼区"。在阻尼区,振动系统的特性主要是阻尼元件作用的结果,增大系统的阻尼对振动有很强的抑制效果。

(4) 共振现象。将式(3-41)所表达的幅频特性对激励频率求导数有

$$\frac{\mathrm{d}H}{\mathrm{d}\omega} = -\frac{1}{2}\left[4\left(\frac{\omega}{\omega_n}\right)^4 - 2(1-2\xi^2)\left(\frac{\omega}{\omega_n}\right)^2 + 1\right]^{-3/2}\left[4\left(\frac{\omega}{\omega_n}\right)^3 + 4(1-2\xi)\left(\frac{\omega}{\omega_n}\right)\right]\frac{1}{\omega_n}$$

若令 $\mathrm{d}H/\mathrm{d}\omega = 0$,则可得到幅值达到最大值的共振频率为

$$\omega_r = \omega_n \sqrt{1-2\xi^2} \tag{3-56}$$

系统发生共振时，$\omega \approx \omega_d = \omega_n \sqrt{1-\xi^2}$，在小阻尼条件下，式(3-40)中第二式所表示的相频和式(3-41)所表示的幅频分别成为

$$\varphi = \arctan\left(\frac{2\sqrt{1-\xi^2}}{\xi}\right) \approx \arctan\left(\frac{2}{\xi}\right) \approx \frac{\pi}{2}$$

$$H(\omega_r) = \frac{1}{\sqrt{\xi^4 + 4\xi^2(1-\xi^2)}} = \frac{1}{2\xi\sqrt{1-\xi^2}} \approx \frac{1}{2\xi}$$

式(3-43)所示的系统全部响应成为

$$x(t) = Ce^{-\xi\omega_n t}\cos(\omega t - \psi) + \frac{A}{2\xi}\cos\left(\omega t - \frac{\pi}{2}\right) \tag{3-57}$$

对于零初始条件，即 $t=0$，$x(0)=0$，$\dot{x}(0)=0$ 时，利用式(3-57)及其导数式可以求得

$$\psi \approx \varphi = \frac{\pi}{2}, \quad C = -\frac{A\cos\varphi}{2\xi\cos\psi} \approx -\frac{A}{2\xi}$$

式(3-57)成为

$$x(t) = -\frac{A}{2\xi}e^{-\xi\omega_n t}\cos\left(\omega t - \frac{\pi}{2}\right) + \frac{A}{2\xi}\cos\left(\omega t - \frac{\pi}{2}\right) = \frac{A}{2\xi}(1 - e^{-\xi\omega_n t})\sin(\omega t)$$

将上式画出曲线如图 3-39 所示。将此图与无阻尼情形的图 3-35 相对照，可以明显看到阻尼对强迫振动共振过程的重要影响。

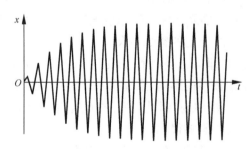

图 3-39　有阻尼系统的共振

当激励频率等于 ω_r 时，$|H(\omega)|$ 取极大值 $|H(\omega_r)|$，这种情况下的强迫振动为共振。故称 ω_r 为**共振频率**，$|H(\omega_r)|$ 为**共振振幅**。共振频率 ω_r、有阻尼自然频率 ω_d 和无阻尼自然频率 ω_n 之间有如下关系：

$$\omega_r \leqslant \omega_d \leqslant \omega_n \tag{3-58}$$

因此，共振并不发生在 ω_n 处，而是发生在略低于 ω_n 处。$|H(\omega)|$ 的峰值点随 ξ 的增大而向低频方向移动。不仅如此，当 $1-2\xi^2 < 0$，即 $\xi > \sqrt{1/2}$ 时，ω_r 不存在，$|H(\omega)|$ 无峰值，且 $|H(\omega)| < 1$。这表示当阻尼系数 $\xi > 0.707$ 时，系统不会出现共

振,且动态位移比静态位移小。

(5) 阻尼率的确定。幅频特性曲线在共振区域的形状与阻尼率有密切关系,ξ 越小,共振峰越尖。据此,可由共振峰的形状估算 ξ,这是实验测定 ξ 的一种常用方法。由式(3-49)和式(3-50),当 ξ 很小时,$\omega_r \approx \omega_n$,$|H(\omega_r)| = |H(\omega_n)|$,记 $Q = |H(\omega_n)|$,则有

$$Q = |H(\omega_n)| \approx \frac{1}{2\xi}$$

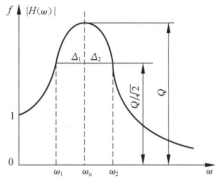

Q 称为**品质因数**,如图 3-40 所示。在峰值两边,$H(\omega)$ 等于 $Q/\sqrt{2}$ 频率,ω_1,ω_2 称为**半功率点**,ω_1 与 ω_2 之间的频率范围(ω_1,ω_2)称为系统的**半功率带**。由式(3-41)得到

图 3-40　阻尼率的确定

$$|H(\omega_{1,2})| = \frac{1}{\sqrt{[1-(\omega_{1,2}/\omega_n)^2]^2 + (2\xi\omega_{1,2}/\omega_n)^2}} = \frac{Q}{\sqrt{2}} \approx \frac{1}{2\sqrt{2}\xi}$$

对上式两边平方并整理得到

$$\left(\frac{\omega_{1,2}}{\omega_n}\right)^4 + 2(2\xi^2-1)\left(\frac{\omega_{1,2}}{\omega_n}\right)^2 + (1-8\xi^2) = 0$$

求解上面的一元二次方程得到

$$\left(\frac{\omega_{1,2}}{\omega_n}\right)^2 = 1 - 2\xi^2 \mp 2\xi\sqrt{1+\xi^2}$$

当 ξ 很小时,有

$$\left(\frac{\omega_{1,2}}{\omega_n}\right)^2 \approx 1 \mp 2\xi$$

从上式表示的两个方程可得 $\omega_2^2 - \omega_1^2 \approx 4\xi\omega_n^2$,或 $(\omega_2 + \omega_1)(\omega_2 - \omega_1) \approx 4\xi\omega_n^2$,由图 3-40,当 ξ 很小时,$\Delta_1 = \Delta_2$,则近似有 $\omega_2 + \omega_1 \approx 2\omega_n$,从而有 $\omega_2 - \omega_1 \approx 4\xi\omega_n$,所以得到

$$\xi \approx \frac{\omega_2 - \omega_1}{2\omega_n}$$

通过实验得到 $|H(\omega)|$ 曲线后,找出共振频率 $\omega_r \approx \omega_n$ 和半功率带(ω_1,ω_2),即可计算系统的阻尼率 ξ。

2. 相频曲线及其特性

式(3-40)的第二式描述了振动位移、激励两信号间的相位差与激励频率之间的函数关系,故称 $\varphi(\omega)$ 为系统的**相频特性**。图 3-41 表示了单自由度系统对应于不同的 ξ 值的相频特性曲线。图中横坐标为 ω/ω_n,即频率比。相频特性曲线具有

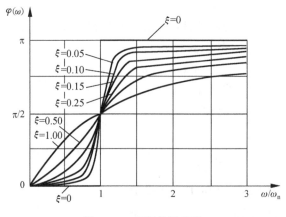

图 3-41　相频特性曲线

如下特点:

(1) 由式(3-40)知,当 $\omega = 0$ 时,$|\varphi(0)| = 0$,说明所有曲线均从 $|\varphi(0)| = 0$ 开始。当激励频率很低时,$\omega \ll \omega_n$,$|\varphi(\omega)|$ 接近于 0,说明低频激励时的振动位移 $x(t)$ 与激励 $f(t)$ 之间几乎是相同的。这反映了准静态区的特点。

(2) 当 $\omega/\omega_n \gg 1$ 时,$|\varphi(\omega)| \rightarrow \pi$,即 $x(t)$ 与 $f(t)$ 的相位相反。这反映了“惯性区”的特点,即系统主要是质量元件作用的结果。因为质块的加速度 $\ddot{x}(t)$ 与其所受到的力 $f(t)$ 同相,又由于 $\ddot{x}(t)$ 与 $x(t)$ 反相,所以 $x(t)$ 与 $f(t)$ 的相位相反。

(3) 当 $\omega/\omega_n \rightarrow 1$ 时,$|\varphi(\omega)| \approx \pi/2$,这反映了阻尼区的特点,即阻尼对系统的影响很大。因为阻尼器所受到的力 $f(t)$ 与其速度 $\dot{x}(t)$ 同相,又由于 $\dot{x}(t)$ 与 $x(t)$ 正好相差 $\pi/2$,当 $\xi = 0$ 时,在 ω 扫过 ω_n 时,φ 由 0 突跳到 π,这种现象称为“倒相”。

3. 稳态强迫振动中的能量平衡

在稳态强迫振动过程中,外界激励持续地向系统输入能量,这部分能量由黏性阻尼器所消耗。现考虑一个单自由度系统,在谐波 $F(t) = kA\cos(\omega t)$ 激励下的稳态响应及其导数为

$$x(t) = A \mid H(\omega) \mid \cos(\omega t - \varphi), \quad \dot{x}(t) = -A \mid H(\omega) \mid \omega\sin(\omega t - \varphi)$$

记一个振动周期 T 内外力 $F(t)$ 所做之功为 ΔE^+,则有

$$\Delta E^+ = \int F(t)\mathrm{d}x = \int_0^T F(t)\dot{x}(t)\mathrm{d}t = -\int_0^{2\pi/\omega} kA\cos(\omega t) \cdot A \mid H(\omega) \mid \omega\sin(\omega t - \varphi)\mathrm{d}t$$

$$= -kA^2 \mid H(\omega) \mid \omega\int_0^{2\pi/\omega} \frac{1}{2}\left[\sin(2\omega t - \varphi) - \sin\varphi\right]\mathrm{d}t = kA^2 \mid H(\omega) \mid \pi\sin\varphi$$

另一方面,由于黏性阻尼的存在,在一个周期 T 内阻尼所耗散的能量 ΔE^- 为

$$\Delta E^- = \int c\dot{x}(t)\mathrm{d}x = \int_0^T c\dot{x}(t)\dot{x}(t)\mathrm{d}t = \int_0^T c\dot{x}^2(t)\mathrm{d}t$$

$$= cA^2 \mid H(\omega) \mid^2 \omega^2 \int_0^{2\pi/\omega} \sin^2(\omega t - \varphi)\mathrm{d}t$$

$$= cA^2 \mid H(\omega) \mid^2 \omega^2 \int_0^{2\pi/\omega} \frac{1}{2}\{1 - \cos[2(\omega t - \varphi)]\}\mathrm{d}t$$

$$= cA^2 \mid H(\omega) \mid^2 \omega\pi$$

在一个周期内,振动系统净增加的能量为

$$\Delta E = \Delta E^+ - \Delta E^- = kA^2 \mid H(\omega) \mid \pi\sin\varphi - cA^2 \mid H(\omega) \mid^2 \omega\pi$$

$$= \pi A^2 \mid H(\omega) \mid (k\sin\varphi - c\omega \mid H(\omega) \mid)$$

下面从能量的观点来看由式(3-40)和式(3-41)确定的稳态响应的$\mid H(\omega)\mid$和$\varphi(\omega)$所具有的意义。该两式可由图 3-42 中的三角形 ODE 来求解。由三角形的结构和尺寸可得到

$$\sin\varphi = \frac{2\xi \mid H(\omega) \mid \omega}{\omega_n}$$

考虑到式(3-23),得到

$$\sin\varphi = \frac{c\omega}{k} \mid H(\omega) \mid$$

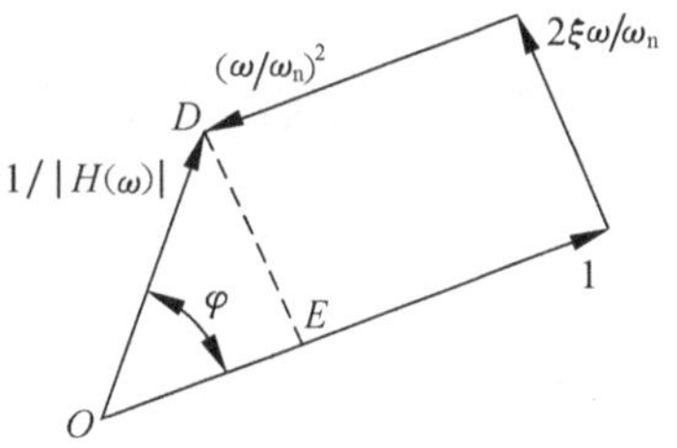

从而得到

$$\Delta E = \pi A^2 \mid H(\omega) \mid (k\sin\varphi - c\omega \mid H(\omega) \mid) = 0$$

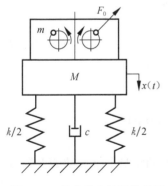

图 3-42 向量关系

这表明由式(3-40)和式(3-41)给出的$\mid H(\omega)\mid$与$\varphi(\omega)$正好使外力 $F(t)$ 对系统做的功 ΔE^+ 等于由于黏性阻尼所耗散的能量,即使得振动系统的能量保持平衡。这就是为什么在谐波激励的作用下,振动系统的稳态响应为等幅的简谐振动。

例 3-13 为了估计机器基座的阻尼率 ξ,用激振器使机器上下振动。激振器由两个相同的偏心块组成,两个偏心块沿相反的方向以同一角速度 ω 回转,如图 3-43 所示。这样就可以产生垂直惯性力。当转速 ω 逐渐提高时机器达到最大振幅 $X_{max} = 2\mathrm{cm}$,继续提高 ω 时,机器振幅达到稳态值 $X = 0.25\mathrm{cm}$,求其阻尼率 ξ。

解 设系统总质量为 M,转子偏心质量为 m,偏心距为 e,则转子产生的离心惯性力 $F_0 = me\omega^2$,垂直方向的分力 $F = 2F_0\sin(\omega t) = 2me\omega^2\sin(\omega t)$,取广义坐标为 $x(t)$,如图 3-43 所示,则运动微分方程为

图 3-43 具有偏心转子的机器

$$M\ddot{x}(t) + c\dot{x}(t) + kx(t) = 2me\omega^2\sin(\omega t)$$

由于瞬态解是自由振动,很快就衰减掉了,故只考虑强迫振动的稳态解。比较上式和式(3-38)知 $A = \dfrac{2me}{M}\left(\dfrac{\omega}{\omega_n}\right)^2$,设稳态解为 $x(t) = X\sin(\omega t - \varphi)$,则由式(3-40)

和式(3-41)可得

$$X = A \mid H(\omega) \mid = \frac{2me}{M} \frac{(\omega/\omega_n)^2}{\sqrt{[1-(\omega/\omega_n)^2]^2 + (2\xi\omega/\omega_n)^2}}$$

$$\varphi = \arctan\left[\frac{2\xi\omega/\omega_n}{1-(\omega/\omega_n)^2}\right]$$

X 与转子的角速度 ω^2 成正比,也就是说转速越高,振幅越大。定义其放大系数为

$$\beta = \frac{(\omega/\omega_n)^2}{\sqrt{[1-(\omega/\omega_n)^2]^2 + (2\xi\omega/\omega_n)^2}}$$

当 $X = X_{max}$ 时共振,$\omega/\omega_n = 1$,$\beta = 1/(2\xi)$,由 $X = A\beta$ 得

$$X_{max} = \frac{2me}{M} \times \frac{1}{2\xi} = 2$$

稳态时,系统的放大系数 $\beta = 1$,所以 $X = \frac{2me}{M}\beta = 0.25$,从而得到

$$\xi = \frac{0.25}{2 \times 2} = 0.063$$

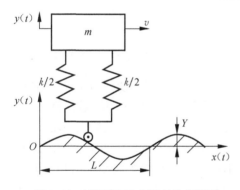

图 3-44　崎岖路面上行驶的汽车模型

例 3-14　已知小车质量 $m = 490\text{kg}$,其在路面上行驶时可以简化为如图 3-44 所示的振动形式。弹簧刚度 $k = 50\text{kg/cm}$,轮胎质量与变形都略去不计,设路面呈正弦波形,可表示为 $y(t) = Y\sin(2\pi x/L)$ 的形式,其中 $Y = 4\text{cm}$,$L = 10\text{cm}$。试求小车在以水平速度 $v = 36\text{km/h}$ 行驶时,车身上下的振幅。

解　建立坐标如图 3-44 所示。小车沿 $x(t)$ 轴方向的运动为 $x(t) = vt$,故路面的波形函数为

$$y(t) = Y\sin\left(\frac{2\pi x(t)}{L}\right) = Y\sin\left(\frac{2\pi v}{L}t\right) = Y\sin(\omega t)$$

式中,$\omega = 2\pi v/L$。在任意时刻 t 对小车作受力分析,得到运动方程为

$$m\ddot{y}(t) + ky(t) = kY\sin(\omega t)$$

设系统的稳态解为 $y(t) = X\sin(\omega t)$,代入方程后得到车身上下振动的振幅可以表示为

$$X = \frac{Y}{\mid 1-(\omega/\omega_n)^2 \mid}$$

系统的自然频率和激励频率分别为

$$\omega_n = \sqrt{\frac{k}{m}} = \sqrt{\frac{50 \times 9.8 \times 100}{490}} = 10 \text{rad/s}$$

$$\omega = \frac{2\pi v}{L} = \frac{2\pi \times 36000/3600}{10} = 2\pi \text{ rad/s}$$

从而得到车身上下振动的振幅为

$$X = \frac{Y}{|1 - (\omega/\omega_n)^2|} = \frac{4}{|1 - (2\pi/10)^2|} = 6.6 \text{cm}$$

3.4 周期性激励下的强迫振动

前面分析了单自由度线性系统在谐波激励下的强迫振动。在实际工程中，系统受到的并不一定是谐波激励，如活塞发动机的振动系统的激励就不是谐波激励。如图 3-45 所示的曲柄连杆机构的质量通过简化可变成为集中于活塞上的质量 m_2 和集中于曲柄轴上的质量 m_1，在发动机运转过程中，m_1 做回转运动，其惯性力在垂直方向上的分力为：$F_1 = -m_1 R \omega^2 \cos(\omega t)$。质量 m_2 做往复直线运动，在曲柄机构分析中知道，以上死点作为坐标原点，则位移 x_p 可以近似为

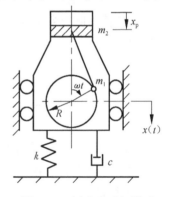

图 3-45　活塞发动机模型

$$x_p = R[1 - \cos(\omega t)] + \frac{R^2}{2l}\sin^2(\omega t)$$

而 m_2 的惯性力为

$$F_2 = -m_2 \ddot{x}_p(t) = -m_2 R \omega^2 \left[\cos(\omega t) + \frac{R}{l}\cos(2\omega t)\right]$$

因此，系统受到在垂直方向的分力为

$$F = F_1 + F_2 = -(m_1 + m_2) R \omega^2 \cos(\omega t) - m_2 \left(\frac{R}{l}\right)\cos(2\omega t)$$

上式表示的激励由频率不同的两部分叠加，合成后是一种非简谐的周期性激励。

非谐波的周期性激励很多，如周期方波激励、周期三角形波激励等。在非谐波的周期性激励作用下，系统响应的求解常用叠加原理。因为对于任何复杂的激励，都可将其分解为一系列的简单激励，再将系统对于这些简单激励的响应加以叠加，就得到了系统对于复杂激励的响应。傅里叶级数分析法、傅里叶变换法、脉冲响应函数法就是叠加原理成功应用的例子。

3.4.1　傅里叶级数分析法

一个周期函数 $f(t)$ 可展开成为傅里叶级数，即可分解为无穷多个谐波函数的

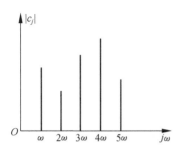

图 3-46　傅里叶级数
分析法的原理

和。其频率分别为 $\omega, 2\omega, 3\omega, \cdots$。对于每一谐波激励,可以采用前面的方法求得相应的谐波响应,根据叠加原理,系统对于周期性激励的响应就是各谐波单独激励时的响应之和。傅里叶级数分析法求解周期性激励下的强迫振动的思想如图 3-46 所示。

设激励为周期函数,可表示为

$$f(t \pm jT) = f(t), \quad j = 0, 1, 2, \cdots \quad (3\text{-}59)$$

则周期函数 $f(t)$ 可以展开成以下的傅里叶级数:

$$f(t) = \frac{a_0}{2} + \sum_{j=1}^{\infty} \left[a_j \cos(j\omega t) + b_j \sin(j\omega t) \right] \quad (3\text{-}60)$$

式中,$\omega = 2\pi/T$ 是基本频率,简称基频。对应于基频的谐波分量成为基频分量,而频率为 $j\omega (j = 2, 3, \cdots)$ 的成分称为高次谐波,如二次谐波、三次谐波等。

上述傅里叶级数中各个谐波分量的系数称为傅里叶系数,利用三角函数的正交性,可求得

$$a_0 = \frac{2}{T} \int_{-T/2}^{T/2} f(t)\,\mathrm{d}t$$

$$a_j = \frac{2}{T} \int_{-T/2}^{T/2} f(t)\cos(j\omega t)\,\mathrm{d}t, \quad j = 1, 2, \cdots$$

$$b_j = \frac{2}{T} \int_{-T/2}^{T/2} f(t)\sin(j\omega t)\,\mathrm{d}t, \quad j = 1, 2, \cdots$$

以上三式中的积分上、下限也可取为 0、T。傅里叶级数中的正弦项和余弦项可以合并,即

$$f(t) = c_0 + \sum_{j=1}^{\infty} c_j \sin(j\omega t + \psi_j)$$

式中

$$c_0 = \frac{a_0}{2}, \quad c_j = \sqrt{a_j^2 + b_j^2}, \quad \psi_j = \arctan\left(\frac{a_j}{b_j}\right)$$

以 $|c_j|$ 为纵坐标,以谐波频率 $j\omega$ 为横坐标,画出如图 3-46 所示的曲线。由于只是在 $j\omega (j = 1, 2, \cdots)$ 各点 $|c_j|$ 才有数值,图形是一组离散的垂线,称为**周期函数的频谱**,因此傅里叶分析也称为**谱分析**。

周期函数对应的谱总是离散谱,但随着周期 T 的不断增大,$\omega = 2\pi/T$ 将不断减小,离散谱的谱线间距将越来越小。在 $T \to \infty$ 的极限情况,周期函数将失去周期性,而离散频谱将转化为连续谱,此时傅里叶级数将转化为傅里叶积分。

傅里叶级数也可以表示成复数形式,利用欧拉公式:$\mathrm{e}^{\mathrm{i}(j\omega t)} = \cos(j\omega t) + \mathrm{i}\sin(j\omega t)$,得到

$$f(t) = \frac{a_0 + \sum\limits_{j=1}^{\infty} \left[a_j (\mathrm{e}^{\mathrm{ij}\omega t} + \mathrm{e}^{-\mathrm{ij}\omega t}) - \mathrm{i} b_j (\mathrm{e}^{\mathrm{ij}\omega t} - \mathrm{e}^{-\mathrm{ij}\omega t}) \right]}{2}$$

$$= \frac{a_0 + \sum\limits_{j=1}^{\infty} \left[(a_j - \mathrm{i} b_j) \mathrm{e}^{\mathrm{ij}\omega t} + (a_j + \mathrm{i} b_j) \mathrm{e}^{-\mathrm{ij}\omega t} \right]}{2}$$

引入记号 $d_0 = \dfrac{a_0}{2}, d_j = \dfrac{a_j - \mathrm{i} b_j}{2}, d_{-j} = \dfrac{a_j + \mathrm{i} b_j}{2}$，则有

$$f(t) = \sum_{j=1}^{\infty} d_j \mathrm{e}^{\mathrm{ij}\omega t}, \quad d_j = \frac{1}{T} \int_{-T/2}^{T/2} f(t) \mathrm{e}^{\mathrm{ij}\omega t} \, \mathrm{d}t \tag{3-61}$$

3.4.2　周期性激励下的稳态强迫振动

在周期性激励 $f(t)$ 作用下,有阻尼的质块弹簧单自由度系统的运动微分方程 (3-1)可以表示为

$$m\ddot{x}(t) + c\dot{x}(t) + kx(t) = c_0 + \sum_{j=1}^{\infty} c_j \sin(j\omega t + \psi_j) \tag{3-62}$$

式(3-62)右端第一项表示一个常力,只影响系统的静平衡位置,只要动位移的原点取在静平衡位置,此常数项就不会出现在运动微分方程中。其通解仍然包括两部分:一部分是有阻尼的自由振动的齐次解,这部分振动在阻尼作用下经过一段时间后就衰减完了;另一部分是稳态振动的非齐次解,是周期性的等幅振动。对于线性系统,稳态振动的位移解按照叠加原理求得

$$x(t) = \sum_{j=1}^{\infty} \frac{c_j}{k \sqrt{\left[1 - (\omega/\omega_\mathrm{n})^2 \right]^2 + (2\xi\omega/\omega_\mathrm{n})^2}} \sin(j\omega t + \psi_j - \alpha_j)$$

式中

$$\alpha_j = \arctan\left[\frac{2\xi\omega/\omega_\mathrm{n}}{1 - (\omega/\omega_\mathrm{n})^2} \right]$$

分析上述结果,系统在周期性激励下的响应具有如下特点:

(1)线性系统在周期性激励下的响应仍然是周期函数,且响应的周期与激励的周期相同。

(2)以不同频率成分的谐波激励系统时,系统的放大倍数和相位均不同,响应的波形不同于激励的波形。这表明,尽管响应仍是与激励同周期的周期函数,但响应发生了波形的畸变。一般而言,只有当激励不仅是周期函数,而且是谐波函数的情况下,线性系统的响应才不发生波形畸变。

(3)对于无阻尼系统,由于 $\xi = 0$,系统不存在相位的滞后问题,因而其复数频率响应 $H(\omega)$ 中的虚部为零。

3.5　任意激励下的强迫振动

在不考虑初始阶段的瞬态振动时,谐波激励和周期性激励下单自由度系统的响应,分别是谐波的或周期的稳态振动。在许多情况下,外界对系统的激励并非谐波激励或周期性激励,而是任意的时间函数,或是在极短的时间内的冲击作用。例如,列车在启动时各车厢挂钩之间的撞击力,火炮在发射时作用于支承结构的反坐力,地震波以及强烈爆炸形成的冲击波对结构物的作用,精密仪器在运输过程中包装箱速度的突变等。在这些激励情况下,系统通常没有稳态振动,而只有瞬态振动。在激励作用停止后,系统按照自然频率继续做自由振动。系统在任意激励下的振动状态,包括激励作用停止后的自由振动,称为任意激励的响应。

3.5.1　脉冲响应法与时域分析

脉冲响应法,也称为杜阿梅尔(Duhamel)积分法。该方法的基本思想是把任意激励分解为一系列脉冲的连续作用,分别求出系统对每个脉冲的响应,然后按照线性系统的叠加原理,得到系统对任意激励的响应。

1. 单位脉冲函数和单位脉冲响应函数

单位脉冲函数即是 Dirac δ 函数,δ 函数是一种数学上的广义函数,其定义为

$$\delta(t-t_0) = \begin{cases} 0, & t \neq t_0 \\ \infty, & t = t_0 \end{cases}, \quad \int_{-\infty}^{+\infty} \delta(t-t_0)\mathrm{d}t = 1 \tag{3-63}$$

以上定义是一种理想情况,可理解为某一函数系统的极限过程。例如,如图 3-47 所示的面积为 1 的矩形函数,其中心在 $t=t_0$ 处。在保持该矩形面积始终为 1 的前提下,若其底边宽度 $B \rightarrow 0$,则矩形高度将趋于无穷大,这种极限情形即成为一个理想的单位脉冲。从力学定义上讲,单位脉冲函数描述了一个单位冲量,此冲量由一个作用时间极其短暂而幅值又极大的冲击力产生。在 $t=t_0$ 时,产生一个冲量为 P_0 的力 $F(t)$,可表示为

$$F(t) = P_0\delta(t-t_0)$$

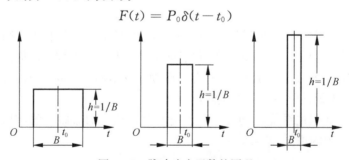

图 3-47　脉冲响应函数的原理

由于式(3-63)中 δ 函数对时间的积分是无量纲的,因此 δ 函数的量纲为 T^{-1}。式中,P_0 为冲量量纲 MLT^{-1},$F(t)$ 的量纲为 MLT^{-2}。

系统在单位脉冲函数激励下的响应称为**单位脉冲响应函数**。

2. 脉冲响应函数法

设任意激励力 $F(\tau)$,$0 \leqslant \tau \leqslant t$,如图 3-48 所示,作用在一个有阻尼的质块弹簧系统上。系统的运动微分方程为

$$m\ddot{x}(t) + c\dot{x}(t) + kx(t) = F(t)$$

$$(3-64)$$

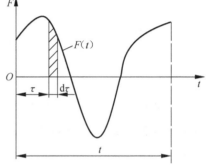

假想把时间分成无数极短的时间间隔,每个间隔以微分 dt 表示,则在 $t=\tau$ 时的 $d\tau$ 间隔内,系统的质量 m 上将受到一个脉冲 $Fd\tau$ 的作用,如图 3-48 中的阴影面积所示。根据动量定律,$Fd\tau=mdv$,质量 m 在时间 $d\tau$ 内将获得一速度增量 $dv=Fd\tau/m$ 和位移增量 $dx=dvdt/2$,dx 为高阶无穷小量,可以忽

图 3-48　脉冲响应函数法

略不计。于是在 $t<\tau$ 时,即在脉冲尚未作用前,系统不发生运动。而当 $t \geqslant \tau$ 时,在脉冲 $Fd\tau$ 作用下,系统将相当于在 $x_0=0$,$\dot{x}_0=dv$ 的初始条件下做自由振动。

根据有阻尼自由振动的公式,如果在 $t=0$ 时,对系统作一个脉冲 $Fd\tau$,使系统得到一个初速度 $\dot{x}_0=dv=Fdt/m$,则由式(3-43)得到系统的响应为

$$dx = \frac{Fd\tau}{m\omega_d} e^{-\xi\omega_n t} \sin(\omega_d t)$$

如果脉冲 $Fd\tau$ 不是作用在 $t=0$,而是作用在 $t=\tau$,则相当于把图 3-47 的坐标原点向右移动 τ,因而上式可改写为

$$dx = \frac{Fd\tau}{m\omega_d} e^{-\xi\omega_n(t-\tau)} \sin[\omega_d(t-\tau)]$$

这是系统对一个脉冲 $Fd\tau$ 的响应。在激振力 $F(\tau)$ 由瞬时 $\tau=0$ 到 $\tau=t$ 的连续作用下,系统的响应等于一系列脉冲 $Fd\tau$ 从 $\tau=0$ 到 $\tau=t$ 分别连续作用下系统响应的叠加,如图 3-49 所示,即

$$x(t) = \frac{1}{m\omega_d} \int_0^t F e^{-\xi\omega_n(t-\tau)} \sin[\omega_d(t-\tau)] d\tau \qquad (3-65)$$

式(3-65)积分就称为杜阿梅尔积分。对于任意初始条件,即在 $\tau=0$ 激振力开始作用时,质量 m 已有初始位移 x_0 和初始速度 v_0,考虑到式(3-31),则系统的全部响应为

$$x(t) = \frac{x_0}{\sqrt{1-\xi^2}} e^{-\xi\omega_n t} \cos(\omega_d t - \psi) + \frac{v_0}{\omega_d} e^{-\xi\omega_n t} \sin(\omega_d t) + \frac{1}{m\omega_d} \int_0^t F e^{-\xi\omega_n(t-\tau)} \sin[\omega_d(t-\tau)] d\tau$$

$$(3-66)$$

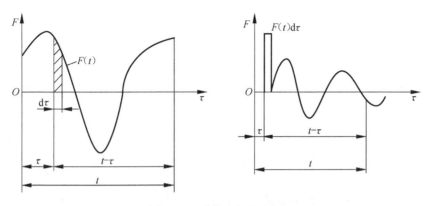

图 3-49　系统响应的叠加

如果系统是在支承运动下振动,而支承运动是可微的任意函数 $x_s(\tau)$,同样可应用杜阿梅尔积分,由 $m\ddot{x}(t)+c\dot{x}(t)+kx(t)=kx_s(t)+c\dot{x}(t)$ 可知,支承运动相当于系统上作用了两个激振力 $kx_s(t)$ 和 $c\dot{x}_s(t)$,应用线性叠加原理,根据式(3-65)即得系统的响应为

$$x(t)=\frac{1}{m\omega_d}\int_0^t[kx_s(t)+c\dot{x}_s(t)]e^{-\xi\omega_n(t-\tau)}\sin[\omega_d(t-\tau)]dt$$

$$=\frac{1}{\omega_d}\int_0^t[\omega_n^2 x_s(t)+2\xi\omega_n\dot{x}_s(t)]e^{-\xi\omega_n(t-\tau)}\sin[\omega_d(t-\tau)]dt$$

分析以上结果,可以看出:

(1)脉冲响应函数法表明,任何形式的过程激励 $F(t)$ 都可分解为一系列的脉冲激励,而每一脉冲激励又可转化为该时刻的初始激励,这一初始激励使得系统按照自由振动的规律发展下去,以影响系统后来的振动。系统在 t 时刻的位移响应 $x(t)$ 正是该时刻以前所有脉冲响应在 t 时刻取值的叠加。这也说明,某一时刻的外加激励不仅影响系统在该时刻的状态,而且还影响系统后来的状态。这就是外加激励对动态系统影响的"后效性"。另外,一个动态系统在任一时刻的响应不仅与该时刻的激励值有关,而且还与该时刻以前系统承受激励的全部历程有关,这也可称为动态系统响应的"记忆效果"。而一个静态系统,其任何时刻的变形量只反映该时刻的荷载量。

(2)上述分析体现了强迫振动与自由振动的关系。当系统有阻尼时,其自由振动部分会很快衰减掉,只剩下强迫振动。但自由振动在受到激励与产生响应的整个过程中都在起作用。自由振动是强迫振动的基础,任一时刻的强迫振动响应其实只是该时刻前被激起的一系列自由振动响应的叠加。

(3)外界激励力对系统的影响方式完全由系统参数 m,ω,ξ 所决定,即外界激励通过系统本身的内在特性而起作用,引起系统的强迫振动。

例 3-15　求无阻尼振动系统对正弦型激振力 $F(\tau)=F_0\sin(\omega\tau)$ 的响应。

解　对无阻尼系统,$\omega_{\mathrm{d}}=\omega_{\mathrm{n}}$,$\xi=0$,由式(3-65)有

$$x(t)=\frac{F_0}{m\omega_{\mathrm{n}}}\int_0^t\sin(\omega\tau)\sin[\omega_{\mathrm{n}}(t-\tau)]\mathrm{d}\tau \tag{3-67}$$

由于

$$\sin(\omega\tau)\sin[\omega_{\mathrm{n}}(t-\tau)]=-\frac{1}{2}\{\cos[(\omega+\omega_{\mathrm{n}})\tau-\omega_{\mathrm{n}}t]-\cos[(\omega-\omega_{\mathrm{n}})\tau+\omega_{\mathrm{n}}t]\}$$

$$\tag{3-68}$$

将式(3-68)代入式(3-67)进行积分运算得到

$$x(t)=\frac{F_0}{m\omega_{\mathrm{n}}}\int_0^t\sin(\omega\tau)\sin[\omega_{\mathrm{n}}(t-\tau)]\mathrm{d}\tau=\frac{F_0}{m}\frac{1}{\omega_{\mathrm{n}}^2-\omega^2}\Big[\sin(\omega t)-\frac{\omega}{\omega_{\mathrm{n}}}\sin(\omega_{\mathrm{n}}t)\Big]$$

式中第一项代表强迫振动,它是以激励频率 ω 进行的稳态振动;第二项是以自然频率 ω_{n} 进行的自由振动,只要振动系统有极小的阻尼就迅速衰减,所以是瞬态振动。

例 3-16　在单自由度无阻尼振动系统上作用一线性增长的力 $F(\tau)=Q\tau(\tau\geqslant0)$,如图 3-50(a)所示,求在零初始条件下的响应。

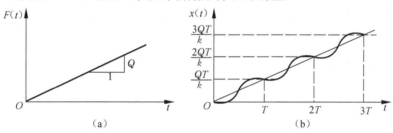

图 3-50　无阻尼系统的线性激励与响应

解　因 $F(\tau)=Q\tau(\tau\geqslant0)$,故由式(3-65),并利用分部积分法有

$$x(t)=\frac{1}{m\omega_{\mathrm{n}}}\int_0^t F(\tau)\sin[\omega_{\mathrm{n}}(t-\tau)]\mathrm{d}\tau=\frac{Q}{m\omega_{\mathrm{n}}}\int_0^t\tau\sin[\omega_{\mathrm{n}}(t-\tau)]\mathrm{d}\tau$$

$$=\frac{Q}{m\omega_{\mathrm{n}}^2}\Big\{\tau\cos[\omega_{\mathrm{n}}(t-\tau)]+\frac{1}{\omega_{\mathrm{n}}}\sin[\omega_{\mathrm{n}}(t-\tau)]\Big\}=\frac{Q}{k}\Big[t-\frac{1}{\omega_{\mathrm{n}}}\sin(\omega_{\mathrm{n}}t)\Big]$$

上式的图形如图 3-50(b)所示。

例 3-17　求无阻尼系统受到如图 3-51(a)所示矩形脉冲作用时的响应,矩形脉冲可表示为 $F(\tau)=F_0(0\leqslant\tau\leqslant t_1)$。

解　系统的响应为两个阶段:

在 $0\leqslant t\leqslant t_1$,由式(3-65)可得,系统的响应为

$$x(t)=\frac{1}{m\omega_{\mathrm{n}}}\int_0^t F(\tau)\sin[\omega_{\mathrm{n}}(t-\tau)]\mathrm{d}\tau=\frac{F_0}{k}[1-\cos(\omega_{\mathrm{n}}t)] \tag{3-69}$$

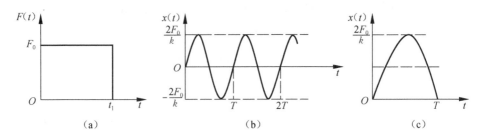

图 3-51　无阻尼系统的脉冲激励与响应

在 $t \geqslant t_1$ 阶段，系统的响应就是去掉激励力的自由振动。由杜阿梅尔积分式(3-65)，注意到 $t > t_1$ 时，$F(\tau) = 0$，有

$$x(t) = \frac{1}{m\omega_n} \int_0^t F(\tau) \sin[\omega_n(t-\tau)] \mathrm{d}\tau$$

$$= \frac{1}{m\omega_n} \int_0^{t_1} F(\tau) \sin[\omega_n(t-\tau)] \mathrm{d}\tau + \frac{1}{m\omega_n} \int_{t_1}^t F(\tau) \sin[\omega_n(t-\tau)] \mathrm{d}\tau$$

$$= \frac{F_0}{m\omega_n} \int_0^{t_1} \sin[\omega_n(t-\tau)] \mathrm{d}\tau = \frac{F_0}{k} \{\cos[\omega_n(t-t_1)] - \cos(\omega_n t)\} \quad (3\text{-}70)$$

式(3-70)表示去掉激励力 F_0 后，系统按自然频率 ω_n 做自由振动。这种自由振动显然与脉冲作用停止时质量的位移、速度有关。式(3-70)也可用下述方法求得。

以脉冲作用停止瞬时 $t = t_1$ 的位移 x_1 与速度 $\dot{x}_1$ 为初始条件，x_1, $\dot{x}_1$ 可由式(3-69)求出，即

$$x_1 = \frac{F_0}{k}[1 - \cos(\omega_n t_1)], \quad \dot{x}_1 = \frac{F_0}{k}\omega_n \sin(\omega_n t_1) \quad (3\text{-}71)$$

由式(3-13)知，自由振动的运动可表示为

$$x(t) = x_1 \cos[\omega_n(t-t_1)] + \frac{\dot{x}_1}{\omega_n} \sin[\omega_n(t-t_1)]$$

将式(3-71)的初始条件代入上式，并利用积化和差公式得到

$$x(t) = \frac{F_0}{k}[1 - \cos(\omega_n t_1)]\cos[\omega_n(t-t_1)] + \frac{F_0}{k}\sin(\omega_n t_1)\sin[\omega_n(t-t_1)]$$

$$= \frac{F_0}{k} \{\cos[\omega_n(t-t_1)] - \cos(\omega_n t)\}$$

由式(3-71)得到，系统的振幅为

$$A = \sqrt{x_1^2 + \left(\frac{\dot{x}_1}{\omega_n}\right)^2} = \frac{F_0}{k} \sqrt{[1 - \cos(\omega_n t_1)]^2 + \sin^2(\omega_n t_1)}$$

$$= \frac{2F_0}{k} \sin\left(\frac{\omega_n t_1}{2}\right) = \frac{2F_0}{k} \sin\left(\frac{\pi t_1}{T}\right)$$

式中，T 为系统的周期。由此可知，在取掉常力 F_0 后，其振幅随比值 t_1/T 而改变。

若取比值 $t_1/T=1/2$，即 $t_1=T/2,A=2F_0/k$，则系统的响应如图 3-51(b)所示。若 $t_1=T,A=0$，则取掉 F_0 后系统就停止不动了，其响应如图 3-51(c)所示。

3.5.2　傅里叶变换法与频域分析

1. 由傅里叶级数向傅里叶积分的过渡

由于周期激励函数可展开成离散的傅里叶级数，当一个周期函数的周期 T 趋向无穷时，该函数就变成了一个任意的非周期函数，傅里叶级数就转化成连续的傅里叶积分。在实现由傅里叶级数向傅里叶积分的过渡之前，需要将式(3-61)所示的傅里叶级数加以改造。该式的每一项一般为复数，实际的激励的各频率成分只是该级数的各项的实数部分。为了避免这种特殊的约定与不便，将由式(3-61)表示的傅里叶级数作如下改造：对该式中的每一项 $d_n\mathrm{e}^{\mathrm{i}n\omega t}$ 再加上一个共轭项 $d_n^*\,\mathrm{e}^{-\mathrm{i}n\omega t}$ $(n=1,2,\cdots)$。显然，这样的每一对相互共轭项之和的一半为

$$\frac{1}{2}(d_n\mathrm{e}^{\mathrm{i}n\omega t}+d_n^*\,\mathrm{e}^{-\mathrm{i}n\omega t})=\mathrm{Re}(d_n\mathrm{e}^{\mathrm{i}n\omega t}),\quad n=1,2,\cdots$$

即正好为级数(3-61)中各项的实部，也是激励 $f(t)$ 中的各谐波成分。记

$$b_n=\frac{1}{2}d_n,\quad b_{-n}=\frac{1}{2}d_n^*,\quad n=1,2,\cdots \tag{3-72}$$

再补充 $n=0$ 的项，即

$$b_0=\frac{1}{2}d_0=\frac{1}{2T}\int_{-T/2}^{T/2}f(t)\mathrm{d}t \tag{3-73}$$

则得到级数

$$f(t)=\sum_{n=-\infty}^{\infty}b_n\mathrm{e}^{\mathrm{i}n\omega t} \tag{3-74}$$

考虑到式(3-72)和式(3-73)，可知

$$\sum_{n=-\infty}^{\infty}b_0\mathrm{e}^{\mathrm{i}n\omega t}=d_0+\mathrm{Re}\Big(\sum_{n=1}^{\infty}d_n\mathrm{e}^{\mathrm{i}n\omega t}\Big)$$

即级数(3-74)正好反映了 $f(t)$ 的均值及其各次谐波(实数)，而无需再申明"取实部"。

考虑式(3-61)、式(3-72)、式(3-73)，级数(3-74)中的系数 b_n 可按照下式计算：

$$b_0=\frac{1}{T}\int_{-T/2}^{T/2}f(t)\mathrm{e}^{\mathrm{i}n\omega t}\mathrm{d}t,\quad n=\cdots,-2,-1,0,1,2,\cdots \tag{3-75}$$

现以式(3-74)和式(3-75)为基础向傅里叶积分过渡。由于 $\omega_{n+1}-\omega_n=\omega=2\pi/T=\Delta\omega_n$，可将式(3-74)和式(3-75)写成

$$f(t)=\sum_{n=-\infty}^{\infty}\frac{1}{T}(Tb_n)\mathrm{e}^{\mathrm{i}n\omega t}=\frac{1}{2\pi}\sum_{n=-\infty}^{\infty}(Tb_n)\mathrm{e}^{\mathrm{i}n\omega t}\Delta\omega_n \tag{3-76}$$

令 $T \to \infty$ 去掉下标 n，离散变量 ω_n 就成为连续变量，而求和变成积分

$$f(t) = \lim_{\substack{T \to \infty \\ \Delta\omega_n \to 0}} \frac{1}{2\pi} \sum_{n=-\infty}^{\infty} \frac{1}{T}(Tb_n) \mathrm{e}^{\mathrm{i}n\omega t} \Delta\omega_n = \frac{1}{2\pi} \int_{-\infty}^{\infty} F(\omega) \mathrm{e}^{\mathrm{i}\omega t} \mathrm{d}\omega \tag{3-77}$$

$$F(\omega) = \lim_{\substack{T \to \infty \\ \Delta\omega_n \to 0}} (Tb_n) = \int_{-\infty}^{\infty} f(t) \mathrm{e}^{\mathrm{i}\omega t} \mathrm{d}t \tag{3-78}$$

假定以上两积分存在，则两式构成傅里叶正、逆变化对，其中前者称为 $f(t)$ 的傅里叶积分，反映了 $f(t)$ 的频率结构。由式(3-78)可见，$f(t)$ 信号处于频带 $\omega \sim \omega + \mathrm{d}\omega$ 中的成分为 $F(\omega) \mathrm{e}^{\mathrm{i}\omega t} \mathrm{d}\omega$，其中 $\mathrm{e}^{\mathrm{i}\omega t}$ 为旋转因子，而 $F(\omega)\mathrm{d}\omega$ 为复数振幅。$F(\omega)$ 则为频率 ω 处单位频宽的复数振幅，故又称为"频谱密度"。

2. 傅里叶变换法

傅里叶积分式(3-78)将激励信号 $f(t)$ 表示为一系列的谐波 $F(\omega)\mathrm{e}^{\mathrm{i}\omega t}\mathrm{d}\omega$ 之和，而每一个这样的谐波激励所引起的响应为 $H(\omega)F(\omega)\mathrm{e}^{\mathrm{i}\omega t}\mathrm{d}\omega$，再将所有这些响应叠加起来，即得到全部响应

$$x(t) = \frac{1}{2\pi} \int_{-\infty}^{\infty} H(\omega)F(\omega) \mathrm{e}^{\mathrm{i}\omega t} \mathrm{d}\omega \tag{3-79}$$

记

$$X(\omega) = H(\omega)F(\omega) \tag{3-80}$$

则可将式(3-79)写为

$$x(t) = \frac{1}{2\pi} \int_{-\infty}^{\infty} X(\omega) \mathrm{e}^{\mathrm{i}\omega t} \mathrm{d}\omega \tag{3-81}$$

与式(3-77)比较，可见式(3-80)中的 $X(\omega)$ 即为响应 $x(t)$ 的频谱密度，而该式即为 $x(t)$ 的傅里叶逆变换。

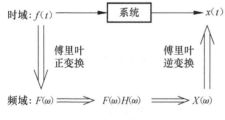

图 3-52　傅里叶变换法的求解过程

由上述可知，以傅里叶变换法求解振动系统对于非周期性激励 $f(t)$ 的响应，按图 3-52 表示的程序进行：首先以傅里叶正变换式(3-78)求出 $f(t)$ 的频谱密度 $F(\omega)$；其次按式(3-80)计算响应的频谱密度 $X(\omega)$；最后按照式(3-81)，以傅里叶逆变换求出响应 $x(t)$。

需要说明，为了保证积分(3-78)存在，$f(t)$ 函数需要满足两个条件：一是绝对收敛，即积分 $\int_{-\infty}^{\infty} | f(t) | \mathrm{d}t$ 是收敛的；二是狄利克雷条件，即 $f(t)$ 在区间 $(-\infty,$

∞)上仅有有限个连续点,而且没有无限个间断点。

3. 脉冲响应函数法与傅里叶变换法之间的关系

脉冲响应函数法与傅里叶变换法是解决非周期性激励下强迫振动的两种不同方法,从物理意义上来看,其根本不同在于对非周期函数 $f(t)$ 进行分解的方式不同。傅里叶变换法是将 $f(t)$ 分解成一系列的谐波,而脉冲响应函数法是将 $f(t)$ 分解成一系列的脉冲。尽管处理问题的方法不同,但两种方法的基础都是叠加原理。从数学处理方法上来看,傅里叶变换法按图 3-52 所表示的过程进行,而脉冲响应函数法则是直接在时间域中求激励函数 $f(t)$ 与系统的单位脉冲响应函数 $h(t)$ 的卷积而得到

$$x(t) = f(t) * h(t) \tag{3-82}$$

为了表达方便,式(3-82)中已将 $F(t)$ 改记为 $f(t)$。为比较式(3-80)和式(3-82),先将式(3-82)作傅里叶变换,并注意到两函数的卷积的傅里叶变换,等于该两函数的傅里叶变换之乘积,此即卷积定理。由于 $X(s),F(\omega)$ 分别是 $x(t)$ 与 $f(t)$ 的傅里叶变换,与式(3-80)比较,可知 $H(\omega)$ 必然是 $h(t)$ 的傅里叶变换,即

$$H(\omega) = \int_{-\infty}^{+\infty} h(t) e^{i\omega t} dt \tag{3-83}$$

反之有

$$h(t) = \frac{1}{2\pi} \int_{-\infty}^{+\infty} H(\omega) e^{i\omega t} d\omega \tag{3-84}$$

即一个系统的脉冲响应函数与其复频率响应函数之间存在傅里叶正、逆变换的关系。从物理概念上来看,$h(t)$ 和 $H(\omega)$ 都是由系统参数所确定。所以,$h(t)$ 和 $H(\omega)$ 分别是在时域和频域中用以描述系统动态特性的函数。

3.5.3 拉普拉斯变换法

拉普拉斯(Laplace)变换法广泛应用于线性系统分析。与傅里叶变换法类似,采用这一方法的求解过程为:由常系数线性微分方程以及相应初始条件所表述的**初值问题**,通过拉普拉斯变换,可以转化为复数域的代数问题。在求得响应的变换(象函数)的代数表达式后,再通过拉普拉斯逆变换,即可求出响应的时间函数(原函数)。

单自由度线性系统的运动微分方程,在相应的初始条件下求解,就是以微分方程形式表达的初值问题。对定义于 $t>0$ 的时间函数 $x(t)$,其拉普拉斯变换记为 $X(s)$,并定义为如下的定积分:

$$X(s) = \ell(x(t)) = \int_0^\infty e^{-st} x(t) dt \tag{3-85}$$

式中,s 为复数,称为辅助变量;函数 e^{-st} 成为复数的核。

对运动微分方程的两边取拉普拉斯变换,利用拉普拉斯变换的微分性质

$\ell(\dot{x}(t)) = sX(s) - x(0)$ 得到

$$m(s^2 X(s) - sx(0) - \dot{x}(0)) + c(sX(s) - x(0)) + kX(s) = F(s) \quad (3\text{-}86)$$

式中，$F(s)$ 为外界激励 $f(t)$ 的拉普拉斯变换：

$$F(s) = \ell(x(t)) = \int_0^\infty e^{-st} f(t) dt \quad (3\text{-}87)$$

将式(3-86)整理后得到

$$(ms^2 + cs + k)X(s) = F(s) + m\dot{x}(0) + (ms + c)x(0)$$

引入特征多项式

$$D(s) = ms^2 + cs + k = m(s^2 + 2\xi\omega s + \omega^2) = (H(s))^{-1} \quad (3\text{-}88)$$

式中，$H(s)$ 为传递函数，则系统响应的拉普拉斯变换为

$$X(s) = H(s)F(s) + H(s)(m\dot{x}(0) + (ms + c)x(0)) \quad (3\text{-}89)$$

在零初始条件($\dot{x}(0) = y(0) = 0$)下有

$$X(s) = H(s)F(s)$$

如果把激励 $f(t)$ 视为系统的输入，把零初始条件下的响应 $x(t)$ 看成系统的输出，则传递函数的物理意义就是输出的拉普拉斯变换与输入的拉普拉斯变换之比。可以看到，若令式(3-88)中 $s = i\omega$，则 $D(i\omega)$ 就是动刚度，而其倒数就是响应的动柔度，即系统的位移频率特性 $H_d(\omega)$。

在非零初始条件下，式(3-89)表示的系统响应 $x(t)$ 的拉普拉斯变换 $X(s)$，对其求拉普拉斯逆变换，即得响应 $x(t)$：

$$x(t) = \ell^{-1}(X(s)) = \frac{1}{2i\pi} \int_{\gamma - i\omega}^{\gamma + i\omega} e^{st} X(s) ds$$

式中，γ 为一实数，它大于 $X(s)$ 的所有起点的实部。在具体计算时，可按 $X(s)$ 的特点选取适当的积分路线。在多数情况下，这一积分可用 s 复平面内的围线积分代替，利用复变函数中的留数定理可以方便地求出。从应用的角度来讲，只需要查表就行了。在应用相关工程数学书籍中给出的工程上常用的一些拉普拉斯变换时，为了将 $X(s)$ 化成表中列出的一些函数形式，通常采用部分分式法。

如求一般激励下有阻尼的单自由度系统的响应，由式(3-89)有

$$X(s) = \frac{F(s)}{ms^2 + cs + k} + \frac{m\dot{x}(0)}{ms^2 + cs + k} + \frac{(ms + c)x(0)}{ms^2 + cs + k}$$

上式等号右边第一项可以写成 $\dfrac{F(s)}{m\omega_r} + \dfrac{\omega_r}{ms^2 + cs + k}$，由拉普拉斯变换的卷积定理 $\ell(y(t) * x(t)) = Y(s)X(s)$，并查拉普拉斯变换表，得到

$$\ell^{-1}\left(\frac{F(s)}{ms^2 + cs + k}\right) = \frac{1}{m\omega_r} \int_0^t f(\tau) e^{-\xi\omega(t-\tau)} \sin[\omega_r(t-\tau)] d\tau$$

类似地有

$$\ell^{-1}\left(\frac{m\dot{x}_0}{ms^2+cs+k}\right)=\ell^{-1}\left(\frac{\dot{x}_0}{\omega_r}\cdot\frac{\omega_r}{s^2+2\xi\omega s+\omega^2}\right)=\frac{\dot{x}_0}{\omega_r}e^{-\xi\omega t}\sin(\omega_r t)$$

$$\ell^{-1}\left(\frac{(ms+c)x_0}{ms^2+cs+k}\right)=\ell^{-1}\left(\frac{s+2\xi\omega}{s^2+2\xi\omega s+\omega^2}x_0\right)=x_0 e^{-\xi\omega t}\left[\cos(\omega_r t)+\frac{\xi\omega}{\omega_r}\sin(\omega_r t)\right]$$

综合以上三个拉普拉斯逆变换，可以得到与其他方法相同的结果。

例 3-18　用拉普拉斯变换求单自由度系统的无阻尼响应,初始条件为零,激励为半正弦脉冲。

$$f(t)=\begin{cases}\sin(\eta\pi t), & 0\leqslant t\leqslant 1/\eta\\ 0, & t>1/\eta\end{cases}$$

解　以上的半正弦脉冲可视为 $t=0$ 时开始作用的周期为 $2/\eta$ 的正弦函数与在 $t=1/\eta$ 时开始作用的同样的正弦函数之和,利用拉普拉斯变换的延迟性质,激励的拉普拉斯变换为

$$F(s)=\frac{\eta\pi}{s^2+(\eta\pi)^2},\quad 0\leqslant t\leqslant\frac{1}{\eta},\quad F(s)=\eta\pi\left[\frac{1}{s^2+(\eta\pi)^2}+\frac{e^{-s/\eta}}{s^2+(\eta\pi)^2}\right],\quad t>\frac{1}{\eta}$$

对应于零初始条件,系统响应的拉普拉斯变换为

$$X(s)=H(s)F(s)=\begin{cases}\dfrac{\eta\pi}{m}\dfrac{1}{s^2+(\eta\pi)^2}\dfrac{1}{s^2+\omega^2}, & 0\leqslant t\leqslant\dfrac{1}{\eta}\\[3mm] \dfrac{\eta\pi}{m}\left[\dfrac{1}{s^2+(\eta\pi)^2}+\dfrac{e^{-s/\eta}}{s^2+(\eta\pi)^2}\right]\dfrac{1}{s^2+\omega^2}, & t>\dfrac{1}{\eta}\end{cases}$$

注意到

$$\frac{1}{s^2+(\eta\pi)^2}\frac{1}{s^2+\omega^2}=\left[\frac{1}{s^2+(\eta\pi)^2}-\frac{1}{s^2+\omega^2}\right]\frac{1}{\omega^2-(\eta\pi)^2}$$

查拉普拉斯变换表得到系统响应为

$x(t)$

$$=\begin{cases}\dfrac{\eta\pi}{m}\dfrac{\omega\sin(\eta\pi t)-\eta\pi\sin(\omega t)}{\eta\pi\omega[\omega^2-(\eta\pi)^2]}, & 0\leqslant t\leqslant\dfrac{1}{\eta}\\[3mm] \dfrac{\eta\pi}{m}\left\{\dfrac{\omega\sin(\eta\pi t)-\eta\pi\sin(\omega t)}{\eta\pi\omega[\omega^2-(\eta\pi)^2]}+\dfrac{\omega\sin[\eta\pi(t-1/\eta)]-\eta\pi\sin[\omega(t-1/\eta)]}{\eta\pi\omega[\omega^2-(\eta\pi)^2]}\right\}, & t>\dfrac{1}{\eta}\end{cases}$$

化简得到

$$x(t)=\begin{cases}\dfrac{\omega^2}{1-\eta^2 T^2/4}\left[\sin(\eta\pi t)-\dfrac{\eta T}{2}\sin(\omega t)\right], & 0\leqslant t\leqslant\dfrac{1}{\eta}\\[3mm] \dfrac{\eta\omega^2 T\cos(\pi/\eta T)}{\eta^2 T^2/4-1}\sin\left[\omega\left(t-\dfrac{1}{2\eta}\right)\right], & t>\dfrac{1}{\eta}\end{cases}$$

· 98 ·　　　　　　　　　　　机械振动理论与应用

　　　　　　　　　　　机械振动理论与应用

思　考　题

1. 当振动系统未受外力的持续激励时,会不会发生振动?

2. 单自由度线性无阻尼系统(谐振子)的自由振动频率(即自然频率)由什么决定? 与初始条件有无关系?

3. 线性谐振子的振动周期与振幅是否有关? 具有什么关系?

4. 单自由度线性系统在一定初始条件作用下的自由运动与阻尼率 ξ 是否有关? 当 $0 < \xi < 1$ 时,振动为什么运动? 当 $\xi \geqslant 1$ 时为什么运动?

5. 自由振动是初始激励激起的振动,对于一个单自由度线性系统,初始条件不同,自由振动的振幅、相位和频率是否相同?

6. 单自由度无阻尼系统的自由振动频率为其自然频率 ω_n,单自由度有阻尼系统(小阻尼)的自由振动频率为其有阻尼自然频率 ω_d,ω_n 和 ω_d 有何关系?

7. 单自由度线性系统在谐波激励下的稳态强迫振动的频率是否等于外界激励的频率? 与系统的自然频率有无关系?

8. 单自由度线性系统的运动微分方程为:$\ddot{x}(t) + 2\xi\omega_n \dot{x}(t) + \omega_n^2 x(t) = \omega_n^2 f(t)$,如果 $x(t)$ 的量纲为 L,则 ξ 和 $f(t)$ 的量纲各为什么?

9. 一个简谐激振力作用到线性系统上,所得到的稳态响应与激振力是否具有相同的频率与相位?

10. 对于一个单自由度线性系统,当阻尼率 $\xi \geqslant 1$ 时,其谐波响应是否为周期运动?

11. 当激励力的频率等于单自由度线性阻尼系统的自然频率时,其振幅达到最大值,对吗?

12. 一个周期激励力作用到单自由度线性系统上,系统响应的波形与激励力的波形是否相同? 两波形间存在什么关系?

13. 周期性激励相当于用基频 ω_0 谐波与其各个高次谐波 $p\omega_0$($p = 1, 2, \cdots$)激励系统,非周期性激励相当于用所有频率 ω 的谐波激励系统,对吗? 如果不对,正确的说法是什么?

14. 冲击响应的最大峰值是否一定发生在冲击作用的时间里,而不能发生在冲击结束以后?

15. 一个无阻尼系统在多次冲击作用下不可能有一种稳态的响应,因为每冲击一次,势必要使系统的速度发生突然改变,因为其动能增加,而系统并无能量耗散,由于能量的积累,势必越振越猛烈。对吗? 如果不对,正确的说法是什么?

16. 当初始条件为零,即 $x_0 = v_0 = 0$ 时,系统会不会有自由振动项?

17. 由于阻尼作用,系统的自由响应是否只是在很短的时间内起作用,而强迫激励的响应与自由响应有无关系?

习　　题

1. 试求如图 3-53 所示系统的等效刚度。

2. 对如图 3-54 所示的系统,以从系统的平衡位置开始算起的质块的向下位移 $x(t)$ 作为广义坐标,求系统的等效质量和等效刚度。

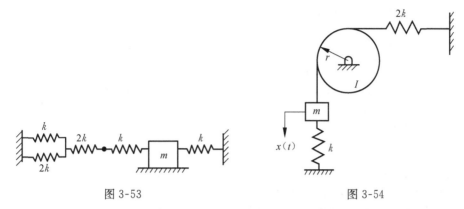

图 3-53　　　　　　　　　　　　　　　　　　图 3-54

3. 对如图 3-55 所示的系统,两个杆相同,质量均为 m,以刚性无质量杆连接。以 θ 作为广义坐标,以顺时针转动角为正,从系统的平衡位置测起,求微幅振动时系统的等效转动惯量和等效刚度。

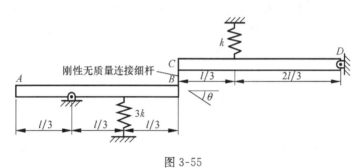

图 3-55

4. 对如图 3-56 所示的系统,杆的质量为 m,两个弹簧刚度均为 k,质量为 m_s。以 θ 作为广义坐标,以顺时针方向为正,从系统的平衡位置测起,求微幅振动时系统的等效转动惯量和等效刚度。

5. 对如图 3-57 所示的系统,杆的质量为 m,弹簧刚度为 k,质量为 m_s。以 θ 作为广义坐标,以顺时针方向为正,从系统的平衡位置测起,求微幅振动时系统的等效转动惯量和等效刚度。

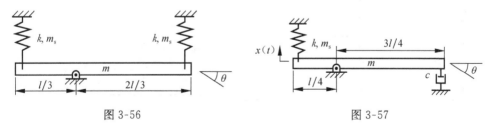

图 3-56　　　　　　　　　　　　　　　　　图 3-57

6. 对如图 3-58 所示的系统,假定圆盘只滚动不滑动,以圆盘质心从平衡位置起的位移 $x(t)$ 作为广义坐标,拉轮的质量不计,求系统的等效质量、等效阻尼和等效刚度。

7. 对如图 3-59 所示的系统,以 θ 作为广义坐标,杆的质量为 m,弹簧质量不计。求系统的等效转动惯量、等效阻尼和等效刚度。

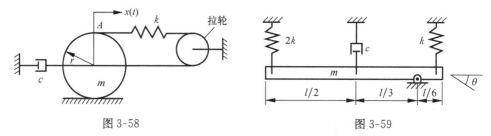

图 3-58　　　　　　　　　　　　　　图 3-59

8. 对如图 3-60 所示的系统,弹簧质量为 m_s,以质块从平衡位置起的位移 $x(t)$ 作为广义坐标,求系统的等效质量、等效刚度和等效阻尼。

9. 对如图 3-61 所示的系统,以滑轮的顺时针方向的角位移 θ 作为广义坐标,试确定系统的等效转动惯量和等效刚度。

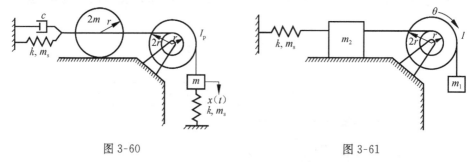

图 3-60　　　　　　　　　　　　　　图 3-61

10. 如图 3-62 所示系统中悬挂有质量 m,梁的质量不计,梁的净挠度 $\delta = mgl^3/(48EI)$,求系统的等效刚度。

11. 在如图 3-63 所示系统中,设梁的质量可略去不计,两悬臂梁的弹性刚度为 k_1 和 k_3,求系统的等效刚度。

12. 在如图 3-64 所示系统中,均质轮 A 和 B 的质量分别为 m_1 和 m_2,连杆 AB 的质量为 m_3,求系统的等效质量。

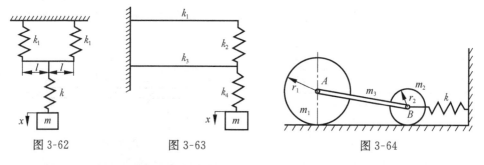

图 3-62　　　　　图 3-63　　　　　　　　　　图 3-64

13. 如图 3-65 所示的三种摆,其摆杆为均质杆,杆的线密度为 ρ,求摆在微幅振动时系统的自然频率 ω_n。如将摆杆的质量转化到摆上,求系统的等效质量。

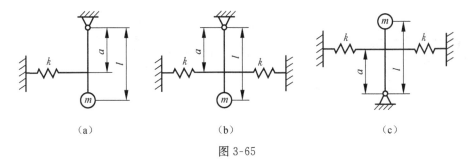

图 3-65

14. 如图 3-66 所示,如以 C 处载重后梁的静挠度曲线为振型,求质量为 m 的均布外伸梁加在 C 处的等效质量。

15. 一卷扬机通过钢丝绳绕过定滑轮吊起一质量 $m=15000\mathrm{kg}$ 的重物,如图 3-67 所示。钢丝绳的弹簧刚度为 $k=5900\mathrm{kg/cm}$,以 15m/min 的速度下降,如果卷扬机突然刹车,钢丝绳上端突然停止,求钢丝绳中所受到的最大张力。

16. 质量为 m、半径为 r 的均质圆柱体在半径为 R 的圆柱面内做无滑动的滚动,如图 3-68 所示。试推导圆柱体绕最低点 A 做微小振动的运动微分方程。

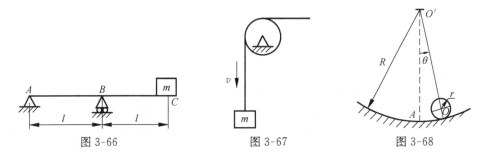

图 3-66　　　　　　　　　　图 3-67　　　　　　　　　　图 3-68

17. 求图 3-69 中各系统的自然频率。

18. 有一简支梁,抗弯刚度为 EI,跨度为 l,用如图 3-70(a)、(b)所示的两种方式在梁跨中连接一螺旋弹簧和质块。弹簧刚度为 k,质块质量为 m,求两种系统的自然频率。

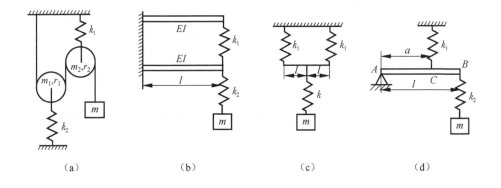

（a）　　　　　　　（b）　　　　　　　（c）　　　　　　　（d）

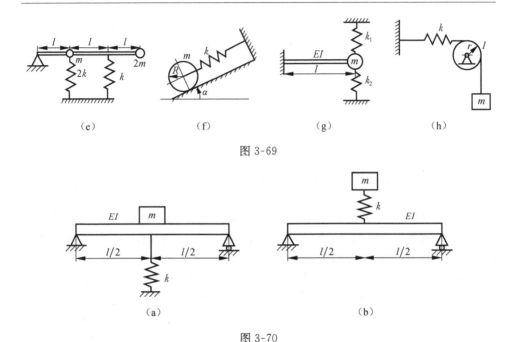

图 3-69

图 3-70

19. 如图 3-71 所示的摇杆机构,已知杆 BC 对 A 点的转动惯量为 I_A,质块 m 和 m_1 在光滑的水平面上运动,求对于 x 坐标系的等效惯量和等效刚度及系统振动的自然频率。

20. 如图 3-72 所示的系统,两弹簧的刚度分别为 k_1 和 k_2,转盘 1 和圆柱体 2 的转动惯量分别是 I_1 和 I_2,圆柱体 2 和滑块 3 的质量分别为 m_2 和 m_0,转盘 1 和圆柱体 2 的半径分别为 R、r_1 和 r_2。如果把小车 m_0 的平动坐标系 x 作为广义坐标,求图示单自由度系统的振动微分方程及其自然频率。

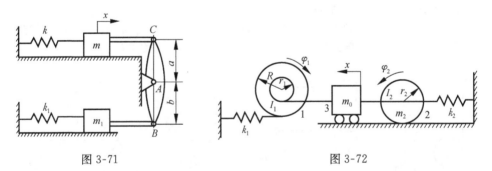

图 3-71　　　　　　　　　　　　图 3-72

21. 如图 3-73 所示,一小车的质量为 m,自高度 h 处沿着斜面滑下,与缓冲器相撞后,随同缓冲器一起做自由振动。设弹簧刚度为 k,斜面倾角为 α,小车与斜面之间的摩擦力忽略不计,求系统振动的周期和振幅。

22. 如图 3-74 所示,定滑轮和鼓轮固结在一起,对 O 轴的转动惯量为 I,其半径分别为 r_2 和 r_1,质块的质量为 m,弹簧的刚度为 k,试建立系统的振动微分方程,并求系统的自然频率。

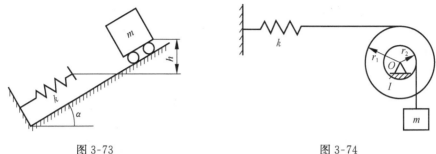

图 3-73　　　　　　　　　　　　　　　　图 3-74

23. 均质细长杆长为 l，质量为 m_1，均质圆盘焊在杆的中点，圆盘质量为 m_2，半径为 r，杆的一端铰支，另一端挂在弹簧 k 上。图 3-75 为系统的静平衡位置，系统做微幅振动，求系统的自然频率。

24. 均质圆柱体的半径为 r，质量为 m，可在水平面内做纯滚动，距离其质心 O 为 a 处连有两根弹簧刚度为 k 的弹簧，如图 3-76 所示。设图示位置为弹簧原长，求圆柱体做微幅振动时，系统的自然频率。

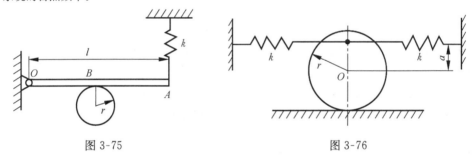

图 3-75　　　　　　　　　　　　　　　　图 3-76

25. 如图 3-77 所示的均质杆质量为 m_1，长为 $3l$，B 端刚性连接一质量为 m 的物体，其大小不计。杆在 O 处为铰支，两弹簧的刚度均为 k，求系统振动的自然频率。

26. 图 3-78 为一测量加速度用的传感器模型。OA 杆的质量不计，质块 B 的质量为 m，在平衡时用弹簧 k 保持在水平位置，质块相对于质心的转动惯量为 I_B，试求系统的自然频率。

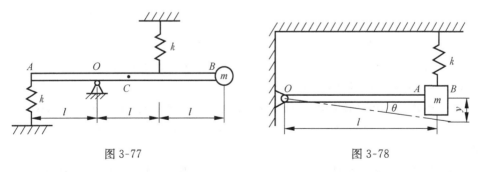

图 3-77　　　　　　　　　　　　　　　　图 3-78

27. 如图 3-79 所示的系统，已知均质滑轮的质量为 m，质块的质量为 m_1，其余参数如图中所示，求系统的自然频率。

28. 如图 3-80 所示的系统,两个摩擦轮可以分别绕水平轴 O_1 与 O_2 转动,互相啮合,不能相对转动,在图示位置(半径 O_1A 于 O_2B 在同一水平线上)。弹簧互不受力,弹簧刚度为 k_1 与 k_2,摩擦轮可视为等厚均质圆盘,质量为 m_1 和 m_2。试求系统微幅振动的周期。

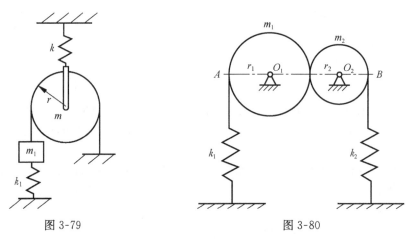

图 3-79　　　　　　　　　　　　　图 3-80

29. 训练海员用的浪木 DE 如图 3-81 所示,均质杆 AD、BE 的质量均为 m、长为 l。在 D 和 E 处与长为 $5l$、质量为 $5m$ 的浪木 DE 铰接。不计铰链摩擦,求系统绕平衡位置做微幅振动的频率和周期。

30. 一质块弹簧系统如图 3-82 所示,设杆长为 l,质量为 m,且为均质杆,其余参数如图中所示。试写出运动微分方程,并求出临界阻尼系数及有阻尼自然频率。

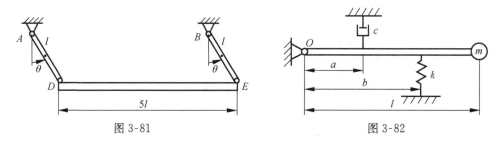

图 3-81　　　　　　　　　　　　　图 3-82

31. 求如图 3-65 所示的三个摆微幅振动的自然频率。

32. 如图 3-83 所示的扭摆,弹簧沿切线连在圆盘上。若开始时圆盘旋转 $4°$,并放开做自由振动,求圆盘边缘上 A 点处的最大速度。

33. 如图 3-84 所示的圆柱体,质量为 m,半径为 r。用一长为 l、直径为 d 的钢丝焊接在一起,钢丝的上端固定,钢丝材料的弹性模量为 E,剪切模量为 G,试计算圆柱体做扭转振动的周期(钢丝的质量可忽略不计)。

34. 如图 3-85 所示,质量为 m 的机器,用两个弹簧和阻尼器连在地基上,两个弹簧的刚度均为 k,阻尼系数为 c,设初瞬时在平衡位置,且有初速度 v_0,试求机器的运动响应。

图 3-83

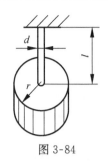
图 3-84

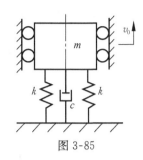
图 3-85

35. 质量 $m=5$kg 的物体悬挂于弹簧上,弹簧刚度 $k=20$N/cm,介质阻力与速度成正比,经 4 次振动后,振幅减小到原来的 $1/12$,求振动的周期及对数衰减系数。

36. 电动机质量为 m,装在弹性基础上,静位移为 δ_{st}。由于转子不平衡,沿铅垂方向有正弦型激振力,当电动机转速为 n(r/min)时,所产生的强迫振动的振幅为 a,如不计阻尼,求激振力幅值。

37. 电动机总质量为 m,装在弹性梁上,使梁产生静挠度为 δ_{st},转子质量 m_1,重心偏离轴线的距离为 e,如不计梁的质量,求电动机的转速为 ω 时其沿铅垂方向振动的振幅。

38. 如图 3-86 所示,弹簧上悬挂的物体,浸没在液体中。物体的重力使弹簧有静伸长 $\delta_{st}=1.0$cm,液体的阻力与速度成正比,当 $v=1$m/s 时,阻力为 15.7N。设弹簧悬挂点按 $y=5\sin(\pi t)$ 上下运动,试求物体的振幅。

39. 如图 3-87 所示,黏性阻尼摆支承做简谐振动。试导出系统的振动微分方程,并求谐波激励下的运动规律。

40. 试推导如图 3-88 所示的 P 点激励的倒置摆的运动微分方程,并求微幅振动的解 $\theta(t)$。

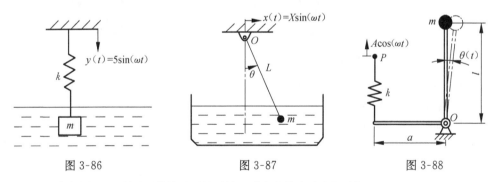

图 3-86　　　　　　　　　　图 3-87　　　　　　　　　　图 3-88

41. 求如图 3-89 所示两种情况下的系统运动方程并求稳态振动解。

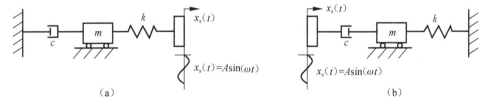

（a）　　　　　　　　　　　　　　　　　　（b）

图 3-89

42. 质块弹簧系统的激振力为 $F_0\sin(\omega t)$，当 $\omega=\omega_r$ 时系统共振，测得振幅为 0.48cm，当 $\omega=$ 0.8ω_r 时，测得振幅为 0.46cm。设 $\omega=0.8\omega_r$ 时的阻尼可以忽略，求系统的阻尼率 ξ。

43. 一机器部件质量为 20kg，在激振力 $F=25\sin(\pi t)$ 作用下发生共振。测得此时振幅为 1.2cm，求此系统的阻尼系数 c 和阻尼率 ξ。

44. 如图 3-90 所示，AB 杆为一刚性杆，平衡位置为水平，振动时杆的转角为微小值，设 m，k，c 及激振力 $F=F_0\sin(\omega t)$ 均为已知，求质块的稳态强迫振动。

45. 如图 3-91 所示的轴系，轴的轴径为 $d=2$cm，剪切弹性模量为 G。圆盘绕对称轴的转动惯量为 I，并在 $M=50\pi\sin(2\pi t)$ 的力矩作用下扭振，求轴系振动的振幅。

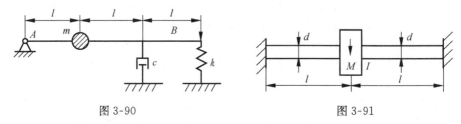

图 3-90　　　　　　　　　　　　　　　图 3-91

46. 如图 3-92 所示的轴系，求对简谐扭矩 $T=T_0\cos(\omega t)$ 的稳态响应。

47. 如图 3-93 所示的系统，在沿坐标 x 的简谐激振力 $F_0\cos(\omega t)$ 作用下振动，试求系统的振幅、相位及共振时的振幅。

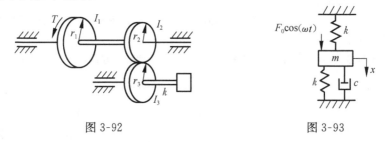

图 3-92　　　　　　　　　　　　　　　图 3-93

48. 如图 3-94 所示的振动系统，求通过圆盘中心并沿坐标 x 方向在简谐激振力 $F_0\cos(\omega t)$ 作用下的振幅、相位及共振时的振幅。

49. 如图 3-95 所示的系统，求在沿坐标 θ 方向的简谐扭矩 $T_0\cos(\omega t)$ 作用下的振幅、相位及其共振时的振幅。

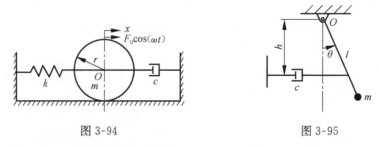

图 3-94　　　　　　　　　　　　　　　图 3-95

50. 写出如图 3-96 所示两种系统的振动微分方程，并求出其稳态振动的解。

51. 一挂在匣子内的单摆,如图 3-97 所示。设匣子做水平简谐运动 $x_s=a\sin(\omega t)$,用图示坐标 x 写出单摆微幅振动微分方程,并求其振幅。

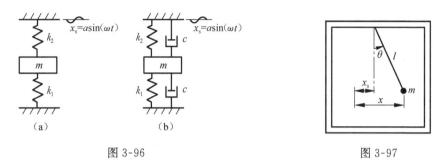

图 3-96　　　　　　　　　　　　　　　　　图 3-97

52. 试导出如图 3-98 所示两种系统的微幅振动方程,并求无阻尼的自然频率(假定杆是刚性的,质量可以忽略不计)。

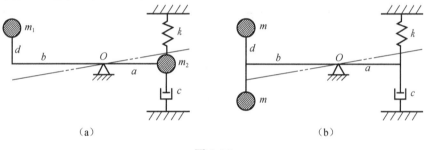

图 3-98

53. 在如图 3-99 所示的系统中,已知 $m=2\text{kg}$,$k=20\text{N/cm}$,激励力为 $F=16\sin(60t)$,$c=256\text{N}\cdot\text{s/cm}$,试求系统的稳态响应。

54. 一电动机安装在由弹簧支承的平台上,如图 3-100 所示。电动机与平台总质量为 100kg,弹簧总刚度 $k=686\text{N/cm}$,电动机轴上有一偏心质量 1kg,偏心距为 10cm,电动机转速 $n=2000\text{r/min}$,求平台振动的振幅。

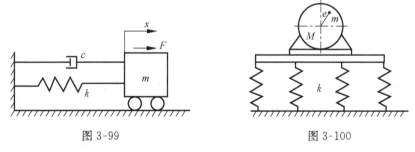

图 3-99　　　　　　　　　　　　　　　　图 3-100

55. 试求无阻尼系统对如图 3-101 所示各激励力函数的响应。

56. 一根质量为 m、长为 l 的细直杆 AB。A 端与支座铰接,B 端由一常数为 k 的弹簧支承,如图 3-102 所示。试求细直杆 AB 在竖直平面内做微幅振动时的周期 T。

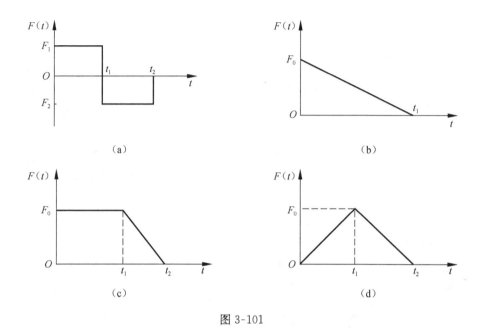

图 3-101

57. 如图 3-103 所示系统,已知三个弹簧都在一铅垂线上,且 $k_2 = 2k_1$, $k_3 = 3k_1$,试求系统的振动周期。

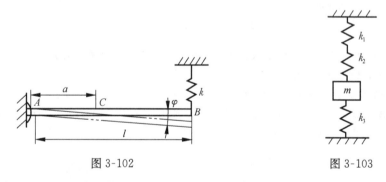

图 3-102　　　　　　　　　　　　　图 3-103

58. 如图 3-104 所示的系统,轮子可绕水平轴转动,其转动惯量为 I_0。轮缘绕有软绳,下端挂有质量为 m 的物体,绳与轮缘间无滑动。在图示位置由水平弹簧 k 维持平衡。半径 r 和长度 a 都已知,求微幅振动的周期。

59. 如图 3-105 所示的等截面悬臂梁,截面弯曲刚度为 EI,长为 l,在自由端上有质量 m:

(1) 不计梁的质量,求系统的自然频率;

(2) 设梁具有分布质量,线密度为 ρ,求系统的自然频率。

60. 细管被弯成半径为 $R = 49\text{cm}$ 的圆环,并固定在铅锤平面内。质量为 m 的钢球,从管内最低平衡位置以速度 $v_0 = 20\text{cm/s}$ 开始,在平衡位置附近振动。设阻力 $F_d = 4mv$,求钢球的运动规律。

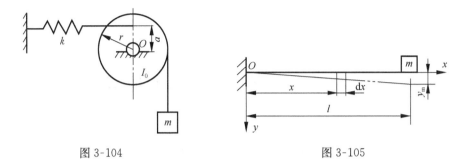

图 3-104　　　　　　　　　　图 3-105

61. 挂在弹簧下端的物体,质量 $m=2\text{kg}$,弹簧刚度 $k=0.4\text{N/cm}$,阻尼系数 $c=0.2\text{N·s/cm}$。设将物体从平衡位置向下拉 5cm,然后无初速释放,求其运动规律。

62. 如图 3-106 所示的两种系统受激振力偶 $M=M_0\cos(\omega t)$ 作用,求系统的稳态响应。

63. 物体和水的密度分别为 γ_c 与 γ_ω。在静平衡时淹没入水中的高度为 h,如图 3-107 所示,受一沿 x 方向的激振力 $P=P_0\sin(\omega t)$ 的作用,如 c 为小阻尼系数,求系统共振时的振幅(横截面面积不计)。

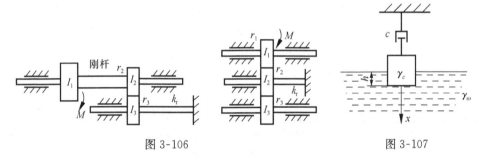

图 3-106　　　　　　　　　　图 3-107

64. 如图 3-108 所示,平板 B 的质量可以忽略不计,当其按振幅 e、频率 ω 做简谐运动时,求下列各质点 m 的稳态响应。如由基础 A 传来位移激振,其振幅为 e_1、频率为 ω_1,并与平板 B 的位移同相,求质块 m 的运动微分方程。

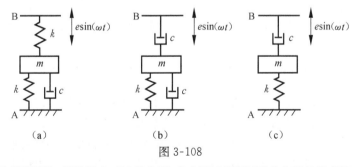

(a)　　　　　　　(b)　　　　　　　(c)

图 3-108

65. 质块弹簧系统,受激振力 $f(t)$ 的作用,求在下述情况下微分方程的稳态解:

(1) $f(t)=F_0\omega^2\text{e}^{\text{i}\omega t}$;

(2) $f(t)=A\cos(\omega t)+B\omega^2\sin(\omega t)$;

(3) $f(t)=A_1\cos(\omega t)+A_2\cos(\omega t+\pi/2)+A_3\sin(\omega t)$。

第4章 两自由度系统的振动

4.1 引　言

在最简单的情况下,一个离散的振动系统可以简化为一集中质量和无质量的弹簧所组成的单自由度振动系统,阐明单自由度系统的振动特性及其分析方法,应用单自由度系统的振动理论,可以解决很多实际问题。但在工程实际中,有许多振动问题是相当复杂的,用单自由度的模型进行分析,往往得不到满意的结果,而简化成多自由度系统才能反映实际问题的物理本质。例如,在多级传动系统中的轴-盘系统是减速机或机械传动系统中常见的模型,如图 4-1 所示,m_1 和 m_2 可以是齿轮或带轮。由于相对于盘来说,轴的质量较小可以忽略不计,盘可以简化为集中质量的刚性盘,而轴的变形较大,故仅考虑其弹性。如果考虑横向弯曲振动,则可简化为如图 4-2 所示的两自由度力学模型。显然,将该系统简化成为单自由度系统,与实际情况相差很远,分析的结果会产生很大的误差。又如,如果研究轴-盘系统的扭转振动问题,两盘具有转动惯量,而轴具有扭转弹性,系统可以简化为如图 4-3 所示的两自由度扭转振动系统。

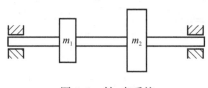

图 4-1　轴-盘系统

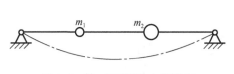

图 4-2　轴-盘系统的力学模型

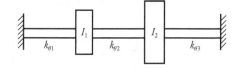

图 4-3　两自由度系统的扭转模型

工程实际中有许多系统都可以简化为两自由度系统,两自由度系统是多自由度系统的一个最简单的特例。与单自由度系统比较,两自由度系统具有一些的新的概念,需要新的分析方法。而由两自由度系统到更多自由度系统,则主要是量的扩充,在问题的表述、求解方法及最主要的振动特性上没有本质的区别。

本章讨论两自由度系统的振动特性及其分析方法。

4.2　两自由度系统的自由振动

4.2.1　两自由度振动系统的运动微分方程

图 4-4(a)是一个典型的两自由度系统的力学模型,质量 m_1 和 m_2 分别用刚度为 k_1 的弹簧、阻尼为 c_1 的阻尼器和刚度 k_3 的弹簧、阻尼为 c_3 的阻尼器连接于左、右侧的支承点,并用刚度为 k_2 的弹簧、阻尼为 c_2 的阻尼器相互连接,质块 m_1 和 m_2 可沿光滑水平面移动。

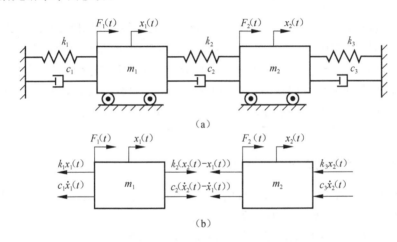

图 4-4　两自由度系统的力学模型

选取两个质块 m_1 和 m_2 的静平衡位置为坐标 $x_1(t)$ 和 $x_2(t)$ 的原点,取 m_1 和 m_2 的脱离体进行受力分析。在任一时刻,当 m_1,m_2 的位移为 $x_1(t)$,$x_2(t)$ 时,在水平方向上,m_1 和 m_2 承受弹性恢复力、阻尼力和外界激励力作用,如图 4-4(b)所示。根据牛顿运动定律,可得到系统的两个运动微分方程为

$$m_1\ddot{x}_1(t) = -c_1\dot{x}_1(t) + c_2(\dot{x}_2(t) - \dot{x}_1(t)) - k_1x_1(t) + k_2(x_2(t) - x_1(t)) + F_1(t)$$
$$m_2\ddot{x}_2(t) = -c_3\dot{x}_2(t) - c_2(\dot{x}_2(t) - \dot{x}_1(t)) - k_3x_2(t) - k_2(x_2(t) - x_1(t)) + F_2(t)$$

整理得到

$$m_1\ddot{x}_1(t) + (c_1 + c_2)\dot{x}_1(t) - c_2\dot{x}_2(t) + (k_1 + k_2)x_1(t) - k_2x_2(t) = F_1(t)$$
$$m_2\ddot{x}_2(t) + (c_2 + c_3)\dot{x}_2(t) - c_2\dot{x}_1(t) + (k_2 + k_3)x_2(t) - k_2x_1(t) = F_2(t)$$

$$(4-1)$$

方程(4-1)中,对 m_1 取脱离体的方程中包含了 $x_2(t)$ 和 $\dot{x}_2(t)$,对 m_2 取脱离体的方程中包含了 $x_1(t)$ 和 $\dot{x}_1(t)$,因而是耦合的常系数二阶线性微分方程组。当耦合项为零时,即 $c_2 = k_2 = 0$ 时,原来的两自由度系统就成为两个单自由度系统。一般情况下,常系数二阶线性微分方程组可以用消去法求解,但消去法会提高方程的

阶数,同时不易体现方程的物理意义。因此,对多自由度系统的振动分析,一般都要采用特殊的方法解除坐标耦合。

方程(4-1)写成矩阵形式为

$$[m]\{\ddot{x}(t)\} + [c]\{\dot{x}(t)\} + [k]\{x(t)\} = \{F(t)\} \tag{4-2}$$

式中

$$[m] = \begin{bmatrix} m_1 & 0 \\ 0 & m_2 \end{bmatrix}, \quad [c] = \begin{bmatrix} c_1+c_2 & -c_2 \\ -c_2 & c_2+c_3 \end{bmatrix}$$

$$[k] = \begin{bmatrix} k_1+k_2 & -k_2 \\ -k_2 & k_2+k_3 \end{bmatrix}, \quad \{x(t)\} = \begin{Bmatrix} x_1(t) \\ x_2(t) \end{Bmatrix}, \quad \{F(t)\} = \begin{Bmatrix} F_1(t) \\ F_2(t) \end{Bmatrix} \tag{4-3}$$

这里常数矩阵$[m]$、$[c]$和$[k]$分别称为**质量矩阵**、**阻尼矩阵**和**刚度矩阵**,由式(4-3)可知它们都是对称矩阵。当且仅当它们都是对角矩阵,即非对角元素为零时,方程才是无耦合的。二维向量$\{x(t)\}$和$\{F(t)\}$分别称为**位移向量**和**激振力向量**。注意,这种向量是一种广义向量,只是一种同类数量的组合与排列,并不表示在空间"有方向的量"。方程(4-2)表示的矩阵形式的运动方程,适合于任何自由度的线性系统问题,对于不同自由度问题,要求各矩阵和向量的维数与自由度相等。

4.2.2　无阻尼系统的自由振动与自然模态

当不考虑如图 4-4(a)所示两自由度系统的阻尼和外界激励时,得到如图 4-5所示的两自由度无阻尼自由振动系统。在式(4-1)中,令$c_1=c_2=c_3=0$,$F_1(t)=F_2(t)=0$,得到两自由度无阻尼系统自由振动的运动微分方程为

$$m_1\ddot{x}_1(t) + (k_1+k_2)x_1(t) - k_2x_2(t) = 0$$
$$m_2\ddot{x}_2(t) - k_2x_1(t) + (k_2+k_3)x_2(t) = 0$$

为方便讨论,采用记号

$$a = \frac{k_1+k_2}{m_1}, \quad b = \frac{k_2}{m_1}, \quad c = \frac{k_2}{m_2}, \quad d = \frac{k_2+k_3}{m_2} \tag{4-4}$$

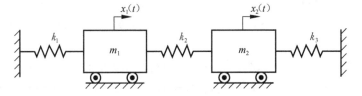

图 4-5　两自由度无阻尼系统的力学模型

从式(4-4)可见,常数a,b,c和d均为正值,则系统的运动方程可写为

$$x_1(t) + ax_1(t) - bx_2(t) = 0, \quad \ddot{x}_2(t) - cx_1(t) + dx_2(t) = 0 \tag{4-5}$$

下面讨论方程(4-5)的求解,分析两自由度系统的运动特性。

1. 运动形式

方程(4-5)是一个二阶常系数线性齐次微分方程组。为了研究其解,我们先试探一种最简单的、特殊形式的解:m_1 和 m_2 合拍地进行运动,即两坐标之比 $x_2(t)/x_1(t)$ 为常数,称这种运动为**同步运动**,设为

$$x_1(t) = u_1 f(t), \quad x_2(t) = u_2 f(t) \tag{4-6}$$

式中振幅 u_1, u_2 和时间函数 $f(t)$ 待定。为了求得这种形式的解,确实需要满足上述 $x_2/x_1 = u_2/u_1$ 为常数的要求。为了探讨这种解存在的可能性,以及确定 u_1, u_2 和 $f(t)$,对式(4-6)求一阶和二阶导数得到

$$\dot{x}_1(t) = u_1 \dot{f}(t), \quad \dot{x}_2(t) = u_2 \dot{f}(t), \quad \ddot{x}_1(t) = u_1 \ddot{f}(t), \quad \ddot{x}_2(t) = u_2 \ddot{f}(t)$$

代入系统运动方程(4-5)中,得到

$$u_1 \ddot{f}(t) + (au_1 - bu_2)f(t) = 0, \quad u_2 \ddot{f}(t) + (du_2 - cu_2)f(t) = 0 \tag{4-7}$$

整理方程(4-7)得到

$$-\frac{\ddot{f}(t)}{f(t)} = \frac{au_1 - bu_1}{u_1}, \quad -\frac{\ddot{f}(t)}{f(t)} = \frac{du_2 - cu_1}{u_2} \tag{4-8}$$

因为 a, b, c 和 d 及 u_1, u_2 均为常数,所以 $-\ddot{f}(t)/f(t)$ 也应该为常数,不妨记为 λ,则式(4-8)的两式均可写为

$$\ddot{f}(t) + \lambda f(t) = 0 \tag{4-9}$$

同时有

$$(a - \lambda)u_1 - bu_2 = 0, \quad (d - \lambda)u_2 - cu_1 = 0 \tag{4-10}$$

方程(4-9)是最简单的二阶齐次微分方程,其解具有如下形式:

$$f(t) = c_1 \mathrm{e}^{-\sqrt{-\lambda}t} + c_2 \mathrm{e}^{\sqrt{-\lambda}t} \tag{4-11}$$

由于已经假设没有阻尼,又不受外界激励,所以系统是保守的。因此 $x_1(t), x_2(t)$ 和 $f(t)$ 都应该是有限值,从而式(4-11)中的 λ 必须为正数,不妨记 $\lambda = \omega^2$,这里 ω 为正实数,则方程(4-9)便成为谐振子系统的运动方程,对该方程在第 3 章已经讨论过,其解为

$$f(t) = C\cos(\omega t - \psi) \tag{4-12}$$

式中,C 为任意常数;ω 为简谐运动频率;ψ 为初相位。

2. 自然频率

从运动的性质可以看出,如果系统的同步运动确实存在,则应该是简谐运动,且其频率应由方程(4-10)决定,用 ω^2 取代方程(4-10)中的 λ 得到

$$(a - \omega^2)u_1 - bu_2 = 0, \quad (d - \omega^2)u_2 - cu_1 = 0 \tag{4-13}$$

这是关于 u_1, u_2 的线性齐次代数方程组。$u_1 = u_2 = 0$ 显然是方程组的一组解,但这组解仅对应于 $x_1(t) = x_2(t) = 0$,即系统处于平衡状态。我们所关心的是 u_1, u_2 是

否存在非零解,方程组(4-13)存在非零解的条件是特征行列式为零,即

$$\Delta(\omega^2) = \begin{vmatrix} a-\omega^2 & -b \\ -c & d-\omega^2 \end{vmatrix} = 0 \tag{4-14}$$

$\Delta(\omega^2)$称为**特征行列式**,它给出了同步解的简谐振动频率与系统物理参数之间的确定性关系,展开后得到

$$\omega^4 - (a+d)\omega^2 + (ad-bc) = 0 \tag{4-15}$$

这是关于ω^2的二次代数方程,称为系统的**特征方程**或**频率方程**。从式(4-15)解出ω^2的两个根为

$$\omega_{1,2}^2 = \frac{1}{2}(a+d) \mp \frac{1}{2}\sqrt{(a+d)^2 - 4(ad-bc)}$$

$$= \frac{1}{2}(a+d) \mp \frac{1}{2}\sqrt{(a-d)^2 + 4bc} \tag{4-16}$$

对于实际系统,存在下列事实:

(1) 因为系统的刚度、质量恒为正值,由式(4-4)确定的a,b,c和d均为正值,故从式(4-16)可知ω_1^2和ω_2^2都是实数。

(2) 由a,b,c和d的定义式(4-4)可知,$ad>bc$,因此从式(4-16)中的第一式知,"∓"后的项小于"∓"号前的项,所以ω_1^2和ω_2^2都是正数,故方程(4-15)仅有两个正实根。

(3) 方程(4-15)仅有两个正实根的事实说明存在两个正实数ω_1和ω_2,可见系统可能有的同步运动不仅是简谐的,且只能以ω_1和ω_2两种频率做简谐运动。

(4) 频率ω_1和ω_2由a,b,c和d,即由系统参数唯一地确定,称为系统的**自然频率**。可见,两自由度系统有两个自然频率。

3. 固有振型

由于方程(4-13)是齐次的,我们不能完全确定振幅u_1和u_2,只能确定其比值u_2/u_1。在满足方程(4-14)的条件下,联立方程(4-13)中两式成为同解方程,即由该两式求出的u_2/u_1是相等的。于是,将ω_1^2和ω_2^2分别代入方程(4-13)中的任一式,可以得到

$$r_1 = \frac{u_2^{(1)}}{u_1^{(1)}} = \frac{a-\omega_1^2}{b} = \frac{c}{d-\omega_1^2}, \quad r_2 = \frac{u_2^{(2)}}{u_1^{(2)}} = \frac{a-\omega_2^2}{b} = \frac{c}{d-\omega_2^2} \tag{4-17}$$

上式表明:系统按其任一自然频率做简谐同步运动时,m_1和m_2运动的振幅之比也由系统本身的物理性质决定,对于特定系统,它是一个确定的量。由于m_1和m_2做同步运动,因此在任意时刻的位移之比$x_2(t)/x_1(t)$等于振幅比u_2/u_1,即其比值也是一个确定的值。这样系统以频率ω_1,ω_2做简谐同步运动时,具有确定比值的常数$u_1^{(1)},u_2^{(1)}$和$u_1^{(2)},u_2^{(2)}$可以确定系统的振动型态,称为系统的**固有振型**。其向

量表达式为

$$\{u^{(1)}\} = \begin{Bmatrix} u_1^{(1)} \\ u_2^{(1)} \end{Bmatrix} = u_1^{(1)} \begin{Bmatrix} 1 \\ r_1 \end{Bmatrix}, \quad \{u^{(2)}\} = \begin{Bmatrix} u_1^{(2)} \\ u_2^{(2)} \end{Bmatrix} = u_1^{(2)} \begin{Bmatrix} 1 \\ r_2 \end{Bmatrix} \qquad (4\text{-}18)$$

$\{u^{(1)}\}, \{u^{(2)}\}$ 称为系统的模态向量。每个模态向量和其相应的自然频率 ω_1, ω_2 构成系统的一个**自然模态**。若 $\omega_1 < \omega_2$，则 $\{u^{(1)}\}$ 对应于较低的自然频率 ω_1（称为系统的基频），$\{u^{(1)}\}$ 和 ω_1 构成系统的**第一阶模态**；$\{u^{(2)}\}$ 和 ω_2 构成系统的**第二阶模态**。两自由度系统有两个自然模态，代表两种形式的同步运动。由于

$$r_1 = \frac{a - \omega_1^2}{b} = \frac{a - \frac{1}{2}(a+d) + \frac{1}{2}\sqrt{(a-d)^2 + 4bc}}{b}$$

$$= \frac{\frac{1}{2}(a-d) + \frac{1}{2}\sqrt{(a-d)^2 + 4bc}}{b} > 0$$

$$r_2 = \frac{a - \omega_2^2}{b} = \frac{a - \frac{1}{2}(a+d) - \frac{1}{2}\sqrt{(a-d)^2 + 4bc}}{b}$$

$$= \frac{\frac{1}{2}(a-d) - \frac{1}{2}\sqrt{(a-d)^2 + 4bc}}{b} < 0$$

这说明：系统以第一阶模态作同步运动时，两物体在任一时刻的运动方向相同，系统以第二阶模态作同步运动时，两物体在任一时刻的运动方向相反。

4. 两自由度无阻尼系统自由振动的通解

经过上述分析，可以写出两个同步解的具体形式为

$$x_1^{(1)}(t) = u_1^{(1)} C_1' \cos(\omega_1 t - \psi_1), \quad x_2^{(1)}(t) = u_1^{(1)} C_1' r_1 \cos(\omega_1 t - \psi_1)$$
$$x_1^{(2)}(t) = u_1^{(2)} C_2' \cos(\omega_2 t - \psi_2), \quad x_2^{(2)}(t) = u_1^{(2)} C_2' r_2 \cos(\omega_2 t - \psi_2) \qquad (4\text{-}19)$$

式中，$u_1^{(1)} C_1', \psi_1$ 和 $u_1^{(2)} C_2', \psi_2$ 为任意常数。上两式均为齐次微分方程组（4-5）的解，将它们叠加可得到该微分方程组的通解为

$$x_1(t) = C_1 \cos(\omega_1 t - \psi_1) + C_2 \cos(\omega_2 t - \psi_2)$$
$$x_2(t) = r_1 C_1 \cos(\omega_1 t - \psi_1) + C_2 r_2 \cos(\omega_2 t - \psi_2) \qquad (4\text{-}20)$$

这里，将式（4-19）中的 $u_1^{(1)} C_1'$ 和 $u_1^{(2)} C_2'$ 分别写成了 C_1 和 C_2。方程（4-20）的向量形式为

$$\{x(t)\} = C_1 \begin{Bmatrix} 1 \\ r_1 \end{Bmatrix} \cos(\omega_1 t - \psi_1) + C_2 \begin{Bmatrix} 1 \\ r_2 \end{Bmatrix} \cos(\omega_2 t - \psi_2) \qquad (4\text{-}21)$$

可见，在一般情况下，两自由度系统的自由振动是两个自然模态的叠加，即两个不同频率的简谐运动的叠加，其结果一般不是简谐运动。

式(4-20)中 ω_1,ω_2 和 r_1,r_2 均由系统的物理特性决定,而 C_1,C_2 和 ψ_1,ψ_2 由初始条件决定。设 $t=0$ 时, m_1 和 m_2 的位移和速度分别为 $x_{10},x_{20},\dot{x}_{10}$ 和 $\dot{x}_{20}$,代入式(4-20)及其导数有

$$x_1(0)=C_1\cos\psi_1+C_2\cos\psi_2=x_{10},\quad x_2(0)=C_1 r_1\cos\psi_1+C_2 r_2\cos\psi_2=x_{20}$$

$$\dot{x}_1(0)=C_1\omega_1\sin\psi_1+C_2\omega_2\sin\psi_2=\dot{x}_{10},\quad \dot{x}_2(0)=C_1 r_1\omega_1\sin\psi_1+C_2 r_2\omega_2\sin\psi_2=\dot{x}_{20}$$

这是以 C_1,C_2 和 ψ_1,ψ_2 为未知量的代数方程组,联立求解可得

$$C_1=\frac{1}{|r_2-r_1|}\sqrt{(r_2 x_{10}-x_{20})^2+\frac{(r_2\dot{x}_{10}-\dot{x}_{20})^2}{\omega_1^2}},\quad \psi_1=\arctan\left[\frac{r_2\dot{x}_{10}-\dot{x}_{20}}{\omega_1(r_2 x_{10}-x_{20})}\right]$$

$$C_2=\frac{1}{|r_2-r_1|}\sqrt{(x_{20}-r_1 x_{10})^2+\frac{(\dot{x}_{20}-r_1\dot{x}_{10})^2}{\omega_2^2}},\quad \psi_2=\arctan\left[\frac{r_1\dot{x}_{10}-\dot{x}_{20}}{\omega_2(r_1 x_{10}-x_{20})}\right]$$

$$(4-22)$$

到此,得到了系统对初始激励的响应,若 $C_2=0$,系统以第一阶模态振动,若 $C_1=0$,系统以第二阶模态振动,若 C_1,C_2 均不为零,系统的运动是两个自然模态振动的叠加, C_1,C_2 决定了系统的总振动中第一阶模态和第二阶模态的振动所占的比例。

例 4-1　在如图 4-5 所示的两自由度模型中,已知 $m_1=m_2=m=0.1\text{kg}$, $k_1=k_2=k_3=k=10\text{N/m}$,初始条件如下:

① $x_{10}=1\text{cm}$, $x_{20}=-1\text{cm}$, $\dot{x}_{10}=\dot{x}_{20}=0$;② $x_{10}=x_{20}=1\text{cm}$, $\dot{x}_{10}=\dot{x}_{20}=0$。

试求两种初始条件下系统的响应。

解　(1) 求系统的自然频率。

将系统的已知参数代入式(4-4)得到

$$a=\frac{2k}{m},\quad b=\frac{k}{m},\quad c=\frac{k}{m},\quad d=\frac{2k}{m}$$

代入式(4-16)得到

$$\omega_{1,2}^2=\frac{1}{2}(a+d)\mp\frac{1}{2}\sqrt{(a-d)^2+4bc}=(2\mp 1)\frac{k}{m}$$

从上式可得

$$\omega_1=\sqrt{\frac{k}{m}}=\sqrt{\frac{10}{0.1}}=10\text{rad/s},\quad \omega_2=\sqrt{\frac{3k}{m}}=\sqrt{\frac{3\times 10}{0.1}}=17.32\text{rad/s}$$

(2) 求系统的主振型。

$$r_1=\frac{a-\omega_1^2}{b}=\frac{2k/m-k/m}{k/m}=1,\quad r_2=\frac{a-\omega_2^2}{b}=\frac{2k/m-3k/m}{k/m}=-1$$

如果以横坐标表示系统中各点的静平衡位置,以纵坐标表示各点在振动过程中的振幅,则可作出如图 4-6 所示的振型图。

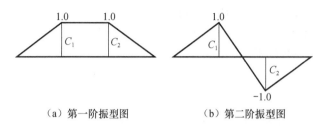

（a）第一阶振型图　　　　　　　（b）第二阶振型图

图 4-6　振型图

由图 4-6(b)可见,在振动过程中始终有一点不动,这点称为**节点**,这是两自由度系统和多自由度系统振动的一个特点。两自由度系统有一个节点,而 n 自由度系统有 $n-1$ 个节点。通过振型图可以形象地描述系统在振动过程中的振动形态。

（3）求给定初始条件下的响应。

由式(4-20)得到系统的响应为

$$x_1(t) = C_1\cos(10t - \psi_1) + C_2\cos(17.32t - \psi_2)$$

$$x_2(t) = r_1 C_1\cos(10t - \psi_1) + C_2 r_2\cos(17.32t - \psi_2)$$

将初始条件①代入得到

$$C_1 = 0, \quad C_2 = 2, \quad \psi_1 = \psi_2 = 0$$

系统的响应为

$$x_1(t) = 2\cos(17.32t), \quad x_2(t) = -2\cos(17.32t)$$

将初始条件②代入得到

$$C_1 = 2, \quad C_2 = 0, \quad \psi_1 = \psi_2 = 0$$

系统的响应为

$$x_1(t) = 2\cos(10t), \quad x_2(t) = 2\cos(10t)$$

5. 两自由度系统运动方程的建立

动力学系统振动模型可以用多种方法建立,如牛顿运动定律、定轴转动微分方程、达朗贝尔原理和拉格朗日方程等,下面介绍一些建立动力学系统振动模型的实例。

例 4-2　图 4-7 为均质圆柱体在一辆车子上做无滑动的纯滚动。圆柱体的质量为 m_2、半径为 r,车辆的质量为 m_1,可在光滑的水平面上无摩擦滑动,弹簧的刚度分别为 k_1 和 k_2,试求系统的运动微分方程。

解　圆柱体做平面运动,车辆做平

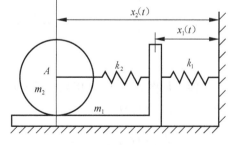

图 4-7　车辆-圆柱体系统

动,取圆柱体的质心 A 偏离平衡位置的水平位移 $x_2(t)$ 及车辆的水平位移 $x_1(t)$ 为广义坐标。圆柱体绕质心转动的转动惯量 $I = m_2 r^2/2$,质心速度为 $\dot{x}_2(t)$,车辆的速度为 $\dot{x}_1(t)$,任一时刻系统的动能为

$$T = \frac{1}{2} m_2 \dot{x}_2^2(t) + \frac{1}{2}\left(\frac{1}{2} m_2 r^2\right)\left(\frac{\dot{x}_2(t) - \dot{x}_1(t)}{r}\right)^2 + \frac{1}{2} m_1 \dot{x}_1^2(t)$$

令系统在平衡位置时的势能为零,则此时系统的势能为

$$V = \frac{1}{2} k_1 x_1^2(t) + \frac{1}{2} k_2 (x_2(t) - x_1(t))^2$$

系统的拉格朗日函数为

$$L = \frac{1}{2} m_2 \dot{x}_2^2(t) + \frac{1}{2}\left(\frac{1}{2} m_2 r^2\right)\left(\frac{\dot{x}_2(t) - \dot{x}_1(t)}{r}\right)^2 + \frac{1}{2} m_1 \dot{x}_1^2(t)$$
$$- \frac{1}{2} k_1 x_1^2(t) - \frac{1}{2} k_2 (x_2(t) - x_1(t))^2$$

将上式代入对应于广义坐标 $x_1(t)$ 和 $x_2(t)$ 的拉格朗日方程(2-93),得到系统的运动微分方程为

$$\left(m_1 + \frac{m_2}{2}\right)\ddot{x}_1(t) - \frac{m_2}{2}\ddot{x}_2(t) + (k_1 + k_2) x_1(t) - k_2 x_2(t) = 0$$
$$- \frac{m_2}{2}\ddot{x}_1(t) + \frac{3m_2}{2}\ddot{x}_2(t) - k_2 x_1(t) + k_2 x_2(t) = 0$$

例 4-3　如图 4-8 所示,质量为 m、半径为 r 的两个完全相同的圆盘做无滑动的滚动,试建立系统的运动微分方程。

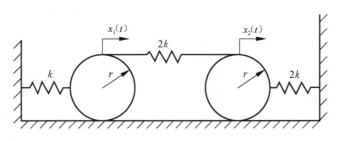

图 4-8　圆盘-弹簧系统

解　如图 4-8 所示,以两个圆盘中心的位移 $x_1(t)$ 和 $x_2(t)$ 为广义坐标,系统在任意时刻的动能为

$$T = \frac{1}{2} m \dot{x}_1^2(t) + \frac{1}{2}\left[\frac{1}{2} m r^2 \left(\frac{\dot{x}_1(t)}{r}\right)^2\right] + \frac{1}{2} m \dot{x}_2^2(t) + \frac{1}{2}\left[\frac{1}{2} m r^2 \left(\frac{\dot{x}_2(t)}{r}\right)^2\right]$$

系统在任意时刻的势能为

$$V = \frac{1}{2}kx_1^2(t) + \frac{1}{2}\left(2kx_2^2(t)\right) + \frac{1}{2}\left[2k(2x_2(t) - 2x_1(t))^2\right]$$

拉格朗日函数为

$$L = \frac{1}{2}\left(\frac{3}{2}m\dot{x}_1^2(t)\right) + \frac{1}{2}\left(\frac{3}{2}m\dot{x}_2^2(t)\right) - \frac{1}{2}kx_1^2(t)$$

$$- \frac{1}{2}\left(2kx_2^2(t)\right) - \frac{1}{2}\left[2k(2x_2(t) - 2x_1(t))^2\right]$$

将上式代入对应于广义坐标 $x_1(t)$ 和 $x_2(t)$ 的拉格朗日方程(2-93)，并化简得到系统的运动微分方程为

$$\frac{3}{2}m\ddot{x}_1(t) + 9kx_1(t) - 8kx_2(t) = 0, \quad \frac{3}{2}m\ddot{x}_2(t) - 8kx_1(t) + 10kx_2(t) = 0$$

例 4-4　图 4-9 为一均匀圆柱体沿水平直线轨道做无滑动滚动，有一均质刚性杆，长为 $3r$，质量为 m，以光滑铰链与圆柱体之中心连接，圆柱体的质量为 m，试建立系统的振动微分方程，并求系统在平衡位置附近做微幅振动的自然频率。

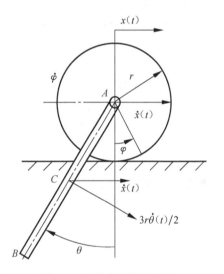

图 4-9　圆柱体刚性杆系统

解　(1) 建立系统的振动微分方程。

圆柱体和刚性杆均做平面运动，系统的动能由两部分组成，即随质心一起运动的动能和绕质心轴转动的动能。取偏离平衡位置圆柱体的质心 A 的水平位移 $x(t)$ 及 AB 杆的角位移 $\theta(t)$ 为广义坐标，则圆柱体的质心速度为 $v_1 = \dot{x}(t)$，绕质心转动的角速度为 $\omega_1 = \dot{x}(t)/r$。刚性杆的质心速度为

$$v_2^2 = \dot{x}^2(t) + \left(\frac{3}{2}r\dot{\theta}(t)\right)^2 + 2\dot{x}(t)\left(\frac{3}{2}r\dot{\theta}(t)\right)\cos\theta(t)$$

绕质心转动的角速度为

$$\omega_2 = \dot{\theta}(t)$$

则任意瞬时系统的动能为

$$T = \frac{1}{2}m\dot{x}^2(t) + \frac{1}{2}\left[\frac{1}{2}mr^2\left(\frac{\dot{x}(t)}{r}\right)^2\right]$$

$$+ \frac{1}{2}m\left[\dot{x}^2(t) + \left(\frac{3}{2}r\dot{\theta}(t)\right)^2 + 2\dot{x}(t)\left(\frac{3}{2}r\dot{\theta}(t)\right)\cos\theta(t)\right]$$

$$+ \frac{1}{2}\left[\frac{1}{12}m(3r)^2\right]\dot{\theta}^2(t)$$

设系统在平衡位置时的势能为零，则此时系统的势能为

$$V = \frac{3}{2}mgr(1-\cos\theta(t))$$

系统的拉格朗日函数为

$$L = T - V = \frac{5}{4}m\dot{x}^2(t) + \frac{3}{2}mr^2\dot{\theta}^2(t)$$
$$+ \frac{3}{2}mr\dot{x}(t)\dot{\theta}(t)\cos\theta(t)$$
$$- \frac{3}{2}mgr(1-\cos\theta(t))$$

将上式代入对应于广义坐标 $x_1(t)$ 和 $x_2(t)$ 的拉格朗日方程(2-93),并化简得到系统的运动微分方程为

$$5\ddot{x}(t) + 3r\ddot{\theta}(t)\cos\theta(t) - 3r\dot{\theta}(t)\sin\theta(t) = 0, \quad \ddot{x}(t)\cos\theta(t) + 2r\ddot{\theta}(t) + g\sin\theta(t) = 0$$

在微幅振动时,$\sin\theta(t) \approx \theta(t)$,$\cos\theta(t) = 1$,可略去高阶项,得到

$$5\ddot{x}(t) + 3r\ddot{\theta}(t) = 0, \quad \ddot{x}(t) + 2r\ddot{\theta}(t) + g\theta(t) = 0$$

(2) 求系统的自然频率。

设振动方程组的解为 $x(t) = A_1\sin(\omega t)$,$\theta(t) = A_2\sin(\omega t)$,代入微分振动方程组,并令 A_1,A_2 的系数行列式为零,可得到频率方程

$$\omega^2\left(\omega^2 - \frac{5g}{7r}\right) = 0$$

解得系统的自然频率为

$$\omega_{n1} = 0, \quad \omega_{n2} = \sqrt{\frac{5g}{7r}}$$

4.3　坐标耦合与自然坐标

4.3.1　坐标耦合

对于两自由度系统,可以采用不同的独立坐标描述其运动,从而得到不同的运动微分方程。当采用不同的坐标时,运动方程表现为耦合与否或不同的耦合方式。在运动微分方程中,如果质量矩阵 $[m]$ 为非对角矩阵,则方程存在**惯性耦合**;如果刚度矩阵 $[k]$ 为非对角矩阵,则方程存在**弹性耦合**;如果质量矩阵 $[m]$ 和刚度矩阵 $[k]$ 均为非对角矩阵,则方程存在复合耦合。下面通过实例来说明两自由度系统的坐标耦合问题。

车辆的车身、前后轮及其悬挂装置构成的系统,可以简化为如图 4-10 所示的两自由度系统。设刚性杆质量为 m,绕质心 c 的转动惯量为 I_c,质心 c 与两弹簧 k_1 和 k_2 的距离分别为 l_1,l_2,现取不同坐标来建立系统的运动方程,分析方程的耦合性质。

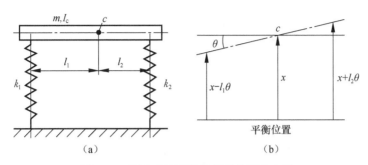

图 4-10　两自由度系统及其弹性耦合坐标

1. 弹性耦合

以质心 c 的铅直位移 x 和绕质心 c 的转角 θ 为坐标，x 的坐标原点取在系统的静平衡位置，如果坐标 x 和 θ 均为微小值，对刚性杆应用质心运动定律和刚体转动定律，得到系统的运动微分方程为

$$m\ddot{x} = -k_1(x - l_1\theta) - k_2(x + l_2\theta), \quad I_c\ddot{\theta} = k_1(x - l_1\theta)l_1 - k_2(x + l_2\theta)l_2$$

整理得到

$$m\ddot{x} + (k_1 + k_2)x - (k_1l_1 - k_2l_2)\theta = 0, \quad I_c\ddot{\theta} - (k_1l_1 - k_2l_2)x + (k_1l_1^2 + k_2l_2^2)\theta = 0$$

$$(4\text{-}23)$$

写成矩阵形式为

$$\begin{bmatrix} m & 0 \\ 0 & I_c \end{bmatrix} + \begin{Bmatrix} \ddot{x} \\ \ddot{\theta} \end{Bmatrix} + \begin{bmatrix} k_1 + k_2 & -(k_1l_1 - k_2l_2) \\ -(k_1l_1 - k_2l_2) & k_1l_1^2 + k_2l_2^2 \end{bmatrix} \begin{Bmatrix} x \\ \theta \end{Bmatrix} = \begin{Bmatrix} 0 \\ 0 \end{Bmatrix} \quad (4\text{-}24)$$

从式(4-24)可知，质量矩阵为对角矩阵，但在一般情况下，由于 $k_1l_1 \neq k_2l_2$，刚度矩阵不是对角矩阵，方程通过坐标 x 和 θ 相互耦合，这种耦合称为**弹性耦合**，也称为**静力耦合**。

2. 惯性耦合

如果选取不同的坐标，则运动方程的形式会发生变化。以杆上 O 的铅直位移 x_1 和绕 O 点的转角 θ 为坐标，如图 4-11 所示。x_1 的坐标原点取在系统平衡位置，O 点在杆上满足 $k_1l_1' = k_2l_2'$ 的位置处。设 I_0 为杆对 O 点的转动惯量，对系统分别应用质心运动定律和刚体转动定律，得到系统的微分运动方程为

$$m[\ddot{x}_1 + (l_1 - l_1')\ddot{\theta}] = -k_1(x_1 - l_1'\theta) - k_2(x_1 + l_2'\theta)$$

$$I_0\ddot{\theta} = k_1(x_1 - l_1'\theta)l_1' - k_2(x_1 + l_2'\theta)l_2' - m[\ddot{x}_1 + (l_1 - l_1')\ddot{\theta}](l_1 - l_1')$$

记 $e = l_1 - l_1'$，则有

$$m\ddot{x}_1 + me\ddot{\theta} + (k_1 + k_2)x_1 - (k_1l_1' - k_2l_2')\theta = 0$$

$$me\ddot{x}_1 + (I_0 + me^2)\ddot{\theta} - (k_1l_1' - k_2l_2')x_1 + (k_1l_1'^2 + k_2l_2'^2)\theta = 0$$

考虑到 $k_1l_1' = k_2l_2'$，则有

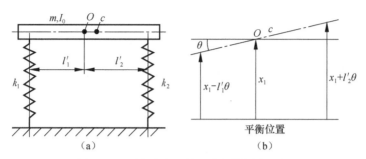

图 4-11　两自由度系统及其惯性耦合坐标

$$m\ddot{x}_1 + me\ddot{\theta} + (k_1 + k_2)x_1 = 0$$
$$me\ddot{x}_1 + (I_0 + me^2)\ddot{\theta} + (k_1 l_1'^2 + k_2 l_2'^2)\theta = 0 \tag{4-25}$$

写成矩阵形式为

$$\begin{bmatrix} m & me \\ me & I_0 + me^2 \end{bmatrix} \begin{Bmatrix} \ddot{x}_1 \\ \ddot{\theta} \end{Bmatrix} + \begin{bmatrix} k_1 + k_2 & 0 \\ 0 & k_1 l_1'^2 + k_2 l_2'^2 \end{bmatrix} \begin{Bmatrix} x_1 \\ \theta \end{Bmatrix} = \begin{Bmatrix} 0 \\ 0 \end{Bmatrix} \tag{4-26}$$

从式(4-26)可知,刚度矩阵为对角矩阵,弹性耦合已经解除。但质量矩阵却是非对角矩阵,即两方程通过加速度 $\ddot{x}_1$ 和 $\ddot{\theta}$ 而相互耦合,这种耦合称为**惯性耦合**,也称为**动力耦合**。

3. 复合耦合

上述两种坐标的选择具有特殊性,我们选择更一般的坐标来分析问题。以弹簧 k 的铅直位移 x 和绕该点的转角 θ 为坐标,如图 4-12 所示。x 的坐标原点取在系统平衡位置,设 I_b 为杆对 b 点的转动惯量,对系统分别应用质心运动定律和刚体转动定律,得到系统的运动微分方程为

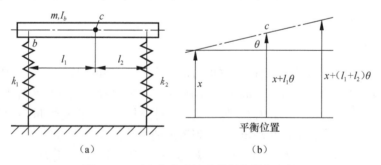

图 4-12　两自由度系统及其复合耦合坐标

$$m(\ddot{x} + l_1\ddot{\theta}) = -k_1 x - k_2[x + (l_1 + l_2)\theta]$$
$$I_b\ddot{\theta} = -k_2[x + (l_1 + l_2)\theta](l_1 + l_2) - m(\ddot{x} + l_1\ddot{\theta})l_1$$

整理得到

$$m\ddot{x} + ml_1\ddot{\theta} + (k_1 + k_2)x + k_2(l_1 + l_2)\theta = 0$$

$$ml_1\ddot{x}+(I_b+ml_1^2)\ddot{\theta}+k_2(l_1+l_2)x+k_2(l_1+l_2)^2\theta=0 \qquad (4\text{-}27)$$

写成矩阵形式为

$$\begin{bmatrix} m & ml_1 \\ ml_1 & I_b+ml_1^2 \end{bmatrix}\begin{Bmatrix} \ddot{x} \\ \ddot{\theta} \end{Bmatrix}+\begin{bmatrix} k_1+k_2 & k_2(l_1+l_2) \\ k_2(l_1+l_2) & k_2(l_1+l_2)^2 \end{bmatrix}\begin{Bmatrix} x \\ \theta \end{Bmatrix}=\begin{Bmatrix} 0 \\ 0 \end{Bmatrix} \qquad (4\text{-}28)$$

在这种坐标形式下,质量矩阵和刚度矩阵均为非对角矩阵,方程通过坐标 x 和 θ 及加速度 $\ddot{x}$ 和 $\ddot{\theta}$ 相互耦合,这种耦合方式是弹性和惯性的复合耦合。

比较式(4-24)、式(4-26)和式(4-28)三组方程可见,耦合的方式是依所选取的坐标而定的。而坐标的选取是研究者的主观抉择,而非系统的本质特性。因此,这种耦合应该是"坐标的耦合方式",或"运动的耦合方式",而不是"系统的耦合方式"。

选取的坐标不同,得到的运动方程及其耦合方式均不同。对于一个系统,是否存在一组特定坐标,使得运动方程既无弹性耦合,也无惯性耦合,即刚度矩阵和惯性矩阵均为对角矩阵呢? 答案是肯定的,这样的坐标就是下面要讨论的"自然坐标"或"主坐标"。

4.3.2　自然坐标

考虑如图 4-5 所示的系统,其运动方程为式(4-5),其通解为式(4-20),若记

$$q_1(t)=C_1\cos(\omega_1 t-\psi_1), \quad q_2(t)=C_2\cos(\omega_2 t-\psi_2) \qquad (4\text{-}29)$$

则式(4-20)可写为

$$x_1(t)=q_1(t)+q_2(t), \quad x_2(t)=r_1 q_1(t)+r_2 q_2(t) \qquad (4\text{-}30)$$

写成矩阵形式为

$$\begin{Bmatrix} x_1(t) \\ x_2(t) \end{Bmatrix}=\begin{bmatrix} 1 & 1 \\ r_1 & r_2 \end{bmatrix}\begin{Bmatrix} q_1(t) \\ q_2(t) \end{Bmatrix} \qquad (4\text{-}31)$$

如果将 $q_1(t)$ 和 $q_2(t)$ 作为一组独立坐标,式(4-29)就是 (x_1,x_2) 与 (q_1,q_2) 两组坐标之间的变换关系,其坐标变换矩阵为

$$[u]=\begin{bmatrix} 1 & 1 \\ r_1 & r_2 \end{bmatrix}=[\{u^{(1)}\},\{u^{(2)}\}] \qquad (4\text{-}32)$$

该变换矩阵的特殊之处在于该矩阵的各列正好就是相应的模态向量,故称为模态矩阵。将坐标变换解代入系统运动方程,得到

$$\ddot{q}_1(t)+\ddot{q}_2(t)+a(q_1(t)+q_2(t))-b(r_1 q_1(t)+r_2 q_2(t))=0$$

$$r_1\ddot{q}_1(t)+r_2\ddot{q}_2(t)-c(q_1(t)+q_2(t))+d(r_1 q_1(t)+r_2 q_2(t))=0$$

上面的方程是复合耦合形式,但可以用特殊方法解除耦合。用 r_2 乘以第一式,再与第二式相减得到

$$(r_2-r_1)\ddot{q}_1(t)+(ar_2+c-br_2 r_1-dr_1)q_1(t)+(ar_2+c-br_2^2-dr_2)q_2(t)=0$$

用 r_1 乘以第一式,再与第二式相减得到

$$(r_1 - r_2)\ddot{q}_2(t) + (ar_1 + c - br_1^2 - dr_1)q_1(t) + (ar_1 + c - br_1r_2 - dr_2)q_2(t) = 0$$

考虑到式(4-17)和式(4-16),对上两式进行简化得到

$$\ddot{q}(t) + \omega_1^2 q_1(t) = 0, \quad \ddot{q}_2(t) + \omega_2^2 q_2(t) = 0 \tag{4-33}$$

在该方程中,以 $q_1(t)$ 和 $q_2(t)$ 为坐标的运动方程不存在任何形式的耦合问题,写成矩阵形式为

$$\begin{bmatrix} 1 & 0 \\ 0 & 1 \end{bmatrix} \begin{Bmatrix} \ddot{q}_1 \\ \ddot{q}_2 \end{Bmatrix} + \begin{bmatrix} \omega_1^2 & 0 \\ 0 & \omega_2^2 \end{bmatrix} \begin{Bmatrix} q_1 \\ q_2 \end{Bmatrix} = \begin{Bmatrix} 0 \\ 0 \end{Bmatrix}$$

即刚度矩阵和质量矩阵均是对角矩阵。因此坐标 (q_1, q_2) 就是自然坐标。$q_1(t)$ 和 $q_2(t)$ 没有明显的物理意义,但由式(4-29)给出了明确的数学定义。因而与物理坐标 (x_1, x_2) 一样,(q_1, q_2) 坐标可以用来精确地描述系统的运动,即得到式(4-20)所表达的运动形式,只是我们以坐标变换的观点代替了模态叠加的观点。

以上讨论表明,如果以一个系统的模态矩阵作为坐标变换矩阵,将物理坐标 (x_1, x_2) 变为自然坐标 (q_1, q_2),则系统的运动方程没有耦合。

例 4-5 图 4-13 中一均质杆质量为 200kg,两端用弹簧支承,总长度 $l =$

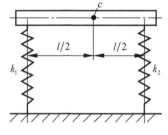

图 4-13 杆-弹簧系统

1.5m,$k_1 = 18\text{kN/m}$,$k_2 = 22\text{kN/m}$,试确定系统的自然模态和自然坐标。

解 设杆的质心为 c,取 c 点的铅垂位移 x 和杆的转角 θ 为广义坐标。杆绕心 c 的转动惯量为

$$I_c = \frac{1}{12}ml^2 = 37.5\text{kg} \cdot \text{m}^2$$

将给出的有关参数代入式(4-24)得到

$$\begin{bmatrix} 200 & 0 \\ 0 & 37.5 \end{bmatrix} \begin{Bmatrix} \ddot{x} \\ \ddot{\theta} \end{Bmatrix} + 10^3 \begin{bmatrix} 40 & 3 \\ 3 & 22.5 \end{bmatrix} \begin{Bmatrix} x \\ \theta \end{Bmatrix} = \begin{Bmatrix} 0 \\ 0 \end{Bmatrix}$$

对应的特征值问题的方程为

$$-\omega^2 \begin{bmatrix} 200 & 0 \\ 0 & 37.5 \end{bmatrix} \begin{Bmatrix} u_1 \\ u_2 \end{Bmatrix} + 10^3 \begin{bmatrix} 40 & 3 \\ 3 & 22.5 \end{bmatrix} \begin{Bmatrix} u_1 \\ u_2 \end{Bmatrix} = \begin{Bmatrix} 0 \\ 0 \end{Bmatrix}$$

频率方程为

$$\Delta(\omega^2) = \begin{bmatrix} 40 \times 10^3 - 200\omega^2 & 3 \times 10^3 \\ 3 \times 10^3 & 22.5 \times 10^3 - 37.5\omega^2 \end{bmatrix} \begin{Bmatrix} u_1 \\ u_2 \end{Bmatrix} = 0$$

由上式解得自然频率为 $\omega_1 = 14.036\text{rad/s}$,$\omega_2 = 24.6\text{rad/s}$,按照式(4-17),振幅比为

$$r_1 = \frac{u_2^{(1)}}{u_1^{(1)}} = \frac{a - \omega_1^2}{b} = \frac{40 \times 10^3 - 200 \times 14.036^2}{-3 \times 10^3} = -0.199$$

$$r_2 = \frac{u_2^{(2)}}{u_1^{(2)}} = \frac{a - \omega_2^2}{b} = \frac{40 \times 10^3 - 200 \times 24.6^2}{-3 \times 10^3} = 27.01$$

按照式(4-32),坐标变换矩阵为

$$[u] = \begin{bmatrix} 1 & 1 \\ r_1 & r_2 \end{bmatrix} = \begin{bmatrix} 1 & 1 \\ -0.199 & 27.01 \end{bmatrix}$$

设系统的自然坐标为 q_1,q_2,则根据式(4-30)有

$$\begin{Bmatrix} x(t) \\ \theta(t) \end{Bmatrix} = \begin{bmatrix} 1 & 1 \\ r_1 & r_2 \end{bmatrix} \begin{Bmatrix} q_1(t) \\ q_2(t) \end{Bmatrix} = \begin{bmatrix} 1 & 1 \\ -0.199 & 27.01 \end{bmatrix} \begin{Bmatrix} q_1(t) \\ q_2(t) \end{Bmatrix}$$

将上式代入以坐标 x,θ 表示的运动方程(4-5),可得到以自然坐标表示的运动方程为

$$\ddot{q}_1(t) + 14.036 q_1(t) = 0, \quad \ddot{q}_2(t) + 24.6 q_1(t) = 0$$

上述方程已经解耦,其解为

$$q_1(t) = C_1 \cos(14.036t - \psi_1), \quad q_2(t) = C_1 \cos(24.6t - \psi_2)$$

从而以 x,θ 表示的系统的运动为

$$\begin{Bmatrix} x(t) \\ \theta(t) \end{Bmatrix} = C_1 \begin{Bmatrix} 1 \\ -0.199 \end{Bmatrix} \cos(14.036t - \psi_1) + C_2 \begin{Bmatrix} 1 \\ 27.01 \end{Bmatrix} \cos(24.6t - \psi_2)$$

若已知初始条件,可按照式(4-22)求出 C_1,C_2,ψ_1,ψ_2。

4.4 两自由度系统振动的拍击现象

从第 3 章的讨论中我们知道,对于单自由度的振动系统,当谐波激励的频率和系统的自然频率接近时,系统会发生拍振现象。当两个自由度系统的两个自然频率很接近时,也会产生一种振动幅值周期性变化的现象,即拍击现象。下面以双摆为例,说明两自由度系统的拍击现象。

用一弹簧连接两个相同的摆所组成的双摆系统如图 4-14(a)所示。取 θ_1,θ_2 为系统的独立坐标,θ_1,θ_2 均为微小量且以逆时针方向为正。对于如图 4-14(b)所示的一个单摆的脱离体,根据定轴转动定律,得到摆的运动方程为

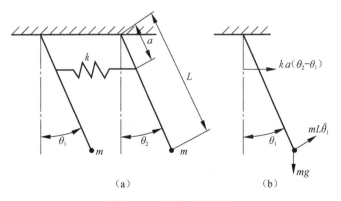

图 4-14 并联双摆系统

$$mL^2\ddot{\theta}_1 = -mgL\sin\theta_1 + ka^2(\sin\theta_2 - \sin\theta_1)\cos\theta_1$$

$$mL^2\ddot{\theta}_2 = -mgL\sin\theta_2 - ka^2(\sin\theta_2 - \sin\theta_1)\cos\theta_2$$

由于 θ_1, θ_2 为微小量,进行线性化处理, $\sin\theta_1 \approx \theta_1$, $\sin\theta_2 \approx \theta_2$,得到系统的运动方程

$$mL^2\ddot{\theta}_1 = -mgL\theta_1 + ka^2(\theta_2 - \theta_1), \quad mL^2\ddot{\theta}_2 = -mgL\theta_2 - ka^2(\theta_2 - \theta_1)$$

$$(4\text{-}34)$$

写成矩阵形式为

$$\begin{bmatrix} mL^2 & 0 \\ 0 & mL^2 \end{bmatrix}\begin{Bmatrix} \ddot{\theta}_1 \\ \ddot{\theta}_2 \end{Bmatrix} + \begin{bmatrix} mgL + ka^2 & -ka^2 \\ -ka^2 & mgL + ka^2 \end{bmatrix}\begin{Bmatrix} \theta_1 \\ \theta_2 \end{Bmatrix} = \begin{Bmatrix} 0 \\ 0 \end{Bmatrix} \quad (4\text{-}35)$$

　　这是一个弹性耦合的微分方程,可以求出自然模态。但利用方程的特点可以更简便地找出自然坐标。将方程(4-34)的两个方程分别相加、相减后得到两个新的方程为

$$mL^2(\ddot{\theta}_1 + \ddot{\theta}_2) = -mgL(\theta_1 + \theta_2)$$

$$mL^2(\ddot{\theta}_1 - \ddot{\theta}_2) = -mgL(\theta_1 - \theta_2) - 2ka^2(\theta_1 - \theta_2)$$

令 $\phi_1 = \theta_1 + \theta_2$, $\phi_2 = \theta_1 - \theta_2$,代入上式则有

$$mL^2\ddot{\phi}_1 = -mgL\phi_1, \quad mL^2\ddot{\phi}_2 = -mgL\phi_2 - 2ka^2\phi_2$$

整理即得

$$\ddot{\phi}_1 + \frac{g}{L}\phi_1 = 0, \quad \ddot{\phi}_2 + \left(\frac{g}{L} + \frac{2ka^2}{mL^2}\right)\phi_2 = 0 \quad (4\text{-}36)$$

　　在方程(4-36)中,耦合已经解除,则 ϕ_1 和 ϕ_2 是系统的自然坐标,且有

$$\omega_1 = \sqrt{\frac{g}{L}}, \quad \omega_2 = \sqrt{\frac{g}{L} + \frac{2ka^2}{mL^2}} \quad (4\text{-}37)$$

方程(4-36)的解为

$$\phi_1 = C_1\cos(\omega_1 t - \psi_1), \quad \phi_2(t) = C_2\cos(\omega_2 t - \psi_2)$$

从而系统以坐标 θ_1, θ_2 表示的解为

$$\theta_1(t) = \frac{1}{2}(\phi_1 + \phi_2) = \frac{1}{2}C_1\cos(\omega_1 t - \psi_1) + \frac{1}{2}C_2\cos(\omega_2 t - \psi_2)$$

$$(4\text{-}38)$$

$$\theta_2(t) = \frac{1}{2}(\phi_1 - \phi_2) = \frac{1}{2}C_1\cos(\omega_1 t - \psi_1) - \frac{1}{2}C_2\cos(\omega_2 t - \psi_2)$$

写成矩阵形式为

$$\begin{Bmatrix} \theta_1(t) \\ \theta_2(t) \end{Bmatrix} = \frac{1}{2}C_1\begin{Bmatrix} 1 \\ 1 \end{Bmatrix}\cos(\omega_1 t - \psi_1) + \frac{1}{2}C_2\begin{Bmatrix} 1 \\ -1 \end{Bmatrix}\cos(\omega_2 t - \psi_2) \quad (4\text{-}39)$$

式(4-38)的导数为

$$\dot{\theta}_1(t) = \frac{1}{2}(\dot{\phi}_1 + \dot{\phi}_2) = -\frac{1}{2}C_1\omega_1\sin(\omega_1 t - \psi_1) - \frac{1}{2}C_2\omega_2\sin(\omega_2 t - \psi_2)$$

$$\dot{\theta}_2(t) = \frac{1}{2}(\dot{\phi}_1 - \dot{\phi}_2) = -\frac{1}{2}C_1\omega_1\sin(\omega_1 t - \psi_1) + \frac{1}{2}C_2\omega_2\sin(\omega_2 t - \psi_2)$$

当 $\theta_{10}=\theta_{20}=\theta_0,\dot{\theta}_{10}=\dot{\theta}_{20}=0$ 时,代入式(4-38)及其导数式得到

$$\frac{1}{2}C_1\cos\psi_1+\frac{1}{2}C_2\cos\psi_2=\theta_0,\qquad \frac{1}{2}C_1\cos\psi_1-\frac{1}{2}C_2\cos\psi_2=\theta_0$$

$$\frac{1}{2}\omega_1 C_1\sin\psi_1+\frac{1}{2}\omega_2 C_2\sin\psi_2=0,\qquad \frac{1}{2}\omega_1 C_1\sin\psi_1-\frac{1}{2}\omega_2 C_2\sin\psi_2=0$$

联立解上述方程,得到

$$C_1=2\theta_0,\quad C_2=0,\quad \psi_1=\psi_2=0$$

方程(4-38)成为

$$\theta_1(t)=\theta_0\cos(\omega_1 t),\quad \theta_2(t)=\theta_0\cos(\omega_1 t)$$

此时,系统以第一模态振动,中间弹簧不产生变形,两个摆的振动同单摆一样,其自然频率同单摆的自然频率相同,等价于一个单摆的振动。当 $\theta_{10}=\theta_0,\theta_{20}=-\theta_0$, $\dot{\theta}_{10}=\dot{\theta}_{20}=0$ 时,代入式(4-38)及其导数式得到一组方程,联立求解得到

$$C_1=0,\quad C_2=2\theta_0,\quad \psi_1=\psi_2=0$$

方程(4-38)成为

$$\theta_1(t)=\theta_0\cos(\omega_2 t),\quad \theta_2(t)=-\theta_0\cos(\omega_2 t)$$

此时,系统以第二模态振动,弹簧中间有一个不动的节点,这时两个摆的振动彼此独立。在任意初始条件下,系统的响应为两个自然模态振动的叠加。设初始条件为 $\theta_{10}=\theta_0,\theta_{20}=0,\dot{\theta}_{10}=\dot{\theta}_{20}=0$ 时,代入式(4-38)及其导数式一组方程,联立求解得到

$$C_1=C_2=\theta_0,\quad \psi_1=\psi_2=0$$

方程(4-38)成为

$$\theta_1(t)=\frac{1}{2}\theta_0[\cos(\omega_1 t)+\cos(\omega_2 t)]=\theta_0\cos\left(\frac{\omega_2-\omega_1}{2}t\right)\cos\left(\frac{\omega_2+\omega_1}{2}t\right)$$

$$\theta_2(t)=\frac{1}{2}\theta_0[\cos(\omega_1 t)-\cos(\omega_2 t)]=\theta_0\sin\left(\frac{\omega_2-\omega_1}{2}t\right)\sin\left(\frac{\omega_2+\omega_1}{2}t\right) \tag{4-40}$$

令

$$\Delta\omega=\omega_2-\omega_1,\quad \omega_a=\frac{\omega_2+\omega_1}{2} \tag{4-41}$$

方程(4-40)成为

$$\theta_1(t)=\theta_0\cos\left(\frac{\Delta\omega}{2}t\right)\cos(\omega_a t),\quad \theta_1(t)=\theta_0\sin\left(\frac{\Delta\omega}{2}t\right)\sin(\omega_a t) \tag{4-42}$$

式(4-42)表明,两个摆的运动是频率为 ω_a 的简谐振动,其振幅按谐波函数形式变化。当弹簧 k 很小时,双摆间的耦合较弱。即由式(4-41)可见,$\Delta\omega\ll\omega_a$,即振幅的变化快,而自由度的变化速度慢,从而形成了拍击现象,如图 4-15 所示。由图 4-15 可见,左边的摆从振幅 θ_0 开始摆动,而此时右边的摆处于静止,接着左边的摆的振幅逐渐减小,右边的摆开始摆动且振幅逐渐增大,到 $t=\pi/\Delta\omega$ 时,左边的摆振幅为

零,右边的摆达到最大值 θ_0。$t=2\pi/\Delta\omega$ 时,左边摆的振幅又达到 θ_0,右边摆的振幅为零,如此循环不断。两摆的运动形成了能量的相互转换,每一个时间间隔 $t=\pi/\Delta\omega$ 内,能量从一个摆转移给另一个摆,使两摆的振幅交替地消长,这种现象称为拍击。

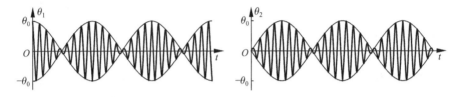

图 4-15　两自由度系统的拍击现象

拍击现象是一种普遍现象,不仅出现在上述弱耦合的双摆系统中,两个频率接近的任何两个简谐振动的叠加都可能产生拍振现象。双螺旋桨的轮船和双发动机螺旋桨飞机产生的时强时弱的噪声都是拍击现象。

拍击现象形象地说明在多自由度系统的振动过程中,不仅存在着动能和势能的转化,而且存在是能量在各自由度之间的转换。

4.5　两自由度系统在谐波激励下的强迫振动

4.5.1　无阻尼系统的强迫振动

现以如图 4-16 所示的双质块弹簧系统为例,讨论两自由度强迫振动的一般性质。

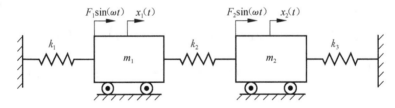

图 4-16　双质块弹簧系统

在图 4-16 的系统中,在质块 m_1 和 m_2 上分别作用有简谐激振力 $F_1\sin(\omega t)$ 和 $F_2\sin(\omega t)$,取广义坐标为 (x_1,x_2),以静平衡位置作为坐标原点,则系统的运动微分方程为

$$m_1\ddot{x}_1(t)+(k_1+k_2)x_1(t)-k_2x_2(t)=F_1\sin(\omega t)$$
$$m_2\ddot{x}_2(t)-k_2x_1(t)+(k_2+k_3)x_2(t)=F_2\sin(\omega t)$$

$$(4\text{-}43)$$

这是一个二阶常系数线性非齐次微分方程组,其方程的解是上面讨论过的两种振型的叠加,而非齐次方程的特解则为稳定的等幅振动,系统按与激振力相同的频率做强迫振动,设特解为 $x_1(t)=X_1\sin(\omega t)$,$x_2(t)=X_2\sin(\omega t)$,X_1,X_2 为振幅

的待定常数。代入式(4-43)得到

$$(k_1 + k_2 - m_1\omega^2)X_1 - k_2 X_2 = F_1, \quad -k_2 X_1 + (k_2 + k_3 - m_2\omega^2)X_2 = F_2$$

解方程得到

$$X_1 = \frac{(k_2 + k_3 - \omega^2 m_2)F_1 + k_2 F_2}{(k_1 + k_2 - \omega^2 m_1)(k_2 + k_3 - \omega^2 m_2) - k_2^2}$$

$$X_2 = \frac{k_2 F_1 + (k_1 + k_2 - \omega^2 m_1)F_2}{(k_1 + k_2 - \omega^2 m_1)(k_2 + k_3 - \omega^2 m_2) - k_2^2}$$

(4-44)

由此可见：

(1) 两自由度系统在无阻尼条件下的运动规律是简谐振动，频率同激振力的频率相同，振幅取决于激振力的振幅与系统本身的物理参数以及激振力的频率。其振幅的大小取决于系统本身的物理特性和激励力的振幅 F_1、F_2，以及激励力的频率 ω，特别是与激励频率和自然频率之间有很大关系，而与初始条件无关。上式中，令 $F_1 = F_2 = 0$，求得频率方程

$$\begin{vmatrix} k_1 + k_2 - m_1\omega^2 & -k_2 \\ -k_2 & k_2 + k_3 - m_2\omega^2 \end{vmatrix} = 0$$

即满足 $(k_1 + k_2 - m_1\omega^2)(k_2 + k_3 - m_2\omega^2) - k_2^2 = 0$，可求得自然频率 ω_{n1} 和 ω_{n2}。当 $\omega = \omega_{n1}$ 或 $\omega = \omega_{n2}$ 时，式(4-44)中的分母为零，系统发生共振，振幅趋于无穷大。

(2) 两自由度系统的强迫振动有两个共振频率。由式(4-44)求得两质块的振幅比为

$$\frac{X_2}{X_1} = \frac{k_2 F_1 + (k_1 + k_2 - \omega^2 m_1)F_2}{(k_2 + k_3 - \omega^2 m_2)F_1 + k_2 F_2}$$

(4-45)

在激振力幅值和频率一定的情况下，振幅比是确定的，即系统有一定的振型。特别是当 $\omega = \omega_{n1}$ 或 $\omega = \omega_{n2}$ 时，有

$$\left(\frac{X_2}{X_1}\right)_{\omega_{n1}} = r_1, \quad \left(\frac{X_2}{X_1}\right)_{\omega_{n2}} = r_2$$

即共振时振型就是相应的主振型。

例 4-6　对如图 4-16 所示的系统，如果 $m_1 = m_2 = m$，$k_1 = k_2 = k_3 = k$，m_1 上的外激励为 $F_1 \sin(\omega t)$，m_2 上没有激励作用，求：

(1) 系统的响应；

(2) 共振时的振幅比；

(3) 幅频响应曲线。

解　(1) 系统的响应。

$m_1 = m_2 = m$，$k_1 = k_2 = k_3 = k$，m_2 上没有激励作用，系统的振动微分方程为

$$m\ddot{x}_1(t) + 2kx_1(t) - kx_2(t) = F_1 \sin(\omega t), \quad m\ddot{x}_2(t) - kx_1(t) + 2kx_2(t) = 0$$

令 $x_1(t) = X_1 \sin(\omega t)$，$x_2(t) = X_2 \sin(\omega t)$，代入振动微分方程得到

$$(2k - m\omega^2)X_1 - kX_2 = F_1, \quad -kX_1 + (2k - m\omega^2)X_2 = 0$$

求解得到

$$X_1 = \frac{(2k - m\omega^2)F_1}{(k - m\omega^2)(3k - m\omega^2)}, \quad X_2 = \frac{kF_1}{(k - m\omega^2)(3k - m\omega^2)}$$

频率方程为

$$\begin{vmatrix} 2k - m_1\omega^2 & -k_2 \\ -k & 2k - m_2\omega^2 \end{vmatrix} = 0$$

求解得到

$$\omega_{n1}^2 = \frac{k}{m}, \quad \omega_{n2}^2 = \frac{3k}{m}$$

系统的响应为

$$x_1(t) = \frac{(2k - m\omega^2)F_1}{(k - m\omega^2)(3k - m\omega^2)}\sin(\omega t), \quad x_2(t) = \frac{kF_1}{(k - m\omega^2)(3k - m\omega^2)}\sin(\omega t)$$

(2) 共振时的振幅比。

$$\frac{X_2}{X_1} = \frac{k}{2k - m\omega^2}$$

当 $\omega^2 = \omega_{n1}^2 = \dfrac{k}{m}$ 时，$\dfrac{X_2}{X_1} = 1 = r_1$；当 $\omega^2 = \omega_{n2}^2 = \dfrac{3k}{m}$ 时，$\dfrac{X_2}{X_1} = -1 = r_2$。

(3) 幅频响应曲线。

$$X_1 = \frac{F_1}{k} \frac{(2 - \omega^2/\omega_{n1}^2)}{[1 - (\omega/\omega_{n1})^2][3 - (\omega/\omega_{n2})^2]}$$

$$X_2 = \frac{F_1}{k} \frac{1}{[1 - (\omega/\omega_{n1})^2][3 - (\omega/\omega_{n2})^2]}$$

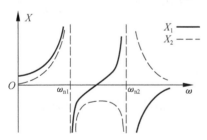

图 4-17　幅频响应曲线

以 ω 为横坐标，以 X 为纵坐标，画出响应曲线如图 4-17 所示。可见，系统有两个共振峰，振幅同时达到最大。当 $\omega = \sqrt{2k/m}$ 时，m_1 的振幅为零；当 $\omega < \sqrt{2k/m}$ 时，两个质块朝相同方向振动；当 $\omega > \sqrt{2k/m}$ 时，两个质块朝相反方向振动。当 $\omega > \omega_{n2}$ 时，两个质块的振幅趋近于零，$\omega = \sqrt{2k/m}$ 称为反共振现象。

例 4-7　图 4-18 为一双质块弹簧系统，其支承点做简谐振动 $x_s(t) = a\sin(\omega t)$，求系统的稳态响应。

解　取质块的位移 $x_1(t)$ 和 $x_2(t)$ 为广义坐标，得到系统的运动微分方程为

$$m_1\ddot{x}_1(t) = -k_1(x_1(t) - x_s(t)) + k_2(x_2(t) - x_1(t))$$
$$m_2\ddot{x}_2(t) = -k_2(x_2(t) - x_1(t))$$

整理得到

$$m_1\ddot{x}_1(t) + (k_1 + k_2)x_1(t) - k_2x_2(t) = k_1a\sin(\omega t)$$
$$m_2\ddot{x}_2(t) - k_2x_1(t) + k_2x_2(t) = 0$$

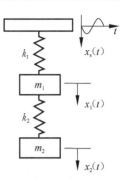

设稳态解为：$x_1(t) = X_1\sin(\omega t)$，$x_2(t) = X_2\sin(\omega t)$，代入得到

$$X_1 = \frac{(k_2 - \omega^2m_2)k_1a}{[(k_1 + k_2) - \omega^2m_1](k_2 - \omega^2m_2) - k_2^2}$$

$$X_2 = \frac{k_1k_2a}{[(k_1 + k_2) - \omega^2m_1](k_2 - \omega^2m_2) - k_2^2}$$

系统的稳态响应为

图 4-18　双质块
弹簧系统

$$x_1(t) = \frac{(k_2 - \omega^2m_2)k_1a}{[(k_1 + k_2) - \omega^2m_1](k_2 - \omega^2m_2) - k_2^2}\sin(\omega t)$$

$$x_2(t) = \frac{k_1k_2a}{[(k_1 + k_2) - \omega^2m_1](k_2 - \omega^2m_2) - k_2^2}\sin(\omega t)$$

4.5.2　有阻尼系统的强迫振动

在前面的讨论过程中没有考虑阻尼，实际上，系统总是有阻尼的，阻尼对强迫振动的影响很大。特别是当系统处于共振状态时，阻尼将大大降低系统强迫振动的振幅。

对如图 4-19 所示有阻尼的两自由度系统，$F_1(t) = F_1\sin(\omega t)$，$F_2(t) = F_2\sin(\omega t)$，系统的振动微分方程为

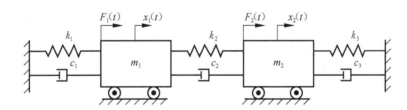

图 4-19　有阻尼的两自由度系统

$$m_1\ddot{x}_1(t) + (c_1 + c_2)\dot{x}_1(t) - c_2\dot{x}_2(t) + (k_1 + k_2)x_1(t) - k_2x_2(t) = F_1\sin(\omega t)$$
$$m_2\ddot{x}_2(t) + (c_2 + c_3)\dot{x}_2(t) - c_2\dot{x}_1(t) + (k_2 + k_3)x_2(t) - k_2x_1(t) = F_2\sin(\omega t)$$

$$(4\text{-}46)$$

仅考虑稳态振动，用复数矢量表示法，以 $F_1e^{i\omega t}$ 表示式（4-46）两端的激振力，并设

$$x_1(t) = X_1e^{i\omega t}, \quad x_2(t) = X_2e^{i\omega t} \qquad (4\text{-}47)$$

式中，X_1，X_2 为复数振幅，代入式（4-46），并写成矩阵形式得到

$$-\omega^2\begin{bmatrix}m_1 & 0 \\ 0 & m_2\end{bmatrix}\begin{Bmatrix}X_1 \\ X_2\end{Bmatrix}+\mathrm{i}\omega\begin{bmatrix}c_1+c_2 & -c_2 \\ -c_2 & c_2+c_2\end{bmatrix}\begin{Bmatrix}X_1 \\ X_2\end{Bmatrix}+\begin{bmatrix}k_1+k_2 & -k_2 \\ -k_2 & k_2+k_3\end{bmatrix}\begin{Bmatrix}X_1 \\ X_2\end{Bmatrix}=\begin{Bmatrix}F_1 \\ F_2\end{Bmatrix}$$

$$(4\text{-}48)$$

或者写为

$$[z(\omega)]\{X\}=\{F\} \tag{4-49}$$

式中

$$[z(\omega)]=[k]+\mathrm{i}\omega[c]-\omega^2[m] \tag{4-50}$$

称为阻抗矩阵,其元素

$$z_{ij}=k_{ij}-\omega^2 m_{ij}+\mathrm{i}\omega c_{ij} \tag{4-51}$$

称为机械阻抗,各元素为

$$z_{11}(\omega)=k_1+k_2-\omega^2 m_1+\mathrm{i}\omega(c_1+c_2)$$
$$z_{12}(\omega)=z_{21}(\omega)=-k_2-\mathrm{i}\omega c_2 \tag{4-52}$$
$$z_{22}(\omega)=k_2+k_3-\omega^2 m_2+\mathrm{i}\omega(c_2+c_3)$$

从式(4-49)得到

$$\{X\}=[z(\omega)]^{-1}\{F\} \tag{4-53}$$

式中

$$[z(\omega)]^{-1}=\begin{bmatrix}z_{11} & z_{12} \\ z_{21} & z_{22}\end{bmatrix}^{-1}=\frac{1}{z_{11}z_{22}-z_{12}^2}\begin{bmatrix}z_{22} & -z_{12} \\ -z_{12} & z_{11}\end{bmatrix} \tag{4-54}$$

将式(4-54)代入式(4-53)并考虑到 $z_{12}=z_{21}$ 得到

$$\begin{Bmatrix}X_1 \\ X_2\end{Bmatrix}=\begin{bmatrix}z_{11} & z_{12} \\ z_{21} & z_{22}\end{bmatrix}^{-1}\begin{Bmatrix}F_1 \\ F_2\end{Bmatrix}=\frac{1}{z_{11}z_{22}-z_{12}^2}\begin{bmatrix}z_{22} & -z_{12} \\ -z_{12} & z_{11}\end{bmatrix}\begin{Bmatrix}F_1 \\ F_2\end{Bmatrix}$$

即有

$$X_1=\frac{z_{22}(\omega)F_1-z_{12}(\omega)F_2}{z_{11}(\omega)z_{22}(\omega)-z_{12}^2(\omega)},\quad X_2=\frac{-z_{12}(\omega)F_1+z_{11}(\omega)F_2}{z_{11}(\omega)z_{22}(\omega)-z_{12}^2(\omega)} \tag{4-55}$$

将式(4-52)所表示的各元素代入得到

$$X_1=\frac{[k_2+k_3-\omega^2 m_2+\mathrm{i}\omega(c_2+c_3)]F_1+(k_2+\mathrm{i}\omega c_2)F_2}{[k_1+k_2-\omega^2 m_1+\mathrm{i}\omega(c_1+c_2)][k_2+k_3-\omega^2 m_2+\mathrm{i}\omega(c_2+c_3)]-(k_2+\mathrm{i}\omega c_2)^2}$$
$$X_2=\frac{(k_2+\mathrm{i}\omega c_2)F_1-[k_1+k_2-\omega^2 m_1+\mathrm{i}\omega(c_1+c_2)]F_2}{[k_1+k_2-\omega^2 m_1+\mathrm{i}\omega(c_1+c_2)][k_2+k_3-\omega^2 m_2+\mathrm{i}\omega(c_2+c_3)]-(k_2+\mathrm{i}\omega c_2)^2}$$

$$(4\text{-}56)$$

该复数形式的振幅既包含了振幅的信息,也包含了相位差的信息。利用复数运算规则可得到实数的振幅。对于如图 4-16 所示的无阻尼系统,式(4-55)中的虚部为零,演变为实数振幅。

为了分析阻尼对两自由度系统强迫振动的影响,对如图 4-19 所示系统,我们

讨论 $c_1 = c_3 = 0, k_3 = 0, F_2 = 0$ 的特殊情况。下面只讨论质量 m_1 的振幅,为便于讨论,引入符号

$$\mu = \frac{m_2}{m_1}, \quad \omega_{n1}^2 = \frac{k_1}{m_1}, \quad \omega_{n2}^2 = \frac{k_2}{m_2}, \quad \alpha = \frac{\omega_{n1}}{\omega_{n2}},$$

$$\lambda = \frac{\omega}{\omega_{n1}}, \quad \delta_{st} = \frac{F_1}{k_1}, \quad \xi = \frac{c}{2m_2\omega_{n2}}$$

式(4-56)的第一式可以写成如下的无量纲形式:

$$\frac{X_1}{\delta_{st}} = \sqrt{\frac{(\lambda^2 - \alpha^2)^2 + (2\xi\lambda)^2}{[\mu\lambda^2\alpha^2 - (\lambda^2 - 1)(\lambda^2 - \alpha^2)]^2 + (2\xi\lambda)^2(\lambda^2 - 1 + \mu\lambda^2)^2}} \quad (4\text{-}57)$$

振幅 X_1 是四个参数 α, λ, μ 和 ξ 的函数,μ 和 α 是已知的,X_1/δ_{st} 即为 ξ 和 λ 的函数,这和单自由度系统的强迫振动情况一样。

图 4-20 为对应于 $\mu = 1/20, \alpha = 1$ 的振幅频率响应曲线。图中曲线 1 为 $\xi = 0$,即相当于无阻尼强迫振动的情况,因此它与图 4-17 的幅频响应曲线的形式相同,当 $\lambda = 0.895$ 和 $\lambda = 1.12$ 时为两个共振频率。曲线 2 为 $\xi = \infty$,即相当于 m_1 和 m_2 的刚性连接,系统成为以质量 $m_1 + m_2$ 和刚度 k_1 构成的单自由度系统的情况,当 $\lambda = 0.976$ 时为共振频率。

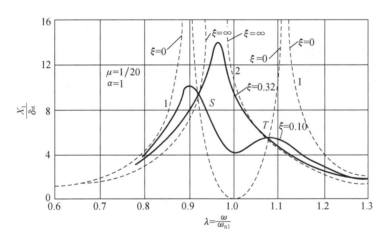

图 4-20　振幅频率响应曲线

对于任何其他阻尼所得的响应曲线在曲线 1 与 2 之间。图中画出了 $\xi = 0.10$ 和 $\xi = 0.32$ 两条曲线,表明阻尼使共振附近的振动振幅显著地减小,而在干扰频率 $\omega \ll \omega_{n1}$ 或 $\omega \gg \omega_{n2}$ 的范围内,阻尼的影响很小。

从图 4-20 可见,式(4-57)所表达的所有响应曲线,无论 ξ 的值如何,都通过 S 和 T 两点,这表明对于 S 和 T 两点的频率、质量 m_1 的振幅 X_1 与阻尼无关。这对于设计有阻尼动力减振器时选择最佳阻尼率 ξ 和最佳频率比 α 有指导意义。

思 考 题

1. 两自由度系统有两个自然频率 ω_1，ω_2，在自由振动时，系统的第一个坐标按自然频率 ω_1 做简谐振动，第二个坐标按自然频率 ω_2 做简谐振动。这种说法对吗？如果不对，正确的说法是什么？

2. 按照系统的耦合方式及耦合与否，可将两自由度系统划分为惯性耦合系统、弹性耦合系统、惯性-弹性耦合系统和无耦合系统。这种说法对吗？如果不对，正确的说法是什么？

3. 两自由度系统和单自由度系统发生拍振现象的条件是否相同？各是什么？

4. 振型向量或模态向量是由什么条件决定？

5. 任何无阻尼两自由度线性系统的运动方程，是否可以通过坐标变换使之解除耦合？

6. 无阻尼两自由度系统在做自由振动时，两个自由度上的机械能是否都守恒？

7. 隔振系统的阻尼越大，隔振效果是否越好？

8. 对于动力减振器设计，只要满足 $\omega^2 = c = k_2/m_2$，不论 m_2 如何选择，是否均有很好的减振效果？

9. 对于两自由度系统，是否在任何情况下，当以第一模态运动时，两质块的运动始终同向，而以第二模态运动时，两质块的运动始终反向？

10. 对于两自由度系统，两质块的运动是同向还是反向，由什么条件决定？

习 题

1. 如图 4-21 所示，两刚性杆与质量 m_1 铰接，右端杆的另一端有集中质量 m_2。其他参数如图中所示，求系统的自然频率。

2. 如图 4-22 所示，两刚性杆与质量 m_2 铰接，左端杆、弹簧 k_1 与质量 m_1 铰接，右端杆、弹簧 k_2 与质量 m_3 铰接。刚性杆的质量不计，其他参数如图中所示，求系统的自然频率。

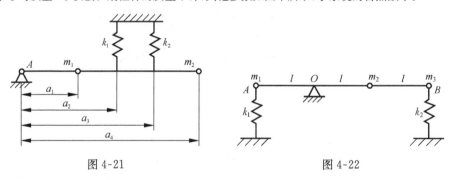

图 4-21　　　　　　　　　　　　　　　　图 4-22

3. 如图 4-23 所示，两个质块 m_1 和 m_2，系于张力为 T 的无质量弦上，假设质块做横向微幅

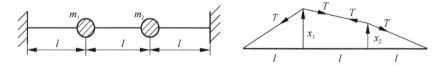

图 4-23

振动时,弦中的张力不变,试导出系统的振动微分方程。

4. 如图 4-24 所示,若水平杆刚性,且不计质量,求下列两种情况下系统的振动微分方程、自然频率和主振型,并说明存在何种耦合:

(1) 激振力 $F\sin(\omega t)$ 作用在质块 m 上;

(2) 激振力 $F\sin(\omega t)$ 作用在杆的自由端 A 处。

5. 如图 4-25 所示系统,试用 x 和 θ 作为广义坐标,建立系统在初始激励下的运动微分方程。

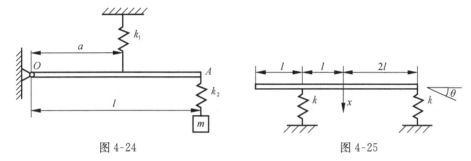

图 4-24　　　　　　　　　　　　　　　图 4-25

6. 如图 4-26 所示的系统由两个相同的细杆组成,杆长为 l,质量为 m,试用 θ_1 和 θ_2 作为广义坐标,建立系统在初始激励下的运动微分方程。

7. 如图 4-27 所示的系统,杆长为 l,质量为 $2m$,试用质块 m 的位移 x 和杆的摆角 θ 为广义坐标,建立系统在初始激励下的运动微分方程。

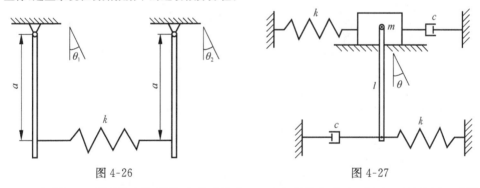

图 4-26　　　　　　　　　　　　　　　图 4-27

8. 如图 4-28 所示的系统,滑块 A 的质量为 m_1,在光滑的水平面上滑动,两端各用一弹簧刚度为 k 的弹簧连于固定面上。摆锤 B 的质量为 m,用长为 l 的无质量杆与 A 块铰接,设系统在铅垂直平面内做自由微幅振动:

(1) 试建立系统运动微分方程;

(2) 求系统振动的频率方程及其自然频率。

9. 已知某汽车空载时主要参数为:前轮悬挂重量(单轮)3650N,后轮悬挂重量(单轮)3020N,前轮悬挂刚度(单轮)2.05kg/mm,后轮悬挂刚度(单轮)2.25kg/mm,前后轮距离 $l=$2.83m,前轮轴距重心 $l_1=0.52l=147$cm,后轮轴距重心 $l_2=0.48l=136$cm,绕质心的回转半径 $\rho_c=\sqrt{0.90l_1l_2}$,试求汽车的自然频率。

10. 图 4-29 为一均质刚体杆,长为 l,质量为 m。右端加一质量为 m 的集中质量,两端以两个刚度为 k 的弹簧支承起来,求系统的自然频率和相应的主振型。

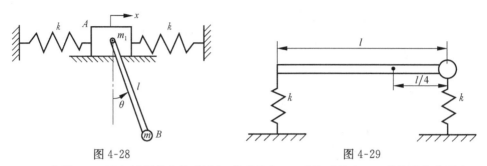

图 4-28　　　　　　　　　　　　　　　图 4-29

11. 如图 4-30 所示,设滑轮为均质圆盘,其质量为 m_2,质块质量为 m_1,弹簧刚度分别为 k_1 和 k_2,并假定滑轮与绳索间无相对滑动,试推导系统的频率方程,并求主振型。

12. 图 4-31 为一不计质量的轴,一端固定,在中部与另一端装有圆盘。已知两圆盘对轴的转动惯量 $I_1 = 2I_2 = I$,两端轴的扭转刚度 $k_1 = k_2 = k$,求此扭转系统的自然频率与主振型,并画出主振型图。

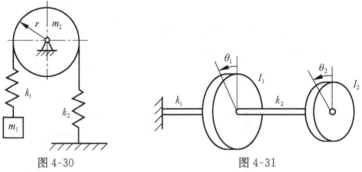

图 4-30　　　　　　　　　　　　　　　图 4-31

13. 图 4-32 为一汽车系统,汽车质量 m_1 为 1800kg,拖着质量 m_2 为 1540kg 的拖车。若挂钩的弹簧刚度 $k = 171500\text{N/m}$,求汽车系统的自然频率和主振型。

14. 如图 4-33 所示的质块弹簧系统:

(1) 建立其振动微分方程;

(2) 推导出频率方程;

(3) 假定质量和弹簧刚度都相等,试确定自然频率和相应的振幅比。

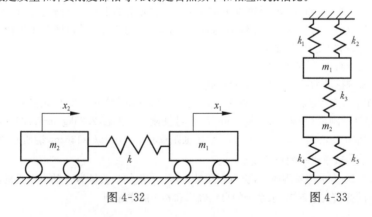

图 4-32　　　　　　　　　　　　　　　图 4-33

15. 如图 4-34 所示的双摆在图示平面内做微幅振动：

(1) 写出其振动微分方程；

(2) 当 $l_1 = l_2 = l$, $m_1 = m_2 = m$ 时，求出其自然频率；

(3) 开始时 $t = 0$, $x_{10} = x_{20} = X$, $\dot{x}_{10} = \dot{x}_{20} = 0$, 求系统做微小振动的运动规律。

16. 如图 4-35 所示的悬臂梁，抗弯刚度为 EI, 梁的质量不计。梁上附有两个质量为 m_1 和 m_2 的集中质量。试建立系统的柔度矩阵，并求其主振动。

17. 如图 4-36 所示的两层楼建筑框架，试对指定的广义坐标 x_1 和 x_2 建立结构自由振动时的运动微分方程。假定梁是绝对刚性的，柱为柔性的。下层抗弯刚度为 EI_1, 上层为 EI_2, 下层高为 l_1, 上层高为 l_2, 梁质量分别为 m_1 和 m_2。

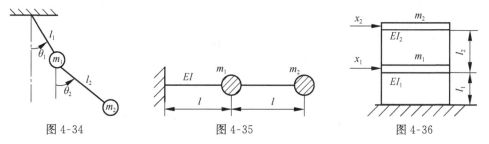

图 4-34　　　　　　　　图 4-35　　　　　　　　图 4-36

18. 如图 4-37 所示的系统，用一根弹簧连接着两个装在相同圆轴上的相同转子。弹簧刚度为 k, 各段轴的扭转刚度为 k_φ, 各转子对轴的转动惯量为 I, 弹簧端点至转子轴线距离为 a, 试建立系统自由振动的运动微分方程，并求系统的自然频率与主振型。

19. 如图 4-38 所示的质块弹簧系统，其质块的质量为 m, 弹簧的刚度 $k_1 = k_2 = k_3 = k$, 求系统在平面内自由振动的自然频率。

20. 如图 4-39 所示，两根质量均为 m 的相同均质细杆在中点简支，杆长为 $2l$, 两杆的端点以弹簧 k_1 和 k_2 连接，求系统的自然频率和相应的主振型。

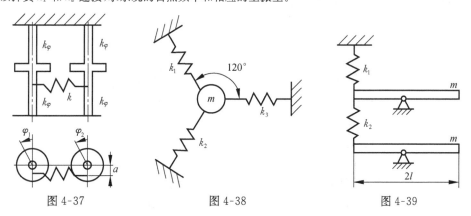

图 4-37　　　　　　　　图 4-38　　　　　　　　图 4-39

21. 试求如图 4-40 所示双摆的自然频率，已知摆锤的质量为 m, 弹簧刚度均为 k, 支点离两根弹簧连接处的距离为 a, 摆锤离支点距离为 l, 摆杆的质量略去不计。

22. 如图 4-41 所示的扭振系统，若齿轮 A 和 B 的转动惯量可以忽略不计，圆盘对转轴的转动惯量 $I_1 = 2I_2$, 扭转刚度 $k_{\varphi1} = k_{\varphi2} = k_\varphi$, 速度比 $\dot{\varphi}_2/\dot{\varphi}_1 = 3$, 求扭振的自然频率。

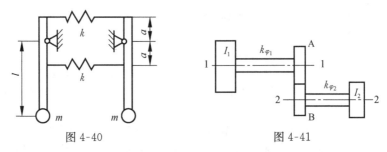

图 4-40　　　　　　　　　　　图 4-41

23. 如图 4-42 所示，一质量为 m_1 的质块置于光滑的水平面上，通过刚度为 k 的弹簧与质量为 m_2、长为 l 的细刚性杆连接，刚性杆可视为均质的，刚性杆可绕轴 O 铅垂面内转动，试求质块受到简谐激振力 $Q_1 = F_0 \sin(\omega t)$ 时的稳态响应。

24. 图 4-43 为一双质块弹簧系统，其支撑点做简谐运动 $x_s = a\sin(\omega t)$，求系统的稳态振动。

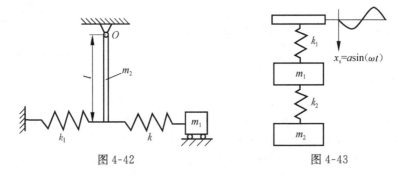

图 4-42　　　　　　　　　　　图 4-43

25. 如图 4-44 所示的系统，求缓冲筒振动和传到基础上的力。

26. 如图 4-45 所示的双质块弹簧系统，试求：

(1) 当质块 m 不动时，简谐激振力的频率 ω；

(2) 当质块 m 不动时，质块 $5m$ 的振幅。

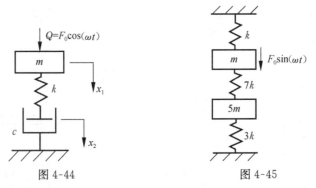

图 4-44　　　　　　　　　　　图 4-45

27. 图 4-46 是一抗弯刚度为 EI 的悬臂梁，其自由端附有质量为 m 的质块，质块沿梁方向的尺寸可不计，但垂直于梁方向的尺寸不能忽略，梁的质量不计，试建立振动微分方程并求自然频率。

28. 如图 4-47 所示，均质刚性杆质量为 m，两端以刚度为 k 的弹簧支承，杆长为 $2l$，求以下

两种激振情况下弹簧内产生的力的幅值:

(1) 在杆的中点作用一简谐激振力偶矩 $M = M_0 \sin(\omega t)$;

(2) 在杆的中点作用一简谐激振力 $Q = Q_0 \sin(\omega t)$。

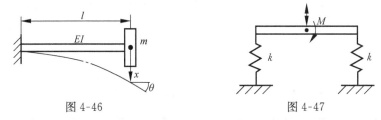

图 4-46　　　　　　　　　　　　图 4-47

29. 如图 4-48 所示的扭振系统,两个圆盘受简谐力偶矩 $M_1 \sin(\omega t)$ 与 $M_2 \sin(\omega t)$ 的作用,若已知两圆盘对转轴的转动惯量均为 I,扭转刚度为 k_φ,试分别计算下列两种情况下系统稳态振动的振幅:

(1) $M_1 = M_0$,$M_2 = 0$;

(2) $M_1 = -M_2 = M$。

30. 如图 4-49 所示,梁上支承着一机器。已知机器质量 $m_1 = 100\text{kg}$,减振器质量 $m_2 = 2.4\text{kg}$,机器上有一偏心块,其质量 $m = 0.5\text{kg}$,偏心距 $e = 1\text{cm}$,机器转速为 1750r/min。试求:

(1) 为了使机器振幅为零,减振器的弹簧刚度 k_2 应为多少,此时减振器振幅 B_2 为多大;

(2) 如何改变减振器的参数,才能使减振器的振幅 B_2 不超过 2mm。

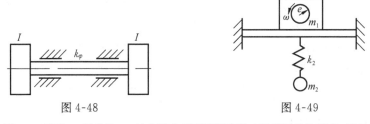

图 4-48　　　　　　　　　　　　图 4-49

31. 如图 4-50 所示,一质量为 m_1 的水平台用两根长度为 l 的绳子悬挂起来,其上有一半径为 r、质量为 m_2 的圆柱体,沿水平台做无滑动滚动,试用 φ 和 x 为广义坐标建立系统的运动微分方程。

32. 如图 4-51 所示,滑块的质量为 m_1,在光滑水平面上滑动,其一端用弹簧 k 连于固定面上。摆锤的质量为 m,用长为 l 的无质量杆与滑块铰接,滑块在受到水平简谐激振力 $Q_0 \sin(\omega t)$ 的作用下,系统发生强迫振动。试求:

(1) 当激励频率 ω 满足何种条件时,滑块停止不动;

(2) 当滑块不动时,摆的振幅多大?

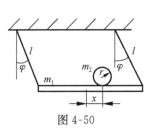

图 4-50

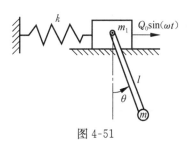

图 4-51

33. 如图 4-52 所示,质量为 m、半径为 r 的两个相同的圆柱体,用刚度为 k_1 的弹簧相连,其中一个圆柱体用刚度为 k_2 的弹簧与固定壁连接,设圆柱体在水平面上做无滑动的滚动,试列出系统的运动方程,并求自然频率。

34. 如图 4-53 所示,弦长为 $4l$,两端固定,在两端各为 l 处连接两个质量 m,弦的质量不计,弦的张力保持不变,在左边质块上作用有激振力 $F_0\sin(\omega t)$,其中 $\omega=\sqrt{3T/(2ml)}$,求系统稳态强迫振动时两个质量的振幅。

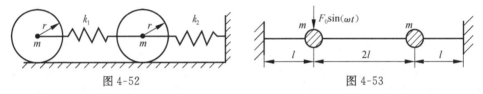

图 4-52　　　　　　　　　　　　图 4-53

35. 如图 4-54 所示的系统中,$m_1=m$,$m_2=2m$,$k_1=k_2=k$,$k_3=2k$。若在 m_1 上作用一激振力 $F_0\sin(\omega t)$,试求此系统的稳态响应和共振时的振幅比。

36. 如图 4-55 所示的系统,试建立系统的振动微分方程,并求出对激振力 $F_0\sin(\omega t)$ 的响应。

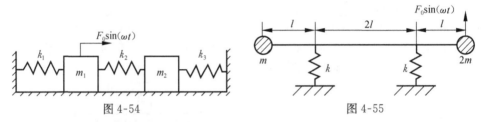

图 4-54　　　　　　　　　　　　图 4-55

37. 某振动筛可简化为如图 4-56 所示的系统。已知减振架质量 $m_1=6700\text{kg}$,槽体质量 $m_2=18700\text{kg}$,减振弹簧刚度 $k_1=7400\text{kg/cm}$,$k_2=5670\text{kg/cm}$。若在槽体上作用一激振力 $F=F_0\sin(\omega t)$,$F_0=50000\text{kg}$。直接带动激振器的转速 $n=735\text{r/min}$,试求传到地基上的力的最大值。

38. 如图 4-57 所示质块弹簧系统,已知弹簧刚度 $k_1=k_2=k$,质量 $m_1=m_2=m$。

(1)求系统的自然频率和主振型;

(2)设运动的初始条件为:$t=0$ 时,初位移 $x_{10}=x_{20}=5\text{mm}$,初始速度 $\dot{x}_{10}=\dot{x}_{20}=0$,求系统的响应。

39. 如图 4-58 所示的两自由度系统。已知弹簧刚度 $k_1=k_2=k_3=k$,质量 $m_1=m_2=m$,求系统的自然频率和主振型。

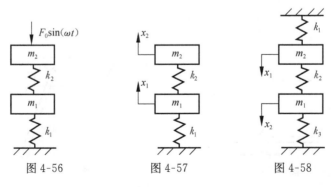

图 4-56　　　　　图 4-57　　　　　图 4-58

40. 如图 4-59 所示不计质量的刚性杆,长为 $2l$,在其中点和左端附以质量 $m_1=m_2=m$,两端的弹簧刚度分别为 $k_1=k_2=k$,求系统的自然频率和主振型。

41. 如图 4-60 所示,两个相同的单摆用弹簧 k 相连。当两摆在铅锤位置时,弹簧不受力,求系统在铅垂直面内做微幅振动时的自然频率和主振型。

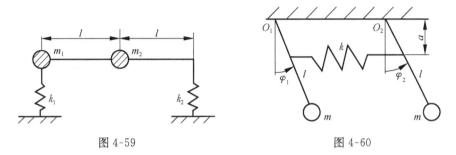

图 4-59　　　　　　　　　　　　　　图 4-60

42. 如图 4-61 所示两端固定的轴,长为 $3l$,不计其质量,轴上装有两圆盘。已知两圆盘对轴的转动惯量 $I_1=I,I_2=I/2$,三段轴的扭转刚度均为 k。求:

(1) 扭振系统的自然频率和主振型;

(2) 设圆盘 I_1 上作用一激振力矩 $F_0\sin(\omega t)$,系统的稳态响应。

43. 如图 4-62 所示,已知机器质量 $m_1=90\mathrm{kg}$,吸振器质量 $m_2=2.25\mathrm{kg}$,若机器有一偏心质量 $m_3=0.5\mathrm{kg}$,偏心距为 $e=1\mathrm{cm}$,机器的转速 $n=1800\mathrm{r/min}$。试问:

(1) 吸振器的弹簧刚度 k_2 多大,才能使机器的振幅为零?

(2) 此时吸振器的振幅 B_2 为多大?

(3) 若使吸振器的振幅 B_2 不超过 2mm,应如何改变吸振器的参数?

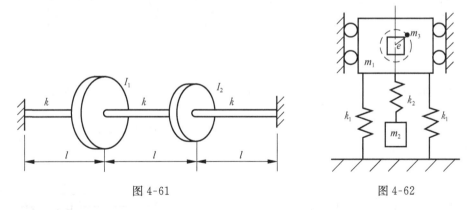

图 4-61　　　　　　　　　　　　　　图 4-62

44. 如图 4-63 所示的双摆,用弹簧刚度为 k_1 和 k_2 的弹簧与摆锤相连,摆的质量分别为 m_1 和 m_2。它们在铅垂位置平衡,取摆的水平位移 x_1 和 x_2 为广义坐标,设摆做微幅振动,求系统的刚度矩阵和质量矩阵,并用矩阵形式写出运动方程。

45. 如图 4-64 所示,两质点的质量分别为 m_1 和 m_2,两弹簧的刚度系数均为 k。滑轮、软绳的质量及各处阻力均忽略不计:

（1）试求图示两个质点沿铅垂方向振动的自然频率和主振型；

（2）设物体处于平衡位置时，左质点 m_1 突然受到撞击，有向下的速度 v_0，试求两质点此后的运动规律。

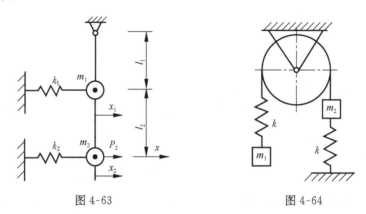

图 4-63　　　　　　　　　　　图 4-64

46. 用柔度影响系数法，导出如图 4-54、图 4-60、图 4-61 所示各系统的柔度系数，并组成柔度矩阵，再用公式计算刚度矩阵。

47. 如图 4-65 所示系统，试选质量为 m 和 $2m$ 两个质点的轨迹方向为广义坐标 x_1 和 x_2，不计杆的质量，推出系统的运动微分方程。

48. 如图 4-66 所示系统，简支梁上有质量为 m_1 和 m_2 的两个质块，设梁的弯曲刚度为 EI，试用位移 y_1 和 y_2 为广义坐标，导出柔度影响系数，并按矩阵形式写出运动微分方程。

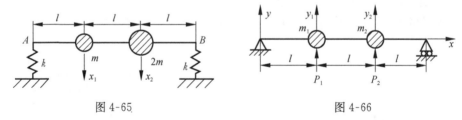

图 4-65　　　　　　　　　　　图 4-66

49. 如图 4-67 所示，将质量为 m_1 和 m_2 的物体，连接在外伸梁上，设弯曲刚度为 EI，试求其柔度矩阵，写出运动微分方程。

50. 如图 4-68 所示，水平放置的矩形框架由两杆组成，每杆的弯曲刚度为 EI，扭转刚度为 GI_p，试建立系统的运动微分方程，并写成矩阵形式。

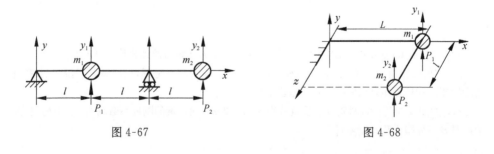

图 4-67　　　　　　　　　　　图 4-68

51. 如图 4-69 所示,均质等截面钢梁,质量为 m,长度为 l,两端用刚度为 k 的弹簧悬挂,使其成水平,试求梁在铅垂面内振动的自然频率。

52. 如图 4-70 所示,两个质块 m_1 与 m_2 用一根弹簧 k 相连,m_1 的上端用绳子拴住,放在一个与水平面成 α 角的光滑斜面上,若 $t=0$ 时绳子突然被割断,则两个质块将沿斜面下滑,试求在时刻 t 两个质块的位置。

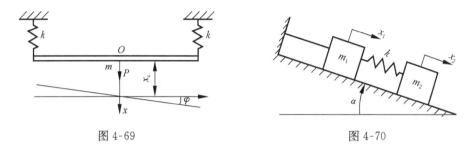

图 4-69   图 4-70

53. 如图 4-71 所示,一卡车简化成 m_1-k-m_2 系统,停放在地面上时受到后面以等速度 v 驶来的另一辆车 m 的撞击。设撞击后,车辆 m 可视为不动,卡车车轮的质量忽略计,地面视为光滑,试求撞击后卡车的响应。

54. 如图 4-72 所示系统,设 $m_1=m_2=m$,试求其强迫振动的稳态响应。

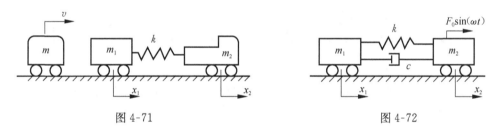

图 4-71   图 4-72

55. 试求如图 4-73 所示系统强迫振动的稳态响应。

56. 如图 4-74 所示的系统,以 ω_0 的角速度旋转。试确定,当轴突然在 A 点和 B 点处停止时所产生的自由振动。

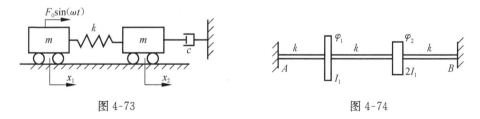

图 4-73   图 4-74

57. 如图 4-75 所示,一刚性跳板,质量为 $3m$,长为 l,左端以铰链支承于地面,右端通过支架支承于浮船上,支架的弹簧刚度为 k,阻尼系数为 c,浮船质量为 m。如果水浪引起一个 $F=F_0\sin(\omega t)$ 的激励力作用于浮船上,试求跳板的最大摆动角度 $\theta_{\max}$。

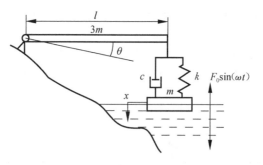

图 4-75

58. 试求如图 4-76 所示系统在两个简谐激振力作用下强迫振动的振幅。

59. 如图 4-77 所示的系统，假定 $m_1 = m_2 = m$，确定其自然频率和振型比。假定该梁从高度 h 处落到其支承上，此后有支承支持着，试确定此初始条件引起的自由振动。

60. 如图 4-78 所示，一个质量 m 以速度 v 冲击质量 $2m$，并黏附在其上，试确定所引起的系统运动。

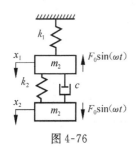

图 4-76

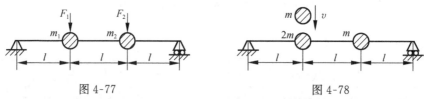

图 4-77　　　　　　　　　　　图 4-78

61. 如图 4-79 所示，一个半确定系统冲击一个停止器，假定是恒速运动，速度为 v_0，弹簧无初始应力，$m_1 = m_2 = m$，$k_1 = 2k$，试确定传给停止器基础的最大力。

62. 试确定如图 4-80 所示系统的稳态响应。

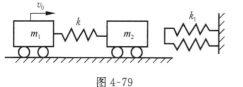

图 4-79

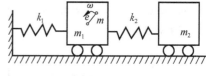

图 4-80

第5章 多自由度系统的振动

5.1 引　言

单自由度和两自由度系统的振动问题,对理解振动系统的基本特性和掌握其分析处理方法是非常重要的。但实际工程中的机器和结构,如机床、车辆等,大多是比较复杂的,如果只用单自由度和两自由度理论进行分析,还难以完整地揭示这类系统的振动及动力特性。为了较精确地解决这类问题,有必要进一步讨论多自由度系统的振动特性和分析方法。

一般而言,工程实际中的振动系统都是连续弹性体,其质量与刚度具有分布的性质,只有掌握无限多个点在每一瞬时的运动情况,才能全面描述系统的振动。因此,理论上它们都属于无限多自由度的系统,需要用连续模型才能加以描述。但实际上往往可通过适当的简化,归结为有限多个自由度的模型来进行分析,即将系统抽象为由一些集中质块和弹性元件组成的模型。如果简化的系统模型中有 n 个集中质量,便是一个 n 自由度的系统,需要 n 个独立坐标来描述其运动,系统的运动方程是 n 个互相耦合的二阶常微分方程。

多自由度振动系统是两自由度系统的继续和补充,与两自由度系统没有本质的差别,处理两自由度系统的分析方法也可以用于处理多自由度系统,但当自由度增加时,推导与分析将变得十分繁杂。因此,必须采用矩阵这个有力工具来将振动微分方程表达成简明的形式,并用线性代数、矩阵理论来进行分析,从而在总体的层次上进行处理与讨论,清晰地导出振动系统的基本性态。本章讨论的内容将扩展矩阵方法的广度和技巧。

一般而言,多自由度系统的分析方法有两种:一是振型叠加法,即将系统所有振型叠加起来进行分析;二是模态分析法或坐标变换法,就是将模态矩阵作为变换矩阵,将原来的物理坐标变换到自然坐标上,使系统在原来坐标下的耦合方程变成一组相互独立的二阶常微分方程,将这些二阶常微分方程按照单自由度系统原理来求解,得到系统各阶模态的振动后可以通过坐标变换或模态叠加,回到原来的物理坐标上。这种方法能方便地应用于分析系统对于任意激励的响应,而且能清晰地显示系统运动的构成及其与系统结构的关系。多自由度系统的振动是机械振动学的核心内容,振动系统的性质和分析方法能够得到最充分的体现。

5.2　多自由度系统的振动微分方程

5.2.1　用牛顿运动定律或定轴转动方程建立运动方程

牛顿运动定律或定轴转动方程方法适用于具有"串联"关系的质块弹簧系统。对如图 5-1 所示系统,在选定的广义坐标下,对各质块进行隔离分析,可以列出运动方程,其方程可以矩阵形式表示为多自由度系统振动方程的普遍形式:

$$[m]\{\ddot{x}(t)\} + [c]\{\dot{x}(t)\} + [k]\{x(t)\} = \{F(t)\} \tag{5-1}$$

式中,$[m]$ 称为**质量矩阵**;$[c]$ 称为**阻尼矩阵**;$[k]$ 称为**刚度矩阵**;$\{x(t)\}$ 称为**位移列阵**;$\{F(t)\}$ 称为**激振力列阵**。质量矩阵 $[m]$ 中各元素是系统动能 $T = \{\dot{x}(t)\}^{\mathrm{T}}[m]\{\dot{x}(t)\}/2$ 的二次型表达式中的系数。只要把系统动能写成广义速度的二次型形式,则由各系数可求得 $[m]$。由于 T 总是正值,$[m]$ 是正定对称矩阵,$[m]^{-1}$ 存在,$[m]^{\mathrm{T}} = [m]$。刚度矩阵 $[k]$ 是系统势能 $V = \{x(t)\}^{\mathrm{T}}[k]\{x(t)\}/2$ 的二次型表达式中的系数。只要将系统势能写成广义位移的二次型形式,其系数就是 $[k]$ 中各元素。

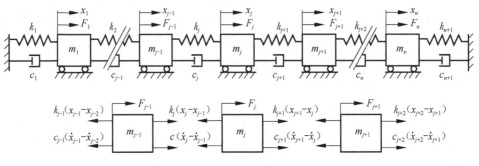

图 5-1　多自由度系统

例 5-1　图 5-2(a)为一受外力作用有阻尼的多自由度振动系统,试建立其振动微分方程。

解　此系统为三质块弹簧的串联连接形式。运用隔离体分析法,对每个质块进行受力分析,如图 5-2(b)所示。应用牛顿第二定律列方程为

$$m_1\ddot{x}_1(t) = -c_1\dot{x}_1(t) + c_2(\dot{x}_2(t) - \dot{x}_1(t)) - k_1 x_1(t) + k_2(x_2(t) - x_1(t)) + F_1(t)$$

$$m_2\ddot{x}_2(t) = -c_2(\dot{x}_2(t) - \dot{x}_1(t)) + c_3(\dot{x}_3(t) - \dot{x}_2(t)) - k_2(x_2(t) - x_1(t))$$
$$+ k_3(x_3(t) - x_2(t)) + F_2(t)$$

$$m_3\ddot{x}_3(t) = -c_3(\dot{x}_3(t) - \dot{x}_2(t)) - k_3(x_3(t) - x_2(t)) + F_3(t)$$

整理并写成矩阵形式为

$$\begin{bmatrix} m_1 & & \\ & m_2 & \\ & & m_3 \end{bmatrix} \begin{Bmatrix} \ddot{x}_1(t) \\ \ddot{x}_2(t) \\ \ddot{x}_3(t) \end{Bmatrix} + \begin{bmatrix} c_1+c_2 & -c_2 & 0 \\ -c_2 & c_2+c_3 & -c_3 \\ 0 & -c_3 & c_3 \end{bmatrix} \begin{Bmatrix} \dot{x}_1(t) \\ \dot{x}_2(t) \\ \dot{x}_3(t) \end{Bmatrix}$$

$$+ \begin{bmatrix} k_1+k_2 & -k_2 & 0 \\ -k_2 & k_2+k_3 & -k_3 \\ 0 & -k_3 & k_3 \end{bmatrix} \begin{Bmatrix} x_1(t) \\ x_2(t) \\ x_3(t) \end{Bmatrix} = \begin{Bmatrix} F_1(t) \\ F_2(t) \\ F_3(t) \end{Bmatrix}$$

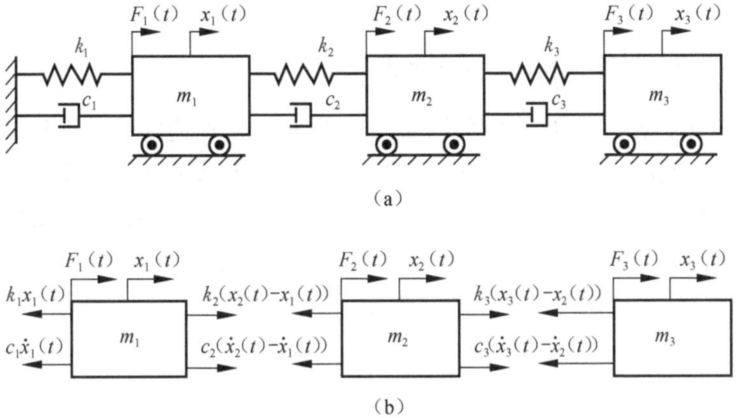

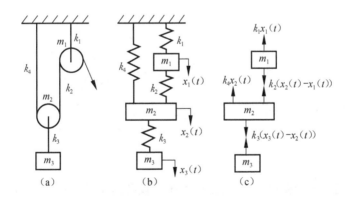

图 5-2　三质块弹簧系统及其分析

例 5-2　图 5-3(a)为一滑轮机构,图 5-3(b)为其力学模型,试建立系统的振动微分方程。

图 5-3　滑轮机构及其分析

解　该滑轮机构为三质块弹簧系统,具有串联关系,因此可采用隔离体分析法来建立运动微分方程。将各质块取分离体,并分析其受力状况,如图 5-3(c)所示。取各质块位移为广义坐标,按照牛顿第二定律可列出方程:

$$m_1\ddot{x}_1(t) = -k_1 x_1(t) + k_2(x_2(t) - x_1(t))$$

$$m_2\ddot{x}_2(t) = -k_2(x_2(t) - x_1(t)) - k_4 x_2(t) + k_3(x_3(t) - x_2(t))$$

$$m_3\ddot{x}_3(t) = -k_3(x_3(t) - x_2(t))$$

整理后表示成矩阵形式如下：

$$\begin{bmatrix} m_1 & 0 & 0 \\ 0 & m_2 & 0 \\ 0 & 0 & m_3 \end{bmatrix} \begin{Bmatrix} \ddot{x}_1(t) \\ \ddot{x}_2(t) \\ \ddot{x}_3(t) \end{Bmatrix} + \begin{bmatrix} k_1+k_2 & -k_2 & 0 \\ -k_2 & k_2+k_3+k_4 & -k_3 \\ 0 & -k_3 & k_3 \end{bmatrix} \begin{Bmatrix} x_1(t) \\ x_2(t) \\ x_3(t) \end{Bmatrix} = \begin{Bmatrix} 0 \\ 0 \\ 0 \end{Bmatrix}$$

5.2.2 用拉格朗日方程建立运动微分方程

对于比较复杂的多自由度系统，应用拉格朗日方程建立运动方程比较方便。具体步骤是选取广义坐标，求系统的动能和势能，将其表示为广义坐标、广义速度和时间的函数，然后代入拉格朗日方程计算，当系统为保守系统时，用式(2-93)求解；当有非有势力时，按式(2-95)计算。特别是当阻尼存在时，非有势力的阻尼广义力 R_i 的计算，需要确定系统的能量耗散系数 D，即由阻尼存在所耗散的能量为

$$D = \frac{1}{2}c\dot{q}_i^2(t) = \frac{1}{2}\{\dot{q}(t)\}^{\mathrm{T}}[c]\{\dot{q}(t)\} \tag{5-2}$$

阻尼广义力为

$$R_i = -\frac{\partial D}{\partial \dot{q}_i} = -\sum_{j=1}^{n} c_{ji}\dot{q}_i \tag{5-3}$$

例 5-3　图 5-4 为三质块五弹簧组成的系统，用拉格朗日方程建立系统的运动微分方程。

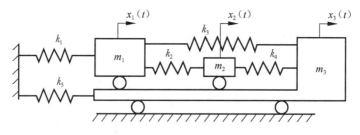

图 5-4　三质块五弹簧系统

解　系统有 3 个质块，是三自由度系统。设各质块的位移 $x_1(t)$，$x_2(t)$，$x_3(t)$ 为广义坐标，并设 $x_1(t) > x_2(t) > x_3(t)$，则系统动能为

$$T = \frac{1}{2}m_1\dot{x}_1^2(t) + \frac{1}{2}m_2\dot{x}_2^2(t) + \frac{1}{2}m_3\dot{x}_3^2(t)$$

系统的势能为

$$V = \frac{1}{2} k_1 x_1^2(t) + \frac{1}{2} k_2 (x_1(t) - x_2(t))^2 + \frac{1}{2} k_3 (x_1(t) - x_3(t))^2$$

$$+ \frac{1}{2} k_4 (x_2(t) - x_3(t))^2 + \frac{1}{2} k_5 x_3^2(t)$$

代入拉格朗日方程并整理得

$$m_1 \ddot{x}_1(t) + (k_1 + k_2 + k_3) x_1(t) - k_2 x_2(t) - k_3 x_3(t) = 0$$

$$m_2 \ddot{x}_2(t) - k_2 x_1(t) + (k_2 + k_4) x_2(t) - k_4 x_3(t) = 0$$

$$m_3 \ddot{x}_3(t) - k_3 x_1(t) - k_4 x_2(t) + (k_3 + k_4 + k_5) x_3(t) = 0$$

用矩阵表示为

$$\begin{bmatrix} m_1 & 0 & 0 \\ 0 & m_2 & 0 \\ 0 & 0 & m_3 \end{bmatrix} \begin{Bmatrix} \ddot{x}_1(t) \\ \ddot{x}_2(t) \\ \ddot{x}_3(t) \end{Bmatrix} + \begin{bmatrix} k_1 + k_2 + k_3 & -k_2 & -k_3 \\ -k_2 & k_2 + k_4 & -k_4 \\ -k_3 & -k_4 & k_3 + k_4 + k_5 \end{bmatrix} \begin{Bmatrix} x_1(t) \\ x_2(t) \\ x_3(t) \end{Bmatrix} = \begin{Bmatrix} 0 \\ 0 \\ 0 \end{Bmatrix}$$

5.2.3　用刚度影响系数法建立运动微分方程

对如图 5-1 所示多自由度系统,采用广义坐标 $q_i (i=1,2,\cdots)$ 来描述系统的运动,系统的自由度为 n。广义力 Q_i 要同对应的广义坐标相适应,使得 $q_i Q_i$ 的量纲为 $ML^2 T^{-2}$。

设在系统的平衡位置有 $q_1 = q_2 = \cdots = q_n = 0$,即选取系统的静平衡位置为广义坐标的坐标原点,则各集中质量偏离平衡位置的位移可用 $q_1, q_2, \cdots, q_n$ 描述。对于线性系统,广义位移、广义速度必须是微小值。

1. 刚度矩阵、阻尼矩阵和质量矩阵

以广义坐标 $q_i (i=1,2,\cdots)$ 来描述系统的运动时,多自由度系统的运动方程写成矩阵形式为

$$[m]\{\ddot{q}(t)\} + [c]\{\dot{q}(t)\} + [k]\{q(t)\} = \{Q(t)\} \tag{5-4}$$

质量矩阵 $[m]$、阻尼矩阵 $[c]$ 和刚度矩阵 $[k]$ 的元素 m_{ij}, c_{ij}, k_{ij} 分别称为**质量系数、阻尼系数和刚度系数**,列阵 $\{q(t)\}$ 和 $\{Q(t)\}$ 均为**广义位移列向量**和**广义力列向量**。

刚度系数定义:只在坐标 q_j 上产生单位位移,其他坐标上的位移为零,而在坐标 q_i 上需要施加的力,即

$$k_{ij} = Q_i \bigg|_{\substack{q_j = 1 \\ q_r = 0}}, \quad r = 1, 2, \cdots, n; r \neq j \tag{5-5}$$

当系统是单自由度系统时,以上定义即为弹簧刚度的定义。对于如图 5-1 所示的系统,假设质量 m_j 上有 $q_j = 1$ 的位移,其余坐标上的位移为 0,为了使系统处于平衡状态,则必须在系统上施加一定的外力。由于弹簧 k_j 和 k_{j+1} 的变形都为单

位长度,其余弹簧没有变形,如图 5-5 所示。如果约定向右为正,则作用于质量 m_{j-1} 上的弹性恢复力为 k_j,作用于 m_j 上的弹性恢复力为 $-k_j-k_{j+1}$,作用于 m_{j+1} 上的弹性恢复力为 k_{j+1},其余质量上没有弹性恢复力作用。因此,为了使系统处于上述状态,所需要施加的与弹性恢复力平衡的外力为:在 m_{j-1} 上加外力 $Q_{j-1}=-k_j$,在 m_j 上加外力 $Q_j=k_j+k_{j+1}$,在 m_{j+1} 上加外力 $Q_{j+1}=-k_{j+1}$,而在其余质量上不加力,$Q_i=0(i\neq j-1,j,j+1)$。按照刚度系数的定义,可得到系统的刚度系数为

$$k_{j-1,j}=-k_j,\quad k_{jj}=k_j+k_{j+1},\quad k_{j+1,j}=-k_{j+1},\quad k_{ij}=0$$
$$i=1,2,\cdots,j-2,j+2,\cdots,n;j=1,2,\cdots,n \tag{5-6}$$

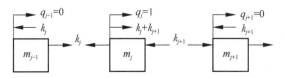

图 5-5　多自由度系统的分析

一个 n 自由度系统,共有 $n\times n$ 个刚度系数,将它们排列起来,便组成系统的刚度矩阵。对于如图 5-1 所示系统,按照式(5-1),其刚度矩阵为

$$[k]=\begin{bmatrix} k_1+k_2 & -k_2 & & \\ -k_2 & k_2+k_3 & -k_3 & \\ & \ddots & \ddots & \ddots \\ & & -k_n & k_n+k_{n+1} \end{bmatrix} \tag{5-7}$$

阻尼系数定义:只在坐标 q_j 上有单位速度,其他坐标上的速度为零,而在坐标 q_i 上需要施加的力,即

$$c_{ij}=Q_i\Big|_{\substack{\dot{q}_j=1\\\dot{q}_r=0}},\quad r=1,2,\cdots,n;r\neq j \tag{5-8}$$

质量系数定义:只在坐标 q_j 上有单位加速度,其他坐标上的加速度为零,而在坐标 q_i 上需要施加的力,即

$$m_{ij}=Q_i\Big|_{\substack{\ddot{q}_j=1\\\ddot{q}_r=0}},\quad r=1,2,\cdots,n;r\neq j \tag{5-9}$$

类似刚度系数的求法,可以求出如图 5-1 所示系统的阻尼系数为

$$c_{j-1,j}=-c_j,\quad c_{jj}=c_j+c_{j+1},\quad c_{j+1,j}=-c_{j+1},\quad c_{ij}=0$$
$$i=1,2,\cdots,j-2,j+2,\cdots,n;j=1,2,\cdots,n \tag{5-10}$$

质量系数为

$$m_{ij}=\delta_{ij}m_i,\quad i,j=1,2,\cdots,n \tag{5-11}$$

式中，δ_{ij} 是 Kronecker 符号，即

$$\delta_{ij} = \begin{cases} 1, & i=j \\ 0, & i\neq j \end{cases} \tag{5-12}$$

同样，可以将阻尼系数和质量系数分别综合为阻尼矩阵 $[c]$ 和质量矩阵 $[m]$。对于如图 5-1 所示系统，有

$$[c] = \begin{bmatrix} c_1+c_2 & -c_2 & & & \\ -c_2 & c_2+c_3 & -c_3 & & \\ & \ddots & \ddots & \ddots & \\ & & & -c_n & c_n+c_{n+1} \end{bmatrix}, \quad [m] = \begin{bmatrix} m_1 & & & \\ & m_2 & & \\ & & \ddots & \\ & & & m_n \end{bmatrix}$$

$$\tag{5-13}$$

对于弹簧-质量-阻尼系统，质量矩阵、刚度矩阵和阻尼矩阵一般存在下述规律：

（1）刚度矩阵或阻尼矩阵中的对角元素为连接在质量 m_i 上的所有弹簧刚度或阻尼系数的和。

（2）刚度矩阵或阻尼矩阵中的非对角元素 k_{ij} 为直接连接在质量 m_i 和 m_j 之间的弹簧刚度或阻尼系数，取负值。

（3）一般而言，刚度矩阵和阻尼矩阵是对称矩阵，即 $[k]=[k]^{\mathrm{T}}$，$[c]=[c]^{\mathrm{T}}$。

（4）如果将系统质心作为坐标原点，则质量矩阵是对角矩阵；否则，不一定是对角矩阵。

2. 多自由度系统的运动微分方程

利用上面关于刚度、阻尼、质量系数的定义，可建立系统的运动微分方程。对质块 m_j，当质块有单位位移 $q_j=1$ 时，在 m_i 上需加上与弹性恢复力相平衡的力为 k_{ij}，而弹性恢复力为 $-k_{ij}$；由于系统是线性的，如果 $q_j \neq 1$，则 m_j 上受到的弹性恢复力为 $-k_{ij}q_j(t)$。当各个质块 m_j 均有位移 $q_j(t)(j=1,2,\cdots,n)$ 时，应用叠加原理，作用在 m_i 上的弹性恢复力为 $-\sum\limits_{j=1}^{n} k_{ij}q_j(t)$。同样，作用在质块 m_i 上的阻尼力为 $-\sum\limits_{j=1}^{n} c_{ij}\dot{q}_j(t)$，惯性力为 $-\sum\limits_{j=1}^{n} m_{ij}\ddot{q}_j(t)$，而外加激励力为 Q_i，应用达朗贝尔原理，作用在质块 m_i 上的弹性恢复力、阻尼力、惯性力和外加激励力组成平衡力系，从而有

$$-\sum_{j=1}^{n}(m_{ij}\ddot{q}_j(t)+c_{ij}\dot{q}_j(t)+k_{ij}q_j(t))+Q_i(t)=0 \tag{5-14}$$

式(5-14)对每一个质块 m_i 均应成立，因此其中的下标 i 应遍取 $1,2,\cdots,n$，从而得到 n 个等式，整理得到

$$\sum_{j=1}^{n}(m_{ij}\ddot{q}_j(t)+c_{ij}\dot{q}_j(t)+k_{ij}q_j(t))=Q_i(t), \quad i=1,2,\cdots,n \tag{5-15}$$

这是一个关于 $q_j(t)(j=1,2,\cdots,n)$ 的一组联立的二阶常系数线性微分方程，可以表示为式(5-4)所示的矩阵形式。

例 5-4 用刚度系数法建立如图 5-4 所示系统的运动微分方程，并与用拉格朗日方程得到的结果进行比较。

解 设 $x_1(t)=1,x_2(t)=x_3(t)=0$，则质量 m_1 承受弹性恢复力 $-k_1-k_2-k_3$，质量 m_2 承受弹性恢复力 k_2 作用，质量 m_3 承受弹性恢复力 k_3 作用。为了维持上述条件下的平衡，必须在质量 m_1 上施加力 $k_1+k_2+k_3$，在质量 m_2 上施加力 $-k_2$，在质量 m_3 上施加力 $-k_3$。故可得 $k_{11}=k_1+k_2+k_3,k_{12}=-k_2,k_{13}=-k_3$。同理，分别设 $x_2(t)=1,x_1(t)=x_3(t)=0$ 和 $x_3(t)=1,x_1(t)=x_2(t)=0$，可得到刚度矩阵的其他元素。从而，质量矩阵和刚度矩阵分别为

$$[m]=\begin{bmatrix} m_1 & & \\ & m_2 & \\ & & m_3 \end{bmatrix}, \quad [k]=\begin{bmatrix} k_1+k_2+k_3 & -k_2 & -k_3 \\ -k_2 & k_2+k_4 & -k_4 \\ -k_3 & -k_4 & k_3+k_4+k_5 \end{bmatrix}$$

从而得到系统的运动微分方程为

$$\begin{bmatrix} m_1 & & \\ & m_2 & \\ & & m_3 \end{bmatrix}\begin{Bmatrix} \ddot{x}_1(t) \\ \ddot{x}_2(t) \\ \ddot{x}_3(t) \end{Bmatrix}+\begin{bmatrix} k_1+k_2+k_3 & -k_2 & -k_3 \\ -k_2 & k_2+k_4 & -k_4 \\ -k_3 & -k_4 & k_3+k_4+k_5 \end{bmatrix}\begin{Bmatrix} x_1(t) \\ x_2(t) \\ x_3(t) \end{Bmatrix}=\begin{Bmatrix} 0 \\ 0 \\ 0 \end{Bmatrix}$$

可知，用刚度系数法建立的运动微分方程同用拉格朗日方程得到的结果完全相同。

在具体分析时，可以根据质量矩阵和刚度矩阵的形成规律直接写出质量矩阵和刚度矩阵。

例 5-5 如图 5-6 所示的 3 段轴 4 个盘的扭转振动系统，试用刚度系数法建立其振动方程。

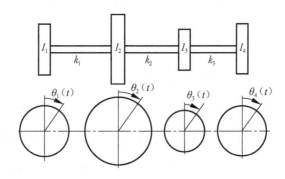

图 5-6　多自由度扭转振动系统

解 只考虑盘的转动惯量 I_1,I_2,I_3,I_4 和轴的扭转刚度，选择 4 个盘的转角 $\theta_1(t),\theta_2(t),\theta_3(t),\theta_4(t)$ 为广义坐标。根据质量矩阵和刚度矩阵的形成规律，质量矩阵和刚度矩阵分别为

$$[m] = \begin{bmatrix} I_1 & & & \\ & I_2 & & \\ & & I_3 & \\ & & & I_4 \end{bmatrix}, \quad [k] = \begin{bmatrix} k_1 & -k_1 & & \\ -k_1 & k_1+k_2 & -k_2 & \\ & -k_2 & k_2+k_3 & -k_3 \\ & & -k_3 & k_3 \end{bmatrix}$$

则系统的运动微分方程为

$$\begin{bmatrix} I_1 & & & \\ & I_2 & & \\ & & I_3 & \\ & & & I_4 \end{bmatrix} \begin{Bmatrix} \ddot{\theta}_1(t) \\ \ddot{\theta}_2(t) \\ \ddot{\theta}_3(t) \\ \ddot{\theta}_4(t) \end{Bmatrix} + \begin{bmatrix} k_1 & -k_1 & & \\ -k_1 & k_1+k_2 & -k_2 & \\ & -k_2 & k_2+k_3 & -k_3 \\ & & -k_3 & k_3 \end{bmatrix} \begin{Bmatrix} \theta_1(t) \\ \theta_2(t) \\ \theta_3(t) \\ \theta_4(t) \end{Bmatrix} = \begin{Bmatrix} 0 \\ 0 \\ 0 \\ 0 \end{Bmatrix}$$

5.2.4　用柔度影响系数法建立运动微分方程

上面定义的刚度系数又称为刚度影响系数,它反映了系统的刚度特性。**柔度系数法**又称**单位力法**,是把一个系统的动力学问题视为静力学问题来看待,用静力学的方法确定出系统的所有柔度影响系数,借助于这些系数建立系统的运动微分方程。

对于如图 5-1 所示的多自由度系统,柔度影响系数定义为在坐标 $x_j(t)$ 处作用单位力 $F_j(t)=1$,而在坐标 $x_i(t)$ 处所引起的位移表征了线性系统在外力作用下的变形情况,即**柔度特性**。

下面考察多自由度系统的柔度影响系数与刚度影响系数的关系。对于如图 5-1 所示的系统,按照柔度影响系数的定义,在 $x_i(t)$ 处的位移为 $a_{ij}F_j(t)$,应用叠加原理,系统在各个自由度上的作用力 $F_j(t)(j=1,2,\cdots,n)$ 在 $x_i(t)$ 上所产生的位移应为

$$x_i(t) = \sum_{j=1}^{n} a_{ij}F_j(t), \quad i=1,2,\cdots,n \tag{5-16}$$

式(5-16)可写成矩阵形式

$$\{x(t)\} = [a]\{F(t)\} \tag{5-17}$$

式中,$[a]$ 为由柔度影响系数 $a_{ij}(j=1,2,\cdots,n)$ 组成的 $n \times n$ 方阵,称为**柔度矩阵**。而与弹性恢复力平衡的广义力为

$$F_i(t) = \sum_{j=1}^{n} k_{ij}x_j(t), \quad i=1,2,\cdots,n \tag{5-18}$$

将式(5-18)写成矩阵形式为

$$\{F(t)\} = [k]\{x(t)\} \tag{5-19}$$

式中,$[k]$ 为系统的**刚度矩阵**,将式(5-19)代入式(5-17),得到

$$\{x(t)\} = [a][k]\{x(t)\}$$

故有

$$[a][k] = [I] \tag{5-20}$$

由式(5-20)可知,当$[k]$存在逆矩阵时,柔度矩阵$[a]$与刚度矩阵$[k]$互为逆矩阵,即

$$[a] = [k]^{-1} \quad \text{或} \quad [k] = [a]^{-1}$$

这一性质与单自由度系统的刚度系数k和柔度系数a之间的关系非常相似,即它们互为倒数。

例 5-6　求例 5-1 中图 5-2 所示系统的柔度矩阵。

解　先计算$a_{i1}(i=1,2,\cdots,n)$,在m_1上施加外力$F_1=1$,此时各质块的位移为

$$x_1 = x_2 = x_3 = F_1/k_1 = 1/k_1$$

按柔度系数的定义可得

$$a_{11} = x_1 = 1/k_1, \quad a_{21} = x_2 = 1/k_1, \quad a_{31} = x_3 = 1/k_1$$

再计算$a_{i2}(i=1,2,\cdots,n)$,在m_2上施加外力$F_2=1$,此时各质块的位移为

$$x_1 = F_2/k_1 = 1/k_1, \quad x_2 = F_2/k_1 + F_2/k_2 = 1/k_1 + 1/k_2,$$
$$x_3 = x_2 = 1/k_1 + 1/k_2$$

从而得到

$$a_{12} = x_1 = 1/k_1, \quad a_{22} = x_2 = 1/k_1 + 1/k_2, \quad a_{32} = x_3 = 1/k_1 + 1/k_2$$

最后在m_3上施加外力$F_3=1$,此时各质块的位移为

$$x_1 = F_3/k_1 = 1/k_1, \quad x_2 = F_3/k_1 + F_3/k_2 = 1/k_1 + 1/k_2$$
$$x_3 = F_3/k_1 + F_3/k_2 + F_3/k_3 = 1/k_1 + 1/k_2 + 1/k_3$$

从而得到

$$a_{13} = 1/k_1, \quad a_{23} = 1/k_1 + 1/k_2, \quad a_{33} = 1/k_1 + 1/k_2 + 1/k_3$$

系统的柔度矩阵为

$$[a] = \begin{bmatrix} 1/k_1 & 1/k_1 & 1/k_1 \\ 1/k_1 & 1/k_1 + 1/k_2 & 1/k_1 + 1/k_2 \\ 1/k_1 & 1/k_1 + 1/k_2 & 1/k_1 + 1/k_2 + 1/k_3 \end{bmatrix}$$

例 5-7　两端简支梁上有三个集中质量$m,2m,m$,如图 5-7(a)所示,梁的弯曲刚度为EI,取三集中质量处的挠度y_1,y_2,y_3为系统的广义坐标,试求其柔度矩阵。

解　利用简支梁在单位集中力作用下的挠度公式:

$$\delta = \frac{ax}{6EIl}(l^2 - x^2 - a^2)$$

式中,a为集中力作用点距右端支承的距离,如图 5-7(b)所示。可以直接求出柔度影响系数为

$$a_{11} = \frac{3l^3}{256EI}, \quad a_{12} = \frac{11l^3}{768EI}, \quad a_{13} = \frac{7l^3}{768EI}, \quad a_{22} = \frac{l^3}{48EI}$$

$$a_{31} = a_{13}, \quad a_{33} = a_{11}, \quad a_{32} = a_{23} = a_{21} = a_{12}$$

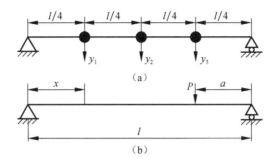

图 5-7　三集中质量简支梁

从而得到柔度矩阵为

$$[a] = \frac{l^3}{768EI} \begin{bmatrix} 9 & 11 & 7 \\ 11 & 16 & 11 \\ 7 & 11 & 9 \end{bmatrix}$$

5.3　线性变换与坐标耦合

模态分析法或坐标变换法是求解多自由度系统振动问题的基本方法之一。多自由度系统的运动微分方程(5-15)或(5-4)是一个二阶常系数线性联立微分方程组,虽然与两自由度系统的矩阵方程相似,但由于刚度矩阵、阻尼矩阵和质量矩阵的复杂性,耦合项更多,从而求解更加困难,如何解除耦合是解决问题的一条有效途径。为了讨论求解方程(5-4)的模态分析法,首先讨论耦合的概念及解除耦合的方法。

先研究无阻尼系统。对无阻尼系统,运动方程为

$$[m]\{\ddot{q}(t)\} + [k]\{q(t)\} = \{Q(t)\} \tag{5-21}$$

对一个振动系统,可以用不同的广义坐标来建立运动方程。选用的坐标不同,运动方程也不同。自然坐标是能使运动方程不存在耦合的一组广义坐标,而任意一组广义坐标通过以模态矩阵为变换矩阵的线性变换,就可变换到自然坐标,从而使方程解除耦合。

我们考虑采用另有一组广义坐标 $\eta_j(t)(j=1,2,\cdots,n)$ 来代替方程(5-21)中的广义坐标 $q_j(t)(j=1,2,\cdots,n)$。对于线性振动系统,两组广义坐标之间的关系是一种线性变换,即坐标 $q_j(t)(j=1,2,\cdots,n)$ 可用坐标 $\eta_j(t)(j=1,2,\cdots,n)$ 的线性组合表示为

$$\{q(t)\} = [U]\{\eta(t)\} \tag{5-22}$$

式中,$[U]$ 是线性变换矩阵,是一个非奇异的 n 阶常系数方阵;$\{\eta(t)\}$ 是广义坐标的列阵,则有

$$\{\dot{q}(t)\} = [U]\{\dot{\eta}(t)\}, \quad \{\ddot{q}(t)\} = [U]\{\ddot{\eta}(t)\} \tag{5-23}$$

将式(5-22)和式(5-23)代入运动方程(5-4)得到

$$[m][U]\{\ddot{\eta}(t)\} + [k][U]\{\eta(t)\} = \{Q(t)\}$$

这个方程中,系数矩阵不是对称的。为保持运动方程的对称性,在方程两端左乘 $[U]^T$,得到

$$[U]^T[m][U]\{\ddot{\eta}(t)\} + [U]^T[k][U]\{\eta(t)\} = [U]^T\{Q(t)\}$$

或写成

$$[M]\{\ddot{\eta}(t)\} + [K]\{\eta(t)\} = \{N(t)\} \tag{5-24}$$

式中

$$[M] = [U]^T[m][U], \quad [K] = [U]^T[k][U], \quad \{N(t)\} = [U]^T\{Q(t)\} \tag{5-25}$$

分别为广义坐标 $\eta_j(t)$ 下的质量矩阵、刚度矩阵和广义力向量。由于 $[m]$ 和 $[k]$ 是对称的,故 $[M]$ 和 $[K]$ 均为对称矩阵。可见,通过坐标变换,已将原来以广义坐标 $\{q(t)\}$ 表达的运动方程变换到以 $\{\eta(t)\}$ 表达的方程。这种方程虽然没有改变系统本身的性质,但由于改变了质量矩阵和刚度矩阵,因而可能改变其运动方程的耦合情况。

例 5-8 试对如图 4-14 所示的双摆系统的运动方程进行坐标转换

$$\begin{Bmatrix} \theta_1(t) \\ \theta_2(t) \end{Bmatrix} = \begin{bmatrix} 1 & 1 \\ 1 & -1 \end{bmatrix} \begin{Bmatrix} \varphi_1(t) \\ \varphi_2(t) \end{Bmatrix} \tag{5-26}$$

计算变换以后的质量矩阵 $[M]$ 和刚度矩阵 $[K]$。

解 将式(5-26)及式(4-35)中的质量矩阵 $[m]$ 和刚度矩阵 $[k]$ 代入式(5-25)得到

$$[M] = \begin{bmatrix} 1 & 1 \\ 1 & -1 \end{bmatrix} \begin{bmatrix} mL^2 & 0 \\ 0 & mL^2 \end{bmatrix} \begin{bmatrix} 1 & 1 \\ 1 & -1 \end{bmatrix} = \begin{bmatrix} 2mL^2 & 0 \\ 0 & 2mL^2 \end{bmatrix}$$

$$[K] = \begin{bmatrix} 1 & 1 \\ 1 & -1 \end{bmatrix} \begin{bmatrix} mgL + ka^2 & -ka^2 \\ -ka^2 & mgL + ka^2 \end{bmatrix} \begin{bmatrix} 1 & 1 \\ 1 & -1 \end{bmatrix} = \begin{bmatrix} 2mgL & 0 \\ 0 & 2mgL \end{bmatrix}$$

变换的结果是把原方程的弹性耦合解除了,而并未造成新的惯性耦合。实际上,这里的变换矩阵就是由双摆系统的两个模态向量组成的模态矩阵,这种变换使运动微分方程完全解除了耦合。

5.4 多自由度系统的自由振动

5.4.1 无阻尼自由振动与特征值问题

考虑 n 自由度无阻尼系统的自由振动,其运动微分方程(5-15)可展开为

$$\sum_{j=1}^{n} m_{ij}\ddot{q}(t) + \sum_{j=1}^{n} k_{ij}q(t) = 0, \quad i = 1,2,\cdots,n \tag{5-27}$$

为了求解该方程,我们首先来寻求其同步解,即设

$$q_j(t) = u_j f(t), \quad j = 1, 2, \cdots, n \tag{5-28}$$

式中,$u_j(j = 1, 2, \cdots, n)$是一组常数;$f(t)$是与时间有关的实函数,对所有坐标都相同,由此可以得到

$$\frac{q_j(t)}{q_i(t)} = \frac{u_j}{u_i} = 常数, \quad j = 1, 2, \cdots, n \tag{5-29}$$

即任意两坐标上的位移之比都是与时间无关的常数,这表明各坐标是在成比例的运动。将式(5-28)及其两阶导数代入方程(5-27),得到

$$\ddot{f}(t) \sum_{j=1}^{n} m_{ij} u_j + f(t) \sum_{j=1}^{n} k_{ij} u_j = 0, \quad i = 1, 2, \cdots, n$$

将上式分离变量,得到

$$-\frac{\ddot{f}(t)}{f(t)} = \frac{\displaystyle\sum_{j=1}^{n} k_{ij} u_j}{\displaystyle\sum_{j=1}^{n} m_{ij} u_j}, \quad i = 1, 2, \cdots, n \tag{5-30}$$

方程(5-30)的左端仅与时间 t 有关,右端仅与位移有关,为使该等式能成立,其两端都必须等于一个常数;由于 $f(t)$ 是实函数,故该函数必为实数,不妨假定为 λ,于是得到

$$\ddot{f}(t) + \lambda f(t) = 0 \tag{5-31}$$

$$\sum_{j=1}^{n} (k_{ij} - \lambda m_{ij}) u_j = 0, \quad i = 1, 2, \cdots, n \tag{5-32}$$

方程(5-31)的解为

$$f(t) = C\cos(\omega t - \psi) \tag{5-33}$$

式中,$\omega^2 = \lambda$,而 ω 是实数,为简谐运动的频率;C 和 ψ 是任意常数。

频率 ω(或 λ)不能是任意的,而应该由式(5-32)决定,该方程写成矩阵形式为

$$([k] - \omega^2[m])\{u\} = \{0\} \tag{5-34}$$

这是关于 $\{u\}$ 的 n 元线性齐次方程,是广义特征值问题,有非零解的条件是特征行列式为零,即

$$\Delta(\omega^2) = |\, k_{ij} - \omega^2 m_{ij} \,| = 0 \tag{5-35}$$

这是系统的频率方程,该行列式称为特征行列式。将其展开后可得到关于 ω^2 的 n 次代数方程

$$\omega^{2n} + a_1 \omega^{2(n-1)} + a_2 \omega^{2(n-2)} + \cdots + a_{n-1} \omega^2 + a_n = 0 \tag{5-36}$$

当质量矩阵和刚度矩阵为正定的实对称矩阵时,方程(5-36)有 n 个正实根,对应于系统的 n 个自然频率,n 个根满足

$$\omega_1^2 < \omega_2^2 < \cdots < \omega_n^2$$

其中最低的频率 ω_1 称为基频,是工程中最重要的一个自然频率。

将 ω_r 分别代入方程(5-34)中,可求得相应的解 $\{u^{(r)}\}$,称为系统的**模态向量**或**振型向量**。自然频率 ω_r 和模态向量 $\{u^{(r)}\}$ 构成了第 r 阶自然模态,它表示了系统的一种基本运动模式,即一种同步运动。n 自由度系统一般有 n 种同步运动,每一种均为简谐运动,但频率 ω_r 不同,而其振幅在各自由度上的分配方式,即模态向量也不同。每一种同步运动可写为

$$\{q(t)^{(r)}\} = \{u^{(r)}\}\cos(\omega_r t - \psi_r), \quad r = 1, 2, \cdots, n \tag{5-37}$$

这是齐次方程,因此以上 n 个解的线性组合仍是方程的解,由此得到系统自由振动的通解为

$$\{q(t)\} = \sum_{r=1}^{n} C_r \{q(t)^{(r)}\} = \sum_{r=1}^{n} C_r \{u^{(r)}\}\cos(\omega_r t - \psi_r) \tag{5-38}$$

式中,ω_r 和 $\{u^{(r)}\}$ 由系统参数决定,待定常数 ψ_r 和 C_r 由初始条件决定。特征值问题只能确定振型的形状不能确定振幅的大小。

例 5-9 图 5-8 为一个三自由度系统,$k_1 = 3k, k_2 = 2k, k_3 = k, m_1 = 2m, m_2 = 1.5m, m_3 = m$,求系统的自然频率与模态向量。

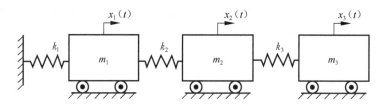

图 5-8 三自由度系统模型

解 取质块 m_1, m_2, m_3 的水平位移 $x_1(t), x_2(t), x_3(t)$ 为广义坐标,根据例 5-1 的结果可以直接写出系统的质量矩阵和刚度矩阵分别为

$$[m] = \begin{bmatrix} 2m & & \\ & 1.5m & \\ & & m \end{bmatrix}, \quad [k] = \begin{bmatrix} 5k & -2k & 0 \\ -2k & 3k & -k \\ 0 & -k & k \end{bmatrix}$$

将 $[m], [k]$ 代入方程(5-34)得到系统的系统频率方程为

$$\Delta(\omega^2) = \begin{vmatrix} 5k - 2m\omega^2 & -2k & 0 \\ -2k & 3k - 1.5m\omega^2 & -k \\ 0 & -k & k - m\omega^2 \end{vmatrix} = 0$$

将上式展开得到

$$\omega^6 - 1.5\left(\frac{k}{m}\right)\omega^4 + 7.5\left(\frac{k}{m}\right)^2\omega^2 - 2\left(\frac{k}{m}\right)^3 = 0$$

用数值法可求出三个特征值为

$$\omega_1^2 = 0.351465\frac{k}{m}, \quad \omega_2^2 = 1.606599\frac{k}{m}, \quad \omega_3^2 = 3.541936\frac{k}{m}$$

系统的自然频率为

$$\omega_1 = 0.592845\sqrt{k/m}, \quad \omega_2 = 1.267517\sqrt{k/m}, \quad \omega_3 = 1.882003\sqrt{k/m}$$

为求出模态向量,将自然频率代入方程(5-34),由于该方程仅有两个是独立的,可从中任取两个,若取其前两个,即

$$(5k - 2m\omega^2)u_1 - 2ku_2 = 0, \quad -2ku_1 + (3k - 1.5m\omega^2)u_2 - ku_3 = 0$$

取 $u_3 = 1$,以使模态向量正规化,分别将 $\omega_1, \omega_2, \omega_3$ 代入上式求得

$$u_1^{(1)} = 0.301850, \quad u_1^{(2)} = -0.678977, \quad u_1^{(3)} = 2.439628$$

$$u_2^{(1)} = 0.648535, \quad u_2^{(2)} = -0.606599, \quad u_2^{(3)} = -2.541936$$

从而得到 3 个模态向量为

$$\{u^{(1)}\} = \left\{ \begin{matrix} 0.301850 \\ 0.648535 \\ 1 \end{matrix} \right\}, \quad \{u^{(2)}\} = \left\{ \begin{matrix} -0.678977 \\ -0.606599 \\ 1 \end{matrix} \right\}, \quad \{u^{(3)}\} = \left\{ \begin{matrix} 2.439628 \\ -2.541936 \\ 1 \end{matrix} \right\}$$

图 5-9 表示了系统的三阶自然模态。注意到第二阶模态有一次符号变化,在质块 m_2 与 m_3 之间有一个节点;第三阶模态有两次符号变化,在质块 m_1 与 m_2,m_2 与 m_3 之间各有一个节点。

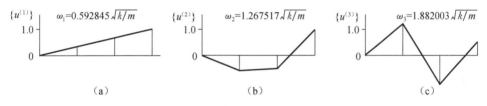

图 5-9　系统的三阶自然模态

5.4.2　模态向量的正交性与正规性

1. 模态向量的正交性

设 ω_r, ω_s 和 $\{u^{(r)}\}, \{u^{(s)}\}$ 分别是多自由度系统的两个自然频率和模态向量,且 $\omega_r \neq \omega_s$,它们均满足系统的特征值问题方程(5-34),即有

$$[k]\{u^{(r)}\} - \omega_r^2[m]\{u^{(r)}\} = \{0\}, \quad [k]\{u^{(s)}\} - \omega_s^2[m]\{u^{(s)}\} = \{0\} \quad (5\text{-}39)$$

将式(5-39)的第一式两端左乘 $\{u^{(s)}\}^{\mathrm{T}}$,将第二式两端左乘 $\{u^{(r)}\}^{\mathrm{T}}$,得到

$$\{u^{(s)}\}^{\mathrm{T}}[k]\{u^{(r)}\} = \omega_r^2\{u^{(s)}\}^{\mathrm{T}}[m]\{u^{(r)}\}, \quad \{u^{(r)}\}^{\mathrm{T}}[k]\{u^{(s)}\} = \omega_s^2\{u^{(r)}\}^{\mathrm{T}}[m]\{u^{(s)}\}$$

$$(5\text{-}40)$$

将式(5-40)的第一式转置,并注意 $[m], [k]$ 都是对称,故有

$$\{u^{(r)}\}^{\mathrm{T}}[k]\{u^{(s)}\} = \omega_r^2\{u^{(r)}\}^{\mathrm{T}}[m]\{u^{(s)}\} \quad (5\text{-}41)$$

将式(5-40)的第二式、式(5-41)两式相减得到

$$(\omega_r^2 - \omega_s^2)\{u^{(r)}\}^{\mathrm{T}}[m]\{u^{(s)}\} = 0 \tag{5-42}$$

由于 $\omega_r \neq \omega_s$，故必有

$$\{u^{(r)}\}^{\mathrm{T}}[m]\{u^{(s)}\} = 0, \quad r, s = 1, 2, \cdots, n; r \neq s \tag{5-43}$$

将式(5-43)代回式(5-41)得

$$\{u^{(r)}\}^{\mathrm{T}}[k]\{u^{(s)}\} = 0, \quad r, s = 1, 2, \cdots, n; r \neq s \tag{5-44}$$

式(5-43)和式(5-44)分别称为模态向量对于质量矩阵和刚度矩阵的正交性，是对于通常意义下的正交性

$$\{u^{(r)}\}^{\mathrm{T}}\{u^{(s)}\} = u_1^{(r)} u_1^{(s)} + u_2^{(r)} u_2^{(s)} + \cdots + u_n^{(r)} u_n^{(s)} = 0 \tag{5-45}$$

的一种自然推广，即分别以 $[m]$，$[k]$ 作为权矩阵的一种正交性。当 $[m]$，$[k]$ 为单位矩阵时，式(5-43)和式(5-44)退化为式(5-45)。

2. 模态质量与模态刚度

设

$$\{u^{(r)}\}^{\mathrm{T}}[m]\{u^{(r)}\} = M_r, \quad r = 1, 2, \cdots, n \tag{5-46}$$

由于 $[m]$ 是正定的，故 M_r 是一个正实数，称为第 r 阶模态质量。同理，设

$$\{u^{(r)}\}^{\mathrm{T}}[k]\{u^{(r)}\} = K_r, \quad r = 1, 2, \cdots, n \tag{5-47}$$

由于已经假设 $[k]$ 是正定矩阵，K_r 也是正实数，称为第 r 阶模态刚度。

将式(5-39)的第一式两端左乘 $\{u^{(r)}\}^{\mathrm{T}}$，整理得

$$\{u^{(r)}\}^{\mathrm{T}}[k]\{u^{(r)}\} = \omega_r^2 \{u^{(r)}\}^{\mathrm{T}}[m]\{u^{(r)}\} \tag{5-48}$$

从而有

$$\omega_r^2 = \frac{\{u^{(r)}\}^{\mathrm{T}}[k]\{u^{(r)}\}}{\{u^{(r)}\}^{\mathrm{T}}[m]\{u^{(r)}\}} = \frac{K_r}{M_r}, \quad r = 1, 2, \cdots, n \tag{5-49}$$

式(5-49)的结果与单自由度系统的情况是一致的。

3. 正规化

模态向量 $\{u^{(r)}\}$ 的长度是不定的，因此可按照以下方法加以正规化，即将之除以对应的模态质量的平方根 $\sqrt{M_r}$，即记 $\{\bar{u}^{(r)}\} \Rightarrow \{u^{(r)}\} / \sqrt{M_r}$，这就是将模态向量正规化 $\{u^{(r)}\}$。从式(5-46)得到

$$\{u^{(r)}\}^{\mathrm{T}}[m]\{u^{(r)}\} = \sqrt{M_r}\{\bar{u}^{(r)}\}^{\mathrm{T}}[m]\sqrt{M_r}\{\bar{u}^{(r)}\} = M_r$$

从而有

$$\{\bar{u}^{(r)}\}^{\mathrm{T}}[m]\{\bar{u}^{(r)}\} = 1 \tag{5-50}$$

代回式(5-48)得到

$$\{\bar{u}^{(r)}\}^{\mathrm{T}}[k]\{\bar{u}^{(r)}\} = \omega_r^2 \{\bar{u}^{(r)}\}^{\mathrm{T}}[m]\{\bar{u}^{(r)}\} = \omega_r^2 \tag{5-51}$$

上面两式称为模态向量的一种正规化条件。

综上所述，模态向量的正交化和正规化条件为

$$\{\bar{u}^{(r)}\}^{\mathrm{T}}[m]\{\bar{u}^{(s)}\} = \delta_{rs}, \quad \{\bar{u}^{(r)}\}^{\mathrm{T}}[k]\{\bar{u}^{(s)}\} = \delta_{rs}\omega_r^2, \quad r,s = 1,2,\cdots,n; r \neq s \tag{5-52}$$

以上是假定系统的 n 个自然频率各不相同的情况,至于有相当自然频率的情况,这里不再讨论。

5.4.3 模态矩阵与正则矩阵

多自由度系统的振动微分方程可以用不同的广义坐标来描述,坐标不同,得出的运动微分方程形式也不同,可能为弹性耦合、惯性耦合或复合耦合。在两自由度系统的振动问题中,我们已经知道,在自然坐标下,系统没有弹性耦合,也没有惯性耦合。也就是说,各个坐标之间有一定的几何关系,可以进行变换。在自然坐标下,n 个自由度系统的运动微分方程就变成 n 个单自由度系统的运动方程,这样求解就非常简单。下面讨论如何通过坐标变换求其自然坐标(主坐标)。先介绍两个重要的矩阵,即模态矩阵和正则矩阵。

1. 模态矩阵

将 n 个模态向量$[u^{(i)}]^{\mathrm{T}} = \{u_1^{(i)}, u_2^{(i)}, \cdots, u_n^{(i)}\}$($i=1,2,\cdots,n$)按照次序顺序排列,构成一个 $n \times n$ 阶的矩阵,这个矩阵就称为**模态矩阵**或**振型矩阵**,即由模态向量构成的矩阵

$$[u] = [\{u^{(1)}\}, \{u^{(2)}\}, \cdots, \{u^{(n)}\}] \tag{5-53}$$

模态矩阵有一个重要性质,就是用其转置$[u]^{\mathrm{T}}$ 左乘系统质量矩阵$[m]$,再用$[u]$右乘所得之积,可以使质量矩阵和刚度矩阵成为对角矩阵,即有

$$[u]^{\mathrm{T}}[m][u] = \begin{bmatrix} M_1 & & \\ & \ddots & \\ & & M_n \end{bmatrix} = [M], \quad [u]^{\mathrm{T}}[k][u] = \begin{bmatrix} K_1 & & \\ & \ddots & \\ & & K_n \end{bmatrix} = [K] \tag{5-54}$$

式中,$[M]$称为**主质量矩阵**,$M_i = \{u^{(i)}\}^{\mathrm{T}}[m]\{u^{(i)}\}$($i=1,2,\cdots,n$)称为系统的第 i 阶主质量;$[K]$称为**主刚度矩阵**,$K_i = \{u^{(i)}\}^{\mathrm{T}}[k]\{u^{(i)}\}$ ($i=1,2,\cdots,n$)称为系统的第 i 阶主刚度。

例 5-10 对于如图 5-10 所示的三盘扭转振动系统,已知 $I_1 = I_2 = I_3 = I$,$k_1 = k_2 = k$,求各阶主质量和主刚度。

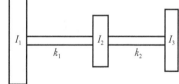

图 5-10 三盘扭转振动系统

解 通过计算得到系统的模态列向量为

$$\{u^{(1)}\} = \begin{Bmatrix} 1 \\ 1 \\ 1 \end{Bmatrix}, \quad \{u^{(2)}\} = \begin{Bmatrix} -1 \\ 0 \\ 1 \end{Bmatrix}, \quad \{u^{(3)}\} = \begin{Bmatrix} 1 \\ -2 \\ 1 \end{Bmatrix}$$

$$[m] = I\begin{bmatrix} 1 & & \\ & 1 & \\ & & 1 \end{bmatrix}, \quad [k] = k\begin{bmatrix} 1 & -1 & 0 \\ -1 & 2 & -1 \\ 0 & -1 & 1 \end{bmatrix}, \quad [u] = \begin{bmatrix} 1 & -1 & 1 \\ 1 & 0 & -2 \\ 1 & 1 & 1 \end{bmatrix}$$

所以

$$[u]^{\mathrm{T}}[m][u] = I\begin{bmatrix} 1 & 1 & 1 \\ -1 & 0 & 1 \\ 1 & -2 & 1 \end{bmatrix}\begin{bmatrix} 1 & 0 & 0 \\ 0 & 1 & 0 \\ 0 & 0 & 1 \end{bmatrix}\begin{bmatrix} 1 & -1 & 1 \\ 1 & 0 & -2 \\ 1 & 1 & 1 \end{bmatrix} = \begin{bmatrix} 3I & 0 & 0 \\ 0 & 2I & 0 \\ 0 & 0 & 6I \end{bmatrix}$$

则系统的各阶主质量为

$$M_1 = 3I, \quad M_2 = 2I, \quad M_3 = 6I$$

而

$$[u]^{\mathrm{T}}[k][u] = k\begin{bmatrix} 1 & 1 & 1 \\ -1 & 0 & 1 \\ 1 & -2 & 1 \end{bmatrix}\begin{bmatrix} 1 & -1 & 0 \\ -1 & 2 & -1 \\ 0 & -1 & 1 \end{bmatrix}\begin{bmatrix} 1 & -1 & 1 \\ 1 & 0 & -2 \\ 1 & 1 & 1 \end{bmatrix} = \begin{bmatrix} 0 & 0 & 0 \\ 0 & 2k & 0 \\ 0 & 0 & 18k \end{bmatrix}$$

则系统的各阶主刚度为

$$K_1 = 0, \quad K_2 = 2k, \quad K_3 = 18k$$

2. 正则矩阵

如果将模态矩阵 $[u]$ 的各阶主振型分别乘以不同的系数,则得到一个新的矩阵 $[N]$:

$$[N] = [\beta_1\{u^{(1)}\}, \beta_2\{u^{(2)}\}, \cdots, \beta_n\{u^{(n)}\}] \tag{5-55}$$

其中,β_i 为任意常数,若按下列公式选取 β_i

$$\beta_1 = \frac{1}{\sqrt{M_1}}, \ \beta_2 = \frac{1}{\sqrt{M_2}}, \ \cdots, \ \beta_n = \frac{1}{\sqrt{M_n}}$$

其中,M_i 为第 i 阶主质量,则矩阵 $[N]$ 称为正则矩阵,而 $\beta_1, \beta_2, \cdots, \beta_n$ 称为正则因子。

正则矩阵就是正规化的模态矩阵,正则矩阵也有一个非常重要的性质,即用其转置 $[N]^{\mathrm{T}}$ 左乘系统的质量矩阵 $[m]$,再用 $[N]$ 右乘,可使质量矩阵变成一个对角矩阵,且对角向上的元素为1,即

$$[N]^{\mathrm{T}}[m][N] = [I] \tag{5-56}$$

$[N]$ 也可以使 $[k]$ 对角化,并且使对角线上的元素为各阶自然频率的平方,即

$$[N]^{\mathrm{T}}[k][N] = \begin{bmatrix} \omega_{\mathrm{n}1}^2 & & \\ & \ddots & \\ & & \omega_{\mathrm{n}n}^2 \end{bmatrix} \tag{5-57}$$

特征值问题可综合为

$$[k][N] = [m][N]\begin{bmatrix} \ddots & & \\ & \omega_r^2 & \\ & & \ddots \end{bmatrix} \tag{5-58}$$

例 5-11　试求例 5-10 中的正则矩阵,并利用这一矩阵使系统的刚度矩阵对角化。

解　由例 5-10 可知

$$[k] = \begin{bmatrix} k & -k & 0 \\ -k & 2k & -k \\ 0 & -k & k \end{bmatrix}, \quad [u] = \begin{bmatrix} 1 & -1 & 1 \\ 1 & 0 & -2 \\ 1 & 1 & 1 \end{bmatrix}$$

$$[m] = I\begin{bmatrix} 1 & & \\ & 1 & \\ & & 1 \end{bmatrix}, \quad [u]^{\mathrm{T}}[m][u] = \begin{bmatrix} 3I & 0 & 0 \\ 0 & 2I & 0 \\ 0 & 0 & 6I \end{bmatrix}$$

则正则因子为

$$\beta_1 = \frac{1}{\sqrt{3I}}, \quad \beta_2 = \frac{1}{\sqrt{2I}}, \quad \beta_3 = \frac{1}{\sqrt{6I}}$$

所以正则矩阵为

$$[N] = \begin{bmatrix} \dfrac{1}{\sqrt{3I}} & \dfrac{-1}{\sqrt{2I}} & \dfrac{1}{\sqrt{6I}} \\[3mm] \dfrac{1}{\sqrt{3I}} & 0 & \dfrac{-2}{\sqrt{6I}} \\[3mm] \dfrac{1}{\sqrt{3I}} & \dfrac{1}{\sqrt{2I}} & \dfrac{1}{\sqrt{6I}} \end{bmatrix}$$

使得刚度矩阵对角化

$$[N]^{\mathrm{T}}[k][N] = \begin{bmatrix} \dfrac{1}{\sqrt{3I}} & \dfrac{1}{\sqrt{3I}} & \dfrac{1}{\sqrt{3I}} \\[3mm] \dfrac{-1}{\sqrt{2I}} & 0 & \dfrac{1}{\sqrt{2I}} \\[3mm] \dfrac{1}{\sqrt{6I}} & \dfrac{-2}{\sqrt{6I}} & \dfrac{1}{\sqrt{6I}} \end{bmatrix} \begin{bmatrix} k & -k & 0 \\ -k & 2k & -k \\ 0 & -k & k \end{bmatrix} \begin{bmatrix} \dfrac{1}{\sqrt{3I}} & \dfrac{-1}{\sqrt{2I}} & \dfrac{1}{\sqrt{6I}} \\[3mm] \dfrac{1}{\sqrt{3I}} & 0 & \dfrac{-2}{\sqrt{6I}} \\[3mm] \dfrac{1}{\sqrt{3I}} & \dfrac{1}{\sqrt{2I}} & \dfrac{1}{\sqrt{6I}} \end{bmatrix}$$

$$= \begin{bmatrix} 0 & 0 & 0 \\ 0 & k/I & 0 \\ 0 & 0 & 3k/I \end{bmatrix} = \begin{bmatrix} \omega_{n1}^2 & 0 & 0 \\ 0 & \omega_{n2}^2 & 0 \\ 0 & 0 & \omega_{n3}^2 \end{bmatrix}$$

5.4.4　自然坐标与正则坐标、微分方程解耦

为了使微分方程解耦,选取一组自然坐标(主坐标)可使得多自由度方程变成 n 个单自由度方程,常用 $p_1(t), p_2(t), \cdots, p_n(t)$ 来描述。下面讨论自然坐标的选取问题。

如果选取几何坐标 $\{x(t)\} = [u]\{p(t)\}$,那么 $\{p(t)\} = [u]^{-1}\{x(t)\}$,则对于一般几何坐标所描述的运动微分方程

$$[m]\{\ddot{x}(t)\} + [k]\{x(t)\} = \{0\}$$

就变成以自然坐标 $p(t)$ 所表示的运动微分方程

$$[m][u]\{\ddot{p}(t)\} + [k][u]\{p(t)\} = \{0\}$$

用 $[u]^{\mathrm{T}}$ 左乘方程两边得到

$$[u]^{\mathrm{T}}[m][u]\{\ddot{p}(t)\} + [u]^{\mathrm{T}}[k][u]\{p(t)\} = \{0\}$$

即

$$[M]\{\ddot{p}(t)\} + [K]\{p(t)\} = \{0\} \tag{5-59}$$

由于主质量矩阵 $[M]$ 和主刚度矩阵 $[K]$ 都是对角矩阵,则用自然坐标表示的运动方程既无弹性耦合,也无惯性耦合,变成 n 个单自由度方程,很容易求解。

使方程解耦,广泛采用的是正则坐标,用 $s_1(t), s_2(t), \cdots, s_n(t)$ 来表示。它与原坐标之间的关系为:$\{x(t)\} = [N]\{s(t)\}$,所以有:$\{s(t)\} = [N]^{-1}\{x(t)\}$。这样用几何坐标表示的运动微分方程就变成以正则坐标 $s(t)$ 所表示的运动微分方程

$$[m][N]\{\ddot{s}(t)\} + [k][N]\{s(t)\} = \{0\}$$

用 $[N]^{\mathrm{T}}$ 左乘方程两边得到

$$[N]^{\mathrm{T}}[m][N]\{\ddot{s}(t)\} + [N]^{\mathrm{T}}[k][N]\{s(t)\} = \{0\}$$

即

$$\{\ddot{s}(t)\} + \begin{bmatrix} \omega_{n1}^2 & & \\ & \omega_{n2}^2 & \\ & & \omega_{n3}^2 \end{bmatrix} \{s(t)\} = \{0\} \tag{5-60}$$

所以,自然坐标和正则坐标是几何坐标用模态矩阵和正则矩阵进行变换所得到的,用这些坐标所描述的运动方程没有耦合,成为单自由度系统的振动方程,这样给求解带来极大的方便。

$$\{x(t)\} = [u]\{p(t)\} \rightarrow \{p(t)\} = [u]^{-1}\{x(t)\}$$

$$\{x(t)\} = [N]\{s(t)\} \rightarrow \{s(t)\} = [N]^{-1}\{x(t)\} \tag{5-61}$$

由于有时求解 $[N]^{-1}$ 和 $[u]^{-1}$ 比较困难,因此常采用下列方法求 $\{p(t)\}$ 和 $\{s(t)\}$。

因为 $\{x(t)\} = [u]\{p(t)\}$,用 $[u]^{\mathrm{T}}[m]$ 左乘方程两边得到

$$[u]^{\mathrm{T}}[m]\{x(t)\} = [u]^{\mathrm{T}}[m][u]\{p(t)\} = [M]\{p(t)\}$$

所以

$$\{p(t)\} = [M]^{-1}[u]^{\mathrm{T}}[m]\{x(t)\} \tag{5-62}$$

同理

$$\{s(t)\} = [I]^{-1}[N]^{\mathrm{T}}[m]\{x(t)\} \tag{5-63}$$

5.4.5　多自由度系统对初始激励的响应

从以上的分析可知,当系统按照某一阶自然频率振动时,其相对振幅比是系统本身的固有特性,与初始条件无关。但是绝对振幅是由系统的初始条件决定的,对

于自由振动来说,已知系统的初位移$\{x_0\}$和初速度$\{\dot{x}_0\}$,可以求得其绝对振幅$\{A\}$和相位$\{\varphi\}$的值。

通过选取自然坐标$\{p(t)\}$或正则坐标$\{s(t)\}$,可以使微分方程解耦,变成 n 个单自由度方程(5-60),通过单自由度系统的求解得到

$$s_i(t) = s_{i0}\cos(\omega_{ni}t) + \frac{\dot{s}_{i0}}{\omega_{ni}}\sin(\omega_{ni}t), \quad i = 1, 2, \cdots, n$$

即

$$\{s(t)\} = \{s_{i0}\}\{\cos(\omega_{ni}t)\} + \left(\frac{\dot{s}_{i0}}{\omega_{ni}}\right)\{\sin(\omega_{ni}t)\} \tag{5-64}$$

所以,在已知 s_{i0} 和 $\dot{s}_{i0}$ 的情况下,可以求得 s_i 的表达式。而实际的振动系统,初始条件是按照几何坐标给出的,即 $t=0$, $\{x(0)\} = \{x_0\}$, $\{\dot{x}(0)\} = \{\dot{x}_0\}$,当已知 s_{i0} 和 $\dot{s}_{i0}$ 的情况下,可以求得 s_i 的表达式。即物理坐标下的初始条件,必须转化为正则坐标下的初始条件。

由$\{x(t)\} = [N]\{s(t)\}$得到

$$\{s_0\} = [I]^{-1}[N]^{\mathrm{T}}[m]\{x_0\}, \quad \{\dot{s}_0\} = [I]^{-1}[N]^{\mathrm{T}}[m]\{\dot{x}_0\} \tag{5-65}$$

这样,就可以用式(5-63)求得$\{s(t)\}$的表达式,通过$\{x(t)\} = [N]\{s(t)\}$可以求出初始条件在几何坐标下的响应

$$\{x(t)\} = [N]\{s(t)\} = \begin{bmatrix} \beta_1 u_1^{(1)} & \beta_2 u_1^{(2)} & \cdots & \beta_n u_1^{(n)} \\ \beta_1 u_2^{(1)} & \beta_2 u_2^{(2)} & \cdots & \beta_n u_2^{(n)} \\ \vdots & \vdots & & \vdots \\ \beta_1 u_n^{(1)} & \beta_2 u_n^{(2)} & \cdots & \beta_n u_n^{(n)} \end{bmatrix} \begin{Bmatrix} s_{10}\cos(\omega_{n1}t) + (\dot{s}_{10}/\omega_{n1})\sin(\omega_{n1}t) \\ s_{20}\cos(\omega_{n2}t) + (\dot{s}_{20}/\omega_{n2})\sin(\omega_{n2}t) \\ \vdots \\ s_{n0}\cos(\omega_{nn}t) + (\dot{s}_{n0}/\omega_{nn})\sin(\omega_{nn}t) \end{Bmatrix}$$

$$\tag{5-66}$$

将上面的求解过程用框图来表示,如图 5-11 所示。

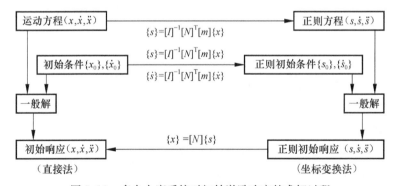

图 5-11　多自由度系统对初始激励响应的求解过程

例 5-12　用坐标变换法求解如例 5-10 所示系统的初始响应,设 $t=0$ 时,$\theta_{10} = \theta_{20} = \theta_{30} = 0$,$\dot{\theta}_{10} = 1$,$\dot{\theta}_{20} = \dot{\theta}_{30} = 0$。

解　前边已经求出系统的质量矩阵$[m]$、各阶主振型$\{u^{(i)}\}$和自然频率ω_{ni}:

$$[m] = \begin{bmatrix} I & & \\ & I & \\ & & I \end{bmatrix}, \quad \{u^{(1)}\} = \begin{Bmatrix} 1 \\ 1 \\ 1 \end{Bmatrix}, \quad \{u^{(2)}\} = \begin{Bmatrix} -1 \\ 0 \\ 1 \end{Bmatrix}, \quad \{u^{(3)}\} = \begin{Bmatrix} 1 \\ -2 \\ 1 \end{Bmatrix}$$

$$\omega_{n1} = 0, \quad \omega_{n2} = \sqrt{k/I}, \quad \omega_{n3} = \sqrt{3k/I}$$

系统的振型矩阵$[u]$和初始条件$\{\dot\theta_0\}$和$\{\theta_0\}$为

$$[u] = \begin{bmatrix} 1 & 1 & 1 \\ 1 & 0 & -2 \\ 1 & -1 & 1 \end{bmatrix}, \quad \begin{Bmatrix} \dot\theta_{10} \\ \dot\theta_{20} \\ \dot\theta_{30} \end{Bmatrix} = \begin{Bmatrix} 1 \\ 0 \\ 0 \end{Bmatrix}, \quad \begin{Bmatrix} \theta_{10} \\ \theta_{20} \\ \theta_{30} \end{Bmatrix} = \begin{Bmatrix} 0 \\ 0 \\ 0 \end{Bmatrix}$$

计算正则因子β,并进一步导出正则矩阵$[N]$

$$[u]^{\mathrm{T}}[m][u] = \begin{bmatrix} 1 & 1 & 1 \\ 1 & 0 & -1 \\ 1 & -2 & 1 \end{bmatrix} \begin{bmatrix} I & 0 & 0 \\ 0 & I & 0 \\ 0 & 0 & I \end{bmatrix} \begin{bmatrix} 1 & 1 & 1 \\ 1 & 0 & -2 \\ 1 & -1 & 1 \end{bmatrix} = \begin{bmatrix} 3I & 0 & 0 \\ 0 & 2I & 0 \\ 0 & 0 & 6I \end{bmatrix}$$

$$\beta_1 = \frac{1}{\sqrt{3I}}, \quad \beta_2 = \frac{1}{\sqrt{2I}}, \quad \beta_3 = \frac{1}{\sqrt{6I}}$$

正则矩阵

$$[N] = \begin{bmatrix} \beta_1 \times 1 & \beta_2 \times 1 & \beta_3 \times 1 \\ \beta_1 \times 1 & 0 & \beta_3 \times (-2) \\ \beta_1 \times 1 & \beta_2 \times (-1) & \beta_3 \times 1 \end{bmatrix} = \frac{1}{\sqrt{6I}} \begin{bmatrix} \sqrt{2} & \sqrt{3} & 1 \\ \sqrt{2} & 0 & -2 \\ \sqrt{2} & -\sqrt{3} & 1 \end{bmatrix}$$

对于给定的初始条件进行坐标变换,求出正则初始条件$\{s_0\}$和$\{\dot s_0\}$:

$$\{s(t)\} = [I]^{-1}[N]^{\mathrm{T}}[m]\{x(t)\}$$

$$\begin{Bmatrix} s_{10} \\ s_{20} \\ s_{30} \end{Bmatrix} = \frac{I}{\sqrt{6I}} \begin{bmatrix} \sqrt{2} & \sqrt{2} & \sqrt{2} \\ \sqrt{3} & 0 & -\sqrt{3} \\ 1 & -2 & 1 \end{bmatrix} \begin{bmatrix} 1 & 0 & 0 \\ 0 & 1 & 0 \\ 0 & 0 & 1 \end{bmatrix} \begin{Bmatrix} 0 \\ 0 \\ 0 \end{Bmatrix} = \begin{Bmatrix} 0 \\ 0 \\ 0 \end{Bmatrix}$$

$$\begin{Bmatrix} \dot s_{10} \\ \dot s_{20} \\ \dot s_{30} \end{Bmatrix} = \frac{I}{\sqrt{6I}} \begin{bmatrix} \sqrt{2} & \sqrt{2} & \sqrt{2} \\ \sqrt{3} & 0 & -\sqrt{3} \\ 1 & -2 & 1 \end{bmatrix} \begin{bmatrix} 1 & 0 & 0 \\ 0 & 1 & 0 \\ 0 & 0 & 1 \end{bmatrix} \begin{Bmatrix} 1 \\ 0 \\ 0 \end{Bmatrix} = \sqrt{\frac{I}{6}} \begin{Bmatrix} \sqrt{2} \\ \sqrt{3} \\ 1 \end{Bmatrix}$$

则正则响应

$$\begin{Bmatrix} s_1(t) \\ s_2(t) \\ s_3(t) \end{Bmatrix} = \begin{Bmatrix} s_{10}\cos(\omega_{n1}t) + (\dot s_{10}/\omega_{n1})\sin(\omega_{n1}t) \\ s_{20}\cos(\omega_{n2}t) + (\dot s_{20}/\omega_{n2})\sin(\omega_{n2}t) \\ s_{30}\cos(\omega_{n3}t) + (\dot s_{30}/\omega_{n3})\sin(\omega_{n3}t) \end{Bmatrix} = \sqrt{\frac{I}{6}} \begin{Bmatrix} \sqrt{2}t \\ (\sqrt{3}/\sqrt{k/I})\sin(\sqrt{k/I}\,t) \\ (1/\sqrt{3k/I})\sin(\sqrt{3k/I}\,t) \end{Bmatrix}$$

对于正则初始响应作反变换,求其原几何坐标下的初始响应$\{\theta\}$:

$$\{\theta(t)\} = [N]\{s(t)\}$$

$$\begin{Bmatrix} \theta_1(t) \\ \theta_2(t) \\ \theta_3(t) \end{Bmatrix} = \frac{1}{\sqrt{6I}} \begin{bmatrix} \sqrt{2} & \sqrt{3} & 1 \\ \sqrt{2} & 0 & -2 \\ \sqrt{2} & -\sqrt{3} & 1 \end{bmatrix} \sqrt{\frac{I}{6}} \begin{Bmatrix} \sqrt{2}t \\ \sqrt{3I/k}\sin(\sqrt{k/I}\,t) \\ \sqrt{I/3k}\sin(\sqrt{3k/I}\,t) \end{Bmatrix}$$

初始响应可写成

$$\theta_1(t) = \frac{1}{6}\left[2t + 3\sqrt{I/k}\sin(\sqrt{k/I}\,t) + \sqrt{I/3k}\sin(\sqrt{3k/I}\,t)\right]$$

$$\theta_2(t) = \frac{1}{6}\left[2t - 2\sqrt{I/3k}\sin(\sqrt{3k/I}\,t)\right]$$

$$\theta_3(t) = \frac{1}{6}\left[2t - 3\sqrt{I/k}\sin(\sqrt{k/I}\,t) + \sqrt{I/3k}\sin(\sqrt{3k/I}\,t)\right]$$

综上所述,求解多自由度系统响应的过程步骤如下:

(1) 建立系统振动微分方程;

(2) 计算系统无阻尼时的自然频率、特征向量、主振型以及系统的模态矩阵;

(3) 计算系统的正则因子及正则矩阵;

(4) 利用正则矩阵对系统方程解耦,使之成为正则方程并写出方程的正则解;

(5) 对原几何坐标初始条件进行坐标变换,使之成为正则初始条件,求出正则响应;

(6) 对正则响应进行坐标反变换,使之成为原坐标表示的系统响应。

5.4.6　系统矩阵与动力矩阵

在前面的讨论中,已经由多自由度系统的自由振动问题引出下面的广义特征值问题:

$$[k]\{u\} = \lambda[m]\{u\} \tag{5-67}$$

以下研究如何将以上两个矩阵定义的广义特征值问题化为由一个矩阵定义的标准特征值问题。用$[k]^{-1}$,即柔度矩阵$[a]$左乘方程(5-67)的两端,得到

$$\{u\} = \lambda[a][m]\{u\} \tag{5-68}$$

令$\mu = 1/\lambda = 1/\omega^2$,并引入动力矩阵$[D] = [a][m]$,方程(5-68)就成为

$$[D]\{u\} = \mu\{u\} \tag{5-69}$$

这样,广义特征值问题就化成了标准特征值问题。如果用$[m]^{-1}$左乘方程(5-67)的两端,得到

$$[m]^{-1}[k]\{u\} = \lambda\{u\} \tag{5-70}$$

引入系统矩阵$[S] = [m]^{-1}[k]$,方程(5-70)成为

$$[S]\{u\} = \lambda\{u\} \tag{5-71}$$

这也是标准特征值问题。系统矩阵$[S]$和动力矩阵$[D]$之间存在互逆关系,即

$$[S] = [m]^{-1}[k] = ([k]^{-1}[m])^{-1} = [D]^{-1}$$

需要注意,即使质量矩阵$[m]$和刚度矩阵$[k]$是对称的,动力矩阵$[D]$和系统矩阵$[S]$一般也是非对称的。因此,由式(5-69)和式(5-71)所表示的标准特征值问题中,其矩阵一般是非对称的,这限制了一些有效的特征问题求解方法的应用。

例 5-13　对如图 5-8 所示的三自由度系统,$k_1 = k_2 = k, k_3 = 2k, m_1 = m_2 = m, m_3 = 2m$,采用标准特征值形式的方程求系统的自然模态。

解　前面的例 5-1 中已经求出该系统的质量矩阵,而例 5-6 求出的柔度矩阵分别为

$$[m] = \begin{bmatrix} m_1 & & \\ & m_2 & \\ & & m_3 \end{bmatrix} = m \begin{bmatrix} 1 & & \\ & 1 & \\ & & 2 \end{bmatrix}$$

$$[a] = \begin{bmatrix} \dfrac{1}{k_1} & \dfrac{1}{k_1} & \dfrac{1}{k_1} \\ \dfrac{1}{k_1} & \dfrac{1}{k_1} + \dfrac{1}{k_2} & \dfrac{1}{k_1} + \dfrac{1}{k_2} \\ \dfrac{1}{k_1} & \dfrac{1}{k_1} + \dfrac{1}{k_2} & \dfrac{1}{k_1} + \dfrac{1}{k_2} + \dfrac{1}{k_3} \end{bmatrix} = \dfrac{1}{k} \begin{bmatrix} 1 & 1 & 1 \\ 1 & 2 & 2 \\ 1 & 2 & 2.5 \end{bmatrix}$$

动力矩阵为

$$[D] = [a][m] = \dfrac{m}{k} \begin{bmatrix} 1 & 1 & 1 \\ 1 & 2 & 2 \\ 1 & 2 & 2.5 \end{bmatrix} \begin{bmatrix} 1 & & \\ & 1 & \\ & & 2 \end{bmatrix} = \dfrac{m}{k} \begin{bmatrix} 1 & 1 & 2 \\ 1 & 2 & 4 \\ 1 & 2 & 5 \end{bmatrix}$$

显然,这是一个非对称矩阵。系统的特征值问题方程为

$$\dfrac{m}{k} \begin{bmatrix} 1 & 1 & 2 \\ 1 & 2 & 4 \\ 1 & 2 & 5 \end{bmatrix} \begin{Bmatrix} u_1 \\ u_2 \\ u_3 \end{Bmatrix} = \dfrac{1}{\omega^2} \begin{Bmatrix} u_1 \\ u_2 \\ u_3 \end{Bmatrix}$$

令 $\mu = \dfrac{k}{m} \dfrac{1}{\omega^2}$,并整理得到

$$\begin{bmatrix} 1-\mu & 1 & 2 \\ 1 & 2-\mu & 4 \\ 1 & 2 & 5-\mu \end{bmatrix} \begin{Bmatrix} u_1 \\ u_2 \\ u_3 \end{Bmatrix} = \begin{Bmatrix} 0 \\ 0 \\ 0 \end{Bmatrix} \tag{5-72}$$

频率方程为

$$\Delta(\mu) = \begin{vmatrix} 1-\mu & 1 & 2 \\ 1 & 2-\mu & 4 \\ 1 & 2 & 5-\mu \end{vmatrix} = -(\mu^3 - 8\mu^2 + 6\mu - 1) = 0$$

可解出 $\mu_1 = 7.1842, \mu_2 = 0.5728, \mu_3 = 0.2430$,从而自然频率为

$$\omega_1 = \sqrt{\dfrac{k}{m\mu_1}} = 0.3731\sqrt{\dfrac{k}{m}}, \quad \omega_2 = \sqrt{\dfrac{k}{m\mu_2}} = 1.3213\sqrt{\dfrac{k}{m}}$$

$$\omega_3 = \sqrt{\frac{k}{m\mu_3}} = 2.0286\sqrt{\frac{k}{m}}$$

将 μ_1 代回式(5-72),取其前两式,得到

$$\begin{bmatrix} -6.1842 & 1 & 2 \\ 1 & -5.1842 & 4 \end{bmatrix} \begin{Bmatrix} u_1^{(1)} \\ u_2^{(1)} \\ u_3^{(1)} \end{Bmatrix} = \begin{Bmatrix} 0 \\ 0 \end{Bmatrix}$$

取 $u_1^{(1)}=1$,可解得$\{u^{(1)}\}$,同理可得到$\{u^{(2)}\}$和$\{u^{(3)}\}$。其结果为

$$\{u^{(1)}\} = \begin{Bmatrix} 1 \\ 1.8608 \\ 2.1617 \end{Bmatrix}, \quad \{u^{(2)}\} = \begin{Bmatrix} 1 \\ 0.2542 \\ -0.3407 \end{Bmatrix}, \quad \{u^{(3)}\} = \begin{Bmatrix} 1 \\ -2.1152 \\ 0.6791 \end{Bmatrix}$$

若按$\{u^{(r)}\}^{\mathrm{T}}[m]\{u^{(r)}\}=1$条件正规化,可得

$$\{u^{(1)}\} = \frac{1}{\sqrt{m}}\begin{Bmatrix} 0.2691 \\ 0.5008 \\ 0.5817 \end{Bmatrix}, \quad \{u^{(2)}\} = \frac{1}{\sqrt{m}}\begin{Bmatrix} 0.8781 \\ 0.2232 \\ -0.2992 \end{Bmatrix}, \quad \{u^{(3)}\} = \frac{1}{\sqrt{m}}\begin{Bmatrix} 0.3954 \\ -0.8363 \\ 0.2685 \end{Bmatrix}$$

图 5-12 表示了系统三阶自然模态的振型。其中,第一阶模态没有节点,第二阶模态有一个节点;第三阶模态有两个节点。一般地,第 n 阶模态有 $n-1$ 个模态。

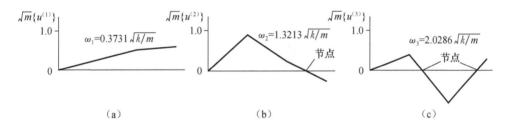

图 5-12　三阶自然模态的振型

5.4.7　有阻尼多自由度系统的自由振动

前面讨论了无阻尼多自由度系统的自由振动,而在实际机械系统中,总是存在各种阻尼力的作用。在进行振动分析计算时,往往采用线性黏性阻尼模型,即将各种阻尼力简化为与速度成正比。黏性阻尼系数往往按工程中的实际结果拟合。

对于 n 自由度系统,以广义坐标 $q(t)$ 表示的运动微分方程为

$$[m]\{\ddot{q}(t)\} + [c]\{\dot{q}(t)\} + [k]\{q(t)\} = \{Q(t)\}$$

在一般情况下,阻尼矩阵$[c]$是一个 $n \times n$ 阶正定或半正定的对称矩阵。对于有黏性阻尼的多自由度系统的自由振动,其运动方程为

$$[m]\{\ddot{q}(t)\} + [c]\{\dot{q}(t)\} + [k]\{q(t)\} = \{0\}$$

采用自然坐标,将$\{q(t)\}=[u]\{p(t)\}$代入上式,得到

$$[m][u]\{\ddot{p}(t)\} + [c][u]\{\dot{p}(t)\} + [k][u]\{p(t)\} = \{0\}$$

用$[u]^{\mathrm{T}}$左乘上式两端,得到

$$[u]^{\mathrm{T}}[m][u]\{\ddot{p}(t)\} + [u]^{\mathrm{T}}[c][u]\{\dot{p}(t)\} + [u]^{\mathrm{T}}[k][u]\{p(t)\} = \{0\}$$

利用式(5-54)和式(5-55),可得

$$\{\ddot{p}(t)\} + [C]\{\dot{p}(t)\} + \begin{bmatrix} \omega_1^2 & & \\ & \ddots & \\ & & \omega_n^2 \end{bmatrix}\{p(t)\} = \{0\} \tag{5-73}$$

在式(5-73)中,质量矩阵和刚度矩阵均已对角化,但阻尼矩阵$[C]=[u]^{\mathrm{T}}[c][u]$一般不是对角矩阵。这样,方程(5-73)虽已转换到自然模态,但仍是一组通过速度项互相耦合的微分方程,对其求解还是相当困难。如果要从根本上克服这一困难,使得有阻尼的多自由度系统的自由振动运动方程解耦,这就需要采用复模态的分析方法。本书不涉及复模态的方法,下面介绍一些将$[C]$矩阵对角化的近似方法。

如果在原坐标中的阻尼矩阵$[c]$可以近似地表示为质量矩阵$[m]$与刚度矩阵$[k]$的线性组合,即

$$[c] = \alpha[m] + \beta[k] \tag{5-74}$$

式中,α,β是大于或等于零的常数,这就是前面所讨论的比例阻尼。在这种情况下,当坐标转换到自然坐标后,对应的阻尼矩阵$[C]$也将是一个对角矩阵:

$$[C] = [u]^{\mathrm{T}}[c][u] = \alpha[1] + \beta\begin{bmatrix} \omega_1^2 & & \\ & \ddots & \\ & & \omega_n^2 \end{bmatrix} = \begin{bmatrix} \alpha+\beta\omega_1^2 & & \\ & \ddots & \\ & & \alpha+\beta\omega_n^2 \end{bmatrix}$$

令$\alpha+\beta\omega_r^2 = 2\xi_r\omega_r$,则$\xi_r = \dfrac{\alpha+\beta\omega_r}{2\omega_r}$,称为第$r$阶模态的阻尼率。从而有

$$[C] = \begin{bmatrix} 2\xi_1\omega_1 & & \\ & \ddots & \\ & & 2\xi_n\omega_n \end{bmatrix} \tag{5-75}$$

工程中的大多数机械振动系统中,阻尼是非常小的。在这种情况下,虽然$[C]$不是对角矩阵,我们仍然可以用一个对角形式的阻尼矩阵来近似代替$[C]$,最简单的方法就是将$[C]$的非对角元素改为零值。因为$[C]$的非对角元素引起的方程中的微小阻尼力耦合项的影响一般远比系统的非耦合项的作用(弹性力、惯性力、阻尼力)要小,可以作为次要的影响,将它略去后仍可得到合理的近似。

在上述两种情况下,将模态坐标下的阻尼矩阵用式(5-75)表达,运动方程(5-73)就成为n个互相独立的方程

$$\ddot{p}_r(t) + 2\xi_r\omega_r\dot{p}_r(t) + \omega_r^2 p_r(t) = 0, \quad r = 1,2,\cdots,n \tag{5-76}$$

这些方程类似于单自由度系统的运动方程,因而其第r个运动方程的解为

$$p_r(t) = C_r \mathrm{e}^{-\xi_r\omega_r t}\cos(\omega_{\mathrm{d}r}t - \psi_r) \tag{5-77}$$

式中，$\omega_{dr}=\omega_r\sqrt{1-\xi_r}$，而 C_r,ψ_r 是待定常数，由初始条件决定，如果已知系统的初始条件

$$\{q(0)\}=\{q_0\}, \quad \{\dot{q}(0)\}=\{\dot{q}_0\}$$

从而得到

$$p_r(0)=\{u^{(r)}\}^{\mathrm{T}}[m]\{q_0\}, \quad \dot{p}_r(0)=\{u^{(r)}\}^{\mathrm{T}}[m]\{\dot{q}_0\} \tag{5-78}$$

将式(5-78)代入式(5-77)及其导数式可得到

$$C_r\cos\psi_r=\{u^{(r)}\}^{\mathrm{T}}[m]\{q_0\}$$

$$-C_r\sin\psi_r=\frac{1}{\omega_{dr}}(\{u^{(r)}\}^{\mathrm{T}}[m]\{\dot{q}_0\}+\xi_r\omega_r\{u^{(r)}\}^{\mathrm{T}}[m]\{q_0\}) \tag{5-79}$$

联立求解式(5-79)所示的方程组，可求得 C_r,ψ_r，代入式(5-77)，就可确定 $p_r(t)$，即得到 $\{p(t)\}$，最后代回坐标变换式 $\{q(t)\}=[u]\{p(t)\}$，得到物理坐标下的响应

$$\{q(t)\}=[u]\{p(t)\}=\sum_{r=1}^{n}p_r(t)\{u^{(r)}\}=\sum_{r=1}^{n}\mathrm{e}^{-\xi_r\omega_r t}\Big[\{u^{(r)}\}^{\mathrm{T}}[m]\{q_0\}\cos(\omega_{dr}t)$$

$$+\frac{1}{\omega_{dr}}(\{u^{(r)}\}^{\mathrm{T}}[m]\{q_0\}+\xi_r\omega_r\{u^{(r)}\}^{\mathrm{T}}[m]\{q_0\})\sin(\omega_{dr}t)\Big]\{u^{(r)}\} \tag{5-80}$$

上式是比例阻尼或小阻尼情况下多自由度系统的自由振动响应。可见，系统每个坐标的运动都是 n 个模态振动的叠加，而每个模态的振动都是衰减的简谐振动。一般低频衰减较慢，高频衰减较快。

在具体应用中，$[m]$，$[k]$ 往往可由计算分析并结合实验得到，而 $[c]$ 一般难以由分析方法求出。我们可以通过实验模态分析，直接测定各个模态的阻尼率 ξ_r，然后将它直接引入自然坐标下的解耦微分方程(5-76)，而采用坐标逆变换，即可推求在原来的广义坐标中系统的阻尼矩阵。

5.5 多自由度系统的强迫振动

5.5.1 无阻尼系统的强迫振动

几何坐标下无阻尼系统强迫振动运动方程的一般形式为

$$[m]\{\ddot{x}(t)\}+[k]\{x(t)\}=\{Q(t)\} \tag{5-81}$$

对于简谐激振力 $\{Q(t)\}$，有

$$\{Q(t)\}=\{Q\}\sin(\omega t) \tag{5-82}$$

系统受到简谐激振力时运动微分方程为

$$[m]\{\ddot{x}(t)\}+[k]\{x(t)\}=\{Q\}\sin(\omega t) \tag{5-83}$$

采用坐标变换法，将运动微分方程采用 $\{x(t)\}=[N]\{s(t)\}$ 进行变换，即

$$[m][N]\{\ddot{s}(t)\}+[k][N]\{s(t)\}=\{Q\}\sin(\omega t)$$

在上面的方程中左乘 $[N]^{\mathrm{T}}$ 去耦，得到

$$[N]^{\mathrm{T}}[m][N]\{\ddot{s}(t)\} + [N]^{\mathrm{T}}[k][N]\{s(t)\} = [N]^{\mathrm{T}}\{Q\}\sin(\omega t)$$

上式可以写为

$$\{\ddot{s}(t)\} + \begin{bmatrix} \omega_1^2 & & \\ & \ddots & \\ & & \omega_n^2 \end{bmatrix}\{s(t)\} = [N]^{\mathrm{T}}\{Q\}\sin(\omega t) = \{Q_s\}\sin(\omega t) \quad (5\text{-}84)$$

式中，$\{Q_s\} = [N]^{\mathrm{T}}\{Q\}$ 称为正则激振力。将系统的正则方程展开，得到的 n 个单自由度系统强迫振动的形式为

$$\{\ddot{s}(t)\} + \omega_n^2\{s(t)\} = \{Q_s\}\sin(\omega t) \quad (5\text{-}85)$$

各个方程可单独求解。根据单自由度系统强迫振动分析公式得到稳态解为

$$x(t) = \frac{X_0}{\sqrt{(1-\lambda^2)^2 + (2\xi\lambda)^2}}\sin(\omega t - \varphi)$$

对于无阻尼系统，$\xi = 0$，从而得到

$$\{s(t)\} = \{Q_s/(\omega_n^2 - \omega^2)\}\sin(\omega t) \quad (5\text{-}86)$$

这就是系统对激振力的正则响应。

用 $\{x(t)\} = [N]\{s(t)\}$ 进行坐标反变换，求得稳态谐波响应为

$$\begin{Bmatrix} x_1(t) \\ x_2(t) \\ \vdots \\ x_n(t) \end{Bmatrix} = \begin{bmatrix} \beta_1 u_1^{(1)} & \beta_2 u_1^{(2)} & \cdots & \beta_n u_1^{(n)} \\ \beta_1 u_2^{(1)} & \beta_2 u_2^{(2)} & \cdots & \beta_n u_2^{(n)} \\ \vdots & \vdots & & \vdots \\ \beta_1 u_n^{(1)} & \beta_2 u_n^{(2)} & \cdots & \beta_n u_n^{(n)} \end{bmatrix} \begin{Bmatrix} Q_{s1}/(\omega_{n1}^2 - \omega^2) \\ Q_{s2}/(\omega_{n2}^2 - \omega^2) \\ \vdots \\ Q_{sn}/(\omega_{nn}^2 - \omega^2) \end{Bmatrix}\sin(\omega t) \quad (5\text{-}87)$$

当激振力频率 ω 接近自然频率 $\omega_{n1}, \omega_{n2}, \cdots, \omega_{nn}$ 中任何一个值时，系统的振幅将达到最大值，就会发生共振现象，n 个自由度系统具有 n 个共振频率。

5.5.2　有阻尼系统的强迫振动

当系统存在阻尼时，几何坐标下运动微分方程可写成

$$[m]\{\ddot{x}(t)\} + [c]\{\dot{x}(t)\} + [k]\{x(t)\} = \{Q(t)\} \quad (5\text{-}88)$$

进行坐标变换 $\{x(t)\} = [N]\{s(t)\}$，得到

$$[m][N]\{\ddot{s}(t)\} + [c][N]\{\dot{s}(t)\} + [k][N]\{s(t)\} = \{Q(t)\}$$

在上面的方程中左乘 $[N]^{\mathrm{T}}$，得到

$$[I]\{\ddot{s}(t)\} + [c_s]\{\dot{s}(t)\} + \begin{bmatrix} \omega_1^2 & & \\ & \ddots & \\ & & \omega_n^2 \end{bmatrix}\{s(t)\} = \{Q_s(t)\} \quad (5\text{-}89)$$

可见，$\{\ddot{s}(t)\}$ 和 $\{s(t)\}$ 的系数矩阵经正则化后便成对角矩阵，而 $[c_s]$ 却不能化为对角矩阵。所以微分方程(5-89)还是一组速度耦合的微分方程组。如果能使 $[c_s]$ 变成一个对角矩阵，则方程将会变成一组彼此独立的线性方程。在实际中常假设原阻尼矩阵 $[c]$ 是与质量矩阵 $[m]$ 和刚度矩阵 $[k]$ 成正比，即式(5-74)表示的比例阻

尼,坐标转换后的阻尼由式(5-75)表示。

当系统的阻尼系数与质量和弹簧刚度不成正比例时,称为一般黏性阻尼,此时一般不能去耦,经正则处理后仍为一非对角矩阵

$$[c_s] = [N]^T[c][N] = \begin{bmatrix} c_{s_{11}} & c_{s_{12}} & \cdots & c_{s_{1n}} \\ c_{s_{21}} & c_{s_{22}} & \cdots & c_{s_{2n}} \\ \vdots & \vdots & & \vdots \\ c_{s_{n1}} & c_{s_{n2}} & \cdots & c_{s_{nn}} \end{bmatrix} \qquad (5\text{-}90)$$

实用中,将非对角元素取为零

$$[c_s] = \begin{bmatrix} c_{s_{11}} & 0 & \cdots & 0 \\ 0 & c_{s_{22}} & \cdots & 0 \\ \vdots & \vdots & & \vdots \\ 0 & 0 & \cdots & c_{s_{nn}} \end{bmatrix} \qquad (5\text{-}91)$$

称为正则振型阻尼矩阵。系统在简谐激振力作用下,微分方程为

$$[m]\{\ddot{x}(t)\} + [c]\{\dot{x}(t)\} + [k]\{x(t)\} = \{Q\}\sin(\omega t) \qquad (5\text{-}92)$$

与单自由度阻尼系统的强迫振动分析一样,其解由两部分组成,第一部分是齐次解,或称瞬态解,代表系统开始振动后一短暂时间内的衰减振动,很快消失,本书不作讨论。解的第二部分是稳态解,用坐标法求解

$$\{x(t)\} = [N]\{s(t)\}, \quad \{\dot{x}(t)\} = [N]\{\dot{s}(t)\}, \quad \{\ddot{x}(t)\} = [N]\{\ddot{s}(t)\}$$

进行坐标变换和去耦,得到

$$[N]^T[m][N]\{\ddot{s}(t)\} + [N]^T[c][N]\{\dot{s}(t)\} + [N]^T[k][N]\{s(t)\} = [N]^T\{Q\}\sin(\omega t)$$

化简得到

$$\{\ddot{s}(t)\} + [c_s]\{\dot{s}(t)\} + [\omega_n^2]\{s(t)\} = \{Q_s\}\sin(\omega t) \qquad (5\text{-}93)$$

将式(5-93)展开,并整理得到

$$\begin{cases} \ddot{s}_1(t) + 2\xi_1\omega_{n1}\dot{s}_1(t) + \omega_{n1}^2 s(t) = Q_{s1}\sin(\omega t) \\ \ddot{s}_2(t) + 2\xi_2\omega_{n2}\dot{s}_2(t) + \omega_{n2}^2 s(t) = Q_{s2}\sin(\omega t) \\ \qquad\qquad\vdots \\ \ddot{s}_n(t) + 2\xi_n\omega_{nn}\dot{s}_n(t) + \omega_{nn}^2 s(t) = Q_{sn}\sin(\omega t) \end{cases} \qquad (5\text{-}94)$$

即无耦合的运动微分方程,按单自由度振动求解得到

$$s_i(t) = \frac{Q_{si}}{\omega_{ni}^2} Z_i \sin(\omega t - \psi_i), \quad i = 1, 2, \cdots, n \qquad (5\text{-}95)$$

式中,Z_i 和 ψ_i 为

$$Z_i = \frac{1}{\sqrt{(1 - \lambda_i^2)^2 + (2\xi_i\lambda_i)^2}}, \quad \psi_i = \arctan\left(\frac{2\xi_i\omega_i}{1 - \lambda_i^2}\right) \qquad (5\text{-}96)$$

原几何坐标所表示的稳态响应为

$$
\begin{Bmatrix} x_1(t) \\ x_2(t) \\ \vdots \\ x_n(t) \end{Bmatrix} = \begin{bmatrix} \beta_1 u_1^{(1)} & \beta_2 u_1^{(2)} & \cdots & \beta_n u_1^{(n)} \\ \beta_1 u_2^{(1)} & \beta_2 u_2^{(2)} & \cdots & \beta_n u_2^{(n)} \\ \vdots & \vdots & & \vdots \\ \beta_1 u_n^{(1)} & \beta_2 u_n^{(2)} & \cdots & \beta_n u_n^{(n)} \end{bmatrix} \begin{Bmatrix} s_1(t) \\ s_2(t) \\ \vdots \\ s_n(t) \end{Bmatrix} \tag{5-97}
$$

例 5-14　如图 5-2(a)所示的系统,设 $m_1 = m_2 = m_3 = m$, $k_1 = k_2 = k_3 = k$,各振型阻尼率 $\xi_1 = \xi_2 = \xi_3 = 0.01$,求在简谐激振力 $F_1(t) = F_2(t) = F_3(t) = F\sin(\omega t)$ 作用下,当 $\omega = 1.25\sqrt{k/m}$ 时系统的响应。

解　(1) 建立系统的运动方程。

$$
[m]\{\ddot{x}(t)\} + [c]\{\dot{x}(t)\} + [k]\{x(t)\} = \{F(t)\}
$$

其中

$$
[m] = \begin{bmatrix} m & 0 & 0 \\ 0 & m & 0 \\ 0 & 0 & m \end{bmatrix}, \quad [c] = \begin{bmatrix} c_1 + c_2 & -c_2 & 0 \\ -c_2 & c_2 + c_3 & -c_3 \\ 0 & -c_3 & c_3 \end{bmatrix}
$$

$$
[k] = \begin{bmatrix} k_1 + k_2 & -k_2 & 0 \\ -k_2 & k_2 + k_3 & -k_3 \\ 0 & -k_3 & k_3 \end{bmatrix} = \begin{bmatrix} 2k & -k & 0 \\ -k & 2k & -k \\ 0 & -k & k \end{bmatrix}
$$

$$
\{F(t)\} = \{F\}\sin(\omega t), \quad \omega = 1.25\sqrt{k/m}
$$

(2) 求系统无阻尼时的自然频率 ω_n、主振型 $\{A\}$ 和振型矩阵 $[u]$。

特征方程为

$$
\Delta(\omega^2) = |[k] - \omega^2[m]| = \begin{vmatrix} 2k - m\omega^2 & -k & 0 \\ -k & 2k - m\omega^2 & -k \\ 0 & -k & k - m\omega^2 \end{vmatrix} = 0 \tag{5-98}
$$

展开后整理得到

$$
(\omega^2)^3 - 5\left(\frac{k}{m}\right)(\omega^2)^2 + 6\left(\frac{k}{m}\right)^2(\omega^2) - \left(\frac{k}{m}\right)^3 = 0
$$

解得特征值为

$$
\omega_{n1}^2 = 0.198k/m, \quad \omega_{n2}^2 = 1.555k/m, \quad \omega_{n3}^2 = 3.247k/m
$$

因而,系统的自然频率为

$$
\omega_{n1} = 0.445\sqrt{k/m}, \quad \omega_{n2} = 1.247\sqrt{k/m}, \quad \omega_{n3} = 1.802\sqrt{k/m}
$$

将上面的自然频率 $\omega_{n1}, \omega_{n2}, \omega_{n3}$ 代回特征方程(5-98),按照例 5-9 或例 5-13 的方法,可得模态向量为

$$
\{u^{(1)}\} = \begin{Bmatrix} 1.000 \\ 1.802 \\ 2.247 \end{Bmatrix}, \quad \{u^{(2)}\} = \begin{Bmatrix} 1.000 \\ 0.445 \\ -0.802 \end{Bmatrix}, \quad \{u^{(3)}\} = \begin{Bmatrix} 1.000 \\ -1.247 \\ 0.555 \end{Bmatrix}
$$

系统振型矩阵为

$$[u] = \begin{bmatrix} 1.000 & 1.000 & 1.000 \\ 1.802 & 0.445 & -1.247 \\ 2.247 & -0.802 & 0.555 \end{bmatrix}$$

（3）计算正则因子 β 和正则矩阵 $[N]$。

由 $[u]^{\mathrm{T}}[m][u]=[I]$，得到

$$\beta_1 = 0.328/\sqrt{m}, \quad \beta_2 = 0.737/\sqrt{m}, \quad \beta_3 = 0.591/\sqrt{m}$$

$$[N] = \frac{1}{\sqrt{m}} \begin{bmatrix} 0.328 & 0.737 & 0.591 \\ 0.591 & 0.328 & -0.737 \\ 0.737 & -0.591 & 0.328 \end{bmatrix}$$

（4）计算正则因子、放大因子、相位及正则解。

$$\{F_s\} = \begin{Bmatrix} F_{s1} \\ F_{s2} \\ F_{s3} \end{Bmatrix} = \frac{1}{\sqrt{m}} \begin{bmatrix} 0.328 & 0.737 & 0.591 \\ 0.591 & 0.328 & -0.737 \\ 0.737 & -0.591 & 0.328 \end{bmatrix} \begin{Bmatrix} F \\ F \\ F \end{Bmatrix} \sin(\omega t)$$

$$F_{s1} = \frac{1.656}{\sqrt{m}} F \sin(\omega t), \quad F_{s2} = \frac{0.474}{\sqrt{m}} F \sin(\omega t), \quad F_{s3} = \frac{0.182}{\sqrt{m}} F \sin(\omega t)$$

由式（5-96）分别求得放大因子和初相位为

$$Z_1 = 0.145, \quad Z_2 = 48.500, \quad Z_3 = 1.927$$

$$\psi_1 = 179°31'58'' = 3.133\text{rad}, \quad \psi_2 = 103°30'28'' = 1.807\text{rad}$$

$$\psi_3 = 1°31'54'' = 0.0267\text{rad}$$

正则响应为

$$s_1(t) = 1.214(Q\sqrt{m}/k)\sin(1.25\sqrt{k/m}t - 3.133)$$

$$s_2(t) = 14.78(Q\sqrt{m}/k)\sin(1.25\sqrt{k/m}t - 1.807)$$

$$s_3(t) = 0.108(Q\sqrt{m}/k)\sin(1.25\sqrt{k/m}t - 0.027)$$

（5）求原几何坐标表示的稳态响应

$$\begin{Bmatrix} x_1(t) \\ x_2(t) \\ x_3(t) \end{Bmatrix} = \frac{1}{\sqrt{m}} \frac{Q\sqrt{m}}{k} \begin{bmatrix} 0.328 & 0.737 & 0.591 \\ 0.591 & 0.328 & -0.737 \\ 0.737 & -0.591 & 0.328 \end{bmatrix} \begin{Bmatrix} 1.214\sin\left(1.25\sqrt{\dfrac{k}{m}}t - 3.1334\right) \\ 14.78\sin\left(1.25\sqrt{\dfrac{k}{m}}t - 1.8065\right) \\ 0.108\sin\left(1.25\sqrt{\dfrac{k}{m}}t - 0.0267\right) \end{Bmatrix}$$

思　考　题

1. 多自由度线性系统的质量矩阵 $[m]$、阻尼矩阵 $[c]$、刚度矩阵 $[k]$、柔度矩阵 $[a]$ 以及动力矩阵 $[D]$ 和系统矩阵 $[S]$ 在任何情况下都是对称矩阵,对吗? 若不对,给出正确说法。

2. 模态向量的正交性和正规化条件 $\{u^{(r)}\}^{\mathrm{T}}[m]\{u^{(s)}\}=\delta_{rs}$,是由振动系统的本质决定,还是人为的规定?

3. 对于多自由度无阻尼线性系统,其任何可能的自由振动都可以被描述为模态运动的线性组合吗?

4. 如果对于多自由度线性无阻尼系统给定特殊的初始条件过程激励,则系统的某阶模态可以被单独地或突出地激励起来,振动呈纯模态运动,或以某一阶模态运动为主,对吗? 若不对,给出正确说法。

5. 任何系统只要当所有自由度上的位移均为零时,系统的势能是否就为零?

6. 任何系统的模态向量的长度是否可以任意选取? 其方向是否是确定不变的?

7. 为什么在三自由度系统中,只需在特征方程中选择两个方程来确定系统的模态向量?

8. 对多自由度系统,位移和激励的关系,可通过柔度矩阵表示为 $\{x(t)\}=[a]\{F(t)\}$。如已知激励力列阵 $\{F(t)\}$,确定系统的柔度矩阵后,是否可以直接获得系统的响应?

习　　题

1. 如图 5-13 所示的三自由度系统,试求其刚度矩阵和振动微分方程。

2. 如图 5-14 所示的三重摆,摆的质量 $m_1=m_2=m_3=m$,摆长 $l_1=l_2=l_3=l$,设摆角很小。

(1) 求此系统的自然频率和主振型,并画出主振型图;

(2) 求其柔度矩阵并列出运动方程。

3. 如图 5-15 所示,以 x_1,x_2,θ 为广义坐标,试确定系统的刚度矩阵和柔度矩阵,刚度矩阵和柔度矩阵有何特点? 并说明原因。

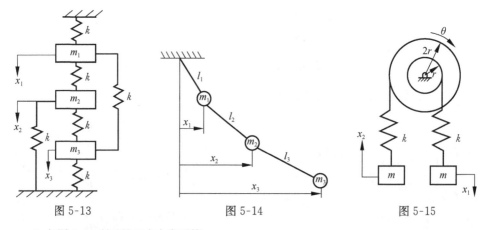

图 5-13　　　　　　　　　图 5-14　　　　　　　　　图 5-15

4. 如图 5-16 所示的三自由度系统:

（1）设 $k_1=k_2=k,k_3=2k,m_1=m_2=m,m_3=2m$，求系统的自然频率和主振型，并画出主振型图；

（2）若 $k_1=3k,k_2=3k,k_3=k,m_1=2m,m_2=1.5m,m_3=m$，求系统的自然频率和正则振型。

5. 如图 5-17 所示的扭转振动系统，设各盘的转动惯量相等，即 $I_1=I_2=I_3=I$，各轴段的转动刚度均为 k，即 $k_1=k_2=k_3=k$，轴本身质量略去不计，试求系统自然频率及主振型。

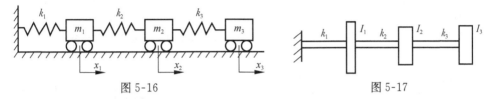

图 5-16　　　　　　　　　　　　　　　　　　　图 5-17

6. 如图 5-18 所示的三自由度系统，设 $k_1=k_2=k_3=k_4=k,m_1=m_2=m_3=m$，试用柔度系数法求系统的自然频率和主振型。

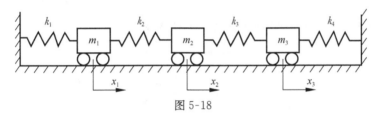

图 5-18

7. 如图 5-19 所示，有 4 个质量用 3 个弹簧连接，可以沿 x 方向自由平动。

（1）设 $k_1=k_2=k_3=k_4=k,m_1=m_2=m_3=m_4=m$，求系统自然频率及主振型，并画出主振型图；

（2）若 $t=0$ 时的初始条件为 $x_{10}=x_{20}=x_{30}=x_{40}=0,\dot{x}_{10}=\dot{x}_{40}=v,\dot{x}_{20}=\dot{x}_{30}=0$，求此系统对初始条件的响应。

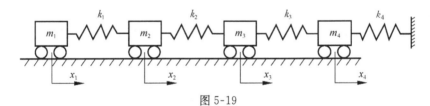

图 5-19

8. 如图 5-20 所示，3 个互不相等的质量等距离地固结在张力大小均为 T 的弦上，已知 $m_1=2m,m_2=m,m_3=3m$，试求系统的振动方程及自然频率。

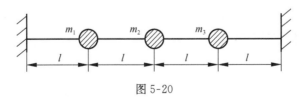

图 5-20

9. 如图 5-21 所示的简支梁系统，抗弯刚度 EI 为常数，梁的质量不计，三个质点的质量相等，$m_1=m_2=m_3=m$，求系统的振动方程及自然频率和主振型。

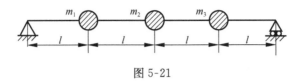

图 5-21

10. 如图 5-22 所示的质块弹簧系统,用刚度影响系数法写出系统在初始激励下的振动微分方程。

11. 如图 5-23 所示的系统,用刚度影响系数法写出系统在初始激励下的振动微分方程。

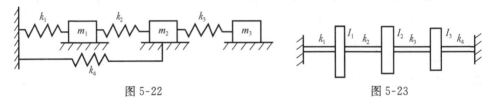

图 5-22　　　　　　　　　　　　　　　　　　　图 5-23

12. 如图 5-24 所示的三摆系统,试求系统的自然频率。

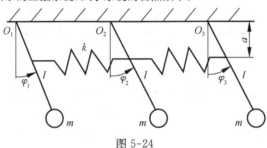

图 5-24

13. 如图 5-25 所示系统,设 $I_1 = I_2 = I_3 = I, k_1 = k_2 = k_\theta$,试求系统的自然频率、主振型,并求出系统振动的一般解。

14. 如图 5-26 所示系统,以 θ_1, θ_2, x 作为广义坐标,试求系统的刚度矩阵,并建立系统的运动微分方程。

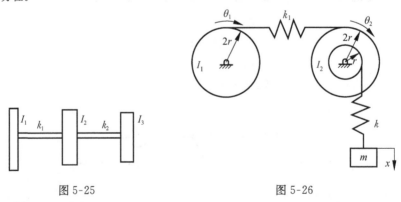

图 5-25　　　　　　　　　　　　　　　　　　图 5-26

15. 如图 5-27 所示的系统,以 x_1, x_2, θ 作为广义坐标,试求系统的刚度矩阵,并建立系统的运动微分方程。

16. 如图 5-28 所示的系统,以 x_1,x_2,θ 作为广义坐标,试求系统的刚度矩阵,并建立系统的运动微分方程。

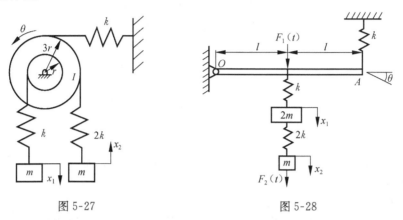

图 5-27　　　　　　　　　　　　　　　　　图 5-28

17. 汽车的悬置系统可简化为如图 5-29 所示的四自由度模型(C 为质心),以 x_1,x_2,x_3,x_4 作为广义坐标,试求系统的运动微分方程。

18. 如图 5-30 所示系统,以 x,θ_1,θ_2 作为广义坐标,试求系统的柔度矩阵,并建立系统的运动微分方程。

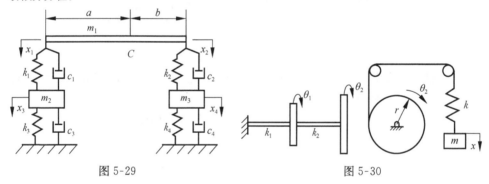

图 5-29　　　　　　　　　　　　　　　　　图 5-30

19. 如图 5-31 所示的系统,以 x_1,x_2,θ 作为广义坐标,试求系统的柔度矩阵,并建立系统的运动微分方程。

20. 如图 5-32 所示的系统,以 x_1,x_2,x_3 作为广义坐标,求系统的柔度矩阵,并建立系统的运动微分方程。

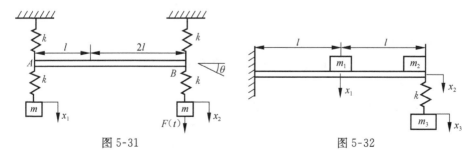

图 5-31　　　　　　　　　　　　　　　　　图 5-32

21. 如图 5-33 所示的系统,以 x_1,x_2,x_3 作为广义坐标,求系统的柔度矩阵。

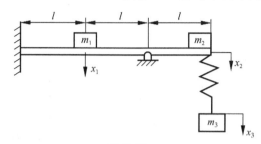

图 5-33

22. 在图 5-34 所示的系统,设 $k_1=k_2=k_3=k$,$m_1=m_2=m_3=m$,而 $\omega=1.25\sqrt{k/m}$,各阶正则振型阻尼率 $\xi_1=\xi_2=\xi_3=0.01$。

(1) $F_1=F_2=F_3=F\sin(\omega t)$,试用振型叠加法求系统的稳态响应;

(2) 系统受到一简谐激振力作用,$F_1=1\sin(\omega t)$,$F_2=F_3=0$,试求系统对激振力的响应。

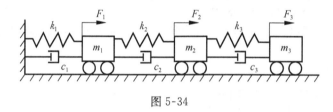

图 5-34

23. 试用坐标变换法求如图 5-17 所示系统的稳态响应。设 $I_1=I_2=I_3=I$,$k_1=k_2=k_3=k$,$M_1=0$,$M_2=0$,$M_3=M\sin(\omega t)$。

24. 设 $t=0$ 时,$\theta_{10}=\theta_{20}=\theta_{30}=0$,$\dot\theta_{10}=1$,$\dot\theta_{20}=\dot\theta_{30}=0$,用坐标换算法求如图 5-25 所示系统的初始响应,并证明系统的频率方程为

$$\omega^4-\left[\frac{k_1}{I_1}+\frac{k_2}{I_2}\left(1+\frac{k_1}{k_2}+\frac{I_1}{I_2}\right)\right]\omega^2+\frac{k_1}{I_1}\frac{k_2}{I_2}\left(\frac{I_1+I_2+I_3}{I_3}\right)=0$$

25. 一个无阻尼三自由度系统,运动方程为

$$\begin{bmatrix}2&0&0\\0&1&0\\0&0&0\end{bmatrix}\begin{Bmatrix}\ddot x_1\\\ddot x_2\\\ddot x_3\end{Bmatrix}+\begin{bmatrix}4&-1&0\\-1&2&-1\\0&-1&4\end{bmatrix}\begin{Bmatrix}x_1\\x_2\\x_3\end{Bmatrix}=\begin{Bmatrix}F_1(t)\\F_2(t)\\F_3(t)\end{Bmatrix}$$

(1) 确定频率方程和自然频率;

(2) 确定振型向量及模态矩阵;

(3) 证明模态矩阵与质量矩阵和刚度矩阵有正交关系;

(4) 导出无耦合运动方程。

26. 对下面的有阻尼系统,确定其特征方程:

(1) $\begin{bmatrix}5&0\\0&3\end{bmatrix}\begin{Bmatrix}\ddot x_1\\\ddot x_2\end{Bmatrix}+\begin{bmatrix}3&-1\\-1&2\end{bmatrix}\begin{Bmatrix}\dot x_1\\\dot x_2\end{Bmatrix}+\begin{bmatrix}15&-6\\-6&8\end{bmatrix}\begin{Bmatrix}x_1\\x_2\end{Bmatrix}=\begin{Bmatrix}0\\0\end{Bmatrix}$;

(2) $\begin{bmatrix} 1 & 0 \\ 0 & 2 \end{bmatrix} \begin{Bmatrix} \ddot{x}_1 \\ \ddot{x}_2 \end{Bmatrix} + \begin{bmatrix} 0.4 & -0.2 \\ -0.2 & 0.2 \end{bmatrix} \begin{Bmatrix} \dot{x}_1 \\ \dot{x}_2 \end{Bmatrix} + \begin{bmatrix} 5 & -4 \\ -4 & 4 \end{bmatrix} \begin{Bmatrix} x_1 \\ x_2 \end{Bmatrix} = \begin{Bmatrix} 0 \\ 0 \end{Bmatrix}$。

27. 如图 5-35 所示,两根等长度但是具有不同质量的均质杆,用矩阵方法求系统的运动微分方程、自然频率和振型。

28. 如图 5-36 所示的系统中,各质量只能沿铅垂线方向运动。设在质量 $4m$ 上作用有铅垂力 $F_0\cos(\omega t)$,试求:

（1）各个质量强迫振动的振幅;

（2）系统的各个共振频率。

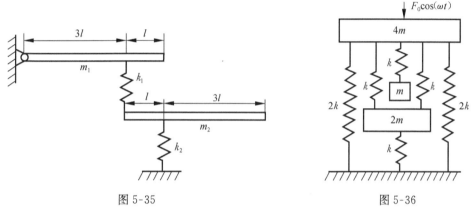

图 5-35　　　　　　　　　　　　　　图 5-36

29. 如图 5-37 所示的系统,AB,CD 为两根无质量的刚性杆,其上分别附有 E,B 及 F,D 四个小球,其质量分别为 m_1,m_2,m_3,m_4。已知弹簧的刚度为 k_1,k_2,k_3。设系统在铅垂平面内做微幅振动,试用拉格朗日法和影响系数法建立系统的运动微分方程。

30. 如图 5-38 所示的系统,两个质量被限制在平面内运动,对于微小振动,在相互垂直的两个方向彼此独立,试建立系统的运动方程及自然频率。

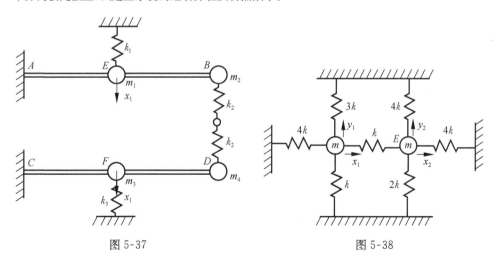

图 5-37　　　　　　　　　　　　　　图 5-38

31. 如图 5-39 所示系统,已知:$m_1 = m_2 = m$,$m_3 = 2m$,$k_1 = k$,$k_2 = k_3 = 2k$,$k_4 = 5k$,$c_1 = 2c$,$c_2 = 3c$,$c_3 = c_4 = c$,试分别用拉格朗日法和影响系数法建立系统的运动微分方程。

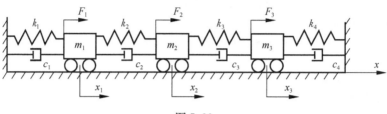

图 5-39

第二篇 应 用 篇

第6章 机械振动系统利用工程

6.1 机械振动系统利用工程概述

6.1.1 振动利用的途径

同很多自然现象一样,振动现象也存在着有利和有害两方面的特性:一方面,要充分利用其有利特性为人类造福;另一方面,要设法避免和控制其有害的一面,提高机械设备的精度。因此,形成了振动系统利用工程和振动系统防治工程两方面的研究内容。

机械振动的利用,一般具有以下几个途径。

(1)测定材料常数和结构参数:利用振动原理,可以很方便地确定非规则结构的转动惯量,确定固体材料摩擦系数和液体的黏性阻尼系数,确定动载荷系数和轴的临界转速等。

(2)振动机械:利用振动而工作的机械称为振动机械。振动机械是利用振动原理完成特定的工艺过程,提高机器的工作效率,其应用非常广泛。

(3)振动特性利用:通过人为制造的特定振动现象,达到特定的目的。例如,对机械设备进行动态特性试验、环境模拟试验、振动切削、振动加工、振动时效、对人体进行振动治疗等。

(4)振动信号应用:利用机器设备运行中产生的振动信号,实现运转过程的监控、故障的预测和诊断;利用人体生理信号确定病情等。

本章主要讨论前两个方面的应用,后两个方面的应用针对其特性在其他章节中讨论。

6.1.2 振动利用的分类

振动与波存在于各个领域,按其类型可以分为线性与非线性系统的振动、线性与非线性波动、电磁振荡等。如图 6-1 所示,可将振动和波的利用分为线性振动的利用、非线性振动的利用、波动和波能的利用、电和磁振荡器在工程技术中的应用、自然界和人类社会中的振动现象与规律及其利用等。

振动与波从很低的频率(如潮汐波)直至很高的频率(如太赫兹波),都可以得到广泛应用。图 6-2 列出了振动与波的利用的各种情况。

图 6-3 是振动与波的各类应用的大概概括,并对其进行了分类。

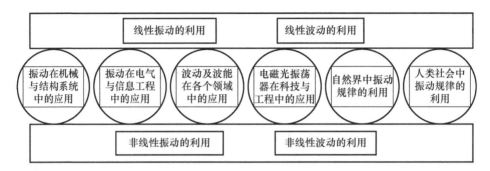

图 6-1　振动与波的应用领域

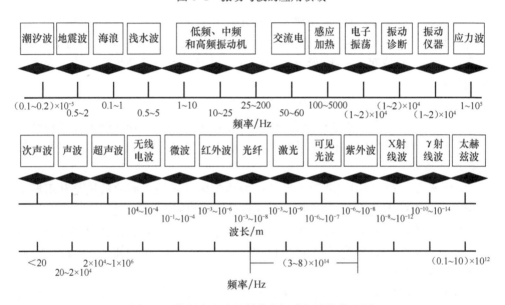

图 6-2　按频率和波长划分的振动与波的分布图

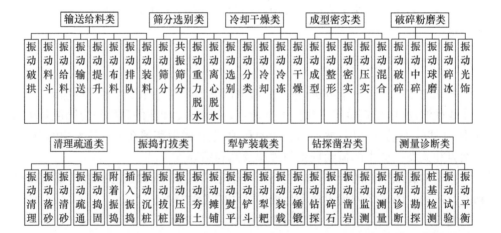

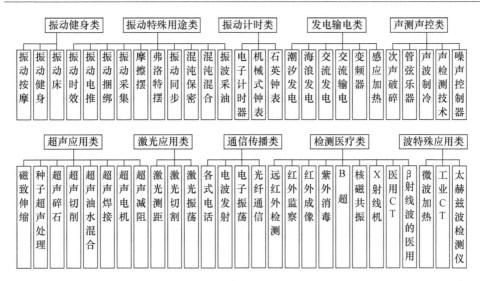

图 6-3　振动与波的应用及其分类

6.2　材料和结构参数的确定

6.2.1　转动惯量的确定

在进行机械系统动力学分析和设计计算时,常常需要知道零件或部件的转动惯量。对于一般几何形状规则的零部件,通过公式计算或运用积分法可以求得其转动惯量。但对于一些形状不规则的复杂零部件,计算则是很困难甚至是不可能的,这时采用实测法是简单可行的方法。

1. 物理摆振动法

如图 6-4 所示,悬挂于垂直平面的水平轴 O 且能自由摆动的任何刚体都称为**物理摆**。在平衡位置,悬挂轴 O 的支承反力正好与摆的重力 mg 大小相等、方向相反,作用在一条铅垂线上,因此摆处于静止平衡状态。如果使此摆绕悬挂轴 O 转离平衡位置一个角度然后释放,则摆将绕轴 O 做往复摆动,则摆对悬挂轴的转动惯量 I_O 为

$$I_O = m(\rho^2 + l^2)$$

式中,l 为重心 C 到悬挂点 O 的距离;ρ 为摆通过重心并平行于悬挂轴的惯性半径。在忽略空气阻力及轴承摩擦的情况下,作用在摆上的力矩为 $mgl\sin\theta(t)$,于是摆的转动微分方程为

$$m(\rho^2 + l^2)\ddot{\theta}(t) = -mgl\sin\theta(t)$$

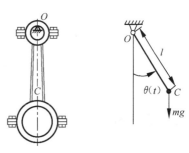

图 6-4　物理摆及其力学模型

在摆动角度较小时有 $\sin\theta(t) \approx \theta(t)$，故上式可以写成

$$\ddot{\theta}(t) + \Big(\frac{gl}{\rho^2 + l^2}\Big)\theta(t) = 0$$

从而求得摆动周期为

$$T = 2\pi\sqrt{\frac{\rho^2 + l^2}{gl}}$$

于是求得

$$\rho^2 = \Big(\frac{T}{2\pi}\Big)^2 gl - l^2$$

所以，通过重心 C 且平行于悬挂轴的转动惯量为

$$I_C = m\rho^2 = m\Big[\Big(\frac{T}{2\pi}\Big)^2 gl - l^2\Big] \tag{6-1}$$

为了求出该零件绕其重心的转动惯量 I_C，可用秒表测定摆动周期 T。实验最好进行多次，每次实验测 $30\sim50$ 次摆动，取其平均值较为准确。测得周期 T 后，按照式(6-1)计算转动惯量。

2. 滚动摆振动法

有些零部件不适合于悬挂而宜于滚动，则可采用如图 6-5 所示的方法，将一轮和轴的装配体置于两平行的轨道上，让其做微小范围的往复滚动，并用秒表测量其滚动的频率或周期 T。

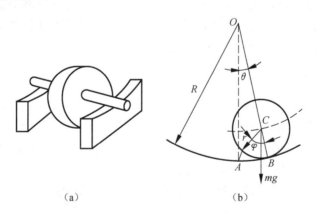

（a）　　　　　　　　　　（b）

图 6-5　滚动摆及其模型

由图 6-5(b)所示，作用在部件的重力矩为 $mgr\sin\theta(t)$。由于无滑动的纯滚动这一条件，有

$$r\dot{\varphi}(t) = R\dot{\theta}(t)$$

对上式求导并变形得到

$$\ddot{\varphi}(t) = (R/r)\ddot{\theta}(t)$$

按照牛顿第二定律,该部件的滚动微分方程便可以写成

$$I_B(R/r)\ddot{\theta}(t) = -mgr\sin\theta(t)$$

式中,I_B 为部件绕运动瞬心轴线的转动惯量。在微小角度范围内滚动时,$\sin\theta(t) \approx \theta(t)$,则有

$$\ddot{\theta}(t) + \frac{mgr^2}{I_B R}\theta(t) = 0$$

从而得到

$$\omega_n^2 = \frac{mgr^2}{I_B R} = \frac{4\pi^2}{T^2}$$

从上式中求得 I_B 为

$$I_B = \frac{mgr^2 T^2}{4\pi^2 R}$$

又因为 I_B 与该部件绕其质心的转动惯量 I_C 有如下关系:

$$I_B = I_C + mr^2$$

所以得到

$$I_C = mgr^2\left(\frac{T^2}{4\pi^2 R} - \frac{1}{g}\right) \tag{6-2}$$

通过滚动摆的振动实验,测出其周期 T,代入式(6-2)即可得所测构件的转动惯量 I_C,这比理论计算更为准确可靠。

3. 扭转振动法

为了确定零件对通过质心轴的转动惯量,可用一根钢丝联结于其质心 B 并悬挂于固定点 A,如图 6-6 所示。将该零件绕轴线 AB 扭转一个微小角度,然后释放,则零件必须绕钢丝轴线做自由扭转振动。由于轴线 AB 是铅垂的,故零件的重力对转动轴距等于零。忽略空气阻力,则只有与扭转角度成正比的钢丝弹性力矩 $-k_t\varphi$,这里 k_t 是钢丝的扭转弹性系数。不计钢丝的转动惯量,则零件的转动微分方程为

$$\ddot{\varphi}(t) + (k_t/I)\varphi(t) = 0$$

因此这种自由扭转振动的周期 T 为

$$T = \frac{2\pi}{\omega_n} = 2\pi\sqrt{\frac{I}{k_t}}$$

由材料力学可知,钢丝的扭转弹性常数 $k_t = GI_p/l$,从而得到自由振动的周期为

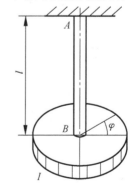

图 6-6　扭转振动模型

$$T = 2\pi\sqrt{\frac{I}{k_t}} = 2\pi\sqrt{\frac{Il}{GI_p}}$$

所求零件的转动惯量 I 为

$$I = \frac{k_t T^2}{4\pi^2} = \frac{GI_p T^2}{4\pi^2 l} \tag{6-3}$$

把钢丝具有的扭转弹性常数和测得的平均周期 T 代入式(6-3),即可求得零件的转动惯量。

6.2.2　摩擦系数的确定

1. 求固体摩擦系数

图 6-7 为一根菱形杆 AB 平置于两个反向等速旋转的带槽轮缘上,如果把杆的质心 C 移至离中心平面 OO 一段距离,然后释放,试分析此杆的运动。

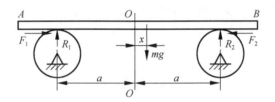

图 6-7　固体摩擦系数的确定模型

选取中心点 O 为坐标原点,并以 x 轴向右为正,则杆所受各力如图 6-7 所示。其中反作用力 R_1 和 R_2 可写为

$$R_1 = \frac{mg}{2a}(a-x), \quad R_2 = \frac{mg}{2a}(a+x) \tag{6-4}$$

摩擦力 F_1 及 F_2 为

$$F_1 = \mu R_1, \quad F_2 = \mu R_2 \tag{6-5}$$

按照牛顿第二定律,杆的运动微分方程为

$$m\ddot{x}(t) = F_1 - F_2 \tag{6-6}$$

在图示位置有 $F_2 > F_1$,可见有一不平衡力驱使该杆走向中心位置。把式(6-4)和式(6-5)代入式(6-6),得

$$\ddot{x}(t) + \left(\frac{\mu g}{a}\right)x(t) = 0 \tag{6-7}$$

从而得到系统的自然频率为 $\omega_n^2 = (\mu g/a)$,故知该杆做往复运动的周期为

$$T = \frac{2\pi}{\omega_n} = 2\pi\sqrt{\frac{a}{\mu g}}$$

因此,只要测出周期 T,则杆与轮缘之间(或这两种材料之间)的动摩擦系数即可按

下式计算：

$$\mu = \frac{4\pi^2 a}{g T^2}$$

2. 求液体的黏性阻尼系数

利用如图 6-8 所示装置可以测量某液体的黏性阻尼系数。将质量为 m、面积为 A 的等厚薄板悬挂于弹簧下端,先使系统在空气中自由振动,测得周期为 T_1（不计空气阻尼）。然后放入被测液体中做衰减振动,测得周期为 T_2。薄板受到的阻尼力为 $R = 2\mu A v$,式中 v 为相对速度,μ 为液体黏性阻尼系数,其含义是单位面积、单位速度下的阻力。薄板在空气中的运动方程为

$$\ddot{x}(t) + \frac{k}{m} x(t) = 0$$

其振动周期为

$$T_1 = \frac{2\pi}{\omega_n} = 2\pi \sqrt{\frac{m}{k}} \tag{6-8}$$

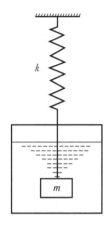

图 6-8　黏性阻尼系数确定模型

薄板在液体中的运动方程为

$$m\ddot{x}(t) + 2\mu A \dot{x}(t) + k x(t) = 0$$

即

$$\ddot{x}(t) + 2\left(\frac{\mu A}{m}\right)\dot{x}(t) + \frac{k}{m} x(t) = 0$$

上式与有阻尼系统的振动方程相似,其振动周期为

$$T_2 = \frac{2\pi}{\sqrt{\omega_n^2 - (\xi\omega_n)^2}} = \frac{2\pi}{\sqrt{(k/m)^2 - (\mu A/m)^2}} \tag{6-9}$$

从式(6-8)和式(6-9)中消去 k 可得

$$\mu = \frac{2\pi m}{A T_1 T_2} \sqrt{T_2^2 - T_1^2} \tag{6-10}$$

因此,只要分别测出振动周期 T_1 和 T_2,代入式(6-10)即可求得该液体的黏性阻尼系数。

6.2.3　动载荷系数的确定

如图 6-9 所示,起重机以等速 v_0 下降货物 m,试求紧急刹车时钢绳所受的最大拉力和动荷系数。

当起重机紧急刹车时,钢绳上端 A 突然停住。但货物 m 具有速度 v_0,不能立刻停止而在绳上振动。钢绳所受拉力与振幅密切相关,而振幅取决于初始条件。

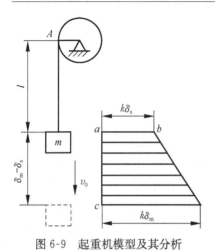

图 6-9　起重机模型及其分析

在刹车的瞬时吊重 mg 离其静平衡位置的初位移为 $x_0=0$，而初速度即为 v_0。则可知其振幅为 v_0/ω_n，其中，$\omega_n=\sqrt{k/m}=\sqrt{g/\delta_s}$。因此钢绳的最大拉伸为

$$\delta_m = \delta_s + \frac{v_0}{\omega_n} = \frac{mg}{k} + v_0\sqrt{\frac{\delta_s}{g}}$$

$$= \frac{mgl}{EA} + v_0\sqrt{\frac{ml}{EA}}$$

式中，E 为钢绳的弹性模量；A 为钢绳的截面面积；k 为钢绳的弹性刚度，可以表示为 $k = mg/\delta_s = EA/l$，钢绳中的最大拉力为

$$P_m = k\delta_m = mg + v_0\sqrt{mk} = mg\left(1 + \frac{v_0}{g}\sqrt{\frac{k}{m}}\right) \tag{6-11}$$

所以起重机在特定条件下钢绳的动荷系数为

$$\Phi = 1 + \frac{v_0}{g}\sqrt{\frac{k}{m}} = 1 + \frac{v_0}{\sqrt{g\delta_s}} \tag{6-12}$$

如果起重机以 45m/min 的速度下降 2t 的货物时突然刹车，钢绳的弹性刚度为 22.5kN/cm，则用式(6-11)可得钢绳的最大拉力为

$$P_m = \frac{2\times10^3\times9.8}{10^3}\times\left(1 + \frac{45}{60\times9.8}\sqrt{\frac{22.5\times100\times10^3}{2\times10^3}}\right) = 69.9\text{kN}$$

可见由于紧急刹车使本来只受力 19.6kN 的钢绳受力突然猛增至 69.9kN，动荷系数达到 3.56，这显然是不利的。为了减轻钢绳的动载荷（减小动荷系数），通常在吊挂装置里装上一个附加弹簧，使之成为弹性吊梁。于是，钢绳系统的弹性有所改变，相当于两个刚度为 k_1 及 k_2 的弹簧串联起来，组成一个等效弹簧。如果附加弹簧的刚度为 $k_2=5\text{kN/cm}$，则等效弹簧的刚度为

$$k = \frac{k_1k_2}{k_1+k_2} = \frac{22.5\times5}{22.5+5} = 4.1\text{kN/cm}$$

按照式(6-12)，动荷系数为

$$\Phi = 1 + \frac{v_0}{g}\sqrt{\frac{k}{m}} = 1 + \frac{45}{60\times9.8}\sqrt{\frac{410}{2}} = 2.09$$

这时，钢绳所受的最大力为

$$P_m = \Phi mg = 2.09\times19.6 = 41.1\text{kN}$$

可见，采用弹性吊梁，使动荷系数下降，使钢绳受力减小，整个提升机构的受力情况大为改善。

6.2.4　轴的临界转速的确定

在大型汽轮机、发电机及机组和其他一些旋转机械的启动与停机过程中,当经过某一转速时,会出现剧烈的振动。为了保证机器的运行安全,必须迅速越过这个转速。这个转速在数值上一般非常接近转子横向自由振动的自然频率,称为**临界转速**。现以图 6-10(a)所示装有一个薄圆盘的转轴为例,说明轴的临界转速的确定。

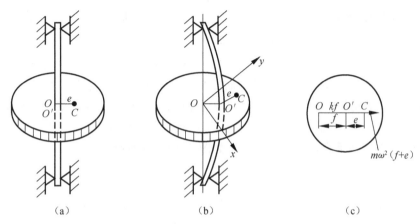

(a)　　　　　　　　　　(b)　　　　　　　　　　(c)

图 6-10　薄圆盘的转轴模型及其分析

假定轴静止时,轴线与两端轴承的中心线 z 重合;轴是刚性的,但轴端可以在轴承内自由偏转;圆盘成水平,装在轴的中点;轴线通过圆盘的几何中心 O',而圆盘的重心 C 与 O' 之间的微小偏心距为 e,如图 6-10 所示。这样重力的影响可以忽略不计,而在轴发生挠曲时,圆盘始终保持水平,因而不需要考虑陀螺效应。

当轴以某一角速度 ω 匀速转动时,圆盘的离心力将使轴发生挠曲,轴承中心线 z 与盘面相交于某点 O,设轴线中心的挠度为 f,则 $OO'=f$,如图 6-10(b)所示。

在不考虑阻尼的情况下,作用于圆盘的力只有弹性恢复力与离心力,弹性力从 O' 指向 O,大小等于 kf,其中 k 是轴的中点的刚度,离心力沿着点 O 与 C 的连线指向朝外,大小为 $m\omega^2(f+e)$,其中 m 为圆盘的质量,如图 6-10(c)所示。这两个力成动平衡,必须是作用线相同、方向相反、大小相等。因此在转动过程中,点 O,O' 与 C 始终保持在同一直线上,且 $kf=m\omega^2(f+e)$。

从而求得轴线中心的挠度 f 为

$$f = \frac{m\omega^2 e}{k - m\omega^2}$$

考虑到 $\omega_{\mathrm{n}}=\sqrt{k/m}$,故有

$$f = \frac{(\omega/\omega_{\mathrm{n}})^2 e}{1 - (\omega/\omega_{\mathrm{n}})^2} = \frac{\lambda^2 e}{1 - \lambda^2} \tag{6-13}$$

对于已经制造好的转子,转子质量 m、偏心距 e,轴的弹簧刚度 k 是一定的,因

此在转速ω一定时，f的值也是一定的。圆盘的几何中心O′做半径为f的圆周运动，而圆盘的质心C则做半径为(f+e)的圆周运动，轴承弓状变形，但并没有发生任何如前所述的那种运动，这种现象称为弓形回转。

式(6-13)可用图6-11表示，动挠度f随频率比的变化而不同，当转速ω很低，即λ≈0时，动挠度很小；但当λ=1，即转速等于轴的横向振动自然频率时，即使转子平衡，而e很小，动挠度f也会趋于无穷大。虽然在实际上由于轴承产生的阻尼将把挠度限制在一定的有限值上，较大变形产生的非线性恢复力也会限制挠度，但轴的动挠度仍将比较大而易于导致破坏。这时的转速称为临界转速，以ω_k表示为$\omega_k = \omega_n = \sqrt{k/m}$，工程上通常用每分钟转数来表示，即$n_k = 60\omega_k/(2\pi)$。所以临界转速在数值上等于转子不转动而做横向自由振动时的自然频率。

当λ>1，即超越临界转速运行时，f为负值。这表明动挠度与偏心距反向，重心C落在OO′之间，如图6-12(a)所示。当λ→∞时，f=−e，这时轴围绕圆盘质心旋转，质心C与O重合，称为自动定心，如图6-12(b)所示。

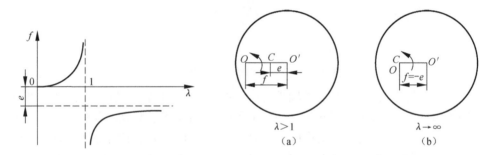

图 6-11　动挠度与频率比的关系　　　　　图 6-12　动挠度与偏心距的关系

如果考虑阻尼的影响，圆盘上除作用弹性恢复力、离心力外，还作用有阻尼力。此时，质心落在OO′的延长线上。O′C线超前OO′线一个相位ψ，ψ的值取决于阻尼c和转速ω。图6-13表示三种不同转速情况下质心C和几何中心O′之间的相对位置。在λ<1时，ψ<π/2；λ=1时，ψ=π/2；而在λ>1时，π/2<ψ<π。

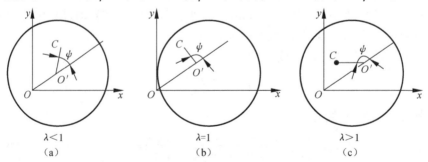

图 6-13　不同转速情况下质心与几何中心的相对位置

需要注意:一根不转动的轴做横向弯曲强迫振动时,轴内产生交变应力;而在弓形回转时,轴内并不产生交变应力。但转子的离心惯性力却对轴承产生一个交变力,并导致支承系统发生强迫振动。这便是临界转速时,我们感到剧烈振动的原因。正因为这样,工程上常把临界转速时支承发生剧烈振动的现象和共振不加区别,实际上这是两种不同的物理现象。

例 6-1　涡轮增压器转子质量 $m=10\text{kg}$,固装在半径 $r=1.0\text{cm}$、长 $l=32\text{cm}$ 的钢轴中心,轴端固定,钢的弹性模量 $E=1.96\times10^7\text{N/cm}^2$、密度 $\gamma=7.8\text{g/cm}^3$,阻尼可以忽略不计。试求:

(1) 临界转速;

(2) 在 3000r/min 时转子的振幅,设偏心距 $e=0.015\text{mm}$;

(3) 在 3000r/min 转速时传至两端轴承的力。

解　涡轮增压器转子的转动质量和转动惯量分别为

$$m_1=\pi r^2\rho l=3.14\times1^2\times7.8\times10^{-3}\times32=0.783\text{kg}$$

$$I=\frac{1}{2}m_1r^2=\frac{1}{2}\times0.783\times1^2=0.392\text{kg}\cdot\text{cm}^2$$

转轴为简支梁形式,转轴中间的挠度 $\Delta x=\dfrac{Pl^3}{48EI}$,则转轴的弯曲弹簧刚度系数为

$$k=\frac{P}{\Delta x}=\frac{48EI}{l^3}=\frac{48\times1.96\times10^7}{32^3}\times0.392=11255\text{N/cm}$$

转轴对于中点的有效质量为

$$m_e=0.486m_1=0.486\times0.783=0.38\text{kg}$$

(1) 临界转速即横向振动的自然频率为

$$\omega_n=\sqrt{\frac{k}{m}}=\sqrt{\frac{11255\times10^2}{10+0.38}}=329\text{s}^{-1}$$

(2) 转轴转速 3000r/min 时的频率为

$$\omega=2\pi n/60=2\times\pi\times3000/60=314\text{s}^{-1}$$

由式(6-13),可算得 3000r/min 时,转轴的振幅为

$$f=\frac{(\omega/\omega_n)^2e}{1-(\omega/\omega_n)^2}=\frac{(314/329)^2\times0.015}{1-(314/329)^2}=0.1533\text{mm}$$

(3) 传至两端轴承的力为

$$F=m(e+f)\omega^2=10.38\times(0.1533+0.0013)\times314^2\times10^{-2}=260.519\text{N}$$

6.3　振动机械的工作原理与构造

6.3.1　振动机械的分类与用途

振动机械按用途可以分为输送给料类、选分冷却类、研磨清理类、成型紧实类

和振捣打拔类等。

（1）输送给料类：主要用于物料的输送、给料、预防料仓起拱等。利用振动的槽体或管体，使物料沿指定方向做滑行运动或抛掷运动，以达到输送物料的目的。用垂直螺旋槽体可以实现物料的垂直输送；用密封的管体可以输送高温或有害有毒的物料，利于环境保护和人员健康。

（2）选分冷却类：主要用于物料的筛分、选别、脱水、冷却和干燥等。振动可以使物料松散、均匀地分布于工作面上，同时，在振动面上物料受重力、离心力、冲击力、摩擦力和惯性力的频繁作用，所以在输送物料的过程中，可有效地完成筛分、选别、冷却和干燥等各种工艺过程。

（3）研磨清理类：主要用于物料的粉磨、物件的清理和工件的光饰等。振动可使物料内部的裂纹易于形成，并迅速展开；振动可加剧物件与研磨介质之间的相互摩擦和撞击，从而有效地完成物料粉磨、物件清理、铸件落砂、工件光饰等各种工艺过程。

（4）成型紧实类：主要用于松散物料的成型与紧实等。振动可以显著减小物料的内摩擦系数，增加其"流动性"，因而使物料易于成型或紧实。

（5）振捣打拔类：主要用于基础的夯实、振捣及沉拔桩等。振动可减小土壤、砂石及其他混合物的内摩擦力，可降低土壤对灌入物体的阻力，因而有效地完成夯土、压路、振捣及沉拔桩等工作。

振动机械按驱动装置可以分为惯性式振动机械、曲柄连杆式振动机械、电磁式振动机械和流体式振动机械等。

（1）惯性式振动机械：由带有偏心块的惯性式激振器激振的振动机械，常用于筛分、脱水、给料、粉磨、振捣、压路等工作，具有结构紧凑、制造方便、体积较小、安装容易等特点，因而用途广泛，品种规格繁多。主要有惯性振动筛、振动球磨机、振动成型机、振动落砂机、振动光饰机和蛙式夯土机等。

（2）曲柄连杆式振动机械：包括弹性连杆式振动机械和黏性连杆式振动机械。弹性连杆式振动机械常用于物料的输送、筛分、选别和冷却等，具有结构简单、制造方便、工作时传动机构受力较小等特点。当采用双质体或多质体形式时，机器平衡性好，因而用途广泛。主要有振动输送机、振动提升机、振动冷却机和重介质振动溜槽等。

（3）电磁式振动机械：它由电磁激振器或冲击器驱动，振动频率高，振幅和频率易于控制，并能进行无级调节，用途广泛。根据激振方式的不同，可分为电磁式驱动和电动式驱动两类。主要有电磁振动给料机、电磁振动输送机和电磁振动筛等。

（4）流体式振动机械：它由流体振动器或冲击器驱动，其工作介质可分为气体或液体，分别称为风动式振动机和液压式振动机。具有输出功率大、控制容易、振动参数调节范围广等特点。其中液压式振动机因效率高、动力消耗少、噪声小、运行可靠、使用寿命长而受到广泛使用。

振动机械按动力学特性可以分为线性非共振机械、线性近共振机械、非线性振动机械和冲击式振动机械等。

（1）线性或近似线性非共振机械：弹簧刚度近于常数，机器在远离共振的状态下工作，频率比范围通常为 2~10，因而 $\omega \gg \omega_n$。传给地基的动载荷小，有良好的隔振性能，工作状态稳定。主要有惯性振动筛、自同步概率筛、振动输送机、振动压路机、振动成型机和振动落砂机等。

（2）线性近共振机械：弹簧刚度为常数或近似于常数，在近共振状态下工作，频率比范围为 0.75~1.3，通常为 0.75~0.95，即 $\omega \approx \omega_n$。所需激振力小，结构紧凑、能耗少，但传给地基的动载荷较大，要采取隔振措施，工作状态调整较难。主要有电磁式振动给料机、弹性连杆式输送机、线性共振机、振动离心脱水机和电磁螺旋上料机等。

（3）非线性振动机械：包括硬特性非线性共振机械和软特性非线性振动机械两类。弹性元件具有非线性的性质，弹簧刚度不是常数，需要进行非线性计算；具有较大的振动加速度，工艺性好。硬特性非线性振动机振幅稳定性好；软特性非线性振动机可获得不对称速度曲线。主要有非线性惯性共振筛、非线性卧式振动离心脱水机、弹簧摇床和振动离心摇床等，其中前两种为硬特性非线性振动机械，后两种为软特性非线性振动机械。

（4）冲击式振动机械：动力学特性是非线性，冲击明显；具有较大的冲击力，破碎、夯实效果好。主要有蛙式振动夯土机、冲击落砂机和振动钻探机等。

6.3.2　惯性振动机械的工作原理与构造

1. 惯性激振器的形式

惯性振动机是由带偏心块的惯性激振器驱动的。惯性激振器可分为以下几种。

（1）单轴式惯性激振器：如图 6-14（a）所示，通常产生沿圆周方向变化的激振力。当轴两端的偏心块具有不同的安装相位时，还会产生沿圆周方向变化的激振力偶。

（2）双轴式惯性激振器：如图 6-14（b）所示的双轴式惯性激振器的两轴，通常做反向等速回转，当两轴上的偏心块质量及偏心距相等时，在 $y\text{-}y$ 方向上两轴偏心块产生的惯性力相加，在 $x\text{-}x$ 方向上两轴偏心块产生的惯性力互相抵消。因此，该激振器将产生一个直线的、大小变化的激振力。当轴两端的偏心块具有不同的安装相位时（图 6-14（c）），还会产生定向周期变化的激振力偶。

（3）多轴式惯性激振器：常见的为如图 6-14（d）所示的四轴式惯性激振器，通常产生两种频率的激振力。

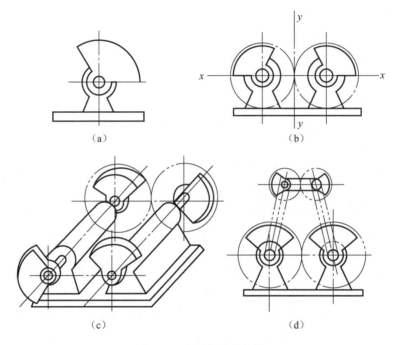

图 6-14　各种惯性激振器

目前单轴式和双轴式惯性激振器得到了相当广泛的应用,多轴式惯性激振器仅在少数机器中应用。

2. 线性或近似线性的非共振惯性机械

1) 单轴式惯性振动机

单轴式惯性振动机具有构造简单、隔振良好等优点,目前在工业中应用相当广泛。

(1) 单轴惯性振动筛:其结构如图 6-15 所示,由单轴惯性激振器 1、筛箱 2 和带有隔振弹簧 3 的悬吊装置组成。单轴惯性激振器通常由带有偏心块或偏心轮的主轴、轴承和轴承座等组成。筛箱是由钢板与型钢焊接或铆接成的箱形结构,在两侧板间用无缝钢管或型钢连接,筛箱内固定有筛网或筛板。筛箱由四个带隔振弹簧的悬吊装置吊于结构架上或楼板上,也可通过隔振弹簧支承于下方基座上。为保证筛的运动平稳性,通常配置有前拉弹簧 4。筛面 5 由筛分需要确定。

单轴惯性振动筛的筛箱通常做圆周振动或近似于圆形的椭圆运动,常用于对各种物料进行筛分。

(2) 振动球磨机:其结构如图 6-16 所示,由装有研磨介质(通常为钢球)与被研磨物料的圆筒形机体 6、单轴激振器 3 和隔振弹簧 7 所组成。电动机 1 通过弹性联轴器 2,使单轴激振器的主轴回转,主轴上的偏心块 5 便产生离心力,使机体做近似于圆周的振动,机体上任意一点的轨迹,都位于激振器主轴的垂直平面内。

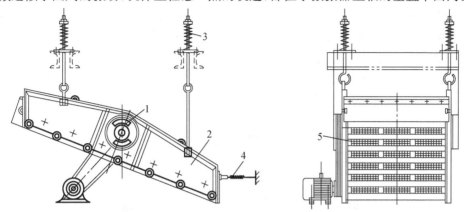

图 6-15　单轴惯性振动筛的结构
1—单轴惯性激振器;2—筛箱;3—隔振弹簧;4—前拉弹簧;5—筛面

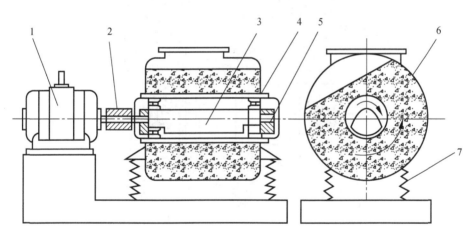

图 6-16　振动球磨机
1—电动机;2—弹性联轴器;3—单轴激振器;4—轴承;5—偏心块;6—机体;7—隔振弹簧

　　机体的振动使研磨介质和被研磨物料产生频繁的冲击和相互摩擦,从而使物料被粉碎。但当振动球磨机的振动频率不够高时,每一个研磨介质(钢球)仅相对于某一中间位置做有限制的运动。只有当振动频率超过某临界值时,研磨介质才出现对粉碎物料较为有利的运动。每一周期,研磨介质在机体内做一次回转运动,它们之间会产生冲击作用和摩擦作用。同时,整个研磨介质还绕中心管做慢速的回转运动,其转向与主轴的回转方向相反。

　　振动球磨机用于物料的细磨与超细磨,其粉碎细度可达几微米。

　　(3) 振动光饰机:图 6-17 是激振器主轴垂直方向安装的立式振动光饰机。容器1与立式激振器连成一体,并支承于隔振弹簧4上。振动器主轴上下两端装有偏心块8,在水平面上的投影互成一个角度。当激振器主轴高速旋转时,偏心块产生激振力(离心力)和激振力矩,使容器产生周期性的振动。由于容器底部为一圆环形状,各点的振幅不同,使容器中的磨料(研磨介质)和被磨工件既绕容器中心轴线(垂直轴)公转,又绕圆环中心翻滚,其合成运动为环形螺旋运动。因为磨料和工件在运动时互相磨削,所以可对工件进行均匀加工。

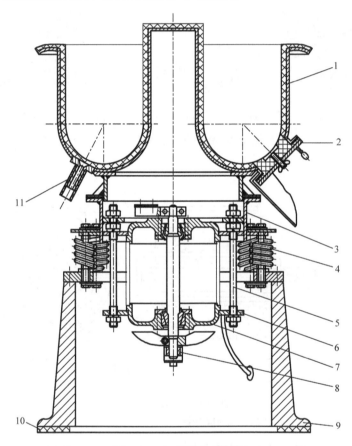

图 6-17　立式振动光饰机

1—容器;2—卸料口;3—法兰盘;4—隔振弹簧;5—长螺栓;6—夹板;

7—电动机;8—偏心块;9—底座;10—橡胶垫;11—出水口

　　容器1(内壁固定有橡胶或塑料衬板)与法兰盘3用螺钉紧固;在容器底部的一侧开有卸料口2,卸料门用螺栓压紧,以保证容器密封;在容器的另一侧设有网状出水口11,添加剂从这里流出;电动机7用四根长螺栓5及两块夹板6悬挂在法兰盘3上;电动机轴两端装有偏心块8;上述各个部分均支承于隔振弹簧4上;在底座9下面有一层橡胶垫10。

　　振动光饰机常用来去除机械加工件、冲压件和锻铸件的毛刺和氧化皮,也可用作工件的尖边倒圆、除锈和抛光等加工。这种加工方法还可以磨去刃具的虚刃,进而延长其使用寿命。

　　(4) 插入式振捣器:其结构如图 6-18(a)所示,由带有增速齿轮的电动机 15、软轴 5 和偏心式振动棒 2 三组部件组成。电动机 15 通过软轴 5,将动力传给振动棒 2。软轴的另一作用可使振动棒在任意位置工作。

　　目前用来振捣混凝土的插入式振捣器的振动棒,除偏心式以外,还采用行星式振动棒。它又分为外滚道式和内滚道式两种。图 6-18(b)为外滚道式振动棒,图 6-18(c)为内滚道式振动棒。如果利用行星摩擦传动,在不采用增速齿轮的情况下,就可以使振动棒的振动频率增加到电动机工作频率的 4~7 倍。通常采用 2800r/min 的电动机驱动时,振动棒的频率可增加到 10000~20000 次/min,对于提高混凝土的浇灌质量是有效的,这有利于除去混凝土中的气孔和促使浇灌件密实。很明显,滚动体对其自身轴线的转速,即等于电动机的转速,而滚动体中心线对振动棒中心线的转速(或称公转转速)与振动棒的振动频率相等。

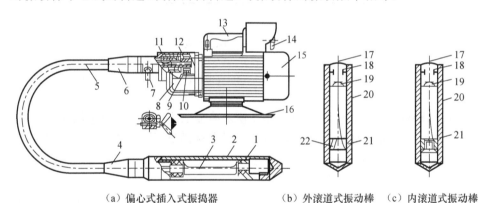

　　(a) 偏心式插入式振捣器　　　　(b) 外滚道式振动棒　　(c) 内滚道式振动棒

图 6-18　插入式振捣器

1、11、18—轴承;2—振动棒;3—偏心轴;4、6—软管接头;5—软轴;7—软管锁紧扳手;8—增速器;
9—电动机转子轴;10—胀轮式防逆装置;12—增速小齿轮;13—提手;14—电源开关;15—电动机;
16—转盘;17—传动轴;19—万向接头;20—棒体;21—滚锥;22—滚道

　　(5) 单轴式惯性圆锥破碎机:其结构如图 6-19 所示,与传统圆锥破碎机在原理上有根本区别,可以破碎矿石等任何硬度的脆性物料。单轴式惯性圆锥破碎机的工作机构由外破碎锥和可动的内破碎锥组成,两锥体的表面均镶有保护衬套,并形成破碎腔,在内破碎锥的轴上装有不平衡激振器,整个机器安装在隔振弹簧上。电动机的旋转运动通过 V 带、轮胎联轴器传给轴套及与其相连的激振器并产生离心力,离心力迫使支承在球面支承上的内破碎锥绕其球心做旋摆运动。

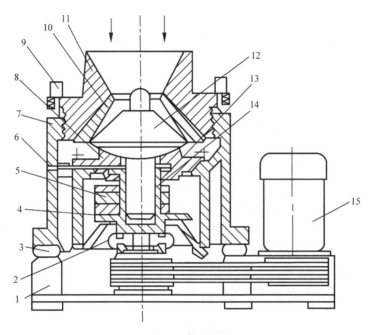

图 6-19　惯性圆锥破碎机

1—机座;2—轮胎联轴器;3—隔振弹簧;4—密封环;5—偏心质量;6—进油通道;7—机架;8—球面支承;
9—液压推力轴承;10—外破碎锥;11—料斗;12—内破碎锥;13—衬套支架;14—衬套;15—电动机

　　惯性圆锥破碎机应用范围很广,除在粉末冶金工业中用于破碎金属碎屑、硬质金属切割片和粒状金属外,尤其成功应用于耐火材料及不同的建筑材料的破碎。

　　惯性破碎机在冶金、建材、陶瓷、造纸、食品、废弃物的加工处理,以及其他许多工业部门中得到了广泛的应用。

　　(6)振动压路机:振动压路机是修建高速公路、机场、大坝等工程中不可缺少的机械设备。振动压路机种类很多,按钢轮的数量和驱动形式分,有单钢轮式轮胎驱动振动压路机、双钢轮式振动压路机和拖式振动压路机等;按振动形式分,有振动式和振荡式压路机。图 6-20 为单钢轮式轮胎驱动振动压路机结构示意图。它由振动轮框架 1、振动轮 2、操作台和驾驶室 3、橡胶轮胎式驱动后轮 4 和后轮支架 5 等组成。

　　图 6-21 为振动式(单轴式)压路机的示意图。振动轮是由圆形轮壳和装于内部的激振器组成。振动式与振荡式压路机的基本区别是激振器形式的不同,振动式压路机产生的激振力为沿圆周方向变化的离心力,振荡式压路机产生一个激振力偶,由于振动式和振荡式压路机的工作方式不同,工作效果和使用条件也不相同。振动式压路机的压实深度较深,而振荡式压路机的压实深度浅,但表面的密实度较大。

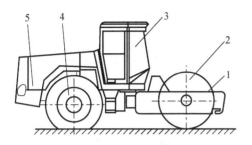

图 6-20　单钢轮式轮胎驱动振动压路机

1—振动轮框架；2—振动轮；3—操作台和驾驶室；

4—橡胶轮胎式驱动后轮；5—后轮支架

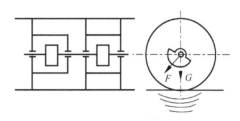

图 6-21　振动压路机振动轮

振动压路机与早期使用的依靠静压的压路机相比，由于在工作过程中引入了振动，大大地提高了工作效率。

2）双轴式惯性振动机

双轴惯性振动机分为强制同步式和依据力学原理实现同步的自同步式两类。

（1）振动成型机（振动台）：其结构如图 6-22 所示，由电动机 1、齿轮同步器 2、底座 3、支承弹簧 4、偏心块 5 等组成。电动机 1 通过弹性联轴器使齿轮同步器 2 回转，再经过两个弹性联轴器，将运动传给激振器的两根主轴。轴上装有多个偏心块 5，两轴上的偏心块对称地安装，以使水平方向的激振力互相抵消，垂直方向的激振力互相叠加，这样便可使台面 6 产生垂直方向的振动。使用时，将装好的钢筋和混凝土的钢模紧固在台面上，由于振动，可使钢筋混凝土构件得到快速而有效的振实。

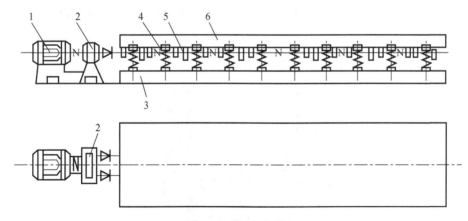

图 6-22　振动成型机

1—电动机；2—齿轮同步器；3—底座；4—支承弹簧；5—偏心块；6—台面

（2）振动筛：图 6-23 为热矿振动筛，该筛用于冶金部门热烧结矿的筛分，由激振器 1、筛箱 2、二次隔振底架 3、一次隔振弹簧 4、二次隔振弹簧 5、感应电动机 6 与7、可伸长的弹性联轴器 8 和中间轴 9 组成，两台感应式异步电动机通过弹性联轴器(中间为可伸缩的花键轴)使激振器 1 回转。在一定条件下,两轴上的偏心块可做等速反向回转,两偏心块对称于两轴心连线运转,所产生的激振力垂直于两轴心连线。为了获得良好的隔振效果,该筛采用二次隔振系统,即在一次隔振弹簧下方,再安装二次隔振质量与二次隔振弹簧。

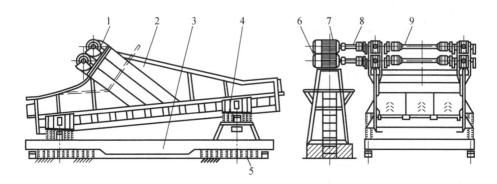

图 6-23 热矿振动筛

1—激振器;2—筛箱;3—二次隔振底架;4——次隔振弹簧;5—二次隔振弹簧;

6、7—感应电动机;8—弹性联轴器;9—中间轴

(3) 双激振器振动圆锥破碎机:其结构如图 6-24 所示,由外破碎锥、内破碎锥、激振器、上下连接板、悬吊装置和隔振弹簧等组成。内、外破碎锥的工作表面均镶有保护衬板,彼此构成破碎腔。可动的内破碎锥 9、两激振器 3 及上下连接板 4 和 5,通过悬挂装置 11 悬挂在外破碎锥 10 的立板上,电动机 1 通过轮胎联轴器 2,

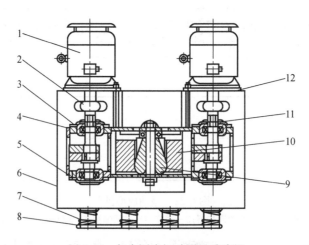

图 6-24 复合同步振动圆锥破碎机

1—电动机;2—轮胎联轴器;3—激振器;4—上连接板;5—下连接板;6—护板;

7—隔振弹簧;8—底板;9—内破碎锥;10—外破碎锥;11—悬挂装置;12—机体

驱动两激振器3等速同向回转产生离心力,在离心力的作用下,可动的内破碎锥9绕机器中心线做圆运动,实现对物料的有效破碎。这种新型振动圆锥破碎机的结构新颖,具有锥、柱面相间的独特破碎腔,能获得粒度特性好的破碎产品。

(4) 振动烘干机:振动烘干机可应用于粮食、药材、食品等的烘干作业中,其种类很多,较为典型的为双激振器式圆筒形振动烘干机(图6-25)。其结构和传动原理与垂直振动输送机相同,筒体的运动是垂直方向的振动和沿垂直轴的扭转振动的合成。干燥系统如图6-25(b)所示,由引风机、除尘器、烘干机、给料机、换热器和鼓风机组成。筒体内通入连续通过的热空气,欲烘干的物料沿筒体内的圆形槽或螺旋形槽体运动,由于热空气与物料的连续接触而烘干物料。

(5) 垂直振动输送机:垂直振动输送机常用于物料的冷却与输送,图6-26为交叉轴式自同步垂直振动输送机。这种振动输送机由螺旋槽体1、底座2、隔振弹簧3、激振电动机4和底架5组成。激振电动机即是在电动机的轴端上安装有偏

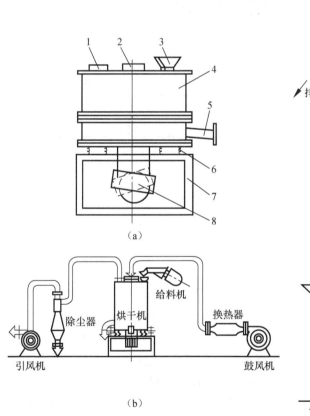

图 6-25　振动烘干机的结构与工作原理
1、2—热风进出口;3—进料口;4—筒体;
5—出料口;6—隔振弹簧;7—支架;8—激振电动机

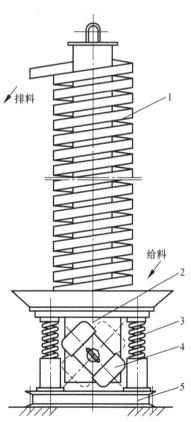

图 6-26　垂直振动输送机
1—螺旋槽体;2—底座;3—隔振弹簧;
4—激振电动机;5—底架

心块,因而激振电动机回转时,偏心块将产生激振力。这种振动机的两台激振电动机无任何强迫联系。当两电动机交叉安装时,根据力学原理,在一定条件下,可实现同步运转,并产生垂直方向的激振力和绕垂直轴的激振力矩。因此,螺旋槽体上任意一点均会产生垂直振动与绕垂直轴的扭转振动,两种振动的合成,是一种组合的直线振动。振动方向与螺旋槽的夹角通常为20°~45°,这种振动可使螺旋槽体中物料连续地沿槽体向上输送。

　　3) 多轴式惯性振动机械

　　目前用于工业中的多轴惯性振动机械有四轴惯性振动输送机。四轴惯性振动输送机示意图如图6-27所示。激振器中有两对回转方向彼此相反的主轴,左侧一对轴的转速为右侧一对主轴转速的2倍,但偏心质量矩仅为低速轴的几分之一。当激振器工作时,激振力是两种频率激振力的组合,在垂直方向互相抵消,而且仅存在于水平方向,合成激振力对振动中心来说是不对称的,因而可使输送管体沿水平方向做不对称的振动,这种振动可使物料向右或向左滑行。

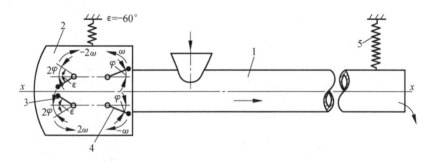

图 6-27　四轴惯性振动输送机

1—输送管;2—激振器;3—高速轴;4—低速轴;5—弹簧

3. 线性或近似线性的近共振惯性机械

　　图6-28为惯性共振式振动输送机。这种振动输送机由输送槽体2、单轴惯性激振器1、隔振弹簧3等组成。输送槽体2、平衡质量4与剪切橡胶弹簧5及单轴惯性激振器1组成了主振动系统。电动机通过V带使激振器主轴回转,主轴上的偏心块回转运动产生的惯性力,使主振动系统产生近共振的振动。输送槽体与平衡质量沿倾斜方向相对振动,并使槽体中的物料向前运动。

　　输送槽体2、平衡质量4与隔振弹簧3组成了隔振系统,此系统工作在远离共振的状态下。由于隔振系统的自然频率较小,隔振弹簧刚度不大,使这种双质体惯性式近共振振动机械有较好的隔振性能。单轴式惯性共振式振动机械可以采用单质体式,但这种振动机械会将机体的惯性力全部传给地基。

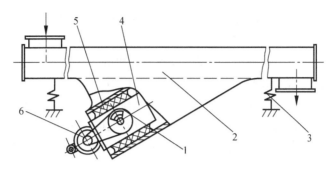

图 6-28　惯性共振式振动输送机

1—单轴惯性激振器；2—输送槽体；3—隔振弹簧；4—平衡质量；5—剪切橡胶弹簧；6—电动机

4. 非线性惯性共振机械

硬特性非线性振动机械的主振自然频率随振幅的增加而增大，软特性非线性振动机械的主振自然频率随振幅的增加而减小。

（1）惯性式共振筛：其结构如图 6-29 所示，由筛箱、激振器的偏心块、平衡质量、主振非线性弹簧、板弹簧和隔振弹簧等组成。平衡质量 4 用板弹簧 6 支承在筛箱 1 上，筛箱 1、平衡质量 4 和非线性弹簧 2 组成了非线性主振动系统。筛箱 1、平衡质量 4 和隔振弹簧 7 组成了隔振系统。

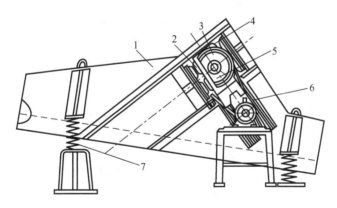

图 6-29　惯性式共振筛

1—筛箱；2—主振非线性弹簧；3—带轮；4—平衡质量；5—偏心块；6—板弹簧；7—隔振弹簧

由于在相对振动方向上主振动系统的自然频率与工作频率相接近，在这个方向上机体的振幅较大，而与其相垂直的方向远离共振工作状态，机体的振幅很小，因此机体的运动轨迹接近于一直线或长椭圆形。这种运动轨迹对筛分过程是有利的。

（2）卧式振动离心脱水机：脱水机是利用振动来强化物料离心脱水的设备，其结构如图 6-30 所示。筛篮 2 由主电动机 18，通过带轮 15 和 8 带动回转。激振系统电动机 17 经带传动，并通过一对齿轮，使装在机壳 3 上的四个偏心轮 5 做反向同步回转，从而产生轴向激振力。机壳 3、非线性橡胶弹簧 7、主轴 10 和筛篮 2 组成主共振系统。在激振力作用下，使筛篮产生轴向振动。物料由给料管 1 进入筛篮，并在离心力和轴向振动力的综合作用下，均匀地向前滑动。脱水后的物料，从筛篮前面落入卸料室，并由此进入机器底部的排料槽中，离心液由机壳收集在一起，经排出室排出。

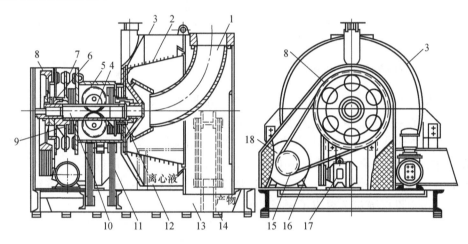

图 6-30　卧式振动离心脱水机

1—给料管；2—筛篮；3—机壳；4—主轴套；5—偏心轮；6—冲击板；7—非线性橡胶弹簧；

8—带轮；9—短板弹簧；10—主轴；11—长板弹簧；12—轴承；13—机架；14—橡胶弹簧；

15—小带轮；16—V 带；17—激振系统电动机；18—主电动机

机壳 3 安装在长板弹簧 11 上，长板弹簧又固定于机架 13 上，机架下面设置隔振橡胶弹簧 14，以消除离心机工作时传给地面上的振动。由于机架的振幅很小，长板弹簧的刚度不大，经过长板弹簧一次隔振之后，再经过机架 13（二次隔振质量）及二次隔振弹簧（隔振弹簧 14），使离心机传给地面的振动很小。

（3）弹簧摇床：图 6-31 是一种新型弹簧摇床。这种摇床对中细粒矿物进行选别。

偏心轮 2 回转时产生的激振力，通过偏心拉杆 1 传给床面 13。床面 13 通过螺杆 12 与金属软弹簧 8 及橡胶硬弹簧 11 相连接。当机器静止时，软弹簧与硬弹簧均处于压缩状态下。由于床面 13 装于可摆动的支承装置上，在激振力的作用下，床面 13 与软硬弹簧 8 和 11 所组成的非线性振动系统将产生振动。这种振动机械在近共振状态下工作。由于硬弹簧有时压缩，有时离开，因而床面运动时有不

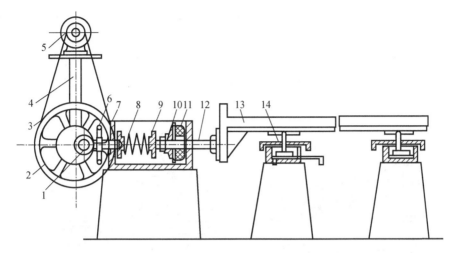

图 6-31　新型弹簧摇床

1—偏心拉杆;2—偏心轮;3—V 带;4—支架;5—电动机;6—手轮;7—弹簧箱;8—金属软弹簧;
9—弹簧支架;10—螺母;11—橡胶硬弹簧;12—螺杆;13—床面;14—支承装置

对称的加速度,这种不对称的加速度曲线,可使两种不同密度的矿物在床面上得到较好的选分。

此外,还有一种振动离心摇床。从振动机构来看,与弹簧摇床没有本质的区别。不同的只是弹簧摇床的选别作用发生在重力场中,而离心摇床的选别作用在离心力场中,因而强化了选矿过程。

目前除应用单质体(或称单头)弹簧摇床与振动离心摇床外,还研究应用双质体(或称双头)摇床。

5. 冲击式惯性共振机械

冲击式振动机械是非线性振动机的一个特例,利用冲击振动的机械有蛙式夯土机、振动锤锻机、振动钻探机、冲击式振动落砂机、冲击式振动造型机等。

冲击情况下物体产生的加速度要比一般线性振动机械工作的最大加速度大几倍、几十倍,甚至几百倍。因而利用冲击可以产生很大的冲击力,这对压实土壤,使物体产生塑性变形,岩石发生破坏或碎裂,促使铸件上的型砂剥落都是十分重要的。

图 6-32 为蛙式夯土机,由夯头 1、夯架 2、传动轴架 9、底盘 4 和电动机 5 等部分组成。电动机通过二级 V 带使带有偏心块的圆轮回转。当偏心块回转至某一角度时,夯头被抬起,在离心力的作用下,夯头被提升到一定高度,同时,整台机器向前移动一定距离。当偏心块转到一定位置后,夯头开始下落,下落速度逐渐增大,并以较大的冲击力夯实土壤。

除蛙式夯土机外,还有电动机或内燃机带动的单轴式和双轴式振动机。

　　如图 6-33 所示的振动锤由双惯性激振器、夹持器、冲击锤组成。为了防止由于冲击引起电动机损坏，在图 6-33(b)中，用弹簧 5 将电动机 1 与激振器 2 隔离。电动机通过 V 带使激振器回转，为了预防由于振动引起传动带的伸长与缩短，在电动机底座上增设一个中间带轮 6。中间带轮轴与激振器轴是在一个水平平面内。

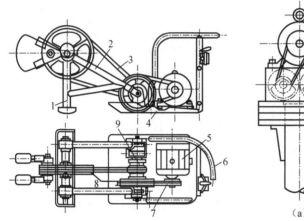 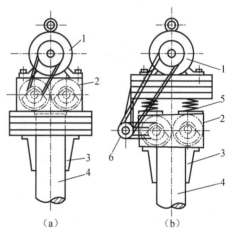

图 6-32　蛙式夯土机

1—夯头；2—夯架；3、7—V 带；4—底盘；
5—电动机；6—把手；8—带轮；9—传动轴架

图 6-33　振动锤

1—电动机；2—双轴惯性激振器；3—夹持器；
4—冲击锤；5—弹簧；6—中间带轮

6.3.3　弹性连杆式振动机械的工作原理与构造

　　弹性连杆式振动机械是一种工作在近共振状态下的振动机械。按照振动质体的数目，可分为单质体式和双质体式两类。按照振动系统的线性与非线性特性，分为线性振动机械与非线性振动机械。

1. 单质体弹性连杆式振动机械

　　单质体弹性连杆式振动机械包括单质体式重介质振动溜槽、垂直振动输送机等。

　　(1) 单质体式重介质振动溜槽：图 6-34 为用于矿石选别的重介质振动溜槽，由传动装置 1、弹性连杆 2、导向杆 3、槽体 4、主振弹簧 5、底架 6 及分离隔板 7 组成。电动机经 V 带带动偏心轴回转，进而使弹性连杆 2 端点做往复运动，连杆端部装有压缩橡胶弹簧，由于连杆往复运动，便通过主振弹簧 5 将激振力传给槽体 4，并使振动系统实现弹性振动。槽体 4 的振动方向与导向杆 3 相垂直，由于槽体振幅较导向杆的长度小得多，所以可近似看作直线振动。主振弹簧 5 的刚度根据要求进行选择，以保证振动系统在近共振状态下工作。

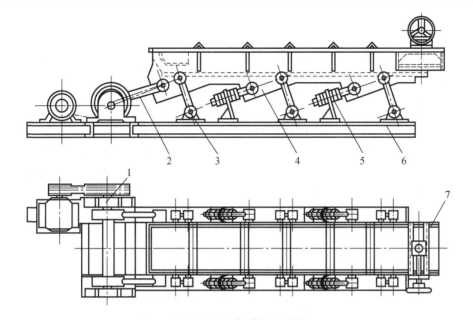

图 6-34　重介质振动溜槽

1—传动装置；2—弹性连杆；3—导向杆；4—槽体；5—主振弹簧；6—底架；7—分离隔板

工作时，首先将作为重介质的悬浮液（由水与密度较大的细粒矿物混合而成，使其合成密度适合于使两种矿物分离）从机器头部进入槽体中，在槽体的振动和槽体水室上升水的作用下，介质松散悬浮，形成具有一定密度和流动性较大的重介质床层。矿石由管部送入槽体中，密度大于悬浮液的则沉入槽底，并在槽体摇动作用下向前滑行，由分离隔板 7 下面排出；密度小于悬浮液的矿物，则悬浮于床层的上面，随介质流动而由分离隔板 7 上面排出。排出的轻重矿物分别在脱介筛上用水冲洗，脱除介质。回收的介质经净化后再循环使用。

（2）垂直振动输送机：图 6-35 为弹性连杆式垂直振动输送机，由螺旋槽体 1、主振弹簧 2、弹性连杆式激振器 3 及导向杆 4 等组成。

在弹性连杆激振力的作用下，槽体沿一定的倾斜方向做扭转振动。扭转振动的方向与导向杆相垂直。由于槽体振动，物料将沿螺旋槽体向上运动。

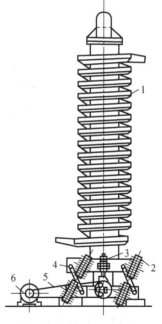

图 6-35　垂直振动输送机

1—螺旋槽体；2—主振弹簧；3—激振器；
4—导向杆；5—传动带；6—电动机

2. 双质体弹性连杆式振动机械

双质体弹性连杆式振动机械包括平衡式与不平衡式弹性连杆式振动输送机、弹性连杆式共振筛、振动冷却机和振动离心脱水机等。

弹性连杆式非线性共振筛的结构如图 6-36 所示,有上下两个筛箱 3、4,筛箱间有主振非线性橡胶弹簧 8 和导向板弹簧 7。上下筛箱分别用两对隔振弹簧 6 支承于机架 5 上,传动机构 9 安装于筛箱的左端。固定于底架上的电动机 1,经 V 带 2 和偏心轴,带动连杆 10 运动,连杆的头部有压缩橡胶弹簧 11,通过它使筛箱沿导向杆规定的方向振动。筛箱中固定有筛面,由于筛面随筛箱一起振动,使加到筛箱中的物料得到筛分。

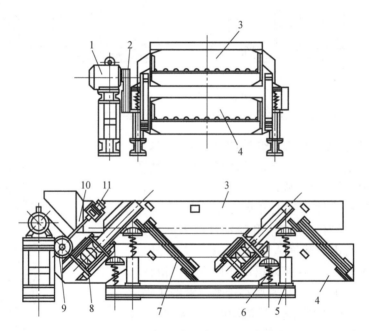

图 6-36　弹性连杆式非线性共振筛

1—电动机;2—V 带;3—上筛箱;4—下筛箱;5—固定机架;6—隔振弹簧;7—导向板弹簧;
8—非线性橡胶弹簧;9—传动机构;10—连杆;11—压缩橡胶弹簧

6.3.4　电磁式振动机械的工作原理与构造

电磁式振动机械根据电磁激振器的形式可分为电磁式与电动式两大类。图 6-37(a)为电磁式激振器,由铁心、电磁线圈、衔铁和弹簧等组成。铁心通常与平衡质体固定在一起,而衔铁则与槽体(或机体)固定在一起。图 6-37(b)为电动式激振器,由直流电激磁的磁环(或永磁环)、中心磁极和通有交流电的可动线圈组成,可动线圈与振动杆或振动机体相连接。

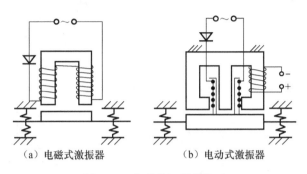

（a）电磁式激振器　　　　　　（b）电动式激振器

图 6-37　电磁激振器的类型

　　在工业用电磁振动机械中,广泛应用电磁式激振器;电动式激振器在电磁振动台中应用。电磁式振动机械有给料、输送、筛分、上料、落砂和仓壁振动等各种不同的用途。

1. 电磁式仓壁振动器

　　图 6-38 为电磁式仓壁振动器的构造,由电磁铁铁心 1、电磁线圈 2、可动衔铁 3、橡胶弹簧 4 和振动器底座 5 等组成。安装时,用螺栓将底座 5 固定于仓壁上或固定于料仓内壁的振动板上。当电磁线圈 2通以交流电或经过半波整流的脉动电流后,可动衔铁 3 与铁心 1 将产生相对振动,使仓壁或料仓内壁的振动板相应地产生振动,这样就可以消除料仓内物料的起拱现象,以保证连续地向受料器喂料。

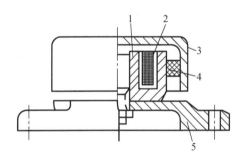

图 6-38　电磁式仓壁振动器

1—铁心;2—电磁线圈;3—可动衔铁;

4—橡胶弹簧;5—底座

2. 电磁式振动给料机

　　电磁式振动给料机按照主振弹簧的形式,可分为板弹簧式、螺旋弹簧式和橡胶弹簧式三类。板弹簧电磁振动给料机如图 6-39 所示,由槽体、电磁激振器、主振弹簧与隔振弹簧等组成。工作槽体是由钢板焊接成的槽子。电磁激振器中的铁心 5固定在激振器壳体 6 上,衔铁 4 与槽体的连接叉 1 相连接。板弹簧 3 两端用压紧螺钉 2 固定于激振器壳体 6 上,其中部夹紧在连接叉上。槽体、激振器(包括壳体)及板弹簧构成了双质体的主振系统。

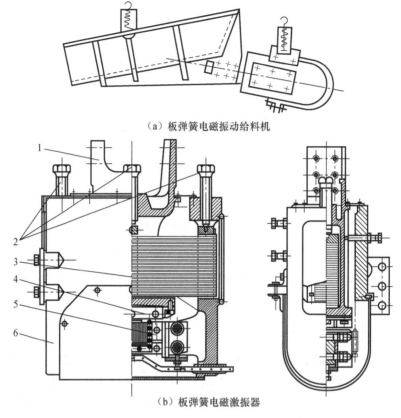

（a）板弹簧电磁振动给料机

（b）板弹簧电磁激振器

图 6-39　板弹簧电磁振动给料机

1—连接叉；2—压紧螺钉；3—板弹簧；4—衔铁；5—铁心；6—壳体

　　为了防止将振动传给地基或建筑物，槽体与激振器壳体分别悬吊于（或支承于）刚度不大的隔振弹簧上。板弹簧电磁振动给料机，通常利用增加或减少板弹簧片数的方法调整机器的工作点（即频率比）。

　　图 6-40 是螺旋弹簧电磁振动给料机，其中图 6-40（a）是外形图，图 6-40（b）是激振器。与电磁式振动给料机的区别是用螺旋弹簧来代替板弹簧。为了使槽体与激振器壳体保持上下的相对位置，它们之间还装有一对导向板弹簧 7。在一台给料机上，通常装有四个或六个金属螺旋弹簧 4。螺旋弹簧用螺杆、压板及螺母压紧在槽体与激振器壳体（振动板）之间。螺旋弹簧电磁振动给料机的构造比较简单，重量较轻，但对螺旋弹簧必须进行严格的选配，要求螺旋弹簧有接近相同的刚度，损坏后修复较不便。这种给料机的工作点的调节，通常采用在激振器的壳体上加减配重块的方法。

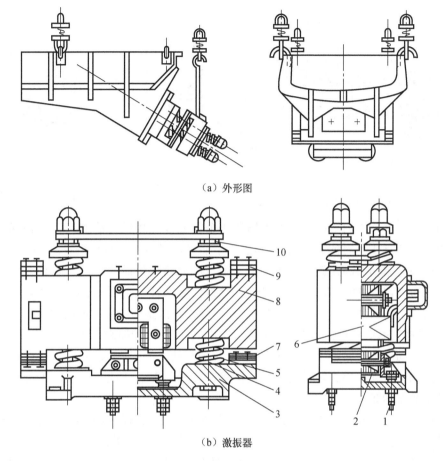

（a）外形图

（b）激振器

图 6-40　螺旋弹簧电磁振动给料机

1—气隙调整螺栓；2—衔铁；3—底座；4—弹簧；5—螺杆；6—铁心；7—导向板弹簧；
8—振动板；9—配重；10—压紧螺母

6.3.5　液压式振动机械的工作原理与构造

1. 液压式激振器的类型

液压式激振器的类型很多,最常见的有液压缸活塞式激振器和利用回转阀调节频率的液压式激振器。

图 6-41 为修建高速公路用摊铺机上使用的回转式液压脉冲器的构造,由阀体 1、阀套 2、转轴 3 及驱动部件四个部分组成。转轴 3 由液压马达 4 直接驱动,转轴的转速通过改变液压马达的转速来实现。压力油腔 A 与由齿轮泵提供的压力油相通,工作时,该腔始终保持一定的压力;回油腔 B 通过油管路与油箱相通;工作油腔 C 直接与液压脉冲振动液压缸相通。转轴 3 在 A 腔与 B 腔之间,沿圆周方向

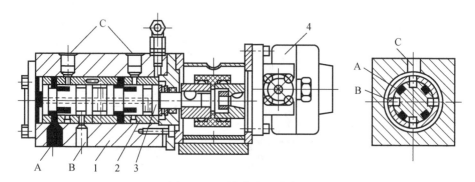

图 6-41　回转式液压脉冲器

1—阀体;2—阀套;3—转轴;4—液压马达;A—压力油腔;B—回油腔;C—工作油腔

分别开有 4 个与压力油腔相通的油槽和 4 个与回油腔相通的油槽,工作油腔截面处阀套上开有 4 个对称分布的油口,这 4 个油口始终与工作油腔相通,工作时转轴在液压马达驱动下高速旋转。当轴上 4 个与压力油腔相通的油槽与阀套上 24 个油口相通时,脉冲振动液压缸接通压力油后,使活塞杆带动振动梁向下振动;当转轴上的 4 个与回油腔相通的油槽与工作油腔相通时,振动液压缸内的油压下降,振动液压缸的活塞杆和振动梁在弹簧反力作用下,向上回到原来位置,这时振动梁完成一次振动。由于转轴上开有 4 个油槽,转轴每转一周,振动梁完成 4 次振动,也就是振动梁振动频率为转轴转速的 4 倍。在实际工作中,转轴转速为 1020r/min,振动梁的振动频率为 68Hz。

　　由于转轴回转过程中,转轴上的油槽与阀套上的油口的接通与闭合存在一个渐进过程,这一过程反映过流面积的变化,进而反映脉冲激振液压缸油压的变化。

　　脉冲液压缸的安装图见图 6-42,脉冲液压缸 1 装于熨平板 2 上,液压缸活塞杆 4 与脉冲振动梁 3 连接在一起,同时通过复位弹簧 5 与熨平板联系在一起。

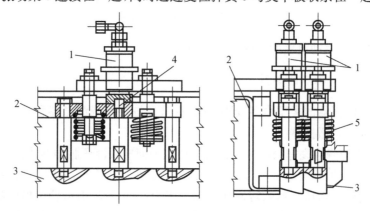

图 6-42　脉冲液压缸安装图

1—脉冲液压缸;2—熨平板;3—振动梁;4—活塞杆;5—复位弹簧

2. 液压式振动机械的典型构造

图 6-43 为沥青摊铺机的外形图,由动力装置、行走装置、输料装置、分料装置、自动找平系统和熨平板装置等部分组成。

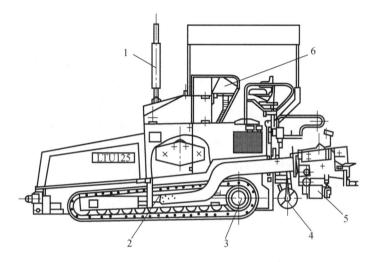

图 6-43　沥青摊铺机
1—柴油机;2—自动找平;3—行驶驱动;4—输料分料传动;5—熨平板;6—电气控制

熨平板装置中装有两种激振器:一种是前面介绍的液压脉冲激振器,装于熨平板的右侧;另一种是曲柄连杆式激振器,装于熨平板的左侧。由于激振器装于熨平板上,当振动梁产生振动时,熨平板也会产生相对振动,因熨平板的质量远比振动梁大,所以振幅相对较小,振动梁与熨平板产生的复合振动,使被摊铺的物料得到较均匀地摊平,从而显著提高摊铺质量。

6.4　非共振型振动机械

6.4.1　平面运动单轴惯性式非共振型振动机械

惯性式振动机械按照振动质体的数目,可分为单质体、双质体和多质体等;按照激振器转轴的数目,可分为单轴式、双轴式和多轴式;按照动力学特性,可分为线性非共振式、线性近共振式、非线性式和冲击式等。

1)按两自由度系统的近似分析

平面运动单轴惯性振动机械包括单轴式惯性振动筛、振动球磨机、卧式振动光饰机、振动给料机等。根据单轴惯性振动机的机构图,可以画出其力学模型,如图 6-44 所示。

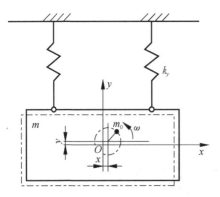

图 6-44　单轴惯性式振动机的力学模型

从图 6-44 可看出,作用在振动质体 m 上的力包括机体惯性力、阻尼力、弹性力和激振力。振动系统 y 方向和 x 方向的运动方程分别为

$$(m+m_0)\ddot{y}+c\dot{y}+k_y y = F_y(t)$$
$$(m+m_0)\ddot{x}+c\dot{x} = F_x(t) \tag{6-14}$$

式中,m 为振动机体的计算质量,$m=m_p+K_m m_m$,其中 m_p 为振动机体的实际质量,K_m 为物料结合系数,m_m 为工作面上物料的质量;c 为等效阻尼系数;k_y 为隔振弹簧在垂直方向上的刚度;m_0 为偏心块质量;$F_y(t)$,$F_x(t)$ 为偏心块在 y 方向与 x 方向的相对运动惯性力(即绕轴线回转运动之惯性力);$\dot{y}$,y 和 $\dot{x}$,x 为振动机体在 y 方向和 x 方向的速度和加速度。

偏心块相对于回转轴线的惯性力 $F_y(t)$,$F_x(t)$ 可表示为

$$F_y(t) = m_0\omega^2 r\sin(\omega t),\quad F_x(t) = m_0\omega^2 r\cos(\omega t) \tag{6-15}$$

式中,ω,r 为轴回转角速度与偏心块的偏心距。

将式(6-15)代入式(6-14),得到单轴惯性振动机振动机体的振动方程为

$$(m+m_0)\ddot{y}+c\dot{y}+k_y y = m_0\omega^2 r\sin(\omega t),\quad (m+m_0)\ddot{x}+c\dot{x} = m_0\omega^2 r\cos(\omega t) \tag{6-16}$$

(1) 近似求解法。由于这种振动机械的阻尼力与弹性力远小于机体惯性力与激振力,对机体运动的影响在近似计算时可略去不计。这时,振动系统中质量 m 产生的惯性力 $m\omega^2\lambda$ 与偏心块产生的惯性力 $m_0\omega^2 r$ 相平衡,即

$$m\omega^2\lambda \approx m_0\omega^2 r\quad 或\quad \lambda \approx m_0 r/m \tag{6-17}$$

式中,λ 为筛箱的振幅。通过前面分析,机体与偏心块始终处在振动中心的两个方向上,机体在上方时,偏心块在下方,机体在左方时,偏心块在右方,或相反。而振动中心,实际上就是机体与偏心块的合成质心。

(2) 精确求解法。由于阻尼力的存在,自由振动在机器工作过程中将会消失,因此下面仅研究振动机械的强迫振动。

当振动机械正常工作时,机体在 y 方向和 x 方向的位移应有如下形式:

$$y = Y\sin(\omega t - \varphi_y),\quad x = X\cos(\omega t - \varphi_x) \tag{6-18}$$

式中,Y,X 为机体在 y 方向和 x 方向的振幅;φ_y,φ_x 为 y 方向和 x 方向的激振力对位移的相位差。

由式(6-18)求质体的速度和加速度,有

$$\dot{y} = Y\omega\cos(\omega t - \varphi_y), \quad \dot{x} = -X\omega\sin(\omega t - \varphi_x)$$

$$\ddot{y} = -Y\omega^2\sin(\omega t - \varphi_y), \quad \ddot{x} = -X\omega^2\cos(\omega t - \varphi_x) \tag{6-19}$$

将 $\ddot{y}, \dot{y}$ 和 y 代入式(6-16)，并考虑 $\sin(\omega t) = \sin(\omega t - \varphi_y + \varphi_y) = \cos\varphi_y\sin(\omega t - \varphi_y) + \sin\varphi_y\cos(\omega t - \varphi_y)$，则式(6-16)可写为

$$-(m + m_0)\omega^2 Y\sin(\omega t - \varphi_y) + c\omega Y\cos(\omega t - \varphi_y) + k_y Y\sin(\omega t - \varphi_y)$$
$$= m_0\omega^2 r[\cos\varphi_y\sin(\omega t - \varphi_y) + \sin\varphi_y\cos(\omega t - \varphi_y)] \tag{6-20}$$

为使式(6-20)恒等，$\sin(\omega t - \varphi_y)$ 和 $\cos(\omega t - \varphi_y)$ 的系数必须满足以下条件：

$$-(m + m_0)\omega^2 Y + k_y Y = m_0\omega^2 r\cos\varphi_y, \quad c\omega Y = m_0\omega^2 r\sin\varphi_y \tag{6-21}$$

由式(6-21)可得振动机体 y 方向的振幅及相位差为

$$Y = -\frac{m_0 r\cos\varphi_y}{m_y'}, \quad \varphi_y = \arctan\left(\frac{-c}{m_y'\omega}\right) \tag{6-22}$$

式中，m_y' 为惯性振动机振动体在 y 方向的计算质量，$m_y' = m + m_0 - k_y/\omega^2$。

用同样方法可求出 x 方向机体的振幅及相位差为

$$X = -\frac{m_0 r\cos\varphi_x}{m_x'}, \quad \varphi_x = \arctan\left(\frac{-c}{m_x'\omega}\right) \tag{6-23}$$

式中，m_x' 为惯性振动机振动体在 x 方向的计算质量，$m_x' = m + m_0$。

大多数惯性振动机的阻尼力是不大的，且 $k \ll (m + m_0)\omega^2$，φ_x 和 φ_y 通常在 $170° \sim 180°$，所以 $\cos\varphi_y \approx \cos\varphi_x \approx 1$，式(6-22)和式(6-23)平方后相加，可以得到以下椭圆方程：

$$(y/Y)^2 + (x/X)^2 = 1 \tag{6-24}$$

当振幅 Y, X 接近相等时，运动轨迹为圆形。

图 6-45 表示了按式(6-22)和式(6-23)作出的幅频响应曲线，在 y 方向，当工作频率 ω 等于自然频率 $\omega_0 = \sqrt{k/(m + m_0)}$ 时，振幅将显著增大；在 x 方向，当弹簧刚度为零，所以振幅 X 为常数。非共振类惯性振动机通常工作在远超共振的 AB 区段内。

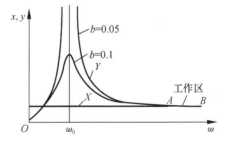

图 6-45　惯性振动机械的幅频响应曲线

图 6-46 表示了某惯性振动机械自启动至正常运转，及由正常运转至停车的振动机体的位移变化曲线。由曲线看出：y 方向的振幅，当到达某频率时显著增大；而 x 方向的振幅始终保持不变，这是由 x 方向弹簧刚度为零，而 y 方向弹簧刚度不为零引起的。同时还可以从 y 方向的曲线看出，在启动后某一时间内，存在着自由振动，经一定时间则衰减为零，而仅存在强迫振动。

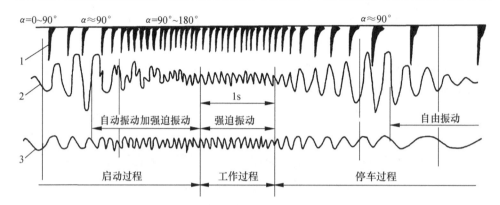

图 6-46　某惯性振动机械位移的实测曲线

1—偏心块相位；2—y 方向位移曲线；3—x 方向位移曲线

2）按三个自由度系统的近似分析

在一些惯性振动机械中，激振力不通过机体质心，隔振弹簧的刚度矩阵也不为零，振动机体将绕其质心做不同程度的摇摆振动。

在大多数振动机械中，弹性力对机体振动的影响不大，一般不超过 $2\%\sim5\%$，因此在近似计算时，可以略去（在精确计算时，应考虑它的影响）。下面介绍近似计算方法。

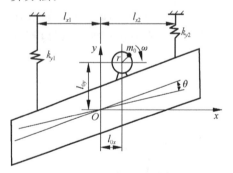

图 6-47　单轴惯性振动机械摇摆振动

由图 6-47 可以列出机体沿 y 方向、x 方向振动和绕机体质心摇摆振动的方程为

$$(m+m_0)\ddot{y}=m_0\omega^2 r\sin(\omega t)$$
$$(m+m_0)\ddot{x}=m_0\omega^2 r\cos(\omega t)$$
$$(I+I_0)\ddot{\theta}=m_0\omega^2 r[l_{0y}\cos(\omega t)-l_{0x}\sin(\omega t)]$$

$$(6\text{-}25)$$

式中，I,I_0 为机体及偏心块对机体质心的转动惯量；l_{0y},l_{0x} 为偏心块回转轴心至机体质心 y 方向和 x 方向的距离；$\ddot{\theta}$ 为摇摆振动的角加速度。

微分方程(6-25)的特解为

$$y=Y\sin(\omega t),\quad x=X\cos(\omega t)$$
$$\theta=X_\theta\sin(\omega t)+Y_\theta\cos(\omega t)$$

$$(6\text{-}26)$$

式中，Y,X,Y_θ,X_θ 分别为 y 方向、x 方向的激振力和激振力矩引起的振幅和幅角。

将式(6-26)微分两次，代入式(6-25)中，得

$$Y=-\frac{m_0 r}{m+m_0},\quad X=-\frac{m_0 r}{m+m_0}$$

$$Y_\theta = -\frac{m_0 r l_{0y}}{I + I_0}, \quad X_\theta = \frac{m_0 r l_{0x}}{I + I_0} \tag{6-27}$$

机体上任意一点 e 的运动方程为

$$y_e = y - \theta l_{ex} = (Y - X_\theta l_{ex})\sin(\omega t) - Y_\theta l_{ex}\cos(\omega t)$$
$$x_e = x - \theta l_{ey} = X_\theta l_{ey}\sin(\omega t) + (X + Y_\theta l_{ey})\cos(\omega t) \tag{6-28}$$

当 l_{ex}, l_{ey} 及 Y, X, Y_θ, X_θ 的值求得以后,并将一周期内的 ωt 分成 8、12 或更多的等分,然后代入式(6-28),可以求出当 ωt 为不同值时的 y_e 和 x_e,进而可画出机体上的任意点的运动轨迹。

例 6-2　已知某单轴惯性振动筛,机体及偏心块总质量为 3000kg,机体及偏心块对机体质心的转动惯量 $I + I_0$ 为 3898kg·m²,激振力 $F = m_0\omega^2 r = 74000$N,角速度 $\omega = 78.51s^{-1}$,偏心块轴心对质心的坐标为 $l_{0y} = 57$cm,$l_{0x} = 0$。求:$A(0, 132$cm)、$O(0, 0)$、$B(1000$cm, 132cm)三点的运动轨迹。

解　将已知数据代入式(6-27),可以求得

$$Y = X = -\frac{74000}{3000 \times 78.5^2} = -0.004\text{m}$$

$$Y_\theta = -\frac{74000 \times 0.57}{3989 \times 78.5^2} = -0.00175\text{rad}, \quad X_\theta = 0$$

因此,任意点 e 的运动方程为

$$y_e = -0.4\sin(\omega t) + 0.00175 l_{ex}\cos(\omega t), \quad x_e = -(0.4 + 0.00175 l_{ex})\cos(\omega t)$$

将 l_{ex}, l_{ey} 及 $\omega t = 0, \pi/4, \pi/2, 3\pi/4, \cdots, 2\pi$ 的值代入,可求得的 y_e, x_e 的值,根据 y_e, x_e 的值,可作出如图 6-48 所示的运动轨迹曲线,筛箱两端的运动轨迹为椭圆。

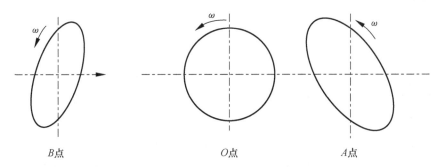

B点　　　　　　　　　　O点　　　　　　　　　　A点

图 6-48　筛箱各点的运动轨迹

6.4.2　空间运动单轴惯性式非共振型振动机械

空间运动单轴惯性式机械包括立式振动光饰机、嵌入式振捣器等。其中,立式振动光饰机的振动次数等于主轴的转数;嵌入式振捣器的振动次数与它的结构形

式有关。对于外滚道式嵌入式振捣器(图 6-49(a)),振动次数 n_1 可按下式计算:

$$n_1 = \frac{n}{D/d - 1}$$

式中,n 为传动轴每分钟的转数;D,d 为两滚道的直径。

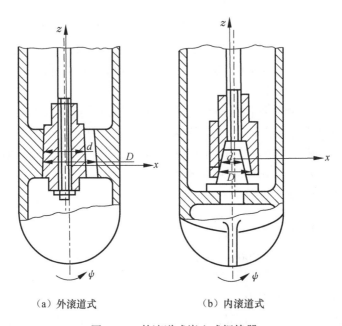

(a) 外滚道式　　　　　　　(b) 内滚道式

图 6-49　外滚道式嵌入式振捣器

对于内滚道式嵌入式振捣器(图 6-34(b)),振动次数 n_2 可按下式计算:

$$n_2 = \frac{n}{1 - d/D}$$

其中,n_1(或 n_2)与 n 的转向是相反的。

立式振动光饰机与嵌入式振捣器的主要区别是前者支承于弹簧上,而后者没有弹簧。从动力学来看,它们都包括质心沿水平面内的振动及机体对 Ox 轴和 Oy 轴的摆动。下面以立式振动光饰机说明其动力学特性。

如图 6-50 所示,这种振动光饰机由单轴惯性激振器驱动。激振器的轴垂直安装,轴上下两端的偏心块成一夹角 γ。激振器产生的在水平平面内的激振力 $F(t)$ 与绕水平轴线的激振力矩 $M(t)$ 为

$$F(t) = \sum m_0 \omega^2 r \cos(\gamma/2)[\cos(\omega t) + \mathrm{i}\sin(\omega t)] = \sum m_0 \omega^2 r \cos(\gamma/2)\mathrm{e}^{\mathrm{i}\omega t}$$

$$M(t) = \sum m_0 \omega^2 r[(l_0/2 + l_1)\cos(\gamma/2)\mathrm{e}^{\mathrm{i}\omega t} + (l_0/2)\sin(\gamma/2)\mathrm{e}^{\mathrm{i}(\omega t - \pi/2)}]$$

$$= \sum m_0 \omega^2 r L \mathrm{e}^{\mathrm{i}(\omega t - \beta)}$$

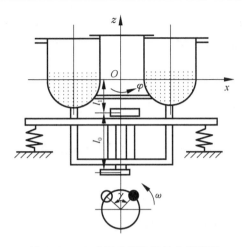

图 6-50　立式振动光饰机的力学模型

式中

$$L = \sqrt{\left(\frac{l_0}{2} + l_1\right)^2 \cos^2\left(\frac{\gamma}{2}\right) + \frac{1}{4} l_0^2 \sin^2\left(\frac{\gamma}{2}\right)}, \quad \beta = \arctan\left(\frac{1}{1 + 2l_1/l_0} \tan\gamma\right)$$

式中，l_0 为上下偏心块的垂直距离；l_1 为上下偏心块至机体质心的垂直距离。

该立式振动光饰机可简化为四个自由度的振动系统，以复数形式表示的运动微分方程为

$$m\ddot{\overline{x}} + c\dot{\overline{x}} + k\overline{x} = \sum m_0 \omega^2 r \cos(\gamma/2) \mathrm{e}^{\mathrm{i}\omega t}$$

$$I\ddot{\overline{\theta}} + c_\theta \dot{\overline{\theta}} + k_\theta \overline{\theta} = \sum m_0 \omega^2 r L \mathrm{e}^{\mathrm{i}(\omega t - \beta)} \tag{6-29}$$

式中

$$\overline{x} = x + \mathrm{i}y, \quad \overline{\theta} = \theta_{Oy} + \mathrm{i}\theta_{Ox}$$

式中，m, I 为工作机体的质量及对坐标轴 Oy 及 Ox 的转动惯量；c, c_θ 为阻尼系数及阻力矩系数；k, k_θ 为水平方向及摆动方向的弹簧刚度；x, y 为质体质心在 x 方向和 y 方向的位移；θ_{Oy}, θ_{Ox} 为质体绕 Oy 轴及 Ox 轴摆动的角位移；$\overline{x}, \overline{\theta}$ 为位移与角位移的复数形式。

实际上，式(6-29)代表了四个振动方程。由于弹簧对称于 z 轴安装，所以以上两个方程是独立的。由方程第一式可求出机体稳态振幅为

$$A = \frac{\sum m_0 \omega^2 r \cos(\gamma/2)}{\sqrt{(k - m\omega^2)^2 + c^2 \omega^2}}$$

由方程(6-29)的第二式，可求出机体绕 Oy 及 Ox 轴之振动幅角为

$$\Theta_{Ox} = \Theta_{Oy} = \frac{\sum m_0 \omega^2 r L}{\sqrt{(k_\theta - I\omega^2)^2 + c_\theta^2 \omega^2}}$$

当略去阻尼力时，引入频率比 $\lambda = \omega/\omega_0$ 及 $\lambda_\theta = \omega/\omega_{0\theta}$（水平方向的自然频率 $\omega_0 = \sqrt{k/m}$，摆动方向的自然频率 $\omega_{0\theta} = \sqrt{k_\theta/I}$），则振幅 A 与振动幅角 Θ 可表示为

$$A \approx \frac{\sum m_0 r \cos(\gamma/2)}{m(1/\lambda^2 - 1)}, \quad \Theta \approx \frac{\sum m_0 r L}{I(1/\lambda_\theta^2 - 1)} \tag{6-30}$$

为了提高振动光饰机的工作效率，偏心块的夹角 γ 应合理选择。试验证明，$\gamma = 90°$ 时加工效率较高，这时既有较强烈的水平振动，也有较强的摇摆振动，这种复合的振动可使工件得到较好的研磨。这种振动机的频率比按非共振类振动机进行选择。

6.4.3　双轴惯性式非共振型振动机械

1. 平面运动双轴惯性式振动机械

现以双轴惯性振动筛为例对该类振动机械进行分析。

在双轴惯性振动筛中，弹簧的刚度对振幅的影响不大。近似计算时可取刚度为零。双轴惯性振动筛的摇摆偏动也不大，近似计算也不考虑。如图 6-51 所示，机体运动时作用于振动机体上的惯性力为 $m\omega^2 Y \sin(\omega t)$，两偏心块在水平方向的惯性力相平衡，而垂直方向的惯性力 $2m_0\omega^2 r \sin(\omega t)$ 应与机体上的惯性力 $m\omega^2 Y \sin(\omega t)$ 互相平衡，即

$$m\omega^2 Y \approx 2m_0\omega^2 r \quad \text{或} \quad mY \approx 2m_0 r \tag{6-31}$$

式中，m 为振动机体的计算质量（包括偏心块质量）；Y 为振动机体沿振动方向的振幅；m_0 为偏心块质量；r 为偏心块的质心至回转轴线的距离。

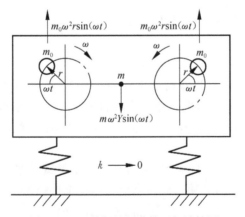

图 6-51　双轴惯性振动筛近似计算图

1）近似求解法

当偏心块的质量 m_0 及偏心半径 r 和振动机体质量 m 已知时，振幅的近似值为

$$Y \approx \frac{2m_0 r}{m} \tag{6-32}$$

若所需的振幅 Y 及振动机体的质量 m 已知,则所带的偏心块质量矩可按下式算出:

$$m_0 r \approx mY/2 \tag{6-33}$$

式中,$m_0 r$ 为每一轴上的偏心质量矩。

2) 精确求解法

双轴惯性振动筛机体振动的微分方程与单轴惯性振动筛的基本区别是激振力形式的不同。如图 6-52 所示,双轴惯性振动器两回转轴上的偏心块产生的合成惯性力为

$$F = 2m_0 \omega^2 r \sin(\omega t) \tag{6-34}$$

分解到 y 方向和 x 方向上的相对惯性力为

$$F_y = 2m_0 \omega^2 r \sin\beta_0 \sin(\omega t), \quad F_x = 2m_0 \omega^2 r \cos\beta_0 \sin(\omega t) \tag{6-35}$$

式中,β_0 为合成惯性力与水平面的夹角。

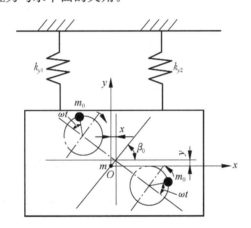

图 6-52　双轴惯性振动筛受力图

偏心块绝对运动的惯性力应是相对运动惯性力(即绕其轴线回转运动的惯性力 $2m_0\omega^2 r \sin(\omega t)$)及牵连运动惯性力(即其轴线随机体一起振动的惯性力 $-2m_0\ddot{y}, -2m_0\ddot{x}$)的和,即

$$F_y = -2m_0[\ddot{y} - \omega^2 r\sin\beta_0 \sin(\omega t)], \quad F_x = -2m_0[\ddot{x} - \omega^2 r\cos\beta_0 \sin(\omega t)] \tag{6-36}$$

除偏心块产生绝对运动惯性力外,还有振动机体的惯性力 $F_{my} = -m\ddot{y}$, $F_{mx} = -m\ddot{x}$,阻尼力 $F_{fy} = -c\dot{y}$, $F_{fx} = -c\dot{x}$ 及弹性力 $F_{ky} = -ky$, $F_{kx} = -kx$。按照动静法,这些力的和应为零,即

$$y\text{ 方向：} \quad -m\ddot{y} - c\dot{y} - ky - 2m_0[\ddot{y} - \omega^2 r\sin\beta_0 \sin(\omega t)] = 0$$
$$x\text{ 方向：} \quad -m\ddot{x} - c\dot{x} - 2m_0[\ddot{x} - \omega^2 r\cos\beta_0 \sin(\omega t)] = 0 \tag{6-37}$$

式中

$$m = m_p + K_m m_m$$

其中，m_p 为振动机体的实际质量；K_m 为物料结合系数；m_m 为等效质量；c 为等效阻尼系数；k 为隔振弹簧中心线方向上的刚度，$k=k_{y1}+k_{y2}$，式(6-37)移项后，可得

$$(m+2m_0)\ddot{y}+c\dot{y}+ky=2m_0\omega^2 r\sin\beta_0 \sin(\omega t)$$

$$(m+2m_0)\ddot{x}+c\dot{x}=2m_0\omega^2 r\cos\beta_0 \sin(\omega t)$$

$$(6\text{-}38)$$

式(6-38)就是双轴惯性振动筛沿 y 方向与 x 方向的运动微分方程，下面将求此振动方程的解。设 y 方向与 x 方向的位移为

$$y=Y\sin(\omega t-\varphi_y),\quad x=X\sin(\omega t-\varphi_x) \qquad (6\text{-}39)$$

速度与加速度分别为

$$\dot{y}=Y\omega\cos(\omega t-\varphi_y),\quad \dot{x}=X\omega\cos(\omega t-\varphi_x)$$

$$\ddot{y}=-Y\omega^2\sin(\omega t-\varphi_y),\quad \ddot{x}=-X\omega^2\sin(\omega t-\varphi_x)$$

$$(6\text{-}40)$$

将速度与加速度代入式(6-38)，采用与单轴惯性振动机相同的方法，可以求得

$$-(m+2m_0)\omega^2 Y+kY=2m_0\omega^2 r\sin\beta_0\sin(\omega t),\quad f\omega Y=2m_0\omega^2 r\sin\beta_0\sin\varphi_y$$

$$-(m+2m_0)\omega^2 X=2m_0\omega^2 r\cos\beta_0\sin(\omega t),\quad f\omega X=2m_0\omega^2 r\cos\beta_0\sin\varphi_x$$

$$(6\text{-}41)$$

按照式(6-41)可以求出双轴惯性振动机 y 方向和 x 方向的振幅 Y，X 及相位差 φ_y 和 φ_x 为

$$Y=-\frac{2m_0\omega^2 r\sin\beta_0\cos\varphi_y}{m'_y},\quad X=-\frac{2m_0\omega^2 r\cos\beta_0\cos\varphi_x}{m'_x}$$

$$\varphi_y=\arctan\left(\frac{-c}{m'_y\omega}\right),\quad \varphi_x=\arctan\left(\frac{-c}{m'_x\omega}\right)$$

$$(6\text{-}42)$$

式中，$m'_y=m+2m_0-k/\omega^2$，$m'_x=m+2m_0$ 分别为 y 方向与 x 方向的计算质量。

因为 y 方向与 x 方向的弹簧刚度不等，所以合成振动方向与激振力作用方向并不一致，y 方向与 x 方向的合成振幅，即为沿振动方向的振幅（由于阻尼较小，可以近似取 $\varphi_y=\varphi_x$）

$$A=\sqrt{X^2+Y^2}=\frac{2m_0 r}{m'_y}\cos\varphi_y\sqrt{\left(\frac{m'_x}{m'_y}\sin\beta_0\right)^2+\cos^2\beta_0} \qquad (6\text{-}43)$$

实际的振动角 β 为

$$\beta=\arctan(Y/X)=\arctan[(m'_x/m'_y)\tan\beta_0] \qquad (6\text{-}44)$$

由于 y 方向弹簧有一定刚度，而 x 方向弹簧的刚度为零，m'_y 一般比 m'_x 要小些，实际振动方向角 β 比合成惯性力的方向角 β_0 稍大。但是在远离共振的情况（即 $k\ll(m+2m_0)\omega^2$）下 $m'_y=m'_x$，$\varphi_y=\varphi_x$，则合成振幅和振动角为

$$A=\frac{2m_0 r}{m+2m_0},\quad \beta=\beta_0 \qquad (6\text{-}45)$$

式(6-45)的结果与前面近似分析的结果是一致的。

2. 空间运动双轴惯性式振动机械

现以螺旋式垂直振动输送机为例，对该类振动机械进行动力学分析。

　　图 6-53(a)为平行轴式垂直振动输送机简图。由图可见,平行轴式惯性激振器两轴端部的偏心块装成一定夹角,当它们做等速反向回转时,将产生垂直方向的激振力,使螺旋槽体做垂直振动,同时还产生绕垂直轴线的激振力偶,使工作机体做扭转振动。这两种振动的合成,可使工作机体上的每一点个与螺旋槽底面成一定角度的振动。

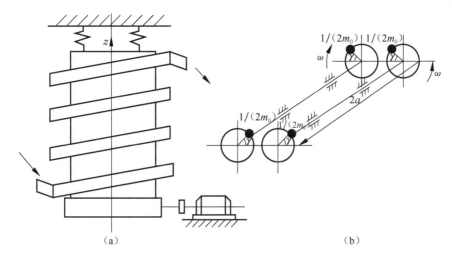

图 6-53　平行轴式垂直振动输送机简图

　　按照图 6-53(b)可写出激振器产生的激振力与激振力偶为

$$F(t) = \sum m_0 \omega^2 r \sin\gamma \sin(\omega t), \quad M(t) = \sum m_0 \omega^2 r a \cos\gamma \sin(\omega t) \quad (6\text{-}46)$$

式中,γ 为偏心块回转图 6-53 所示位置时与水平面的夹角;a 为偏心块间距之半。

　　这种振动机沿 z 轴(垂直轴)方向及绕 z 轴的振动方程为

$$m\ddot{z} + c\dot{z} + k_z z = F(t), \quad I_z\ddot{\theta} + c_\theta\dot{\theta} + k_\theta\theta = M(t) \quad (6\text{-}47)$$

将式(6-46)代入式(6-47),可以求出 z 方向及绕 z 轴方向的振幅及振动幅角为

$$Z = \frac{\sum m_0 \omega^2 r \sin\gamma}{\sqrt{(k_z - m\omega^2) + c^2\omega^2}} \approx \frac{\sum m_0 r \sin\gamma}{m}$$

$$\Theta_z = \frac{\sum m_0 \omega^2 r a \cos\gamma}{\sqrt{(k_\theta - I_z\omega^2) + c_\theta^2\omega^2}} \approx -\frac{\sum m_0 r a \cos\gamma}{I_z} \quad (6\text{-}48)$$

　　这种振动机通常按非共振条件进行计算。近似计算时,可略去弹簧刚度及阻尼的影响,这时离垂直轴 z 距离为 ρ 的各点的合成振幅及振动角 β 分别为

$$A = \sqrt{Z^2 + \Theta_z^2\rho^2}, \quad \beta = \arctan\left(\frac{Z}{\Theta_z\rho}\right) \quad (6\text{-}49)$$

　　螺旋式垂直振动输送机振动方向线与水平面夹角为 β,通常比螺旋角大 20°～

$35°$，所以可沿螺旋槽向上运动。塔式振动冷却机的振动 β 等于 $90°$ 或略大于 $90°$，所以物料沿螺旋槽向下运动。

6.5　近共振型振动机械

6.5.1　惯性式近共振型振动机械

1. 单质体线性近共振型振动机械

工业用惯性式近共振筛、近共振给料机等振动机械，当主振弹簧的刚度等于或近似等于常数时，则可作为线性振动机械来处理，而其计算误差并不显著。以剪切橡胶弹簧和带预先压缩的常断面压缩橡胶弹簧为主振弹簧的振动机械，也可以近似按线性振动机械来处理。

单质体近共振机械可由单轴式惯性激振器驱动，也可利用双轴惯性激振器来驱动。前者构造简单，但导向杆(加板弹簧或橡胶铰链式导向杆)要传递一部分不能被平衡的惯性力；后者构造较为复杂，但沿导向杆方向，激振器的惯性力是互相抵消的。图 6-54 是单质体近共振机械的工作机构简图。

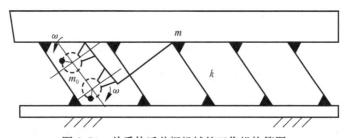

图 6-54　单质体近共振机械的工作机构简图

这类近共振机械只沿垂直于导向杆中心线方向产生振动，若以 $\sum m_0\omega^2 r\sin(\omega t)$ 表示惯性激振器沿振动方向相对运动的惯性力，则振动质体沿振动方向的振动方程为

$$(m+\sum m_0)\ddot{x}+c\dot{x}+ks=\sum m_0\omega^2 r\sin(\omega t)\qquad(6\text{-}50)$$

式中，m 为振动质体的计算质量；$\sum m_0$ 为偏心块总质量；c 为等效阻尼系数；k 为主振弹簧刚度；r 为偏心块合成质心至回转轴线的距离。

上述振动方程的特解为

$$x=X\sin(\omega t-\varphi)\qquad(6\text{-}51)$$

式中的振幅 X 和振动相位差 φ 为

$$X=\frac{\sum m_0\omega^2 r\cos\varphi}{k-m'\omega^2}=\frac{\sum m_0\omega^2 r\cos\varphi}{k(1-\lambda^2)}=\frac{\lambda^2\sum m_0\omega^2 r\cos\varphi}{m'(1-\lambda^2)}$$

$$\varphi = \arctan\left(\frac{c\omega}{k-m'\omega^2}\right) = \arctan\left(\frac{2\xi\lambda}{1-\lambda^2}\right), \quad m' = m + \sum m_0 \quad (6\text{-}52)$$

式中，λ 为频率比，$\lambda = \omega/\omega_0$；$\xi$ 为阻尼率，$\xi = c/(2\omega_0 m')$。

　　为了充分利用共振的一系列优点（所需的激振力小，传动部紧凑且经久耐用、能耗较小等），所选取的频率比 λ 通常接近于 1，一般取 $\lambda = 0.75 \sim 0.95$，根据所选用的频率比 λ，可按下式计算出所需的偏心块质量矩：

$$\sum m_0 r = \frac{m'X(1-\lambda^2)}{\lambda^2 \cos\varphi} \quad (6\text{-}53)$$

相位差 φ 可由式(6-52)求出，通常情况下阻尼率 ξ 的值小于 $0.05 \sim 0.07$。主振弹簧所需的刚度为

$$k = m'\omega^2/\lambda^2 \quad (6\text{-}54)$$

2. 双质体线性近共振型振动机械

　　双质体线性近共振型振动机械的典型工作机构如图 6-55(a)所示，其力学模型见图 6-55(b)。以质体 1 及质体 2 的位移 x_1 和 x_2 为广义坐标，分别对质体 1 及质体 2 取分离体，可列出质体 1 和质体 2 沿振动方向的振动方程。由于质体 1 和质体 2 绝对运动的阻尼力较小，近似计算时可以略去。

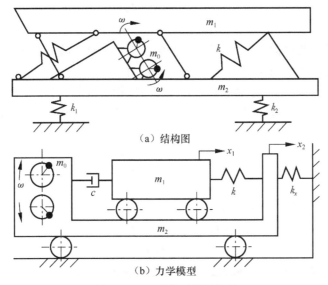

（a）结构图

（b）力学模型

图 6-55　双质体近共振机械

　　作用于质体 1 上的力有质体 1 的惯性力 $-m_1 \ddot{x}_1$、相对运动的阻尼力 $-c(\dot{x}_1-\dot{x}_2)$、主振弹簧的弹性力 $-k(x_1-x_2)$ 和隔振弹簧的弹性力 $-k_x x_1$。作用于质体 2 上的力有质体 2 的惯性力 $-m_2 \ddot{x}_2$、相对运动的阻尼力 $-c(\dot{x}_2-\dot{x}_1)$、主振弹簧的弹性力 $-k(x_2-x_1)$、隔振弹簧的弹性力 $-k_x x_2$，以及传动轴偏心块产生的惯性力

$$-\left[\sum m_0\ddot{x} - \sum m_0\omega^2 r\sin(\omega t)\right].$$ 应用牛顿第二定律,得到

$$-m_1\ddot{x}_1 - c(\dot{x}_1 - \dot{x}_2) - k(x_1 - x_2) - k_x x_1 = 0$$

$$-m_2\ddot{x}_2 - c(\dot{x}_2 - \dot{x}_1) - k(x_2 - x_1) - k_x x_2 - \left[\sum m_0\ddot{x} - \sum m_0\omega^2 r\sin(\omega t)\right] = 0$$

$$(6\text{-}55)$$

式中,m_1 为质体 1 的振动质量;c 为相对运动阻尼系数;k 为主振弹簧刚度;k_x 为隔振弹簧沿振动方向的刚度,是图 6-55(a) 中两个弹簧 k_1 和 k_2 组合后在振动方向的分量;m_2 为质体 2 的振动质量;$\sum m_0$ 为偏心块的总质量;ω 为传动轴回转的角速度;r 为偏心块质心至回转轴线的距离。

在线性振动理论中,位移与加速度有下列关系:

$$\ddot{x}_1 = -\omega^2 x_1, \quad \ddot{x}_2 = -\omega^2 x_2 \tag{6-56}$$

将式(6-56)代入式(6-55)并整理,则可得到质体 1 和质体 2 的振动方程为

$$m_1'\ddot{x}_1 + c(\dot{x}_1 - \dot{x}_2) + k(x_1 - x_2) = 0$$

$$m_2'\ddot{x}_2 - c(\dot{x}_1 - \dot{x}_2) - k(x_1 - x_2) = \sum m_0\omega^2 r\sin(\omega t) \tag{6-57}$$

式中

$$m_1' = m_1 - k_x/\omega^2 \approx m_1, \quad m_2' = m_2 + \sum m_0 - k_x/\omega^2 \approx m_2 + \sum m_0$$

$$(6\text{-}58)$$

在共振筛与共振输送机中,式(6-58)中的 k_x/ω^2 通常远小于 m_1 和 m_2,所以可以将隔振弹簧的刚度归化到计算质量 m_1' 和 m_2' 中。

为了求出方程的解,通常把上述方程化为以相对位移、相对速度和相对加速度表示的振动方程。此方程可由式(6-57)第一式乘以 $m_2'/(m_1'+m_2')$,减去第二式乘以 $m_1'/(m_1'+m_2')$,得到

$$m\ddot{x} + c\dot{x} + kx = -\frac{m_1'}{m_1'+m_2'}\sum m_0\omega^2 r\sin(\omega t) \tag{6-59}$$

式中,m 为诱导质量,$m = \dfrac{m_1'm_2'}{m_1'+m_2'}$;$x = x_1 - x_2$。

强迫振动中,方程(6-59)的特解可以表示为

$$x = X\sin(\omega t - \varphi) \tag{6-60}$$

式中,X 为相对振幅;φ 为激振力超前相对位移的相位差。

将式(6-60)代入式(6-59),可得

$$X = -\frac{m}{m_2'}\frac{\sum m_0\omega^2 r\cos\varphi}{k - m\omega^2} = -\frac{1}{m_2'}\frac{\lambda^2 \sum m_0 r\cos\varphi}{1 - \lambda^2}, \quad \varphi = \arctan\left(\frac{2\zeta\lambda}{1 - \lambda^2}\right) \tag{6-61}$$

式(6-61)是振动质体 1 对质体 2 的相对振幅,下面进一步求绝对振幅 X_1 和 X_2 及绝对位移 x_1 和 x_2。

绝对位移 x_1 和 x_2 有以下形式：

$$x_1 = X_1\sin(\omega t - \varphi_1), \quad x_2 = X_2\sin(\omega t - \varphi_2) \tag{6-62}$$

利用式(6-57)和式(6-59)，可得绝对振幅为

$$X_1 = \frac{k}{m_1'\omega^2}\frac{X}{\cos\gamma_1} = -\frac{\sum m_0 r\cos\varphi}{(m_1'+m_2')(1-\lambda^2)\cos\gamma_1}$$

$$= -\frac{\sum m_0 r\sqrt{1+4\xi^2\lambda^2}}{(m_1'+m_2')\sqrt{(1-\lambda^2)^2+4\xi^2\lambda^2}}$$

$$X_2 = \left(\frac{k}{m_1'\omega^2}-1\right)\frac{X}{\cos\gamma_2} = -\left(\frac{\lambda^2}{m_2'}-\frac{1}{m_1'+m_2'}\right)\frac{\sum m_0 r\cos\varphi}{(1-\lambda^2)\cos\gamma_1}$$

$$= \frac{\sum m_0 r\sqrt{[1-(m_1'/m)\lambda^2]^2+4\xi^2\lambda^2}}{(m_1'+m_2')\sqrt{(1-\lambda^2)^2+4\xi^2\lambda^2}} \tag{6-63}$$

相位差分别为

$$\varphi_1 = \varphi + \gamma_1, \quad \varphi_2 = \varphi + \gamma_2$$

式中

$$\gamma_1 = \arctan(2\xi\lambda), \quad \gamma_2 = \arctan\left[\frac{2\xi\lambda}{1-(m_1'/m)\lambda^2}\right], \quad \xi = \frac{c}{2m\omega_0} \tag{6-64}$$

由式(6-63)看出，使惯性式近共振机械的机体获得最大振幅的条件（当不考虑阻尼时）为

$$m_1'+m_2' = 0 \quad \text{或} \quad 1-\lambda^2 = 0 \tag{6-65}$$

由此可求得低频自然频率及高频自然频率的近似值为

$$\omega_{0d} = \sqrt{\frac{k_{1x}+k_{2x}}{m_1+m_2}}, \quad \omega_{0g} = \sqrt{\frac{k(m_1'+m_2')}{m_1'm_2'}} \tag{6-66}$$

双质体惯性式近共振机械的共振曲线如图 6-56 所示，为了使惯性式近共振机械有较稳定的振幅和减小所需的激振力，其主振频率比通常为 $\lambda=0.75\sim0.95$，即选择如图 6-56(a)所示曲线的 AB 区域。

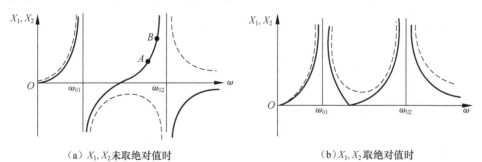

（a）X_1,X_2 未取绝对值时　　　　　　　　（b）X_1,X_2 取绝对值时

图 6-56　双质体近共振机械的幅频特性曲线

6.5.2　连杆式近共振型振动机械

1. 单质体弹性连杆式近共振型振动机械

弹性连杆式振动机械按照振动质体的数目,可分为单质体式、双质体式和多质体式三类。下面按振动质体的数目进行动力学分析。

这类振动机械的机体常安装成水平或不大的倾角。图 6-57 为其工作机构与力学模型。由图可见,只有一个振动质体,在质体与基础之间用主振弹簧连接,传动偏心轴使连杆端部做往复运动,连杆通过其端部的传动弹簧使振动质体产生振动。

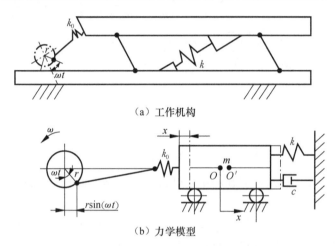

（a）工作机构

（b）力学模型

图 6-57　偏心连杆式振动输送机

按照图 6-57(b)的力学模型,选择质体的位移为广义坐标,应用动静法,并简化可得到质体振动的方程为

$$m\ddot{x} + c\dot{x} + (k + k_0)x = k_0 r\sin(\omega t) \tag{6-67}$$

式中,k 为主振弹簧刚度;k_0 为连杆弹簧刚度;r 为主轴偏心距。

式(6-67)表明该系统为单自由度受迫振动系统,激振力幅值为 k_{0r},系统的弹簧刚度为主振弹簧和连杆弹簧刚度之和。下面只研究方程的特解,即机器的强迫振动。

方程的特解应只有以下形式:

$$x = X\sin(\omega t - \varphi) \tag{6-68}$$

速度与加速度度分别为

$$\dot{x} = X\omega\cos(\omega t - \varphi), \quad \ddot{x} = -X\omega^2\sin(\omega t - \varphi) \tag{6-69}$$

将式(6-69)代入式(6-67),得到

$$-m\omega^2 X\sin(\omega t - \varphi) + c\omega X\cos(\omega t - \varphi) + (k + k_0)X\sin(\omega t - \varphi) = k_0 r\sin(\omega t) \tag{6-70}$$

考虑到

$$k_0 r \sin(\omega t) = k_0 r \sin(\omega t - \varphi + \varphi) = k_0 r \cos\varphi \sin(\omega t - \varphi) + k_0 r \sin\varphi \cos(\omega t - \varphi)$$

将上式代入式(6-70),使方程两边 $\sin(\omega t - \varphi)$ 和 $\cos(\omega t - \varphi)$ 的系数分别相等,则得

$$-m\omega^2 X + (k + k_0)X = k_0 r \cos\varphi,$$

$$c\omega X = k_0 r \sin\varphi \tag{6-71}$$

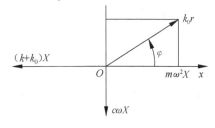

式(6-71)的物理意义是:名义激振力幅值的余弦分量和惯性力幅值与弹性力幅值之差相平衡;其正弦分量与阻尼力相平衡,如向量图 6-58 所示。按照式(6-71)便可以分别求出质体的振幅 X 及位移落后于名义激振力的相位差 φ

图 6-58　名义激振力与系统各力的向量关系

$$X = \frac{k_0 r \cos\varphi}{k + k_0 - m\omega^2} = \frac{k_0 r \cos\varphi}{(k + k_0)(1 - \lambda^2)}$$

$$= \frac{k_0 r}{(k + k_0)\sqrt{(1 - \lambda^2)^2 + 4\xi^2\lambda^2}} \tag{6-72}$$

$$\varphi = \arctan\left(\frac{c\omega X}{k_0 r}\right) = \arctan\left(\frac{c\omega}{k + k_0 - m\omega^2}\right) = \arctan\left(\frac{2\xi\lambda}{1 - \lambda^2}\right)$$

式中,$\lambda = \omega/\omega_0$ 为频率比,$\omega_0 = \sqrt{(k + k_0)/m}$ 为系统的自然频率;$\xi = c/(2m\omega_0)$ 为阻尼率,其值一般为 $0.03 \sim 0.07$。

单质体弹性连杆式振动机械的频率比通常取 $\lambda = 0.75 \sim 0.95$,即振动机械在低临界近共振的动力状态下工作,这时阻尼对系统的振动影响较大。

2. 双质体弹性连杆式近共振型振动机械

双质体弹性连杆式振动机械的构造比单质体振动机械要复杂得多,在动力学上也有明显的差异。目前常用的双质体弹性连杆振动机械有平衡式与不平衡式振动机械两种。下面讨论平衡式振动机械。

单质体弹性连杆式振动机械具有动力不能平衡的缺点,工作时会将工作机体的惯性力全部传给地基,从而引起基础及建筑物的振动。平衡式振动机械是为了减小传给地基振动的一种双质体式工作机构。图 6-59 表示其力学模型,在两质体之间有橡胶铰链式导向杆,整个机器通过此导向杆的中间铰链及支架固定于底架上,两质体之间有弹性连杆式驱动装置及主振弹簧。工作时,由于导向杆绕其中点摆动,两振动质体做相反方向振动,惯性力也相反。当两个质体的质量相等时,它们的惯性力可以获得平衡。实质上,工作时由于槽体中物料以及槽体本身的质量很难达到完全相等,所以,没有被平衡掉的一部分惯性力将会传给地基。与单质体

振动机械相比,这一部分惯性力并不大。

　　如图 6-59 所示的力学模型,已将传递连杆的作用力及主振弹簧的弹性力分别画到质体 1 和质体 2 上。可列出两个振动质体绕支架铰接点 O 摆动(即回转运动)的振动方程和沿振动方向的力的运动方程为

$$(m_1 + m_2)\ddot{x}_1 l_0 + (c_1 + c_2)\dot{x}_1 l_0 + k \cdot 2x_1 \cdot 2l_0 + k_0[2x_1 - r\sin(\omega t)] \cdot 2l_0 = 0$$

$$m_1\ddot{x}_1 + m_2\ddot{x}_2 = (m_1 - m_2)\ddot{x}_1 = F(t) \tag{6-73}$$

式中,k, k_0 为主振弹簧与连杆弹簧的刚度;m_1, m_2 为质体 1 与 2 的质量;c_1, c_2 为质体 1 与 2 的阻尼系数;l 为导向杆端部铰链中心至中间铰链中心的距离。

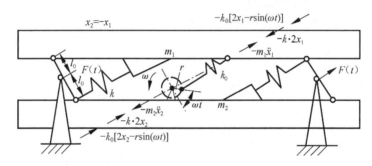

图 6-59　平衡式弹性连杆振动机械力学模型

　　方程(6-73)的第一式可化简为

$$(m_1 + m_2)\ddot{x}_1 + (c_1 + c_2)\dot{x}_1 + 4(k + k_0)x_1 = 2k_0 r\sin(\omega t) \tag{6-74}$$

式(6-74)的特解为

$$x_1 = X_1 \sin(\omega t - \varphi_1) \tag{6-75}$$

质体 1 和质体 2 的振幅和相位差分别为

$$X_1 = \frac{k_0 r\cos\varphi}{2(k + k_0 - m\omega^2)} = \frac{k_0 r\cos\varphi}{2(k + k_0)(1 - \lambda^2)} = \frac{k_0 r}{2(k + k_0)\sqrt{(1 - \lambda^2)^2 + 4\xi^2\lambda^2}}$$

$$\varphi = \arctan\left(\frac{c\omega}{k + k_0 - m\omega^2}\right) = \arctan\left(\frac{2\xi\lambda}{1 - \lambda^2}\right) = \arctan\left[\frac{1 - \lambda^2}{\sqrt{(1 - \lambda^2)^2 + 4\xi^2\lambda^2}}\right]$$

$$\tag{6-76}$$

式中,$m = (m_1 + m_2)/4, c = (c_1 + c_2)/4$ 分别为诱导质量与诱导阻尼系数。

　　自然频率与频率比分别为

$$\omega_0 = \sqrt{\frac{4(k + k_0)}{m_1 + m_2}}, \quad \lambda = \frac{\omega}{\omega_0} = \sqrt{\frac{m_1 + m_2}{4(k + k_0)}} \tag{6-77}$$

相对振幅为

$$X = X_1 - X_2 = X_1 + |X_2| = 2X_1 = \frac{k_0 r}{(k + k_0)\sqrt{(1 - \lambda^2)^2 + 4\xi^2\lambda^2}} \tag{6-78}$$

支架式振动输送机械的相对振幅是质体 1 或质体 2 绝对振幅的 2 倍。

由式(6-73)和式(6-75)看出,这种振动输送机械传给地基的动载荷幅值为

$$F_{\mathrm{d}} = (m_1 - m_2)\omega^2 X_1 \tag{6-79}$$

传给地基的动载荷幅值即为两质体振动惯性力之差,减小两质体的质量之差,可减小传给地基的动载荷幅值。

3. 多质体弹性连杆式近共振型振动机械

随着振动质体数目的增多,自由度也会相应地增加。对多质体振动机械的分析要比单质体或双质体振动机械复杂得多。振动机械系统振动方程的数目与自由度相等,而系统的自然频率的数目,也与自由度相同,这时在振动系统的幅频响应曲线上,会出现与自由度相同的峰值。由于对工作有实际意义的往往是工作点邻近区域的一段特性曲线,在分析振动机械动力学时,对这一区段特性曲线的变化情况及其性质,常应给予特别的注意,而对其他一些次要的和实际意义不大的部分可以略而不计。

对平衡式双质体振动机械,当其中两个质体的质量不等时,会将部分未被平衡的惯性力传给基础。当底架的下方增设隔振弹簧时,可以使传给地基的动载荷明显减小。在这种情况下,振动机械具有三个振动质体,因此,称这种振动机械为弹簧隔振平衡式三质体振动机械,图 6-60 是其力学模型,各参数如图中所示。为了使分析过程不过分复杂,将采用较简单的方法,并略去一些次要因素。在忽略阻尼的条件下,这种振动机械两槽体运动至两死点位置时的动力学平衡条件为

$$\begin{aligned}
&(m_1\omega^2 X_1 - m_2\omega^2 X_2)l_0 - kX \cdot 2l_0 - k_0(X-r) \cdot 2l_0, \\
&m_1\omega^2 X_1 + m_2\omega^2 X_2 + m_3'\omega^2 X_3 = 0
\end{aligned} \tag{6-80}$$

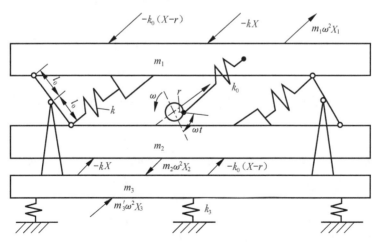

图 6-60　三质体式振动输送机力学模型

式中，$m_3' = m_3 - k_3/\omega^2$ 为底架的计算质量；X_1，X_2 和 X_3 分别为槽体 1，2 和底架沿振动方向的振幅；X 为质体 1 对质体 2 的相对振幅。

根据几何条件，X_1，X_2，X_3 和 X 有以下关系：

$$X_1 - X_2 = X, \quad X_1 + X_2 = 2X_3$$

从而得到

$$X_1 = X/2 + X_3, \quad X_2 = -X/2 + X_3 \qquad (6\text{-}81)$$

将式(6-81)代入式(6-80)的第二式，得

$$X_3 = \frac{-(m_1 - m_2)X}{2(m_1 + m_2 + m_3')} \qquad (6\text{-}82)$$

再将式(6-82)代入式(6-81)，可得

$$X_1 = \frac{X}{2} + X_3 = \frac{(2m_2 + m_3')X}{2(m_1 + m_2 + m_3')}, \quad X_2 = -\frac{X}{2} + X_3 = \frac{-(2m_1 + m_3')X}{2(m_1 + m_2 + m_3')}$$

$$(6\text{-}83)$$

因为

$$m_1\omega^2 X_1 - m_2\omega^2 X_2 = \frac{1}{2}(m_1 + m_2)\omega^2 X + (m_1 - m_2)\omega^2 X_3$$

$$= \frac{1}{2}\Big[m_1 + m_2 - \frac{(m_1 - m_2)^2}{m_1 + m_2 + m_3'}\Big]\omega^2 X$$

所以方程(6-80)中第一式可以写为

$$-\Big[m_1 + m_2 - \frac{(m_1 - m_2)^2}{m_1 + m_2 + m_3'}\Big]\omega^2 X + 4(k + k_0)X = 4k_0 r \qquad (6\text{-}84)$$

于是，相对振幅为

$$X = \frac{k_0 r}{k + k_0 - \dfrac{1}{4}\Big[m_1 + m_2 - \dfrac{(m_1 - m_2)^2}{m_1 + m_2 + m_3'}\Big]} = \frac{k_0 r}{(k + k_0)(1 - \lambda^2)} \qquad (6\text{-}85)$$

式中，$\lambda = \omega/\omega_0$ 为频率比，$\omega_0 = \sqrt{(k + k_0)/m}$ 为系统的自然频率，m 为诱导质量

$$m = \frac{1}{4}\Big[m_1 + m_2 - \frac{(m_1 - m_2)^2}{m_1 + m_2 + m_3'}\Big]$$

相对振幅可按式(6-85)求出，代入式(6-83)和式(6-82)，可求得质体 1，2，3 的振幅为

$$X_1 = \frac{(2m_2 + m_3')}{2(m_1 + m_2 + m_3')} \frac{k_0 r}{k + k_0 - [m_1 + m_2 - (m_1 - m_2)^2/(m_1 + m_2 + m')]/4}$$

$$X_2 = \frac{-(2m_1 + m_3')}{2(m_1 + m_2 + m_3')} \frac{k_0 r}{k + k_0 - [m_1 + m_2 - (m_1 - m_2)^2/(m_1 + m_2 + m_3')]/4}$$

$$X_3 = \frac{-(m_1 - m_2)}{2(m_1 + m_2 + m_3')} \frac{k_0 r}{k + k_0 - [m_1 + m_2 - (m_1 - m_2)^2/(m_1 + m_2 + m_3')]/4}$$

$$(6\text{-}86)$$

　　有隔振弹簧的双槽平衡式振动输送机传给地基的动载荷,可直接由隔振弹簧的刚度乘以底架的振幅求出。垂直与水平方向的动载荷幅值为

$$F_c = k_{gc} X_3 \sin\delta, \quad F_s = k_{gs} X_3 \cos\delta \tag{6-87}$$

式中,δ 为振动方向线与水平面夹角;k_{gc} 和 k_{gs} 为隔振弹簧垂直和水平方向的刚度。

　　合成动载荷幅值为

$$F_d = \sqrt{F_c^2 + F_s^2} \tag{6-88}$$

实践证明,采用隔振弹簧以后,传给地基的动载荷可以明显减小。

6.5.3　电磁式近共振型振动机械

　　1. 电磁式振动机械的电磁力的基本形式

　　电磁式振动机械(简称电振机)按照电磁激振力与弹性力的形式可分为以下四类:

　　(1)电磁力为谐波形式的线性电振机。弹性力为线性,整个振动系统也为线性。这类电振机包括交流激磁的电振机,电磁铁漏磁很小、电路内的电阻可以忽略的半波整流电振机及半波整流加全波整流的电振机等。

　　(2)电磁力为非谐波形式的线性电振机。这类电振机包括可控半波整流电振机、半波整流或可控半波整流的降频电振机、电路内电阻不能忽略的半波整流电振机与半波整流加全波整流的电振机等。

　　(3)弹性力为拟线性或非线性的电振机。这类电振机包括剪切橡胶弹簧或压缩橡胶弹簧的电振机、带有安装间隙的橡胶弹簧电振机和两侧带曲线压板的板弹簧电振机等。

　　(4)冲击作用的电振机。电振机利用冲击原理进行工作,如冲击式电磁振动落砂机等。

　　分析与研究电振机动力学特性的目的是:

　　(1)选择合适的工作点,使机体振幅有较好的稳定性。

　　(2)提出电振机各动力学参数(如振幅、弹簧刚度、激振力等)的正确计算方法。

　　(3)揭示振动系统的线性与非线性特性对工作机体振动的影响,以便根据具体工作要求选择较合适的振动系统特性。

　　2. 电磁力为谐波形式的电磁式振动机械

　　以上各类电振机的结构大多数为双质体振动系统,其工作原理与力学模型见图 6-61,各参数与激励如图中所示。

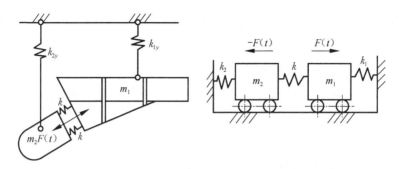

图 6-61　电振机工作原理与力学模型

电磁力为谐波形式的线性电振机的振动微分方程为

$$m_1\ddot{x}_1 + c_1\dot{x}_1 + k_1x_1 + c(\dot{x}_1 - \dot{x}_2) + k(x_1 - x_2) = F_0 + F_1\sin(\omega t_1) + F_2\sin(\omega t_2)$$

$$m_2\ddot{x}_2 + c_2\dot{x}_2 + k_2x_2 - c(\dot{x}_1 - \dot{x}_2) - k(x_1 - x_2) = -[F_0 + F_1\sin(\omega t_1) + F_2\sin(\omega t_2)]$$

$$(6\text{-}89)$$

等号右边为呈谐波形式的电磁激振力。式中,m_1,m_2 为质体 1 和质体 2 的质量;c_1,c_2 为质体 1 和质体 2 绝对运动的阻尼系数;c 为质体 1 对质体 2 相对运动的阻尼系数;k_1,k_2 为隔振弹簧沿振动方向的刚度;k 为主振弹簧的刚度;F_0 为平均电磁力;F_1,F_2 为一次谐波与二次谐波激振力的幅值;t_1,t_2 为一次谐波与二次谐波激振力的时间。

因为电振机通常工作在主谐波力共振区附近,所以下面仅针对主共振区附近的振动进行研究。电振机隔振弹簧的弹性力通常比质体 1 和质体 2 的惯性力及主振弹簧的弹性力小得多,因此在近似计算时可忽略不计;在精确计算时,可以把隔振弹簧的刚度 k_1 和 k_2 归化到质量 m_1 和 m_2 中。其归化方法是:

用 $m_1'\ddot{x}_1$ 代替 $m_1\ddot{x}_1 + k_1x_1$,即 $m_1' = m_1 - k_1/\omega^2$。用 $m_2'\ddot{x}_2$ 代替 $m_2\ddot{x}_2 + k_2x_2$,即 $m_2' = m_2 - k_2/\omega^2$。这里 m_1',m_2' 为质体 1 和质体 2 的计算质量。

对于大多数电振机,计算质量 $m_1' \approx m_2'$,绝对运动阻尼力对机体振动的影响并不明显,为了近似考虑其影响,可取

$$\frac{c_1m_2'}{m_1' + m_2'} \approx \frac{c_2m_1'}{m_1' + m_2'}$$

利用上述条件,将方程(6-89)的第一式乘以 $m_2'/(m_1' + m_2')$,第二式乘以 $m_1'/(m_1' + m_2')$,并相减,便可求得用相对位移表示的振动方程为

$$m_u\ddot{x} + c_u\dot{x} + kx = F_0 + F_1\sin(\omega t_1) + F_2\sin(\omega t_2) \qquad (6\text{-}90)$$

式中

$$m_u = \frac{m_1'm_2'}{m_1' + m_2'}, \quad c_u = c + \frac{c_1m_2'}{m_1' + m_2'}, \quad x = x_1 - x_2, \quad \dot{x} = \dot{x}_1 - \dot{x}_2, \quad \ddot{x} = \ddot{x}_1 - \ddot{x}_2$$

式中,m_u 为诱导质量;c_u 为诱导阻尼系数。

将式(6-89)的两式相加,便得

$$m_1'\ddot{x}_1 + m_2'\ddot{x}_2 + c_1\dot{x}_1 + c_2\dot{x}_2 = 0$$

利用上式可以求得质体 1 和质体 2 的绝对位移和相对位移 x 的关系为

$$x_1 = \frac{m_2'}{m_1'+m_2'}x, \quad x_2 = -\frac{m_1'}{m_1'+m_2'}x$$

在电振机正常工作时,自由振动(即齐次方程之通解)将会很快消失,余下只有机器的强迫振动。所以下面仅研究方程(6-90)的特解。方程(6-90)的特解具有以下形式:

$$x = x_1 - x_2 = \Delta + X_1\sin(\omega t_1 - \varphi_1) + X_2\sin(\omega t_2 - \varphi_2) \tag{6-91}$$

将式(6-91)代入式(6-90),经简化,便可得到在平均电磁力作用下,质体 1 对质体 2 的相对静位移,以及质体 1 和质体 2 的绝对位移为

$$\Delta = \frac{F_0}{k} = \frac{1/2+A^2}{k}F_a, \quad \Delta_1 = \frac{k_2}{k_1+k_2}\Delta = \frac{k_2}{k_1+k_2}\frac{1/2+A^2}{k}F_a,$$

$$\Delta_2 = -\frac{k_1}{k_1+k_2}\Delta = -\frac{k_1}{k_1+k_2}\frac{1/2+A^2}{k}F_a \tag{6-92}$$

式中

$$F_a = \frac{2B_a^2 S}{\mu_0}, \quad B_a = \frac{\sqrt{2u_1}(1-\sigma_a)}{w\omega S}\sin\varphi, \quad \sigma_a = \frac{L_2}{L_0}$$

式中,A 为电振机的特征数;F_a 为基本电磁力;B_a 为考虑不变电感系数 σ_a 影响时的基本磁通密度;μ_0 为空气磁导率,$\mu_0 = 4\pi\times10^7$ H/m;φ 为交流磁通密度相对于交流电源的相位差;w 为线圈匝数;L_2、L_0 为平均工作气隙时电路内漏感、总电感。

由一次谐波激振力产生的相对振幅 X 和相位差 φ_1,以及质体 1 和质体 2 的绝对振幅 X_1,X_2 为

$$X = \frac{F_1\cos\varphi_1}{k - m_u\omega^2} = \frac{2AF_a\cos\varphi_1}{k - m_u\omega^2}$$

$$X_1 = \frac{m_u}{m_1'}X = \frac{m_u}{m_1'}\frac{2AF_a\cos\varphi_1}{k - m_u\omega^2}, \quad X_2 = -\frac{m_u}{m_2'}X = -\frac{m_u}{m_2'}\frac{2AF_a\cos\varphi_1}{k - m_u\omega^2} \tag{6-93}$$

$$\varphi_1 = \arctan\left(\frac{c_u\omega}{k - m_u\omega^2}\right) \tag{6-94}$$

由一次谐波激振力产生的相对振幅 X_2 和相位差 φ_2,以及质体 1 和质体 2 的绝对振幅 X_{21},X_{22} 为

$$X_2 = \frac{F_2\cos\varphi_2}{k - 4m_u\omega^2} = \frac{1}{2}\frac{F_a\cos\varphi_2}{k - 4m_u\omega^2}, \quad X_{21} = \frac{1}{2}\frac{m_u}{m_2'}\frac{F_a\cos\varphi_2}{k - 4m_u\omega^2},$$

$$X_{22} = -\frac{1}{2}\frac{m_u}{m_2'}\frac{F_a\cos\varphi_2}{k - 4m_u\omega^2} \tag{6-95}$$

$$\varphi_2 = \arctan\left(\frac{2c_u\omega}{k - 4m_u\omega^2}\right) \tag{6-96}$$

思 考 题

1. 机械系统的振动现象存在着有利和有害两方面的特性,利用振动特性的途径有哪些方面?

2. 利用机械振动特性的振动利用工程,主要是利用高频率的振动现象,对吗?

3. 利用机械振动特性设计制造振动机械,是否一定要避开机械系统的共振区?

4. 如何利用复摆和弗洛特摆测量轴与轴承之间的摩擦系数?

5. 用物理摆方法确定结构的转动惯量,其结果比材料力学方法计算的精度低,对吗?

6. 振动机械中,非共振机械和近共振机械的本质区别是什么?

7. 非线性振动机械中,硬特性和软特性非线性共振机械各有何特点?

8. 惯性式非共振机械有单轴式、双轴式和多轴式等,决定惯性式非共振机械轴的数量的主要因素是什么?

9. 试举出工程中应用振动原理的若干振动机械和设备。

10. 对于惯性式近共振机械,质体数目和振动机械的自由度是否相同?

11. 机械设备的运动过程监控、故障诊断和预测的本质是利用振动信号吗?

12. 试举出分段线性非线性振动系统的应用实例,并写出其运动方程。

习 题

1. 一转子质量为 10kg,装在直径为 2cm、长为 32cm 的钢轴中心,轴端简支,钢的弹性模量 $E=2.0\times10^4\times9.81$MPa,密度 $\rho=7.8$g/cm^3,不计阻尼。试求:

(1) 转子的临界转速;

(2) 设偏心距 $e=0.015$mm,求转速为 3000r/min 时转子的振幅;

(3) 在 3000r/min 转速时两端轴承受的力。

2. 一机器质量为 450kg,支承在弹簧隔振器上,弹簧的静压缩量为 $x_s=0.5$cm,机器有一偏心质量,产生偏心激振力 $F=2.254\omega^2/g$,ω 为激振力频率,g 为重力加速度,不计阻尼,试求:

(1) 当机器转速为 1200r/min 时,传入地基的力;

(2) 机器的振幅。

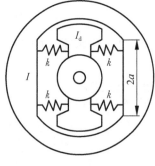

图 6-62

3. 一机器质量为 450kg,安装在质量为 1140kg 的混凝土基础上,混凝土基础支承在刚度很大的弹簧隔振器上,隔振器支承在另一混凝土地面上,弹簧的静压缩量为 0.5cm,求机器的振幅。

4. 转动惯量为 I 的飞轮通过四个刚度为 k 的弹簧与转动惯量为 I_d 并能在轴上自由转动的扭转减振器相连,如图 6-62 所示。试建立系统扭转振动的微分方程。若在飞轮上作用一简谐变化的扭矩,试讨论系统的响应。

5. 图 6-63 是四轴惯性摇床的示意图,四轴激振器包括一对回转方向相反而速度相同的高速轴和另一对反向等速回转的低速轴,两对主轴的频率比为 1∶2,试分析床面的运动规律。

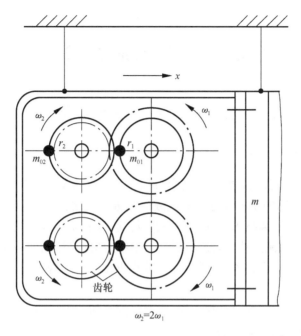

图 6-63

6. 图 6-64 为不平衡式双质体振动机械的力学模型,该振动机械的两个振动质体之间有导向杆、主振弹簧及弹性连杆式激振器,按两自由度系统分析该振动机械的运动特性。

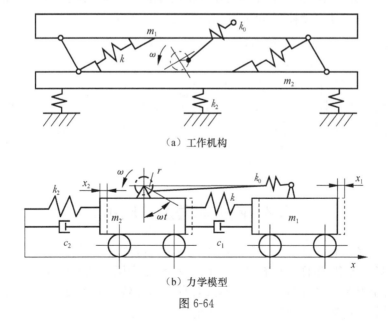

（a）工作机构

（b）力学模型

图 6-64

第7章 机械振动系统防治工程

7.1 机械振动系统防治工程概述

7.1.1 振动防治的途径

为满足机械在高速、高能量和高应力状态下工作的需要,控制机械振动成为机械设计、制造和使用的重要课题。机械振动的防治,一般具有以下几个途径。

(1)采用振动隔离技术:切断振动波的传递,控制振动源和振动的传播。

(2)采用阻振、减振技术:控制机械系统核心部件对振动的响应。

(3)采用动力平衡技术:改进设计以减小机械各运动构件的不平衡量,提高机械的抗振能力。

(4)制定各种机械的允许振动量:完全消除机械的振动没有可能,制定各类机械的允许振动量,是机械振动控制的主要目标。

7.1.2 振动防治的分类

机械振动的控制和防治,是使机械设备正常运转,提高机械设备运动精度的主要措施。机械振动主动控制和防治的分类如图 7-1 所示。

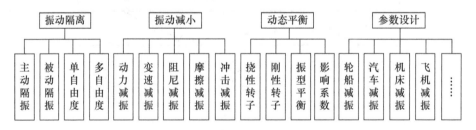

图 7-1 振动控制和防治的类型

7.2 隔振原理及其应用

机器设备运转时会发生强烈的振动,不但会引起机器自身结构或部件破坏、缩短寿命、降低效率,而且会影响周围结构的安全,使周围的精密仪器设备不能正常工作或降低其灵敏度和精确度。地震或各种原因导致的冲击波引起的支座运动,也影响结构物的服役以及精密仪器设备的正常工作。

振动隔离(简称隔振)是消除振动危害的重要途径之一,隔振就是在振源和振动体之间设置隔振系统或隔振装置,以减小或隔离振动的传递。根据振源的不同,隔振有两类:一是主动隔振,即减小由物体扰动而引起的振动。目的在于隔离振源,即本身是振源的机器,为了减小对周围设备及建筑物的影响,将机器与整个地基隔离起来,以减小动力的传递。这类隔振称为积极隔振或**动力隔振**。二是被动隔振,减少由基座运动引起的振动。目的在于隔离响应,即对于允许振动很小的精密仪器和机械设备,为了避免周围振源对它的影响,将其与整个地基隔离开,以减小运动的传递。这类隔振称为消极隔振或**运动隔振**。

主动隔振和被动隔振的概念虽然不同,但实施的方法是一样的,都是把需要隔离的机械或设备安装在合适的弹性装置(隔振器)上,使大部分振动为隔振器所吸收。

7.2.1 隔振原理

1. 单自由度隔振系统

被隔振的机器或设备和隔振器相比,可以认为机器是只有质量没有弹性的刚体;隔振器只有弹性和阻尼,而质量可以忽略不计。对于只需要考虑单方向振动的情况,可以简化为如图 7-2 所示的单自由度隔振系统。图中 m 为被隔离的机器或设备及其安装台座的质量,k 和 c 为隔振器的刚度和阻尼系数。

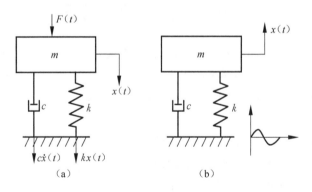

图 7-2 单自由度隔振模型

主动隔振原理如图 7-2(a)所示,机器本身是振源,使机器与基础隔离开,以减少对周围设备的影响,隔掉传到基础上的力。机器所受的外激励 $F(t)$ 是按照谐波规律变化的,即 $F(t) = F_0 \sin(\omega t)$,响应 $x(t) = X \sin(\omega t - \varphi)$,则幅值为

$$X = \frac{F_0}{k} \frac{1}{\sqrt{(1 - \lambda^2)^2 + (2\xi\lambda)^2}}$$

通过弹簧传递给基础的力为

$$F_k = kx(t)\sin(\omega t - \varphi)$$

$$F_{kmax} = \frac{F_0}{\sqrt{(1-\lambda^2)^2 + (2\xi\lambda)^2}}$$

通过阻尼器传递给基础的力为 $F_c = c\dot{x}(t) = cX\omega\cos(\omega t - \varphi)$，而 F_k 与 F_c 的夹角为 $90°$，$F_{cmax} = cX\omega$。按照矢量合成法，力幅 F_t 为

$$F_t = \sqrt{F_k^2 + F_c^2} = X\sqrt{k^2 + (c\omega)^2} = Xk\sqrt{1 + (2\xi\lambda)^2} = F_0 \frac{\sqrt{1+(2\xi\lambda)^2}}{\sqrt{(1-\lambda^2)^2 + (2\xi\lambda)^2}}$$

设 $T_r = F_t/F_0$，称为传递率或主动隔振系数，则

$$T_r = \frac{\sqrt{1+(2\xi\lambda)^2}}{\sqrt{(1-\lambda^2)^2 + (2\xi\lambda)^2}} \tag{7-1}$$

T_r 与 λ 的关系曲线与支承运动的幅频响应特性曲线是一样的。要想使 $F_t < F_0$，即 $T_r < 1$ 隔振有效果，必须使 $\lambda > \sqrt{2}$ 才行，为此弹簧应有足够的柔度。另外，阻尼对于隔振 T_r 是不利的，应尽可能减小。但是一定的阻尼是必要的，否则在机器通过共振区时，会产生过大的振幅与附加动应力。

被动隔振原理如图 7-2(b) 所示，振源来自基础运动，为了减小外界振动传向机器本身而采取的隔振措施，仍采用弹簧和阻尼器来隔振。其地基运动设为 $y(t) = Y\sin(\omega t)$，与支承运动所引起的强迫振动情况类似，所以动力放大系数（被动隔振系数）为

$$T_r = \frac{x(t)}{y(t)} = \frac{X}{Y} = \frac{\sqrt{1+(2\xi\lambda)^2}}{\sqrt{(1-\lambda^2)^2 + (2\xi\lambda)^2}} \tag{7-2}$$

式(7-2)与式(7-1)的形式是一样的，但其含义不同。式(7-1)表示主动隔振系数，表示隔掉的是力，即力传递率的大小；而式(7-2)表示被动隔振系数，表示隔掉的是振幅（位移），即位移传递率的大小。总之，无论是主动隔振，还是被动隔振，均具有下列特性：

(1) 无论阻尼大小如何，只有当频率比 $\lambda > \sqrt{2}$ 时才有隔振效果。

(2) $\lambda > \sqrt{2}$ 以后，随着频率的增加，隔振系数逐渐趋近于零。但当 $\lambda > 5$ 以后，T_r 曲线几乎水平，下降效果不很明显，故一般取 λ 值在 $2.5 \sim 5.0$。

(3) 增大阻尼，可以减小机器在启动或停车过程中经过共振区时的最大振幅，但在 $\lambda > \sqrt{2}$ 时，隔振系数随着阻尼率 ξ 增加而提高，即隔振效果降低，不利于隔振，因此隔振系统阻尼的选择，应同时考虑这两方面的要求。

(4) 由于一般隔振材料阻尼系数不大，在 $\lambda = 2.5 \sim 5.0$ 的范围内，计算隔振系数时，可以不考虑阻尼的影响。在实际工作中，所要求的隔振系数 T_r 值的大小，取决于机器尺寸、安装场所、机器种类、建筑物用途等各种因素，在使用时可以查阅相关资料数据。

2. 多自由度隔振系统

一般情况下,被隔振的机器设备,可能受到几个方向上的激振力或力偶的作用,此时隔振设计应按照多自由度系统进行。同样,被隔振的机器设备及其安装台座简化为质量等于 m 的刚体,其质心为坐标原点,则三个坐标轴 x,y,z 分别为刚体的三个中心主惯性轴,如图 7-3 所示。

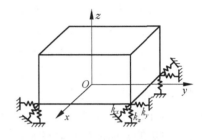

图 7-3　多自由度隔振系统

隔振器的布置一般应对称于 Oxz 及 Oyz 平面,而且同一坐标轴方向上的所有隔振器是相同的。图 7-4 为常见的在设备质心之下的同一平面上布置隔振器的情况,系统有六个自由度,其自然频率和振幅按照下列公式计算。

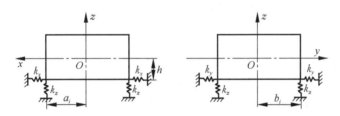

图 7-4　六自由度同一平面布置隔振器

1) 自然频率

(1) 沿 z 轴为直线振动,自然频率为

$$\omega_z^2 = k_z/m \tag{7-3}$$

(2) 绕 z 轴为扭转振动,自然频率为

$$\omega_{\phi z}^2 = \frac{k_y \sum_i a_i^2 + k_x \sum_i b_i^2}{I_z} \tag{7-4}$$

(3) 平行于 Oxz 平面的摆动(沿 x 轴的直线振动及绕 y 轴的扭转振动的耦合),自然频率为

$$\omega_{\text{II}1,2}^2 = \frac{1}{2}\left[(\omega_x^2 + \omega_{\phi y}^2) \mp \sqrt{(\omega_x^2 - \omega_{\phi y}^2) + 4\omega_x^4 h^2 m/I_y}\right] \tag{7-5}$$

(4) 平行于 Oyz 平面的摆动(沿 y 轴的直线振动及绕 x 轴的扭转振动的耦合),自然频率为

$$\omega_{\text{III}1,2}^2 = \frac{1}{2}\left[(\omega_y^2 + \omega_{\phi x}^2) \mp \sqrt{(\omega_y^2 - \omega_{\phi x}^2) + 4\omega_y^4 h^2 m/I_x}\right] \tag{7-6}$$

式(7-5)和式(7-6)中,$\omega_x^2 = k_x/m, \omega_{\phi y}^2 = \left(k_z \sum\limits_i a_i^2 + K_x h^2\right)\big/I_y$;$\omega_y^2 = k_y/m$,

$\omega_{\phi x}^2 = \left[k_z \sum\limits_i b_i^2 + K_y h^2\right]\big/I_x$。其中,$k_x, k_y, k_z$ 为 x,y,z 方向单个隔振器的刚度;

K_x, K_y, K_z 为 x,y,z 方向隔振器的总刚度;I_x, I_y, I_z 为刚体对 x,y,z 坐标轴的转动惯量;a_i, b_i, h 为各隔振器与设备连接处之中心的坐标。

2) 主动隔振时机器的振幅

设机器在 x,y,z 方向分别受通过质心的激振力 $P_x\sin(\omega t), P_y\sin(\omega t), P_z\sin(\omega t)$ 的作用,同时受分别绕 x,y,z 轴的激振力矩 $M_x\sin(\omega t), M_y\sin(\omega t), M_z\sin(\omega t)$ 的作用,计算时坐标轴的方向按右手法则确定,力的方向和坐标轴的正向一致时为正,力矩的方向从坐标轴的正向看去,反时针方向为正,则

(1) 沿 z 轴为直线振动的振幅为

$$A_z = \frac{P_z}{m(\omega^2 - \omega_z^2)} \tag{7-7}$$

(2) 绕 z 轴为扭转振动的振幅为

$$\phi_z = \frac{M_z}{I_z(\omega^2 - \omega_{\phi z}^2)} \tag{7-8}$$

(3) 平行于 Oxz 平面的摆动的振幅为

$$A_x = \frac{P_y I_y(\omega^2 - \omega_{\phi y}^2) + M_y K_x h}{m I_y(\omega^2 - \omega_{\text{I}1}^2)(\omega^2 - \omega_{\text{I}2}^2)}, \quad \phi_y = \frac{M_y(\omega^2 - \omega_x^2) + P_y \omega_x^2 h}{I_y(\omega^2 - \omega_{\text{I}1}^2)(\omega^2 - \omega_{\text{I}2}^2)} \tag{7-9}$$

(4) 平行于 Oyz 平面的摆动的振幅为

$$A_y = \frac{P_x I_x(\omega^2 - \omega_{\phi x}^2) + M_x K_y h}{m I_x(\omega^2 - \omega_{\text{II}1}^2)(\omega^2 - \omega_{\text{II}2}^2)}, \quad \phi_x = \frac{M_x(\omega^2 - \omega_y^2) + P_x \omega_y^2 h}{I_x(\omega^2 - \omega_{\text{II}1}^2)(\omega^2 - \omega_{\text{II}2}^2)} \tag{7-10}$$

(5) 隔振器与设备连接处中心点 x,y,z 方向的最大振幅分别为

$$A_{gx} = |A_x| + |\phi_y h| + |\phi_z b_{\max}|$$
$$A_{gy} = |A_y| + |\phi_x h| + |\phi_z a_{\max}| \tag{7-11}$$
$$A_{gz} = |A_z| + |\phi_x b_{\max}| + |\phi_y a_{\max}|$$

式中,$a_{\max}$ 为距 Oyz 平面最远的隔振器的 x 坐标;$b_{\max}$ 为距 Oxz 平面最远的隔振器的 y 坐标。

3) 被动隔振时机器的振幅

如图 7-5 所示,被隔振设备的地基受 x 轴和 y 轴方向的水平谐波激振为 $U_x\sin(\omega t)$, $U_y\sin(\omega t)$,设备质心的振幅按照下列公式计算。

(1) 平行于 Oxz 平面的摆动振幅为

$$A_x = \frac{\omega_x^2 I_y(\omega^2 - \omega_{\phi y}^2) + \omega_x^4 h^2 m}{I_y(\omega^2 - \omega_{\text{I}1}^2)(\omega^2 - \omega_{\text{I}2}^2)} U_x$$

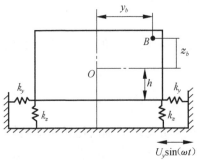

图 7-5　受水平谐波激励时的
消极隔振系统

$$\phi_y = \frac{K_x h \omega^2}{I_y(\omega^2 - \omega_{I1}^2)(\omega^2 - \omega_{I2}^2)} U_x \tag{7-12}$$

（2）平行于 Oyz 平面的摆动振幅为

$$A_y = \frac{\omega_y^2 I_x(\omega^2 - \omega_{\phi x}^2) + \omega_y^4 h^2 m}{I_x(\omega^2 - \omega_{II1}^2)(\omega^2 - \omega_{II2}^2)} U_y, \quad \phi_x = \frac{K_y h \omega^2}{I_x(\omega^2 - \omega_{II1}^2)(\omega^2 - \omega_{II2}^2)} U_y \tag{7-13}$$

（3）设备上任一点 $B(x_b, y_b, z_b)$ 的最大水平振幅 A_{bx} 或 A_{by} 及最大竖直振幅 A_{bz} 为

受 x 轴方向的 $U_x \sin(\omega t)$ 的作用时：

$$A_{bx} = |A_x| + |\phi_y z_b|, \quad A_{bz} = |\phi_x x_b| \tag{7-14}$$

受 y 轴方向的 $U_y \sin(\omega t)$ 的作用时：

$$A_{by} = |A_y| + |\phi_x z_b|, \quad A_{bz} = |\phi_x y_b| \tag{7-15}$$

3. 隔振设计步骤

（1）通过计算、测量，或根据统计资料，确定被隔振的机械设备可能受到的激振振源的大小、方向、频率或频谱。

（2）确定被隔振机器设备及其安装台座的尺寸、质量、质心和中心主轴的位置，计算其质量和惯性矩。注意：质心位置应尽可能低，必要时可加大安装台座的质量，使质心位置降低。

（3）按照频率比 $\lambda = \omega / \omega_n \geqslant 2.5 \sim 5.0$ 的要求，计算隔振系统需要的自然频率。若振源不是单一的简谐振动，激振频率 ω 应取激振频谱的最低分量，对于多自由度系统，系统的自然频率 ω_n 应取系统最高的自然频率，也就是说，隔振系统的设计，应使激励频率的最低分量为系统最高自然频率的 $2.5 \sim 5$ 倍。根据隔振系统所需的自然频率计算隔振器的刚度，再验算自然频率。

（4）计算机器设备工作时的振动振幅，验算隔振效率，其数值应在允许的范围内，如不满足要求，可适当增加安装台座的质量，进一步降低质心位置，或改变隔振器的参数。

（5）选择隔振器的类型，考虑其安装和配置，进行隔振器的尺寸计算和结构设计。隔振器的布置，一般应对称于通过系统中心主轴的垂直平面 Oxz 及 Oyz。

例 7-1 转速为 1170r/min 的冷凝压缩机组，机组质量（包括水）为 690kg，其允许振动速度 $[v] = 1\text{cm/s}$，先仅考虑其大小为 1822.8N 的一阶不平衡垂直惯性力，试做初步的隔振设计。混凝土基础的密度为 2497.5kg/m³。

解 激振力的频率为

$$\omega = \frac{1170 \times 2\pi}{60} \text{rad/s} = 122.5 \text{rad/s}$$

系统的总质量为

$$M \geqslant \frac{P}{[v]\omega} = \frac{1822.8}{1.0 \times 122.5 \times 10^{-2}} \text{kg} = 1488 \text{kg}$$

已知机组质量为690kg,防振台座的质量为$M_1 \geqslant 1488 - 690 = 798$kg。若采用1600mm×900mm×250mm的混凝土基础板,其质量为$1.6 \times 0.9 \times 0.25 \times 2497.5 = 899$kg,可满足要求。则系统的实际质量为$m = 690 + 899 = 1589$kg。

取频率比$\lambda = 3$,则隔振系数为

$$\eta = \left| \frac{1}{1-\lambda^2} \right| = 0.125$$

要求系统的自然频率为

$$\omega_z = \omega/\lambda = (122.5/3) \text{rad/s} = 40.8 \text{rad/s}$$

要求隔振器的垂直刚度为

$$k_z = \omega_z^2 m = 26441 \text{N/cm}$$

根据上述要求,选用或设计隔振器,必要时按照多自由度系统验算。

7.2.2　隔振器的设计

1. 设计、选用隔振器的原则

设计或选用隔振器的原则是:材料适宜、结构紧凑、形状合理、尺寸尽量小、隔振效果好。具体设计或选用隔振器时,需要考虑的因素如下:

(1) 载荷的特点、激振的类型、给定的工作环境和可利用的空间尺寸;

(2) 隔振器的总刚度应满足隔振系数的要求;

(3) 隔振器的总阻尼,决定于通过共振区时对振幅的要求。如果隔振器的阻尼太小,设备通过共振区时的振幅较大,则应采取增加阻尼的措施。

2. 隔振器的布置形式

隔振器的布置形式,在工程中常采用支撑式和悬挂式两种,设计时应根据设备振动特点来选用。

(1) 支撑式:支撑式的隔振器布置形式有如图7-6所示的几种形式。当振动设备质心较高时,采用图7-6(c)的形式;当激振力以水平方向为主时,采用图7-6(b)的形式。

(2) 悬挂式:悬挂式的隔振器布置形式如图7-7所示。根据隔振器受力情况不同,分为承拉式(图7-7(a))和承压式(图7-7(b))两种形式。由于悬挂式各向水平刚度很小,常用于具有低速运动部件的精密设备的隔振。

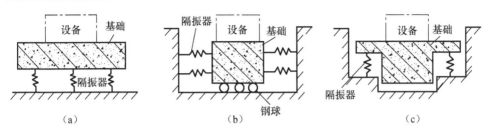

图 7-6　支撑式布置的隔振器

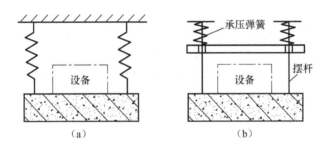

图 7-7　悬挂式布置的隔振器

3. 隔振器的设计

常用的隔振器有橡胶隔振器、金属弹簧隔振器和组合隔振器等。隔振器设计的任务,是根据对隔振体系自然频率和隔振器刚度的要求,决定隔振器的类型和几何尺寸;根据对通过共振区的振幅要求决定阻尼系数。

使用时,根据启动和停机时的角加速度 ε 值,算出 a_{max}/a 比值后,求出所需要的最小阻尼系数 c。当 $c \leqslant 0.03\mathrm{N} \cdot \mathrm{s/mm}$ 时,采用金属弹簧隔振器;当 $c > 0.03\mathrm{N} \cdot \mathrm{s/mm}$ 时,采用橡胶隔振器或金属弹簧和橡胶组成的组合隔振器。

金属弹簧隔振器的设计,根据隔振的刚度要求,设计弹簧的几何尺寸,工程中应用较多的是圆钢丝螺旋压力弹簧,可根据弹簧的设计方法进行设计。橡胶隔振器的设计是根据橡胶的品种、橡胶的硬度、工作温度、相对变形的大小及形状尺寸等,按工作状态下橡胶的静态弹性模量 E_s 和动态弹性模量 E_d,计算橡胶元件的刚度,按照橡胶弹簧的刚度计算公式和设计准则进行设计。下面讨论组合隔振器的设计方法。

当采用橡胶隔振器不能满足隔振要求,采用金属弹簧隔振器阻尼又太小时,可采用弹簧橡胶组合隔振器。组合隔振器有并联和串联两种形式,如图 7-8 所示,并联组合隔振器和串联组合隔振器的刚度和阻尼系数分别如下。

并联:

$$k = k_t + k_b, \quad c = \frac{k_t c_t + k_b c_b}{k} \tag{7-16}$$

串联：

$$k = \frac{k_t k_b}{k_t + k_b}, \quad c = \frac{k_t c_b + k_b c_t}{k_t + k_b} \tag{7-17}$$

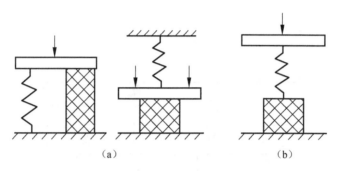

（a）　　　　　　　　　　（b）

图 7-8　组合隔振器

常用的组合隔振器是并联组合隔振器，具体的设计步骤如下：

（1）根据隔振分析和通过共振区时，对振幅的要求提出组合隔振器的刚度 k 和阻尼系数 c。

（2）根据各类橡胶隔振器的计算公式，计算组合隔振器的刚度 k_t 和 k_b。

（3）计算橡胶块和弹簧的静载荷 P_b 和 P_t：

$$P_b = k_b A_{max}, \quad P_t = Mg - P_b \tag{7-18}$$

式中，A_{max} 为机器启动和停机时的最大振幅；M 为总质量。

（4）根据 k_t、P_t、k_b、P_b 确定弹簧和橡胶块的数量及几何尺寸。

（5）求出支垫高度 h。通过上述计算求得的橡胶块高度，往往小于弹簧高度，因此需在橡胶块下设置专门的支垫，如图 7-9 所示。支垫的高度为

$$h = H_t - H_b - \delta_{ts} + \delta_{bs} \tag{7-19}$$

式中，H_t 为弹簧的自由高度；δ_{ts} 为在载荷作用下弹簧的静变形；H_b 为橡胶块的自由高度；δ_{bs} 为在载荷作用下橡胶块的静变形。

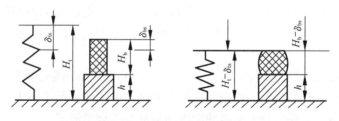

图 7-9　橡胶块及其支垫模型

7.2.3 冲击隔离

在冲击作用下,机械将以很高的速度产生应力与应变,可能使其工作失效甚至破坏。冲击还可能传到基础,使基础及周围的设备与建筑物受到损害。为此,采取冲击隔离的措施,以减轻其影响。

1. 冲击隔离原理

冲击隔离的实质,是通过冲击隔离器的变形,把急剧输入的能量储存起来,在冲击过后,系统的自由振动把能量平缓地释放出来。使尖锐的冲击波,以较缓和的形式作用在设备基础上,有时还通过隔离器中的阻尼,吸收部分能量,以达到保护设备或基础的目的。

冲击隔离,分为主动隔离和被动隔离两类。**主动隔离**用来减轻机器本身产生的冲击力对支承、基础、基础周围的设备与建筑的影响,以减小支承或基础的应力与应变,减小通过基础传到周围的冲击波。例如,冲床下面的弹性地基、火炮中的油缸,就起主动隔离的作用。**被动隔离**用来减轻外部冲击所引起的基础运动对机器设备的影响,以减小机器设备中的应力与应变。例如,飞机着陆架中的防冲装置、仪器包装中的弹性材料,就起被动隔离作用。

当被隔离的设备可视为整个刚体时,冲击隔离系统,可简化为单自由度系统,主动隔离和被动隔离原理如图 7-10 所示。

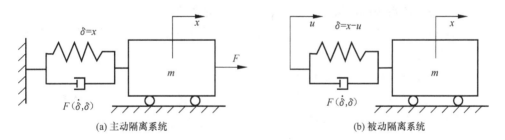

| (a) 主动隔离系统 | (b) 被动隔离系统 |

图 7-10 单自由度冲击隔离系统

主动隔离系统的运动方程为

$$m\ddot{\delta} + F(\dot{\delta},\delta) = F \qquad (7\text{-}20)$$

被动隔离系统的运动方程为

$$m\ddot{\delta} + F(\dot{\delta},\delta) = -m\ddot{u} \qquad (7\text{-}21)$$

式中,m 为设备的质量;δ 为隔离器的变形;$F(\dot{\delta},\delta)$ 为隔离器作用在 m 上的力;F 为作用在设备上的冲击力;u 为隔离器左端受到冲击作用产生的绝对位移。

由式(7-20)和式(7-21)看出,两类隔离器虽有不同的目的,但具有相似的数学表达式。因此,可以共同讨论隔离器的特性。

当被隔离的设备中具有弹性不可忽略的元件时,冲击隔离系统应简化为两自由度或多自由度系统。图 7-11 为适用于两类隔离的两自由度系统。对于主动隔离系统,$u=0$,F 为设备 m_2 产生的冲击力,$F_2(\dot{\delta}_2,\delta_2)$ 为隔离器的特性,m_1 为支承的质量,$F_1(\dot{\delta}_1,\delta_1)$ 为弹性支承的特性;对于被动隔离系统,$F=0$,u 为外部冲击引起的基点振动位移,$F_1(\dot{\delta}_1,\delta_1)$ 为隔离器的特性,m_1 为设备的质量,m_2 为设备中弹性元件的质量,$F_2(\dot{\delta}_2,\delta_2)$ 为弹性元件的特性。

如图 7-11 所示的系统中,如果有非弹性元件,则需要计算出 $F(\dot{\delta},\delta)$,如果都为线性元件,则有

$$F(\dot{\delta},\delta) = c\dot{\delta} + k\delta \tag{7-22}$$

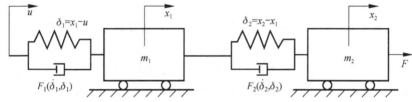

图 7-11 两自由度冲击隔离系统

分析冲击隔离问题和设计隔离器时,应掌握以下参数:

(1) 激励函数,对主动隔离为冲击力 $F(t)$,对被动隔离为基点的运动 $u(t)$ 或 $\dot{u}(t)$,$\ddot{u}(t)$。

(2) 被隔离系统的质量 m、弹簧刚度 k 和阻尼系数 c。

(3) 设备基础的抗振性,即通过隔离器传递到设备或基础上的许用最大力 F_a 或许用最大加速度 $\ddot{x}_a$。

(4) 隔离器或衬垫材料的许用最大变形量 δ_a。

设计隔离器时,应确定隔离器的最大变形 δ_m,并满足 $\delta_m \leqslant \delta_a$,通过隔离器传到设备或基础上的最大力 F_m 或最大加速度 $\ddot{x}_m$,并满足 $F_m \leqslant F_a$ 或 $\ddot{x}_m \leqslant \ddot{x}_a$。

2. 单自由度隔离系统对速度阶跃激励的响应

速度阶跃是常见的激励函数。当加速度脉冲激励时,若脉冲的持续时间远小于系统的固有周期或冲击力激励时,力的作用时间远小于系统的固有周期,都可用速度阶跃予以近似。

求系统对激励的响应,推导出激励量、系统参数和响应量之间的关系,是分析冲击隔离问题、设计隔离器的基础。

如图 7-12 所示的无阻尼单自由度冲击隔离系统的运动方程为

$$m\ddot{\delta} + F_s(\delta) = -m\ddot{u} \tag{7-23}$$

式中，$F_s(\delta)$ 为隔离器的弹性恢复力，即通过隔离器传递的力。系统受速度阶跃激励时，其初始条件为：$t=0,\delta=0,\dot{\delta}_m=\dot{u}_m$。式(7-23)的一次积分为

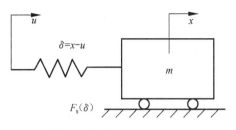

$$\dot{\delta}^2 = \dot{u}_m^2 - \frac{2}{m}\int_0^\delta F_s(\delta)\mathrm{d}\delta \quad (7\text{-}24)$$

隔离器达到最大变形，即 $\delta=\delta_m$，变形速度 $\dot{\delta}=0$，由式(7-24)得到

图 7-12　无阻尼单自由度隔离系统

$$\int_0^{\delta_m} F_s(\delta)\mathrm{d}\delta = \frac{1}{2}m\dot{u}_m^2 \quad (7\text{-}25)$$

通过直接积分或数值积分（根据弹簧的力-变形曲线），计算式（7-23）及式(7-25)，即可求得隔离器的最大变形 δ_m，隔离器传递的最大力 $F_m=F_s(\delta_m)=m\ddot{x}_m$，相应的速度增量 $\dot{u}_m$ 以及其与系统参数之间的关系，也就是隔离器的特性。便可按照下列要求设计隔离器：

$$\delta_m \leqslant \delta_a, \quad F_m \leqslant F_a, \quad \ddot{x}_m \leqslant \ddot{x}_a, \quad \dot{u}_m \geqslant \dot{u}_a \quad (7\text{-}26)$$

7.3　减振原理及其应用

机器在运转时，由于没有完全平衡或其他原因，往往要产生振动，从而在零件中引起附加的动应力。在一定条件下还会引起共振，振幅急剧增大，动应力相应增加以致超过其允许值。在某些场合中，工艺阻尼也可能成为一种激振源，如轧钢机在轧制周期断面产品时，压下系统和主传动系统所受的周期性激振力和力矩；行星轧机各工作辊上的轧制力；定尺飞剪和锯机锯齿对轧机的周期冲击等，都不可避免地要在机器本身引起强迫振动。有时由于工艺要求的工作转速恰巧在机械零件临界转速的危险范围（共振区域）以内，如线材轧机的速度由 30m/s 提高到 40m/s，卷线机的相应转速可能进到其主轴临界转速的危险区内或不稳定区域内，这时需要采取措施以消除或减轻其振动，否则便无法工作。在精密轧制中，尤其需要消除或减轻有害的振动至最低程度以保证产品在允许的公差范围内。在一些工业部门，如动力、航空、机械制造和交通运输等部门已经采用各种行之有效的消振和减振方法，其基本方向是：

（1）设法使激振力得到平衡，采取措施消除或减小激振力的波动幅度；

（2）改变系统的自然频率与激振力频率的比值，即转移系统的共振区或使其在非共振区内运转；

（3）增加阻尼力以减小共振时的振幅，经验和理论均证明，适当选择阻尼可以限制共振时的振幅在零件所允许的范围内；

（4）在分析现有的减振技术中发现新技术和新理论。

7.3.1　动力减振器

1. 动力减振器的工作原理

图 7-13 为动力减振器的两个应用实例及其动力学模型。其中 m_1，k_1 分别为主振系统简化后的等效质量和刚度，m_2，k_2 和 c 分别为动力减振器的质量、刚度和阻尼系数。

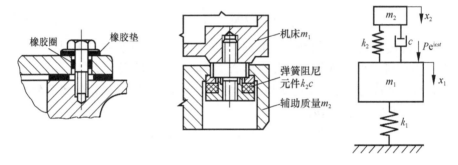

图 7-13　有阻尼动力减振器及其力学模型

当主系统振动时，附加于其上的动力减振器也随之振动。利用减振器的动力作用，使其加到主系统上的力（或力矩）与激振力（或力矩）的方向相反、大小相近，以致作用在主系统上的力或力矩相互抵消，达到控制主系统振动的目的。

动力减振器视辅助质量加到主系统上的方式不同，而有许多类型：①**有阻尼动力减振器**，辅助质量与主质量之间，既有弹性元件，又有阻尼元件；②**无阻尼动力减振器**，辅助质量与主质量之间，只有弹性元件；③**摩擦减振器**，辅助质量与主质量之间，只有阻尼元件；④**摆式减振器**，辅助质量与主质量之间，没有元件相连，只是辅助质量可以在主质量上能产生摆动。各种减振器有不同的特性，适用于不同的情况。

从图 7-13 的动力学模型可以看出，在主系统上附加了有阻尼动力减振器，单自由度系统变成两自由度系统，根据其运动方程，可求得主质量和辅助质量的相对振幅为

$$A_1 = \sqrt{\frac{(\alpha^2 - \lambda^2)^2 + (2\xi\alpha\lambda)^2}{[(1-\lambda^2)(\alpha^2-\lambda^2) - \mu\lambda^2\alpha^2]^2 + (2\xi\alpha\lambda)^2(1-\lambda^2-\mu\lambda^2)^2}}\,\delta_{st} \quad (7\text{-}27)$$

$$A_2 = \sqrt{\frac{\alpha^4 + (2\xi\alpha\lambda)^2}{[(1-\lambda^2)(\alpha^2-\lambda^2) - \mu\lambda^2\alpha]^2 + (2\xi\alpha\lambda)^2(1-\lambda^2-\mu\lambda^2)^2}}\,\delta_{st} \quad (7\text{-}28)$$

式中，A_1，A_2 分别为主质量和辅助质量的振幅；δ_{st} 为主系统在与激振力幅值相等的静力作用下产生的静变形；$\lambda = \omega/\omega_{n1}$ 为激振频率与主系统自然频率之比；$\alpha = \omega_{n2}/\omega_{n1}$ 为

减振器与主系统自然频率之比；$\mu=m_2/m_1$ 为辅助质量与主质量之比。

式(7-27)中，A_1/δ_{st} 的关系可参看图 4-20。利用以上关系，可求出减振器的各参数。

2. 无阻尼动力减振器

没有阻尼元件的无阻尼减振器，$\xi=0$，式(7-27)和式(7-28)变为

$$A_1 = \frac{\alpha^2-\lambda^2}{(1-\lambda^2)(\alpha^2-\lambda^2)-\mu\lambda^2\alpha^2}\delta_{st}, \quad A_2 = \frac{\alpha^2}{(1-\lambda^2)(\alpha^2-\lambda^2)-\mu\lambda^2\alpha^2}\delta_{st}$$

$$(7-29)$$

从式(7-29)看出，当 $\alpha=\lambda$ 时，$A_1=0$，即主振动系统的振幅为零，以达到减振的目的。在设计无阻尼动力减振器时，应综合考虑以下问题来决定其参数。

(1) 减振器应消除主振动系统的共振振幅，即令减振器的自然频率 ω_{n2} 等于主振动系统的自然频率 ω_{n1}，则 $\alpha=1$，再令 $\lambda=\alpha=1$，则从式(7-29)得知 $A_1=0$，消除了主振系统的共振振幅。

(2) 扩大减振器的减振频带，由图 4-20 中虚线看出，按照上述方法计算出的减振器，即 $\lambda=1$，虽然消除了主振系统的振幅，但在原共振点附近的 λ_1 和 λ_2 处，又出现了两个新的共振点。一旦激振频率 ω 偏离减振器的自然频率 ω_{n2}，主振系统的振幅 A_1 不等于零，甚至产生共振，为此要注意扩大减振的频带。λ_1 和 λ_2 分别为

$$\lambda_{1,2}^2 = 1+\frac{\mu}{2}\mp\sqrt{\mu+\frac{\mu^2}{4}}$$

$$(7-30)$$

由式(7-30)可知，λ_1 和 λ_2 只与质量比有关，为使主系统能够安全运转在远离新共振点的范围内，要求这两个临界频率相距较远，一般要求 $\mu>0.1$。对于激振频率稳定的振源，如定速运转机械，μ 可取小些。若主系统上还作用有其他不同频率的激振力，还需要校核这些激振力是否在新的共振点处发生共振。

(3) 使减振器振幅 A_2 能满足结构要求，由式(7-29)看出，若按照要求 $\alpha=1$，可能导致 A_2 过大，使辅助质量 m_2 在减振器内的活动空间不够。为此，应调整 m_2 与 k_2 的比例，并相应增加 m_2。

由上述分析可以看出，无阻尼动力减振器结构简单、元件少、减振效果好、减振频率范围宽，适用于激振率变化不大的情况。

例 7-2　如图 7-14(a)所示，梁上装有一台电动机，由于电动机运转时产生离心力作用而使系统做强迫振动，此时系统可以简化为如图 7-14(b)所示的由质量为 m_1 的质块和刚度为 k_1 的弹簧组成的单自由度系统。当电动机的旋转角速度接近系统的自然频率时，$\omega=\sqrt{k_1/m_1}$，系统发生共振现象。为了抑制梁的振动，在梁的下面悬挂质量为 m_2 的质块和刚度为 k_2 的弹簧，如图 7-14(c)所示。试选择适当的参数 m_2 和 k_2，使原来的主系统振动振幅为零。

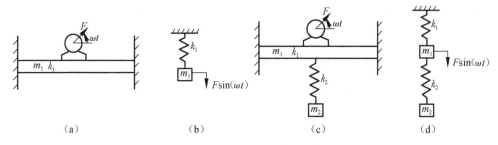

图 7-14　一种动力减振器模型

解　附加减振器后的系统,可用如图 7-14(d)所示的两自由度系统表示。系统振动的运动微分方程为

$$m_1\ddot{x}_1(t) + (k_1 + k_2)x_1(t) - k_2x_2(t) = F\sin(\omega t)$$
$$m_2\ddot{x}_2(t) - k_2x_1(t) + k_2x_2(t) = 0$$

设 $x_1(t) = X_1\sin(\omega t)$,$x_2(t) = X_2\sin(\omega t)$,则由式(4-44)可得系统振动的振幅为

$$X_1(\omega) = \frac{(d - \omega^2)Q_1 - bQ_2}{(a - \omega^2)(d - \omega^2) - bc}, \quad X_2(\omega) = \frac{cQ_1 - (a - \omega^2)Q_2}{(a - \omega^2)(d - \omega^2) - bc}$$

式中,$Q_1 = F/m_1$,$Q_2 = 0$,由于 $k_3 = 0$,故 $c = d$,从而有

$$X_1(\omega) = \frac{(c - \omega^2)Q_1}{(a - \omega^2)(d - \omega^2) - bc}, \quad X_2(\omega) = \frac{cQ_1}{(a - \omega^2)(d - \omega^2) - bc}$$

当 $\omega^2 = c = k_2/m_2$ 时,得到

$$X_1(\omega) = 0, \quad X_2(\omega) = -Q_1/b = -F/k_2$$

可见选择减振器的自然频率 $\omega^2 = c = k_2/m_2$ 时,主系统保持不变,而减振器则以频率 ω 做 $x_2(t) = X_2\sin(\omega t) = -(F/k_2)\sin(\omega t)$ 的强迫振动。减振器弹簧下端受到作用力

$$k_2x_2(t) = -F\sin(\omega t)$$

在任何时刻恰好与上端的激振力平衡,使系统的振动转移到减振器上来。因此,在设计动力减振器时,必须调整 m_2 和 k_2 的值,使减振系统的自然频率等于外激励的频率。

3. 有阻尼动力减振器

在动力减振器中,加入适当的阻尼,减振效果更好,而且可使减振频带加宽,具有更广的适用范围。有阻尼动力减振器主系统相对振幅 A_1/δ_{st} 随 λ 的变化曲线如图 7-15 所示。由图可知,不同阻尼率 ξ 的所有曲线都经过 P,Q 两点,因此这两点的位置与阻尼无关。在设计有阻尼动力减振器时,应特别注意以下两个问题:

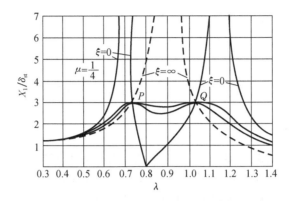

图 7-15　动力减振器相对振幅随 λ 的变化曲线

（1）保证减振器在整个频率范围内，都有较好的效果，为此，应使 P,Q 两点的纵坐标相等，而且成为幅频响应曲线的最高点。为达到此要求，最佳阻尼率和最佳频率比分别为

$$\xi_{\text{op}} = \frac{3\mu}{8(1+\mu)^3}, \quad \lambda_{\text{op}} = \frac{1}{1+\mu} \tag{7-31}$$

（2）保证减振效果达到预定要求，应使最佳参数情况下 P,Q 两点的纵坐标小到允许振幅之下。最佳参数情况下，P,Q 两点的纵坐标的表达式为

$$\left(\frac{X_1}{\delta_{\text{st}}}\right)_P = \left(\frac{X_1}{\delta_{\text{st}}}\right)_Q = \sqrt{1+\frac{2}{\mu}}, \quad \lambda_{P,Q}^2 = \left(\frac{\omega}{\omega_1}\right)^2 = \frac{1}{1+\mu}\left(1 \mp \sqrt{\frac{2}{2+\mu}}\right)$$
$$\tag{7-32}$$

由上述分析可以看出，增加质量比 μ，主系统振幅 X_1 将减小，减振效果提高，但会导致系统的质量增加。因此，应注意把主系统的某些部件作为辅助质量，既可以提高减振效果，又不增加系统的质量。

根据以上公式，即可设计有阻尼动力减振器。设计步骤大致如下：根据主系统所受激振力大小及允许的振幅，按式(7-32)选取合适的质量比 μ，从而得到减振器的质量 m_2；由式(7-31)的第二式求出最佳自然频率比 λ_{op}，根据 λ_{op} 和 m_2 可得减振器的弹簧刚度 k_2，再用式(7-31)的第一式算出最佳阻尼率 ξ_{op} 及相应的阻尼系数 c；最后根据减振器弹性元件的最大位移并验算其强度。

4. 随机振动的动力减振器

随机振动具有连续频谱密度函数，即激振频率含有各种成分，包括主振系统的自然频率。为提高减振效果，应将动力减振器的自然频率选择在主振系统自然频率附近。按此原理推导出来动力减振器的最佳频率比和最佳阻尼率：

$$\lambda_{\text{op}} = \frac{\sqrt{1+\mu/2}}{1+\mu}, \quad \xi_{\text{op}} = \sqrt{\frac{\mu(1+3\mu/4)}{4(1+\mu)(1+\mu/2)}}$$

与 λ_{op}、ξ_{op} 相对应的主质量最小应力方差为

$$(\sigma_1^2)_{\min} = \frac{2\pi S_0 \omega_{n1}}{k_1^2} \sqrt{\frac{1+3\mu/4}{\mu(1+\mu)}}$$

式中，μ 为质量比；S_0 为随机激振的频谱密度；ω_{n1} 为主振动系统的自然频率。

7.3.2 变速减振器

上面介绍的动力减振器，广泛应用于消除扰动频率基本不变的振动系统。只有在外加频率保持恒定的情况下，动力减振器才会给出满意的结果，其应用局限在保持常速运动的机器中或外扰力具有不变频率的情况下。对于转速可以在大范围内改变的机器，如汽车内燃机与航空发动机，动力减振器就不适用了。当干扰频率随转速在很大范围内变动时，必须使减振器的自然频率能随转速自动调节，才能有效地达到减振的目的。变速减振器就是能自动调节自然频率，用于扭转振动系统的一种比较理想的减振器。

变速减振器一般为摆式减振器，即在产生扭转振动的旋转轴系中，安装离心摆，使其产生的惯性力矩与激振力矩相平衡，从而起到减振作用。旋转轴系的激振频率与旋转速度成正比，离心摆的自然频率也与旋转转速成正比，因此摆式减振器在变速轴系的整个转速范围内，都有较好的减振效果，特别适用于减小变速运动机器的扭转振动。

变速减振器有挂摆、滚摆、环摆等多种形式。图 7-16 为最简单的挂摆型摆式减振器及其动力学模型。图 7-17 是变速减振器的原理图，有一个圆盘可绕通过自身圆心 O 的几何轴线转动，在圆盘上距离转动轴线为 r 的一点 A 处悬挂一摆，摆长为 l，质量为 m，设圆盘以等速 ω 做回转运动，而摆正处在圆盘半径方向 OA 的延长线上，这时系统处于稳定运转中。假如来自圆盘上的轻微干扰引起了这个摆的轻微振荡 ϕ 和圆盘转速 ω 的相应波动 θ，研究系统在稳定运转过程中的摆动问题。

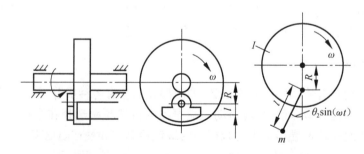

图 7-16　挂摆型摆式减振器示意图及其动力学模型

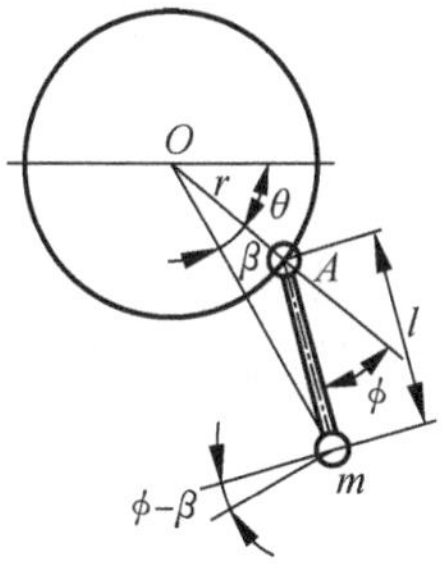

从图 7-17 可知，质量 m 的切向位移为 $(r+l)\theta+l\phi$，则质量 m 和圆盘的运动方程分别为

$$m[(r+l)\ddot{\theta}+l\ddot{\phi}]=-F_{\mathrm{t}} \tag{7-33}$$

$$[I+m(r+l)^2]\ddot{\theta}=-ml\ddot{\phi}(r+l) \tag{7-34}$$

式中，I 为圆盘绕中心转动的转动惯量。在轻微干扰下，对于微小角度的摆动，由于 $\phi-\beta$ 很小，有 $\sin(\phi-\beta)\approx\phi-\beta$，$(r+l)\beta\approx l\phi$，则其离心力的切向分力为

$$F_{\mathrm{t}}=m(r+l)\omega^2\sin(\phi-\beta)\approx m(r+l)\omega^2(\phi-\beta)$$
$$=m(r+l)\omega^2\phi-m(r+l)\omega^2\beta=mr\omega^2\phi \tag{7-35}$$

图 7-17　变速减振器模型

将式(7-35)代入式(7-33)，得到质量 m 的振荡微分方程为

$$(r+l)\ddot{\theta}+l\ddot{\phi}=-r\omega^2\phi \tag{7-36}$$

由式(7-36)和式(7-34)消去 $\ddot{\theta}$，引用记号 $I_0=I+m(r+l)^2$，得

$$\frac{I}{I_0}\ddot{\phi}+\frac{r\omega^2}{l}\phi=0 \tag{7-37}$$

式(7-37)表明摆的运动是简谐振荡运动，其圆频率为

$$\omega_{\mathrm{n}}=\omega\sqrt{\frac{rI_0}{lI}} \tag{7-38}$$

式(7-38)表明，摆的频率 ω_{n} 与圆盘在稳定运转中的角速度 ω 成正比，这一事实为设计变速减振器奠定了理论基础。例如，轧钢机在进行周期断面轧制时，压下系统和轧辊主传动系统都相应地产生强迫振动，其激振力的频率与轧辊的转速成正比。当轧辊的转速一定时，激振力的频率与轧辊圆周孔型的数目成正比，这使我们有可能做到与式(7-38)相匹配。

现假设激振力(或力矩)$A\sin(n\omega t)$ 作用于圆盘(轧辊)上，其自然频率与圆盘的角速度 ω 成正比，则由式(7-34)和式(7-36)得到强迫振动的方程为

$$(r+l)\ddot{\theta}+l\ddot{\phi}+r\omega^2\phi=0,\quad I_0\ddot{\theta}+ml\ddot{\phi}(r+l)=A\sin(n\omega t) \tag{7-39}$$

方程(7-39)的特解为

$$\theta=C\sin(n\omega t),\quad \phi=B\sin(n\omega t) \tag{7-40}$$

将式(7-40)代入式(7-39)，求出振幅 B 和 C，则有

$$\theta=-\frac{A\sin(n\omega t)}{n^2\omega^2 I_0\left\{1-\dfrac{m(r+l)^2}{I_0[1-r/(n^2l)]}\right\}}$$

$$\phi=\frac{A(r+l)\sin(n\omega t)}{n^2\omega^2 I_0 l\left(1-\dfrac{r}{n^2l}\right)\left\{1-\dfrac{m(r+l)^2}{I_0[1-r/(n^2l)]}\right\}} \tag{7-41}$$

为了说明离心摆的作用，不妨看一看没有安装离心摆，但有同样激振力的圆

盘,此时运动微分方程为 $I\ddot{\theta}=A\sin(n\omega t)$,其稳态解为

$$\theta=-\frac{A}{In^2\omega^2}\sin(n\omega t) \tag{7-42}$$

比较式(7-42)和式(7-41)的第一式就可以得出结论,离心摆的作用相当于增加了圆盘的转动惯量。转动惯量的增量为

$$\Delta I = I_0\left\{1-\frac{m(r+l)^2}{I_0[1-r/(n^2l)]}\right\}-I=\frac{m(r+l)^2}{1-n^2l/r} \tag{7-43}$$

由式(7-43)可见,设计时如取 $n^2=r/l$,则 $\Delta I=\infty$。这样,该减振器的作用相当于一个惯量极大的飞轮,在这种情况下,无论激振力多大,对圆盘的运动均不影响,即 $\theta=0$,由此我们就设计出了满意的减振器。此时离心摆本身仍做简谐振荡,以 $\ddot{\theta}=0$ 代入式(7-39)的第二式直接求解得到

$$\phi=-\frac{A\sin(n\omega t)}{ml(r+l)n^2\omega^2} \tag{7-44}$$

可见,摆动角 ϕ 与激振力的相位相反,且有

$$ml\ddot{\phi}(l+r)=A\sin(n\omega t)$$

这就说明摆的振荡恰好与激振力(或力矩)相抵消。

在行星轧机和周期断面轧制过程中,激振力的自然频率常常是轧辊转速的数倍,这样,摆长 l 就变小了,这时可以把离心摆设计成如图 7-18 所示的各种形式。应该指出,如果用作摆的滚动体质量很小,则其振幅就会很大,这与轻微振荡的假设不符合,因而就有相应的误差。同时在实际应用中还要考虑摩擦的影响及滚柱滑移的可能性。

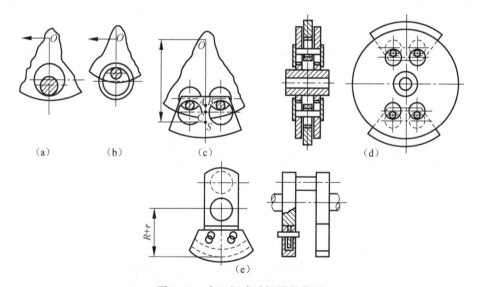

图 7-18 离心摆式减振器的类型

7.3.3　阻尼减振器

动力减振器与变速减振器都是将主系统受到的激振力吸收并转移到附加系统上,从而达到消减主系统振动的目的。与此不同的另一类减振装置,是利用摩擦或黏滞阻尼消耗振动能量,以达到消减振动的目的,称为**阻尼减振器**。图 7-19(a)是阻尼减振器的一种。减振器外壳 2 固定在轴 1 上,壳的空腔内有一可以绕轴自由转动的自由质量 3,外壳与自由质量间充满阻尼油(硅油)。这种系统的黏性产生了对轴的阻尼作用。仍然假定阻尼力或扭矩正比于外壳和自由质量之间的相对速度。这种阻尼振动系统可用图 7-19(b)来表示。

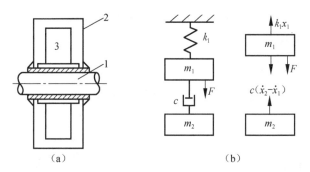

图 7-19　一种阻尼减振器模型
1—轴;2—减速器外壳;3—自由质量

如图 7-19(b)所示系统的运动微分方程为

$$m_1\ddot{x}_1(t) + c\dot{x}_1(t) + k_1 x_1(t) - c\dot{x}_2(t) = F, \quad m_2\ddot{x}_2(t) + c\dot{x}_2(t) - c\dot{x}_1(t) = 0$$

$$(7\text{-}45)$$

若激振力是简谐的,即 $F = F_0 e^{i\omega t}$,则按照上面的求解方法,得到

$$X_1 = \frac{F_0\sqrt{(m_2\omega)^2 + (c\omega)^2}}{\sqrt{m_2^2\omega^4(k_1 - m_1\omega^2)^2 + c^2\omega^2\left[m_2^2\omega^2 - (k_1 - m_1\omega^2)^2\right]^2}}$$

若记:$X_0 = F_0/k, \mu = m_2/m_1, \xi = c/(2k), \lambda = \omega m_1/k$,则上式为

$$X_1 = \frac{X_0\sqrt{\mu^2\lambda^2 + 4\xi^2}}{\sqrt{\mu^2\lambda^2(1 - \lambda^2)^2 + 4\xi^2(\mu\lambda^2 + \lambda^2 - 1)^2}} \tag{7-46}$$

式(7-46)说明 X_1/X_0 是三个参数 ξ, μ, λ 的函数,在选定 μ 后,可以画出 X_1/X_0 与 λ 的关系曲线,如图 7-20 所示。由曲线看出,对于任一 ξ 值的曲线都与具有单一峰值的单自由度幅频响应曲线相似。重要的是两个极端情况:$\xi = 0, \xi = \infty$。如果 $\xi = 0$,系统是具有共振频率 $\omega = \sqrt{k/m_1}$ 的无阻尼系统,在这一频率上振幅将无限增大;如果 $\xi = \infty$,则阻尼器质量与主系统质量将作为单一体而振动,且也是无阻尼系统,其自然频率为 $\omega = \sqrt{k/(m_1 + m_2)}$。

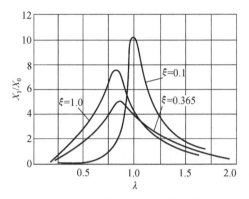

图 7-20　相对振幅随 λ 的变化曲线

7.3.4　摩擦减振器

1. 固体摩擦减振器

典型的固体摩擦减振器的结构简图如图 7-21 所示。

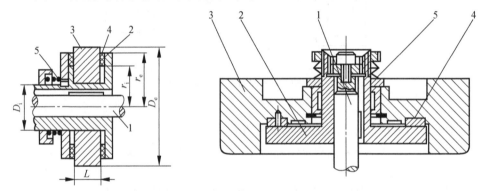

图 7-21　固体摩擦减振器结构简图
1—扭转轴；2—毂盘；3—飞轮；4—摩擦盘；5—弹簧

由于飞轮有较大的惯性，不能随同轴系一起振动，飞轮与毂盘之间产生相对运动，以及伴随的摩擦力矩，从而把振动能量转换成热能，起到减振作用。减振效果主要与飞轮的转动惯量和摩擦力矩的大小有关，在设计和使用时，应根据激振力矩和允许振幅的大小，选取飞轮的最佳转动惯量和最佳摩擦力矩。若作用在扭转系统上的激振力矩为 $M_j \sin(\omega t)$，安装减振器的允许振幅为 $[\theta]$，则按照以下步骤计算减振器的各项参数。

（1）计算飞轮的最佳转动惯量：

$$I = \frac{\pi M_j}{4\omega^2 [\theta]} \tag{7-47}$$

（2）确定飞轮的几何尺寸：

$$I = 10\rho(L/D_e)D_e^5 [1 - (D_i/D_e)^4] \tag{7-48}$$

先根据减振器的安装位置的要求,选取 $D_i/D_e,L/D_e$,再根据飞轮材料的密度 ρ,以及式(7-47)算出的 I,按式(7-48)确定飞轮的几何尺寸。

(3)计算最佳摩擦力矩:

$$M_{op} = 1.11M_j \tag{7-49}$$

(4)确定摩擦盘的尺寸和材料,计算最佳弹簧压力:

$$P_{op} = \frac{3}{4}\frac{M_{op}}{\mu}\frac{r_e^2 - r_i^2}{r_e^3 - r_i^3} \tag{7-50}$$

先根据结构要求及飞轮尺寸,选取摩擦盘尺寸 r_e,r_i,由选取的摩擦盘材料,确定摩擦系数 μ,再按照式(7-50)计算最佳弹簧压力并确定弹簧的尺寸,要求实际的弹簧压力在 P_{op} 的 $\pm 33\%$ 以内。

(5)计算每一振动周期中,减振器消耗的能量最大值及功率:

$$W_{max} = \frac{4}{\pi}I\omega^2[\theta]^2, \quad N_{max} = \frac{1}{2\pi}\frac{\omega}{1000}W_{max} \tag{7-51}$$

其中,W_{max} 用以确定减振器的减振效果;N_{max} 用以校验其散热能力。

(6)校核对其他激振力矩的减振效果:

$$\theta' = \frac{2\pi M_{op}^2}{I\omega^2\sqrt{16M_{op}^2 - \pi^2 M_j^2}} \tag{7-52}$$

θ' 应小于允许振幅$[\theta]$,才能满足设计要求。若达不到此要求,需要改变减振器的参数。

2. 流体摩擦减振器

流体摩擦减振器也是一种动力减振器,图 7-22 为液体摩擦减振器的示意图及其动力学模型,具有结构简单、工作稳定、设计、制造和使用方便等特点。主要靠辅

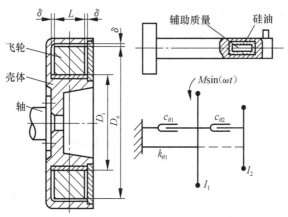

图 7-22　液体摩擦减振器的示意图及其动力学模型

助质量 I_2 和振动体 I_1 间相对运动产生的流体摩擦力减振。因此,辅助质量的惯性力也起减振作用。

为使流体摩擦减振器在较宽的频域内具有较好的减振效果,仿照动力减振器的计算方法,推导出主振动系统有阻尼时,减振器的最佳参数的计算公式为

最佳阻尼率:

$$(\xi_2)_{op} = \frac{(c_{\theta2})_{op}}{2I_2\omega_{n1}} = \frac{1}{2+\mu}\left[\sqrt{\frac{2+\mu-2\mu^2\xi_1}{2(1+\mu)}} - \mu\xi_1\right] \tag{7-53}$$

最佳频率比:

$$\lambda_{op}^2 = (\omega/\omega_{n1})^2 = 4(\xi_2)_{op}\left[\mu\xi_1 + (1+\mu)(\xi_2)_{op}\right] \tag{7-54}$$

与其相对应的振幅放大系数为

$$\frac{\theta_1}{\theta_{st}} = \frac{1}{1-4(1+\mu)(\xi_2)_{op}^2} \tag{7-55}$$

当主振系统的阻尼可忽略不计时,即 $\xi_1 = 0$,以上三式变为

$$(\xi_2)_{op} = \frac{1}{\sqrt{2(1+\mu)(2+\mu)}}, \quad \lambda_{op} = \sqrt{\frac{2}{1+\mu}}, \quad \frac{\theta_1}{\theta_{st}} = \frac{2+\mu}{\mu} \tag{7-56}$$

其中,$\mu = \dfrac{I_2}{I_1}$;$\omega_{n1} = \sqrt{\dfrac{k_{\theta1}}{I_1}}$;$\xi_1 = \dfrac{c_{\theta1}}{2I_1\omega_{n1}}$;$\xi_2 = \dfrac{c_{\theta2}}{2I_2\omega_{n1}}$;$\theta_{st} = \dfrac{M}{k_{\theta1}}$。

根据主振动系统的 $I_1,k_{\theta1},c_{\theta1}$ 和允许振幅 $[\theta]$ 以及作用在系统上的激振力矩 M,按式(7-53)~式(7-56)可求出 I_2 和 ξ_2,再根据 I_2 和 ξ_2 对减振器进行结构设计和硅油选取。必要时,根据工作温度的要求,对减振器的散热面积进行校核。

7.3.5　冲击减振器

利用两物体的相互碰撞后动能损失的原理,在振动体上安装一个或多个起冲击作用的自由质量,当系统振动时,自由质量反复地冲击振动体,消耗振动能量,达到减振的目的,这就是冲击减振器的工作原理。冲击减振器具有结构简单、质量小、体积小,在较大的频率范围内起减振作用等优点。

镗杆冲击减振器的结构及其动力学模型如图 7-23 所示。在振动体 M 内部的

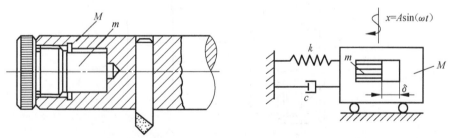

图 7-23　冲击减振器的结构及其动力学模型

冲击块 m 能在间隙 δ 的空间里来回运动。

为提高冲击减振效果,在设计和使用冲击减振器时,应该注意以下问题:

(1) 要实现冲击减振,首先要使自由质量 m 对振动体 M 产生稳态周期冲击运动,即在每个振动周期内,m 和 M 分别左右碰撞一次。为此,通过试验选择合适的间隙 δ 是关键,因为 δ 在某些特定范围内才能实现稳定周期冲击运动。同时,希望 m 与 M 都以最大速度运动时进行碰撞,以获得有力的碰撞条件,造成最大的能量损失。

(2) 自由质量 m 越大,碰撞时消耗的能量越大。因此,在结构允许的条件下,选用尽可能大的质量比 $\mu = m/M$。或者,在冲击块挖掘空的内部注入密度大的材料,以增加其质量。

(3) 冲击块的恢复系数越小,减振效果越好,但是影响周期运动的稳定性。因此,恢复系数的数值基本稳定。通常选用淬硬钢或硬质合金制造冲击块。

(4) 将冲击块安装在振动体振幅最大的位置,可提高减振效果。

(5) 增加自由质量可提高减振效果,但增加冲击量而加大噪声。为此,使用多自由质量冲击减振器,如图 7-24 所示,既不增加噪声,又提高减振效果。

(6) 自由质量在振动体内运动,二者在接触面产生的干摩擦力,对减振效果有一定影响。在主振系统共振时,增加干摩擦力将提高减振效果,在非共振状态,增加干摩擦力将降低减振效果。

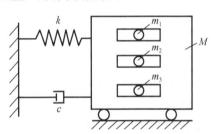

图 7-24　多自由质量冲击减振系统模型

7.4　挠性转子的振动与平衡

在机械装备中绕定轴转动的构件叫做转子。为了提高生产效率,这些转子往往需要在比较高的速度下运动。随着转速的提高,转子易产生振动。引起高速转子振动的原因有外界交变载荷、转子自身的不平衡、油膜轴承的性能以及转子内部的裂纹等。而高速转子不平衡而产生的惯性力所引起的机械系统振动问题,是转子动力学的基础问题。

当转子的工作转速远低于其一阶临界转速,而转子系统的刚性又较大时,由转子不平衡惯性力引起的转轴挠曲变形很小,可以忽略,这种转子称为**刚性转子**;当转子工作转速较大,转子系统刚性又比较小时,不平衡惯性力引起的转轴的挠曲变形不可忽略,这种转子称为**挠性转子**。

7.4.1　转子在不平衡力作用下的振动

1. 刚性转子在弹性支承上的振动

如果把刚性转子系统简化为两个自由度的线性振动系统,如图 7-25 所示,并取质心 S 的位移 y_S 和绕质心 S 的转角 θ 为广义坐标,就可以用拉格朗日方程推导出系统的动力学方程。

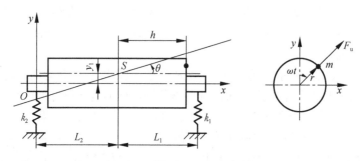

图 7-25　弹性支承上的刚性转子

设转子的质量为 m,绕质心并垂直于 Oxy 平面的轴的转动惯量为 I_S,两支承的刚度系数为 k_1,k_2。将支承的弹性力作为外力处理,可按拉格朗日方程(2-90)建立运动方程。取广义坐标 y_S,θ,则系统的动能为

$$T = (m\dot{y}_S^2 + I_S\dot{\theta}^2)/2$$

从而有

$$\frac{\partial T}{\partial \dot{y}_S} = m\dot{y}_S, \quad \frac{\partial T}{\partial \dot{\theta}} = I_S\dot{\theta}, \quad \frac{\partial T}{\partial y_S} = \frac{\partial T}{\partial \theta} = 0$$

支承弹性力为

$$F_{k1} = -k_1(L_1\theta + y_S), \quad F_{k2} = -k_2(-L_2\theta + y_S) \tag{7-57}$$

设转子上对质心距离为 h 的平面上所具有的不平衡量为 $m_1 r$,因为一般转子的不平衡量不是很大,所以只考虑它所产生的不平衡力,而不计它对转子转动惯量等系统参数的影响。则转子的不平衡力为 $F_u = m_1 r\omega^2$,其中 ω 为转子的角速度。代入拉格朗日方程(2-90)得系统的动力学方程为

$$\frac{\mathrm{d}(m\dot{y}_S)}{\mathrm{d}t} = F_{k1} + F_{k2} + F_u\cos(\omega t), \quad \frac{\mathrm{d}(I_S\dot{\theta})}{\mathrm{d}t} = F_{k1}L_1 - F_{k2}L_2 + F_u h\cos(\omega t)$$

$$\tag{7-58}$$

将式(7-57)代入式(7-58),并整理得

$$m\ddot{y}_S + (k_1 + k_2)y_S - (k_2 L_2 - k_1 L_1)\theta = m_1 r\omega^2\cos(\omega t)$$

$$I_S\ddot{\theta} + (k_1L_1^2 + k_2L_2^2)\theta - (k_2L_2 - k_1L_1)y_S = m_1r\omega^2h\cos(\omega t) \qquad (7\text{-}59)$$

若该转子系统的结构对称,即 $k_1=k_2=k$,$L_1=L_2=L$,则方程化简为

$$m\ddot{y}_S + 2ky_S = m_1r\omega^2\cos(\omega t), \quad I_S\ddot{\theta} + 2kL^2\theta = m_1r\omega^2h\cos(\omega t) \qquad (7\text{-}60)$$

方程(7-60)的特解为

$$y_S = \frac{m_1r\omega^2}{2k - m\omega^2}\cos(\omega t), \quad \theta = \frac{hm_1r\omega^2}{2kL^2 - I_S\omega^2}\cos(\omega t) \qquad (7\text{-}61)$$

由式(7-61)以看出刚性转子在不平衡力作用下的振动具有如下特点:

(1) 振动的幅值和原始不平衡量的大小 m_1r 成正比。

(2) 当转子的角速度 $\omega = \omega_{yc} = \sqrt{2k/m}$ 和 $\omega = \omega_{\theta c} = \sqrt{2kL^2/I_S}$ 时,转子振动的振幅趋于 ∞,ω_{yc} 和 $\omega_{\theta c}$ 就是弹性支承上的刚性转子的临界角频率。这种振动现象在一般低速软支承动平衡机上可以观察到。

2. 挠性转子在刚性支承上的振动

图 7-26 为一根细长的钢轴,尺寸如图中所示。如果支承的刚度系数 $k_1=k_2=10^6\,\mathrm{N/cm}$,则系统刚度 $k=k_1+k_2=2\times10^6\,\mathrm{N/cm}$,转子质量 $m\approx7.8\times\pi d^2\times L/4=0.306\,\mathrm{kg}$,可以估算发生刚性转子-轴承系统共振时的临界角频率为

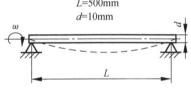

$$\omega_{yc} = \sqrt{k/m} \approx 2056\,\mathrm{s}^{-1}$$

即 $n_{yc}=\omega\times60/(2\pi)=2.44\times10^4\,\mathrm{r/min}$。

图 7-26 简支梁

从这个计算结果可以知道,这种转子系统产生上述振动时转速很高。这种支承刚度相对于轴的刚度很大的情况,可以认为支承是刚性的,即认为 $k_1,k_2\to\infty$,因此不容易发生刚性转子系统的共振。然而,就是这样一根转子如果存在原始不平衡量,当转速接近 6800r/min 时,会发生强烈振动。而且通过测量仪器可以观察到这时轴发生相当大的弯曲(弹性变形),如图 7-26 虚线所示。这说明在这种情况下不能再把转子作为刚体来研究其动力学性质。同时也说明,对于这种以弯曲变形为主的转子还存在着另一种临界转速,称之为弯曲临界转速,简称**临界转速**。转子的弯曲临界转速随其刚度而改变。转子越细长,临界转速越低,并且其临界转速不止一个。当把如图 7-26 所示的轴的转速升高到 6800r/min 时,轴的振动会逐渐平静下来,而继续升高达到某一数值时,又会发生强烈振动。如此下去,理论上可以出现无穷多次这种振动。我们依次称之为一阶临界转速、二阶临界转速⋯⋯

转速在一阶临界转速以上的转子为挠性转子,在一阶临界转速以下运转的转子为刚性转子。在高速机械和大功率的发电机组中较多地采用挠性转子,对于转速很高的机械,如果设计成刚性转子,会加大机件的尺寸。对于大

功率的发电机组,为了提高机组容量,常常采用加大转子长度的办法,因而降低了轴的刚度,使转子的临界转速较低,机组的工作转速往往在一阶或二阶临界转速以上。

3. 挠性转子在弹性支承上的振动

上面分别讨论了弹性支承和挠性轴的情况,通常当转子的刚度和支承刚度相差不是很悬殊时,要同时考虑二者的弹性。

挠性转子在弹性支承上的振动现象和挠性转子在刚性支承上情况相仿,转子系统也存在着无穷多阶临界转速,在临界转速下转子也会产生变形,系统也会发生振动。但是由于支承弹性的影响,有下述三点不同:

(1) 支承弹性使各阶临界转速降低。

(2) 由于支承在垂直和水平方向均有弹性,而且刚度在两个方向上不一定相等,因此对于任一阶临界转速都可能存在着两种转速,$n_{c\text{水平}}$ 和 $n_{c\text{垂直}}$。

(3) 在临界转速下转子不仅本身产生弯曲,而且在支承上沿两个方向振动,因此轴心的运动轨迹不是一个圆,而是一个椭圆。

图 7-27 为试验台上记录下的一根试验转子的轴心轨迹,在水平和垂直方向上分别装两个传感器,把在两个方向测得的轴的振动送入示波器的 x 向和 y 向,就可以从示波器上拍摄下轴心运动轨迹。

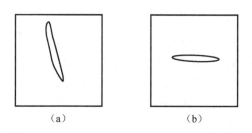

（a）　　　　　　　　　（b）

图 7-27　两种临界转速时的轴心轨迹

图 7-27(a)是当转速为 $n_{c\text{垂直}}$ 时的情况,此时椭圆的长轴大约在垂直方向上;图 7-27(b)为转速等于 $n_{c\text{水平}}$ 时的情况。由于该试验台支座的垂直刚度小于水平刚度,故临界转速 $n_{c\text{垂直}} < n_{c\text{水平}}$。

图 7-28 概括了上面所讲的三种情况,表示了转子转速与支承刚度、挠性转子与刚性转子的关系。图中左侧为支承刚度小时的情况,此时当转速不太高时发生转子为刚体时的共振,高速时产生弯曲振动。同一根转子当支承刚度增大后,变成图中右侧所示的情况,此时没有出现刚性转子-支承系统共振现象。图中虚线为刚性转子和挠性转子的分界线。

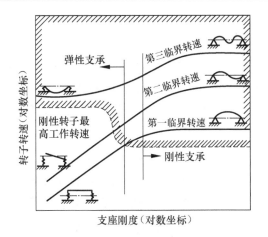

图 7-28　不同支承刚度和运转时的临界转速

7.4.2　单圆盘挠性转子的振动

挠性传子以临界转速运转时,会产生很大变形,因而引起转子系统的强烈振动。单圆盘转子是挠性转子中最简单的一种,然而挠性转子的许多基本现象在单圆盘转子中均有所表现。所以分析单圆盘转子是进一步了解复杂转子的基础。

为了使问题进一步简化,对如图 7-29 所示的单圆盘转子作如下假定:

(1)圆盘位于轴的中央。在这种假定下,圆盘振动时轴线不发生偏斜,因此可不计陀螺力矩。

(2)转轴的截面是圆形的,即各向同性,转轴在各个方向刚度相同。

(3)转轴为均质轴,即沿轴向各截面相同,且不计轴的质量。

(4)支承是刚性的,在分析时不计支承部分的变形。

上述假定虽然与实际情况不尽相同,但对一些简单情况仍然是适用的。

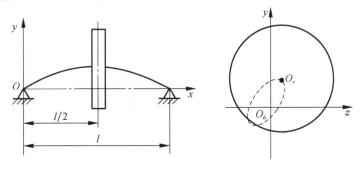

图 7-29　单圆盘转子

1. 转子的自由振动

如图 7-29 所示的单圆盘转子在没有不平衡量的情况下，若没有外界干扰，转子轴线与固定坐标 $Oxyz$ 的 x 轴重合。圆盘中心处于 O_h 点。在受到外界干扰后，轴发生弯曲，圆盘中心处于 O_r 点。O_r 点的运动反映了圆盘的运动。其动力学微分方程为

$$m\ddot{y} + ky = 0, \quad m\ddot{z} + kz = 0 \tag{7-62}$$

式中，m 为圆盘质量；k 为轴在 $x = l/2$ 处的刚度系数，k 的值可用材料力学的计算公式算出。当支承为简支时，如图 7-30 所示，圆盘处轴的挠度可按下列公式计算：

$$y_a = \frac{Pab}{6lEI}(l^2 - a^2 - b^2)$$

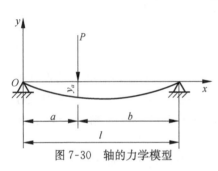

图 7-30　轴的力学模型

式中，$I = \pi d^4/64$，其中 d 为轴直径；E 为材料弹性模量。圆盘处刚度系数 $k = P/y$。

式(7-62)可改写为

$$\ddot{y} + \omega_n^2 y = 0, \quad \ddot{z} + \omega_n^2 z = 0 \tag{7-63}$$

式中，$\omega_n^2 = k/m$。由于式(7-63)中有两个独立的方程，可以分别求解。在这里用复数来表达 O_r 点的运动，即

$$S = z + iy$$

因此式(7-63)中的两方程可以合并写成

$$\ddot{S} + \omega_n^2 S = 0 \tag{7-64}$$

其解为

$$S = Ae^{i\omega_n t} + Be^{-i\omega_n t} \tag{7-65}$$

式中，A, B 均为复数，由初始条件决定，代表圆盘中心 O_r 点的运动轨迹，这种运动又称为**轴心涡动**。该运动可能有以下几种情况：

(1) $A \neq 0, B = 0$，轨迹为圆，正向涡动。

(2) $A = 0, B \neq 0$，轨迹也是圆，反向涡动。

(3) $A = B$，轨迹为沿 z 轴的直线；$A = -B$，轨迹为沿 y 轴的直线。

(4) $A \neq B$，轨迹为椭圆。

在上述分析中，没有计入外界阻尼。在有黏性阻尼情况下，圆盘的动力学方程为

$$\ddot{S} + 2\xi\omega_n\dot{S} + \omega_n^2 S = 0 \tag{7-66}$$

式中，$\xi = c/(2m\omega_n)$，其中 c 为黏性阻尼系数，单位 N·s/m。当 $0 < \xi < 1$ 时，方程的解为

$$S = e^{-\xi\omega_n t}(Ae^{i\omega_d t} + Be^{-i\omega_d t}), \quad \omega_d = \sqrt{1 - \xi^2}\,\omega_n \tag{7-67}$$

由式(7-67)可以看出,在正阻尼 $\xi>0$ 时,轴心的涡动是衰减的,涡动的频率低于无阻尼情况。然而,在负阻尼 $\xi<0$ 的情况下,涡动发散,振动越来越大,这种现象叫不稳定现象。在实际机械中,有时会出现这种现象。产生这种现象的原因有油膜轴承的失稳、转子内摩擦等。

2. 转子不平衡时的不平衡响应

如图 7-31 所示,当圆盘上有不平衡时,其质心将偏离圆盘的圆心 O_r,位于 O_c 点。设偏心量 O_rO_c 为 a,这时圆盘的动力学方程为

$$m\frac{\mathrm{d}^2}{\mathrm{d}t^2}[z+a\cos(\omega t)]+c\dot{z}+kz=0,\quad m\frac{\mathrm{d}^2}{\mathrm{d}t^2}[y+a\sin(\omega t)]+c\dot{y}+ky=0$$

(7-68)

式中,ω 为转子转速;z,y 为 O_r 点的坐标;k 为圆盘处轴的刚度系数。式(7-68)可写成

$$m\ddot{z}+c\dot{z}+kz=ma\omega^2\cos(\omega t),\quad m\ddot{y}+c\dot{y}+ky=ma\omega^2\sin(\omega t)\quad(7\text{-}69)$$

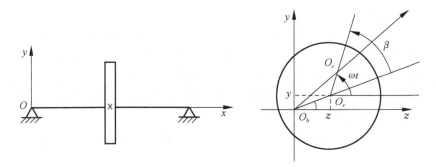

图 7-31　有不平衡量的单圆盘转子

圆盘在 x,y 方向的运动可以用一个复数向量 S 表示,即

$$S=z+\mathrm{i}y,\quad m\ddot{S}+c\dot{S}+kS=ma\omega^2\mathrm{e}^{\mathrm{i}\omega t}\quad(7\text{-}70)$$

寻求圆盘在不平衡力作用下的振动(称为不平衡响应)就是求式(7-70)的特解。设特解为

$$S=\overline{S}\mathrm{e}^{\mathrm{i}\omega t}\quad(7\text{-}71)$$

将式(7-71)代入(7-70)可得

$$-m\omega^2\overline{S}\mathrm{e}^{\mathrm{i}\omega t}+\omega c\mathrm{i}\overline{S}\mathrm{e}^{\mathrm{i}\omega t}+k\overline{S}\mathrm{e}^{\mathrm{i}\omega t}=ma\omega^2\mathrm{e}^{\mathrm{i}\omega t}$$

即

$$-m\omega^2\overline{S}+\omega c\mathrm{i}\overline{S}+k\overline{S}=ma\omega^2$$

$$\overline{S}=\frac{ma\omega^2}{-m\omega^2+k+\mathrm{i}\omega c}=\frac{a\omega^2}{-\omega^2+\omega_\mathrm{n}^2+\mathrm{i}2\xi\omega_\mathrm{n}\omega}=\frac{a\omega^2(-\omega^2+\omega_\mathrm{n}^2-\mathrm{i}2\xi\omega_\mathrm{n}\omega)}{(\omega_\mathrm{n}^2-\omega^2)^2+k+4\xi^2\omega^2\omega_\mathrm{n}^2}$$

(7-72)

由式(7-72)可以看出，$\bar{S}$ 为一复数，它代表一个向量。设该向量的模为 A，相位差为 φ，于是有

$$\bar{S} = Ae^{i\varphi}$$

式中

$$A = \frac{a}{\sqrt{(1-\omega_n^2/\omega^2)^2 + (2\xi\omega_n/\omega)^2}}, \quad \varphi = \arctan\left(\frac{-2\xi\omega\omega_n}{\omega_n^2 - \omega^2}\right) \qquad (7\text{-}73)$$

不平衡响应的全解为

$$S = \bar{S}e^{i\omega t} = Ae^{i(\omega t + \varphi)} \qquad (7\text{-}74)$$

下面我们来分析式(7-73)和式(7-74)所代表的圆盘的不平衡响应的特性：

(1) 圆盘中心圆心 O_r 的轨迹是一个圆，圆的半径为 A。对于一个特定的转子，A 的大小与偏心量 a 成正比，同时它又随轴的转速 ω 的变化而改变。当 $\omega = \omega_n^2/\sqrt{\omega_n^2 - (2\xi\omega_n)^2}$ 时，A 值最大，达到临界转速。当阻尼很小时，可认为 ω_n 就等于临界转速。单圆盘转子在所假定的条件下，有一个临界转速。对于复杂转子，临界转速有很多。转速接近或超过临界转速的转子属于挠性转子或称高速转子，了解转子的临界转速对于设计转子系统和了解机器运行状态是非常重要的。

(2) 相位 φ 也随转子转速变化而变化。当 $\omega < \omega_n$ 时，φ 为负值，即变形 S 滞后于质心线 O_bO_c；当 $\omega = \omega_n$ 时，$\varphi = 90°$；当 $\omega > \omega_n$ 时，$\varphi > 90°$，也就是质心 c 趋向于 O_bO_r 连线。一个有趣的现象是，当 ω 趋于无穷大时，$A \to \infty$，$\varphi \to 180°$，$O_c \to O_b$，质心趋于与转轴旋转中心 O_b 重合，这种现象叫自动定心作用。当质心与回转轴中心重合时，不平衡力就会消失。

上述单圆盘转子的两个特征，可用图 7-32 的幅频特性和相频特性曲线表示。

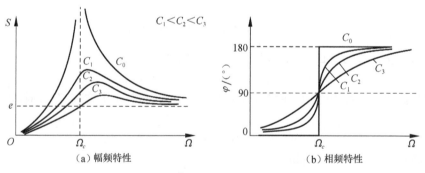

图 7-32　单圆盘转子的幅频特性和相频特性曲线

3. 圆盘运动的动坐标表示法

设另一坐标系 Oy_1z_1 以与转子同样的转速 ω 转动，圆盘中心在动坐标系中的坐标值为 y_1，z_1，如图 7-33 所示。坐标系 Oy_1z_1 与静坐标系 Oyz 中的 y，z 的关

系为

$$\begin{Bmatrix} z \\ y \end{Bmatrix} = \begin{bmatrix} \cos(\omega t) & -\sin(\omega t) \\ \sin(\omega t) & \cos(\omega t) \end{bmatrix} \begin{Bmatrix} z_1 \\ y_1 \end{Bmatrix}$$

$$(7\text{-}75)$$

在固定坐标系中的向量 S，用动坐标表示为

$$\begin{aligned} S = z + iy &= [z_1 \cos(\omega t) - y_1 \sin(\omega t)] \\ &\quad + i[z_1 \sin(\omega t) + y_1 \cos(\omega t)] \\ &= (z_1 + iy_1)[\cos(\omega t) + i\sin(\omega t)] = S_1 e^{i\omega t} \end{aligned}$$

$$(7\text{-}76)$$

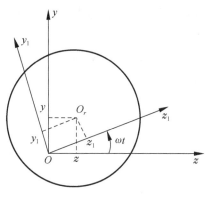

图 7-33　圆盘的动静坐标系

式(7-76)代表了动坐标中的向量 S_1 和静坐标中向量 S 之间的关系。对于圆盘的运动来说，S 是静坐标中的轴心轨迹 S_1 是在动坐标中的轴心轨迹。利用式(7-76)可以在已知 S_1 情况下求出 S，或者反过来已知 S 的情况下求出 S_1。例如，圆盘的自由振动在静坐标中是

$$S = A e^{i\omega_n t} + B e^{-i\omega_n t} \tag{7-77}$$

在动坐标中则是

$$S_1 = e^{i\omega t} (A e^{i\omega_n t} + B e^{-i\omega_n t}) \tag{7-78}$$

S_1 不再是圆或椭圆，而是复杂的曲线，不平衡响应在动坐标中的轨迹是

$$S_1 = e^{i\omega t} A e^{i(\omega t + \varphi)} = A e^{i\varphi} \tag{7-79}$$

S_1 为一固定向量，也就是式(7-72)中的 $\bar{S}$。在转速 ω 不变的情况下，圆盘中心 O_r 在动坐标中为一固定点，即转轴弯曲到一确定值绕 O 回转，因此有时称为弓形回转。

由上述例子可以看出在解决挠性转子振动问题时，有时先求静坐标中的轨迹的确比较方便，有时则相反，要根据具体问题选择解题方法。

7. 4. 3　多圆盘挠性转子的振动

在分析多圆盘转子时，依然保留分析单圆盘转子时对转轴和支承所作的假定，且不计阻尼的影响。由于有多个圆盘，在振动过程中会有角运动，为了使问题简化，不计角运动时的圆盘的转动惯量，先把圆盘简化成集中质量，由于是研究动力学问题，影响系数 a_{ij} 为动态影响系数，表示在 x_j 处的单位激振力在 x_i 处引起的振动。如果在 x_j 处有一激振力 $F_j e^{i\omega t}$，则在 x_i 处引起的振动为 $S_i e^{i(\omega t + \varphi)}$，则影响系数为

$$a_{ij} = \frac{S_i e^{i(\omega t + \varphi)}}{F_j e^{i\omega t}} = |a_{ij}| e^{i\varphi} \tag{7-80}$$

图 7-34 表示此时影响系数的物理意义，a_{ij} 的模为 $|a_{ij}|$，表示单位激振力在 x_i

处产生的振幅。φ 为作用力与振动的相位差。在不计阻尼时，$\varphi = 0°$，即影响系数为一实数。

下面我们将用影响系数法建立多圆盘转子的动力学方程以求解其振动问题。

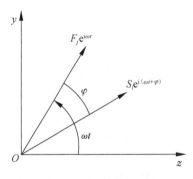

图 7-34　动态影响系数示意图

1. 多圆盘转子的动力学方程

为了简化问题，现在只研究在 Oxy 平面中的横向振动，如图 7-34 所示。在不考虑 Oxy 和 Oxz 两个平面运动和力的耦合作用前提下，两个运动可以分别求解。在 Oxy 平面内，各圆盘的运动 y_i 为

$$y_i = a_{i1}(F_1 - m_1\ddot{y}_1) + a_{i2}(F_2 - m_2\ddot{y}_2) + \cdots$$
$$= \sum_{j=1}^{n} a_{ij}(F_j - m_j\ddot{y}_j), \quad i = 1,2,\cdots,n \tag{7-81}$$

写成矩阵形式为

$$\begin{bmatrix} a_{11} & a_{12} & \cdots & a_{1n} \\ a_{21} & a_{22} & \cdots & a_{2n} \\ \vdots & \vdots & & \vdots \\ a_{n1} & a_{n2} & \cdots & a_{nn} \end{bmatrix} \begin{bmatrix} m_1 & & & \\ & m_2 & & \\ & & \ddots & \\ & & & m_n \end{bmatrix} \begin{Bmatrix} \ddot{y}_1 \\ \ddot{y}_2 \\ \vdots \\ \ddot{y}_n \end{Bmatrix} + \begin{Bmatrix} y_1 \\ y_2 \\ \vdots \\ y_n \end{Bmatrix} = \begin{bmatrix} a_{11} & a_{12} & \cdots & a_{1n} \\ a_{21} & a_{22} & \cdots & a_{2n} \\ \vdots & \vdots & & \vdots \\ a_{n1} & a_{n2} & \cdots & a_{nn} \end{bmatrix} \begin{Bmatrix} F_1 \\ F_2 \\ \vdots \\ F_n \end{Bmatrix}$$

$$\tag{7-82}$$

简写成

$$[a][m]\{\ddot{y}\} + \{y\} = [a]\{F\} \tag{7-83}$$

式中，$[a]$ 为影响系数矩阵；$[m]$ 为质量矩阵；$\{F\}$ 为外力向量。由于影响系数矩阵与刚度矩阵的关系为 $[a]^{-1} = [k]$，则用刚度矩阵表示的动力学方程为

$$[m]\{\ddot{y}\} + [k]\{y\} = \{F\} \tag{7-84}$$

式(7-83)和式(7-84)是常用的两种形式的动力学方程。

2. 多圆盘转子临界转速和振型

多圆盘转子的简化模型如图 7-35 所示，其临界转速和振型可以通过求解式(7-83)的齐次方程的特征值和特征向量而求得。设圆盘以某一振动频率 ω 振动，第 i 个圆盘的振动表示为

$$y_i = A_i \sin(\omega t + \psi), \quad i = 1,2,\cdots,n \tag{7-85}$$

代入圆盘自由振动的方程

$$[a][m]\{\ddot{y}\} + \{y\} = \{0\} \tag{7-86}$$

可以得到：$-\omega^2[a][m]\{A\} + \{A\} = \{0\}$，即

$$(-\omega^2[a][m] + [I])\{A\} = \{0\} \tag{7-87}$$

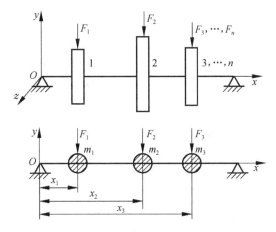

图 7-35　多圆盘转子的简化模型

式中，$[I]$ 为单位矩阵；$\{A\}$ 具有非零解的条件，即系统的特征方程为

$$|-\omega^2[a][m]+[I]|=0 \tag{7-88}$$

如果用式(7-84)表示的动力学方程，则特征方程为

$$|-\omega^2[m]+[k]|=0 \tag{7-89}$$

令 $\omega^2=\lambda$，式(7-88)和式(7-89)为 λ 的 n 次多项式，可解出 n 个根，$\lambda_1<\lambda_2<\cdots<\lambda_n$ 为特征值，即系统的自然频率的平方。将 n 个特征值代入式(7-88)可以求得 n 个特征向量。设

$$-\lambda[a][m]+[I]=[B]$$

当 $\lambda=\lambda_r$ 时，代入 $[B]$ 矩阵，计算出其中各个元素，得

$$\begin{bmatrix} b_{11}^{(r)} & b_{12}^{(r)} & \cdots & b_{1n}^{(r)} \\ b_{21}^{(r)} & b_{22}^{(r)} & \cdots & b_{2n}^{(r)} \\ \vdots & \vdots & & \vdots \\ b_{n1}^{(r)} & b_{n2}^{(r)} & \cdots & b_{nn}^{(r)} \end{bmatrix} \begin{Bmatrix} A_1^{(r)} \\ A_2^{(r)} \\ \vdots \\ A_n^{(r)} \end{Bmatrix} = \begin{Bmatrix} 0 \\ 0 \\ \vdots \\ 0 \end{Bmatrix} \tag{7-90}$$

由式(7-90)可以求出 $A^{(r)}$ 的比例解，即

$$A_1^{(r)}[1,A_2^{(r)}/A_1^{(r)},A_3^{(r)}/A_1^{(r)},\cdots,A_n^{(r)}/A_1^{(r)}]^{\mathrm{T}}=A_1^{(r)}\phi^{(r)} \tag{7-91}$$

式中，$\phi^{(r)}=[1,A_2^{(r)}/A_1^{(r)},A_3^{(r)}/A_1^{(r)},\cdots,A_n^{(r)}/A_1^{(r)}]^{\mathrm{T}}$ 为特征向量，即主振型。n 个圆盘系统有 n 个主振型，构成振型矩阵

$$[\Phi]=[\phi^{(1)},\phi^{(2)},\cdots,\phi^{(n)}] \tag{7-92}$$

特征值与特征向量的物理意义是：当系统以某一主频率振动时，特征向量即主振型代表各质量振幅的比例，如图 7-36 所示。

解出特征值和特征向量后，式(7-85)表示的自由振动为

$$\{y\}=\{\Phi\}[A\sin(\omega t+\psi_y)] \tag{7-93}$$

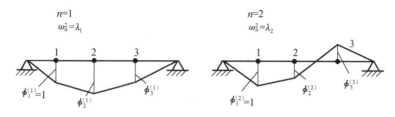

图 7-36　多圆盘转子的主振型

下面来分析式(7-93)表达的各质量振动的组成。把该式展开表示为

$$
\begin{cases}
y_1 = A_1\phi_1^{(1)}\sin(\omega_1 t + \psi_{y1}) + A_2\phi_1^{(2)}\sin(\omega_2 t + \psi_{y2}) + \cdots + A_n\phi_1^{(n)}\sin(\omega_n t + \psi_{yn}) \\
y_2 = A_1\phi_2^{(1)}\sin(\omega_1 t + \psi_{y1}) + A_2\phi_2^{(2)}\sin(\omega_2 t + \psi_{y2}) + \cdots + A_n\phi_2^{(n)}\sin(\omega_n t + \psi_{yn}) \\
\qquad\qquad\qquad\qquad\qquad\qquad\vdots \\
y_n = A_1\phi_n^{(1)}\sin(\omega_1 t + \psi_{y1}) + A_2\phi_n^{(2)}\sin(\omega_2 t + \psi_{y2}) + \cdots + A_n\phi_n^{(n)}\sin(\omega_n t + \psi_{yn})
\end{cases}
$$

$$(7\text{-}94)$$

式(7-94)中$\{\Phi\}$的每一列代表一阶主振型;$A_1, A_2, \cdots$则代表各阶振型分量的大小;$\psi_{y1}, \psi_{y2}, \cdots$表示各阶振型的相位。分析式(7-94)中的每一个方程可知任何一质量的振动幅值是各阶振型在该点的幅值以不同比例组合而成。各阶振型不仅比例不同,而且相位也不同,$A_1, A_2, \cdots$和$\psi_{y1}, \psi_{y2}, \cdots$的值根据初始条件确定。设$t=0$时,$\{y\}=\{y_0\}$,$\{\dot{y}\}=\{\dot{y}_0\}$,代入式(7-94)及其微分方程$\{\dot{y}\}=\{\Phi\}[\omega A_i\cos(\omega t + \psi_y)]$可得$2n$个方程组,解这组方程即可求得$A$和$\psi_y$的值。

以上分析了Oxy平面内的解,在Oxz平面内也可用同样方法求出

$$\{z\} = \{\Phi\}[B\sin(\omega t + \psi_z)] \qquad (7\text{-}95)$$

将式(7-93)和式(7-95)合起来,可写成

$$\{s\} = \{z\} + i\{y\} = \{\Phi\}[B\sin(\omega t + \psi_z) + iA\sin(\omega t + \psi_y)] \qquad (7\text{-}96)$$

多圆盘转子在不计圆盘转动惯量的情况下,转子的临界转速就是其自然频率,所以n个圆盘的转子有n个临界转速,依次称为第一阶临界转速、第二阶临界转速……

3. 多圆盘转子的不平衡响应

设在如图 7-37 所示的多圆盘转子上,每个圆盘均有不平衡产生的偏心 a_1, $a_2, \cdots$,由它们产生的不平衡力为旋转矢量 $F_1, F_2, \cdots$。

旋转向量可表示为该向量乘以 $e^{i\omega t}$,即

$$F_i = m_i a_i \omega^2 e^{i\psi_i} e^{i\omega t} \qquad (7\text{-}97)$$

式中,ψ_i 为不平衡力在旋转坐标系的相位,用影响系数法直接写出求不平衡响应的动力学方程为

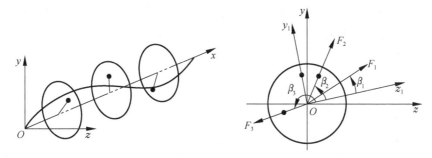

图 7-37　有不平衡量的多圆盘转子

$$[a][m]\{\ddot{s}\} + \{s\} = [a]\{F\} = [a]\{f\}e^{i\omega t} \tag{7-98}$$

式中，$\{s\} = \{z\} + i\{y\}$；$\{f\}$ 用下式计算：

$$\{f\} = \{\omega^2 m_1 a_1 e^{i\psi_1}, \omega^2 m_2 a_2 e^{i\psi_2}, \cdots\}^T \tag{7-99}$$

设 $\{s\} = \{s_1\}e^{i\omega t}$，代入式(7-96)得到

$$(-\omega^2[a][m]\{s_1\} + \{s_1\})e^{i\omega t} = [a]\{f\}e^{i\omega t}$$

即

$$(-\omega^2[a][m] + [I])\{s_1\} = [a]\{f\}$$

所以有

$$\{s_1\} = (-\omega^2[a][m] + [I])^{-1}[a]\{f\} \tag{7-100}$$

$\{s_1\}$ 即不平衡响应在动坐标系中的解。$\{s_1\}$ 中各元素均为向量，其模代表各圆盘中心偏离转动中心的距离，其方向代表在转动坐标中的相位。为了进一步了解这个解的物理意义，现在进一步分析 $\{s_1\}$ 的构成情况，设

$$\{C\} = (-\omega^2[a][m] + [I])^{-1}[a] \tag{7-101}$$

则式(7-100)成为

$$\{s_1\} = [C]\{f\}$$

或

$$\{s_{1i}\} = \{C_{i1}\}m_1 a_1 \omega^2 e^{i\psi_1} + \{C_{i2}\}m_2 a_2 \omega^2 e^{i\psi_2} + \cdots$$

即任一圆盘中心的偏离量为各圆盘上不平衡力单独作用时产生偏离量的线性组合。各圆盘的 $\{s_{1i}\}$ 不仅大小不同，相位也不同。因此，各圆盘中心的连线形成一空间曲线，称为动挠度曲线。前面讲到的单圆盘转子，其动挠度曲线为弓形，是一条平面曲线。

由式(7-100)可知，当 ω 趋于某一自然频率 ω_i 时，行列式

$$|-\omega^2[a][m] + [I]| \to 0 \tag{7-102}$$

振动幅值理论上为无限大，这就是共振现象，此时的转速为临界转速。

矩阵 $[C]$ 实质上就是计算不平衡响应的影响系数矩阵。它和某一常力作用下

静挠度的影响系数矩阵$[a]$是不同的。由于在分析中没有计入阻尼因素，$[C]$中各元素均为实数。在有阻尼存在时，影响系数将成为复数，因为阻尼使不平衡力和变形 s_1 间产生相位差。

7.4.4 挠性转子的平衡原理

挠性转子的不平衡量由两部分组成：一部分是由原始质量偏心引起的 $\boldsymbol{u}_0(x)$；另一部分是由转子弹性变形 $s(x)$ 引起的挠性不平衡量 $\boldsymbol{u}_s(x)$，即

$$\boldsymbol{u}_0(x) = m(x)\boldsymbol{a}(x), \quad \boldsymbol{u}_s(x) = m(x)\boldsymbol{s}(x) \tag{7-103}$$

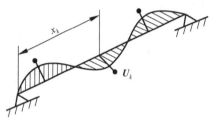

图 7-38 转子的集中校正量

在刚性转子平衡时，由于只存在 $\boldsymbol{u}_0(x)$，可以用一个集中的校正量，达到静平衡，用两个校正面的校正量达到动平衡。对于挠性不平衡能否用集中的校正量来消除和需要多少个校正面，这是研究挠性转子平衡的关键问题。如图 7-38 所示，如果我们试图用 m 个集中质量的校正量 $\boldsymbol{U}_k(k=1,$ $2,\cdots,m)$ 来平衡挠性转子，则完全平衡的条件是

$$\int_0^l m(x)\boldsymbol{s}_b(x)\mathrm{d}x + \int_0^l \boldsymbol{u}_0(x)\mathrm{d}x + \sum_{k=1}^m \boldsymbol{U}_k = \boldsymbol{0}$$
$$\int_0^l xm(x)\boldsymbol{s}_b(x)\mathrm{d}x + \int_0^l x\boldsymbol{u}_0(x)\mathrm{d}x + \sum_{k=1}^m x_k\boldsymbol{U}_k = \boldsymbol{0} \tag{7-104}$$

式中，x_k 为校正量所在平面的坐标；式(7-104)中后两项为刚性转子的平衡条件，可以通过在低速下进行刚性平衡来满足。$\boldsymbol{s}_b(x)$ 是加了校正量以后转子的动挠度曲线。如果校正量 $\boldsymbol{U}_k(k=1,2,\cdots,m)$ 能够消除动挠度不平衡，则应满足 $\boldsymbol{s}_b(x)=\boldsymbol{0}$，也就是若干集中的校正量产生的弹性变形与原始不平衡产生的弹性变形相抵消。集中校正量可以用 δ 函数表示

$$\delta(x-x_k) = \begin{cases} 1, & x = x_k \\ 0, & x \neq x_k \end{cases}$$

于是有

$$\boldsymbol{U}_k = \boldsymbol{U}_k\delta(x-x_k) \tag{7-105}$$

把不平衡量展开成振型函数的线性组合式(7-105)，在有集中校正量的转子动挠度曲线方程为

$$\frac{\mathrm{d}^2}{\mathrm{d}x^2}\left(EI(x)\frac{\mathrm{d}^2 \boldsymbol{s}_b(x)}{\mathrm{d}x^2}\right) - m(x)\omega^2 \boldsymbol{s}_b(x) = m(x)\omega^2 \sum_{n=1}^\infty \boldsymbol{C}_n\boldsymbol{\Phi}_n(x) + \omega^2 \sum_{k=1}^m \boldsymbol{U}_k\delta(x-x_k)$$

$$\tag{7-106}$$

把 $U_k\delta(x-x_k)$ 也按振型函数展开得

$$U_k\delta(x-x_k) = \sum_{n=1}^{\infty} m(x)\boldsymbol{B}_{kn}\boldsymbol{\Phi}_n(x) \tag{7-107}$$

在求第 r 阶的 $\boldsymbol{B}_{kn}$（r 为 $1,2,\cdots,\infty$ 的任意整数）时，可以把等式两边乘以 $\boldsymbol{\Phi}_r(x)$，再对 x 积分，然后利用振型函数的正交性求出，即

$$\int_0^l \sum_{k=1}^m U_k\delta(x-x_k)\mathrm{d}x = \int_0^l \sum_{n=1}^{\infty} \boldsymbol{B}_{kn}m(x)\boldsymbol{\Phi}_n(x)\boldsymbol{\Phi}_r(x)\mathrm{d}x$$

即

$$U_k\boldsymbol{\Phi}_r(x_k) = \boldsymbol{B}_{kr}N_r, \quad \boldsymbol{B}_{kr} = \frac{U_k\boldsymbol{\Phi}_r(x_k)}{N_r}, \quad r = 1,2,\cdots,\infty \tag{7-108}$$

式中，N_r 为第 r 阶正交模，将式(7-108)代入式(7-107)得

$$U_k\delta(x-x_k) = m(x)\sum_{n=1}^{\infty} \frac{U_k\boldsymbol{\Phi}_r(x_k)}{N_r}\boldsymbol{\Phi}_n(x) \tag{7-109}$$

将式(7-109)代入式(7-106)得

$$\frac{\mathrm{d}^2}{\mathrm{d}x^2}\left(EI(x)\frac{\mathrm{d}^2 s_b(x)}{\mathrm{d}x^2}\right) - m(x)\omega^2 s_b(x)$$

$$= m(x)\omega^2\sum_{n=1}^{\infty} \boldsymbol{C}_n\boldsymbol{\Phi}_n(x) + m(x)\omega^2\sum_{n=1}^{\infty}\sum_{k=1}^m \frac{U_k\boldsymbol{\Phi}_n(x_k)}{N_n}\boldsymbol{\Phi}_n(x) \tag{7-110}$$

式(7-110)的解为

$$s_b(x) = \sum_{n=1}^{\infty} \frac{\omega^2}{\omega_r^2-\omega^2}\boldsymbol{C}_n\boldsymbol{\Phi}_n(x) + \sum_{n=1}^{\infty}\sum_{k=1}^m \frac{\omega^2}{\omega_r^2-\omega^2}\frac{U_k\boldsymbol{\Phi}_n(x_k)}{N_n}\boldsymbol{\Phi}_n(x) \tag{7-111}$$

转子的平衡条件为 $s_b(x)=0$，即

$$\sum_{n=1}^{\infty} \boldsymbol{C}_n\boldsymbol{\Phi}_n(x) + \sum_{n=1}^{\infty}\sum_{k=1}^m \frac{U_k\boldsymbol{\Phi}_n(x_k)}{N_n}\boldsymbol{\Phi}_n(x) = \boldsymbol{0}$$

对每一阶分量 $n=r$ 来说，应满足

$$\boldsymbol{C}_r + \sum_{k=1}^m \frac{U_k\boldsymbol{\Phi}_r(x_k)}{N_r} = \boldsymbol{0}$$

或

$$\sum_{k=1}^m U_k\boldsymbol{\Phi}_r(x_k) = -\boldsymbol{C}_r N_r = -\boldsymbol{\Psi}_r, \quad r = 1,2,\cdots,\infty \tag{7-112}$$

式(7-112)称为振型平衡方程，有无穷多个。我们把刚性平衡条件和挠性平衡条件合起来写出矩阵形式，则可将 $\boldsymbol{\Psi}_r$ 表示为

$$\boldsymbol{\Psi}_r = \int_0^l a_y(x)m(x)\boldsymbol{\Phi}_r(x)\mathrm{d}x = \int_0^l \boldsymbol{u}_0(x)\boldsymbol{\Phi}_r(x)\mathrm{d}x \tag{7-113}$$

于是可得转子的平衡条件为

$$
\begin{bmatrix}
1 & 1 & \cdots & 1 \\
x_1 & x_2 & \cdots & x_m \\
\Phi_1(x_1) & \Phi_1(x_2) & \cdots & \Phi_1(x_m) \\
\Phi_2(x_1) & \Phi_2(x_2) & \cdots & \Phi_2(x_m) \\
\vdots & \vdots & & \vdots \\
\Phi_\infty(x_1) & \Phi_\infty(x_2) & \cdots & \Phi_\infty(x_m)
\end{bmatrix}
\begin{Bmatrix}
U_1 \\ U_2 \\ \vdots \\ U_m
\end{Bmatrix}
= -
\begin{Bmatrix}
\int_0^l u_0(x)\,\mathrm{d}x \\
\int_0^l x u_0(x)\,\mathrm{d}x \\
\int_0^l \Phi_1(x) u_0(x)\,\mathrm{d}x \\
\int_0^l \Phi_2(x) u_0(x)\,\mathrm{d}x \\
\vdots \\
\int_0^l \Phi_\infty(x) u_0(x)\,\mathrm{d}x
\end{Bmatrix}
\tag{7-114}
$$

式(7-114)表明,要完全平衡挠性转子,应满足无穷多个方程,因此集中校正量的数目 m 在理论上为无穷多个,这就否定了能用若干集中的校正量完全平衡挠性转子的可能性。然而,式(7-114)仍然给出了寻求解决挠性转子平衡的途径。

在前面的分析中,我们知道转子动挠度曲线在某一阶临界转速时,主要呈现该阶振型。任何一个转子只可能在某一有限的转速以下运行,转速不可能到无穷大。因此,在振型平衡条件中,只要满足转子运转速度以下的 N 阶振型平衡条件即可。所以在第 N 阶临界转速下运行的转子,应满足 $N+2$ 个平衡方程,即校正量的数目 $m=N+2$。这一结论对解决挠性转子平衡问题至关重要。在实际问题中,由于挠性平衡所加的校正量一般来说不太大,若转子是刚性平衡的,在挠性平衡时,有时可不考虑前两个方程,只取 N 个校正面,这样造成的刚性不平衡问题并不严重。采用 $N+2$ 个校正量称为 $N+2$ 法,采用 N 个校正量称为 N 法。

7.4.5　挠性转子的平衡方法

在不平衡离心力作用下挠性转子的挠曲变形必须考虑。当转速不同时,离心力的大小不同,轴与转子的挠曲变形也不同,即挠性转子的不平衡状态是随转速而变化的。在某一转速下,一个挠性转子已经平衡,但转速变化时,又可能失去平衡。因此,可根据其实际工作情况,选定若干个平衡转速,在有限的几个校正平面内加校正质量,以保证转子在一定转速范围内达到预定的平衡目标。

挠性转子的平衡方法主要有振型平衡法、影响系数法、振型圆法和谐量法等。

1. 振型平衡法

振型平衡法是根据振型分离的原理对转子逐阶进行平衡的一种方法。转子在某一临界转速下,其挠度曲线主要是该阶的振型曲线,因此在某一阶临界转速下平衡转子,其结果就是平衡了该阶的振型分量。但是,每次平衡时必须保证本阶平衡所加的平衡量不破坏其他阶的平衡,即本阶所加的平衡量与其他阶的振型正交。

下面以如图 7-39 所示当工作转速超过二阶临界转速为例,来说明振型平衡法的步骤:

(1) 确定转子的临界转速、振型函数及平衡平面的位置。图 7-39(b)为振型函数 $\boldsymbol{\Phi}_1$,$\boldsymbol{\Phi}_2$,可用普劳尔法,或者实验方法测出转子在临界转速时的挠度曲线,它和该阶振型曲线成比例。但实验法会遇到一些困难,因为未经平衡的转子有时会振动太大而不能达到所要求的临界转速。

平衡平面的数目在采用 $N+2$ 法时,该转子应该选择四个平衡平面,四个平面的位置可根据振型曲线来确定。四个平面的轴向坐标分别为 x_1,x_2,x_3,x_4。

(2) 在低于第一临界转速 70% 的转速范围内对转子作刚性平衡。

(3) 将转子开动到第一临界转速附近(约为第一临界转速的 90%)进行一阶平衡,这是所加的四个配重 $U_1^{(1)}\sim U_4^{(1)}$ 应满足如下关系式(上标(1)表示第一阶平衡量):

$$U_1^{(1)}+U_2^{(1)}+U_3^{(1)}+U_4^{(1)}=0, \quad x_1U_1^{(1)}+x_2U_2^{(1)}+x_3U_3^{(1)}+x_4U_4^{(1)}=0 \tag{7-115}$$

$$\boldsymbol{\Phi}_1(x_1)U_1^{(1)}+\boldsymbol{\Phi}_1(x_2)U_2^{(1)}+\boldsymbol{\Phi}_1(x_3)U_3^{(1)}+\boldsymbol{\Phi}_1(x_4)U_4^{(1)}=-\boldsymbol{\Psi}_1$$
$$\boldsymbol{\Phi}_2(x_1)U_1^{(1)}+\boldsymbol{\Phi}_2(x_2)U_2^{(1)}+\boldsymbol{\Phi}_2(x_3)U_3^{(1)}+\boldsymbol{\Phi}_2(x_4)U_4^{(1)}=0 \tag{7-116}$$

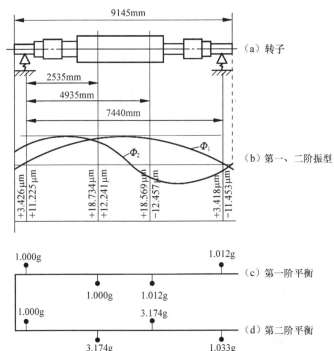

图 7-39 工作转速超过二阶临界转速时振型平衡法的步骤

　　式(7-115)表示一阶平衡不应破坏已有的刚性平衡状态；式(7-116)的第一式为一阶振型平衡的条件，第二式为正交条件，即保证一阶振型平衡不影响二阶振型平衡。

　　把 x_1, x_2, x_3, x_4 及对应的 $\Phi_1(x_1), \cdots, \Phi_1(x_4)$ 和 $\Phi_2(x_1), \cdots, \Phi_2(x_4)$ 的值代入式(7-116)，可得如下计算结果（计算过程从略）：

$$U_1^{(1)} = 3.264\Psi_1, \quad U_2^{(1)} = -3.264\Psi_1, \quad U_3^{(1)} = -3.303\Psi_1, \quad U_4^{(1)} = 3.303\Psi_1$$

所得的结果只是四个配重的比值，也就是说要达到平衡一阶振型而又不影响刚性平衡及其他阶振型平衡的目的，四个配重必须符合此比例关系。这四个配重均在过转子中心线的同一个平面内。

　　(4) 配重的绝对量及相位可用试加法来确定。方法为：先在不加任何平衡量的情况下开机达到平衡一阶所需的转速，记录下初始的轴承振动幅值及相位 $\boldsymbol{A}_0$（$\boldsymbol{A}_0$ 可为某一轴承振动量或多个轴承振动值的平均值），然后在转子上按所算出的比例加上总量为 P_1 的一组试重 $U_{10}^{(1)} \sim U_{40}^{(1)}$，再在同样转速时记录下振动幅值与相位 $\boldsymbol{A}_1$。根据 $\boldsymbol{A}_0$ 和 $\boldsymbol{A}_1$ 可以算出试重的效应系数 $\boldsymbol{\alpha}_1$：

$$\boldsymbol{\alpha}_1 = \frac{\boldsymbol{A}_1 - \boldsymbol{A}_0}{P_1} \tag{7-117}$$

$\boldsymbol{\alpha}_1$ 是一个向量，其大小表示单位总加重对振动幅值的影响，其相位表示加重平面和由于加重所产生的振动之间的相位差。

　　应加的平衡总量 Q_1 应满足：$\boldsymbol{\alpha}_1 Q_1 + \boldsymbol{A}_0 = \boldsymbol{0}$，即

$$Q_1 = -\frac{\boldsymbol{A}_0}{\boldsymbol{\alpha}_1} = \frac{\boldsymbol{A}_0}{\boldsymbol{A}_0 - \boldsymbol{A}_1} P \tag{7-118}$$

各个平面应加平衡量则相应为 $U_{10}^{(1)} \sim U_{40}^{(1)}$ 乘以 Q_1/P_1。

　　(5) 将转子开动到第二阶临界转速附近作第二阶振型平衡。方法和步骤(3)相同，不过此时配重的比例关系应按下式计算：

$$\begin{cases} U_1^{(2)} + U_2^{(2)} + U_3^{(2)} + U_4^{(2)} = 0 \\ x_1 U_1^{(2)} + x_2 U_2^{(2)} + x_3 U_3^{(2)} + x_4 U_4^{(2)} = 0 \\ \Phi_1(x_1)U_1^{(2)} + \Phi_1(x_2)U_2^{(2)} + \Phi_1(x_3)U_3^{(2)} + \Phi_1(x_4)U_4^{(2)} = 0 \\ \Phi_2(x_1)U_1^{(2)} + \Phi_2(x_2)U_2^{(2)} + \Phi_2(x_3)U_3^{(2)} + \Phi_2(x_4)U_4^{(2)} = -\Psi_2 \end{cases} \tag{7-119}$$

由此可解出

$$U_1^{(2)} = 1.821\Psi_2, \quad U_2^{(2)} = -5.718\Psi_2, \quad U_3^{(2)} = 5.799\Psi_2, \quad U_4^{(2)} = -1.822\Psi_2$$

　　(6) 确定二阶平衡量的大小和相位，方法与步骤(4)类似。

　　用振型平衡法平衡后，转子在不同的相位上存在两组平衡量。由上述的平衡步骤可知振型平衡法要求先知道振型，有时用起来不太方便，而且振型的计算及测量的不准确，会使平衡效果不理想。

2. 影响系数法

1) 影响系数及其求法

在平衡时采用的影响系数可定义为:在 j 校正面上的单位平衡量(或称校正量)在 i 点处产生的振动。由于不平衡量与振动量之间有相位差,故影响系数为复数。影响系数法是假设系统为线性,不平衡量与轴的振动量之间存在线性关系,从而建立一组包含未知平衡量的方程组。这些方程组可以根据不同转速下的振动测量值来建立,因此可以保证在各阶临界转速的平衡。如果平衡转速与平衡平面选择合理,采用影响系数法可得到良好的效果。

影响系数 α_{ij} 可以用计算法或者实验法求得。由于系统参数变化,计算法精度较差。所以多采用实验法,即用加试重的方法求出影响系数。过程如下:首先在不加任何试重的情况下开机到某一稳定转速,测出转子上 i 点的原始振动值 s_{i0};然后在 j 校正面上加一个已知的不平衡量 U_j,开车到原来转速,测量出点 i 的振动值 s_{i1}。其中,s_{i1} 为 i 平面处在该转速下由原始不平衡量引起的振动 s_{i0} 与在 j 校正面上试加不平衡量 U_j 引起的振动 s_{ij} 的向量之和(图 7-40),即

$$s_{i0} + s_{ij} = s_{i1}$$

则影响系数为

$$\alpha_{ij} = \frac{s_{ij}}{U_j} = \frac{s_{i1} - s_{i0}}{U_j} \qquad (7\text{-}120)$$

对挠性转子来说,在不同转速下,两个平面之间的影响系数是不同的,所以在测某一转速下的影响系数时,必须保证 s_{i0} 和 s_{i1} 是在同一转速下测得的结果,否则误差很大。

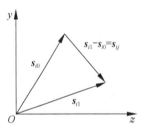

图 7-40　振动量的矢量关系

2) 用影响系数法平衡挠性转子

影响系数法用于刚性转子平衡可以取得良好的效果。用来进行挠性转子平衡时,必须注意挠性转子的特点,即需要根据挠性转子的工作转速及振型正确选定转子平衡的转速、平衡平面的位置和数量;否则可能只消除了测振点处的振动,而不能很好地消除转子上其他截面处的变形。影响系数法的作用是确定在各平衡平面内应加的平衡量的大小和相位以使测振点的振动减小或消除。

若选 N 个平衡转速 $n_1, n_2, \cdots, n_N$;又选了 K 个校正平面,其轴向位置坐标分别为 $x_1, x_2, \cdots, x_K$;又在转子上选取了 M 个测振点,其轴向位置为 $x'_1, x'_2, \cdots, x'_M$。

影响系数可测定如下:设原始不平衡转子以转速 n_n 转动时,测得 x'_m 点的振动值为 $s_0(x'_m, n_n)$;现在 x_k 处的校正平面上加试重 U_k 后,x'_m 点的振动值为 $s_k(x'_m, n_n)$,于是影响系数由式(7-120)得

$$\alpha_{mk}^{(n)} = \frac{s_k(x'_m, n_n) - s_0(x'_m, n_n)}{U_k} \tag{7-121}$$

如果令 $n=1,2,\cdots,N, m=1,2,\cdots,M, k=1,2,\cdots,K$，分别按照式（7-121）测定影响系数 $\alpha_{mk}^{(n)}$，把求得的影响系数排成一个 MN 行 K 列的影响系数矩阵，则有

$$\boldsymbol{A} = \begin{bmatrix} \alpha_{11}^{(1)} & \alpha_{21}^{(1)} & \cdots & \alpha_{M1}^{(1)} & \alpha_{11}^{(2)} & \alpha_{21}^{(2)} & \cdots & \alpha_{M1}^{(2)} & \cdots & \alpha_{M1}^{(N)} \\ \alpha_{12}^{(1)} & \alpha_{22}^{(1)} & \cdots & \alpha_{M2}^{(1)} & \alpha_{12}^{(2)} & \alpha_{22}^{(2)} & \cdots & \alpha_{M2}^{(2)} & \cdots & \alpha_{M2}^{(N)} \\ \vdots & \vdots & & \vdots & \vdots & \vdots & & \vdots & & \vdots \\ \alpha_{1K}^{(1)} & \alpha_{2K}^{(1)} & \cdots & \alpha_{MK}^{(1)} & \alpha_{1K}^{(2)} & \alpha_{2K}^{(2)} & \cdots & \alpha_{MK}^{(2)} & \cdots & \alpha_{MK}^{(N)} \end{bmatrix}^{\mathrm{T}} \tag{7-122}$$

影响系数法的目标是保证在转速 $n_n(n=1,2,\cdots,N)$ 下，x'_m 转轴上（$m=1,2,\cdots,M$）各点的振动为 0。因为在测定影响系数时，这些点的原始振动 $s_0(x'_m, n_n)$ 已经测得，设在校正面上所选的校正量为 $U_k(k=1,2,\cdots,K)$，且有

$$\boldsymbol{U} = \begin{bmatrix} \boldsymbol{U}_1 & \boldsymbol{U}_2 & \cdots & \boldsymbol{U}_K \end{bmatrix}^{\mathrm{T}}$$

则必须使这些校正量所产生的振动量与原始振动量相抵消，才可达到平衡的目的。即满足

$$\boldsymbol{A}\{U_1 \cdots U_K\}^{\mathrm{T}} + \{s_0(x'_1, n_1) \ s_0(x'_2, n_1) \ \cdots \ s_0(x'_m, n_1) \ \cdots \ s_0(x'_m, n_N)\}^{\mathrm{T}} = \boldsymbol{0} \tag{7-123}$$

式中，当 $\boldsymbol{A}$ 为非奇异方阵时，有唯一解，可解得所需的一组校正量 U_k 的值。这就是说，应当满足 $K=MN$，即校正平面数等于测振点数与平衡转速数的乘积。

实际上，转子系统往往不能提供足够多的校正面，这就不能保证所要求的转速范围内达到所有测振点都消除振动的目的。只能在所给条件下，选取残余振动量最小的最佳平衡量。

当 $K<MN$ 时，找不到一组 U_k 值能够满足式（7-123），即任何一组 U_k 值都不能使其右端为 0，说明有残余振动，为

$$\boldsymbol{A}\boldsymbol{P} + \boldsymbol{S}_0 = \boldsymbol{\delta} \tag{7-124}$$

式中，$\boldsymbol{\delta}$ 为残余振动，其数量为 K 个。

在对挠性转子进行平衡时，希望残余振动量越小越好，这就需要对平衡量进行优化。挠性转子平衡量的优化方法，主要有最小二乘法和加权迭代法。

最小二乘法就是使残余振动振幅的平方和为最小，即

$$\min\left(\boldsymbol{R} = \sum_{j=1}^{MN} \boldsymbol{\delta}_j^2\right)$$

为此，需要寻求一组最佳校正量 P_k，使 $\boldsymbol{R}$ 值最小，即

$$\frac{\partial \boldsymbol{R}}{\partial P_k} = \boldsymbol{0}, \quad k=1,2,\cdots,K \tag{7-125}$$

该方法不能保证每个点的振动量都是最小，有些点的残余振动可能超过了允许值。为了消除这一现象，使残余振动量均化，可以采用加权迭代均化残余振动

法,该方法若在一次加权后的残余振动达不到要求,可进行多次加权,直到满足要求。

7.5　发动机的振动与减振

机械振动现象的防治与控制,除了前面讨论的振动隔离、振动减小和动态平衡外,更主要的是在设计阶段就设法避免振动,尤其是共振现象的发生。从优化设计的角度确定机械的振动允许量,使机器在运行中尽量避免振动。本节以发动机的振动和减振为例,来说明如何通过设计来使机械达到最优状态。以曲柄连杆活塞机构为基本机构的各式发动机,从单缸到多缸,从二冲程到四冲程,从小排量到大排量,从直列式到 V 形,在汽车、摩托车和船舶等产业都得到广泛应用。

发动机在运转中会产生复杂的周期变化的激振力和力偶,使发动机本身及其支撑基础(如车架)产生有害的振动,并伴随着对环境的噪声污染。运转的发动机是个振源和噪声源,本节以摩托车发动机为对象,讨论弹性悬挂的合理设计问题,使发动机在指定的转速范围内,减小振动危害,特别是避免共振的问题。

7.5.1　发动机位形描述

1. 静平衡位形

单缸发动机可视为刚体,忽略连杆活塞运动的影响,其质心 C 可视为发动机上一定点。以 $Oxyz$ 为静止坐标系,$Cxyz$ 为质心坐标系,$C\bar{x}\bar{y}\bar{z}$ 为连体坐标系,并设 $C\bar{x},C\bar{y},C\bar{z}$ 为中心惯性主轴。设未运转时,三个坐标系重合,如图 7-41 所示。

发动机通常通过 n 个橡胶垫弹性地悬挂在基础(车架)上。每个橡胶垫可视为点,称为悬挂点。在 $C\bar{x}\bar{y}\bar{z}$ 中的坐标记为 $(\bar{x}_i,\bar{y}_i,\bar{z}_i)$,$i=1,2,\cdots,n$。在每个悬挂点安装一个局部直角坐标系 $ipqr$,并设 ip,iq,ir 为第 i 个橡胶垫刚度主轴,对应的刚度记为 k_p^i,k_q^i,k_r^i,$ipqr$ 对 $Oxyz$ 的方向余弦矩阵记为

$$[S^i] = \begin{bmatrix} l_{xp}^i & l_{yp}^i & l_{zp}^i \\ l_{xq}^i & l_{yq}^i & l_{zq}^i \\ l_{xr}^i & l_{yr}^i & l_{zr}^i \end{bmatrix} \quad (7\text{-}126)$$

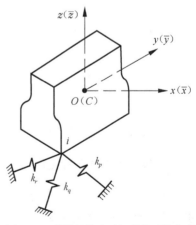

图 7-41　弹性悬挂发动机的静平衡位形

2. 振动位形描述

运转时发动机将围绕其静平衡位形发生微幅受迫振动，$C\bar{x}\bar{y}\bar{z}$ 与 $Oxyz$ 不重合。约定取质心 C 在 $Oxyz$ 中的坐标 x_C, y_C, z_C 和 $C\bar{x}\bar{y}\bar{z}$ 绕 $Cxyz$ 的三根轴的转角 α, β, γ 为广义坐标来描述发动机的振动位形，并用列向量统一表示为

$$\{q\} = [x_C, y_C, z_C, \alpha, \beta, \gamma]^{\mathrm{T}} \tag{7-127}$$

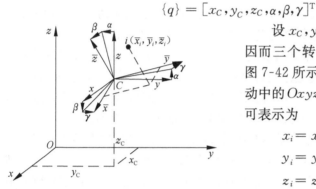

设 $x_C, y_C, z_C, \alpha, \beta, \gamma$ 皆为一阶小量，因而三个转角 α, β, γ 是可交换的。如图 7-42 所示，如此则第 i 个悬挂点在振动中的 $Oxyz$ 坐标系中精确到一阶小量可表示为

$$x_i = x_C + \bar{z}_i\beta - \bar{y}_i\gamma + \bar{x}_i$$
$$y_i = y_C - \bar{z}_i\alpha + \bar{x}_i\gamma + \bar{y}_i$$
$$z_i = z_C + \bar{y}_i\alpha - \bar{x}_i\beta + \bar{z}_i \tag{7-128}$$

图 7-42　发动机振动位形

如记

$$\{q\} = [x_i, y_i, z_i]^{\mathrm{T}}$$

则有

$$\{q_i\} = [L^i]\{q\} + [\bar{x}_i, \bar{y}_i, \bar{z}_i]^{\mathrm{T}} \tag{7-129}$$

式中

$$[L^i] = \begin{bmatrix} 1 & 0 & 0 & 0 & \bar{z}_i & -\bar{y}_i \\ 0 & 1 & 0 & -\bar{z}_i & 0 & \bar{x}_i \\ 0 & 0 & 1 & \bar{y}_i & -\bar{x}_i & 0 \end{bmatrix} \tag{7-130}$$

振动中第 i 悬挂点的位移，即橡胶垫的变形量在 $Oxyz$ 坐标系中的分量应为

$$\{\Delta q_i\} = \begin{Bmatrix} \Delta q_x^i \\ \Delta q_y^i \\ \Delta q_z^i \end{Bmatrix} = \begin{Bmatrix} x_i - \bar{x}_i \\ y_i - \bar{y}_i \\ z_i - \bar{z}_i \end{Bmatrix} = \begin{Bmatrix} \Delta x^i \\ \Delta y^i \\ \Delta z^i \end{Bmatrix} = [L^i]\{q\} \tag{7-131}$$

7.5.2　发动机的自然频率

1. 第 i 个悬挂点所受弹力

为了简单，不妨设静态时支承发动机的各橡胶垫都处于自然状态，只在振动中才发生弹性变形，才对发动机施加弹力。

以 $\Delta p^i, \Delta q^i, \Delta r^i$ 表示第 i 个悬挂点位移沿 ip, iq, ir 轴的分量，则此点所受的弹力可表示为

$$\begin{Bmatrix} F_p^i \\ F_q^i \\ F_r^i \end{Bmatrix} = - \begin{bmatrix} k_p^i & 0 & 0 \\ 0 & k_q^i & 0 \\ 0 & 0 & k_r^i \end{bmatrix} \begin{Bmatrix} \Delta p^i \\ \Delta q^i \\ \Delta r^i \end{Bmatrix} \tag{7-132}$$

换算到坐标系 $Oxyz$ 中,应有

$$\begin{Bmatrix} F_p^i \\ F_q^i \\ F_r^i \end{Bmatrix} = - \begin{bmatrix} l_{xp}^i & l_{yp}^i & l_{zp}^i \\ l_{xq}^i & l_{yq}^i & l_{zq}^i \\ l_{xr}^i & l_{yr}^i & l_{zr}^i \end{bmatrix} \begin{Bmatrix} F_x^i \\ F_y^i \\ F_z^i \end{Bmatrix} = [S^i] \begin{Bmatrix} F_x^i \\ F_y^i \\ F_z^i \end{Bmatrix}, \quad \begin{Bmatrix} \Delta p^i \\ \Delta q^i \\ \Delta r^i \end{Bmatrix} = [S^i] \begin{Bmatrix} \Delta x^i \\ \Delta y^i \\ \Delta z^i \end{Bmatrix} = [S^i] \begin{Bmatrix} \Delta q_x^i \\ \Delta q_y^i \\ \Delta q_z^i \end{Bmatrix} \tag{7-133}$$

将式(7-133)代入式(7-132)可得

$$\begin{Bmatrix} F_x^i \\ F_y^i \\ F_z^i \end{Bmatrix} = - [S^i]^{\mathrm{T}} \begin{bmatrix} k_p^i & 0 & 0 \\ 0 & k_q^i & 0 \\ 0 & 0 & k_r^i \end{bmatrix} [S^i] \begin{Bmatrix} \Delta q_x^i \\ \Delta q_y^i \\ \Delta q_z^i \end{Bmatrix}$$

应用式(7-131)后上式化简后记为

$$\{F^i\} = - [K^i][L^i]\{q\} \tag{7-134}$$

式中

$$[K^i] = [S^i]^{\mathrm{T}} \begin{bmatrix} k_p^i & 0 & 0 \\ 0 & k_q^i & 0 \\ 0 & 0 & k_r^i \end{bmatrix} [S^i] \tag{7-135}$$

称为第 i 个悬挂点在 $Oxyz$ 坐标系中的刚度矩阵,这是一个非对角的对称矩阵。

2. 弹性力系向质心简化

发动机在 n 个悬挂点所受弹力构成弹性力系。向质心简化,可得弹性力系的主矢和主矩。主矢在 $Oxyz$ 坐标系中的投影为

$$F_x^C = \sum_i F_x^i, \quad F_y^C = \sum_i F_y^i, \quad F_z^C = \sum_i F_z^i \tag{7-136}$$

主矩在 $Oxyz$ 坐标系中的投影为

$$m_x^C = \sum_i (\bar{y}_i F_z^i - \bar{z}_i F_y^i), \quad m_y^C = \sum_i (\bar{z}_i F_x^i - \bar{x}_i F_z^i), \quad m_z^C = \sum_i (\bar{x}_i F_y^i - \bar{y}_i F_x^i)$$

应用式(7-134)可得

$$\begin{Bmatrix} F_x^i \\ F_y^i \\ F_z^i \end{Bmatrix} = \sum_i \begin{Bmatrix} F_x^i \\ F_y^i \\ F_z^i \end{Bmatrix} = - \sum_i [K^i][L^i]\{q\} = - [K^F]\{q\} \tag{7-137}$$

式中,$[K^F] = \sum_i [K^i][L^i] (3 \times 6)$

$$\begin{Bmatrix} m_x^C \\ m_y^C \\ m_z^C \end{Bmatrix} = \sum_i \begin{Bmatrix} \bar{y}_i F_z^i - \bar{z}_i F_y^i \\ \bar{z}_i F_x^i - \bar{x}_i F_z^i \\ \bar{x}_i F_y^i - \bar{y}_i F_x^i \end{Bmatrix} = - \sum_i \begin{bmatrix} 0 & -\bar{z}_i & \bar{y}_i \\ \bar{z}_i & 0 & -\bar{x}_i \\ -\bar{y}_i & \bar{x}_i & 0 \end{bmatrix} \begin{Bmatrix} F_x^i \\ F_y^i \\ F_z^i \end{Bmatrix}$$

$$= - \sum_i [\bar{L}^i]^{\mathrm{T}} [K^i][L^i]\{q\} = - [K^m]\{q\} \tag{7-138}$$

式中，$[K^m] = \sum_i [L^i]^T [K^i][L^i]\,(3\times 6)$，记

$$[Q^C] = [F_x^C \quad F_y^C \quad F_z^C \quad m_x^C \quad m_y^C \quad m_z^C]^T \tag{7-139}$$

为发动机的增广弹性力。则式(7-136)和式(7-137)可统一写成

$$[Q^C] = -[K^C]\{q\} \tag{7-140}$$

式中

$$[K^C] = \begin{bmatrix} [K^F] & 0 \\ 0 & [F^m] \end{bmatrix} \tag{7-141}$$

为弹性悬挂发动机的刚度矩阵。

3. 自由振动微分方程

运用质心运动定理可得

$$\begin{bmatrix} m & 0 & 0 \\ 0 & m & 0 \\ 0 & 0 & m \end{bmatrix} \begin{Bmatrix} \ddot{x}_C \\ \ddot{y}_C \\ \ddot{z}_C \end{Bmatrix} = \begin{Bmatrix} F_x^C \\ F_y^C \\ F_z^C \end{Bmatrix} = -[K^F]\{q\} \tag{7-142}$$

式中，m 为发动机的质量。运用相对于质心的欧拉动力学方程可得

$$\begin{aligned} A\dot{\omega}_x + (C-B)\omega_y\omega_z &= m_x^C \\ B\dot{\omega}_y + (A-C)\omega_z\omega_x &= m_y^C \\ C\dot{\omega}_z + (B-A)\omega_x\omega_y &= m_z^C \end{aligned} \tag{7-143}$$

严格来讲，这组方程只成立于发动机的连体中心主惯性坐标系 $C\bar{x}\bar{y}\bar{z}$，即 ω_x，ω_y,ω_z 应是发动机角速度矢量 ω 在 $C\bar{x},C\bar{y},C\bar{z}$ 轴上的投影；A,B,C 应是发动机对 $C\bar{x},C\bar{y},C\bar{z}$ 轴的转动惯量；m_x^C,m_y^C,m_z^C 应换成弹性力系主矩在 $C\bar{x},C\bar{y},C\bar{z}$ 轴上的投影。但是已设定 $C\bar{x}\bar{y}\bar{z}$ 绕 Cx,Cy,Cz 的转角 α,β,γ 为一阶小量，精确到同阶小量，可将 $\omega_x,\omega_y,\omega_z$ 视为 ω 在 Cx,Cy,Cz 上的投影；A,B,C 视为对 Cx,Cy,Cz 轴的转动惯量。式(7-143)也成立于质心坐标系 $Cxyz$。如此就有

$$\omega_x = \dot{\alpha}, \quad \omega_y = \dot{\beta}, \quad \omega_z = \dot{\gamma} \tag{7-144}$$

精确到一阶小量，式(7-143)可线性化为

$$\begin{bmatrix} A & 0 & 0 \\ 0 & B & 0 \\ 0 & 0 & C \end{bmatrix} \begin{Bmatrix} \ddot{\alpha} \\ \ddot{\beta} \\ \ddot{\gamma} \end{Bmatrix} = \begin{Bmatrix} m_x^C \\ m_y^C \\ m_z^C \end{Bmatrix} = [K^m]\{q\} \tag{7-145}$$

式(7-142)和式(7-145)可统一写成

$$[m^C]\{\ddot{q}\} + [K^C]\{q\} = \{0\} \tag{7-146}$$

这就是弹性悬挂下发动机的自由振动微分方程。式中

$$[m^C] = \begin{bmatrix} m & & & & & \\ & m & & & & \\ & & m & & & \\ & & & A & & \\ & & & & B & \\ & & & & & C \end{bmatrix} \qquad (7\text{-}147)$$

是对角阵。

4. 自然频率

设 $\{q\}=\{H\}\mathrm{e}^{\mathrm{i}\omega t}$，代入式(7-146)可得特征方程和频率方程

$$(-[m^C]\omega^2+[K^C])\{H\}=\{0\}, \qquad |-[m^C]\omega^2+[K^C]|=0 \quad (7\text{-}148)$$

解频率方程可得发电机振动的六个自然频率

$$\omega_1 \leqslant \omega_2 \leqslant \omega_3 \leqslant \omega_4 \leqslant \omega_5 \leqslant \omega_6$$

给定了 $[m^C]$ 和 $[K^C]$，应用数值方法容易得出 $\omega_1,\omega_2,\cdots,\omega_6$。

7.5.3 发动机的临界转速

1. 激振力和激振力偶

视为刚体的发动机在运转时，将受到的激振力和力偶系，向质心简化并分解得到 $Cxyz(C\bar{x}\bar{y}\bar{z})$ 的轴上，一般为三个激振力 X_C,Y_C，Z_C 和三个激振力偶 L_x,L_y,L_z，如图 7-43 所示。

我们不去研究激振力和力偶的解析表达式，仅仅指出它们都是周期变化的。基本周期无论对于二冲程还是四冲程都是曲柄一转所需的时间。通常发动机可在很宽转速范围内运转。基本周期将随转速的变化而改变。在实际中，常不说激振力和力偶含有哪些周期分量，而是说含有哪些转速分量，并称一转中变化 r 次的为 r 次分量。如此二冲程机一般就含有 $1,2,3,\cdots$ 次等激振力和力偶分量。四冲程机一般含 $1/2,1,3/2,2,\cdots$ 次等分量，可以说次数越高的分量，其幅值越小。对振动研究一般常注意 2 次或 2 次以下分量即可。

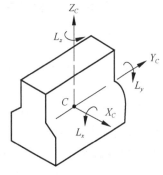

图 7-43 发动机的激振力和力偶

2. 临界转速

以转速 n 为横轴，以频率 f 为纵轴生成坐标系 Onf。四冲程机的各次激振力和力偶表示在 Onf 坐标系中为一系列斜直线。发动机的六个自然频率 $f_1,f_2,\cdots$，

f_6 则为 6 条水平线,称为临界转速图,如图 7-44 所示。图中只绘出 1/2,1,3/2,2 次激振力和力偶的斜直线图样。

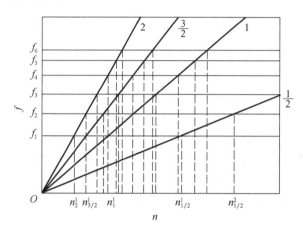

图 7-44　弹性悬挂发动机的临界转速图

斜直线与水平线的交点的横坐标值为发动机的临界转速。发动机以临界转速运转时将发生共振。对于第 s 自然频率 f_s,由 1/2,1,3/2,2 次激振力或力偶引起的临界转速有四个,记为 $n_2^s, n_{3/2}^s, n_1^s, n_{1/2}^s$,依次称为 s 阶 2 次、3/2 次、1 次、1/2 次临界转速。图中还未加标注地示出了各阶 2,3/2,1,1/2 次临界转速。

7.5.4　发动机的共振避免

1. 移频

为了确定性,不妨设发动机需要经常安全地运转在 $(n_2^1, n_{1/2}^2)$ 的转速范围内。但是由图 7-44 可见,在 $(n_2^1, n_{1/2}^2)$ 内密布着众多的临界转速,因此发动机常处在共振或近共振状态下。弹性悬挂的发动机,作为刚体有 6 个自由度,6 个自然频率。另外,四冲程发动机运转时又有 1/2,1,3/2,2 次等激振力和力偶,因此在 $(n_2^1, n_{1/2}^2)$ 内有众多临界转速是不可避免的。可以采取移频方法,使发动机安全地运转在 $(n_2^1, n_{1/2}^2)$ 上,即合理设计弹性悬挂,使发动机的 6 个自然频率中最大的一个 f_6^* 的水平线与激励的次分量的交点的横坐标 $(n_2^6)^*$ 能小于某一给定值。例如,可要求

$$(n_2^6)^* \leqslant \sqrt{2} n_2^1 \tag{7-149}$$

图 7-45 为按照上述要求移频后画出的发动机的临界转速图。

2. 两种悬挂的采用

满足条件式(7-149)的移频,的确可使发动机安全地运转于 $(n_2^1, n_{1/2}^2)$ 转速段上。但是进入 $(n_2^1, n_{1/2}^2)$ 之前必经历转速段 $(0, n_2^1)$。因此,移频的结果只不过是将

$(n_2^1, n_{1/2}^2)$ 段上的共振移到 $(0, n_2^1)$ 段上。特别地,在 $(0, n_2^1)$ 段上发动机的共振会损害与负载的联系。例如,损害驱动后轮的链条,使之发生永久伸长甚至脱链,不能正常驱动后轮;使换挡杆冲击足板,使输气管发生裂纹等。克服这些缺点的一种简单方法是在转速段 $(0, n_2^1)$ 上对发动机的振动进行限幅。另一种可供选择的对策是对发动机采用两种弹性悬挂。在 $(0, n_2^1)$ 段上采用"硬"弹性悬挂,使发动机最

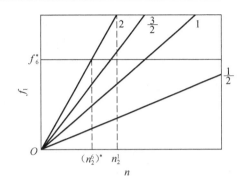

图 7-45　移频后发动机临界转速上限图

小的自然频率 f_1^{**} 与 $1/2$ 次激励分量交点的横坐标 $(n_{1/2}^1)^{**}$ 也能大于 $n_{1/2}^1$,如要求

$$(n_{1/2}^1)^{**} \geqslant \sqrt{2} n_{1/2}^1 \tag{7-150}$$

而当发电机刚进入 $(n_2^1, n_{1/2}^1)$ 就切换成"软"弹性悬挂,保证 $(n_2^6)^* \leqslant \sqrt{2} n_2^1$。如此则无论发动机在 $(0, n_2^1)$ 还是 $(n_2^1, n_{1/2}^1)$ 段上都能安全地运转。

发动机固结于车架上时,其临界转速图与发动机弹性悬挂于坚实基础上的临界转速图 7-45 有所区别。摩托车车架刚度差,与固结的发动机一起,作为一个可变形的结构,通过车架悬挂弹簧与前后轮相连,不仅具有 6 个刚性位移自由度,还具有许多由车架变形产生的自由度。其自然频率分布在 A、B 两频段,如图 7-46 所示。由于悬挂车架的弹簧很"软",A 段中自然频率有 6 条,其值都很小。B 段有下界而无上界。其中的自然频率对应于车架的弹性变形有无数条。对应于 A 的临界转速区 A' 是发动机的低速转速(怠速段)。对应于 B 的临界转速区 B' 是发动机的高转速段。下限频率 f_- 和下限临界转速 n_- 随车架刚度的不同有所不同。在 B' 中密布着临界转速。因此,当发动机转速超过 n_- 时,就连同车架一起常处于共振状态。

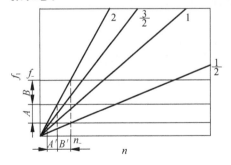

图 7-46　刚性安装于车架上发动机
的临界转速图

7.5.5　发动机的耦合度缩减

移频是避免振动危害的有效对策。如再能降低弹性悬挂发动机的 6 个自由度之间的耦合程度,当能收到更好的效果。

由于矩阵 $[m^c]$ 是对角矩阵。振动中发动机的惯性力和惯性力偶彼此总是动力解耦的。但一般 $[K^c]$ 却是非对角矩阵,振动中发动机所受弹力相互影响,有静力耦合。耦合的存在,使得一个广义坐标的

振动,一般会引起其余广义坐标的振动。一个广义坐标共振,其余广义坐标也伴随共振。即系统内没有一处不共振,这是系统共振最不利的情况。假如和$[m^C]$一样,也能使$[K^C]$对角化,则诸广义坐标就完全解耦,一个广义坐标共振时,其余广义坐标并不随之共振。也就是说共振总是发生在系统的局部区域,如果能设计出弹性悬挂,使发动机在$(n_2^1, n_{1/2}^2)$中发生的每个共振都是完全局部化的,则共振的危害就会更进一步减轻。

在$[K^C]$对角化后,$x_C, y_C, z_C, \alpha, \beta, \gamma$就成为弹性悬挂发动机的主坐标,其对应的自然频率依次记为$f_1, f_2, \cdots, f_6$。各个自然频率对应的模态矩阵就成为单位矩阵。受环境的限制,使$[K^C]$成为对角矩阵常常是办不到的。退而求其次,对模态矩阵的非对角元素取尽量小的值,成为$x_C, y_C, z_C, \alpha, \beta, \gamma$之间耦合度的缩减,这就提出了一个弹性悬挂最优化设计问题。

考虑m个多元函数$f_1(x), f_2(x), \cdots, f_6(x)$。这里$x = \{x_1, x_2, \cdots, x_n\}^T$,使这些函数的平方和$F(x)$取最小值

$$\min F(x) = f_1^2 + f_2^2 + \cdots + f_6^2 \tag{7-151}$$

这就是求解非线性最小平方和问题。用数值方法求解十分方便,具体做法不再详述。

需要指出,抑制振害还可以考虑减小$f_6 - f_1$之值以及引入悬挂阻尼的办法。本节讨论的方法可以推广应用于洗衣机等减振问题的研究中。

思　考　题

1. 什么是转子的临界转速?

2. 判断转子属于挠性转子还是刚性转子的标准是什么?

3. 在用影响系数平衡法时,影响系数的物理意义是什么?

4. 在理论上完全平衡挠性转子需要多少个校正面? 在实际机械中,为什么可以选取有限个校正平面来平衡挠性转子?

5. 用影响系数法平衡挠性转子时,平衡方程为什么不成立? 用什么方法解决?

6. 单圆盘转子自由振动时,轴心轨迹有几种可能? 影响轴心轨迹的因素有哪些?

7. 比较单圆盘转子自由振动和仅有不平衡力作用时转子振动有何不同?

8. 转子的动态不平衡与静态不平衡的差别在哪里? 能否有动态平衡静态不平衡的情况?

9. 隔振系统的阻尼越大,是不是隔振效果越好?

习　题

1. 一机器的质量$m = 90\text{kg}$,支承在弹簧刚度$k = 150\text{N/cm}$,阻尼率$\xi = 0.2$的减振器上。机器上有一不平衡质量,其转速$n = 3000\text{r/min}$,试求力传递率。

2. 某卧式洗衣机质量 $m=20$kg, 用四个弹簧支承, 每个弹簧的刚度 $k=650$N/cm, 四个阻尼器总阻尼率 $\xi=0.1$, 脱水时转速 $n=500$r/min, 此时衣服偏心质量为 12kg, 偏心距为 35cm。试求:

(1) 洗衣机的最大振幅;

(2) 隔振系数。

3. 用激振器对某结构物激振, 该结构可视为单自由度系统。已知测得两次用不同频率 ω_1 和 ω_2 激振的结果: $\omega_1=16$s^{-1} 时, 激振力 $F_1=500$N, 振幅 $B_1=0.00072$mm, 相位 $\psi_1=15°$; $\omega_2=25$s^{-1} 时, $F_2=500$N, $B_1=0.00145$mm, $\psi_2=55°$。试求系统的等效质量 m、等效刚度 k、自然频率 ω_n 和阻尼率 ξ。

4. 在简支梁的跨中有载荷 $W=9.074$kN 时, 静挠度 $\delta_{st}=0.254$cm。在黏滞阻尼力的作用下, 能使自由振动在 10 个周期后振幅减少到初始值的一半。当电动机转速 $n=600$r/min 时, 不平衡转子产生的离心力 $P=9.074$kN。不计梁的质量, 求强迫振动的稳态振幅。

5. 如图 7-47 所示的机械系统, 已知机器质量 $m_1=90$kg, 动力消振器质量 $m_2=2.25$kg, 若机器上有一偏心块质量为 0.5kg, 偏心距 $e=1$cm, 机器转速 $n=1800$r/min。试求:

(1) 消振器的弹簧刚度 k_2 为多大时, 才能使机器振幅为 0;

(2) 此时消振器的振幅多大;

(3) 若使消振器的振幅不超过 2mm, 应如何改变消振器的参数。

6. 如图 4-51 所示系统, 作用于 m_1 上的水平激振力为 $Q_0 \sin(\omega t)$, 为消除 m_1 的激励力, 采用摆式消振器, 试求当 m_1 的振幅为零时, 摆长应为多少。

7. 转动惯量为 I 的飞轮通过四个刚度为 k 的弹簧与转动惯量为 I_d 并能在轴上自由转动的扭转减振器相连, 如图 7-48 所示。试建立系统扭转振动的微分方程。若在飞轮上作用一简谐变化的扭矩, 试讨论系统的响应。

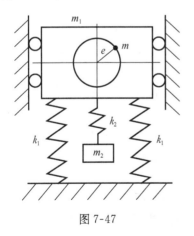

图 7-47

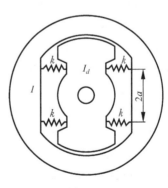

图 7-48

第8章　振动系统的测试、辨识与分析

8.1　振动系统的测试

8.1.1　振动测量的力学原理

振动测试技术,包含机械振动的量测和试验两个方面。测试技术包括各种机械振动量的测量方法、测量仪器及使用方法,以及测量结果分析处理等有关技术。

现代工业技术对各种机械提出了低振级、低噪声和高抗振能力的要求,因此机械结构的振动分析或振动设计,在机械工程领域中将占有重要地位。在具体应用中,当研究机械系统的振动特性、分析产生振动的原因、考核机械设备承受振动和冲击能力时,除了理论分析之外,直接进行振动的测量试验是一个重要的、必不可少的手段。

振动测试工作是一项非常复杂的工作,需要多种学科知识的综合运用。测试工作涉及试验设计、传感器技术、信号加工与处理、误差理论、控制工程、模型理论等学科的内容。具体来说,振动测试工作则是指在选定的激励方式下,信号的检测、变换、分析处理等工作。

振动测试主要包括下述基本内容。

(1)振动基本参数的测量:测量振动物体选定点处的位移、速度、加速度,以及振动的时间历程、频率、相位、频谱、激振力等。

(2)振动系统特征参数的测试:系统刚度、阻尼、自然频率、振型、动态响应等特征参数的测试。

(3)机械、结构或部件的动力强度试验(环境模拟试验):对在振动或冲击环境中使用的机械、部件进行环境条件的振动或冲击试验,以检验产品的耐振寿命、性能的稳定性,以及设计、制造、安装的合理性等。

(4)运行机械的振动监测(机械振动故障诊断):利用运行机器在线测取的振动信息,对机器的运行状态进行识别、预测,以确定振动故障的大小和振源,进而作出保证机器正常运行的决策。

机械振动和冲击的测量,按其力学原理可分为相对式测量法和惯性式测量法(绝对测量法)两种;按振动信号的转换方式可分为**电测法**、**光测法**和**机械测振法**。一个完整的振动测量系统,一般由被测对象、振动传感器、信号的中间变换装置,以及信号的分析处理等几个部分组成。为了符合振动测量的要求,完整的测试工作应包括对被测对象振动的初步估计、测试系统的设计和组成、测试系统的标定试验、测试数据的取用、储存和数据分析。图 8-1 为机械工程振动测试中较为完整的测试系统框图。

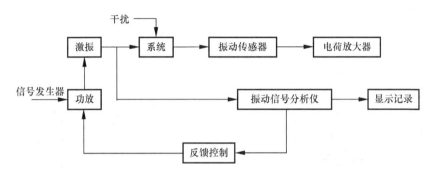

图 8-1　机械工程振动测试系统框图

1. 相对式测量法

相对式测量法对应着**运动学测量原理**,测试量是被测点的坐标相对于选定的静止系统坐标的变化。在测量时,选取空间的某一固定点或运动点作为相对位移参考点(如测量仪器之外的物体或测量仪器上不动的元件),直接测量振动量的大小或记录振动的时间历程。相对测量法的运动学原理,如图 8-2 所示。

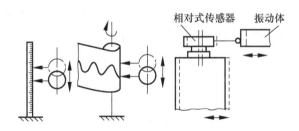

图 8-2　相对测量法的运动学原理

相对式测量法,可以用于一般的位移、速度、加速度的振动量的测量。除了机械式的便携振动计以外,作为最简单的例子有手持振动计,它以人体为不动点,如图 8-3 所示,其测量精度与手扶振动计壳体、保持相对不动的操作质量有关。

为了保证测量精度,常把静参考点选在坚实的固定基座上。但地基或建筑物基础等对固定基座的振动影响往往难以避免。对微小振动量的相对测量法,必须注意到静参考点对振动测量结果的影响。

基于运动学测量原理的测振仪,称为相对式振动参数测量仪。

2. 惯性式测量法

惯性式测量法（或称**绝对测量法**）对应着**动力学测量原理**。动力学测量原理，指出被研究振动过程的参数，是相对于人为的静止计算系统测量的。在大多数情况下，把用弹性支承与振动物体相连接的惯性元件视为静止系统。基于动力学测量原理的惯性传感器，是测量物体振动参数绝对值的器件，如图 8-4 所示。

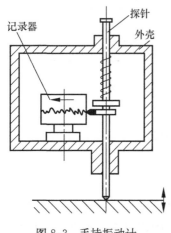

图 8-3　手持振动计

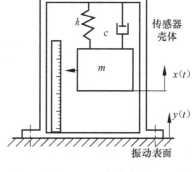

图 8-4　惯性传感器

在如图 8-4 所示的弹簧 k、质量 m 和阻尼器 c 组成的单自由度惯性测量装置中，当测量装置壳体与振动物体同时以位移 x 产生振动时，惯性质量（元件）m 与测量装置壳体（即振动物体）的相对位移 y 有如下关系：

$$m\ddot{y} + c\dot{y} + ky = -m\ddot{x} \tag{8-1}$$

或改写为

$$\ddot{y} + 2\xi\omega_{\mathrm{n}}\dot{y} + \omega_{\mathrm{n}}^2 y = -\ddot{x} \tag{8-2}$$

一般来说，式(8-2)的全解给出了惯性测量系统的强迫振动与惯性系统自由衰减振动响应之和。在测量稳态振动时，即测量连续的周期振动时，可略去自由衰减振动的影响。而在测量瞬态振动，尤其是测量碰撞或爆炸等所引起的机械冲击时，由于必须测量发生在短时间内突然结束的瞬态变化，此时一般不能略去振动所激起的自由衰减振动的影响。

设所测量物体的振动位移为正弦振动，即 $x = A\sin(\omega t)$，若记 $\lambda = \omega/\omega_{\mathrm{n}}$，则由式(8-2)可得出进行稳态振动位移、速度或加速度测量时，惯性测振装置的相应输出 y 分别如下：

(1) 位移测量（位移计）。

$$y = M_{\mathrm{D}}\sin(\omega t - \varphi) \tag{8-3}$$

其中

$$M_{\mathrm{D}}=\frac{\lambda^2}{\sqrt{(1-\lambda^2)^2+(2\xi\lambda)^2}}, \qquad \varphi=\arctan\left(\frac{2\xi\lambda}{1-\lambda^2}\right) \tag{8-4}$$

当 $\lambda=\omega/\omega_{\mathrm{n}}\gg1$ 时，$M_{\mathrm{D}}\approx1$，$\varphi=\pi$，式(8-3)可以改写为

$$y=M_{\mathrm{D}}\sin(\omega t-\pi)=-x$$

可见，除符号外，所有应测量的振动位移完全一致，这种装置就是位移计。

（2）速度测量（速度计）。

$$y=M_{\mathrm{V}}\frac{\omega}{2\xi\omega_{\mathrm{n}}}\sin(\omega t-\varphi) \tag{8-5}$$

其中

$$M_{\mathrm{V}}=\frac{2\xi\lambda}{\sqrt{(1-\lambda^2)^2+(2\xi\lambda)^2}}, \qquad \varphi=\arctan\left(\frac{2\xi\lambda}{1-\lambda^2}\right) \tag{8-6}$$

当 $\xi\gg1$ 时，$M_{\mathrm{V}}\approx1$，$\varphi=\pi/2$，式(8-5)可以改写为

$$y=\frac{1}{2\xi\omega_{\mathrm{n}}}\omega\sin\left(\omega t-\frac{\pi}{2}\right)=-\frac{1}{2\xi\omega_{\mathrm{n}}}\dot{x}$$

此时输出响应 y 与输入振动速度 $\dot{x}$ 成正比，表示速度计的灵敏度。这种装置称为速度计。但是实现 $\xi\geqslant10$ 的衰减放大有结构上的困难。

（3）加速度测量（加速度计）。

$$y=\frac{M_{\mathrm{A}}}{\omega_{\mathrm{n}}^2}\omega^2\sin(\omega t-\varphi) \tag{8-7}$$

其中

$$M_{\mathrm{A}}=\frac{1}{\sqrt{(1-\lambda^2)^2+(2\xi\lambda)^2}}, \qquad \varphi=\arctan\left(\frac{2\xi\lambda}{1-\lambda^2}\right) \tag{8-8}$$

当 $\lambda=\omega/\omega_{\mathrm{n}}\ll1$ 时，$M_{\mathrm{A}}\approx1$，$\varphi\approx0$，式(8-7)可以改写为

$$y=\frac{1}{\omega_{\mathrm{n}}^2}\omega^2 A\sin(\omega t)=-\frac{1}{\omega_{\mathrm{n}}^2}\ddot{x} \tag{8-9}$$

此时输出响应 y 与输入加速度 $\ddot{x}$ 成正比，这时加速度的灵敏度为 $1/\omega_{\mathrm{n}}^2$。如应测量的频率 ω 较高，则需要更高的 ω_{n}，为此，灵敏度急剧下降，需要提高放大倍数。

8.1.2　振动测试传感器与测振仪器设备

1. 振动测试传感器

传感器是将被测信息转换为便于传递、变换处理和保存的信号，且不受观察者直接影响的测量装置。在机械振动的电测法中，传感器被定义为将机械振动量（位移、速度、加速度）的变化转换成电量（电压、电流、电荷）或电参数（电阻、电容、电感）变化的器件。常用的传感器有发电型和电参数变换型两类。发电型包括电压

式、电动式和电磁式三类;电参数变换型包括电容式、电感式和电阻式(应变片)三类。振动测量中常用惯性传感器和非接触式传感。

1) 惯性测振传感器

惯性式测振传感器的原理简图如图 8-4 所示,其壳体附着在被测物体的振动表面上,并与后者一同振动,这是一种接触式传感器。在壳体中,质块 m 经弹簧 k、阻尼器 c 与壳体相连。被测表面连同壳体的振动记为 $y(t)$,而质块 m 的振动记为 $x(t)$,这两个运动实际上都是测不出来的;但质块与壳体之间的相对运动 $z(t)=x(t)-y(t)$ 却可以通过各种电测的方法测出。研究惯性测振原理的一项根本任务,在于探讨如何由测出的 $z(t)$ 来推断被测对象的振动 $y(t)$。

在惯性式位移传感器和加速度传感器中,加以适当的阻尼,能扩大其工作的频率范围,减少测量误差,还可阻碍其中质块 m 的自由振动,而不致叠加在测量结果中,引起分析困难。分析惯性式测振传感器的工作频率范围时,仅仅是从其简化的力学模型的频率特性来考虑的,但电测敏感元件的高频特性与仪表的低频特性往往会分别限制测量系统工作频率范围的上限与下限。

常用的惯性测振传感器包括压电式加速度计、压电式力传感器、阻抗头、惯性式速度传感器和磁电式速度传感器等。

2) 非接触式传感器

上述惯性式传感器属接触式传感器,它会给被测系统附加局部质量和刚度,对轻型结构或柔性结构而言,这些局部影响往往是不可忽略的,而非接触式传感器则不会影响被测系统的结构特性。

非接触式传感器包括涡流传感器、电容式传感器和电磁式传感器。

3) 传感器的选择原则

在测试中应根据测试目的要求和实际条件,合理选用传感器。在选择传感器时,应考虑以下因素:

(1) 灵敏度,即输出信号与被测振动量的比值。

(2) 线性范围,即保持输入信号和输出信号呈线性关系时,输入信号幅值的允许变化范围。

(3) 频率范围,即灵敏度变化不超过允许值时可使用的频率范围,在频率范围以外使用时,应按仪器的频率响应特性曲线对测量结果进行修正。

(4) 传感器的类型,接触式传感器测出来的是被测对象相对于牛顿力学的惯性空间的振动(加速度、速度或位移),可用于测量相对振动;非接触式传感器测出来的则是被测对象相对于传感器的安装处的相对振动,这不一定是一个惯性系统。

2. 测振仪器设备

除前面讨论的振动测试传感器外,振动测量的其他仪器设备包括电信号的中间变换装置和振动测量仪器等。

1）电信号的中间变换装置

被测的振动量经过传感器变换以后，往往成为电阻、电容、电感、电荷、电压或电流等参数的变化。为了利用计算机进行数据处理和分析，经传感器变换后的输出信号还需经过放大、运算、滤波等中间变换环节，使之具有预定的内容。机械振动测试系统中，常见的中间变换装置包括前置放大器、测量放大器、滤波器、模数及数模转换器及调制解调变换器、电桥、微分、积分运算电路等其他变换器。

2）振动测量仪器

在机械工程振动测量中，振动量的变化是各种各样的，从简单的周期振动直至复杂的冲击和随机振动，不仅要测定振动的峰值或有效值，还需要测定其振动频率、周期、相位差，以及频谱含量或冲击响应谱等特征量。根据不同的振动测量要求，振动测量仪器可以选用普通的振动测量仪，或选用频谱分析仪。

振动测量仪：主要是指振动显示仪（振幅测量仪）、报警测振仪，以及振动级计（公害测振仪）。

频谱分析仪：振动信号频谱分析和数据处理的设备，种类繁多，其中最常见的和最主要的是频谱分析仪，频谱分析仪有频谱仪和实时频谱分析仪两类。

8.1.3　激振设备与激振方法

机械结构振动测试用的振源有两种：一种是实际振源，如机器运行中产生的振动，以及环境激励等引起的振动；另一种是人工振源，主要是激振设备（激振器或振动台）所激励的振动。动力实测或振动故障监测，多数是利用实际振源来激振；而进行机械系统振动特征参数和动力强度测试时，或对测振传感器和测振仪器进行校准时，常使用人工激振，因为人工振源易于控制，可以按照测试目的的需要，进行有针对性的激振。

激振器与振动台是最主要的激振设备。它们可以模拟产生振动载荷、冲击载荷和地震载荷等各种动力荷载，同时各种标准振动台，又是振动测量传感器及仪器的标定设备。

激振器与振动台的类型较多，主要有机械式、电动式、磁吸式和电动液压式等。激振时，除了采用正式产品的激振设备外，还可采用一些简便的激振方法。

1. 机械式振动台（激振器）

机械式振动台，主要用于机械结构低中频域的动力规范试验，适用于中小型机械、仪器、仪表、家用电器及零部件振动试验。其主要形式有反转不平衡重块式（离心式）和直接作用式（偏心轮式、曲柄连杆）两类。简单的离心式机械振动台的工作原理如图 8-5 所示；偏心轮式机械振动台的工作原理如图 8-6 所示。

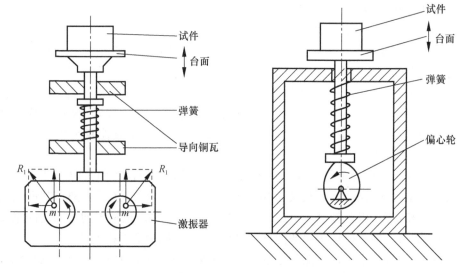

图 8-5　离心式机械振动台的工作原理　　　图 8-6　偏心轮式机械振动台的工作原理

2. 电动式激振器

电动式激振系统的工作原理框图如图 8-7 所示,一般由信号发生器、功率放大器和振动台或激振器组成。

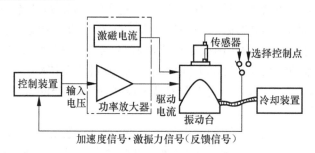

图 8-7　电动式激振系统工作原理框图

图 8-8 为电动式激振器的结构图,固连于壳体 2 上的磁钢 3、铁心 6 和磁极 5 之间存在气隙,气隙中具有高密度的磁通,磁通密度为 B。置于气隙中的驱动线圈 7 与顶杆 4 固联,并以弹簧 1 支承于壳体 2 上,顶杆的一端则与激振对象相连。

3. 电动液压式、电磁式激振器

电动液压式激振系统工作原理框图如图 8-9 所示,由液压缸、活塞及伺服控制系统组成,电控系统可以产生所需的振动信号,而液压伺服系统可提供很大的位移

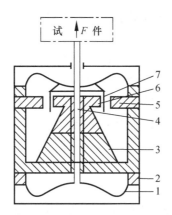

图 8-8　电动式激振器的结构图

1—弹簧；2—壳体；3—磁钢；4—顶杆；5—磁极；6—铁心；7—驱动线圈

和力。其有效工作频率范围通常为零点几赫兹到几百赫兹。电磁式激振器的结构
简图与电磁式传感器类似，即如图 8-9 所示，但工作原理相反。

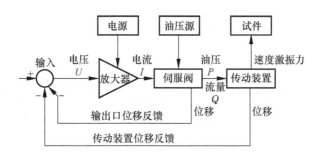

图 8-9　电动液压式、电磁式激振系统工作原理框图

4. 一些特殊的激振方法

在机械工程振动试验中，还有一些特殊的激振方法，主要有压电晶体片激振
法、高声强激振法、敲击法、爆炸法和强炮弹冲击法等。

压电晶体片激振法是利用交变电压通到贴在试件上的压电晶体的两极，晶体
片厚度发生变化而产生周期性正弦波的惯性力，反作用在试件上成为激振力。该
方法激振力小，适用于小型薄壁试件。

高声强激振法是利用激振声源产生的高声压，通过空气作用于试件上，是试件
产生的周期性振动。声压仪表显示激振强度。该方法频率在音频范围，激振作用
力分布在整个试件上，设备不与试件接触，适用于轻型薄壁试件。

敲击法是用敲击锤、木棒、铜棒、铅锤等敲击试件，或悬挂重物由上落下敲击试

件,或突然卸载使试件产生自由振动。该方法需要设备小,激振力不易定量,常用于自然频率和阻尼率的测定。

爆炸法是用适量爆炸物,安放在适当位置进行爆炸作为激振源,以激振试件。该方法频带宽,频谱及波形复杂、控制困难,适用于特殊试验。

强炮弹冲击法是用压缩空气推动的(甚至用火药发射)枪、炮弹冲击试验和支承台架。该方法加速度峰值高,适用于高能级特殊环境试验,设备和控制复杂、试件易损坏。

8.1.4　振动测试系统

振动测试是将已知的激振力施加于振动系统上,测量其响应,从而确定结构的动态特性,如自然频率、模态向量及阻尼率等。激振的方式有多种,如正弦激励、随机激励、瞬态激励等,相应地有不同的测试系统及分析方法。

1. 阶梯正弦激振测试系统

阶梯正弦激振是在测试对象具有有效响应的频带范围内,逐一用各个频率的正弦激振力进行激振,从而测定对象的频率特性 $H(\omega)$。

图 8-10 是阶梯正弦激振试验的方框图。信号发生器产生的正弦或余弦电信号经功率放大器放大后驱动激振器,激振器经力传感器对系统进行激振。力传感器和加速度传感器分别用于测量激振力与响应。测得的数据可用加速度导纳 A/F 或加速度阻抗 F/A 表示;利用仪器的积分功能,可得到速度、位移导纳或阻抗,其中位移导纳即为系统的频率特性 $H(\omega)$。当激励 1 与测振点 2 靠近时,得到结构上该点的直接导纳或阻抗,当两点分开时,即得跨点导纳或阻抗。跟踪滤波器可以

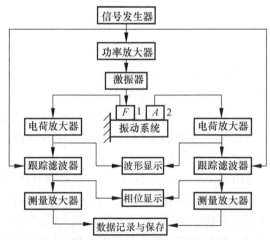

图 8-10　阶梯正弦激振试验的方框图

确保测出的激振力与响应只与激振频率有关。测量放大器将滤波后的信号进行放大,便于分析与计算。系统中的波形显示、相位显示和数据记录均由计算机实现。逐一改变振动频率来进行激振,测量记录各频率点的响应幅值与相位,可得到振动系统在整个频率范围内响应的幅频特性和相频特性曲线,如图 8-11 所示。利用这样的频率响应曲线可以估计振动系统的动态特性,确定自然频率及阻尼率等参数。

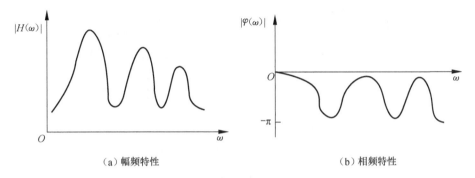

（a）幅频特性　　　　　　　　　　　　　　　　　（b）相频特性

图 8-11　振动系统在整个频率范围内的幅频特性和相频特性曲线

在进行正弦激振试验时,保证在各种激振频率下,激振力的幅值应保持恒定。这是由于激振力的幅值过小,则不足以激发各主要模态,而且结构中可能存在的间隙会在测试结果中引入显著的误差;激振力的幅值过大,又可能会激发结构中的非线性因素会造成测试误差。由于从功率放大器到激振器这一系统的幅频特性一般并非常数,为了使其激振力的输出为等幅值的,其输入信号的幅值就必须作相应变化。这一点可由手动调节或自动反馈控制来完成。

正弦激振的优点是激振功率大、信噪比高,能保证测试精度;主要缺点是测试周期长。

2. 瞬态激振测试系统

1）脉冲激振测试系统

脉冲激振是一种瞬态激振方法,是以理想脉冲激励力 $P_0\delta(t-\tau)$ 对系统进行激励。脉冲函数在 $-\infty\sim+\infty$ 的整个频率范围内频谱是连续恒定的,因此用一个脉冲函数激励相当于用所有频率的正弦信号同时进行激励。

实际进行脉冲激振时是用锤击实现的,基本测试系统如图 8-12(a)所示。

脉冲锤由锤头、力传感器、锤柄及配重所组成,如图 8-12(b)所示,用它敲击被测试系统,以产生瞬时冲击。而对系统激振所产生的激振力并非理想的 $\delta(t)$ 函数,而是近似于如图 8-13(a)所示的三角脉冲,其表达式为

$$F(t) = \frac{4P_0}{T^2}(r(t) - 2r(t-T/2) + r(t-T)) \tag{8-10}$$

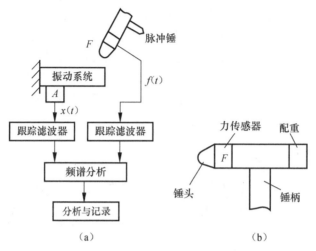

（a）　　　　　　　　　　　　　　　　　（b）

图 8-12　脉冲激振时的测试系统

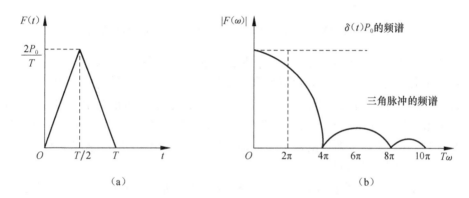

（a）　　　　　　　　　　　　　　　　　（b）

图 8-13　三角脉冲激振及其频谱图

式中，$r(t)$ 为斜坡函数，即

$$r(t) = \begin{cases} t, & t > 0 \\ 0, & t \leqslant 0 \end{cases} \qquad (8\text{-}11)$$

对式（8-10）做拉普拉斯变换，可做出激振力的频谱图，如图 8-13（b）所示。由图可知，当 $T\omega < 2\pi$ 时，三角脉冲可近似代替 $\delta(t)P_0$；当 $T\omega > 2\pi$ 时，三角脉冲的幅值 $|F(\omega)|$ 衰减得很快，已不能近似代替 $\delta(t)P_0$。因此，使用锤击实现脉冲激振时，要求 $T < 2\pi/\omega$，ω 是所测试的频率上限。T 与锤头和被激振系统的接触表面刚度有关，锤头越硬，T 越小。改变锤头的材料，可调整 T 的大小，从而有效地改变锤击激振的频率范围。在激励的有效带宽能够覆盖测试频率的前提下，选用的锤头要尽量软，以使激振的能量尽量集中于所感兴趣的频率范围之内，而又不致损坏被激表面。

如图 8-13(a)所示,测取的激振力信号 $f(t)$ 和振动信号 $x(t)$ 都直接送入计算机进行频谱分析,求得其傅里叶变换 $F(\omega)$ 与 $X(\omega)$,并按照式(3-80)计算出系统的频率响应函数 $H(\omega)$。

2) 快速正弦扫描激振

快速正弦扫描法也是目前流行的一种瞬态激振方法,激励力可表示为

$$f(t) = P_0 \sin[2\pi(at+b)t], \quad 0 < t < T \tag{8-12}$$

式中,a,b 均为正的常数;T 为扫描周期(通常为数秒钟)。这种力函数可以看做是频率连续变化的正弦函数,其下限频率为 $f_{\min}=b$,而上限频率为 $f_{\max}=aT+b$,其时间历程与频谱分别如图 8-14(a)与(b)所示。上、下限频率及扫描周期可根据试验要求选定。快速正弦扫描激振系统的方框图与图 8-10 类似。这种方程兼有阶梯正弦激振的精确性与瞬态激振的快速性。

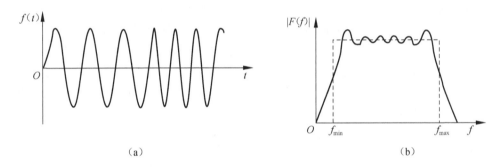

图 8-14　快速正弦扫描激振的时间历程与频谱

瞬态激振方法的优点是迅速省时,试验设备也比较简单,但其激励能量分散在较宽的频率范围内,因此对于有的模态可能存在激励能量不足、信噪比低而测试精度不高的问题。如果加大冲击能量,又可能引入非线性,甚至损坏被测试的结构或测试设备。

3. 随机激振测试系统

随机激振法是广泛应用的一种宽带激振方法,其测试系统如图 8-15 所示。由信号发生器产生白噪声信号,经功率放大器驱动激振器,对被测试结构进行激励。分别以力传感器和加速度计测量激振力和响应,经放大后,输入计算机进行频谱分析,求出系统的频率响应函数或脉冲响应函数,进行数据记录和后续分析。

此法与瞬态激振不同,是在一段时间内,以随机信号对被测系统进行连续激励,因此可以获得较大的激励能量。其信噪比优于瞬态激励,但不如阶梯正弦激励,其测试时间也居于两者之间。

随机激振方法一个突出的优点是具有在噪声背景中提取有用信号的能力,因

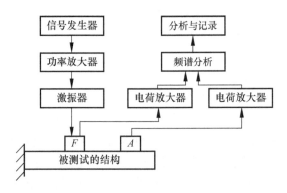

图 8-15　随机激振的测试系统

而抗噪声干扰的能力比较强。其原因在于随机激振法并非就个别的激励与响应来分析振动系统的动态特性,而是就激励与响应的统计平均参数来分析系统特性。因此,只要渗入的噪声与施加的激励在统计上是不相关的,在计算统计平均的过程中,就会自动排除噪声的影响。假设响应中含有噪声,如图 8-16 所示,$\{f(t)\}$ 是激励,$\{x(t)\}$ 是系统的真实响应,$\{z(t)\}$ 是混入的噪声,$\{y(t)\}$ 是被噪声污染后的响应,设它们都是平稳随机过程。如果能测试出 $\{f(t)\}$ 与 $\{x(t)\}$ 的互谱 $S_{fx}(\omega)$ 和 $\{f(t)\}$ 的自谱 $S_f(\omega)$,则可确定系统的频率响应函数为

$$H(\omega) = S_{fx}(\omega)/S_f(\omega) \tag{8-13}$$

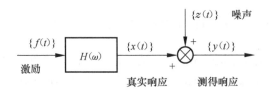

图 8-16　真实响应与测得响应

$x(t)$ 实际上是无法测得的,测到的只是混有噪声的 $\{y(t)\}$,因而只能算出 $\{f(t)\}$ 与 $\{y(t)\}$ 之间的互谱 $S_{fy}(\omega)$,按之算出的频响函数

$$\widetilde{H}(\omega) = S_{fy}(\omega)/S_f(\omega) \tag{8-14}$$

一般并不等于系统的真实频率响应函数 $H(\omega)$。如果假定 $\{z(t)\}$ 与 $\{f(t)\}$ 不相关,则可证 $S_{fz}(\omega)=0$,于是有

$$\widetilde{H}(\omega) = S_{fy}(\omega)/S_f(\omega) = S_{f(x+z)}(\omega)/S_f(\omega)$$

$$= (S_{fx}(\omega) + S_{fz}(\omega))/S_f(\omega) = S_{fx}(\omega)/S_f(\omega) = H(\omega) \tag{8-15}$$

即在这种情况下,由测得的 $\{y(t)\}$ 仍可正确地辨识出系统的频率响应函数,此即抗噪性。

采用随机激振方法对系统进行测试时,可以不必中断系统的正常运行,只要所

施加的激振信号与系统正常运行中的载荷或扰动信号是不相关的,则系统的运行信号和扰动就不会影响测试的结果。

8.2　振动系统的辨识

8.2.1　模态参数识别

1. 频率响应函数与模态参数的关系

采用前述激振试验方法,对一个多自由度系统的第 s 个自由度进行激励,而在第 r 个自由度上测量响应,从而得到频率响应函数 $H_{rs}(\omega)$,当 r,s 遍历 $1,2,\cdots,n$ 时,共可得到 n^2 个频率响应函数,它们构成一个 $n\times n$ 矩阵,即频率响应函数矩阵:

$$[H(\omega)]=\begin{bmatrix} H_{11}(\omega) & H_{12}(\omega) & \cdots & H_{1n}(\omega) \\ H_{21}(\omega) & H_{22}(\omega) & \cdots & H_{2n}(\omega) \\ \vdots & \vdots & & \vdots \\ H_{n1}(\omega) & H_{n2}(\omega) & \cdots & H_{nn}(\omega) \end{bmatrix} \tag{8-16}$$

如果对系统各自由度上的谐波激励函数 $Q_i(t)=Q_i\mathrm{e}^{\mathrm{i}\omega t}$ 以及各自由度上的响应 $q_i(t)=q_i\mathrm{e}^{\mathrm{i}\omega t}(i=1,2,\cdots,n)$ 分别构成激励向量 $Q(t)$ 与响应向量 $q(t)$,则其与频率响应函数矩阵之间的关系为

$$\{q(t)\}=[H(\omega)]\{Q(t)\} \tag{8-17}$$

或

$$q_r(t)=\sum_{p=1}^{n}H_{rp}(\omega)Q_p(t),\quad r=1,2,\cdots,n \tag{8-18}$$

矩阵 $[H(\omega)]$ 概括了一个多自由度振动系统的全部动态特性。

另一方面,一个多自由度振动系统的特性又能以其模态参数来表示,即自然频率 $\omega_1,\omega_2,\cdots,\omega_n$ 与模态矩阵

$$[u]=[\{u_1\},\{u_2\},\cdots,\{u_n\}]=\begin{bmatrix} u_1^{(1)} & u_1^{(2)} & \cdots & u_1^{(n)} \\ u_2^{(1)} & u_2^{(2)} & \cdots & u_2^{(n)} \\ \vdots & \vdots & & \vdots \\ u_n^{(1)} & u_n^{(2)} & \cdots & u_n^{(n)} \end{bmatrix} \tag{8-19}$$

其中诸模态向量满足正交条件,并假定已经按式(5-52)正规化。如果系统是小阻尼或比例阻尼,则作为模态参数和模态阻尼,还可推知模态参数、自然坐标 η_i 与各个自然坐标上的激励 $N_i(t)=N_i\mathrm{e}^{\mathrm{i}\omega t}(i=1,2,\cdots,n)$ 之间的关系为

$$\eta_s(t)=\frac{N_s(t)}{\omega_s^2-\omega^2+2\mathrm{i}\xi_s\omega_s\omega},\quad s=1,2,\cdots,n \tag{8-20}$$

描述一个系统的动态特性,可以用频率响应函数,也可以用模态参数,所以两

者之间必然存在联系。在自然坐标 $\{\eta(t)\}$ 与物理坐标 $\{q(t)\}$ 之间存在以下关系：

$$\{q(t)\} = [u]\{\eta(t)\} \tag{8-21}$$

自然坐标下的激励向量 $\{N(t)\}$ 与物理坐标下的激励向量 $\{Q(t)\}$ 之间存在以下关系：

$$\{N(t)\} = [u]^{\mathrm{T}}\{Q(t)\} \tag{8-22}$$

以上两式可拆开，可写成为

$$q_r(t) = \sum_{s=1}^{n} u_r^{(s)} \eta_s(t), \quad N_s(t) = \sum_{p=1}^{n} u_p^{(s)} Q_p(t), \quad r,s = 1,2,\cdots,n \tag{8-23}$$

将式(8-23)的第二式代入式(8-20)，得到

$$\eta_s(t) = \frac{\displaystyle\sum_{p=1}^{n} u_p^{(s)} Q_p(t)}{\omega_s^2 - \omega^2 + 2\mathrm{i}\xi_s\omega_s\omega}, \quad s = 1,2,\cdots,n \tag{8-24}$$

将式(8-24)代入式(8-23)的第一式，并交换求和次序，得

$$q_r(t) = \sum_{p=1}^{n} \Big(\sum_{s=1}^{n} \frac{u_r^{(s)} u_p^{(s)}}{\omega_s^2 - \omega^2 + 2\mathrm{i}\xi_s\omega_s\omega} \Big) Q_p(t), \quad r = 1,2,\cdots,n \tag{8-25}$$

与式(8-18)比较，可见

$$H_{rp}(\omega) = \sum_{s=1}^{n} \frac{u_r^{(s)} u_p^{(s)}}{\omega_s^2 - \omega^2 + 2\mathrm{i}\xi_s\omega_s\omega}, \quad r,p = 1,2,\cdots,n \tag{8-26}$$

此即频率响应函数与模态参数之间的关系。

如果在上面的分析中，选用的模态向量未经正规化处理，则与式(8-19)相对应，模态参数、自然坐标与自然坐标上的激励之间的关系为

$$\eta_s(t) = \frac{N_s(t)}{K_s - \omega^2 M_s + \mathrm{i}C_s\omega}, \quad s = 1,2,\cdots,n \tag{8-27}$$

式中，K_s, M_s, C_s 分别为第 s 阶模态刚度、模态质量和模态阻尼。对应于式(8-26)，可得

$$\begin{aligned}
H_{rp}(\omega) &= \sum_{s=1}^{n} \frac{u_r^{(s)} u_p^{(s)}}{K_s - \omega^2 M_s + \mathrm{i}C_s\omega} = \sum_{s=1}^{n} \frac{1}{K_{es}\big[(1-\lambda_s^2) + 2\mathrm{i}\xi_s\lambda_s\big]} \\
&= \sum_{s=1}^{n} \frac{u_r^{(s)} u_p^{(s)}}{M_{es}(\omega_s^2 - \omega^2 + 2\mathrm{i}\xi_s\omega_s\omega)} = \sum_{s=1}^{n} H_{s,rp}(\omega)
\end{aligned} \tag{8-28}$$

式中，$\lambda_s = \omega/\omega_s$，而 $K_{es} = K_s/(u_r^s u_p^s)$，$M_{es} = M_s/(u_r^s u_p^s)$ 分别称为等效刚度和等效质量。它们之间存在以下关系：

$$K_{es}/M_{es} = K_s/M_s = \omega_s^2$$

式(8-28)是复函数，可将其实部与虚部分开写成

$$\begin{aligned}
H_{rp}^{\mathrm{R}}(\omega) &= \sum_{s=1}^{n} \frac{1-\lambda_s^2}{K_{es}\big[(1-\lambda_s^2)^2 + (2\xi_s\lambda_s)^2\big]} = \sum_{s=1}^{n} H_{s,rp}^{\mathrm{R}}(\omega) \\
H_{rp}^{\mathrm{I}}(\omega) &= \sum_{s=1}^{n} \frac{-2\xi_s\lambda_s}{K_{es}\big[(1-\lambda_s^2)^2 + (2\xi_s\lambda_s)^2\big]} = \sum_{s=1}^{n} H_{s,rp}^{\mathrm{I}}(\omega)
\end{aligned} \tag{8-29}$$

$$H_{rp}(\omega) = H_{rp}^{R}(\omega) + iH_{rp}^{I}(\omega) \qquad (8\text{-}30)$$

其模与幅角分别为

$$\mid H_{rp}(\omega)\mid = \sqrt{(H_{rp}^{R}(\omega))^2 + (H_{rp}^{I}(\omega))^2}, \quad \varphi_{rp}(\omega) = \arctan\left(\frac{H_{rp}^{I}(\omega)}{H_{rp}^{R}(\omega)}\right) \qquad (8\text{-}31)$$

需要注意,由激振试验所得到的只是各个频率响应函数的数值表,即 $H_{rp}^{R}(\omega)$,$H_{rp}^{I}(\omega)$ 或 $\mid H_{rp}(\omega)\mid$,$\varphi_{rp}(\omega)$ 在一系列频率点上的数值,或由这些数值绘成的曲线,如何由这些数字或曲线资料去推算出诸模态参数,就是模态参数识别方法。

2. 模态参数识别方法

1) 自由振动衰减法及半功率带宽法

在第 3 章中介绍了利用对数衰减率求黏性阻尼率的方法,该方法也可用来测量多自由度系统的第一阶模态的阻尼率。如果要测量高阶模态的阻尼率,必须能激发出高阶模态的振动,并利用带通滤波器阻断其他各阶模态的自由振动,只容待测的那一阶通过,然后按单自由度情况处理。

半功率带宽法也可用于求阻尼率,当多自由度系统的幅频特性曲线上模态分离较开,且为小阻尼时,该方法也可近似求高阶模态阻尼率。

在上述情况下,自然频率值可从自由振动衰减波形或频率响应曲线上找出。在某一自然频率处,对结构进行激振,测出各自由度上的位移振幅分布,就可确定出该阶模态向量或振型。

2) 分量分析法

分量分析法就是将频率响应函数分成实部和虚部分量进行分析,式(8-30)是其基本公式,它是一种图解法,即从曲线上直接找出有关参数。

由式(8-29)可见,在某一频率下的传递函数为各阶模态传递函数的叠加。如图 8-17 所示,当激振频率 ω 趋近于第 r 阶模态的自然频率时,该阶模态在传递函数中起主导作用,称为**主导模态**。在主导模态附近其他模态的影响比较小,特别当模态密度不很大,即各阶模态相距较远时,其他模态的传递函数数值很小,且曲

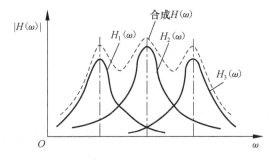

图 8-17　各阶模态传递函数的叠加原理

线比较平坦,几乎不随频率而变化,因此其余模态的影响可用一复常数 H_c 表示,当 ω 在 ω_s 的邻域内时,式(8-30)可写成

$$H_{rp}(\omega) = H_{s,rp}(\omega) + H_c = H_{s,rp}^R(\omega) + iH_{s,rp}^I(\omega) + H_c^R + iH_c^I \qquad (8\text{-}32)$$

式中

$$H_{s,rp}^R(\omega) = \frac{1 - \lambda_s^2}{K_{es}\left[(1 - \lambda_s^2)^2 + (2\xi_s\lambda_s)^2\right]}, \quad H_{s,rp}^I(\omega) = \frac{-2\xi_s\lambda_s}{K_{es}\left[(1 - \lambda_s^2)^2 + (2\xi_s\lambda_s)^2\right]} \qquad (8\text{-}33)$$

分别为第 s 阶模态频率响应函数的实部与虚部。复常数 H_c 称为**剩余柔度**,H_c^R 及 H_c^I 分别为其实部与虚部。基于式(8-32)和式(8-33),可以由实验求得的在第 s 阶模态附近的频率响应函数的实部与虚部曲线 $H_{rp}^R(\omega)$、$H_{rp}^I(\omega)$(图 8-18)近似地求出第 s 阶模态的模态参数,其方法如下:

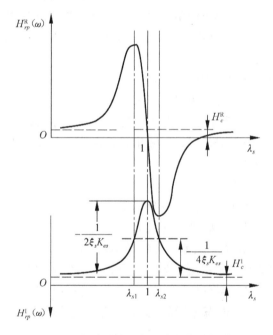

图 8-18　频率响应函数的实部与虚部曲线

(1) 自然频率:可由虚频曲线峰值对应的频率点确定峰值频率 $\omega \approx \omega_s\sqrt{1 - (2/3)\xi_s^2} \approx \omega_s$。

(2) 阻尼率:可由半功率带宽确定,设 λ_{s1},λ_{s2} 为实频图中两个峰值点所对应的频率点,则第 s 阶模态阻尼率为 $\xi_s = (\lambda_{s2} - \lambda_{s1})/2$。

(3) 模态向量:将自然频率 ω_2 代入 $H_{rp}^I(\omega)$,得到虚频曲线的峰值:

$$H_{s,rp\max}^I \approx H_{s,rp}^I(\omega_s) = \frac{-1}{2\xi_s K_{es}} = \frac{-u_r^{(s)}u_p^{(s)}}{2\xi_s K_s} \qquad (8\text{-}34)$$

根据测量得到的传递函数矩阵(8-16)中的任一列$\{H_{1p}(\omega), H_{2p}(\omega), \cdots, H_{np}(\omega)\}^{\mathrm{T}}$,可求第 s 阶模态向量。事实上

$$u_r^{(s)} = \frac{-2\xi_s K_s H_{s,rp\max}^{\mathrm{I}}}{u_p^{(s)}}, \quad r = 1, 2, \cdots, n \tag{8-35}$$

由于对第 s 阶模态,$2\xi_s K_s / u_p^{(s)}$ 可视为常数,因此对 n 自由度系统,其 n 个虚频曲线在 ω_s 处的峰值组成的向量$\{H_{rp\max}^{\mathrm{I}}\} = \{H_{s,1p\max}^{\mathrm{I}}, H_{s,2p\max}^{\mathrm{I}}, \cdots, H_{s,np\max}^{\mathrm{I}}\}^{\mathrm{T}}$ 即可代表尚未正规化的模态向量。

(4) 模态刚度与质量:由式(8-34)得到

$$K_s = \frac{-u_r^{(s)} u_p^{(s)}}{2\xi_s H_{s,rp\max}^{\mathrm{I}}} \tag{8-36}$$

而 $M_s = K_s/\omega_s^2$,如果按照式(5-52)对模态向量正规化,则有

$$M_s = 1, \quad K_s = \omega_s^2, \quad s = 1, 2, \cdots, n \tag{8-37}$$

分量分析法在系统模态密度不高时,具有足够的精度,但由于仅利用了频率响应函数曲线峰值点的信息来确定模态参数,当峰值点有误差时,识别精度将会受到影响。

3) 导纳圆分析法(Nyquist 图法或矢量分析法)

利用第 3 章介绍的 Nyquist 图也可识别系统的模态参数。由于频率、阻尼及刚度的影响在图中得到了放大,故识别效果会比前述方法更好,下面以结构阻尼为例来详细讨论这个问题。将结构阻尼的模态函数拆成实部与虚部,可写成

$$H_s(\omega) = H_s^{\mathrm{R}}(\omega) + \mathrm{i}H_s^{\mathrm{I}}(\omega) \tag{8-38}$$

$$H_s^{\mathrm{R}}(\omega) = \frac{1 - \lambda_s^2}{K_{es}[(1-\lambda_s^2)^2 + \xi_s'^2]}, \quad H_s^{\mathrm{I}}(\omega) = \frac{\xi_s'}{K_{es}[(1-\lambda_s^2)^2 + \xi_s'^2]} \tag{8-39}$$

其中下标 s 表示所考虑的是多自由度系统的第 s 个模态。此外,式(8-39)分母中还有等效刚度 K_{es},这里是以对应于第 s 个自然坐标的广义力$N_s(t)$作为输入,类似于式(8-20)。

从式(8-39)中消去 $1-\lambda_s^2$,得到

$$(H_s^{\mathrm{R}}(\omega))^2 + \left(H_s^{\mathrm{I}}(\omega) + \frac{1}{2K_{es}\xi_s'}\right)^2 = \left(\frac{1}{2K_{es}\xi_s'}\right)^2 \tag{8-40}$$

此式在复平面上代表一个圆,称为导纳圆,它具有以下特点:

(1) 导纳圆的起点坐标:

$$H_s^{\mathrm{R}}(\omega)\big|_{\omega=0} = \frac{1}{K_{es}(1+\xi_s'^2)}, \quad H_s^{\mathrm{I}}(\omega)\big|_{\omega=0} = \frac{-\xi_s'}{K_{es}(1+\xi_s'^2)} \tag{8-41}$$

因 $\xi_s'^2 \ll 1$,故在分析中取 $H_s^{\mathrm{R}}(0) = 1/K_{es}$,$H_s^{\mathrm{I}}(0) = -\xi_s'/K_{es}$。

(2) 当 $\omega = \omega_s$ 时,$H_{s\max}^{\mathrm{I}} = H_s^{\mathrm{I}}(\omega_s) = -1/(K_{es}\xi_s')$,为导纳圆与虚轴之交点。其绝对值为导纳圆的直径。

(3) 设 s 表示导纳圆的弧长,则 $\mathrm{d}s/\mathrm{d}\omega$ 在 $\omega \approx \omega_s$ 取最大值。

利用上述特性，可由激振试验得到导纳圆曲线识别模态参数。

从理论上讲，$H_s^R(\omega)$，$H_s^I(\omega)$在复平面上构成一个圆，但由于各种误差，实测的频率响应函数不应当都落在理论圆上，实际的做法是寻找一个最佳圆，使该圆上的相应数据与实测值之间误差最小。设

$$H_s^R(\omega_k) = x_k, \quad H_s^I(\omega_k) = y_k, \quad k = 1,2,\cdots,m$$

为实测值，拟合圆的方程为

$$(x-x_0)^2 + (y-y_0)^2 = R^2 \tag{8-42}$$

采用最小二乘拟合，使

$$E = \sum_{k=1}^m \left[(x-x_0)^2 + (y-y_0)^2 - R^2\right]^2 = \sum_{k=1}^m (x_k^2 + y_k^2 + ax_k + by_k + c)^2 \tag{8-43}$$

式中

$$a = 2x_0, \quad b = 2y_0, \quad c = x_0^2 + y_0^2 - R^2$$

由

$$\frac{\partial E}{\partial a} = 0, \quad \frac{\partial E}{\partial b} = 0, \quad \frac{\partial E}{\partial c} = 0 \tag{8-44}$$

得到下列方程组：

$$\begin{cases} \sum_{k=1}^m (x_k^2 + y_k^2 + ax_k + by_k + c)x_k = 0 \\ \sum_{k=1}^m (x_k^2 + y_k^2 + ax_k + by_k + c)y_k = 0 \\ \sum_{k=1}^m (x_k^2 + y_k^2 + ax_k + by_k + c) = 0 \end{cases} \tag{8-45}$$

由式(8-45)可解出a,b,c，从而求得拟合圆参数为

$$x_0 - a/2 = 0, \quad y_0 - b/2 = 0, \quad R = \sqrt{(a/2)^2 + (b/2)^2 - c} \tag{8-46}$$

这样就可做出对应的导纳圆，如图 8-19 所示。待识别的模态参数求法如下：

(1) 自然频率：将频率响应函数实测点标注在图 8-19(b)上，若激振试验采用等频率间隔扫描，则图中相邻距离最大的点对应的频率即为自然频率，若不是等频率间隔扫描，则图中相邻点间距离与其对应的频率间隔之比为最大者所对应的频率即为自然频率。

(2) 模态向量：对第 s 阶模态，由各坐标 $q_r(t)(r=1,2,\cdots,n)$ 的频率响应函数做出对应的导纳圆，导纳圆的半径组成的向量 $\{R\}$ 代表了第 s 阶模态向量。实际上由式(8-40)，并考虑到 K_{es} 的定义，有

$$2R_r = \frac{1}{K_{es}\xi_s'} = \frac{u_r^{(s)}u_p^{(s)}}{K_{es}\xi_s'}, \quad r = 1,2,\cdots,n$$

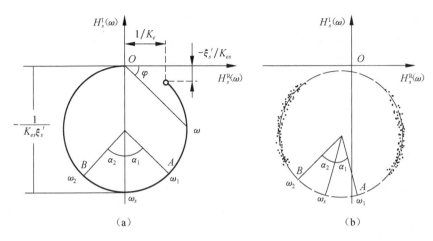

图 8-19　导纳圆

因此

$$\begin{bmatrix} u_1^{(s)} & u_2^{(s)} & \cdots & u_n^{(s)} \end{bmatrix}^{\mathrm{T}} = \frac{2K_s\xi_s'}{u_p^{(s)}} \begin{bmatrix} R_1 & R_2 & \cdots & R_n \end{bmatrix}^{\mathrm{T}} \tag{8-47}$$

（3）模态阻尼：在自然频率 ω_s 附近取两点 A,B，如图 8-19（a）所示，其对应的频率分别为 ω_1,ω_2，相应的导纳圆上的圆心角为 α_1,α_2，考虑到式（8-39），有

$$\tan\left(\frac{\alpha_1}{2}\right) = \frac{H_s^{\mathrm{R}}(\omega_1)}{H_s^{\mathrm{I}}(\omega_1)} = \frac{1-(\omega_1/\omega_s)^2}{\xi_s'}, \quad \tan\left(\frac{\alpha_2}{2}\right) = \frac{H_s^{\mathrm{R}}(\omega_2)}{H_s^{\mathrm{I}}(\omega_2)} = \frac{(\omega_1/\omega_s)^2-1}{\xi_s'}$$

将上两式相加，整理后得

$$\xi_s' = \frac{(\omega_2/\omega_s)^2-(\omega_1/\omega_s)^2}{\tan(\alpha_1/2)+\tan(\alpha_2/2)} \approx 2\frac{\omega_2-\omega_1}{\omega_s}\frac{1}{\tan(\alpha_1/2)+\tan(\alpha_2/2)} \tag{8-48}$$

对于实测数据的拟合导纳圆，虽然其圆心坐标较之理论导纳圆平移了一定距离，仍可按式（8-48）计算模态阻尼。在前面的讨论中我们只涉及了单一模态，实际上多自由度系统的导纳圆由于各态模态间的叠加，会在复平面上产生平移或旋转，且由于存在多个模态，同一测点（坐标）上的频率响应函数 $H_s(\omega)$ 会形成多个导纳圆，它们不一定是完整的圆，然后根据各拟合圆，按单模态的情况分别识别对应的模态参数。图 8-20 是一个具有三个模态的频率响应函数测试数据进行拟合得到的导纳圆，图中 $\omega_1,\omega_2,\omega_3$ 为识别出的三阶自然模态。

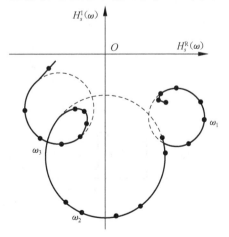

图 8-20　具有三个模态的导纳圆

上面讨论的是结构阻尼的情况,对于黏性阻尼,系统的频率响应函数在复平面上绘出的 Nyquist 图则不是一个圆,但在小阻尼或在自然频率附近,其 Nyquist 图仍接近于一个圆,因此对其各阶自然频率附近的频率响应函数测量值,仍可按上述方法进行参数识别。

导纳圆分析法利用了频率响应函数峰值附近的多点信息,可避免峰值及邻近模态的影响,只要诸模态的分布不过分密集,此方法的精度可满足工程需要。

8.2.2　物理参数识别与修改

物理参数识别是指通过试验数据识别振动系统的物理参数,即质量矩阵$[m]$、刚度矩阵$[k]$和阻尼矩阵$[c]$。物理参数识别一般有两种方法:一种是先识别系统的模态参数,然后转换为物理参数;另一种是先建立系统的分析模型,用分析或静态试验初步确定其所有的物理参数,然后用振动试验的结果来修改该分析模型,最终确定系统的物理参数。

1. 由模态参数确定振动系统的物理参数

按上节的方法,对多自由度系统进行模态参数识别,得到$\{\omega_s\}$,$[u]$及$[M_s]$,$[K_s]$,$[C_s]$,利用正交性条件:

$$[M_s] = [u]^{\mathrm{T}}[m][u], \quad [K_s] = [u]^{\mathrm{T}}[k][u], \quad [C_s] = [u]^{\mathrm{T}}[c][u] \tag{8-49}$$

可推得系统在物理坐标中的质量矩阵、刚度矩阵和阻尼矩阵为

$$[m] = ([u]^{\mathrm{T}})^{-1}[M_s][u]^{-1}, \quad [k] = ([u]^{\mathrm{T}})^{-1}[K_s][u]^{-1},$$
$$[c] = ([u]^{\mathrm{T}})^{-1}[C_s][u]^{-1} \tag{8-50}$$

式(8-50)是由模态参数求物理参数的基本公式。

例 8-1　图 8-21 为汽车振动舒适性研究中的人-椅系统,该系统可简化为三自由度系统,其中 m_1,k_1,c_1 由人体上身肢体简化而成,m_2,k_2,c_2 由人体下身肢体简

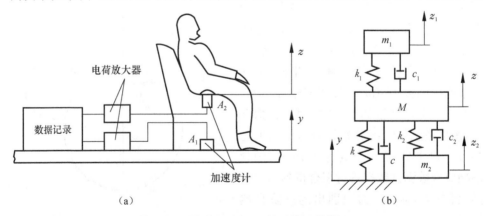

（a）　　　　　　　　　　　　　　　　　　（b）

图 8-21　汽车振动的人-椅系统及其模型

化而成,在有关的人体工程学研究中专门对人体模型进行了试验分析,已求得以上六个参数的具体数值。又由于坐垫很轻,可取 $M=0$。要求通过试验分析确定座椅的参数 k,c。

解　对图 8-21 所示的汽车系统,运动方程为

$$m_1\ddot{z}_1 + c_1(\dot{z}_1 - \dot{z}) + k_1(z_1 - z) = 0, \quad m_2\ddot{z}_2 + c_2(\dot{z}_2 - \dot{z}) + k_2(z_2 - z) = 0$$

$$(8\text{-}51)$$

$$M\ddot{z}_1 + c_1(\dot{z} - \dot{z}_1) + k_1(z - z_1) + c_2(\dot{z} - \dot{z}_2) + k_2(z - z_2) = 0 \quad (8\text{-}52)$$

将式(8-51)代入式(8-52),并以 $M=0$ 代入,整理得

$$m_1\ddot{z}_1 + m_2\ddot{z}_2 + c\dot{z} + kz = c\dot{y} + ky \qquad (8\text{-}53)$$

式(8-51)和式(8-53)就是系统的运动方程,该系统的激励是座椅基础的运动 $y(t)$。从运动方程可推得,当 $y(t)$ 为激励、$z(t)$ 为响应时的频率响应函数为

$$H_{zy}(\omega) = \frac{\omega_0 + 2\mathrm{i}\xi\omega_\mathrm{n}\omega}{\omega_\mathrm{n} - (\mu_1 H_{z_1 z}(\omega) + \mu_2 H_{z_2 z}(\omega))\omega^2 + 2\mathrm{i}\xi\omega_\mathrm{n}\omega} \qquad (8\text{-}54)$$

其中

$$H_{z_1 z}(\omega) = \frac{\omega_{1\mathrm{n}}^2 + 2\mathrm{i}\xi_1\omega_{1\mathrm{n}}\omega}{\omega_{1\mathrm{n}}^2 - \omega^2 + 2\mathrm{i}\xi_1\omega_{1\mathrm{n}}\omega}, \quad H_{z_2 z}(\omega) = \frac{\omega_{2\mathrm{n}}^2 + 2\mathrm{i}\xi_2\omega_{2\mathrm{n}}\omega}{\omega_{2\mathrm{n}}^2 - \omega^2 + 2\mathrm{i}\xi_2\omega_{2\mathrm{n}}\omega} \quad (8\text{-}55)$$

式中

$$\xi_1 = c_1/(2\sqrt{m_1 k_1}), \quad \xi_2 = c_2/(2\sqrt{m_2 k_2}), \quad \xi = c/(2\sqrt{mk})$$

$$\omega_{1\mathrm{n}} = \sqrt{k_1/m_1}, \quad \omega_{2\mathrm{n}} = \sqrt{k_2/m_2}, \quad \omega_\mathrm{n} = \sqrt{k/m} \qquad (8\text{-}56)$$

$$m = m_1 + m_2, \quad \mu_1 = m_1/m, \quad \mu_2 = m_2/m = 1 - \mu_1$$

因为 $m_1, k_1, c_1, m_2, k_2, c_2$ 已知,所以 $H_{zy}(\omega)$ 中仅有 ξ 和 ω_n 是待识别的模态参数。另一方面,为了从试验中获得 $H_{zy}(\omega)$,本应采用前述的各种激励方法对车底板即座椅基础进行激励,但汽车在行驶的时候总是受到粗糙不平的路面的激励,这种激励可以近似作为具有平稳各态历经的随机激振源。因此,如图 8-21 所示的测试系统中不再包含激振部分。

采用加速度计 A_1, A_2 分别拾取激励信号 $y(t)$ 及响应信号 $z(t)$,它们分别安装在车厢底板和座椅上。经电荷放大器放大后送入计算机存储,然后按式(8-29)进行分析处理,求出 $H_{zy}(\omega)$。图 8-22 是由上述试验中得到的 $H_{zy}(\omega)$ 的幅频特性曲线和相频特性曲线。根据这两条曲线,按 $H_{zy}(\omega)$ 的表达式,采用最小二乘法,可识别出参数 ξ, ω_n,并拟合出曲线 $|H_{zy}(\omega)|$,该曲线以虚线表示在图 8-22 中。

最后将 ξ, ω_n 代回式(8-56),即可求得 k, c。

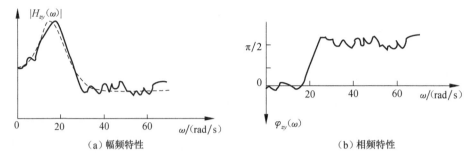

（a）幅频特性　　　　　　　　　　　　　（b）相频特性

图 8-22　试验所得幅频特性曲线和相频特性曲线

2. 模型物理参数的修改

在有些情况下，通过对结构的分析计算，可得到系统的质量矩阵和刚度矩阵的近似值$[m_0]$，$[k_0]$，而希望利用实验模态分析的结果对其进行修改，以期求得系统的精确的物理参数，即系统的真实的质量矩阵和刚度矩阵$[m]$，$[k]$，此即结构得到修改。

设$[m_0]$，$[k_0]$相应的模态矩阵为$[u_0]$和频率矩阵为$[\omega_{0s}^2]$满足正交性条件：

$$[u_0]^T[m_0][u_0] = [I], \quad [u_0]^T[k_0][u_0] = [\omega_{0s}^2] \tag{8-57}$$

而实际系统进行振动测试得到的结果为$[u]$，$[\omega_s^2]$，要求确定系统的$[m]$，$[k]$。设上述参数之间有下列关系：

$$[u] = [u_0] + [\Delta u], \quad [\omega_s^2] = [\omega_{0s}^2] + [\Delta \omega_s^2]$$
$$[m] = [m_0] + [\Delta m], \quad [k] = [k_0] + [\Delta k] \tag{8-58}$$

由以上各式可见，如果已知的$[u]$，$[\omega_s^2]$求得$[\Delta m]$，$[\Delta k]$，则系统的$[m]$，$[k]$也就可确定了。当$[\Delta \omega_s^2]$，$[\Delta u]$是小量矩阵，即试验结果与分析法结果相差很小时，可采用下面介绍的摄动法推求$[\Delta m]$，$[\Delta k]$。若记$[\alpha]$为系数矩阵，则$[\Delta u]$可用$[u_0]$表示为

$$[\Delta u] = [u_0][\alpha] \tag{8-59}$$

系数矩阵的所有元素也是小量。将式（8-59）代入式（8-58）的第一式，得

$$[u] = [u_0]([I] + [\alpha]) \tag{8-60}$$

而系统真实的质量矩阵、刚度矩阵$[m]$，$[k]$与测试得到的$[u]$，$[\omega_s^2]$之间满足正交性条件：

$$[u]^T[m][u] = [I], \quad [u]^T[k][u] = [\omega_s^2] \tag{8-61}$$

将式（8-58）的第三式及式（8-60）代入式（8-61）的第一式，并整理得

$$([\alpha]^T + [I])[u_0]^T[m_0][u_0] + [u_0]^T[\Delta m][u_0]([I] + [\alpha]) = [I]$$

将式（8-57）的第一式代入上式，得

$$([\alpha]^T + [I])([I] + [u_0]^T[\Delta m])[u_0]([I] + [\alpha]) = [I]$$

注意到上式中$[\alpha]$，$[\Delta m]$都是小量，将上式左边展开，略去二阶微量，整理后得

$$([u_0]^{\mathrm{T}}[\Delta m])[u_0] = -[\alpha] - [\alpha]^{\mathrm{T}} \tag{8-62}$$

与此类似,将式(8-58)的第四式及式(8-60)代入式(8-61)的第二式,并利用式(8-57)的第二式,略去二阶微量,可得

$$([u_0]^{\mathrm{T}}[\Delta k])[u_0] = [\Delta \omega_s^2] - [\Delta \omega_{0s}^2][\alpha] - [\alpha]^{\mathrm{T}}[\Delta \omega_{0s}^2] \tag{8-63}$$

对式(8-62)左乘 $[u_0]^{-\mathrm{T}}$,右乘 $[u_0]^{-1}$,得

$$[\Delta m] = -[u_0]^{-\mathrm{T}}([\alpha] + [\alpha]^{\mathrm{T}})[u_0]^{-1} \tag{8-64}$$

式中,$[u_0]^{-\mathrm{T}}$ 表示 $([u_0]^{-1})^{\mathrm{T}}$,由式(8-57)的第一式左乘 $[u_0]^{-\mathrm{T}}$,右乘 $[u_0]^{-1}$,分别可得

$$[m_0][u_0] = [u_0]^{-\mathrm{T}}, \quad [u_0]^{-\mathrm{T}}[m_0] = [u_0]^{-1} \tag{8-65}$$

另一方面,由式(8-60)左乘 $[u_0]^{-1}$,并将式(8-65)的第二式代入整理,得

$$[\alpha] = [u_0]^{-1}[u] - [I] = [u_0]^{\mathrm{T}}[m_0][u] - [I] \tag{8-66}$$

于是,将式(8-66)和式(8-65)的第二式及其转置分别代入式(8-64),便可得到确定 $[\Delta m]$ 的公式:

$$[\Delta m] = [m_0][u_0](2[I] - [u_0]^{\mathrm{T}}[m_0][u] - [u]^{\mathrm{T}}[m_0][u_0])[u_0]^{\mathrm{T}}[m_0] \tag{8-67}$$

与此类似,由式(8-63),得

$$[\Delta k] = ([u_0]^{-\mathrm{T}}[\Delta \omega_s^2] - [\Delta \omega_{0s}^2][\alpha] - [\alpha]^{\mathrm{T}}[\Delta \omega_0^2])[u_0]^{-1} \tag{8-68}$$

由式(8-57)的第二式左乘 $[u_0]^{-\mathrm{T}}$,右乘 $[u_0]^{-1}$,分别可得

$$[k_0][u_0] = [u_0]^{-\mathrm{T}}[\omega_{0s}^2], \quad [u_0]^{\mathrm{T}}[k_0] = [\omega_{0s}^2][u_0]^{-1} \tag{8-69}$$

另一方面,由式(8-60)左乘 $[u_0]^{-1}$,并将式(8-69)的第二式代入整理,得

$$[\omega_{0s}^2][\alpha] = [\omega_{0s}^2]([u_0]^{-1}[u] - [I]) = [u_0]^{\mathrm{T}}[k_0][u] - [\omega_{0s}^2] \tag{8-70}$$

将式(8-70)及其转置、式(8-65)分别代入式(8-68),得

$$[\Delta k] = [m_0][u_0]([\Delta \omega_s^2] + 2[\omega_{0s}^2] - [u_0]^{\mathrm{T}}[k_0][u] - [u]^{\mathrm{T}}[k_0][u_0])[u_0]^{\mathrm{T}}[m_0]$$

将式(8-58)的第二式代入式(8-71),得到确定 $[\Delta k]$ 的公式:

$$[\Delta k] = [m_0][u_0]([\omega_s^2] + [\omega_{0s}^2] - [u_0]^{\mathrm{T}}[k_0][u] - [u]^{\mathrm{T}}[k_0][u_0])[u_0]^{\mathrm{T}}[m_0] \tag{8-71}$$

3. 模态参数随物理参数变化的灵敏度

前面介绍的物理参数修改方法也是振动系统优化设计的有力工具。借助这种方法,可选择修改系统的物理参数,使振动系统具有预定的自然频率或振型等特性。在这类问题中,有必要研究自然频率、模态向量等模态参数随系统物理参数的变化,探讨模态参数对质量、刚度的哪一部分的变化最敏感,即灵敏度问题。

讨论一个无阻尼的 n 自由度问题,其振动方程为

$$[m]\{\ddot{q}(t)\} + [k]\{q(t)\} = \{0\} \tag{8-72}$$

与之对应的特征值问题方程为

$$([k] - \omega^2[m])\{u\} = [F]\{u\} = \{0\} \tag{8-73}$$

式中，$[F] = [k] - \omega^2[m]$ 是对称矩阵。系统的各阶模态 $\omega_r, \{u^{(r)}\}(r = 1, 2, \cdots, n)$ 可由上面的方程解出，即

$$[F^{(r)}]\{u^{(r)}\} = \{0\}, \quad r = 1, 2, \cdots, n \tag{8-74}$$

其中，$[F^{(r)}] = [k] - \omega_r^2[m](r = 1, 2, \cdots, n)$，以 $\{u^{(r)}\}^{\mathrm{T}}$ 左乘式(8-74)，得

$$\{u^{(r)}\}^{\mathrm{T}}[F^{(r)}]\{u^{(r)}\} = 0, \quad r = 1, 2, \cdots, n \tag{8-75}$$

把系统的自然频率和模态向量均看做物理参数的函数，将式(8-75)对物理参数变量 s 求偏导数，得

$$\frac{\partial\{u^{(r)}\}^{\mathrm{T}}}{\partial s}[F^{(r)}]\{u^{(r)}\} + \{u^{(r)}\}^{\mathrm{T}}\frac{\partial[F^{(r)}]}{\partial s}\{u^{(r)}\} + \{u^{(r)}\}^{\mathrm{T}}\{F^{(r)}\}\frac{\partial[u^{(r)}]}{\partial s} = 0 \tag{8-76}$$

又由式(8-74)转置可得

$$\{u^{(r)}\}^{\mathrm{T}}[F^{(r)}]^{\mathrm{T}} = \{u^{(r)}\}^{\mathrm{T}}[F^{(r)}] = \{0\}^{\mathrm{T}} \tag{8-77}$$

将式(8-77)和式(8-74)代入式(8-76)，得到

$$\{u^{(r)}\}^{\mathrm{T}}\frac{\partial[F^{(r)}]}{\partial s}\{u^{(r)}\} = 0 \tag{8-78}$$

再将 $[F^{(r)}] = [k] - \omega_r^2[m]$ 代入式(8-78)，得

$$\{u^{(r)}\}^{\mathrm{T}}\left(\frac{\partial[k]}{\partial s} - 2\omega_r\frac{\partial\omega_r}{\partial s}[m] - \omega_r^2\frac{\partial[m]}{\partial s}\right)\{u^{(r)}\} = 0 \tag{8-79}$$

选取正规化模态向量 $\{u^{(r)}\}$，使之满足 $\{u^{(r)}\}^{\mathrm{T}}[m]\{u^{(r)}\} = 1$，并将其代入式(8-79)，得

$$\frac{\partial\omega_r}{\partial s} = \frac{1}{2\omega_r}\{u^{(r)}\}^{\mathrm{T}}\frac{\partial[k]}{\partial s}\{u^{(r)}\} - \frac{\omega_r}{2}\{u^{(r)}\}^{\mathrm{T}}\{F^{(r)}\}\frac{\partial[m]}{\partial s}\{u^{(r)}\} \tag{8-80}$$

式(8-80)表示了系统第 r 阶自然频率 ω_r 随系统物理参数 s 变化的灵敏度。同样可导出模态向量对于物理参数 s 变化的灵敏度的表达式：

$$\frac{\partial\{u^{(r)}\}}{\partial s} = \sum_{\substack{h=1\\h \neq r}}^{n}\frac{\{u^{(r)}\}^{\mathrm{T}}(\partial\{F^{(r)}\}/\partial s)\{u^{(r)}\}}{\omega_h^2 - \omega_r^2}\{u^{(h)}\} - \frac{1}{2}\{u^{(r)}\}^{\mathrm{T}}\frac{\partial[m]}{\partial s}\{u^{(r)}\}\{u^{(r)}\} \tag{8-81}$$

8.3 振动与故障诊断

8.3.1 机械故障诊断概述

机械设备的自动化、智能化、大型化和复杂化，在许多的情况下都须确保工作过程的安全运行和可靠性，因此对其工作状态的监视和故障诊断日益重要。另外，由于测试技术的发展，尤其是传感技术、计算机技术以及信息论、控制论和可靠性

理论的发展,使机械设备故障诊断的理论与方法日趋完善。可以说,机械故障诊断学是信息科学与机械工业发展密切结合的一门新技术。

在各种故障诊断技术中,基于振动分析判断机械工作状态、识别故障类型和位置、预测故障趋势的振动诊断方法占据着主导地位。由于其适用面广,无需专门的仪器设备,便于实施在线监测与诊断等突出的特点,在工程实际中获得了广泛的应用。

振动诊断涉及两类基本问题,即故障分析与故障诊断。前者是已知故障的类型、位置和程度,通过分析计算,进而形成诊断知识库;后者是根据异常响应的特性,推知故障的类型、位置和程度,依据已建立的故障与振动状态之间的映射关系,作出诊断结论。

机械故障诊断,就是通过检测、提取,利用机械系统运行中所产生的相关信息,识别其技术状态,确定故障的性质,分析故障产生的原因,寻找故障部位,预报故障的发展趋势,并提出相应的对策。因此,机械故障诊断是一个包含运行状态检测、信号分析处理、故障模式识别、未来趋势预测、维修决策形成等内容的完整而系统的技术过程与学科。

1. 机械故障诊断的基本内容

机械故障诊断理论与技术以设备和零部件的工艺参数和工作环境为研究对象,以故障机理分析为基础,以信号检测、信号分析与处理模式识别为主要技术手段,以机械设备在给定条件下准确实现预期功能为目标,以经济的、科学的手段保障生产系统和工作设备安全、高效地运行。其主要内容概括如下:

(1) 根据设备的类型、工况选择和测取与设备状态有关的状态信号。

(2) 从状态信号中提取与设备故障对应的特征信息及征兆。

(3) 根据设备的征兆识别设备的故障。

(4) 根据设备的征兆和故障进一步分析故障的部位、类型、程度和趋势。

(5) 根据设备的故障及其趋势做出评价和决策,包括控制、自诊治、维修和监测。

机械故障诊断包含以下三个基本环节。

(1) 状态检测:对表征设备运行状态的信号,如振动、噪声、温度等,进行在线监测或离线检测,分析、判断设备是否处于异常状态,是故障诊断的基础和前提。在检测中,需要选择检测参数、检测部位和检测方式。

(2) 故障诊断:故障的存在必然导致异常信号的产生,在工艺参数和工作环境正常的情况下,如果状态检测出设备运行处于异常状态,表明设备出现了故障。故障诊断的基本原理是,提取对各类故障高度敏感的特征信号进行分析处理,以基于故障机理分析或经验获得的故障与状态之间确定性的映射关系(并非一一对应关系)为基础,依据特征信号的结构、强度和变化情况,识别故障模式,判断故障部位,预测故障趋势。

（3）决策实施:在故障分析与诊断的基础上,依据故障原因、部位、程度、趋势以及对预期功能的影响和潜在的危险性,提出尽可能经济和快捷的治理策略。如果分析表明设备尚可继续运行,则需要密切监视故障的发展状况,以便及时采取必要的措施。

机械故障诊断的基本内容和技术过程如图 8-23 所示。

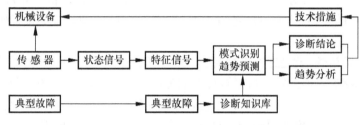

图 8-23　机械故障诊断的基本内容和技术过程

2. 机械故障诊断方法

不同的诊断对象、不同的诊断目的与要求、不同的环境条件通常需要采用不同的诊断方法。进行故障诊断的核心是故障特征的提取问题,即借助于信号处理的理论与技术对测量数据进行加工处理、提取信息、信息融合等,获得最能代表信号特征的信息参数。根据所利用特征信号的物理性质不同,机械故障诊断有以下几种方法。

（1）振动诊断法:将在设备特定部位检索到的振动位移、速度或加速度信号作为分析对象,依据振动信号的结构、强度和变化方式,识别机械系统运行状态和故障模式。

（2）噪声诊断法:通过对机械系统运行过程中产生的噪声信号进行测量与分析达到诊断的目的。

（3）温度诊断法:以温度、温差、温度场为检测与分析对象,进行不同状态的比较与分析,或采用红外热成像技术进行识别和诊断。

（4）油液分析诊断法:通过采集和分析有代表性的油样中携带的磨粒来识别磨损状态。

（5）无损检测法:利用材料的某一物理性质因存在缺陷而发生变化的特点,在不破坏表面及内部结构的前提下,探寻机械零件和工程结构中存在的裂纹、沙眼和缩孔等缺陷,手段有超声波、射线、声发射和磁力等。

8.3.2　齿轮故障产生机理及其诊断方法

1. 齿轮故障产生机理

齿轮的失效形式是多种多样的,如齿面磨损、点蚀、胶合、塑性流动、折断等,特别应当指出齿轮折断这种故障失效形式,往往是由一个齿轮轮齿的折断而引起相互啮合轮齿的断裂,甚至出现卡死现象。断齿从机理上可分为过载折断和疲劳折断。前者只要根据齿轮的实际工况进行合理设计、制造和使用,并在机械系统引入过载保护装置即可避免;后者尽管可以采取控制齿轮应力、合理选用齿根圆角半径、对齿根进行磨光和喷丸处理以及减少有害残余应力的方法来加以改善,但由于齿轮啮合过程中轮齿的啮入啮出冲击,齿面载荷的交变,随机因素引起的瞬时过载、材料的缺陷和热处理的影响,经常在齿根部出现裂纹,形成疲劳源,在长期交变应力作用下,会引起裂纹的扩展,最后导致快速扩展而断裂,出现事故,造成损失。如果能在裂纹形成和扩展过程中,及时诊断出裂纹,并进行及时有效的处理,就能避免重大事故的发生。

据统计,在齿轮传动系统中各类零件失效和故障的比例为:齿轮 60%;轴 19%;轴承 10%;箱体 7%;紧固件 3%;油封 1%。齿轮损伤常见的形式有:磨损;表面疲劳,分为初期点蚀、破坏性点蚀和最终剥落;塑性变形,齿面出现压痕、起皱、隆起和犁沟;齿断裂,包括疲劳断裂、过载折断和磨损折断;气蚀,主要由于润滑油中析出的气泡被压溃破裂,产生瞬时冲击力和高温,使齿面产生冲蚀麻点。产生这些损伤和故障主要是由加工制造误差、装配不当或者载荷润滑条件不当等引起的,如齿轮偏心、齿轮齿形和基节误差、齿轮轴安装不平行、不同轴等。

2. 齿轮故障诊断方法

根据上述故障发生的机理,齿轮故障诊断方法如下。

(1) 温度监测法:通过检测齿轮装置的温度变化来识别故障。

(2) 铁谱分析法:通过检测齿轮润滑油中磨粒的大小、成分来诊断磨损故障。

(3) 振动强度法:通过检测齿轮装置的振动强度是否异常来判断故障。

(4) 噪声诊断法:通过监测齿轮系统噪声发出程度和变化来诊断故障。

在振动与噪声识别方法中按照识别的机理还可以细分为时域识别法、频域识别法和时频识别法三种,如图 8-24 所示。

齿轮故障诊断的具体实施过程不再详述。一般而言,瞬时频率是相位对时间的导数,随时间不断变化。经过处理后就得到系统频率随时间 t 的变化关系,以此分析齿轮系统的故障。图 8-25 表示了两组带缺陷齿轮的频率时变曲线(TFF),

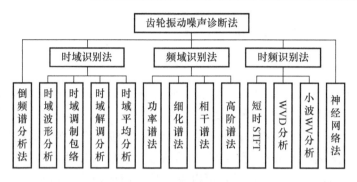

图 8-24　齿轮振动噪声识别方法

图中①、②、③分别代表正常齿轮、中等故障齿轮、严重故障齿轮的三种情况,可见经过 H 变换后,并求出瞬时频率,可以检测齿轮的故障,及时准确地发现齿轮故障信息。

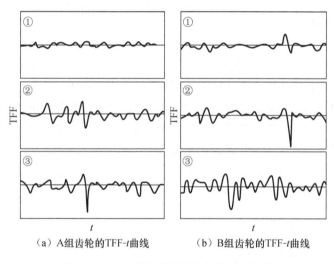

（a）A组齿轮的TFF-t曲线　　　　　　（b）B组齿轮的TFF-t曲线

图 8-25　两组带缺陷齿轮的频率时变曲线

8.4　凸轮机构的振动分析与控制

凸轮机构是利用凸轮的外形轮廓实现从动件按所要求的规律运动的机构。在实际机构中,凸轮自身的刚度比较大,但由于传递运动距离较大等原因,从动件的刚度相对较低,而且从动件的运动是周期性变化的,运动的瞬时速度和加速度有时会很大,甚至发生冲击。特别是凸轮机构在高速运动下的动力学问题日益突出:从动件的实际运动规律偏离理论运动规律,产生动态运动误差,影响工作性能和可靠性;构件中的动应力大大增加,加剧构件的磨损、疲劳破坏,并产生噪声。因此,考虑从动件弹性的凸轮机构动力学分析是机械系统动力学的一个主要内容。

8.4.1 凸轮机构的振动模型

要进行凸轮的振动分析,首先要建立其动力学模型。在凸轮机构的分析中一般多采用集中参数模型,将弹性较大的部分用无质量弹簧来模拟,惯性较大的部分用集中质量来模拟。有的杆件本身既有弹性、又有质量,则用等效弹簧替代杆件的弹性,保持替代前后变形能不变;用等效集中质量来替代杆件的质量,保持替代前后动能不变。下面以内燃机配气凸轮机构(图 8-26(a))为例,说明如何建立凸轮机构的动力学模型。

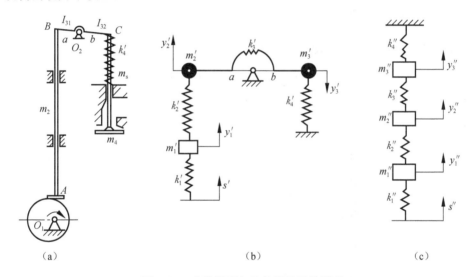

图 8-26 内燃机配气凸轮机构及其模型

整个凸轮机构系统可分为两个子系统:凸轮-推杆子系统、凸轮轴-凸轮子系统。

1. 凸轮-推杆子系统

将构件质量作集中化处理:

(1)推杆质量 m_2 按质心不变原则集中于 A,B 两端,分别为 m_{A2},m_{B2},且有 $m_{A2}+m_{B2}=m_2$。

(2)由于转臂 BC 的摆角不大,近似认为 B,C 两点做小幅度直线运动。按照转动惯量不变的原则,用集中于 B,C 两点的集中转动惯量代替转臂左右两部分的转动惯量,即: $m_{B3}=I_{31}/a^2$, $m_{C3}=I_{32}/b^2$。其中,I_{31},I_{32} 为转臂左右两部分对 O_2 的转动惯量。

（3）忽略阀的弹性，将其质量集中于 C 点，并记阀的质量为 m_4，弹簧的质量为 m_s，则有 $m_{C4}=m_4+m_s/3$，根据振动理论，弹簧质量可取其 $1/3$ 集中于其端部。

这样即可得到如图 8-26(b) 所示的动力学模型。图中：$m_1'=m_{A2}$，$m_2'=m_{B2}+m_{B3}$，$m_3'=m_{C2}+m_{C4}$；k_1' 为凸轮与推杆接触表面的接触刚度；k_2' 为推杆 AB 的拉伸刚度；k_3' 为转臂 BC 的弯曲刚度；k_4' 为弹簧刚度；s' 为凸轮作用于推杆的理论位移。

坐标变换：以推杆为等效构件，将转臂右边的位移、质量、刚度折算到推杆上，折算时保持动能、势能不变。则可得到如图 8-26(c) 所示的动力学模型。图中，$s''=s'$，$y_1''=y_1'$，$y_2''=y_2'$，$y_3''=(a/b)y_3'$，$k_1''=k_1'$，$k_2''=k_2'$，$k_3''=k_3'$，$k_4''=(a/b)k_4'$，$m_1''=m_1'$，$m_2''=m_2'$，$m_3''=(a/b)m_3'$。

2. 凸轮轴-凸轮子系统

凸轮轴-凸轮子系统的动力学模型如图 8-27(a) 所示，其中

$$I_1'=I_1+I_{T1}, \quad I_2'=I_2+I_{T2}$$

式中，I_1，I_2 为驱动盘和凸轮的转动惯量；I_{T1}，I_{T2} 为集中到驱动盘和凸轮上的轴自身的转动惯量。

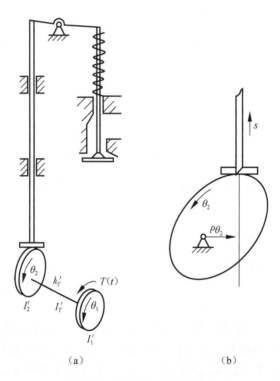

图 8-27　凸轮轴-凸轮子系统

坐标变换:以推杆为等效构件,将子系统的角位移、转动惯量、刚度和外力矩都折算到推杆的移动轴线上。推杆位移 s 与凸轮转角 θ_2 间有如下关系(图 8-27(b)):

$$\mathrm{d}s = \rho\theta_2 \mathrm{d}\theta_2$$

式中,$\rho\theta_2$ 为凸轮转动中心 O 至相对速度瞬心 P 间的距离,它是凸轮转角 θ_2 的函数。

力矩 T 可用一等效力来代替:

$$F_\mathrm{e} = T/(\rho\theta_2)$$

两转角 θ_1,θ_2 转化到推杆轴线上可以等效线位移代替:

$$y_{\theta1} = \theta_1\rho\theta_2, \quad y_{\theta2} = \theta_2\rho\theta_2 = s$$

两转动惯量 I_1,I_2 可用两等效质量代替:

$$m_{I1} = I_1/(\rho\theta_2)^2, \quad m_{I2} = I_2/(\rho\theta_2)^2 \tag{8-82}$$

等效刚度为

$$k_{Te} = k_T/(\rho\theta_2)^2 \tag{8-83}$$

这样,就得到了图 8-28 的动力学模型。为了简便起见,图 8-28 中将上标均略去,这是一个五自由度的集中质量模型。

3. 运动方程

以上分析的五自由度方程可用矩阵形式表示

$$[m]\{\ddot{U}\} + [k]\{U\} = \{F\} \tag{8-84}$$

式中,$\{U\}$,$\{F\}$ 分别为系统广义坐标列阵和系统广义力列阵

$$\{U\} = \{y_{\theta1} \quad s \quad y_1 \quad y_2 \quad y_3\}^\mathrm{T}, \quad \{F\} = \{F_\mathrm{e} \quad 0 \quad 0 \quad 0 \quad 0\}^\mathrm{T}$$

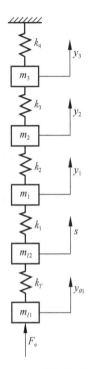

图 8-28 凸轮轴-凸轮子系统的动力学模型

从式(8-82)和式(8-83)来看,$[m]$ 和 $[k]$ 与各个等效质量和等效刚度有关。其元素中包含有 $\rho\theta_2$,是一个随转角位置变化的量,因此这是一个变系数微分方程。所以,计入凸轮轴振动的分析难度较大,只有理论和经验表明确有必要时才进行这样的分析。

8.4.2 凸轮机构的振动分析

考虑从动件弹性的凸轮机构的分析模型与从动件的结构及设计时所选用的运动规律有关。下面以如图 8-29 所示的移动从动件平板凸轮机构为例来讨论分析过程及结果。在分析中,只考虑从动件的纵向变形。根据前面所述,从动件可以用单个集中质量模型建立动力学方程的方法,也可基于达朗贝尔原理、拉格朗日方程或采用传递矩阵法等。在此以单个集中质量模型为例说明进行动力学分析的方法。在外力为零、不计摩擦力的情况下,由达朗贝尔原理可得方程有

$$m\ddot{y} + k_r(y - s) + k_s y = 0$$

即

$$\ddot{y} + \frac{k_r + k_s}{m}y = \frac{k_r}{m}s$$

式中，y 为推杆输出运动；s 为凸轮作用于推杆底部的运动规律，可视为推杆的输入运动；m 为推杆质量；k_r 和 k_s 分别为推杆的等效刚度系数和凸轮副封闭弹簧的刚度系数。

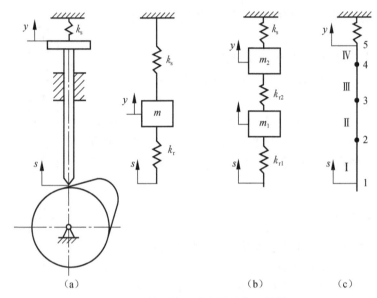

图 8-29　凸轮机构的动力学系统及其模型

设

$$\omega_n^2 = \frac{k_r + k_s}{m}, \quad s = s(\theta), \quad \theta = \omega t \tag{8-85}$$

式中，θ 为凸轮转角；ω 为凸轮的角速度，则得

$$\ddot{y} + \omega_n^2 y = \frac{k_r}{m}s(\theta) \tag{8-86}$$

式(8-85)即为如图 8-29 所示凸轮机构的动力学方程。其解是推杆的输出运动规律，与凸轮输入的理想的运动规律 $s(\theta)$ 有关。如图 8-30(a)所示，等速运动规律为

$$s(\theta) = \frac{h}{\theta_1}\theta = \frac{h}{\theta_1}\omega t$$

代入式(8-85)可得等速运动的动力学方程。其解为

$$y = A\cos(\omega_n t) + B\sin(\omega_n t) + \frac{k_r}{\omega_n^2 m}\frac{h}{\theta_1}\omega t \tag{8-87}$$

式中，A，B 为常数，由初始条件确定。

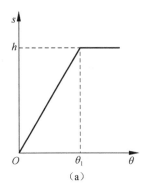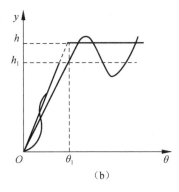

图 8-30　推杆弹性对运动的影响

设 $t=0$ 时，$y_0=0$，$\dot{y}_0=0$，利用式(8-87)可解出

$$A = 0, \quad B = -\frac{k_r}{\omega_n^3 m}\frac{h}{\theta_1}\omega$$

代入式(8-87)得

$$y = -\frac{k_r}{\omega_n^3 m}\frac{h}{\theta_1}\omega\sin(\omega_n t) + \frac{k_r}{\omega_n^2 m}\frac{h}{\theta_1}\omega t \tag{8-88}$$

若以凸轮转角为参考坐标，将式(8-85)的第一式代入，得

$$y(\theta) = \frac{k_r}{k_r + k_s}\left[\frac{h}{\theta_1}\theta - \frac{h}{\theta_1}\frac{\omega}{\omega_n}\sin\left(\frac{\omega_n}{\omega}\theta\right)\right] \tag{8-89}$$

式(8-89)表示机构在推杆上升阶段，$\theta=0\sim\theta_1$ 区间内输出运动的规律。图 8-30(b)
表示推杆弹性对运动的影响，凸轮转角为 θ_1 时，推杆的升程为 h_1 而不是 h，而且在
由 0 至 h_1 过程中，在匀速运动的基础上叠加了一个正弦规律的运动。若推杆刚度
很大，凸轮转速较低，这时 $\omega\ll\omega_n$，由式(8-89)可知输出运动与刚性机构很接近。

在 $\theta>\theta_1$ 的区间内，推杆的理想情况是静止在最高点位置。求解输出真实运
动的方法是先由式(8-89)求出 $\theta=\theta_1$ 时推杆的位移 $y(\theta_1)$ 和速度 $y(\dot{\theta}_1)$，以它们为
初始条件求解这一时段的动力学方程

$$\ddot{y} + \omega_n^2 y = \frac{k_r}{m}h$$

该方程的全解为

$$y = A_1\cos(\omega_n t) + B_1\sin(\omega_n t) + \frac{k_r}{\omega_n^2 m}h = A_1\cos\left(\frac{\omega_n}{\omega}\theta\right) + B_1\sin\left(\frac{\omega_n}{\omega}\theta\right) + \frac{k_r}{k_r + k_s}h$$
$$\tag{8-90}$$

根据初始条件 $\theta=\theta_1$，由式(8-90)及其微分式可得

$$y(\theta_1) = \frac{k_r}{k_r + k_s}\left[h - \frac{h}{\theta_1}\frac{\omega}{\omega_n}\sin\left(\frac{\omega_n}{\omega}\theta_1\right)\right]$$

$$\dot{y}(\theta_1) = \frac{k_r}{k_r + k_s}\left[\frac{h}{\theta_1}\omega - \frac{h}{\theta_1}\omega\cos\left(\frac{\omega_n}{\omega}\theta_1\right)\right] = \frac{k_r h\omega}{(k_r + k_s)\theta_1}\left[1 - \cos\left(\frac{\omega_n}{\omega}\theta_1\right)\right]$$

设 $\dfrac{k_r}{k_r + k_s} = k, \dfrac{\omega_n}{\omega}\theta = \varphi, \dfrac{\omega_n}{\omega}\theta_1 = \varphi_1, y(\theta_1) = h_1, \dot{y}(\theta_1) = V_1$，由式(8-90)可解得

$$A_1 = (h_1 - kh)\cos\varphi_1 - \frac{V_1}{\omega_n}\sin\varphi_1, \quad B_1 = (h_1 - kh)\sin\varphi_1 + \frac{V_1}{\omega_n}\cos\varphi_1$$

故在 $\theta > \theta_1$ 的凸静止区间，输出运动为

$$y = kh + (h_1 - kh)\cos(\varphi - \varphi_1) + (V/\omega_n)\sin(\varphi - \varphi_1) = kh + H\sin(\varphi - \varphi_1 + \alpha)$$
$$(8\text{-}91)$$

其中

$$\alpha = \arctan\left(\frac{h_1 - kh}{V_1}\omega_n\right), \quad H = \sqrt{(h_1 - kh)^2 + \left(\frac{V_1}{\omega_n}\right)^2}$$

式(8-91)所代表的输出运动，相当于推杆在 h_1（图 8-30(b)）的位置上，叠加一个角频率为 ω_n 的正弦运动，可称为推杆在上停歇区的余振。

以上为在等速运动情况下分析了含弹性从动件的凸轮机构在上升阶段及上停歇区的输出运动。对于下降阶段以及其他运动规律，可用类似的方法分析。

对于余弦运动的凸轮，输入端为

$$s = \frac{h}{2}\left[1 - \cos\left(\frac{\pi}{\theta_1}\theta\right)\right]$$

式中，h 为推杆升程；θ_1 为达到升程时凸轮的转角。

凸轮的动力学方程为

$$\ddot{y} + \omega_n^2 y = \frac{h}{2}\left[1 - \cos\left(\frac{\pi}{\theta_1}\theta\right)\right]$$

其全解为

$$y = A\cos\left(\frac{\omega_n}{\omega}\theta\right) + B\sin\left(\frac{\omega_n}{\omega}\theta\right) + \frac{hk_r}{2m\omega_n}\left\{1 - \frac{1}{1 - [\pi\omega/(\theta_1\omega_n)]^2}\cos\left(\frac{\pi}{\theta_1}\theta\right)\right\}$$

在初始条件 $\theta = 0, y = 0, \dot{y} = 0$ 时，有

$$A = \frac{hk_r}{2m\omega_n^2}\left\{\frac{1}{1 - [\pi\omega/(\theta_1\omega_n)]^2} - 1\right\}, \quad B = 0$$

此时方程的解为

$$y = \frac{hk_r}{2m\omega_n^2}\left\{\frac{1}{1 - [\pi\omega/(\theta_1\omega_n)]^2} - 1\right\}\cos\left(\frac{\omega_n}{\omega}\theta\right) + \frac{hk_r}{2m\omega_n}\left\{1 - \frac{1}{1 - [\pi\omega/(\theta_1\omega_n)]^2}\cos\left(\frac{\pi}{\theta_1}\theta\right)\right\}$$
$$(8\text{-}92)$$

从式(8-89)、式(8-92)表达的分析结果可以看出推杆弹性对凸轮输出运动的影响：

（1）原设计的运动幅值有变化，而且叠加了一个角频率等于自然频率 ω_n 的简谐运动，即振动。

（2）推杆振动的幅值与凸轮转速 ω 和自然频率 ω_n 的比值有关，当 $\omega \ll \omega_n$ 时，各项影响均很小。一般当 $\omega/\omega_n = 10^{-2} \sim 10^{-1}$ 时，应考虑构件弹性的影响。

8.5　机械传动系统的振动分析

由图 1-1 可知，机械设备由动力系统、传动系统和执行系统三大基本系统组成，这三大系统相互协调、配合和制约来实现输出机械功和转化机械能的任务。而机械传动系统是机械系统中最重要的系统，是把原动机的运动和动力传递给执行系统的中间装置，伴随着动力的传递以克服生产阻力而对外做功。因此，传动系统的运动取决于驱动力及生产阻力的特性，然而这些作用在系统上的外力，如驱动力和生产阻力等本身又与系统的运动状态有关。这样在研究机械传动系统的动力学问题时，就必须把原动机、传动装置和负载作为一个整体系统来研究处理。

机械传动系统通常由若干个基本机构组成，在机构动力学中，着重揭示在一定工作条件下，响应与系统问题内部结构参数间的关系，在实际分析中常常假设外力是常量，以排除外力变化或原动件速度对系统响应的影响；在机械传动系统动力学研究中，则着重研究系统在外力作用下的运动，包括系统的稳态响应和过渡过程，把外力与系统内部结构参数看成是影响系统动力特性的基本因素。

研究分析机械传动系统动力学问题有下列最基本的方面：建立系统（包括原动机和传动装置）的动力学模型，对外力（驱动离心力及生产阻力等）进行数学描述，建立系统的振动微分方程，对振动方程进行求解分析，得到有关的结论。本节以实际工程中广泛应用的几种典型机械系统为例，来研究它们的动力学问题，以便有效地说明多自由度系统振动理论的实际应用问题。

8.5.1　汽车起重机传动系统的振动分析

图 8-31 为汽车起重机底盘传动系统的结构简图和扭振力学模型。在该模型中，代表系统各元件转动惯量的圆盘假定是绝对刚性的，各盘之间的弹性轴可以简化为无质量的扭转弹簧，用扭转刚度来表示。图中，$I_1 \sim I_4$ 为发动机各缸的等效转动惯量，每个转动惯量上作用有外阻尼 $c_1 \sim c_4$ 及周期性激振矩 M；I_5 为飞轮的等效转动惯量；I_6 和 I_7 分别为离合器主动盘和从动盘的等效转动惯量，它们之间作用有内阻尼 c_m；I_8 和 I_9 分别为变速器的主动齿轮和从动齿轮的等效转动惯量，其上分别作用有外阻尼 c_5 和 c_6；I_{10} 和 I_{11} 分别为传动轴的等效转动惯量；I_{12} 为主传动轴和车轮以及车体直线运动质量的等效转动惯量，其上作用有行驶阻力矩 M_r。

传动系统中与曲轴不同速度旋转的零件转动惯量,应该换算到曲轴处。

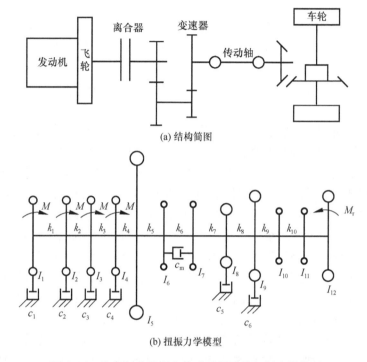

(a) 结构简图

(b) 扭振力学模型

图 8-31　汽车起重机底盘传动系统及其扭振力学模型

　　在建立底盘传动系统的扭振力学模型时,值得注意的是在变速器不同挡位时,系统的等效刚度及等效转动惯量都是不同的,所以应分别建立各挡位力学模型。分别讨论不同挡位工况下的扭振问题。

　　在计算上述系统的自然频率和振型时,可将复杂的系统加以简化,把一些靠近、彼此之间相对变形较小的旋转质量加以归并,以减少系统的自由度。忽略系统的阻尼,把传动系统看成无阻尼自由振动系统。实践表明,不计系统阻尼算出的自然频率与实际值比较接近。

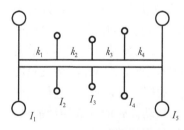

图 8-32　汽车起重机底盘传动
系统的简化模型

　　图 8-32 为汽车起重机 4×2 底盘传动无阻尼系统自由振动的简化模型。在该模型中 I_1 为发动机(包括飞轮、曲轴及其相连零件)和离合器回转部分的转动惯量; I_2 为变速器、中央控制器等部分的当量转动惯量; I_3 为主传动器、差速器等部分的等效转动惯量; I_4 和 I_5 分别为驱动轮和整车平移质量的等效转动惯量; k_1, k_2, k_3, k_4 分别为各轴段的扭转刚度。

　　如果选择 $\theta_1(t),\theta_2(t),\theta_3(t),\theta_4(t),\theta_5(t)$ 为对应于各盘的扭转角位移,则根据定轴转动微分方程,可建立起图 8-32 中简化模型的振动微分方程:

$$\begin{cases} I_1\ddot{\theta}_1(t) + k_1(\theta_1(t) - \theta_2(t)) = 0 \\ I_2\ddot{\theta}_2(t) - k_1(\theta_1(t) - \theta_2(t)) + k_2(\theta_2(t) - \theta_3(t)) = 0 \\ I_3\ddot{\theta}_3(t) - k_2(\theta_2(t) - \theta_3(t)) + k_3(\theta_3(t) - \theta_4(t)) = 0 \\ I_4\ddot{\theta}_4(t) - k_3(\theta_3(t) - \theta_4(t)) + k_4(\theta_4(t) - \theta_5(t)) = 0 \\ I_5\ddot{\theta}_5(t) - k_4(\theta_4(t) - \theta_5(t)) = 0 \end{cases}$$

　　假定扭转振动系统中各个圆盘做同频率、同相位的简谐振动,即

$$\theta_i(t) = \theta_{mi}\sin(\omega t - \varphi), \quad i = 1,2,\cdots,5$$

代入上式方程中得到

$$(k_1 - I_1\omega^2)\theta_{m1} - k_1\theta_{m2} = 0$$
$$-k_1\theta_{m1} + (k_1 + k_2 - I_2\omega^2)\theta_{m2} - k_2\theta_{m3} = 0$$
$$-k_2\theta_{m2} + (k_2 + k_3 - I_3\omega^2)\theta_{m3} - k_3\theta_{m4} = 0$$
$$-k_3\theta_{m3} + (k_3 + k_4 - I_4\omega^2)\theta_{m4} - k_4\theta_{m5} = 0$$
$$-k_4\theta_{m4} + (k_4 - I_5\omega^2)\theta_{m5} = 0$$

将其写成矩阵形式为

$$[B]\{A\} = \{0\}$$

式中,$\{A\} = \{\theta_{m1}\,\theta_{m2}\,\theta_{m3}\,\theta_{m4}\,\theta_{m5}\}^{\mathrm{T}}$ 为各盘振幅矩阵;$[B]$ 为系数矩阵,又称为特征矩阵。

　　为了求方程的非零解,令特征矩阵 $[B]$ 的行列式为零,即

$$|B| = \begin{vmatrix} k_1 - I_1\omega^2 & -k_1 & & & \\ -k_1 & k_1 + k_2 - I_2\omega^2 & -k_2 & & \\ & -k_2 & k_2 + k_3 - I_3\omega^2 & -k_3 & \\ & & -k_3 & k_3 + k_4 - I_4\omega^2 & -k_4 \\ & & & -k_4 & k_4 - I_2\omega^2 \end{vmatrix} = 0$$

展开上面行列式可得到关于 ω^2 的特征方程:

$$\omega^2(\omega^8 - a_1\omega^6 + a_2\omega^4 - a_3\omega^2 + a_4) = 0$$

式中,a_1,a_2,a_3,a_4 是由振动系统的转动惯量和扭转刚度决定的系数。特征方程的特征根除有一零根 $\omega^2 = 0$ 之外,还有四个实根,可用数值方法近似求出,分别称为第二阶、第三阶、第四阶和第五阶自然频率 $\omega_{n2},\omega_{n3},\omega_{n4}$ 和 ω_{n5}。

　　将各阶自然频率 ω_{ni} 分别代入上述的线性方程组,并假设第一圆盘的振幅 $\theta_{m1} = 1.0$,可求出其余各个圆盘的相对振幅值的大小,即为主振型。将其用图形表示时,便可得到对应于各阶自然频率的振型图,如图 8-33 所示。图 8-33(a)有一个振幅为零的点,该点称为节点,在其余图中,节点数逐个增多,即第 i 阶振型具有 $i - 1$ 个节点。

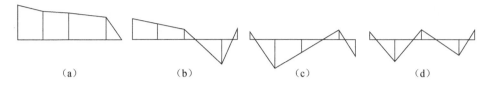

图 8-33　各阶自然频率的振型图

8.5.2　汽轮机-压气机喘振分析

为了分析汽轮机-压气机组由于压气机的喘振(相当于突加一个力矩作用在压气机转子上)引起的动态过程,以便确定系统的动载荷,采用如图 8-34 所示的集中质量模型。其中 I_0 为汽轮机转子的转动惯量;I_1,I_2 和 I_5' 分别为压气机 A,B 和 C 转子的转动惯量;I_3' 和 I_4' 分别为齿轮 Z_1 和 Z_2 的转动惯量;忽略掉各轴的转动惯量,它们的扭转刚度分别为 k_1,k_2,k_3 和 k_4'。通过实验测试表明,压气机喘振出现后 0.025s,系统所受动载荷已达到峰值,在极短的时间内,由于汽轮机时间常数大,可认为汽轮机输出转矩还来不及改变,故可忽略掉汽轮机动力过程中对系统过渡过程的影响,在以压气机出现喘振前的稳定运转状态为平衡位置,分析由压气机喘振引起的过渡过程的动力学模型中,汽轮机转子上的驱动力矩为零。

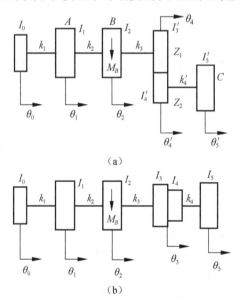

图 8-34　汽轮机-压气机组的喘振模型

现设压气机 B 出现喘振,即相当于在压气机 B 转子 I_2 上有一突加常值力矩 M_B 作用,要求确定由此突加常值力矩 M_B 引起的加在齿轮上的动载荷及各轴段内的动载荷。对如图 8-34(a)所示的模型进行坐标变换,得到图 8-34(b)所示的动力

学模型,由此可得到系统的振动微分方程:

$$\begin{cases} I_0\ddot{\theta}_0(t) + k_1(\theta_0(t) - \theta_1(t)) = 0 \\ I_1\ddot{\theta}_1(t) - k_1(\theta_0(t) - \theta_1(t)) + k_2(\theta_1(t) - \theta_2(t)) = 0 \\ I_2\ddot{\theta}_2(t) - k_2(\theta_1(t) - \theta_2(t)) + k_3(\theta_2(t) - \theta_3(t)) = M_B \\ (I_3 + I_4)\ddot{\theta}_3(t) - k_3(\theta_2(t) - \theta_3(t)) + k_4(\theta_3(t) - \theta_5(t)) = 0 \\ I_5\ddot{\theta}_5(t) - k_4(\theta_3(t) - \theta_5(t)) = 0 \end{cases} \tag{8-93}$$

式中,$\theta_4(t) = \theta_4'(t)i_{12} = \theta_3(t)$;$\theta_5(t) = \theta_5'(t)i_{12}$;$i_{12} = Z_2/Z_1$;$I_4 = I_4'/i_{12}^2$;$I_5 = I_5'/i_{12}^2$;$k_4 = k_4'/i_{12}^2$。

设 $M_{01} = k_1(\theta_0(t) - \theta_1(t))$,$M_{12} = k_2(\theta_1(t) - \theta_2(t))$,$M_{23} = k_3(\theta_2(t) - \theta_3(t))$,$M_{35} = k_4(\theta_3(t) - \theta_5(t))$,则将式(8-93)的运动方程改写为

$$\ddot{\theta}_0(t) + M_{01}/I_0 = 0$$
$$\ddot{\theta}_1(t) - M_{01}/I_1 + M_{12}/I_1 = 0$$
$$\ddot{\theta}_2(t) - M_{12}/I_2 + M_{23}/I_2 = M_B/I_2$$
$$\ddot{\theta}_3(t) - M_{23}/(I_3 + I_4) + M_{35}/(I_3 + I_4) = 0$$
$$\ddot{\theta}_5(t) - M_{35}/I_5 = 0$$

将第一式减去第二式,再乘以 k_1,将第二式减去第三式,再乘以 k_2,依次类推下去,则可以得到机构的动载荷方程:

$$\begin{cases} \ddot{M}_{01} + k_1\left(\frac{1}{I_0} + \frac{1}{I_1}\right)M_{01} - \frac{k_1}{I_1}M_{12} \\ \ddot{M}_{12} + k_2\left(\frac{1}{I_1} + \frac{1}{I_2}\right)M_{12} - \frac{k_2}{I_1}M_{01} - \frac{k_2}{I_2}M_{23} = -\frac{k_2}{I_2}M_B \\ \ddot{M}_{23} + k_3\left(\frac{1}{I_2} + \frac{1}{I_3 + I_4}\right)M_{23} - \frac{k_3}{I_2}M_{12} - \frac{k_3}{I_2}M_{12} = \frac{k_3}{I_2}M_B \\ \ddot{M}_{35} + k_4\left(\frac{1}{I_3 + I_4} + \frac{1}{I_5}\right)M_{35} - \frac{k_4}{I_3 + I_4}M_{32} = 0 \end{cases}$$

求解则得到各轴段上的动载荷 M_{01},M_{12},M_{23} 和 M_{35},M_{23} 即为作用在齿轮上的动载荷。

8.5.3 轧钢机的冲击现象

轧钢机的传动系统简图如图 8-35 所示,当钢条进入轧辊时,由于载荷突变将在轧钢机中激起瞬态扭振现象,其峰值扭矩为相应稳态扭矩的好几倍。所以在设计轧钢机时,或改善现有轧钢机的使用质量时,都必须考虑峰值扭矩的影响,须对

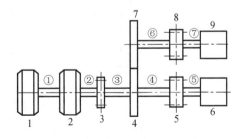

图 8-35 轧钢机的传动系统简图

轧钢机系统的瞬态响应特性进行分析。

1. 轧钢机系统的建模

1）系统传动的动力学模型

采用集中质量法建立系统的动力学模型，把电动机转子、联轴器左半及右半法兰盘、齿轮轮体以及轧辊作为集中质量来处理；把齿轮轮齿以及联轴器的销钉作为无质量的弹性元件；将各轴段的质量按其质心不变的原理等效到轴的两端，并将其处理为扭转弹簧，即可得到如图 8-36 所示的动力学模型，其中：

I_1 为电动机 1 转子转动惯量与轴①部分转动惯量之和；

I_2 为电动机 2 转子转动惯量与轴①和②部分转动惯量之和；

I_3 为联轴器 3 左半法兰盘转动惯量与轴②部分转动惯量之和；

I_4 为联轴器 3 右半法兰盘转动惯量与轴③部分转动惯量之和；

I_5 为齿轮 4 转动惯量与轴③和④部分转动惯量之和；

I_6 为联轴器 5 左半法兰盘转动惯量与轴④部分转动惯量之和；

I_7 为联轴器 5 右半法兰盘转动惯量与轴⑤部分转动惯量之和；

I_8 为下轧辊 6 转动惯量与轴⑤部分转动惯量之和；

I_9 为上轧辊 9 转动惯量与轴⑦部分转动惯量之和；

I_{10} 为联轴器 8 右半法兰盘转动惯量与轴⑦部分转动惯量之和；

I_{11} 为联轴器 8 左半法兰盘转动惯量与轴⑥部分转动惯量之和；

I_{12} 为齿轮 7 转动惯量与轴⑥部分转动惯量之和；

$k_1, k_2, k_4, k_5, k_7, k_9, k_{11}$ 分别为轴①、②、③、④、⑤、⑦、⑥的扭转刚度；

k_3, k_6, k_{10} 分别为联轴器 3,5,8 的扭转刚度；

k_8 为齿轮轮齿沿捏合线方向的捏合刚度。

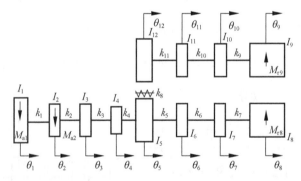

图 8-36　轧钢机的传动系统模型

2）原动机即电动机动力过程的模拟

根据实测可知，系统响应第一个峰值扭矩是在负载突变后 0.05s 时到达，此时,电动机输出转矩已达其稳态值的 20%,故在分析负载突变所引起的加在系统中的动载荷时,应考虑电动机动力过程的影响。通过实测得到电动机输出外特性如图 8-37 所示。

3) 负载特性的数学描述

系统的负载特性大多数由实验来确定。对于轧钢机,根据被轧钢条(钢板)端部的时间情况采用两种负载特性;对于剪边钢板,负载特性由"阶跃负载"来描述;而对于非剪边钢板,负载特性由"斜坡负载"来描述,如图 8-38 所示。

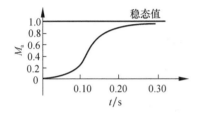

图 8-37　实测得到的电动机
　　　　输出外特性

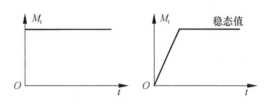

图 8-38　负载特性

2. 系统振动微分方程及其解

根据隔离体分析法或刚度影响系数法,并考虑阻尼影响,可建立起系统的振动微分方程为

$$I_1\ddot{\theta}_1 + c_1(\dot{\theta}_1 - \dot{\theta}_2) + k_1(\theta_1 - \theta_2) = M_{a1}$$
$$I_2\ddot{\theta}_2 + c_1(\dot{\theta}_2 - \dot{\theta}_1) + c_2(\dot{\theta}_2 - \dot{\theta}_3) + k_1(\theta_2 - \theta_1) + k_2(\theta_2 - \theta_3) = M_{a2}$$
$$I_3\ddot{\theta}_3 + c_2(\dot{\theta}_3 - \dot{\theta}_2) + c_3(\dot{\theta}_3 - \dot{\theta}_4) + k_2(\theta_3 - \theta_2) + k_3(\theta_3 - \theta_4) = 0$$
$$I_4\ddot{\theta}_4 + c_3(\dot{\theta}_4 - \dot{\theta}_3) + c_4(\dot{\theta}_4 - \dot{\theta}_5) + k_3(\theta_4 - \theta_3) + k_4(\theta_4 - \theta_5) = 0$$
$$I_5\ddot{\theta}_5 + c_4(\dot{\theta}_5 - \dot{\theta}_4) + c_5(\dot{\theta}_5 - \dot{\theta}_6) + c_8 r_{b4}(r_{b4}\dot{\theta}_5 - r_{b9}\dot{\theta}_{12}) + k_4(\theta_5 - \theta_4)$$
$$\quad + k_5(\theta_5 - \theta_6) + k_8 r_{b4}(r_{b4}\theta_5 - r_{b9}\theta_{12}) = 0$$
$$I_6\ddot{\theta}_6 + c_5(\dot{\theta}_6 - \dot{\theta}_5) + c_6(\dot{\theta}_6 - \dot{\theta}_7) + k_5(\theta_6 - \theta_5) + k_6(\theta_6 - \theta_7) = 0$$
$$I_7\ddot{\theta}_7 + c_6(\dot{\theta}_7 - \dot{\theta}_6) + c_7(\dot{\theta}_7 - \dot{\theta}_8) + k_6(\theta_7 - \theta_6) + k_7(\theta_7 - \theta_8) = 0$$
$$I_8\ddot{\theta}_8 + c_7(\dot{\theta}_8 - \dot{\theta}_7) + k_7(\theta_8 - \theta_7) = -M_{r8}$$
$$I_9\ddot{\theta}_9 + c_9(\dot{\theta}_9 - \dot{\theta}_{10}) + k_9(\theta_9 - \theta_{10}) = -M_{r9}$$
$$I_{10}\ddot{\theta}_{10} + c_9(\dot{\theta}_{10} - \dot{\theta}_9) + c_{10}(\dot{\theta}_{10} - \dot{\theta}_{11}) + k_9(\theta_{10} - \theta_9) + k_{10}(\theta_{10} - \theta_{11}) = 0$$
$$I_{11}\ddot{\theta}_{11} + c_{10}(\dot{\theta}_{11} - \dot{\theta}_{10}) + c_{11}(\dot{\theta}_{11} - \dot{\theta}_{12}) + k_{10}(\theta_{11} - \theta_{10}) + k_{11}(\theta_{11} - \theta_{12}) = 0$$
$$I_{12}\ddot{\theta}_{12} + c_{11}(\dot{\theta}_{12} - \dot{\theta}_{11}) + c_8 r_{b9}(r_{b9}\dot{\theta}_{12} - r_{b4}\dot{\theta}_5)$$
$$\quad + k_{11}(\theta_{12} - \theta_{11}) + k_8 r_{b9}(r_{b9}\theta_{12} - r_{b4}\theta_5) = 0$$

写成矩阵形式为

$$[I]\{\ddot{\theta}\} + [c]\{\dot{\theta}\} + [k]\{\theta\} = \{Q(t)\} \tag{8-94}$$

式中,$[c]$是一个带状矩阵,类似于$[k]$排列形式。r_{b4}和r_{b9}分别为齿轮 4 和 9 的基圆半径。

为了求解振动微分方程,作如下变换:令$\dot{\theta} = P, \{\dot{\theta}\} = \{P\}$,则式(8-94)改写为

$$\{\dot{P}\} = -[c']\{P\} - [k']\{\theta\} + [I]^{-1}\{Q(t)\}$$

式中,$[c'] = [I]^{-1}[c]; [k'] = [I]^{-1}[k]$。

这样可采用数值方法,如四阶龙格-库塔法求解得到各圆盘(转动件)的响应,进而计算弹性元件的动载荷,即

$$M_{ij} = k_i(\theta_j - \theta_i), \quad i = 1, 2, \cdots, 11; j = i + 1$$

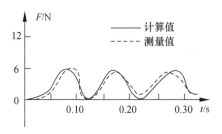

图 8-39　第一轴段的动载荷

3. 模拟计算结果及分析

对剪边钢板的响应进行分析,假设剪边钢板的负载特性为阶跃负载,图 8-39 给出了模拟计算的第一轴段的动载荷值,并与测量值进行了比较,可见结果非常吻合。对于其他弹性元件上的动载荷(扭矩),也可得到同样满意的结果。

8.5.4　桥式起重机起升机构振动分析

桥式起重机起升机构的一般形式如图 8-40 所示。此机构是一个多自由度振动系统,由电动机 1、联轴器 2、传动轴 3、制动轮 4、减速器 5、卷筒 6、定滑轮 7 和取物装置 8 等部件组成。

起升机构将吊重提起离地以及满载下降制动时,对起升机及起重结构均产生较大的动载荷,因此起升机构的动态计算主要是分析这两种工况。

1. 动力学模型

起升机构在上述工况下的动力学模型如图 8-41 所示。I_1 是电动机与联轴器的转动惯量,I_2 是制动轮与减速器等传动件的等效转动惯

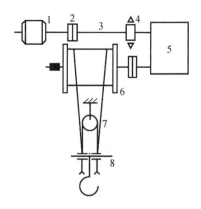

图 8-40　桥式起重机起升机构

量;m_1 是桥梁结构在吊重悬挂点的转化质量与小车质量之和,m_2 是取物装置的质量;k_θ 是传动轴的扭转刚度,k_1 是吊重悬挂点的扭转刚度,k_2 是滑轮组钢丝绳的刚

度,k_3 是取物装置绳索的刚度;M_a 是电动机的驱动力矩,M_T 是制动器的制动力矩,M_f 是运动阻力矩;θ_1 是 I_1 的转角,θ_2 是 I_2 的转角;x_1 是 m_1 的线位移,x_2 是 m_2 的线位移,x_3 是 m_3 的线位移;r 是卷筒的半径,i 是减速器的减速比(传动比),n 是滑轮组的倍率。

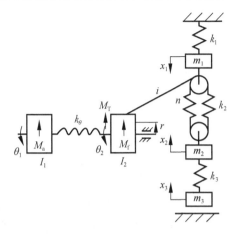

在吊重离地前,系统是由 I_1,I_2,m_1,m_2,k_θ,k_1,k_2 构成,是四自由度振动系统。当吊重离地后,系统增加了 m_3 和 k_3,是五自由度振动系统。可见,吊重离地前后系统的振动情况是不同的,离地前系统做强

图 8-41　桥式起重机起升机构模型

迫振动,而重物离地后系统是具有初速度的自由振动,初速度就是系统在重物离地瞬间的速度。

2. 系统的主动力矩和负载力矩

(1) 电动机的驱动力矩 M_a:对于三相异步电动机,其驱动力矩可根据电动机的外特性曲线来确定,如图 8-42 所示。电动机一般工作在 ac 段内,c 点为最大输出转矩点,a 点为最大转速点,d 点为电动机启动点。电动机的输出转矩在 M_{max} 和 M_{min} 之间变化。为了讨论问题方便,假定电动机的工作段 ac 为直线段,即驱动力矩 M_a 与转速 ω 呈线性关系,有

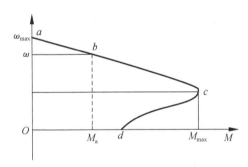

图 8-42　电动机的驱动力矩

$$M_a = M_{max} \frac{\omega_{max} - \omega}{\omega_{max} - \omega_c} \tag{8-95}$$

式中,取 $M_{max} = 2.1M_e$,$M_{min} = 1.1M_e$,其中 M_e 为电动机的额定转矩。

在定常阻力 M_z 的作用下,电动机的驱动力矩 M_a 随时间的变化规律可由动力学分析而得到,即根据定轴转动微分方程

$$M_a - M_z = I \frac{d\omega}{dt} \tag{8-96}$$

将式(8-95)代入式(8-96),并令 $T = I(\omega_{max} - \omega_c)/M_{max}$,则得到

$$\frac{M_{max}(\omega_{max} - \omega) - M_z(\omega_{max} - \omega_c)}{I(\omega_{max} - \omega_c)} = \frac{d\omega}{dt} \tag{8-97}$$

设 $t = 0$ 时 $\omega = \omega_0$,求解式(8-97)得到

$$\omega(t) = \omega_{\max} - \frac{M_z}{M_{\max}}(\omega_{\max} - \omega_c) - \left[(\omega_{\max} - \omega_0) - \frac{M_z}{M_{\max}}(\omega_{\max} - \omega_c)\right]e^{-t/T}$$

$$(8\text{-}98)$$

对 t 求导得

$$\varepsilon(t) = \frac{\mathrm{d}\omega}{\mathrm{d}t} = \left[\left(1 - \frac{M_z}{M_{\max}}\right)\omega_{\max} + \frac{M_z}{M_{\max}}\omega_c - \omega_0\right]\frac{1}{T}e^{-t/T} \qquad (8\text{-}99)$$

由式(8-96)和式(8-99)可得到电动机的驱动力矩为

$$M_a = M_z + \frac{I}{T}\left[\left(1 - \frac{M_z}{M_{\max}}\right)\omega_{\max} + \frac{M_z}{M_{\max}}\omega_c - \omega_0\right]e^{-t/T}$$

（2）制动力矩 M_T：起重机提升机构中，一般均采用电磁双块常闭式制动器，在整个制动过程中，制动力矩变化很小，可以认为是常数，一般取制动力矩为额定载荷力矩的 $1.5\sim2.0$ 倍。

（3）运动阻力矩 M_f：在起升机构中，各个传动环节上有能量损耗，如摩擦阻力矩等。对一个机构来讲这些因素非常复杂，一般按照起升机构传动效率取平均得到运动阻力矩

$$M_f = (1 - \eta)M_z$$

3. 系统的运动微分方程

取重物离地后的运动工况来建立系统的振动微分方程，按照隔离体分析法得到运动微分方程：

$$I_1\ddot{\theta}_1 = M_a - k_\theta(\theta_1 - \theta_2)$$

$$I_2\ddot{\theta}_2 = k_\theta(\theta_1 - \theta_2) - M_f - k_2\left[\frac{r\theta_2}{in} - (x_1 + x_2)\right]\frac{r}{in}$$

$$m_1\ddot{x}_1 = k_2\left[\frac{r\theta_2}{in} - (x_1 + x_2)\right] - k_1 x_1$$

$$m_2\ddot{x}_2 = k_2\left[\frac{r\theta_2}{in} - (x_1 + x_2)\right] - k_3(x_2 - x_3)$$

$$m_3\ddot{x}_3 = k_3(x_2 - x_3) = m_3 g$$

整理后写成矩阵形式为

$$[m]\{\ddot{x}\} + [k]\{x\} = \{Q\}$$

式中

$$[m] = \begin{bmatrix} I_1 & & & & \\ & I_2 & & & \\ & & m_1 & & \\ & & & m_2 & \\ & & & & m_3 \end{bmatrix}$$

$$[k] = \begin{bmatrix} k_\theta & -k_\theta & 0 & 0 & 0 \\ -k_\theta & k_\theta + k_2 r^2/(in)^2 & -k_2 r/(in) & -k_2 r/(in) & 0 \\ 0 & -k_2 r/(in) & k_1 + k_2 & k_2 & 0 \\ 0 & -k_2 r/(in) & k_2 & k_2 + k_3 & -k_3 \\ 0 & 0 & 0 & -k_3 & k_3 \end{bmatrix}$$

$$\{Q\} = \{M_a \quad -M_f \quad 0 \quad 0 \quad m_3 g\}^T; \quad \{x\} = \{\theta_1 \quad \theta_2 \quad x_1 \quad x_2 \quad x_3\}^T$$

通过求解可求得起升机构的动态响应，进而求得各元件的动载荷。

思　考　题

1. 什么是"理论模型"？为什么说"理论模型"的方法是振动工程的基本方法之一？在振动测试分析中，是否也用实物模型？这两种模型各有何长短？如何相互补充、配合使用？

2. 在电磁式激振器中，如果只通入交流电 $I(t) = A\sin(\omega t)$，而无直流成分 I_0，会有什么结果（激励的频率和波形畸变）？

3. 试比较以白噪声进行随机激励和以脉冲函数进行冲击激励这两种方法在原理上和具体做法上的异同，指出各自的优缺点。

习　　题

1. 质量 0.05kg 的传感器安装在一个 50kg 质量的振动系统上，若安装传感器前系统的自然频率为 10Hz，则装上传感器后，确定新的系统的自然频率。

2. 某石英晶体加速度传感器的技术规范如下。频率范围：0～15kHz；动态线性测量范围：$\pm 3500g$；灵敏度：5pc/g；有阻尼自然频率：22kHz；质量：0.05kg；分辨力：0.002g；横向灵敏度最大 2%。试求：

（1）计算振动加速度为 0.21g 时的电荷输出；

（2）当横向振动加速度幅值为 1000g 时，确定最大电荷输出量。

3. 用石英晶体加速度计及电荷放大器测量机械的振动，已知加速度计灵敏度为 5pc/g，电荷放大器灵敏度为 50mV/pc，当机器达到最大加速度时输出电压幅值为 2V，计算该机器的振动加速度。

4. 某磁电式速度传感器技术规范如下。频率范围：20～1000Hz；测量范围：振幅，最大峰值 5mm；加速度 0.1～30g；对 10kΩ 电阻负载的灵敏度为 (4.88 ± 0.8)V/(m/s)；质量为 170g；有阻尼自然频率为 5Hz；线圈电阻为 600Ω；传感器横向灵敏度最大 20%。试求：

（1）在有效载荷作用下，测得上述规范所列出的最小频率时的最大振幅，试计算此时的输出电压；

（2）当频率为 100Hz 时测得输出电压峰值为 0.5V，试确定此时的速度及位移幅值。

5. 一位移计的自然频率为 2Hz，用以测频率为 82Hz 的简谐振动。无阻尼时，测得振幅为 0.132cm，问实际振幅为多少？误差为多少？若加入阻尼率 $\xi = 0.7$ 的阻尼器，则测得的振幅又为多少？

6. 有一加速计，本身的自然频率为 20rad/s，阻尼率为 0.7，若允许误差为 1%，能测出的最高频率为多少？

第三篇　深化理论篇

第9章 多自由度系统振动的分析方法

9.1 引　言

利用第 5 章中讲述的多自由度系统振动的基础理论和知识求解问题,当系统的自由度增多时,分析和求解将变得很困难,因此需要一些基本的分析方法和技巧。本章首先介绍几种估算系统自然频率及模态向量的近似方法,包括瑞利商、迹法与里茨法,这些近似方法对于解决工程技术中的实际问题是十分有效的。利用这些近似方法,不仅可以系统地进行估算,迅速得到近似结果,而且可对精确的结果进行粗略的校核。然后,将介绍子系统综合法,包括传递矩阵法和阻抗综合法,这些都是处理较为复杂系统的十分有效的方法。

9.2　估算多自由度系统自然频率与模态向量的常用方法

9.2.1　瑞利商

用能量法可以导出单自由度保守系统的运动方程及求解其自然频率。如果对系统的模态向量能合理地作出近似的假设,能量法也能应用于估算多自由度系统的自然频率,特别是基频,这需要用到瑞利(Rayleigh)商的概念。

1. 瑞利商的第一种表达式

已知 n 自由度系统的特征值问题方程为

$$\lambda_r[m]\{u^{(r)}\} = [k]\{u^{(r)}\}, \quad r = 1, 2, \cdots, n \tag{9-1}$$

式中,$\lambda_r = \omega_r^2$ 及 $\{u^{(r)}\}$ 分别是第 r 阶模态的自然频率平方值与模态向量。用向量 $\{u^{(r)}\}^{\mathrm{T}}$ 左乘式(9-1)两端,并整理可得

$$\lambda_r = \omega_r^2 = \frac{\{u^{(r)}\}^{\mathrm{T}}[k]\{u^{(r)}\}}{\{u^{(r)}\}^{\mathrm{T}}[m]\{u^{(r)}\}}, \quad r = 1, 2, \cdots, n \tag{9-2}$$

式(9-2)表示系统的自然频率平方值 ω_r^2 与其模态向量 $\{u^{(r)}\}$ 之间的关系。此关系也可由能量守恒的原理推出。式(9-2)表明,$[k]$ 的元素增大,则 ω_r^2 增大,$[m]$ 的元素增大,ω_r^2 就减小。这意味着,如果系统的刚性增大,则自然频率增大;如果系统的质量增大,则自然频率减小。假设采用一个任意选取的试算向量 $\{u\}$ 来代替式(9-2)中的模态向量 $\{u^{(r)}\}$,则可得

$$\lambda = \omega^2 = R(\{u\}) = \frac{\{u\}^T[k]\{u\}}{\{u\}^T[m]\{u\}} \tag{9-3}$$

其结果是一个相应的标量。对于一个给定的多自由度系统，$[m]$，$[k]$是一定的，因此，这个标量是$[u]$的函数，记为$R(\{u\})$，称为瑞利商。如果以某一个模态向量$\{u^{(r)}\}$代入系统的瑞利商，则就得到相应的自然频率平方值$\omega_r^2 = R(\{u^{(r)}\})$，如果选取的向量$\{u\}$接近于$\{u^{(r)}\}$，则由$R(\{u\})$就能得出相应的自然频率$\omega_r$的估计值。瑞利商的一个非常有用性质是，如果选取的向量$\{u\}$与$\{u^{(r)}\}$的误差是一个微小量，那么得到的$\lambda = R(\{u\})$与$\omega_r^2 = R(\{u\})$之间的误差将是一高阶微量。如果要想利用瑞利商公式(9-3)来估算系统的某一个自然频率ω_r，就必须先估计其模态向量$\{u\} \approx \{u^{(r)}\}$。上述性质则表示，即使对$\{u^{(r)}\}$的估计有些误差，但只要得到的结果$\lambda \approx \omega_r$，则对此误差并不敏感，即只不过在自然频率的估计中引起一个高阶微量的误差而已。以下来证明这一性质。

根据展开定律，任一向量$\{u\}$可表达为

$$\{u\} = c_1\{u^{(1)}\} + c_2\{u^{(2)}\} + \cdots + c_n\{u^{(n)}\} = \sum_{i=1}^{n} c_i\{u^{(i)}\} = [u]\{c\} \tag{9-4}$$

其中，$[u]$是模态矩阵；$\{c\}$是由$c_i(i=1,2,\cdots,n)$组成的列向量。

将式(9-4)代入式(9-3)，并考虑到正交性与正规化条件(5-52)，有

$$R(\{u\}) = \frac{\{c\}^T[u]^T[k]\{u\}\{c\}}{\{c\}^T[u]^T[m][u]\{c\}} = \frac{\{c\}^T[\lambda]\{c\}}{\{c\}^T[I]\{c\}} = \frac{\sum_{i=1}^{n}\lambda_i c_i^2}{\sum_{i=1}^{n}c_i^2} \tag{9-5}$$

假设选取的试算向量$\{u\}$非常接近于系统的第r阶模态向量$\{u^{(r)}\}$，从式(9-4)可见：$c_i(i \neq r)$与c_r相比非常小，记$\varepsilon_i = c_i/c_r(i=1,2,\cdots,n;i \neq r)$，则$\varepsilon_i \ll 1$是一个微量。将$\varepsilon_i$代入式(9-5)，得

$$R(\{u\}) = \frac{\sum_{i=1}^{n}\lambda_i c_i^2}{\sum_{i=1}^{n}c_i^2} = \frac{\lambda_r + \sum_{\substack{i=1 \\ i \neq r}}^{n}\lambda_i \varepsilon_i^2}{1 + \sum_{\substack{i=1 \\ i \neq r}}^{n}\varepsilon_i^2} \approx \lambda_r + \sum_{i=1}^{n}(\lambda_i - \lambda_r)\varepsilon_i^2 \tag{9-6}$$

试算向量$\{u\}$与$\{u^{(r)}\}$的差别是以$\varepsilon_i(i=1,2,\cdots,n;i \neq r)$来表示的。如果这些$\varepsilon_i$是一阶微量，则$R(\{u\})$与系统的特征值$\lambda_r$就相差一个二阶微量。这表明，瑞利商在系统的模态向量$\{u^{(r)}\}$附近有驻值。在式(9-6)中，令$r=1$，得

$$R(\{u\}) \approx \lambda_1 + \sum_{i=2}^{n}(\lambda_i - \lambda_1)\varepsilon_i^2 \tag{9-7}$$

一般情况下，$\lambda_i > \lambda_1(i=2,3,\cdots,n)$，故有

$$R(\{u\}) \geqslant \lambda_1 \tag{9-8}$$

式(9-8)仅在 $\varepsilon_i=0(i=2,3,\cdots,n)$ 才取等号,因此在第一模态向量的邻域内,瑞利商的最小值就是系统的第一特征值。这一性质使得瑞利商可方便地用来估算系统的基频 ω_1。

2. 瑞利商的第二种表达式

如果采用系统的柔度矩阵 $[a]$ 代替刚度矩阵 $[k]$,还可导出另一种形式的瑞利商。$\{u^{(r)}\}$ 与 λ_r 满足与式(9-1)等价的特征值问题方程:

$$\lambda_r[a][m]\{u^{(r)}\}=\{u^{(r)}\} \tag{9-9}$$

以 $\{u^{(r)}\}^{\mathrm{T}}[m]$ 左乘上式两端,考虑到 $[m]$ 的对称性并整理可得

$$\lambda_r=\frac{\{u^{(r)}\}^{\mathrm{T}}[m]\{u^{(r)}\}}{\{u^{(r)}\}^{\mathrm{T}}[m][a][m]\{u^{(r)}\}} \tag{9-10}$$

与式(9-2)类似,选取试算向量 $\{u\}$ 代替式(9-10)中的 $\{u^{(r)}\}$,则得瑞利商

$$\lambda=R(\{u\})=\frac{\{u\}^{\mathrm{T}}[m]\{u\}}{\{u\}^{\mathrm{T}}[m][a][m]\{u\}} \tag{9-11}$$

式(9-11)与式(9-3)类似,可用来估算多自由度系统的基频。它们分别适用于柔度矩阵和刚度矩阵已知的情况。可以证明,对于同一个系统,选取任意向量 $\{u\}$,用式(9-3)计算出的结果比式(9-11)得到的结果大。因此,根据式(9-8)可知,用式(9-11)估算出的基频更接近于精确值。

例 9-1　用瑞利商估算例 5-13 中系统(图 5-9)的基频,并计算相对误差。

解　系统的质量矩阵和刚度矩阵为

$$[m]=m\begin{bmatrix}1&&\\&1&\\&&2\end{bmatrix},\quad[k]=k\begin{bmatrix}2&-1&0\\-1&3&-2\\0&-2&2\end{bmatrix}$$

先选择一个接近系统第一阶模态向量的试算向量,由于 m_1 位移最小,m_3 位移最大,考虑到 k_3 比 k_1 和 k_2 大一倍,故 m_2 与 m_3 之间的约束较强,m_2 的位移更接近 m_3 的位移。因此,可选取 $\{u\}=\{1.0,1.8,2.0\}^{\mathrm{T}}$,根据式(9-3),有

$$\{u\}^{\mathrm{T}}[m]\{u\}=m\{1.0,1.8,2.0\}\begin{bmatrix}1&&\\&1&\\&&2\end{bmatrix}\begin{Bmatrix}1.0\\1.8\\2.0\end{Bmatrix}=12.24m \tag{9-12}$$

$$\{u\}^{\mathrm{T}}[k]\{u\}=k\{1.0,1.8,2.0\}\begin{bmatrix}2&-1&0\\-1&3&-2\\0&-2&2\end{bmatrix}\begin{Bmatrix}1.0\\1.8\\2.0\end{Bmatrix}=1.72k \tag{9-13}$$

将式(9-12)和式(9-13)代入式(9-3),整理得

$$\omega_1^2=R(\{u\})=\frac{1.72k}{12.24m}=0.1405k/m,\quad\omega_1=0.3748\sqrt{k/m}$$

在例 5-13 中已求出 $\omega_1 = 0.3731\sqrt{k/m}$，故相对误差为

$$\varepsilon = \frac{0.3748 - 0.3731}{0.3748} \times 100\% = 0.45\%$$

9.2.2　迹法

瑞利商可估算系统基频的上限，迹法即邓克利（Dunkerley）法可用于估算系统基频的下限，因此可作为瑞利商的补充。由动力矩阵 $[D]$ 表示的多自由度系统的标准特征值问题由式（5-69）表示，对应的特征方程为

$$| [D] - \mu[I] | = | D_{ij} - \mu\delta_{ij} | = 0 \tag{9-14}$$

将式（9-14）展开后可得

$$\mu^n - (D_{11} + D_{22} + \cdots + D_{nn})\mu^{n-1} + \cdots = 0 \tag{9-15}$$

根据多项式的根与系数的关系，μ 的 n 个根之和等于式（9-15）中 μ^{n-1} 的系数变号，故有

$$\mu_1 + \mu_2 + \cdots + \mu_n = D_{11} + D_{22} + \cdots + D_{nn} \tag{9-16}$$

式（9-16）右端即矩阵 $[D]$ 的迹，而 $\mu_i = 1/\omega_i^2$，系统的 n 个自然频率排列为 $\omega_1 < \omega_2 < \cdots < \omega_n$，故在式（9-16）中可仅保留第一个特征值，即近似地有

$$\frac{1}{\omega_1^2} = \mu_1 \approx D_{11} + D_{22} + \cdots + D_{nn} \tag{9-17}$$

式（9-17）可用来近似估算系统的基频。很显然，由式（9-17）估算出的 ω_1 比系统基频的准确值要小，只有当 $\omega_1 \ll \omega_2$ 时，式（9-17）才可给出较精确的基频估计值。

假设系统的质量矩阵 $[m]$ 为对角阵：

$$[m] = \begin{bmatrix} m_1 & & \\ & m_2 & \\ & & m_3 \end{bmatrix}$$

则动力矩阵为

$$[D] = [a][m] = \begin{bmatrix} a_{11}m_1 & a_{12}m_2 & \cdots & a_{1n}m_n \\ a_{21}m_1 & a_{22}m_2 & \cdots & a_{2n}m_n \\ \vdots & \vdots & & \vdots \\ a_{n1}m_1 & a_{n2}m_2 & \cdots & a_{nn}m_n \end{bmatrix}$$

式（9-17）成为

$$\frac{1}{\omega_1^2} \approx a_{11}m_1 + a_{22}m_2 + \cdots + a_{nn}m_n \tag{9-18}$$

记

$$\omega_{ii}^2 = 1/a_{ii}m_i, \quad i = 1, 2, \cdots, n \tag{9-19}$$

ω_{ii} 表示仅保留质量 m_i，原来的多自由度系统变为单自由度系统时的自然频率。这

是因为，仅有 m_i 存在时，系统的自由振动运动方程组变为一个方程

$$\ddot{q}_i(t) + \frac{1}{a_{ii}m_i}q_i(t) = 0$$

可见其自然频率平方值为 $\omega_{ii}^2 = 1/(a_{ii}m_i)$，将式(9-19)代入式(9-18)，得

$$\frac{1}{\omega_1^2} \approx \frac{1}{\omega_{11}^2} + \frac{1}{\omega_{22}^2} + \cdots + \frac{1}{\omega_{nn}^2} \tag{9-20}$$

上式通常称为邓克利公式，它表明系统基频平方 ω_1^2 的倒数，近似等于系统各集中质块 $m_i(i=1,2,\cdots,n)$ 单独存在时所得的各个自然频率的平方 ω_{ii}^2 的倒数之和。邓克利公式的意义就在于它将多个自由度系统的基频通过一系列单自由度的子系统自然频率来计算，因而可迅速得到结果。

例 9-2　用瑞利商和邓克利公式估算例 5-7 中系统(图 5-7)的基频，并对结果进行比较。

解　在例 5-7 中已导出柔度矩阵 $[a]$，而质量矩阵为

$$[m] = m \begin{bmatrix} 1 & & \\ & 2 & \\ & & 1 \end{bmatrix}$$

选取 $\{u\} = \{1,2,1\}^{\mathrm{T}}$，有

$$\{u\}^{\mathrm{T}}[m]\{u\} = m\{1,2,1\} \begin{bmatrix} 1 & & \\ & 2 & \\ & & 1 \end{bmatrix} \begin{Bmatrix} 1 \\ 2 \\ 1 \end{Bmatrix} = 10m \tag{9-21}$$

$$\{u\}^{\mathrm{T}}[m][a][m]\{u\} = \frac{m^2 l^3}{768EI}\{1,2,1\} \begin{bmatrix} 1 & & \\ & 2 & \\ & & 1 \end{bmatrix} \begin{bmatrix} 9 & 11 & 7 \\ 11 & 16 & 11 \\ 7 & 11 & 9 \end{bmatrix} \begin{bmatrix} 1 & & \\ & 2 & \\ & & 1 \end{bmatrix} \begin{Bmatrix} 1 \\ 2 \\ 1 \end{Bmatrix}$$

$$= \frac{29m^2 l^3}{48EI} \tag{9-22}$$

将式(9-21)和式(9-22)代入式(9-11)，得

$$\omega_1^2 = R(\{u\}) = \frac{480EIm}{29m^2 l^3} = 16.65 \frac{EI}{ml^3}, \quad \omega_1 = 4.068 \sqrt{\frac{EI}{ml^3}}$$

该系统的精确解为 $\omega_1 = 4.025 \sqrt{\frac{EI}{ml^3}}$，用瑞利商算的基频和相对误差为 1.37%。

由例 5-7 中知，$m_{11} = m_{33} = m$，$m_{22} = 2m$，$a_{11} = a_{33} = 9l^3/(768EI)$，$a_{22} = 16l^3/(768EI)$。

根据式(9-20)，可写出

$$\frac{1}{\omega_1^2} = \frac{1}{\omega_{11}^2} + \frac{1}{\omega_{22}^2} + \frac{1}{\omega_{33}^2} \tag{9-23}$$

而

$$\frac{1}{\omega_{11}^2} = \frac{1}{\omega_{33}^2} = \frac{9ml^3}{768EI}, \quad \frac{1}{\omega_{22}^2} = \frac{32ml^3}{768EI} \tag{9-24}$$

将式(9-24)代入式(9-23),整理得

$$\omega_1^2 = \frac{768EI}{50ml^3} = 15.36\frac{EI}{ml^3}, \quad \omega_1 \approx 3.92\sqrt{\frac{EI}{ml^3}}$$

与瑞利商的结果相比,这里求得的基频系数偏小,与精确值的相对误差为 2.63%。

利用邓克利公式还可考察系统刚度或质量变化对系统基频的影响。由式(9-18),设多自由度系统的基频为 ω_1,各质块的质量变化量为 Δm_i,柔度变化为 Δa_{ii},参数改变后系统的基频为 $\tilde{\omega}_1$,则邓克利公式可写为

$$\frac{1}{\tilde{\omega}_1^2} = \sum_{i=1}^n (a_{ii} + \Delta a_{ii})(m_i + \Delta m_i) = \sum_{i=1}^n a_{ii}m_i + \sum_{i=1}^n (a_{ii}\Delta m_i + m_i\Delta a_{ii} + \Delta a_{ii}\Delta m_i)$$
$$\tag{9-25}$$

将式(9-18)代入式(9-25),得

$$\frac{1}{\tilde{\omega}_1^2} = \frac{1}{\omega_1^2} + \sum_{i=1}^n (a_{ii}\Delta m_i + m_i\Delta a_{ii} + \Delta a_{ii}\Delta m_i) \tag{9-26}$$

9.2.3 里茨法

瑞利商和迹法常用于估算系统的基频,如果需估算系统的前几阶自然频率及模态向量,可应用下面的里茨(Ritz)法。

瑞利商在模态向量的邻域有驻值,这些驻值对应于系统的各阶自然频率。里茨法的思路是,选定 $k(1 \leqslant k \leqslant n)$ 个线性无关的向量 $\{\phi^{(i)}\}(i=1,2,\cdots,k)$,以这 k 个向量为坐标基,在 n 维空间中形成一个 k 维子空间。选定一个试算向量 $\{u\}$ 作为某个模态向量的估算,在上述 k 维子空间将 $\{u\}$ 展开得

$$\{u\} = \sum_{i=1}^k a_i\{\phi^{(i)}\} = [\phi]\{a\} \tag{9-27}$$

式中,$[\phi] = [\{\phi^{(1)}\}, \{\phi^{(2)}\}, \cdots, \{\phi^{(k)}\}]$ 为坐标基向量组成的 $n \times k$ 矩阵;$\{a\} = \{a_1, a_2, \cdots, a_k\}^T$ 为待定系统列向量,其中的各元素是按照使瑞利商取驻值的原则来确定的。将式(9-27)代入式(9-3),得

$$R(\{u\}) = \frac{\{u\}^T[k]\{u\}}{\{u\}^T[m]\{u\}} = \frac{\{a\}^T[\phi]^T[k][\phi]\{a\}}{\{a\}^T[\phi]^T[m][\phi]\{a\}} \tag{9-28}$$

上式以 $\{a\}$ 为参变量,故可将瑞利商写为

$$\lambda = R(\{a\}) = \frac{V(\{a\})}{T(\{a\})} = \frac{\{a\}^T[\bar{k}]\{a\}}{\{a\}^T[\bar{m}]\{a\}} \tag{9-29}$$

式中

$$[\bar{k}] = [\phi]^T[k][\phi], \quad [\bar{m}] = [\phi]^T[m][\phi] \tag{9-30}$$

都是 $k \times k$ 对称矩阵,称为广义刚度矩阵和广义质量矩阵。下面利用使式(9-29)取

驻值的条件来确定待求向量$\{a\}$为

$$\left\{\frac{\partial R}{\partial a}\right\} = \frac{T\left\{\frac{\partial V}{\partial a}\right\} - V\left\{\frac{\partial T}{\partial a}\right\}}{T^2} = \frac{1}{T}\left(\left\{\frac{\partial V}{\partial a}\right\} - \lambda\left\{\frac{\partial T}{\partial a}\right\}\right) = \{0\} \qquad (9\text{-}31)$$

式中算子

$$\left\{\frac{\partial}{\partial a}\right\} = \left\{\frac{\partial}{\partial a_1}, \frac{\partial}{\partial a_2}, \cdots, \frac{\partial}{\partial a_k}\right\}^{\mathrm{T}}$$

由于

$$\left\{\frac{\partial V}{\partial a}\right\} = \left\{\frac{\partial(\{a\}^{\mathrm{T}}[\bar{k}]\{a\})}{\partial a}\right\} = \left\{\begin{array}{c} \dfrac{\partial(\{a\}^{\mathrm{T}}[\bar{k}]\{a\})}{\partial a_1} \\[2mm] \dfrac{\partial(\{a\}^{\mathrm{T}}[\bar{k}]\{a\})}{\partial a_2} \\[2mm] \vdots \\[2mm] \dfrac{\partial(\{a\}^{\mathrm{T}}[\bar{k}]\{a\})}{\partial a_k} \end{array}\right\}$$

$$= \left\{\begin{array}{c} \dfrac{\partial\{a\}^{\mathrm{T}}}{\partial a_1}[\bar{k}]\{a\} + \{a\}^{\mathrm{T}}[\bar{k}]\dfrac{\partial\{a\}}{\partial a_1} \\[2mm] \dfrac{\partial\{a\}^{\mathrm{T}}}{\partial a_2}[\bar{k}]\{a\} + \{a\}^{\mathrm{T}}[\bar{k}]\dfrac{\partial\{a\}}{\partial a_2} \\[2mm] \vdots \\[2mm] \dfrac{\partial\{a\}^{\mathrm{T}}}{\partial a_k}[\bar{k}]\{a\} + \{a\}^{\mathrm{T}}[\bar{k}]\dfrac{\partial\{a\}}{\partial a_k} \end{array}\right\}$$

$$= \left\{\begin{array}{c} \{1,0,0,\cdots,0\}[\bar{k}]\{a\} + \{a\}^{\mathrm{T}}[\bar{k}]\{1,0,0,\cdots,0\}^{\mathrm{T}} \\ \{0,1,0,\cdots,0\}[\bar{k}]\{a\} + \{a\}^{\mathrm{T}}[\bar{k}]\{0,1,0,\cdots,0\}^{\mathrm{T}} \\ \vdots \\ \{0,0,\cdots,0,1\}[\bar{k}]\{a\} + \{a\}^{\mathrm{T}}[\bar{k}]\{0,0,\cdots,0,1\}^{\mathrm{T}} \end{array}\right\} = 2[\bar{k}]\{a\}$$

$$(9\text{-}32)$$

同理可得

$$\left\{\frac{\partial T}{\partial a}\right\} = 2[\bar{m}]\{a\} \qquad (9\text{-}33)$$

将式(9-32)、式(9-33)代入式(9-31)，化简得

$$[\bar{k}]\{a\} - \lambda[\bar{m}]\{a\} = \{0\} \qquad (9\text{-}34)$$

式(9-34)称为伽辽金方程，是一个关于广义刚度矩阵$[\bar{k}]$与广义质量矩阵$[\bar{m}]$的特征值问题，由之可解出 k 个特征值$\lambda_i(i=1,2,\cdots,k)$及对应的特征向量（即待定系数向量）$\{a^{(i)}\}(i=1,2,\cdots,k)$。若所选择的 k 个坐标基向量$\{\phi^{(i)}\}(i=1,2,\cdots,k)$所形成的子空间近似地包含系统的前 k 个特征向量，则这 k 个特征值$\lambda_i(i=1,2,\cdots,k)$就是原系统的前 k 个自然频率平方的近似值。而将 k 个特征向量$\{a^{(i)}\}$分

别代入式(9-27)，即可得到系统前 k 个模态向量的估计。

里茨法将原来的 $n \times n$ 矩阵特征值问题转化为 $k \times k$ 矩阵特征值问题(9-34)。在实际运用时，k 远比 n 小，故里茨法是一种缩减系统自由度的近似方法。

在实际计算中，如需估算系统的前 m 个自然频率及模态向量，按经验 $k \geqslant 2m$，即使原来的自由度 n 缩减到大于 $2m$ 的数目，可使里茨法计算得到的前 m 个近似值接近精确值。里茨法是在瑞利商基础上的改进，由里茨法估算出来的自然频率也比其精确值偏大。

利用里茨法，也可将柔度矩阵描述的 $n \times n$ 矩阵特征值问题缩减为 $k \times k$ 矩阵特征值问题。

将式(9-27)代入式(9-11)，得

$$R(\{a\}) = \frac{\{a\}^{\mathrm{T}}[\overline{m}]\{a\}}{\{a\}^{\mathrm{T}}[\overline{a}]\{a\}} = \frac{T(\{a\})}{V(\{a\})} \tag{9-35}$$

式中

$$[\overline{m}] = [\phi]^{\mathrm{T}}[m][\phi], \quad [\overline{a}] = [\phi]^{\mathrm{T}}[m][a][m][\phi] \tag{9-36}$$

都是 $k \times k$ 阶实对称矩阵。与前面推导类似，利用式(9-35)取驻值的条件，得到下列 $k \times k$ 矩阵特征值问题方程：

$$[\overline{m}]\{a\} - \lambda[\overline{a}]\{a\} = \{0\} \tag{9-37}$$

在9.2.1节中曾指出，选取同样的向量 $\{u\}$，按式(9-11)估算出的自然频率比按式(9-3)算出的结果准确。同理，选取同样的坐标基矩阵 $[\phi]$，从式(9-37)求得的系统的前 n 阶自然频率估计值也比从式(9-34)得到的更准确。

例9-3 如图9-1所示的七自由度系统，使用里茨法求系统的第一阶模态。

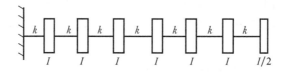

图9-1　七自由度系统

解 这是一个七自由度的系统，由刚度影响系数法，可得系统的质量矩阵与刚度矩阵分别为

$$[m] = I \begin{bmatrix} 1 & & & & & & \\ & 1 & & & & & \\ & & 1 & & & & \\ & & & 1 & & & \\ & & & & 1 & & \\ & & & & & 1 & \\ & & & & & & \frac{1}{2} \end{bmatrix}$$

$$[k] = k \begin{bmatrix} 2 & -1 & & & & & \\ -1 & 2 & -1 & & & & \\ & -1 & 2 & -1 & & & \\ & & -1 & 2 & -1 & & \\ & & & -1 & 2 & -1 & \\ & & & & -1 & 2 & -1 \\ & & & & & -1 & 1 \end{bmatrix}$$

假设系统的第一阶模态向量的两种近似形式为

$$\{\phi^{(1)}\} = \{1 \quad 2 \quad 3 \quad 4 \quad 5 \quad 6 \quad 7\}^{\mathrm{T}}, \quad \{\phi^{(2)}\} = \{1 \quad 4 \quad 9 \quad 16 \quad 25 \quad 36 \quad 49\}^{\mathrm{T}}$$

而

$$[\phi] = [\{\phi^{(1)}\}, \{\phi^{(2)}\}] = \begin{bmatrix} 1 & 2 & 3 & 4 & 5 & 6 & 7 \\ 1 & 4 & 9 & 16 & 25 & 36 & 49 \end{bmatrix}^{\mathrm{T}}$$

根据式(9-30),可算出

$$[\bar{k}] = [\phi]^{\mathrm{T}}[k][\phi] = k \begin{bmatrix} 7 & 49 \\ 49 & 455 \end{bmatrix}, \quad [\bar{m}] = [\phi]^{\mathrm{T}}[m][\phi] = I \begin{bmatrix} 115.5 & 612.5 \\ 612.5 & 3475.5 \end{bmatrix}$$

按式(9-34)可写出广义特征值问题

$$[\bar{k}] \begin{Bmatrix} a_1 \\ a_1 \end{Bmatrix} - \lambda [\bar{m}] \begin{Bmatrix} a_1 \\ a_1 \end{Bmatrix} = \{0\} \tag{9-38}$$

令 $\lambda = \omega^2 I/k$,则式(9-38)可写为

$$\begin{bmatrix} 7 & 49 \\ 49 & 455 \end{bmatrix} \begin{Bmatrix} a_1 \\ a_1 \end{Bmatrix} - \lambda \begin{bmatrix} 115.5 & 612.5 \\ 612.5 & 3475.5 \end{bmatrix} \begin{Bmatrix} a_1 \\ a_1 \end{Bmatrix} = \{0\} \tag{9-39}$$

解此方程可得

$$\lambda_1 = 0.05048, \quad \lambda_2 = 0.59131$$

从而

$$\omega_1^2 = 0.0505k/I, \quad \omega_1 = 0.2247\sqrt{k/I}, \quad \omega_2^2 = 0.5913k/I, \quad \omega_2 = 0.7690\sqrt{k/I}$$

直接按第 5 章介绍的方法求解问题可得精确解 $\omega_1 = 0.2239\sqrt{k/I}$,故里茨法解的相对误差为 0.36%。

将 λ_1 代入式(9-39)中,并任取两个方程中的一个,令 $a_1^{(1)} = 1$,可解得 $a_2^{(1)} = -0.0647$,故

$$\{a^{(1)}\} = \{a_1^{(1)}, a_2^{(1)}\}^{\mathrm{T}} = \{1, -0.0647\}^{\mathrm{T}}$$

利用式(9-27),有

$$\{u^{(1)}\} = [\phi]\{a_1^{(1)}\} = \begin{bmatrix} 1 & 2 & 3 & 4 & 5 & 6 & 7 \\ 1 & 4 & 9 & 16 & 25 & 36 & 49 \end{bmatrix}^{\mathrm{T}} \begin{Bmatrix} 1 \\ -0.0647 \end{Bmatrix}$$

$$= 3.8312\{0.244 \quad 0.454 \quad 0.630 \quad 0.774 \quad 0.884 \quad 0.958 \quad 1.000\}^{\mathrm{T}}$$

用类似方法可求出对应于 λ_2 的模态向量 $\{u^{(2)}\}$。

9.3　子系统综合法

9.3.1　传递矩阵法

子系统综合法对分析计算大型复杂结构振动特性十分有效。其基本做法是：把一个难以直接分析或测试的复杂系统或结构分解为若干个子系统或子结构，然后分别对每个子系统进行振动分析或测试，求出其振动特性，再根据各子系统连接界面的变形协调条件和力的平衡条件，进行"综合"、"装配"，建立整个系统（以下称为"总系统"）的动力学方程，求解方程，求出整个系统的振动特性。

子系统综合法有许多优点：子系统比总系统简单，便于测试或分析计算，采用子系统综合法，不仅可以提高测试与分析计算的精度，而且可以降低测试与分析的成本。有些过于复杂的系统或结构，如果作为一个整体来加以测试、分析与建模，具有很大难度，甚至是不可能的，而子系统综合法则为这类系统的分析与处理提供了一条可行的技术途径；在工程设计中，当需要修改、优化系统中的某一子系统的参数时，可保留其余子系统的计算结果，仅对需修改的子系统进行重新计算，然后进行综合，即可得到修改后的结构的振动特性。这样，大量减少了重复的工作，可提高分析的效率。有些大型、复杂的设备是由相距很远的多家工厂分别制造其各个部件，然后运到现场进行总装、调试，各部件的振动特性可以在各个制造厂分别进行分析测试，而整台设备的动态特性或由于安装场地并无测试分析的条件，或者即使测试、分析出来也无法再对其各部件进行修改，这时就需要采用子系统综合法，事先求出整台设备的振动特性，并指导各部件的修改与优化。

采用子系统综合法还可将已有的系统与一个假想的系统"联机运行"，对其运行特性进行仿真，从而对该假想系统进行优化设计。

子系统综合法种类繁多，在工程中的应用十分广泛，本章仅简要介绍两类子系统综合法，即传递矩阵法和机械阻抗法。

传递矩阵法把一个具有链状结构的多自由度系统分解成一系列类似的、比较简单的子系统（单自由度系统或基本的弹性或质量元件），各子系统在彼此连接的端面上的广义力与广义位移用状态向量表示，而子系统一端到另一端的状态向量之间的关系可用传递矩阵来表示。传递矩阵法就是通过建立从一个位置的状态向量推算下一个状态向量的公式，从原系统的起点推算到终点，再根据边界条件即得系统的频率方程，解出系统的自然频率与模态向量。工程中常见的很多系统可视为由彼此相似的子系统串联而成的链状结构，如连续梁、汽轮发电机轴系、柴油发电机轴系、船舶推进轴系等，采用传递矩阵方法分析计算是很方便和有效的。本节仅以质块弹簧系统为例讨论传递矩阵法。

如图 9-2(a)所示的质块弹簧系统是典型的多自由度振动系统的力学模型,我们来研究其自由振动。先设定有关符号规则,约定位移向右为正,作用于质块左端面的力向左为正,作用于质块右端面的力向右为正。质块左、右端面(即系统中各质块的连接点)的状态变量分别为 q_i^L,Q_i^L,q_i^R,Q_i^R,其中 q 表示位移坐标,Q 表示其一质块所受到相邻质块的作用力,下标 i 表示质块的编号,上标 L 与 R 分别表示质块的左与右端面。图 9-2(b)代表从图 9-2(a)所示系统中取出的一部分,对第 i 个质块 m_i 取脱离体,由牛顿第二定律得

$$m_i\ddot{q}_i = Q_i^R - Q_i^L \tag{9-40}$$

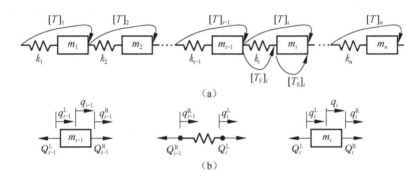

图 9-2　多自由度质块弹簧振动系统的力学模型及其分析

需要说明:这里假设系统是在做某一种同步运动,因而位移 $q_i(t)$,$Q_i^R(t)$ 及 $Q_i^L(t)$ 均为谐波函数的幅值,即 $\ddot{q}_i$ 为 m_i 的振动加速度振幅,于是有 $\ddot{q}_i = -\omega^2 q_i$,式中 q_i 为振动位移的幅值,而 ω 为振动频率。将式(9-40)移项,并以 $\ddot{q}_i = -\omega^2 q_i$ 代入,得

$$Q_i^R = Q_i^L - \omega^2 m q_i \tag{9-41}$$

又 m_i 两端的位移相同,故有

$$q_i = q_i^R = q_i^L \tag{9-42}$$

将式(9-41)、式(9-42)综合成矩阵形式,得到从第 i 个质块的左端到其右端的状态传递方程为

$$\left\{ \begin{matrix} q \\ Q \end{matrix} \right\}_i^R = \begin{bmatrix} 1 & 0 \\ -\omega^2 m_i & 1 \end{bmatrix} \left\{ \begin{matrix} q \\ Q \end{matrix} \right\}_i^L \tag{9-43}$$

$$\{z\}_i^R = [T_S]_i \{z\}_i^L \tag{9-44}$$

式中,$\{z\}_i^L$,$\{z\}_i^R$ 分别为质量 m_i 左、右端面的状态向量;$[T_S]_i$ 是从质量 m_i 的左端到右端的状态向量的变换矩阵,称为站(station)的传递矩阵。

对图 9-2(a)中的第 i 个弹簧取脱离体,其两端的力是相等的,即

$$Q_i^L = Q_{i-1}^R \tag{9-45}$$

弹性变形与弹簧力之间有下列关系：

$$q_i^L - q_{i-1}^R = Q_{i-1}^R / k_i \tag{9-46}$$

这里的"左"（L）与"右"（R）是对质块而言的，并非对弹簧而言。将式（9-45）、式（9-46）综合成矩阵形式，得到从弹簧的左端到其右端的状态传递方程为

$$\begin{Bmatrix} q \\ Q \end{Bmatrix}_i^L = \begin{bmatrix} 1 & 1/k_i \\ 0 & 1 \end{bmatrix} \begin{Bmatrix} q \\ Q \end{Bmatrix}_{i-1}^R \tag{9-47}$$

或

$$\{z\}_i^L = [T_F]_i \{z\}_{i-1}^R \tag{9-48}$$

式中，$\{z\}_{i-1}^R$，$\{z\}_i^L$ 分别是弹簧 k_i 的左端（即质块 m_{i-1} 的右端）与弹簧 k_i 的右端（即质块 m_i 的左端）的状态向量；$[T_F]_i$ 是从弹簧左端的状态向量到其右端的状态向量的变换矩阵，称为场（field）传递矩阵。将式（9-47）代入式（9-48），得

$$\{z\}_i^R = \begin{Bmatrix} q \\ Q \end{Bmatrix}_i^R = [T_S]_i [T_F]_i \{z\}_{i-1}^R$$

$$= \begin{bmatrix} 1 & 0 \\ -\omega^2 m_i & 1 \end{bmatrix} \begin{bmatrix} 1 & 1/k_i \\ 0 & 1 \end{bmatrix} \begin{Bmatrix} q \\ Q \end{Bmatrix}_{i-1}^R = \begin{bmatrix} 1 & 1/k_i \\ -\omega^2 m_i & (1-\omega^2 m_i/k_i) \end{bmatrix} \begin{Bmatrix} q \\ Q \end{Bmatrix}_{i-1}^R$$

或

$$\{z\}_i^R = [T]_i \{z\}_{i-1}^R \tag{9-49}$$

式中，矩阵 $[T]_i = [T_S]_i [T_F]_i$ 是从第 $i-1$ 个质量的右端到第 i 个质量的右端的状态向量的传递矩阵，即从第 i 个弹簧的左端到第 $i+1$ 个弹簧的左端的状态向量的传递矩阵。

如果 $\{z\}_0^R$ 与 $\{z\}_n^R$ 分别是如图 9-2 所示系统的始端和末端的状态向量，则两者间的状态传递方程为

$$\{z\}_n^R = [T]_n [T]_{n-1} \cdots [T]_1 \{z\}_0^R$$

记

$$[T]_n [T]_{n-1} \cdots [T]_1 = [T] \tag{9-50}$$

得

$$\{z\}_n^R = [T] \{z\}_0^R$$

式（9-50）中矩阵 $[T]$ 称为系统的总传递矩阵。由于各传递矩阵中包括 ω，所以 $[T]$ 中的各元素均为 ω 的多项式，状态向量 $\{z\}_0^R$ 与 $\{z\}_n^R$ 则与边界条件有关。

例 9-4　对例 4-1 中的系统（图 4-5），用传递矩阵法求解系统的自然模态。

解　系统的总传递矩阵为

$$[T] = [T]_3 [T]_2 [T]_1$$

$$= \begin{bmatrix} 1 & 1/k_3 \\ 0 & 1 \end{bmatrix} \begin{bmatrix} 1 & 1/k_2 \\ -\omega^2 m_2 & 1-\omega^2 m_2/k_2 \end{bmatrix} \begin{bmatrix} 1 & 1/k_1 \\ -\omega^2 m_1 & 1-\omega^2 m_1/k_1 \end{bmatrix}$$

$$= \begin{bmatrix} 1 - \dfrac{5m\omega^2}{2k} + \dfrac{m^2\omega^4}{k^2} & \left(1 - \dfrac{m\omega^2}{k}\right)\left(\dfrac{5}{2k} - \dfrac{m\omega^2}{k^2}\right) \\[2mm] -3\omega^2 m + \dfrac{2m^2\omega^4}{k} & 1 - \dfrac{5m\omega^2}{2k} + \dfrac{2m^2\omega^4}{k^2} \end{bmatrix}$$

系统两端面的状态向量的关系为

$$\begin{Bmatrix} q \\ Q \end{Bmatrix}_3^R = [T] \begin{Bmatrix} q \\ Q \end{Bmatrix}^R = \begin{bmatrix} T_{11} & T_{12} \\ T_{21} & T_{22} \end{bmatrix} \begin{Bmatrix} q \\ Q \end{Bmatrix}_0^R$$

故有

$$q_3^R = T_{11} q_0^R + T_{12} Q_0^R, \quad Q_3^R = T_{21} q_0^R + T_{22} Q_0^R \tag{9-51}$$

根据系统的边界条件:左、右端均为固定端,故 $q_0^R=0$, $q_3^R=0$。将 $q_0^R=0$ 代入式(9-51) 的第一式,因为 $Q_0^R \neq 0$,必有 $T_{12}=0$,即

$$\left(1 - \frac{m\omega^2}{k}\right)\left(\frac{5}{2k} - \frac{m\omega^2}{k^2}\right) = 0 \tag{9-52}$$

这就是系统的特征方程, T_{12} 称为系统在两端固定的边界条件下的频率多项式,满足 $T_{12}=0$ 的 ω 就是系统的自然频率。从式(9-52)可解得

$$\omega_1 = \sqrt{k/m}, \quad \omega_2 = \sqrt{5k/(2m)} = 1.5811\sqrt{k/m}$$

与例 4-1 的结果一致,求出自然频率 ω_1, ω_2 后,逐一代入式(9-49),并假设 $Q_0^R=1$,即可逐步求出各端面的状态向量 $\begin{Bmatrix} q \\ Q \end{Bmatrix}_0^R$, $\begin{Bmatrix} q \\ Q \end{Bmatrix}_1^R$, $\cdots$, $\begin{Bmatrix} q \\ Q \end{Bmatrix}_n^R$,从而确定系统的模态向量 $\{q_0^R, q_1^R, \cdots, q_n^R\}$,同时,也顺便得到各截面处内力幅值 $\{Q_0^R, Q_1^R, \cdots, Q_n^R\}$。

对于两端自由、或一端固定而另一端自由的边界条件,频率多项式分别为 T_{21} 和 T_{11}(或 T_{22})。

9.3.2　机械阻抗法

用来分析电路系统的一些定律和公式与用来分析振动系统的一些定律和公式有很多相似之处,因此可以把振动系统与电路系统联系起来,提出"机械网络"的概念,从而可以方便地移植电路理论中成熟的原理与方法来分析振动系统,或者以电路系统来模拟机械振动系统,方便地求解振动系统的特性和时间历程。事实上,电路理论中的几乎所有的概念、定律和方法,在机械振动系统中都有其"对应物"。下面讲述"机械阻抗"、"导纳"、"机械网络"、"并联"、"串联"及"阻抗综合"等概念。

1. 振动系统及其基本元件的阻抗与导纳

1）机械阻抗与导纳的定义

机械阻抗定义为激励力的复数幅值与响应的复数幅值之比。设作用在系统上的激励力及稳态位移响应分别为

$$f(t) = |F| \mathrm{e}^{\mathrm{i}(\omega t + \alpha)} = F\mathrm{e}^{\mathrm{i}\omega t}, \quad x(t) = |X| \mathrm{e}^{\mathrm{i}(\omega t + \beta)} = X\mathrm{e}^{\mathrm{i}\omega t}$$

式中，$F = |F|\mathrm{e}^{\mathrm{i}\alpha}$，$X = |X|\mathrm{e}^{\mathrm{i}\beta}$，则位移阻抗和位移导纳分别定义为

$$Z_D = \frac{|F|\,\mathrm{e}^{\mathrm{i}(\omega t + \alpha)}}{|X|\,\mathrm{e}^{\mathrm{i}(\omega t + \beta)}} = \frac{|F|}{|X|}\mathrm{e}^{\mathrm{i}(\alpha - \beta)} = \frac{F}{X}, \quad H_D = \frac{1}{Z_D} = \frac{|X|}{|F|}\mathrm{e}^{\mathrm{i}(\beta - \alpha)} = \frac{X}{F}$$

由此可知，机械阻抗与导纳一般为复数。**位移阻抗**反映了系统的刚度，又称为**动刚度**；**位移导纳**反映了系统的柔度，又称为**动柔度**。由于系统的振动响应也可用速度和加速度来描述，因此相应地可以定义**速度阻抗** Z_V、**速度导纳** H_V、**加速度阻抗** Z_A 与**加速度导纳** H_A。在运用机械阻抗概念分析振动问题时，从理论上讲，采用位移、速度、加速度阻抗（或导纳）中的任一种都可以，但实际应用时，则依情况而定；分析机械结构的强度、刚度与抗振性能时，一般采用位移阻抗或导纳的概念，而进行机电模拟及理论推导时，采用速度阻抗或导纳更合适。

2）振动系统基本元件的阻抗与导纳

设质量元件如图 9-3（a）所示，它为平动刚体或质点，$\ddot{x}$ 表示 m 在外力作用下的加速度，作用在质量两端的外力为 $f_1(t)$，$f_2(t)$。若设 $f_1(t)$，$f_2(t)$ 均为谐波函数，即 $f_1(t) = F_1\mathrm{e}^{\mathrm{i}\omega t}$，$f_2(t) = F_2\mathrm{e}^{\mathrm{i}\omega t}$，则稳态加速度响应亦为简谐形式，即 $\ddot{x}(t) = \omega^2 X\mathrm{e}^{\mathrm{i}\omega t}$，按定义，加速度阻抗和加速度导纳为

$$Z_A = \frac{F_1 - F_2}{\omega^2 X} = \frac{m\omega^2 X}{\omega^2 X} = m, \quad H_A = \frac{1}{m}$$

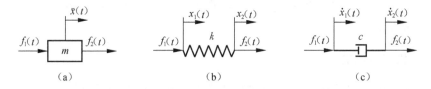

图 9-3　质块弹簧阻尼元件的分析模型

由于稳态速度与位移分别为 $\dot{x}(t) = \ddot{x}(t)/(\mathrm{i}\omega)$，$x(t) = \ddot{x}(t)/\omega^2$，质量的速度阻抗及导纳分别为

$$Z_V = \frac{F_1 - F_2}{\omega^2 X/(\mathrm{i}\omega)} = \frac{\mathrm{i}\omega m\omega^2 X}{\omega^2 X} = \mathrm{i}\omega m, \quad H_V = \frac{1}{\mathrm{i}\omega m} = -\frac{\mathrm{i}}{\omega m}$$

质量的位移阻抗及导纳分别为

$$Z_D = \frac{F_1 - F_2}{-\omega^2 X/(\omega^2)} = \frac{-\omega^2 m \omega^2 X}{\omega^2 X} = -\omega^2 m, \quad H_D = -\frac{1}{\omega^2 m}$$

对于如图 9-3(b)、(c)所示的弹簧元件与阻尼元件采用类似的分析方法，也可求得其阻抗与导纳，所得结果归纳于表 9-1 中。

表 9-1　三种基本元件的阻抗及导纳

基本元件	阻　　抗			导　　纳		
	Z_D	Z_V	Z_A	H_D	H_V	H_A
弹簧	k	$k/(\mathrm{i}\omega)$	$-k/\omega^2$	$1/k$	$\mathrm{i}\omega/k$	ω^2/k
阻尼器	$\mathrm{i}\omega c$	c	$c/(\mathrm{i}\omega)$	$1/(\mathrm{i}\omega c)$	$1/c$	$\mathrm{i}\omega/c$
质量	$-\omega^2 m$	$\mathrm{i}\omega m$	m	$-1/(\omega^2 m)$	$1/(\mathrm{i}\omega m)$	$1/m$

2. 机电比拟与机械网络

1) 机电比拟

在谐波激励下的振动系统也可以像正弦电路一样，用网络理论来分析。

与电网络相似，机械网络中也有两类元件：一类为**有源元件**，另一类为**无源元件**。有源元件又分力源和运动源，分别与电路中的电流源和电压源相对应；无源元件有弹簧、质量及阻尼器，分别与电路中的电感、电容及电导相当，而振动速度则与电压相对应，机械阻抗与机械导纳则分别与电导纳和电阻抗相对应。表 9-2 中示出了这些对应关系。

表 9-2　机电比拟对应关系

振动系统	电路系统	振动系统	电路系统
激励力 $f(t)$	电流 $i(t)$	速度 $\dot{x}(t)$	电压 V
质量 m	电容 C	机械导纳 $\dot{X}/F$	电阻抗 V/I
弹簧柔度 $1/k$	电感 L	机械阻抗 $F/\dot{X}$	电导纳 I/V
阻尼 c	电导 $1/R$	冲量 I	电量 Q

2) 并联与串联

并联：如果网络中诸子网络两端的速度相同（而作用力不相同），则称为并联，如图 9-4(a)所示。若记 $Z_i = F_i/(V_B - V_A)$ $(i=1,2,\cdots,n)$，整个网络的速度阻抗为

$$Z = \frac{F}{V_B - V_A} = \frac{F_1 + F_2 + \cdots + F_n}{V_B - V_A} = Z_1 + Z_2 + \cdots + Z_n$$

即网络的总机械阻抗为各并联的子网络的阻抗之和。

串联：如果网络中诸子网络所受的力相同（而速度不同），则称为串联，如图 9-4(b)

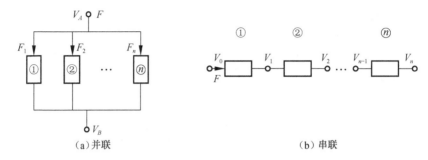

（a）并联　　　　　　　　　　　　　　（b）串联

图 9-4　网络及其分析

所示，若记 $H_i = (V_i - V_{i-1})/F(i=1,2,\cdots,n)$，整个网络的速度导纳为

$$H = \frac{V_n - V_0}{F} = \frac{V_1 - V_0}{F} + \frac{V_2 - V_1}{F} + \cdots + \frac{V_n - V_{n-1}}{F} = H_1 + H_2 + \cdots + H_n$$

即网络中总的机械导纳为各串联的子网络的导纳之和。

3）机械网络图

为了将一个多自由度振动系统用机械网络图表示出来，必须先介绍力流和质量接地的概念。

在机电比拟中，将力比拟为电流，即可把作用在振动系统中各处的力想象为力在机械网络中流动。对一个并联系统而言，力相加相当于力流有分支；对串联系统，各处力相等，即力无分流。

在机电比拟中，弹簧与电感、阻尼器与电阻之间的比拟关系较易于理解，而把质量比拟为电容，则需要加以说明。

图 9-5(a)为一质块在作用力 $f_1(t)$，$f_2(t)$ 作用下产生运动 $x(t)$。我们只讨论质块相对于惯性空间的运动，惯性空间可认为是运动速度为零的接地点，则可将网络中的质块表示成如图 9-5(b)所示，即将其一端接地。根据表 9-2 所示的对应关系，其所对应的电容器及有关的电量如图 9-5(c)所示。

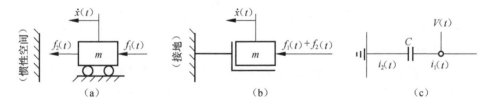

（a）　　　　　　　　　　　（b）　　　　　　　　　　　（c）

图 9-5　惯性空间运动及其对应关系

绘制机械网络图的一般规则是：将有源元件画在左边，无源元件画在右边，力源和速度源的符号与电流源和电压源的符号类似；系统中遇到质量时，将质量拉出并联接地，而各接地点用一根公用"地线"连接；同一节点上的速度相同，同一回路

中的力流相同。

图 9-6(a)为一单自由度振动系统,图 9-6(b)为其机械网络。因为作用在系统上的力由三个元件同时分担,力流一分为三,三个元件的运动速度相等,质量按接地处理,所以得到一个并联系统,其相似电网络如图 9-6(c)所示。

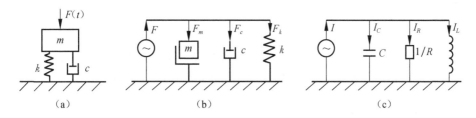

图 9-6　单自由度系统及其机械网络图

例 9-5　试计算如图 9-6(a)所示系统的机械阻抗与导纳。

解　该系统是并联系统,系统的机械阻抗应为三个元件机械阻抗之和,故可求得系统的位移阻抗和位移导纳分别为

$$Z_D = Z_{Dk} + Z_{Dc} + Z_{Dm} = k + \mathrm{i}\omega c - \omega^2 m, \quad H_D = \frac{1}{Z_D} = \frac{1}{k + \mathrm{i}\omega c - \omega^2 m}$$

这与第 3 章中求出的复频率响应是完全相同的。前面用的是求解微分方程的办法,而这里仅是一个代数方程问题。

例 9-6　试求如图 9-7(a)所示系统的机械阻抗与导纳。

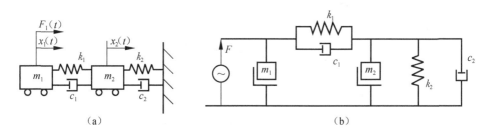

图 9-7　两自由度系统及其机械网络图

解　图 9-7(a)所示系统的机械网络图如图 9-7(b)所示,是一个串、并联系统。设 Z_1 为元件 k_1, c_1 并联的阻抗,Z_2 为元件 m_2, k_2, c_2 并联的阻抗,Z_3 为 Z_1 与 Z_2 串联的阻抗,Z 为系统的总阻抗(位移阻抗),则有

$$Z_1 = Z_{k1} + Z_{c1} = k_1 + \mathrm{i}\omega c_1, \quad Z_2 = Z_{m2} + Z_{k2} + Z_{c2} = k_2 - \omega^2 m_2 + \mathrm{i}\omega c_2$$

$$\tag{9-53}$$

$$\frac{1}{Z_3} = \frac{1}{Z_1} + \frac{1}{Z_2}, \quad Z = Z_{m1} + Z_3 = -\omega^2 m^1 + Z_3 \tag{9-54}$$

将式(9-53)代入式(9-54)的第一式,再将其代入式(9-54)的第二式,得

$$Z = -\omega^2 m_1 + \frac{(k_1 + \mathrm{i}\omega c_1)(k_2 - \omega^2 m_2 + \mathrm{i}\omega c_2)}{k_1 + k_2 + \mathrm{i}\omega(c_1 + c_2) - \omega^2 m_2}$$

$$= \frac{(k_1 - \omega^2 m_1 + \mathrm{i}\omega c_1)(k_2 - \omega^2 m_2 + \mathrm{i}\omega c_2) - \omega^2 m_1(k_1 + \mathrm{i}\omega c_1)}{k_1 + k_2 + \mathrm{i}\omega(c_1 + c_2) - \omega^2 m_2}$$

位移导纳为

$$H = \frac{k_1 + k_2 + \mathrm{i}\omega(c_1 + c_2) - \omega^2 m_2}{(k_1 - \omega^2 m_1 + \mathrm{i}\omega c_1)(k_2 - \omega^2 m_2 + \mathrm{i}\omega c_2) - \omega^2 m_1(k_1 + \mathrm{i}\omega c_1)}$$

对如图 9-7(a) 所示系统, 如果 $F_1(t)$ 的复幅值为 F_1, 则可求出 $x_1(t)$ 的复幅值为 $X_1 = HF_1$, 该结果与第 4 章中根据运动微分方程求得的解相同。

3. 机械阻抗综合法

阻抗综合法是分析复杂振动系统的有效方法。作为一种子系统综合法, 首先将整体系统分解成若干个子系统, 应用机械阻抗或导纳概念分别研究各个子系统, 建立各子系统的机械阻抗或导纳形式的运动方程; 然后根据子系统之间互相连接的实际状况, 确定子系统之间结合的约束条件; 最后根据结合条件将各子系统的运动方程耦合起来, 从而得到整体系统的运动方程与振动特性。

1) 由一个坐标连接两个子系统组成的系统

图 9-8(a) 为一个坐标连接两个子系统 A, B 构成的系统, 已知 $Z^{(A)}, Z^{(B)}$, 下面求整体系统在连接点的阻抗 Z。

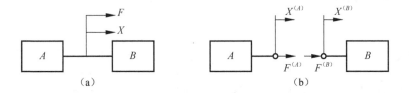

图 9-8　一个坐标连接两个子系统组成的系统

图 9-8(b) 为 A, B 两个子系统, 阻抗形式表示的运动方程分别为

$$F^{(A)} = Z^{(A)} X^{(A)}, \quad F^{(B)} = Z^{(B)} X^{(B)} \tag{9-55}$$

在连接点上位移相容条件与力的平衡条件分别为

$$X = X^{(A)} = X^{(B)}, \quad F = F^{(A)} + F^{(B)}$$

或写为

$$\begin{Bmatrix} X^{(A)} \\ X^{(B)} \end{Bmatrix} = X \begin{Bmatrix} 1 \\ 1 \end{Bmatrix}, \quad F = \{1 \quad 1\} \begin{Bmatrix} F^{(A)} \\ F^{(B)} \end{Bmatrix} \tag{9-56}$$

而式 (9-55) 可综合为

$$\begin{Bmatrix} F^{(A)} \\ F^{(B)} \end{Bmatrix} = \begin{bmatrix} Z^{(A)} & \\ & Z^{(B)} \end{bmatrix} \begin{Bmatrix} X^{(A)} \\ X^{(B)} \end{Bmatrix} \tag{9-57}$$

联立式(9-56)与式(9-57),即从该两式中消去$\begin{Bmatrix} X^{(A)} \\ X^{(B)} \end{Bmatrix}$, $\begin{Bmatrix} F^{(A)} \\ F^{(B)} \end{Bmatrix}$可得系统的运动方程

$$F = \{1 \quad 1\} \begin{bmatrix} Z^{(A)} & \\ & Z^{(B)} \end{bmatrix} \begin{Bmatrix} 1 \\ 1 \end{Bmatrix} X = (Z^{(A)} + Z^{(B)}) X$$

由此可得到系统在连接点的阻抗

$$Z = F/X = Z^{(A)} + Z^{(B)} \tag{9-58}$$

而由式(9-58)可得

$$X = \frac{F}{Z^{(A)} + Z^{(B)}}$$

当 $Z^{(A)} + Z^{(B)} = 0$ 时,系统的 $X \to \infty$,即产生共振。满足这一条件,称两个子系统的阻抗 $Z^{(A)}$ 与 $Z^{(B)}$ 是匹配的。利用这一特点,可由子系统的阻抗求整体系统的自然频率。

例 9-7　用阻抗综合法求例 5-9 中系统(图 5-8)的自然频率。

解　将原系统分成两个子系统 A, B,如图 9-9(a)所示,其等效机械网络分别如图 9-9(b)所示。

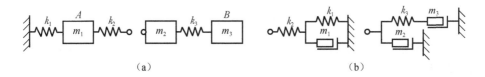

图 9-9　两个子系统实例模型

子系统 A 在连接点的阻抗为

$$Z^{(A)} = \frac{1}{H_{k2} + 1/(Z_{k1} + Z_{m1})} = \frac{1}{1/k_2 + 1/(k_1 - \omega^2 m_1)} = \frac{k_2(k_1 - \omega^2 m_1)}{k_1 + k_2 - \omega^2 m_1}$$

子系统 B 在连接点的阻抗为

$$Z^{(B)} = Z_{m2} + \frac{1}{H_{k3} + H_{m3}} = -\omega^2 m_2 + \frac{1}{1/k_3 - 1/(\omega^2 m_3)} = \frac{-k_3 m_3 \omega^2}{k_3 - \omega^2 m_3} - \omega^2 m_2$$

据此,令 $Z^{(A)} + Z^{(B)} = 0$,并整理得到

$$[-k_3 m_3 \omega^2 - \omega^2 m_2(k_3 - \omega^2 m_3)](k_1 + k_2 - \omega^2 m_1) + k_2(k_1 - \omega^2 m_1)(k_3 - \omega^2 m_3) = 0$$

此即上述三自由度系统的频率方程,由此可以求出系统的自然频率。

2) 由两个坐标连接两个子系统组成的系统

图 9-10(a)为一个由两个坐标连接两个子系统 A, B 组成的系统,阻抗矩阵表示的运动方程为

$$\{F^{(A)}\} = [Z^{(A)}]\{X^{(A)}\}, \quad \{F^{(B)}\} = [Z^{(B)}]\{X^{(B)}\} \tag{9-59}$$

式中,$\{X^{(A)}\}^{\mathrm{T}} = \{X_1^{(A)} \ X_2^{(A)}\}^{\mathrm{T}}$,$\{X^{(B)}\}^{\mathrm{T}} = \{X_1^{(B)} \ X_2^{(B)}\}^{\mathrm{T}}$;$\{F^{(A)}\}^{\mathrm{T}} = \{F_1^{(A)} \ F_2^{(A)}\}^{\mathrm{T}}$,$\{F^{(B)}\}^{\mathrm{T}} = \{F_1^{(B)} \ F_2^{(B)}\}^{\mathrm{T}}$;$[Z^{(A)}]$,$[Z^{(B)}]$分别为子系统 A, B 的阻抗矩阵。

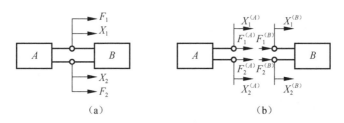

图 9-10　两个坐标连接两个子系统组成的系统

式(9-59)可综合成

$$\left\{ \begin{array}{c} \{F^{(A)}\} \\ \{F^{(B)}\} \end{array} \right\} = \left[\begin{array}{cc} [Z^{(A)}] & \\ & [Z^{(B)}] \end{array} \right] \left\{ \begin{array}{c} \{X^{(A)}\} \\ \{X^{(B)}\} \end{array} \right\} \tag{9-60}$$

子系统 A, B 之间的位移相容与力的平衡条件为

$$\{X^{(A)}\} = \{X^{(B)}\} = \{X\}, \quad \{F^{(A)}\} = \{F^{(B)}\} = \{F\} \tag{9-61}$$

式中

$$\{X\} = \{X_1 \quad X_2\}^{\mathrm{T}}, \quad \{F\} = \{F_1 \quad F_2\}^{\mathrm{T}}$$

式(9-61)可归纳成"约束方程":

$$\left\{ \begin{array}{c} \{X^{(A)}\} \\ \{X^{(B)}\} \end{array} \right\} = \left\{ \begin{array}{c} \{X\} \\ \{X\} \end{array} \right\}, \quad [[I] \quad [I]] \left\{ \begin{array}{c} \{F^{(A)}\} \\ \{F^{(B)}\} \end{array} \right\} = \{F\} \tag{9-62}$$

将式(9-62)代入式(9-60),消去 $\{\{F^{(A)}\}\{F^{(B)}\}\}^{\mathrm{T}}$ 及 $\{\{X^{(A)}\}\{X^{(B)}\}\}^{\mathrm{T}}$,可得系统的
运动方程为

$$\{F\} = [[I] \quad [I]] \left[\begin{array}{cc} [Z^{(A)}] & \\ & [Z^{(B)}] \end{array} \right] \left\{ \begin{array}{c} \{X\} \\ \{X\} \end{array} \right\} = [Z]\{X\} \tag{9-63}$$

式中

$$[Z] = [Z^{(A)}] + [Z^{(B)}]$$

为系统的阻抗矩阵。在自由振动情况下,$\{F\}=0$,由式(9-63)得

$$[Z]\{X\} = \{0\} \tag{9-64}$$

由于 $\{X\}$ 必须为非零向量,可得系统的自然频率方程为

$$\det[Z] = \{0\} \tag{9-65}$$

上述方法称为**动刚度综合法**。如果采用子系统的导纳矩阵表达运动方程

$$\{X^{(A)}\} = [H^{(A)}]\{F^{(A)}\}, \quad \{X^{(B)}\} = [H^{(B)}]\{F^{(B)}\}$$

其中,$[H^{(A)}]$,$[H^{(B)}]$ 分别为子系统 A, B 的导纳矩阵,类似上述推导,可得整体系
统的运动方程为

$$\{X\} = [H]\{F\} \tag{9-66}$$

式中,$[H]$ 为系统的导纳矩阵,它是一个二阶矩阵,其元素为

$$H_{11} = \{H_{11}^{(A)}[H_{11}^{(B)}H_{22}^{(B)} - (H_{12}^{(B)})^2] + H_{11}^{(B)}[H_{11}^{(A)}H_{22}^{(A)} - (H_{12}^{(A)})^2]\}/\Delta(\omega)$$

$$H_{12} = H_{21} = \{H_{12}^{(A)}[H_{11}^{(B)}H_{22}^{(B)} - H_{12}^{(A)}H_{12}^{(B)}] + H_{12}^{(B)}[H_{11}^{(A)}H_{22}^{(A)} - H_{12}^{(A)}H_{12}^{(B)}]\}/\Delta(\omega)$$

$$H_{22} = \{H_{22}^{(A)}[H_{11}^{(B)}H_{22}^{(B)} - (H_{12}^{(B)})^2] + H_{22}^{(B)}[H_{11}^{(A)}H_{22}^{(A)} - (H_{22}^{(A)})^2]\}/\Delta(\omega)$$

而

$$\Delta(\omega) = \begin{vmatrix} H_{11}^{(A)} + H_{11}^{(B)} & H_{12}^{(A)} + H_{12}^{(B)} \\ H_{21}^{(A)} + H_{21}^{(B)} & H_{22}^{(A)} + H_{22}^{(B)} \end{vmatrix} = \det([H^{(A)}] + [H^{(B)}]) \qquad (9\text{-}67)$$

显然，$\Delta(\omega)=0$ 为系统的频率方程。上述方法称为动柔度综合法。

现在假设各子系统除了相互连接的坐标以外，还需要考虑其他坐标，如图 9-11(a)所示的系统由 A, B 两个子系统连接而成。子系统的阻抗形式的运动方程为

$$\begin{Bmatrix} F_1^{(A)} \\ F_2^{(A)} \end{Bmatrix} = \begin{bmatrix} Z_{11}^{(A)} & Z_{12}^{(A)} \\ Z_{21}^{(A)} & Z_{22}^{(A)} \end{bmatrix} \begin{Bmatrix} X_1^{(A)} \\ X_2^{(A)} \end{Bmatrix}, \quad \begin{Bmatrix} F_2^{(B)} \\ F_3^{(B)} \end{Bmatrix} = \begin{bmatrix} Z_{22}^{(B)} & Z_{23}^{(B)} \\ Z_{32}^{(B)} & Z_{33}^{(B)} \end{bmatrix} \begin{Bmatrix} X_2^{(B)} \\ X_3^{(B)} \end{Bmatrix} \qquad (9\text{-}68)$$

将上两式综合起来，得

$$\begin{Bmatrix} F_1^{(A)} \\ F_2^{(A)} \\ F_2^{(B)} \\ F_3^{(B)} \end{Bmatrix} = \begin{bmatrix} Z_{11}^{(A)} & Z_{12}^{(A)} & 0 & 0 \\ Z_{21}^{(A)} & Z_{22}^{(A)} & 0 & 0 \\ 0 & 0 & Z_{22}^{(B)} & Z_{23}^{(B)} \\ 0 & 0 & Z_{32}^{(B)} & Z_{33}^{(B)} \end{bmatrix} \begin{Bmatrix} X_1^{(A)} \\ X_2^{(A)} \\ X_2^{(B)} \\ X_3^{(B)} \end{Bmatrix} \qquad (9\text{-}69)$$

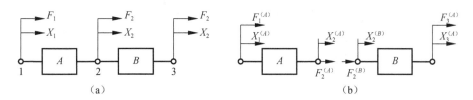

图 9-11　两个坐标连接两个子系统的实例模型

在连接点 2 处，位移相容条件和力的平衡条件为

$$X_2^{(A)} = X_2^{(B)} = X_2, \quad F_2 = F_2^{(A)} + F_2^{(B)} \qquad (9\text{-}70)$$

在 1,3 端点，分别为

$$X_1^{(A)} = X_1, \quad F_1^{(A)} = F_1, \quad X_3^{(B)} = X_3, \quad F_3^{(B)} = F_3 \qquad (9\text{-}71)$$

将式(9-70)和式(9-71)综合成为矩阵形式，得

$$\begin{bmatrix} 1 & 0 & 0 \\ 0 & 1 & 0 \\ 0 & 1 & 0 \\ 0 & 0 & 1 \end{bmatrix} \begin{Bmatrix} X_1 \\ X_2 \\ X_3 \end{Bmatrix} = \begin{Bmatrix} X_1^{(A)} \\ X_2^{(A)} \\ X_2^{(B)} \\ X_3^{(B)} \end{Bmatrix}, \quad \begin{bmatrix} 1 & 0 & 0 & 0 \\ 0 & 1 & 1 & 0 \\ 0 & 0 & 0 & 1 \end{bmatrix} \begin{Bmatrix} F_1^{(A)} \\ F_2^{(A)} \\ F_2^{(B)} \\ F_3^{(B)} \end{Bmatrix} = \begin{Bmatrix} F_1 \\ F_2 \\ F_3 \end{Bmatrix} \qquad (9\text{-}72)$$

将式(9-72)代入式(9-69)，得整体系统的方程为

$$\begin{Bmatrix} F_1 \\ F_2 \\ F_3 \end{Bmatrix} = \begin{bmatrix} 1 & 0 & 0 & 0 \\ 0 & 1 & 1 & 0 \\ 0 & 0 & 0 & 1 \end{bmatrix} \begin{bmatrix} Z_{11}^{(A)} & Z_{12}^{(A)} & 0 & 0 \\ Z_{21}^{(A)} & Z_{22}^{(A)} & 0 & 0 \\ 0 & 0 & Z_{22}^{(B)} & Z_{23}^{(B)} \\ 0 & 0 & Z_{32}^{(B)} & Z_{33}^{(B)} \end{bmatrix} \begin{bmatrix} 1 & 0 & 0 \\ 0 & 1 & 0 \\ 0 & 1 & 0 \\ 0 & 0 & 1 \end{bmatrix} \begin{Bmatrix} X_1 \\ X_2 \\ X_3 \end{Bmatrix}$$

$$= \begin{bmatrix} Z_{11}^{(A)} & Z_{12}^{(A)} & 0 \\ Z_{21}^{(A)} & Z_{22}^{(A)} + Z_{22}^{(B)} & Z_{23}^{(B)} \\ 0 & Z_{32}^{(B)} & Z_{33}^{(B)} \end{bmatrix} \begin{Bmatrix} X_1 \\ X_2 \\ X_3 \end{Bmatrix}$$

上式表明,整体系统的阻抗矩阵等于所有子系统的阻抗矩阵按结合点相叠加。这一结论具有普遍性,对于多个子结构互相连接的整体系统和结合点由多个坐标连接的情况,以及各子系统除了相互连接的坐标以外尚有多个其他坐标的情况,上述结论都适用。

例 9-8　如图 9-12(a)所示的系统为一弯曲刚度为 EI 的柔性杆,其分布质量不计,而端部连接一集中质块 m,该质块为边长为 $2a$ 的正方形,对于其中心的转动惯量为 I_0,系统在平面内的运动,试导出频率方程。

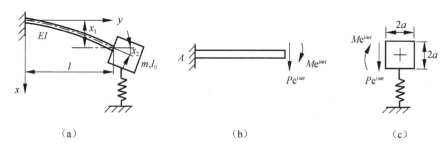

图 9-12　柔性杆模型及其分析

解　将原系统分解成 A,B 两个子系统,如图 9-12(b)、(c)所示,它们由结合点处的位移 $X_1(t)$ 及转角 $X_2(t)$ 两坐标相连接,分别对应于结合点的剪力 $P(t)$ 和弯矩 $M(t)$。

设 $x(y,t)$ 为柔性杆在坐标 y 处的挠度,则对于子系统 A,其弯曲变形方程可写为

$$\frac{\partial^2 x(y,t)}{\partial y^2} = \frac{P(t)}{EI}(l-y) + \frac{M(t)}{EI}$$

对上式积分,得

$$\frac{\partial x(y,t)}{\partial y} = \frac{P(t)}{EI}\left(ly - \frac{y^2}{2}\right) + \frac{M(t)}{EI}y + C_1 \tag{9-73}$$

由边界条件 $(\partial x(y,t)/\partial y)|_{y=0}=0$ 可确定 $C_1=0$,对式(9-73)再积分,得

$$x(y,t) = \frac{P(t)}{EI}\left(\frac{ly^2}{2} - \frac{y^3}{6}\right) + \frac{M(t)y^2}{2EI} + C_2 \tag{9-74}$$

由边界条件 $x(y,t)|_{y=0}=0$ 可确定 $C_2=0$。根据式(9-73)和式(9-74)可求出子系统 A 在结合点的力与位移的关系：

$$x_1(t) = x(y,t)\,|_{y=l} = \frac{lP(t)}{3EI} + \frac{l^2 M(t)}{2EI}$$

$$x_2(t) = \frac{\partial x(y,t)}{\partial y}\bigg|_{y=l} = \frac{l^2 P(t)}{2EI} + \frac{lM(t)}{EI}$$

对上两式取傅里叶变换可导出系统的导纳方程

$$\begin{Bmatrix} X_1(\omega) \\ X_2(\omega) \end{Bmatrix} = \frac{1}{EI} \begin{bmatrix} l/3 & l^2/2 \\ l^2/2 & l \end{bmatrix} \begin{Bmatrix} P(\omega) \\ M(\omega) \end{Bmatrix}$$

故导纳矩阵为

$$[H^{(A)}] = \frac{1}{EI} \begin{bmatrix} l/3 & l^2/2 \\ l^2/2 & l \end{bmatrix}$$

对子系统 B，按牛顿第二定律可写出

$$P(t) = m(\ddot{x}_1(t) + a\ddot{x}_2(t)), \quad M(t) - aP(t) = I_0 \ddot{x}_2(t)$$

对上式取傅里叶变换，同理可导出

$$[H^{(B)}] = \begin{bmatrix} -\dfrac{I_0 + ma^2}{mI_0\omega^2} & \dfrac{a}{I_0\omega^2} \\[3mm] \dfrac{a}{I_0\omega^2} & -\dfrac{1}{I_0\omega^2} \end{bmatrix}$$

根据式(9-67)，可写出系统的频率方程

$$\Delta(\omega) = \det([H^{(A)}] + [H^{(B)}]) = \begin{vmatrix} \dfrac{l}{3EI} - \dfrac{I_0 + ma^2}{mI_0\omega^2} & \dfrac{l^2}{2EI} + \dfrac{a}{I_0\omega^2} \\[4mm] \dfrac{l^2}{2EI} + \dfrac{a}{I_0\omega^2} & \dfrac{l}{EI} - \dfrac{1}{I_0\omega^2} \end{vmatrix} = 0$$

展开得

$$[2lmI_0\omega^2 - 3EI(I_0 + ma^2)](2lI_0\omega^2 - 2EI)$$
$$- (3l^2 I_0\omega^2 + 6EIa)(l^2 mI_0\omega^2 + 2EIma) = 0$$

3）子系统引起主系统振动特性的变化

如图 9-13 所示，设附加子系统 B 可通过一个或几个坐标与原系统 A 相连接。

将原系统的坐标分为与附加子系统相连接的坐标 $\{X\}_j$ 和非连接的坐标 $\{X\}_i$，用阻抗矩阵表示的原系统 A 的运动方程为

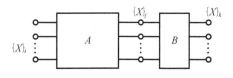

图 9-13　原系统与附加子系统

$$\begin{bmatrix} [Z^{(A)}]_{ii} & [Z^{(A)}]_{ij} \\ [Z^{(A)}]_{ji} & [Z^{(A)}]_{jj} \end{bmatrix} \begin{Bmatrix} \{X^{(A)}\}_i \\ \{X^{(A)}\}_j \end{Bmatrix} = \begin{Bmatrix} \{F^{(A)}\}_i \\ \{F^{(A)}\}_j \end{Bmatrix}$$

用阻抗矩阵表示的附加子系统 B 的运动方程为

$$[Z^{(A)}]_{jj}\{X^{(B)}\}_j = \{F^{(B)}\}_j$$

按整体系统的阻抗矩阵是所有子系统阻抗矩阵按结合点叠加的原则,子系统 B 附加在原系统 A 上后,整体系统的阻抗矩阵为

$$[Z] = \begin{bmatrix} [Z^{(A)}]_{ii} & [Z^{(A)}]_{ij} \\ [Z^{(A)}]_{ji} & [Z^{(A)}]_{jj} \end{bmatrix} + \begin{bmatrix} 0 & 0 \\ 0 & [Z^{(B)}]_{jj} \end{bmatrix} = \begin{bmatrix} [Z^{(A)}]_{ii} & [Z^{(A)}]_{ij} \\ [Z^{(A)}]_{ji} & [Z^{(A)}]_{jj} + [Z^{(B)}]_{jj} \end{bmatrix}$$

令 $\det[Z]=0$,即得系统的频率方程。

在实际工程中,主系统和子系统的运动方程往往以其导纳矩阵 $[H^{(A)}]$,$[H^{(B)}]$ 表示,而由 $[H]=[Z]^{-1}$ 关系可推出主系统在附加子系统后所得整体系统的导纳矩阵

$$[H] = \begin{bmatrix} [H]_{ii} & [H]_{ij} \\ [H]_{ji} & [H]_{jj} \end{bmatrix} = \begin{bmatrix} [H^{(A)}]_{ii} & [H^{(A)}]_{ij} \\ 0 & 0 \end{bmatrix} + \begin{bmatrix} -[H^{(A)}]_{ii} & -[H^{(A)}]_{ij} \\ [H^{(B)}]_{ji} & [H^{(B)}]_{jj} \end{bmatrix}$$

$$\times \begin{bmatrix} ([H^{(B)}]_{jj} + [H^{(A)}]_{jj})^{-1}[H^{(A)}]_{ji} & 0 \\ 0 & ([H^{(B)}]_{jj} + [H^{(A)}]_{jj})^{-1}[H^{(A)}]_{jj} \end{bmatrix}$$

由导纳矩阵中任何一个元素的倒数为零,即得系统的频率方程。

9.4　求解特征值问题的方法

许多振动问题的分析与建模均可归结为特征值问题,因此特征值问题求解的算法对于振动问题分析具有重要意义。直接求解一个 n 自由度系统的特征值问题,需要解一个 n 次代数方程,即特征方程及一个 n 元一次代数方程组。当自由度很大时,这个计算工作相当繁重。目前已经研究出一些比较有效的特征值问题的求解算法。下面介绍有关的算法与技巧。

标准特征值问题可表示为

$$[A]\{u\} = \lambda\{u\}$$

式中,$[A]$ 为 $n \times n$ 方阵。当 $[A]$ 为实对称矩阵时,一定存在 n 个实数的特征值 λ_1,λ_2,$\cdots$,λ_n,相应地存在相互正交的 n 维特征向量 $\{u^{(1)}\}$,$\{u^{(2)}\}$,$\cdots$,$\{u^{(n)}\}$,即满足

$$\{u^{(i)}\}^{\mathrm{T}}\{u^{(i)}\} = 0, \quad i,j = 1,2,\cdots,n;i \neq j$$

因此它们可以在 n 维空间构成一组线性无关的坐标基。由于已经有了成熟的、有效的方法来计算实对称矩阵 $[A]$ 的特征值与特征向量,其他类型的特征值问题都希望能转化成实对称矩阵的标准特征值问题,再计算求解。

线性系统自由振动的分析需要以下广义特征值问题:

$$[k]\{u\} = \lambda[m]\{u\} \tag{9-75}$$

式中，$[m]$，$[k]$ 均为实对称矩阵，而且 $[m]$ 还需要是正定矩阵。采用楚列斯基(Cholesky)的三角分解法，将 $[m]$ 矩阵分解为两个三角矩阵之积，即

$$[m] = [L][L]^{\mathrm{T}} = [U]^{\mathrm{T}}[U] \tag{9-76}$$

就可将式(9-75)的广义特征值问题转化为实对称矩阵的标准特征值问题。式中，$[L]$，$[U]$ 分别为下三角矩阵和上三角矩阵。将式(9-76)代入式(9-75)，并在等式两边左乘以 $([U]^{\mathrm{T}})^{-1}$，得

$$([U]^{\mathrm{T}})^{-1}[k]\{u\} = \lambda[U]\{u\} \tag{9-77}$$

记 $[U]\{u\} = \{v\}$，则有 $\{u\} = [U]^{-1}\{v\}$，代入式(9-77)，得

$$([U]^{\mathrm{T}})^{-1}[k][U]^{-1}\{v\} = \lambda\{v\} \tag{9-78}$$

矩阵 $[A] = ([U]^{\mathrm{T}})^{-1}[k][U]^{-1}$ 是对称矩阵，而式(9-78)可写成

$$[A]\{v\} = \lambda\{v\} \tag{9-79}$$

即成一个关于实对称矩阵 $[A]$ 的标准特征值问题。其特征值 λ 即为原问题(9-75)的特征值。而所求的特征向量 $\{v\}$ 与原问题的特征向量由式 $[U]\{u\} = \{v\}$ 和 $\{u\} = [U]^{-1}\{v\}$ 相联系。

9.4.1　实对称正定方阵的楚列斯基三角分解法

设 $[m] = [m_{ij}]$ 为一实对称正定矩阵，对其进行楚列斯基分解，其实是求解以下矩阵方程：

$$\begin{bmatrix} m_{11} & m_{12} & \cdots & m_{1n} \\ m_{21} & m_{22} & \cdots & m_{2n} \\ \vdots & \vdots & & \vdots \\ m_{n1} & m_{n2} & \cdots & m_{nn} \end{bmatrix} = \begin{bmatrix} u_{11} & 0 & \cdots & 0 \\ u_{12} & u_{22} & \cdots & 0 \\ \vdots & \vdots & & \vdots \\ u_{1n} & u_{2n} & \cdots & u_{nn} \end{bmatrix} \begin{bmatrix} u_{11} & u_{12} & \cdots & u_{1n} \\ 0 & u_{22} & \cdots & u_{2n} \\ \vdots & \vdots & & \vdots \\ 0 & 0 & \cdots & u_{nn} \end{bmatrix} \tag{9-80}$$

其中 m_{ij} 是已知量，而 u_{ij} 则为欲求量，其计算方法为

$$u_{11} = \sqrt{m_{11}}, \quad u_{1j} = m_{1j}/u_{11}, \quad u_{ii} = \sqrt{m_{1j} - \sum_{k=1}^{i-1} u_{ki}^2}, \quad i,j = 2,3,\cdots,n$$

$$u_{ij} = \left(m_{ij} - \sum_{k=1}^{i-1} u_{ki}u_{kj} \right) \Big/ u_{ii}, \quad i = 2,3,\cdots,n; j = i+1,\cdots,n$$

易于验证，按以上公式算出的 u_{ij} 确能满足式(9-80)。由于 $[m]$ 为实对称正定矩阵，因此有

$$m_{ii} > 0, \quad m_{ii} - \sum_{k=1}^{i-1} u_{ki}^2 > 0, \quad i = 1,2,\cdots,n$$

这保证在计算过程中根号中的数值不会为负值，且分母不会为零，因而计算过程得以进行到底。

9.4.2　矩阵迭代法

矩阵迭代法可用于求解正定矩阵的特征值与特征向量，此方法并不要求矩阵

是对称的,因此可用于求解动力矩阵表述的特征值问题。众所周知,动力矩阵一般是不对称的。矩阵迭代法可从低阶模态的特征值与特征向量开始,逐个求解,更能适应振动问题分析的要求。

1. 矩阵迭代法的根据与基本思路

广义特征值问题在引入动力矩阵$[D]=[k]^{-1}[m]$以后,可化为标准特征值问题,即

$$[D]\{u\} = \mu\{u\} = 1/\lambda\{u\} \tag{9-81}$$

如果$[m]$,$[k]$均为正定矩阵,则$[D]$亦正定,其特征值均为正值,将之从大到小排列,有

$$\mu_1 > \mu_2 > \cdots > \mu_n > 0 \tag{9-82}$$

所对应的特征向量为$\{u^{(1)}\}$,$\{u^{(2)}\}$,$\cdots$,$\{u^{(n)}\}$。

为了说明矩阵迭代法的基本思想,我们来看$n=2$的例子。设某$[D]$的两个特征值为$\mu_1=4$,$\mu_2=2$,其所对应的两个特征向量分别为$\{u^{(1)}\}$,$\{u^{(2)}\}$,如图 9-14 所示。由于$[D]$一般是非对称的,因此两特征向量在图中并不相互正交。现在来分析矩阵$[D]$作用在一个任意的试算向量$\{u\}_0$上以后,其方向如何变化。我们将$\{u\}_0$向两个特征向量方向分解,得

$$\{u\}_0 = \alpha_0\{u^{(1)}\} + \beta_0\{u^{(2)}\} \tag{9-83}$$

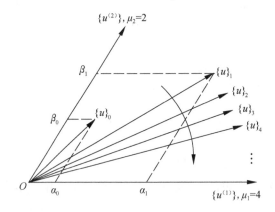

图 9-14　两个特征向量的对应关系

以$[D]$左乘式(9-83),得

$$\{u\}_1 = [D]\{u\}_0 = \alpha_0[D]\{u^{(1)}\} + \beta_0[D]\{u^{(2)}\} \tag{9-84}$$

而由特征值问题的方程(9-81),有

$$[D]\{u^{(1)}\} = \mu_1\{u^{(1)}\}, \quad [D]\{u^{(2)}\} = \mu_2\{u^{(2)}\} \tag{9-85}$$

代入式(9-84),并注意到$\mu_1=4$,$\mu_2=2$,得

$$\{u\}_1 = 4\alpha_0\{u^{(1)}\} + 2\beta_0\{u^{(2)}\}$$

将此式与式(9-83)比较,可见$\{u\}_0$经$[D]$作用,变为$\{u\}_1$以后,其中$\{u^{(1)}\}$的分量相对地增加了,因而图 9-14 中$\{u\}_1$较之$\{u\}_0$更接近$\{u^{(1)}\}$,即转向对应于较大特征值的特征向量这一边。可以设想,如果将$[D]$再一次作用于$\{u\}_1$而得到$\{u\}_2=[D]\{u\}_1$,则$\{u\}_2$较之$\{u\}_1$又必然会更接近于$\{u^{(1)}\}$。如此反复运算,得到$\{u\}_3$,$\{u\}_4,\cdots$,最后$\{u\}_k$就可以按需要的精度趋近于$\{u^{(1)}\}$。由此可见,任选一试算向量$\{u\}_0$,经$[D]$反复作用,其方向就会逐渐转向第一特征向量$\{u^{(1)}\}$的方向,即成为第一特征向量。至于其长度,在$[D]$的每一次作用后,$\{u\}_i(i=1,2,\cdots)$的长度$\|\{u\}_i\|$都在发生变化。为了防止因$\|\{u\}_i\|$过大而使计算机溢出,以及为防止$\|\{u\}_i\|$过小而使计算机的位数圆整误差增加,可以在每一次得到$\{u\}_i$后,将之乘以一个系数,使其某个分量保持为定值,而不致趋于太大或太小。

2. 第一特征向量与第一特征值的迭代求法

对于振动问题来说,求第一特征向量和第一特征值也就是求其最低阶的自然频率与相应的模态向量。将第一个试算向量记为$\{u\}_0$,以$[D]$作用在其上,得$[D]\{u\}_0=\{u\}_1'$,设$\{u\}_1'$的第一个分量(或者其他指定分量)为a_1,将$\{u\}_1'$写成$a_1\{u\}_1$的形式,于是$\{u\}_1$的对应分量一定为 1。这一过程称为**基准化**。基准化以后有$[D]\{u\}_0=a_1[u]_1$,再以$[D]$作用在$\{u\}_1$上,并同样进行基准化,得到$[D]\{u\}_1=a_2[u]_2$,如此反复进行,直到

$$[D]\{u\}_k = a_{k+1}\{u\}_{k+1}, \quad k = 1,2,\cdots$$

在一定精度范围内有

$$\{u\}_k \approx \{u\}_{k+1}$$

则可终止迭代,并取

$$\{u^{(1)}\} = \{u\}_k, \quad \mu_1 = a_{k+1} = 1/\omega_1^2$$

3. 高阶特征向量与高阶特征值的求法

对于振动问题来说,即求高阶振型与高阶自然频率。任选一计算向量,经过$[D]$反复作用后,就得出对应于最大特征值μ_1的特征向量$\{u^{(1)}\}$。如果我们能构造一个新的矩阵$[D]^{(2)}$,使其第一特征值$\mu_1=0$,而其余特征值与全部特征向量均与$[D]$完全一样,则任选一试算向量,经$[D]^{(2)}$反复作用后,就会收敛于$\{u^{(2)}\}$和μ_2。如下构造的矩阵$[D]^{(2)}$就可以满足要求,即

$$[D]^{(2)} = [D] - \mu_1\{u^{(1)}\}\{u^{(1)}\}^{\mathrm{T}}[m] \tag{9-86}$$

由于$[D]$,$[m]$为已知,而$\{u^{(1)}\}$,μ_1已求出,故$[D]^{(2)}$可按上式构造出来。现在我们来证明$[D]^{(2)}$的第一特征值确实为零,且$[D]^{(2)}$的第一特征向量仍然为$\{u^{(1)}\}$。为此将$[D]^{(2)}$作用在$\{u^{(1)}\}$上,并将式(9-86)代入,得

$$[D]^{(2)}\{u^{(1)}\} = ([D] - \mu_1\{u^{(1)}\}\{u^{(1)}\}^{\mathrm{T}}[m])\{u^{(1)}\}$$
$$= [D]\{u^{(1)}\} - \mu_1\{u^{(1)}\}\{u^{(1)}\}^{\mathrm{T}}[m]\{u^{(1)}\}$$

将式(9-85)中的第一式及正规化条件$\{u^{(1)}\}^{\mathrm{T}}[m]\{u^{(1)}\}=1$代入,得

$$[D]^{(2)}\{u^{(1)}\} = \mu_1\{u^{(1)}\} - \mu_1\{u^{(1)}\} = 0\{u^{(1)}\}$$

其次,我们来证明$[D]^{(2)}$的其余特征值μ_i和特征向量$\{u^{(i)}\}(i=2,3,\cdots,n)$均与$[D]$一样。为此将$[D]^{(2)}$作用在$\{u^{(i)}\}(i=2,3,\cdots,n)$上,即

$$[D]^{(2)}\{u^{(i)}\} = ([D] - \mu_1\{u^{(1)}\}\{u^{(1)}\}^{\mathrm{T}}[m])\{u^{(i)}\}$$
$$= [D]\{u^{(i)}\} - \mu_1\{u^{(1)}\}\{u^{(1)}\}^{\mathrm{T}}[m]\{u^{(i)}\}$$

由于$\{u^{(i)}\}$是$[D]$的特征向量,并注意到特征向量对于$[m]$的正交性条件,上式可写成

$$[D]^{(2)}\{u^{(i)}\} = \mu_i\{u^{(i)}\}, \quad i = 2,3,\cdots,n$$

于是,限定计算向量$\{u\}_0$,经$[D]^{(2)}$反复作用后,即可得到$\{u^{(2)}\}$及μ_2。

以同样的方法可以证明如下构造的矩阵:

$$[D]^{(3)} = [D]^{(2)} - \mu_2\{u^{(2)}\}\{u^{(2)}\}^{\mathrm{T}}[m]$$

其特征向量$\{u^{(i)}\}(i=1,2,\cdots,n)$及特征值$\mu_i(i=1,2,\cdots,n)$与$[D]$相同,但$\mu_1=\mu_2=0$。

一般而言,矩阵

$$[D]^{(k+1)} = [D]^{(k)} - \mu_k\{u^{(k)}\}\{u^{(k)}\}^{\mathrm{T}}[m]$$

的$\mu_1=\mu_2=\cdots=\mu_k=0$,而$\mu_{k+1},\mu_{k+2},\cdots,\mu_n$及$\{u^{(i)}\}(i=2,3,\cdots,n)$与$[D]$相同。

按以上方法逐步构造不同的矩阵$[D]^{(i)}(i=1,2,\cdots,n)$,就可将各阶特征向量与特征值求出。

4. 几个重要问题

(1) 抗错性:矩阵迭代法具有抗错性,只要矩阵$[D]$,$[D]^{(i)}(i=2,3,\cdots,n)$正确,最后的结果一定分别收敛于相应的$\mu_i\{u^{(i)}\}(i=1,2,\cdots,n)$。在迭代中出现的计算差错,只会延缓收敛的进程,而不会累计起来影响最后的结果,

(2) 收敛速度:迭代运算的收敛速度一方面取决于系统本身的特点,另一方面取决于试算向量$\{u\}_0$的选择。从系统本身来说,诸特征值$\mu_1,\mu_2,\cdots,\mu_n$相差越大,则收敛速越快。从试算向量的选择来说,如果选择的μ_0越靠近待求的特征向量$\{u^{(i)}\}$,则收敛到该特征向量所需要的迭代数越少。在选取$\{u\}_0$时,$\{u^{(i)}\}$并不知道,只能凭经验,但也有规律可循。例如,试算向量$\{u\}_0=\{u_1,u_2,\cdots,u_n\}^{\mathrm{T}}$中各分量符号改变(由正到负或由负到正)的次数如记为m,而欲趋近的模态向量$\{u^{(r)}\}$的阶数为r,则可取$m=r-1$。离固定点越远的质块,其所对应的试算向量中的分量可取得越大。

其实,$\{u\}_0$即使选得不合适,也不影响最后的迭代结果,只不过需要的迭代次数较多而已。在求$\{u^{(1)}\}$时,如果碰巧正好将试算向量取为$\{u\}_0=\{u^{(2)}\}$,这时,从

理论上讲,总有

$$[D]\{u\}_0 = [D]\{u^{(2)}\} = \mu_2\{u^{(2)}\}, \quad [D]\{u^{(2)}\} = \mu_2\{u^{(2)}\}, \quad \cdots$$

即在迭代中,只会得到$\{u^{(2)}\}$,而无法收敛到$\{u^{(1)}\}$,似乎是落入了一个"陷阱"。但事实上,迭代若干次以后,向量$\{u\}_i$仍然会跳出该"陷阱",而趋向$\{u^{(1)}\}$,其原因在于计算过程中难免有各种圆整误差,这些误差具有随机性,其中偏向$\{u^{(1)}\}$的误差被保存、放大与积累,而偏离$\{u^{(1)}\}$的误差则被抑制。因此,最后仍然将$\{u\}_i$拉向$\{u^{(1)}\}$。

(3) 半正定系统的处理方法:半正定系统的$[k]$矩阵的逆矩阵$[k]^{-1}$不存在,无法求出其动力矩阵$[D]$。为了采用矩阵迭代法求其自然频率与特征向量,可将广义特征值问题的公式$[k]\{u\}=\lambda[m]\{u\}$略加变化。将其两边加上$\alpha[m]\{u\}$这一项,其中α为较$\lambda=\omega^2$略小的正实数,得

$$([k]+\alpha[m])\{u\} = (\lambda+\alpha)[m]\{u\}$$

由于矩阵$([k]+\alpha[m])$是正定的,可以求逆,故可定义动力矩阵为

$$[D] = ([k]+\alpha[m])^{-1}[m]$$

特征值问题成为

$$[D]\{u\} = \mu\{u\}, \quad \mu = 1/(\lambda+\alpha)$$

于是可采用矩阵迭代求法求解。求出μ_i以后需要按以下公式计算自然频率:

$$\omega_i = \sqrt{1/\mu_i - \alpha}, \quad i = 1, 2, \cdots, n$$

9.4.3　子空间迭代法

1. 基本思想

子空间迭代法是矩阵迭代法的延伸,其主要立意在于不是单个地求特征向量与特征值,而是同时对若干个试算向量进行迭代运算,使之同时分别收敛于前几阶特征向量。

设特征值问题仍然以动力矩阵表述,取 s 个 n 维试算向量$\{u_0^{(1)}\}$,$\{u_0^{(2)}\}$,$\cdots$,$\{u_0^{(s)}\}$作为迭代的起点。如果令$[D]$矩阵分别作用在各个试算向量上,则有

$$[D]\{u_0^i\} = \{\bar{u}_1^i\}, \quad i = 1, 2, \cdots, s$$

这里我们暂未考虑"基准化"问题。以上 s 个等式综合成为

$$[D][U]_0 = [\tilde{U}]_1 \tag{9-87}$$

式中

$$[U]_0 = [\{u_0^{(1)}\}, \{u_0^{(2)}\}, \cdots, \{u_0^{(n)}\}], \quad [\tilde{U}]_1 = [\{\bar{u}_1^{(1)}\}, \{\bar{u}_1^{(2)}\}, \cdots, \{\bar{u}_1^{(n)}\}]$$

均为 $n \times s$ 矩阵。

本可以再对$[\tilde{U}]$继续进行迭代运算,得到$[\tilde{U}]_2$,$[\tilde{U}]_3$,$\cdots$,但这样进行下去,会有一个问题,即所有的$\{\bar{u}_k^{(i)}\}$($i=1,2,\cdots,s$)当 k 足够大时会收敛于第一特征向量$\{u^{(1)}\}$,而不会分别地趋近不同的特征向量。为了防止这一问题,在每次迭

代之后,都必须对得到的各个向量$\{\bar{u}_k^{(1)}\},\{\bar{u}_k^{(2)}\},\cdots,\{\bar{u}_k^{(s)}\}$进行正交化处理,然后才进行下一步迭代。

设$[D]$是正定的,且开始选定的s个试算向量$\{u_0^{(1)}\},\{u_0^{(2)}\},\cdots,\{u_0^{(s)}\}$是线性无关的,则在经$[D]$的作用后,得到一组向量$\{\bar{u}^{(1)}\},\{\bar{u}^{(2)}\},\cdots,\{\bar{u}^{(s)}\}$也是线性无关的,它们在$n$维空间中组成一个坐标基。我们的目的是在这个自空间中找出s个满足正交条件的向量$\{u_0^{(1)}\},\{u_0^{(2)}\},\cdots,\{u_0^{(s)}\}$。按坐标基$\{\bar{u}_k^{(i)}\}(i=1,2,\cdots,s)$来展开上述每一个向量,得

$$\{u_1^{(i)}\}=\sum_{j=1}^{s}\alpha_{j,1}^{(i)}\{\bar{u}_1^{(j)}\},\quad i=1,2,\cdots,s$$

以上s个等式可以综合成一个矩阵式

$$\underset{n\times s}{[U]_1}=\underset{n\times s}{[\widetilde{U}]_1}\underset{s\times s}{[\alpha]_1} \tag{9-88}$$

式中

$$[U]_1=[\{u_1^{(1)}\},\{u_1^{(2)}\},\cdots,\{u_1^{(s)}\}],\quad[\alpha]_1=[\alpha_{j,1}^{(i)}]=[\{\alpha_1^{(1)}\},\{\alpha_1^{(2)}\},\cdots,\{\alpha_1^{(s)}\}] \tag{9-89}$$

这里$\alpha_{j,1}^{(i)}$是待定系数$(i,j=1,2,\cdots,s)$,其确定原则是使得诸$\{u_1^{(i)}\}(i=1,2,\cdots,s)$能够尽可能地逼近系统的前$s$阶模态向量,并满足以下正交条件与标准化条件:

$$\underset{s\times n}{[U]_1^{\mathrm{T}}}\underset{n\times n}{[m]}\underset{n\times s}{[U]_1}=\underset{s\times s}{[I]} \tag{9-90}$$

按下述里茨方程确定的α_j能满足以上要求。

2. 里茨方程

构造以下广义的质量矩阵与刚度矩阵:

$$\underset{s\times s}{[m]_1}=\underset{s\times n}{[\widetilde{U}]_1^{\mathrm{T}}}\underset{n\times n}{[m]}\underset{n\times s}{[\widetilde{U}]_1},\quad\underset{s\times s}{[k]_1}=\underset{s\times n}{[\widetilde{U}]_1^{\mathrm{T}}}\underset{n\times n}{[k]}\underset{n\times s}{[\widetilde{U}]_1} \tag{9-91}$$

从而可以推导出里茨方程为

$$[m]_1\{\alpha_1\}=\lambda[k]_1\{\alpha_1\} \tag{9-92}$$

这是一个s个自由度系统的广义特征值问题,由于$s\ll n$,求解此特征值问题比求解原问题容易得多。由式(9-92)可以解出s个特征向量$\{\alpha_1^{(1)}\},\{\alpha_1^{(2)}\},\cdots,\{\alpha_1^{(s)}\}$与$s$个特征值$\lambda_1^{(1)},\lambda_1^{(2)},\cdots,\lambda_1^{(s)}$。前者可按式(9-89)的第二式构成矩阵$[\alpha]_1$,而后者是对原问题的前$s$个特征值的一次近似。

按照第5章证明模态向量的正交性的方法,可由式(9-92)证明$[\alpha]_1$满足以下正交条件:

$$\underset{s\times s}{[\alpha]_1^{\mathrm{T}}}\underset{s\times s}{[m]_1}\underset{s\times s}{[\alpha]_1}=\underset{s\times s}{[I]}$$

上式也包含了正规化条件,将式(9-91)的第一式代入,得

$$[\alpha]_1^{\mathrm{T}}[\widetilde{U}]_1^{\mathrm{T}}[m][\widetilde{U}]_1[\alpha]_1=[I]$$

将式(9-88)代入,得到式(9-90),即试算向量$\{u_1^{(i)}\}(i=1,2,\cdots,s)$对于$[m]$的正交

性条件得到满足。

3. 迭代方法

由式(9-92)解出$[\alpha]_1$,并由式(9-90)求出$[U]_1$后,可以按式(9-87)求出$[\tilde{U}]_2$,并经同样的步骤得出$[U]_2,\cdots$,直到最后给定的精度内有

$$[U]_{k+1} \approx [U]_k$$

时,即可终止迭代。这时$\{u_{k+1}^{(i)}\}$与$\lambda_{k+1}^{(i)}(i=1,2,\cdots,s)$即为所求的前$s$个特征向量与特征值。

计算结果表明,在迭代过程中s个模态的前几个收敛得比较快。为了在较少的几次迭代中获得所需前s个模态的较准确的值,可以多取几个模态同时进行迭代。例如,取r个模态,经验表明,可以在$r=2s$及$r=s+8$这两个数中按较小的一个来确定r。

子空间迭代法具有一个突出的优点,就是当系统的前几阶自然频率比较接近时,使用矩阵迭代法会出现收敛速度太慢的问题,而子空间迭代法则可有效地克服这一缺点。此法精度高、可靠性强,是求取大型复杂结构的低阶模态的有效方法。

9.5 求解线性系统响应的方法

求解线性系统响应的方法主要有状态转移矩阵分析法和仿真法等。本节主要介绍有阻尼线性系统的状态转移矩阵分析法。

1. 状态方程与矩阵指数

1) 状态方程
已知多自由度线性系统的运动方程为

$$[m]\{\ddot{q}(t)\} + [c]\{\dot{q}(t)\} + [k]\{q(t)\} = \{Q(t)\} \tag{9-93}$$

引入一恒等式$\{\dot{q}(t)\}$,并将之写成

$$\{\dot{q}(t)\} = [0]\{q(t)\} + [I]\{q(t)\} - [m]^{-1}[c]\{\dot{q}(t)\} \tag{9-94}$$

再将运动方程(9-93)的两端左乘以$[m]^{-1}$,并移项,得

$$\begin{aligned}\{\ddot{q}(t)\} = &-[m]^{-1}[k]\{q(t)\} + [I]\{q(t)\}\\&-[m]^{-1}[c]\{\dot{q}(t)\} + [0]\{0\} + [m]^{-1}\{Q(t)\}\end{aligned} \tag{9-95}$$

式(9-94)和式(9-95)即可综合成状态方程

$$\begin{Bmatrix}\{\dot{q}(t)\}\\\{\ddot{q}(t)\}\end{Bmatrix} = \begin{bmatrix}[0] & [I]\\-[m]^{-1}[k] & -[m]^{-1}[c]\end{bmatrix}\begin{Bmatrix}\{q(t)\}\\\{\dot{q}(t)\}\end{Bmatrix} + \begin{bmatrix}[0] & [I]\\[0] & -[m]^{-1}\end{bmatrix}\begin{Bmatrix}\{0\}\\\{Q(t)\}\end{Bmatrix}$$

$$\tag{9-96}$$

记

$$\{x(t)\} = \left\{ \begin{matrix} \{q(t)\} \\ \{\dot{q}(t)\} \end{matrix} \right\}, \quad \{F(t)\} = \left\{ \begin{matrix} \{0\} \\ \{Q(t)\} \end{matrix} \right\}$$

$$[A] = \begin{bmatrix} [0] & [I] \\ -[m]^{-1}[k] & -[m]^{-1}[c] \end{bmatrix}, \quad [B] = \begin{bmatrix} [0] & [I] \\ [0] & -[m]^{-1} \end{bmatrix}$$

则可将式(9-96)写成如下的 n 自由度系统的状态方程：

$$\{\dot{x}(t)\}_{m\times 1} = [A]_{m\times m}\{x(t)\}_{m\times 1} + [B]_{m\times m}\{F(t)\}_{m\times 1} \tag{9-97}$$

式中,下标标注了各矩阵与向量的维数,其中 $m=2n$。

2) 矩阵指数的定义

考虑自由振动的状态方程

$$\{\dot{x}(t)\} = [A]\{x(t)\} \tag{9-98}$$

为了探求方程(9-98)的解,将其与一个相似的数量微分方程

$$\dot{x}(t) = ax(t) \tag{9-99}$$

相比拟,方程(9-99)的解为

$$x(t) = e^{at}x(0)$$

这里 $x(0)$ 是 $t=0$ 时的初始值。这一结果启示我们将式(9-98)的解写成为

$$\{x(t)\} = e^{[A]t}\{x(0)\} \tag{9-100}$$

式中, $\{x(0)\} = \{\{q(0)\}^{\mathrm{T}}, \{\dot{q}(0)\}^{\mathrm{T}}\}^{\mathrm{T}}$ 是初始条件,它包括 n 个初始位移与 n 个初始速度。但 $e^{[A]t}$ 却是一个矩阵作为指数,其意义有待确定。按照将 e^{at} 展成级数的方法将 $e^{[A]t}$ 也写成级数形式

$$e^{[A]t} = [I] + [A]t + \frac{1}{2!}[A]^2 t^2 + \cdots + \frac{1}{k!}[A]^k t^k + \cdots \tag{9-101}$$

此式的意义是确定的,可视为 $e^{[A]t}$ 的定义,即为矩阵指数。如此定义的 $e^{[A]t}$ 也是 $m\times m$ 的方阵。可以证明,对有限的时间 t,式(9-101)总是绝对收敛的。

3) 矩阵指数的性质与算法

矩阵指数具有一些与数量指数十分相似的性质,如

$$\frac{\mathrm{d}}{\mathrm{d}t}e^{[A]t} = [A]e^{[A]t} = e^{[A]t}[A], \quad e^{[A]t_1}e^{[A]t_2} = e^{[A](t_1+t_2)}, \quad (e^{[A]t})^{-1} = e^{-[A]t}$$

$$\tag{9-102}$$

式(9-102)的前两式可以由原始定义式(9-101)证明。利用式(9-102)的第一式即可证明式(9-100)确实是方程(9-98)的解。又令式(9-102)的第二式中的 $t_2 = -t_1$ 即可证明式(9-102)的第三式。由于

$$e^{[A]}e^{[B]} \neq e^{[A]+[B]}$$

而只有当 $[A]$ 与 $[B]$ 是可交换的,即 $[A][B] = [B][A]$ 时,才有 $e^{[A]}e^{[B]} = e^{[A]+[B]}$。由于矩阵指数在系统动态分析及现代控制理论中的重要性,已经研究出各种计算矩阵指数的方法,这里只介绍一种便于数值计算的方法。按式(9-101)计算矩阵指

数时,只能取有限的项,如取至第 k 项,则该式成为

$$e^{[A]t} \approx [I] + [A]t + \frac{t^2}{2!}[A]^2 + \cdots + \frac{t^k}{k!}[A]^k + \cdots \tag{9-103}$$

此式可按照以下递推公式计算:

$$[\phi]_1 = [I] + \frac{t}{k}[A], \quad [\phi]_2 = [I] + \frac{t}{k-1}[A][\phi]_1, \quad \cdots, \quad [\phi]_k = [I] + t[A][\phi]_{k-1}$$

最后得

$$e^{[A]t} \approx [\phi]_k \tag{9-104}$$

式(9-104)计算的精度一方面取决于 k 的选取, k 越大,就越准确;另一方面也取决于 t 的长短, t 越大,准确精度就越差。在 k 值已经取定的情况下,为了提高计算精度,可以将时间分段,即将 $0 \sim t$ 这一时间段分为 r 段, $0 \sim t_1, t_1 \sim t_2, t_2 \sim t_3, \cdots,$ $t_{r-1} \sim t_r = t$,然后按式(9-103)有

$$e^{[A]t} = e^{[A]t_1} e^{[A](t_2-t_1)} e^{[A](t_3-t_2)} \cdots e^{[A](t_r-t_{r-1})}$$

2. 状态转移矩阵

在式(9-100)中, $e^{[A]t}$ 这个 $m \times m$ 矩阵作用在零时刻的初始状态 $\{x(0)\}$ 上以后,就转移到 t 时刻的状态 $\{x(t)\}$,因此可以将 $e^{[A]t}$ 称为状态转移矩阵。一般而言,可以将由 t_0 时刻的状态转移到 t 时刻的状态转移矩阵记为

$$e^{[A](t-t_0)} = [\phi(t \Leftarrow t_0)] = \begin{bmatrix} \phi_{11} & \phi_{12} & \cdots & \phi_{1m} \\ \phi_{21} & \phi_{22} & \cdots & \phi_{2m} \\ \vdots & \vdots & & \vdots \\ \phi_{m1} & \phi_{m2} & \cdots & \phi_{mm} \end{bmatrix} \tag{9-105}$$

而式(9-100),现在可以称为**状态转移方程**,则可写为

$$\{x(t)\} = [\phi(t \Leftarrow t_0)]\{x(t_0)\} \tag{9-106}$$

按矩阵指数定义的状态转移矩阵,即式(9-106)是对线性定常系统而言的。但必须注意,状态转移矩阵的概念和分析方法,也可适用于线性时变系统。对线性时变系统,状态转移矩阵需做如下定义。考虑以下几组特殊的初始状态:

$$\{x(t_0)\}_1 = \begin{Bmatrix} 1 \\ 0 \\ \vdots \\ 0 \end{Bmatrix}, \quad \{x(t_0)\}_2 = \begin{Bmatrix} 0 \\ 1 \\ \vdots \\ 0 \end{Bmatrix}, \quad \cdots, \quad \{x(t_0)\}_m = \begin{Bmatrix} 0 \\ 0 \\ \vdots \\ 1 \end{Bmatrix} \tag{9-107}$$

用式(9-107)第一组初始条件代入式(9-106),并采用式(9-105)的记法,可得相应的解为

$$\{x(t)\}_1 = \begin{bmatrix} \phi_{11} & \phi_{12} & \cdots & \phi_{1m} \\ \phi_{21} & \phi_{22} & \cdots & \phi_{2m} \\ \vdots & \vdots & & \vdots \\ \phi_{m1} & \phi_{m2} & \cdots & \phi_{mm} \end{bmatrix} \begin{Bmatrix} 1 \\ 0 \\ \vdots \\ 0 \end{Bmatrix} = \begin{Bmatrix} \phi_{11} \\ \phi_{21} \\ \vdots \\ \phi_{m1} \end{Bmatrix}$$

同理可得

$$\{x(t_0)\}_2 = \begin{Bmatrix} \phi_{12} \\ \phi_{22} \\ \vdots \\ \phi_{m2} \end{Bmatrix}, \quad \cdots, \quad \{x(t_0)\}_m = \begin{Bmatrix} \phi_{1m} \\ \phi_{2m} \\ \vdots \\ \phi_{mn} \end{Bmatrix}$$

由此得到状态转移矩阵的另一种解释:其各列是相应于式(9-107)这一组特殊的初始状态的解,即

$$[\phi(t \Leftarrow t_0)] = [\{x(t)\}_1 \{x(t)\}_2 \cdots \{x(t)\}_m]$$

此式对所有的线性系统(时变与定常)均有效。对于线性时变系统来说,矩阵的各个列向量可由数字仿真方法求出。

按状态转移矩阵的物理意义及矩阵指数的性质,不难确认转移矩阵具有以下性质。

(1) 归一性:$[\phi(t \Leftarrow t_0)] = [I]$;

(2) 合成性:$[\phi(t \Leftarrow t_1)][\phi(t_1 \Leftarrow t_0)] = [\phi(t \Leftarrow t_0)]$;

(3) 可逆性:$[\phi(t \Leftarrow t_0)]^{-1} = [\phi(t_0 \Leftarrow t)]$。

3. 线性系统的强迫振动

以上讨论了线性系统的自由振动,现在讨论强迫振动的解。借鉴自由振动的解的形式,即式(9-100),并考虑到外加激励的作用相当于使得系统的初始状态在不断变化,于是来试探以下形式的解:

$$\{x(t)\} = e^{[A]t}\{k(t)\} \tag{9-108}$$

试探的目的是找出函数$\{k(t)\}$的合适形式,使得式(9-108)确实是式(9-97)的解。

将式(9-108)代入式(9-97),并利用式(9-102)的第一式,有

$$\{\dot{x}(t)\} = Ae^{[A]t}\{k(t)\} + e^{[A]t}\{\dot{k}(t)\} = Ae^{[A]t}\{k(t)\} + [B]\{F(t)\} \tag{9-109}$$

因此 $e^{[A]t}\{\dot{k}(t)\} = [B]\{F(t)\}$,考虑到式(9-102)的第三式,可得

$$\{\dot{k}(t)\} = e^{-[A]t}[B]\{F(t)\}$$

积分得

$$\{k(t)\} = \int_0^t e^{-[A]\tau}[B]\{F(t)\}d\tau + \{k\}$$

式中,τ 为积分变量;$\{k\}$ 为积分常数。代入式(9-108),得

$$\{x(t)\} = e^{[A]t}\{k\} + e^{[A]t}\int_0^t e^{-[A]\tau}[B]\{F(t)\}d\tau \tag{9-110}$$

考虑到初始条件$\{x(0)\} = \{x(t)\}|_{t=0}$,由上式得到$\{k\} = \{x(0)\}$,代回式(9-110),得到

$$\{x(t)\} = e^{[A]t}\{x(0)\} + \int_0^t e^{[A](t-\tau)}[B]\{F(t)\}d\tau \tag{9-111}$$

式(9-111)利用了式(9-102)的第二式。如果将时间的起点一般地记为 t_0，则有

$$\{x(t)\} = e^{[A](t-t_0)}\{x(t_0)\} + \int_0^t e^{[A](t-\tau)}[B]\{F(t)\}d\tau \tag{9-112}$$

或者采用式(9-105)关于转移矩阵的记法，得

$$e^{[A](t-t_0)} = [\phi(t \Leftarrow t_0)]\{x(t_0)\} + \int_{t_0}^t [\phi(t \Leftarrow t_0)][B]\{F(\tau)\}d\tau$$

4. 状态方程的离散化

状态方程在时间上的离散化是为了便于以计算机求解振动系统的时间历程。其要点是将时间划分为许多小段，通常是相等的小段 $\Delta t = t_1 - t_0 = t_2 - t_1 = \cdots = t_{i+1} - t_i = \cdots = t_n - t_{n-1}$，这里 $t_i = t_0 + i\Delta t (i=1,2,\cdots,n+1)$ 是划分点，或者称为采样点，而 n 是分段总数。然后，从初始条件 $\{x(t_0)\}$ 出发，逐步计算出系统的时间历程 $\{x(t)\}$ 在诸划分点上的数值 $\{x(t_1)\}$，$\{x(t_2)\}$，$\cdots$，$\{x(t_{n+1})\}$。在计算中通常要引入一定的简化，因而会产生误差，可是当分段 Δt 充分小时，可得到足够的计算精度。令式(9-111)中 $t=(i+1)\Delta t$，得

$$\{x(i\Delta t)\} = e^{[A]i\Delta t}\{x(0)\} + \int_0^{i\Delta t} e^{[A](i\Delta t-\tau)}[B]\{F(\tau)\}d\tau \tag{9-113}$$

再令式(9-113)中的 $t=(i+1)\Delta t$，得

$$\{x(i\Delta t + \Delta t)\} = e^{[A](i\Delta t+\Delta t)}\{x(0)\} + \int_0^{i\Delta t+\Delta t} e^{[A](i\Delta t+\Delta t-\tau)}[B]\{F(\tau)\}d\tau$$

$$= e^{[A]\Delta t}\left[e^{[A]i\Delta t}\{x(0)\} + \int_0^{i\Delta t} e^{[A](i\Delta t-\tau)}[B]\{F(t)\}d\tau \right]$$

$$+ \int_0^{i\Delta t+\Delta t} e^{[A](i\Delta t+\Delta t-\tau)}[B]\{F(\tau)\}d\tau \tag{9-114}$$

对式(9-114)中的最后一项，假设 $\{F(\tau)\}$ 在 $i\Delta t \sim (i+1)\Delta t$ 这一小段时间内的变化可以略去不计，而可视为常数即 $\{F(\tau)\} \approx \{F(i\Delta t)\}$，得

$$\int_0^{i\Delta t+\Delta t} e^{[A](i\Delta t+\Delta t-\tau)}[B]\{F(\tau)\}d\tau = \left[\int_0^{i\Delta t+\Delta t} e^{[A](i\Delta t+\Delta t-\tau)}d\tau \right][B]\{F(i\Delta t)\} \tag{9-115}$$

令 $i\Delta t + \Delta t - \tau = t$，将积分变量由 τ 变为 t，有

$$\int_{i\Delta t}^{i\Delta t+\Delta t} e^{[A](i\Delta t+\Delta t-\tau)}d\tau = \int_{\Delta t}^0 e^{[A]t}(-dt) = \int_0^{\Delta t} e^{[A]t}dt \tag{9-116}$$

将式(9-113)、式(9-115)和式(9-116)代入式(9-114)，得到

$$\{x(i\Delta t + \Delta t)\} = e^{[A]\Delta t}\{x(i\Delta t)\} + \int_0^{\Delta t} e^{[A]t}dt[B]\{F(i\Delta t)\} \tag{9-117}$$

记

$$[\phi(i\Delta t + \Delta t \Leftarrow i\Delta t)] = e^{[A]\Delta t} = [\phi] \int_0^{\Delta t} e^{[A]t}dt[B] = [\Gamma]$$

$$i\Delta t = i, (i+1)\Delta t = i+1$$

式(9-117)成为

$$\{x(i+1)\} = [\phi]\{x(i)\} + [\Gamma]\{F(i)\}, \quad i=1,2,\cdots \tag{9-118}$$

此即离散的状态方程,式(9-118)便于计算机进行计算,当$[\phi]$,$[\Gamma]$,$\{x(0)\}$及$\{F(i)\}(i=1,2,\cdots)$给定时,由式(9-118)可以计算响应的时间历程$\{x(1)\}$,$\{x(2)\}$,$\cdots$。

思 考 题

1. n自由度系统的瑞利商$R(\{u\})$在各模态向量$\{u^{(r)}\}(r=1,2,\cdots,n)$的邻域内是否均存在一个局部极小值?

2. 瑞利商、迹法和里茨法分别估算系统的什么频率?

3. 链状系统的振动特性是否由其各子系统的传递矩阵完全确定?

4. 试述子系统综合法的策略思想及其基本步骤。

5. 试述子系统综合法的优点。

6. 试比较传递矩阵法与阻抗综合法,指出各种方法的特点。

7. 机械阻抗作为频域内描述多自由度线性振动系统动态特性的数学模型,与时域内的运动微分方程有什么内在联系?

8. 除了本章所介绍的"机电比拟"的对应关系以外,是否还可能存在其他的对应体系?

习 题

1. 试用能量守恒原理推导式(9-2)。

2. 对图 9-15 所示的系统:

(1) 用瑞利商求出基频;

(2) 用迹法求解该系统的基频,将两结果作一比较。

3. 如图 9-16 所示的杆系统,设 $m_1=m_2=m_3=m_4=m$,$k_1=k_2=k_3=k_4=k$,试选取模态向量$\{u\}=\{1,\sqrt{2},\sqrt{3},2\}^{\mathrm{T}}$:

(1) 用瑞利商求其基频;

(2) 用迹法求其基频;

(3) 选取两个向量$\{\phi\}_1=\{1,2,3,4\}^{\mathrm{T}}$及$\{\phi\}_2=\{1,4,9,16\}^{\mathrm{T}}$,用里茨法求解系统的基频;

(4) 用传递矩阵法求解系统的前两阶自然频率。

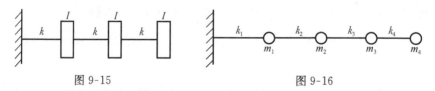

图 9-15   图 9-16

4. 如图 9-17(a)所示的扭振系统,可以分解为图 9-17(b)的子系统,两个子系统分别可表示为图 9-17(c)的质块弹簧系统,用阻抗综合法求其自然频率。

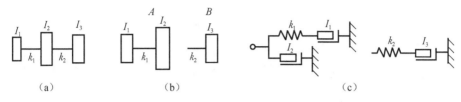

图 9-17

5. 如图 9-18 所示系统，$m_1 = m_2 = 10m$，$k_1 = 30k$，$k_2 = 20k$，已求出系统的基频 $\omega_1 = 10\sqrt{k/m}$，若将 k_1 减少 20%，k_2 减少 10%，试用迹法估算系统改变后的基频。

6. 对如图 9-19 所示系统，

(1) 用瑞利商的两种表达式求系统的基频；

(2) 用迹法求系统的基频；

(3) 设 $\{\phi\}_1 = \{1, 2, 3, 4\}^T$ 及 $\{\phi\}_2 = \{0, 1, 3, 5\}^T$，分别用两种里茨法公式(9-34)与式(9-37)求系统的基频；

(4) 试用传递矩阵法求系统的前两阶自然频率。

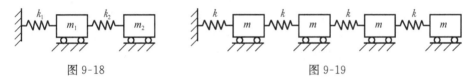

图 9-18　　　　　　　　　　　　　　　图 9-19

7. 如图 9-20 所示的系统中，$I_1 = 12.5I$，$I_2 = 5I$，$I_3 = 30I$，$I_4 = 2I$，$k_1 = 1 \times 10^8 k$，$k_2 = 1 \times 10^7 k$，$k_3 = 5 \times 10^8 k$。

(1) 用传递矩阵法求系统的基频；

(2) 用阻抗综合法导出系统的频率方程。

8. 对如图 9-21 所示振动系统，试根据机电类比绘出其机械网络图，并验证相似系统的微分方程有相同形式。

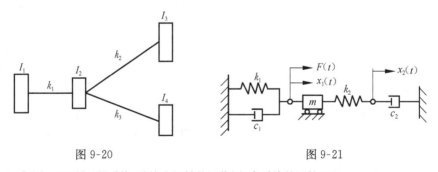

图 9-20　　　　　　　　　　　　　图 9-21

9. 如图 9-22 所示的系统，试绘出机械的网络图，求系统的阻抗 F/V。

10. 一个三自由度系统如图 9-23 所示，试分析比较下列三种情况下的导纳元素与阻抗元素：

(1) 在 m_1 上作用 F_1，考虑 x_1 的响应；

(2) 在 m_1，m_2 上作用 F_1，F_2，考虑 x_1，x_2 的响应；

(3) 同时作用 F_1，F_2，F_3，考虑 x_1，x_2，x_3 的响应。

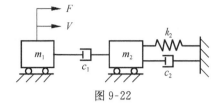

图 9-22

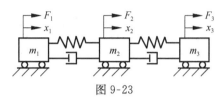

图 9-23

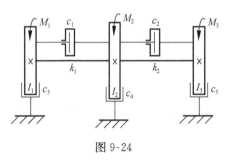

图 9-24

11. 一个圆盘扭振系统,如图 9-24 所示,I_1,I_2,I_3 分别为圆盘的转动惯量,在圆盘 1,2 之间及 2,3 之间轴的扭转刚度及阻尼系数分别为 k_1,k_2,c_1 与 c_2,圆盘的阻尼系数为 c_3,c_4 与 c_5,设作用在圆盘上的扭矩 M_1,M_2,M_3 均为同频简谐的,试列出阻抗形式的运动方程。

12. 对如图 5-8 所示的三自由度系统,设 $m_1 = m_2 = m$,$m_3 = 2m$,$k_1 = k_2 = k$,$k_3 = 2k$,试导出其阻抗矩阵。

13. 一转子由两个具有一定弹性和阻尼的轴承支承,假设考虑系统在铅直方向的振动,其简化模型如图 9-25(a) 所示,可以简化为图 9-25(b) 所示的系统。设转子受简谐激振力 $F = F_1 e^{i\omega t}$ 作用,利用阻抗综合法,导出系统的方程,求系统的响应 X_1,X_2,X_3。

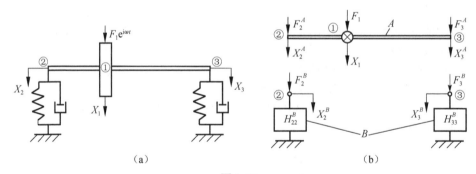

图 9-25

14. 将图 9-26 中的五自由度系统划分成两个对称的子系统,截取一阶主模态,用固定界面模态综合法求系统的基频。

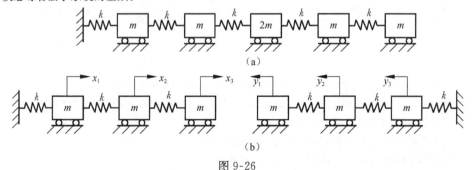

图 9-26

15. 试以楚列斯基三角分解法计算以下广义特征值问题的特征向量与特征值：$[k]\{u\}=\lambda[m]\{u\}$，其中

$$
[k]=\begin{bmatrix} 10 & 2 & 3 & 1 & 1 \\ 2 & 12 & 1 & 2 & 1 \\ 3 & 1 & 11 & 1 & -1 \\ 1 & 2 & 1 & 9 & 1 \\ 1 & 1 & -1 & 1 & 15 \end{bmatrix}, \quad [m]=\begin{bmatrix} 12 & 1 & -1 & 2 & 1 \\ 1 & 14 & 1 & -1 & 1 \\ -1 & 1 & 16 & -1 & 1 \\ 2 & -1 & -1 & 12 & -1 \\ 1 & 1 & 1 & -1 & 11 \end{bmatrix}
$$

16. 试以转移矩阵法计算质块弹簧系统的谐振子在阶跃载荷 $F(t)=F_0 u(t)$ 激励下的响应。

第 10 章　连续系统的振动

10.1　引　　言

实际的物理系统是由弹性体组成的系统,通常称为**连续系统**,而离散系统则是连续系统的近似模型,当其近似程度不能满足实际要求时,就必须增加模型的自由度,或者采用连续模型,连续模型可以看成是离散模型当自由度无限增加时的极限。因此,连续系统是具有无限多个自由度的系统。

本章将讲述弹性体系统振动的基本概念及其精确解,在分析时,均做如下假设:①材料是均匀连续和各向同性的;②材料是弹性的,服从胡克定律;③运动是微幅的。

10.2　连续系统的自由振动

10.2.1　弦的横向振动

在工程实际中常遇到钢索、电线、电缆和皮带等柔性体构件,其共同特点是只能承受拉力,而抵抗弯曲及压缩的能力很弱。这类构件的振动问题称为弦的振动问题。

图 10-1 为一段长度为 l、两端固定的弦的横向振动的模型,$f(x,t)$ 是作用在弦上的载荷密度,弦的线密度为 ρ。现推导弦的振动微分方程。

从图 10-1 所示的弦中取出长度为 $\mathrm{d}x$ 的微段来分析,如图 10-2 所示。图中 $T(x)$ 表示弦上的张力,可近似看做常量,$\theta(x,t)$ 表示 t 时刻张力 $T(x)$ 与 x 轴的夹角,$y(x,t)$ 表示 t 时刻弦上 x 处的横向位移量。根据牛顿第二定律得到沿 y 方向的运动微分方程为

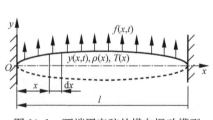

图 10-1　两端固定弦的横向振动模型

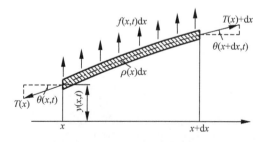

图 10-2　弦的横向振动的分析

$$T(x+\mathrm{d}x)\sin\theta(x+\mathrm{d}x,t)-T(x)\sin\theta(x,t)+f(x,t)\mathrm{d}x=\rho(x)\mathrm{d}x\frac{\partial^2 y(x,t)}{\partial t^2}$$

$$(10\text{-}1)$$

对于微幅振动,有

$$T(x+\mathrm{d}x)\approx T(x)+\frac{\partial T(x)}{\partial x}\mathrm{d}x,\quad \sin\theta(x,t)\approx\frac{\partial y(x,t)}{\partial x},$$

$$\sin\theta(x+\mathrm{d}x,t)\approx\frac{\partial y(x,t)}{\partial x}+\frac{\partial^2 y(x,t)}{\partial x^2}\mathrm{d}x$$

将上述关系式代入式(10-1),整理并略去二阶微量,可得

$$\frac{\partial}{\partial x}\left(T(x)\frac{\partial y(x,t)}{\partial x}\right)+f(x,t)=\rho(x)\frac{\partial^2 y(x,t)}{\partial x^2}\qquad(10\text{-}2)$$

自由振动时,$f(x,t)=0$,式(10-2)成为

$$\frac{\partial}{\partial x}\left(T(x)\frac{\partial y(x,t)}{\partial x}\right)=\rho(x)\frac{\partial^2 y(x,t)}{\partial x^2}\qquad(10\text{-}3)$$

式(10-3)就是弦的自由振动微分方程,它是一个偏微分方程。如果弦为均质的,则其线密度为常数,弦上各点处的张力也为常数,即有 $\rho(x)=\rho$,$T(x)=T$,设 $\alpha=\sqrt{T/\rho}$,则式(10-3)成为

$$\alpha^2\frac{\partial^2 y(x,t)}{\partial x^2}=\frac{\partial^2 y(x,t)}{\partial t^2}\qquad(10\text{-}4)$$

在对离散系统自由振动分析时得知,系统在做主振动时,其运动是一种"同步运动",即各个质点将做同样频率和相位的运动。弹性体系统即连续系统也应具有这样的特性,所以弦上各点以相同的规律振动,同时达到极大值,同时过零点,因而整条弦的形状在振动中保持不变,但其位移大小随时间变化,这意味着弦上各点随时间变化的位移 $y(x,t)$ 可以分解为两部分的乘积,即

$$y(x,t)=Y(x)\Phi(t)\qquad(10\text{-}5)$$

式中,$Y(x)$ 确定整条弦线在空间的形状,与时间无关,表示弦的振型函数;$\Phi(t)$ 确定弦上各点位移随时间的变化规律,与空间坐标无关,表示弦的振动方式,当 $\Phi(t)$ 达到极值时,弦上各点位移同时达到极值,当 $\Phi(t)=0$ 时,弦上各点同时回到平衡位置。

将式(10-5)分别对时间 t 和空间坐标 x 求二阶偏导数后,代入式(10-3),整理后可得

$$\frac{1}{\rho(x)Y(x)}\frac{\mathrm{d}}{\mathrm{d}x}\left(T(x)\frac{\mathrm{d}y(x,t)}{\mathrm{d}x}\right)=\frac{1}{\Phi(t)}\frac{\mathrm{d}^2\Phi(t)}{\mathrm{d}t^2}\qquad(10\text{-}6)$$

式(10-6)中,两个变量 x 和 t 已经分离,可以按照分离变量法求解。方程左边

仅为空间坐标 x 的函数,而右边仅为时间 t 的函数,左右两边要保持相等,只有一种可能,就是两边均等于一个常数,设此常数为 $-\omega_n^2$。为了便于讨论,只分析均质弦的情况,即式(10-6)成为

$$\frac{\mathrm{d}^2\Phi(t)}{\mathrm{d}t^2}+\omega_n^2\Phi(t)=0, \quad \frac{\mathrm{d}^2Y(x)}{\mathrm{d}x^2}+\frac{\omega_n^2}{\alpha^2}Y(x)=0 \tag{10-7}$$

式(10-7)中两式的解为谐波规律。求解(10-7),可求得简谐振动 $\Phi(t)$ 和振型函数 $Y(x)$ 为

$$\Phi(t)=C\sin(\omega_n t+\psi), \quad Y(x)=A\sin\left(\frac{\omega_n}{\alpha}x\right)+B\cos\left(\frac{\omega_n}{\alpha}x\right) \tag{10-8}$$

可知弦的主振型是一条正弦曲线,其周期为 $2\pi\alpha/\omega_n$。

将式(10-8)代入式(10-5),简化后可得

$$y(x,t)=\left[C_1\sin\left(\frac{\omega_n}{\alpha}x\right)+C_2\cos\left(\frac{\omega_n}{\alpha}x\right)\right]\sin(\omega_n t+\psi) \tag{10-9}$$

式中,C_1,C_2,ω_n,ψ 为四个待定系数,可以由两个端点的边界条件和振动的两个初始条件确定。

对于两端固定的弦,其边界条件为

$$y(0,t)=y(l,t)=0$$

将上式代入式(10-9),可得

$$C_2=0, \quad C_1\sin\left(\frac{\omega_n l}{\alpha}\right)=0$$

从上式可得

$$\sin\left(\frac{\omega_n l}{\alpha}\right)=0 \tag{10-10}$$

式(10-10)是弦振动的特征方程,即**频率方程**,其解为

$$\frac{\omega_n l}{\alpha}=k\pi, \quad k=1,2,3,\cdots$$

故弦振动的自然频率为

$$\omega_{nk}=\frac{k\alpha\pi}{l}=\frac{k\pi}{l}\sqrt{\frac{T}{\rho}}, \quad k=1,2,3,\cdots \tag{10-11}$$

式中,ω_{nk} 称为第 k 阶自然频率。

由式(10-11)可知,连续系统自然频率的取值和离散系统自然频率的取值是一样的,即只取某几个特定的数值。但不同的是,离散系统的自然频率是有限的,等于其自由度,而连续系统的自然频率的数目在理论上是无限多的,这是因为连续系统可以看做无限多个自由度的系统。

由式(10-11)可得,$\omega_{n1}=(\pi/l)\sqrt{T/\rho}$,称为弦振动的**基音频率**,它决定着弦振

动的音调的高低,其他的高阶自然频率称为**泛音频率**。无穷阶主振型为

$$Y_k(x) = C_{1k}\sin\left(\frac{\omega_{nk}}{\alpha}x\right) = C_{1k}\sin\left(\frac{k\pi}{l}x\right), \quad k = 1,2,3,\cdots \quad (10\text{-}12)$$

对应的主振动为

$$y(x,t) = C_{1k}\sin\left(\frac{\omega_{nk}}{\alpha}x\right)\cdot\sin(\omega_{nk}t + \psi_k), \quad k = 1,2,3,\cdots \quad (10\text{-}13)$$

一般情况下,弦的自由振动为无限多阶主振动的叠加,即

$$y(x,t) = \sum_{k=1}^{\infty}C_{1k}\sin\left(\frac{\omega_{nk}}{\alpha}x\right)\cdot\sin(\omega_{nk}t + \psi_k) \quad (10\text{-}14)$$

从以上分析可以看出,作为弹性体系统的弦振动的特性与多自由度系统的特性是一致的。不同的是,多自由度系统主振型是以各质点之间的振幅比来表示的,而弦振动中由于质点数趋于无穷多个,故质点振幅采用 x 的连续函数,即振型函数 $Y(x)$ 来表示。

通过前面章节的学习可知,离散系统的自然频率是离散的,即只取某几个特定的数值。连续系统的自然频率的取值是不是连续的呢? 即是否可以在一定的范围内任意取值呢? 由式(10-11)可以看出,如果弦的同步运动是可能的,其振动的自然频率也只能取一系列的离散值,而在任意的两个离散值之间,系统不存在其他的自然频率,即连续系统的自然频率不可能是连续的。这一点与离散系统的情形十分相似。其实,不论是离散系统还是连续系统,其自然频率的取值离散的根源并不在系统的离散性,而是在于系统尺度的有限性。如果计算相邻的两个自然频率之差,即

$$\Delta\omega_n = \omega_{nk+1} - \omega_{nk} = \frac{\pi}{l}\sqrt{\frac{T}{\rho}} \quad (10\text{-}15)$$

可见,只要弦的长度 l 是有限的,$\Delta\omega_n$ 就不为零,也就是说自然频率的取值是离散的,只有当 $l\to\infty$ 时,才有 $\Delta\omega_n\to0$,即自然频率的取值趋于连续。

离散系统的自然频率的数目是有限的,等于其自由度。连续系统可以看做无限多自由度的系统,其自然频率的数目在理论上是无限多的。

对于连续系统,可以看做相应的离散系统当自由度无限增加时的极限。所以,连续系统的振动微分方程的推导,也可以从离散系统出发,该离散系统具有 n 个理想元件,当得到该离散系统的振动微分方程后,令 $n\to\infty$,此时的振动微分方程即为连续系统的振动微分方程。

对如图 10-3 所示的弦,可以将其离散化处理,将弦的质量可以集中分布在 $n+2$ 个质点上,如图 10-3 所示,即有 $m_0,m_1,m_2,\cdots,m_n,m_{n+1}$ 这 $n+2$ 个质点,它们分别分布在弦上的横坐标为 $x_0=0,x_1,x_2,\cdots,x_n,x_{n+1}=l$ 的点上,这些质点由只有张力没有质量的弦连接起来。

任取相邻的三个质点 m_{i-1}, m_i, m_{i+1} 进行分析,如图 10-4 所示。对于微幅振动,各质点的横向距离 $\Delta x = x_{i+1} - x_i (i=0,1,2,\cdots,n)$ 在振动中保持不变,则质点 m_i 在 y 方向的运动方程为

$$T\sin\theta_i - T\sin\theta_{i-1} = m_i \frac{\mathrm{d}^2 y_i}{\mathrm{d}t^2}, \quad i = 1,2,\cdots,n \tag{10-16}$$

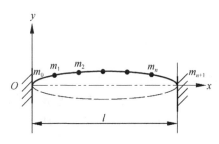 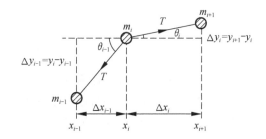

图 10-3　弦的离散化模型　　　　图 10-4　相邻质点的分析模型

微幅振动中,$\sin\theta_i = \tan\theta_i = \Delta y_i / \Delta x_i$,式(10-16)为

$$T\frac{\Delta y_i}{\Delta x_i} - T\frac{\Delta y_{i-1}}{\Delta x_{i-1}} = T\Delta\left(\frac{\Delta y_i}{\Delta x_i}\right) = m_i\frac{\mathrm{d}^2 y_i}{\mathrm{d}t^2}, \quad i = 1,2,\cdots,n \tag{10-17}$$

两边除以 Δx_i,得

$$T\frac{\Delta}{\Delta x_i}\left(\frac{\Delta y_i}{\Delta x_i}\right) = \frac{m_i}{\Delta x_i}\frac{\mathrm{d}^2 y_i}{\mathrm{d}t^2}, \quad i = 1,2,\cdots,n \tag{10-18}$$

现在令质点数目无限增加($n\to\infty$),质点之间的距离无限减小($\Delta x_i \to 0$),各质点的质量也相应趋近于零($m_i \to 0$),则式(10-18)演化成为一个偏微分方程,经过整理就得到式(10-3)。

以上从两种不同的思路出发,对弦的振动微分方程进行了推导。由推导过程可以进一步说明离散系统和连续系统的本质是一样的,都是表示同一物理过程,所不同的只是表达形式不同而已。

10.2.2　杆的纵向振动

在工程问题中,经常可以见到以承受轴向力为主的直杆零件,如连杆机构中的连杆、凸轮机构中的挺杆等。这类杆件存在着沿杆的轴线方向的纵向振动问题(或称轴向振动)。

图 10-5 所示为一根长为 l 的杆,杆的截面面积为 $A(x)$,线密度为 $\rho(x)$,弹性模量为 E,杆所受的纵向分布载荷为 $q(x,t)$。取杆的中心线为 x 轴,原点在杆的左端面上。做如下假设:在振动过程中,杆的横截面只有 x 方向的位移,而且每一

个截面都始终保持平面并垂直于 x 轴线。

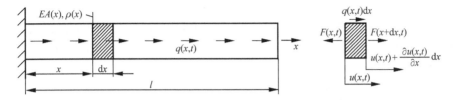

图 10-5　杆的纵向振动模型与分析

在 x 截面处取杆件上的一段微元进行研究,如图 10-5 所示。当杆件振动时,x 截面的纵向位移为 $u(x,t)$,纵向作用力为 $F(x,t)$。在 $x+\mathrm{d}x$ 截面处的振动位移为 $u(x,t)+(\partial u(x,t)/\partial x)\mathrm{d}x$,纵向作用力为 $F(x+\mathrm{d}x,t)$。根据牛顿第二定律,微段的运动微分方程为

$$T(x+\mathrm{d}x)\sin\theta(x+\mathrm{d}x,t)-T(x)\sin\theta(x,t)+q(x,t)\mathrm{d}x=\rho(x)\mathrm{d}x\frac{\partial^2 y(x,t)}{\partial t^2}$$

$$(10\text{-}19)$$

式(10-19)有两个未知量,需要补充方程。该微段的纵向伸长量为

$$u(x+\mathrm{d}x,t)-u(x,t)=\frac{\partial u(x,t)}{\partial x}\mathrm{d}x$$

纵向伸长量除以微段的长度 $\mathrm{d}x$,得到该微段的应变和应力分别为

$$\varepsilon(x,t)=\frac{\partial u(x,t)}{\partial x},\quad \sigma(x,t)=E\varepsilon(x,t)=E\frac{\partial u(x,t)}{\partial x}$$

杆的其他部分对微段 x 截面的作用力为

$$F(x,t)=EA(x)\frac{\partial u(x,t)}{\partial x} \tag{10-20}$$

杆的其他部分对微段 $x+\mathrm{d}x$ 截面的作用力为

$$F(x+\mathrm{d}x,t)=F(x,t)+\frac{\partial F(x,t)}{\partial x}\mathrm{d}x=EA(x)\frac{\partial u(x,t)}{\partial x}+\frac{\partial}{\partial x}\Big(\frac{\partial u(x,t)}{\partial x}\Big)$$

$$(10\text{-}21)$$

将式(10-20)和式(10-21)代入式(10-19),得到

$$\frac{\partial}{\partial x}\Big(EA(x)\frac{\partial u(x,t)}{\partial x}\Big)+q(x,t)=\rho(x)\frac{\partial^2 u(x,t)}{\partial t^2} \tag{10-22}$$

对于自由振动,$q(x,t)=0$,式(10-22)成为

$$\frac{\partial}{\partial x}\Big(EA(x)\frac{\partial u(x,t)}{\partial x}\Big)=\rho(x)\frac{\partial^2 u(x,t)}{\partial t^2} \tag{10-23}$$

对于均质等截面杆,即有 $\rho(x)=\rho,A(x)=A$,式(10-23)成为

$$\frac{\partial^2 u}{\partial x^2} = \frac{1}{\alpha^2}\frac{\partial^2 u}{\partial t^2} \tag{10-24}$$

式中，$\alpha = \sqrt{EA/\rho}$。式(10-23)与弦的自由振动方程(10-3)具有相同的形式，同样采用寻求同步运动的分离变量法求解。求解式(10-24)可得到均质等截面杆的纵向振动规律为

$$u(x,t) = \sum_{k=1}^{\infty}\left[C_{1k}\sin\left(\frac{\omega_{nk}}{\alpha}x\right) + C_{2k}\cos\left(\frac{\omega_{nk}}{\alpha}x\right) \right]\cdot\sin(\omega_{nk}t + \psi_k)$$

式中，C_{1k}、C_{2k}、ω_{nk}、ψ_k 为四个待定系数，可以由杆的两个端点的边界条件和振动的初始条件确定。

10.2.3 轴的扭转振动

图 10-6 所示为一长度为 l 的圆形截面轴，其单位长度的转动惯量为 $I(x)$，剪切弹性模量为 G，截面的极惯性矩为 $I_p(x)$，轴上承受的分布载荷为 $q(x,t)$。在 x 截面处取轴上的一段微元进行研究，如图 10-6 所示。当轴受扭转的激振而产生扭转振动时，在 x 截面的角位移为 $\theta(x,t)$、扭矩为 $T(x,t)$，在 $x+dx$ 截面的扭转角位移为 $\theta(x,t)+(\partial\theta(x,t)/\partial x)dx$，扭矩为 $T(x,t)+(\partial T(x,t)/\partial x)dx$。微元上受到的外加扭矩为 $q(x,t)dx$，转动惯量为 $I(x)dx$。根据刚体转动定律，微段的运动微分方程为

$$T(x,t) + \frac{\partial T(x,t)}{\partial t}dx - T(x,t) + q(x,t)dx = I(x)dx\frac{\partial^2\theta(x,t)}{\partial t^2} \tag{10-25}$$

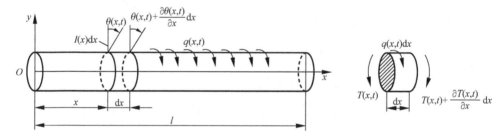

图 10-6　轴的扭转振动模型与分析

式(10-25)有两个未知量，需要补充方程。由材料力学知，扭矩与转角间的关系为

$$T(x,t) = GI_p(x)\frac{\partial\theta(x,t)}{\partial x} \tag{10-26}$$

将式(10-26)代入式(10-25)，得到轴的扭转运动方程为

$$\frac{\partial}{\partial x}\left(GI_p(x)\frac{\partial\theta(x,t)}{\partial x}\right) + q(x,t) = I(x)\frac{\partial^2\theta(x,t)}{\partial t^2} \tag{10-27}$$

对于自由振动，$q(x,t)=0$，式(10-27)成为

$$\frac{\partial}{\partial x}\left(GI_{\mathrm{p}}(x)\frac{\partial\theta(x,t)}{\partial x}\right)=I(x)\frac{\partial^2\theta(x,t)}{\partial t^2} \tag{10-28}$$

对于均质等截面轴,即有 $I_{\mathrm{p}}(x)=I_{\mathrm{p}},I(x)=I$,式(10-28)成为

$$\frac{\partial^2\theta}{\partial x^2}=\frac{1}{\alpha^2}\frac{\partial^2\theta}{\partial t^2} \tag{10-29}$$

式中,$\alpha=\sqrt{GI_{\mathrm{p}}/I}$。式(10-28)与弦的自由振动方程(10-3)具有相同的形式,同样采用寻求同步运动的分离变量法求解。求解式(10-29)可得到均质等截面轴的扭转运动规律为

$$\theta(x,t)=U(x)\Phi(t)=\sum_{k=1}^{n}\left[C_{1k}\sin\left(\frac{\omega_{\mathrm{n}k}}{\alpha}x\right)+C_{2k}\cos\left(\frac{\omega_{\mathrm{n}k}}{\alpha}x\right)\right]\sin(\omega_{\mathrm{n}k}t+\psi_k) \tag{10-30}$$

10.2.4　弦、杆、轴振动方程的相似性

比较式(10-3)、式(10-22)及式(10-27)分别表示的弦的横向振动、杆的纵向振动及轴的扭转振动的运动方程,可见它们在形式上是完全一致的,各相应量的对应关系如表 10-1 所示。由表中对应关系,即可以举一反三。例如,以两端固定的均匀弦的自然频率及正规化振型的表达式,以及表 10-1 中的对应关系,立即可知两端固定的均匀轴的自然频率及正规化振型的表达式为

$$\omega_r=r\pi\sqrt{\frac{GI_{\mathrm{p}}}{Il^2}},\quad GI_{\mathrm{p}}(x)=\frac{6}{5}GI_{\mathrm{p}}\left[1-\frac{1}{2}\left(\frac{x}{l}\right)^2\right],\quad r=1,2,\cdots \tag{10-31}$$

表 10-1　弦、杆、轴振动方程参数对照表

参数内容	弦的横向振动	杆的纵向振动	轴的扭转振动
弹性	张力 $T(x)$	抗压刚度 $EA(x)$	扭转刚度 $GI_{\mathrm{p}}(x)$
分布惯性	单位长度的质量(线密度)$\rho(x)$	单位长度的质量(线密度)$m(x)$	单位长度的扭转惯量 $I(x)$
分布载荷	单位长度上的横向载荷 $f(x,t)$	单位长度上的纵向载荷 $q(x,t)$	单位长度上的扭矩 $q(x,t)$
x 处 t 时刻的位移	横向振动 $y(x,t)$	纵向振动 $u(x,t)$	转角 $\theta(x,t)$
特征函数	$Y(x)$	$U(x)$	$\Theta(x)$

10.2.5　梁的弯曲振动

1. 弯曲振动的微分方程

工程中常见的以承受弯曲为主的机械零件,可简化为梁类力学模型。梁的横向振动是指细长杆做垂直于轴线方向的振动。由于其主要变形形式是弯曲变形,所以又称为弯曲振动。分析这种振动时,先作以下几点假设:

(1) 梁各截面的中心主轴在同一平面内,且在此平面内做横向振动。

（2）梁的横截面尺寸与其长度之比较小，可忽略转动惯量和剪切变形的影响。

（3）梁的横向振动符合小挠度平面弯曲的假设，即横向振动的振幅很小，在线性范围内。

这种只考虑由弯曲引起的变形，而不计由剪切引起的变形及转动惯量的影响的梁的弯曲振动的力学模型，称为欧拉-伯努利梁（Euler-Bernoulli beam）。

设梁轴线的横向位移用 $y(x,t)$ 表示，梁的密度为 ρ，x 截面处的截面抗弯刚度为 $EI(x)$，该截面对中心轴的惯性矩为 $I(x)$，该截面面积为 $A(x)$，如图 10-7 所示。

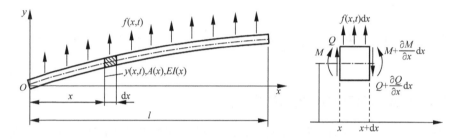

图 10-7　梁的弯曲振动模型与分析

现从梁上 x 截面处截取微元段 $\mathrm{d}x$，并分析其受力状态。若设 x 截面上作用的剪力为 Q，弯矩为 M，则在 $x+\mathrm{d}x$ 截面上作用的剪力为 $Q+(\partial Q/\partial x)\mathrm{d}x$，弯矩为 $M+(\partial M/\partial x)\mathrm{d}x$。根据牛顿第二定律，该微段在 y 方向的运动微分方程为

$$\rho A(x)\mathrm{d}x\,\frac{\partial^2 y(x,t)}{\partial t^2} = \frac{\partial Q}{\partial x}\mathrm{d}x + f(x,t)\mathrm{d}x \tag{10-32}$$

式（10-32）中有两个未知量，需要补充方程才能求解。根据假设条件，由材料力学可知，剪力和弯矩的关系为：$Q=-\partial M/\partial x$，则有

$$\frac{\partial Q}{\partial x} = -\frac{\partial^2 M}{\partial x^2} \tag{10-33}$$

弯矩与挠度的关系为

$$M = EI(x)\,\frac{\partial^2 y(x,t)}{\partial x^2} \tag{10-34}$$

将式（10-33）和式（10-34）代入式（10-32）整理得

$$\rho A(x)\,\frac{\partial^2 y(x,t)}{\partial t^2} + \frac{\partial^2}{\partial x^2}\left(EI(x)\,\frac{\partial^2 y(x,t)}{\partial x^2}\right) = f(x,t) \tag{10-35}$$

式（10-35）就是变截面梁的弯曲振动微分方程，是一个四阶齐次偏微分方程。

由式（10-35）可以看出，梁的弯曲振动和弦、杆、轴的振动不同，梁的弯曲振动是空间坐标的四阶导数，而弦、杆、轴的振动方程是空间坐标的二阶导数。

对于均质截面直梁的自由振动，E、$I(x)$、$A(x)$ 及 ρ 都是常数，$f(x,t)=0$，式（10-35）可简化为

$$\frac{\partial^4 y(x,t)}{\partial x^4} = -\frac{1}{\alpha^2}\frac{\partial^2 y(x,t)}{\partial t^2} \qquad (10\text{-}36)$$

式中，$\alpha^2 = \dfrac{EI}{\rho A}$ 是由梁的物理及几何参数确定的常数。

2. 弯曲振动的响应规律

求解梁的弯曲振动的偏微分方程，仍然可以按照分离变量法来求解。

设均质截面直梁的弯曲振动方程(10-36)的解为

$$y(x,t) = Y(x)\Phi(t) \qquad (10\text{-}37)$$

将式(10-37)对 t 和 x 分别求二次和四次偏导数，得到

$$\frac{\partial^2 y(x,t)}{\partial t^2} = Y(x)\frac{\mathrm{d}^2\Phi(t)}{\mathrm{d}t^2}, \qquad \frac{\partial^4 y(x,t)}{\partial x^4} = \Phi(t)\frac{\mathrm{d}^4 Y(x)}{\mathrm{d}x^4}$$

将以上两式代入式(10-36)，并由分离变量法，可得

$$\frac{\alpha^2}{Y(x)}\frac{\mathrm{d}^4 Y(x)}{\mathrm{d}x^4} = -\frac{1}{\Phi(t)}\frac{\mathrm{d}^2\Phi(t)}{\mathrm{d}t^2} = \omega_n^2 \qquad (10\text{-}38)$$

式中，ω_n^2 是一个常数，式(10-38)可写为两个常微分方程：

$$\frac{\mathrm{d}^2\Phi(t)}{\mathrm{d}t^2} + \omega_n^2\Phi(t) = 0, \qquad \frac{\mathrm{d}^4 Y(x)}{\mathrm{d}x^4} - \frac{\omega_n^2 Y(x)}{\alpha^2} = 0 \qquad (10\text{-}39)$$

式(10-39)的第一式的解为

$$\Phi(t) = A_1\cos(\omega_n t) + B_1\sin(\omega_n t) \qquad (10\text{-}40)$$

对式(10-39)的第二式做如下变化：

$$\frac{\mathrm{d}^4 Y(x)}{\mathrm{d}x^4} - \lambda^4 Y(x) = 0 \qquad (10\text{-}41)$$

式中，$\lambda^4 = \dfrac{\omega_n^2}{\alpha^2} = \dfrac{\rho A}{EI}\omega_n^2$。式(10-41)是一个四阶常系数齐次微分方程，设其解为

$$Y(x) = \mathrm{e}^{sx} \qquad (10\text{-}42)$$

则有

$$\frac{\mathrm{d}^4 Y(x)}{\mathrm{d}x^4} = s^4\mathrm{e}^{sx} \qquad (10\text{-}43)$$

将式(10-42)和式(10-43)代入式(10-41)，得特征方程：

$$s^4 - \lambda^4 = 0$$

从上式解得四个特征根为

$$s_{1,2} = \pm\mathrm{i}\lambda, \qquad s_{3,4} = \pm\lambda$$

则式(10-41)的解为

$$Y(x) = A'\mathrm{e}^{-\mathrm{i}\lambda x} + B'\mathrm{e}^{\mathrm{i}\lambda x} + C'\mathrm{e}^{-\lambda x} + D'\mathrm{e}^{\lambda x} \qquad (10\text{-}44)$$

考虑到

$$\mathrm{e}^{\pm \mathrm{i}\lambda x} = \cos(\lambda x) \pm \sin(\lambda x), \quad \mathrm{e}^{\pm \lambda x} = \mathrm{ch}(\lambda x) \pm \mathrm{sh}(\lambda x)$$

式(10-44)成为

$$Y(x) = A\sin(\lambda x) + B\cos(\lambda x) + C\mathrm{sh}(\lambda x) + D\mathrm{ch}(\lambda x) \tag{10-45}$$

式中，$A = \mathrm{i}(B' - A')$，$B = B' + A'$，$C = D' - C'$，$D = D' + C'$。式(10-45)就是梁弯曲振动的振型函数。由式(10-45)和式(10-40)可得梁的弯曲振动的解为

$$y(x,t) = [A\sin(\lambda x) + B\cos(\lambda x) + C\mathrm{sh}(\lambda x) + D\mathrm{ch}(\lambda x)][A_1\cos(\omega_n t) + B_1\sin(\omega_n t)]$$
$$\tag{10-46}$$

式中，待定常数 A_1，B_1 与时间 t 有关，由振动的初始条件决定；A, B, C, D 与空间坐标 x 有关，由梁的边界条件决定。

10.3　边界条件和自然模态

从前面的分析可知，连续系统的自然频率和振型与运动方程有关，并与两端的支承条件，即边界条件有关。分析连续系统的振动问题，需要首先确定系统的边界条件和自然频率。由于弦的横向振动、杆的纵向振动和轴的扭转振动的方程和边界条件均具有相似性，所以仅以杆为例分析其边界条件。下面分别讨论杆与梁的边界条件和自然频率。

10.3.1　杆的边界条件、自然频率和振型

由前面的分析可知，杆类的振动响应有两个待定常数需要由边界条件确定，因而需要两个边界条件。根据杆的性质，杆的典型边界包括自由端、固定端、弹簧相连端与附加质量端等几类。图 10-8 所示为几种典型的边界配置情况，其中图 10-8(a) 为两端自由，图 10-8(b) 为两端固定，图 10-8(c) 为一端固定、一端自由，三种常见情况的边界条件、自然频率和振型函数如表 10-2 所示，对应的振型如图 10-9 所示。

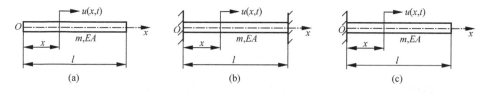

图 10-8　杆的典型边界

表 10-2　杆的边界条件、自然频率和振型函数

端部状态	左端边界 $x=0$	右端边界 $x=l$	自然频率 ω_k	振型函数 U_k
两端自由	$\dfrac{\mathrm{d}U(x)}{\mathrm{d}x}=0$	$\dfrac{\mathrm{d}U(x)}{\mathrm{d}x}=0$	$k\pi\sqrt{\dfrac{EA}{\rho l^2}}$	$C_{2k}\cos\left(\dfrac{k\pi x}{l}\right)$

续表

端部状态	左端边界 $x=0$	右端边界 $x=l$	自然频率 ω_k	振型函数 U_k
两端固定	$U(x)=0$	$U(x)=0$	$\dfrac{2k-1}{2}\pi\sqrt{\dfrac{EA}{\rho l^2}}$	$C_{1k}\sin\left(\dfrac{k\pi x}{l}\right)$
一端固定、一端自由	$U(x)=0$	$\dfrac{\mathrm{d}U(x)}{\mathrm{d}x}=0$	$\dfrac{2k-1}{2}\pi\sqrt{\dfrac{EA}{\rho l^2}}$	$C_{1k}\sin\left[\dfrac{(2k-1)\pi}{2l}x\right]$

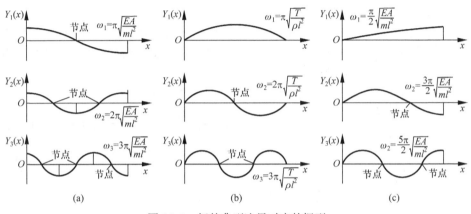

图 10-9　杆的典型边界对应的振型

　　下面通过例题讨论具有弹簧相连端与附加质量端的自然频率和振型。

　　例 10-1　一端固定、一端具有轴向弹簧支承的均匀杆如图 10-10 所示,支承弹簧的刚度为 k,试讨论系统的自然频率和振型函数。

　　解　杆的边界条件可表示为

$$U(0)=0,\quad EA\left.\frac{\mathrm{d}U(x)}{\mathrm{d}x}\right|_{x=l}=-kU(l) \tag{10-47}$$

方程的通解与式(10-8)的第二式相似,即

$$U(x)=C_1\sin\left(\frac{\omega_n x}{\alpha}\right)+C_2\cos\left(\frac{\omega_n x}{\alpha}\right) \tag{10-48}$$

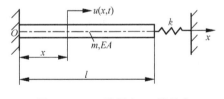

将式(10-48)代入式(10-47)的第一个边界条件,得到 $C_2=0$,式(10-48)成为

$$U(x)=C_1\sin\left(\frac{\omega_n x}{\alpha}\right) \tag{10-49}$$

图 10-10　一端固定、一端具有
轴向弹簧的均匀杆

将式(10-49)的导数代入式(10-47)的第二个边界条件,得到频率方程为

$$-\frac{EA}{kl}=\frac{\tan(\omega_n l/\alpha)}{\omega_n l/\alpha}=\frac{\alpha}{\omega_n l}\frac{\sin(\omega_n l/\alpha)}{\cos(\omega_n l/\alpha)} \tag{10-50}$$

式(10-50)确定的 $\omega_n l/\alpha$ 即为自然频率所满足的条件,此条件和杆的纵向刚度 EA/l 与支承刚度之比有关,一旦确定了此比值,就可从式(10-49)解出一系列的 ω_n 值 $(\omega_{n1}, \omega_{n2}, \cdots)$,将确定的各个 ω_n 代入式(10-49)即可得到响应的各阶振型。该模型的两种极限情况如下:

(1) 当 $k=\infty$ 时,由式(10-50)得,$\sin(\omega_n l/\alpha)=0$,这种情况相当于两端固定的模型,其振型如图 10-9(b)所示。

(2) 当 $k=0$ 时,由式(10-50)得,$\cos(\omega_n l/\alpha)=0$,这种情况相当于一端固定、一端自由的模型,其振型如图 10-9(c)所示。

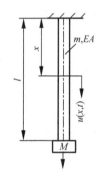

图 10-11 一端固定、一端有质量的杆

例 10-2 一端固定、一端具有附加质量的均匀杆如图 10-11所示,附加质量为 M,试讨论系统的自然频率和振型函数。

解 杆的边界条件可表示为

$$U(0)=0, \quad EA\frac{\mathrm{d}U(x)}{\mathrm{d}x}\bigg|_{x=l}=M\omega_n^2 U(l) \quad (10\text{-}51)$$

将式(10-48)代入式(10-51)的第一个边界条件,得到式(10-49),将式(10-49)的导数代入式(10-51)的第二个边界条件,即得到频率方程为

$$EA\frac{\omega_n}{\alpha}\cos\left(\frac{\omega_n l}{\alpha}\right)=M\omega_n^2\sin\left(\frac{\omega_n l}{\alpha}\right)$$

考虑到 $\alpha=\sqrt{EA/\rho}$,上式可整理为

$$\left(\frac{\omega_n l}{\alpha}\right)\tan\left(\frac{\omega_n l}{\alpha}\right)=\frac{\rho l}{M} \quad (10\text{-}52)$$

若记

$$\frac{\rho l}{M}=\eta, \quad \frac{\omega_n l}{\alpha}=\xi \quad (10\text{-}53)$$

式中,η 是杆的质量与附加质量之比,将式(10-53)代入式(10-52)得到

$$\xi\tan\xi=\eta \quad (10\text{-}54)$$

给定质量比 η,可用式(10-54)通过数值方法确定一系列的 ξ 值,再由

$$\omega_{nk}=\xi_k\sqrt{\frac{EA}{\rho l^2}} \quad (10\text{-}55)$$

即可确定系统的各阶自然频率。该模型的两种极限情况如下:

(1) 如果附加质量比杆的质量小得多,即 $\eta=\infty$,由式(10-54)知,$\tan\xi=\infty$,即 $\cos\xi=0$,这种情况相当于一端固定、一端自由的模型,其振型如图 10-9(c)所示。

(2) 如果附加质量比杆的质量大得多,即 $\eta\approx0$,由式(10-54)知,$\tan\xi$ 很小,因而有 $\tan\xi\approx\xi$,式(10-54)可以近似为 $\eta=\xi^2$。利用式(10-53)可得 $\omega_n=\xi\sqrt{EA/(Ml)}$,

将式(10-53)的第一式代入,则得到系统的自然频率为

$$\omega_n = \sqrt{\frac{\eta EA}{\rho l^2}}$$

由于上式中的 EA/l 就是杆的纵向刚度,故上式即为略去杆的分布质量后得到的单自由度系统的自然频率。这种情况相当于单自由度系统的振动。需要说明的是,当 η 值比较小时,这种略去杆的质量的方法具有较高的精度;当 η 值比较大时,这种方法的精度就大大下降了,这时应该采用等效质量方法。

10.3.2 梁的边界条件、自然频率和振型

由式(10-46)可知,梁的弯曲振动由梁的边界条件决定,梁的弯曲振动的自然频率和主振型也要根据边界条件来确定。梁的边界条件根据其性质可分为端部几何条件和力条件,端部几何条件包括位移和转角,端部力条件包括剪力和弯矩。梁的几种典型端部的边界如图 10-12 所示,其对应的边界条件如表 10-3 所示。

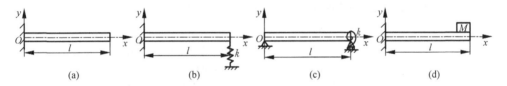

图 10-12 梁的典型边界

表 10-3 梁端部的边界条件

端部状态	位移 y	转角 $\theta = \frac{\partial y}{\partial x}$	弯矩 $M = EI \frac{\partial^2 y}{\partial x^2}$	剪力 $Q = \frac{\partial M}{\partial x}$
固定端	0	0	—	—
简支端	0	—	0	—
自由端	—	—	0	0
自由端带有横向弹簧	—	—	0	$-ky$
简支端带有卷簧	0	—	$-k\frac{\partial y}{\partial x}$	—
自由端带有集中质量	—	—	0	$-m\frac{\partial^2 y}{\partial t^2}$

例 10-3 图 10-13 为一均质等截面梁,两端简支,参数 E, I, A 及 ρ 均已知,求此梁做弯曲振动时的自然频率与主振型。

解 该梁两端简支,则梁端部的边界条件为

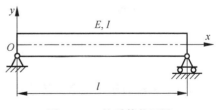

图 10-13 均质等截面梁

$$x = 0, \quad y(0) = 0, \quad \left.\frac{\partial^2 y}{\partial x^2}\right|_{x=0} = 0$$

$$x = l, \quad y(l) = 0, \quad \left.\frac{\partial^2 y}{\partial x^2}\right|_{x=l} = 0$$

将上述边界条件代入式(10-45)的振型函数表达式及其二阶导数式,得 $B = D = 0$,且有

$$A\sin(\lambda l) + C\mathrm{sh}(\lambda l) = 0, \quad -A\sin(\lambda l) + C\mathrm{sh}(\lambda l) = 0 \qquad (10\text{-}56)$$

因为 $\mathrm{sh}(\lambda l) \neq 0$,所以 $C = 0$,且有 $\sin(\lambda l) = 0$,式(10-56)即为简支梁的振动频率方程,其根为 $\lambda_k l = k\pi (k = 1, 2, 3, \cdots)$。因为 $\lambda^4 = \omega^2 / \alpha^2$,且 $\alpha^2 = EI/(\rho A)$,所以自然频率表达式为

$$\omega_{\mathrm{n}k} = \alpha\lambda_k^2 = \frac{k^2\pi^2}{l^2}\sqrt{\frac{EI}{\rho A}}, \quad k = 1, 2, 3, \cdots$$

相应的主振型函数为

$$Y_k(x) = A_k\sin(\lambda_k x) = A_k\sin\left[(k\pi/l)x\right] \qquad (10\text{-}57)$$

对于 E, I, A 及 ρ 均已知的梁,自然频率还可以表达为

$$\omega_{\mathrm{n}k} = (\lambda_k l)^2 h = (k\pi)^2 h \qquad (10\text{-}58)$$

式中,$h = \sqrt{EI/(\rho A l^4)}$,由式(10-58)可得梁的前三阶自然频率为 $\omega_{\mathrm{n}1} = 9.87h$,$\omega_{\mathrm{n}2} = 39.48h$,$\omega_{\mathrm{n}3} = 88.83h$。振型与图 10-9(b)类似。

对于其他支承形式的梁,对应的自然频率可用类似的方法导出。结果表明,各种支承形式的梁振动的自然频率均可用式(10-58)计算。但对于不同的支承形式,式中的 $\lambda_k l$ 值不同。表 10-4 中列出了不同支承形式梁的 $\lambda_k l$ 表达式及其相应的前三阶自然频率值。

表 10-4　不同支承形式梁的 $\lambda_k l$ 表达式及其相应的前三阶自然频率值

梁的支承形式	$\lambda_k l$ 表达式	$\omega_{\mathrm{n}1}$	$\omega_{\mathrm{n}2}$	$\omega_{\mathrm{n}3}$
两端简支	$k\pi$	$9.87h$	$39.48h$	$88.83h$
两端固定	$\frac{2k+1}{2}\pi$	$22.4h$	$61.7h$	$121.0h$
一端固定、一端自由	$\frac{2k-1}{2}\pi$	$3.52h$	$22.4h$	$61.7h$
一端固定、一端简支	$\frac{4k-1}{2}\pi$	$15.4h$	$50.0h$	$104.0h$

注:$h = \sqrt{EI/(\rho A l^4)}$。

10.4　系统对于激励的响应

10.4.1　系统对于初始激励的响应

均匀弦的运动方程(10-3)的同步运动不仅是可能的,而且应该是无穷多的同

步运动,即

$$y_r(x,t) = Y_r(x)\Phi_r(t) \tag{10-59}$$

式中,坐标函数 $Y_r(x)$ 是振型,由边界条件决定;时间函数 $\Phi_r(t)$ 由初始条件决定。$Y_r(x)$ 和 $\Phi_r(t)$ 可由式(10-7)的形式表示,为便于推导初始激励与系统响应的显式表达式,将 $\Phi_r(t)$ 表示为

$$\Phi_r(t) = E_r \sin(\omega_r t) + F_r \cos(\omega_r t) \tag{10-60}$$

式中

$$E_r = C_r \sin\psi_r, \quad F_r = C_r \cos\psi_r$$

这里以新的常数 E_r, F_r 代替原来的常数 C_r, ψ_r。将式(10-60)代入式(10-59),得到通解为

$$y(x,t) = \sum_{r=1}^{\infty} Y_r(x)[E_r \sin(\omega_r t) + F_r \cos(\omega_r t)] \tag{10-61}$$

设初始条件,即弦在 $t=0$ 时刻的初位移与初速度分别为

$$y(x,0) = f(x), \quad \dot{y}(x,0) = \frac{\partial y(x,t)}{\partial t}\bigg|_{t=0} = g(x) \tag{10-62}$$

将式(10-61)代入式(10-62),得到

$$y(x,0) = \sum_{r=1}^{\infty} Y_r(x)F_r = f(x), \quad \dot{y}(x,0) = \sum_{r=1}^{\infty} \omega_r Y_r(x)E_r = g(x) \tag{10-63}$$

将式(10-63)各乘以 $\rho Y_s(x)$,并从 0 到 L 对 x 积分,再利用正交关系及正规化条件,即得

$$F_s = \rho \int_0^L f(x) Y_s(x) \mathrm{d}x, \quad E_s = \rho \int_0^L g(x) Y_s(x) \mathrm{d}x, \quad s = 1, 2, \cdots \tag{10-64}$$

式中,$Y_s(s=1,2,\cdots)$ 已进行了正规化。在初始条件 $f(x)$ 与 $g(x)$ 已知的情况下,按式(10-64)即可算出 $F_s, E_s(s=1,2,\cdots)$ 诸常数。

例 10-4 张紧的弦如图 10-14 所示,在初始时刻$(t=0)$突然释放,求弦的自由振动。

解 按题意有

$$y(x,0) = f(x) = \begin{cases} \dfrac{6h}{L}x, & 0 < x \leqslant \dfrac{L}{6} \\[2mm] \dfrac{6h}{5L}(L-x), & \dfrac{L}{6} < x < L \end{cases} \tag{10-65}$$

$$\dot{y}(x,0) = g(x) = 0 \tag{10-66}$$

将式(10-65)中的 $f(x)$ 及式(10-7)表示的 $Y_s(x)$ 代入式(10-64)的第一式,得

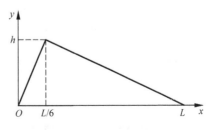

图 10-14 张紧弦模型

$$F_s = \rho \int_0^{L/6} \frac{6h}{L} \sqrt{\frac{2}{\rho L}} \sin\left(\frac{s\pi x}{L}\right) \mathrm{d}x + \rho \int_{L/6}^{L} \frac{6h}{5L}(L-x) \sqrt{\frac{2}{\rho L}} \sin\left(\frac{s\pi x}{L}\right) \mathrm{d}x$$

经积分,可得

$$F_s = \sqrt{\frac{\rho L}{2}} \frac{72h}{5(s\pi)^2} \sin\left(\frac{s\pi}{6}\right), \quad s = 1, 2, \cdots \tag{10-67}$$

将式(10-66)及式(10-12)代入式(10-64)的第二式,得

$$E_s = 0, \quad s = 1, 2, \cdots \tag{10-68}$$

将式(10-67)、式(10-68)代入式(10-61),并考虑到

$$\omega_r = r\pi \sqrt{\frac{T}{\rho L^2}}, \quad r = 1, 2, \cdots$$

则得到响应的表达式为

$$y(x,t) = \frac{72h}{5\pi^2} \left[\frac{1}{2} \sin\left(\frac{\pi x}{L}\right) \cos\left(\pi \sqrt{\frac{T}{\rho L^2}} t\right) + \frac{0.866}{4} \sin\left(\frac{2\pi x}{L}\right) \cos\left(2\pi \sqrt{\frac{T}{\rho L^2}} t\right) \right.$$

$$\left. + \frac{1}{9} \sin\left(\frac{3\pi x}{L}\right) \cos\left(3\pi \sqrt{\frac{T}{\rho L^2}} t\right) + \cdots \right] \tag{10-69}$$

式(10-69)只写出了前三项。从式中可以看出,随着阶次的上升,振幅迅速下降,因而高次阶谐波可以略去。

例 10-5　如图 10-15 所示,一端固定的杆,在另一端受一恒定拉力 P_0 的作用,在 $t=0$ 时刻突然释放,试求系统的响应。

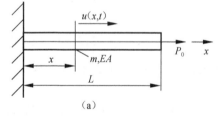

解　初始条件为

$$f(x) = \varepsilon_0 x, \quad g(x) = 0 \tag{10-70}$$

式中

$$\varepsilon_0 = \frac{P_0}{EA} \tag{10-71}$$

为初始应变。按照表 10-4 所示的一端固定、一端自由的杆的振型,按条件正规化以后,得到

$$U_s(x) = \sqrt{\frac{2}{mL}} \sin\left[\frac{(2s-1)\pi}{2L} x\right],$$

$$s = 1, 2, \cdots \tag{10-72}$$

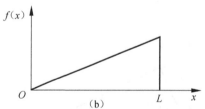

图 10-15　杆的振动模型及其位移

将式(10-70)的第一式、式(10-72)代入式(10-64)的第一式,并注意到弦振动方程与杆振动方程中的符号对应关系,得

$$F_s = m \int_0^L \varepsilon_0 x \sqrt{\frac{2}{mL}} \sin\left[\frac{(2s-1)\pi}{2L} x\right] \mathrm{d}x$$

经积分,可得

$$F_s = (-1)^{s-1} m\varepsilon_0 \sqrt{\frac{2}{mL}} \left[\frac{2L}{(2s-1)\pi}\right]^2, \quad s = 1,2,\cdots \tag{10-73}$$

将式(10-70)的第二式、式(10-72)代入式(10-64)的第二式,得

$$E_s = 0, \quad s = 1,2,\cdots \tag{10-74}$$

将式(10-72)～式(10-74)及通过边界条件得到的 $\omega_s = \dfrac{(2s-1)\pi}{2} \sqrt{\dfrac{EA}{mL^2}}(s=1,2,\cdots)$

代入式(10-61),即得响应为

$$u(x,t) = \frac{8\varepsilon_0 L}{\pi^2} \sum_{s=1}^{\infty} \frac{(-1)^{s-1}}{(2s-1)^2} \sin\left[\frac{(2s-1)\pi}{2L}x\right] \cos\left[\frac{(2s-1)\pi}{2}\sqrt{\frac{EA}{mL^2}}t\right]$$

10.4.2　系统对于过程激励的响应

对于均匀杆,其运动微分方程由式(10-24)给出,杆振动的通解可表示为

$$u(x,t) = \sum_{s=1}^{\infty} U_s(x)\Phi_s(t) \tag{10-75}$$

代入式(10-24),经过推导可以得到

$$\ddot{\Phi}_s(t) + \omega_s^2 \Phi_s(t) = Q_s, \quad s = 1,2,\cdots \tag{10-76}$$

式中

$$Q_s = \int_0^L q(x,t)U_s(x)\mathrm{d}x, \quad s = 1,2,\cdots \tag{10-77}$$

是折算到各个模态上的等效力。

对于具体的问题,按实际的边界条件,计算出 ω_s 及 $U_s(x)$,由式(10-77)计算出 Q_s,再代入式(10-76)按第 2 章介绍的方法解出 $\eta_r(t)$。例如,可以按卷积方法计算得到

$$\eta_s(t) = \frac{1}{\omega_s} \int_0^t Q_s(\tau) \sin[\omega_s(t-\tau)]\mathrm{d}\tau, \quad s = 1,2,\cdots \tag{10-78}$$

将式(10-72)和式(10-78),代入式(10-75)即可求出对于过程激励的响应 $u(x,t)$。此响应与 10.4.1 节求出的对于初始激励的响应之和,即为全部响应。

例 10-6　左端固定、右端自由的杆,原处于静止状态,在 $t=0$ 时刻突然受到均布恒定载荷 q_0 的作用,试求其响应。

解　先计算折算到各个模态上的等效力。例 10-5 中式(10-72)给出了经正规化的特征函数,将式(10-72)及 $q(x,t)=q_0$ 代入式(10-77),得

$$Q_s = \int_0^L q_0 \sqrt{\frac{2}{mL}} \sin\left[\frac{(2s-1)\pi}{2L}x\right]\mathrm{d}x, \quad s = 1,2,\cdots \tag{10-79}$$

将通过边界条件得到的 $\omega_s = \dfrac{(2s-1)\pi}{2}\sqrt{\dfrac{EA}{mL^2}}(s=1,2,\cdots)$ 及式(10-79)代入式(10-78),得

$$\eta_s(t) = \frac{2}{(2s-1)\pi}\sqrt{\frac{mL^2}{EA}}\int_0^s q_0\sqrt{\frac{2}{mL}}\sin\left[\frac{(2s-1)\pi}{2}\sqrt{\frac{EA}{mL^2}}(t-\tau)\right]\mathrm{d}\tau$$

经积分,可得

$$\eta_s(t) = q_0\sqrt{\frac{2}{mL}}\frac{8L}{(2s-1)^3\pi^3}\frac{mL^2}{EA}\left\{1-\cos\left[\frac{(2s-1)\pi}{2}\sqrt{\frac{EA}{mL^2}}t\right]\right\}, \quad s=1,2,\cdots$$

$$(10\text{-}80)$$

将式(10-72)与式(10-80)代入式(10-75),即得到响应

$$u(x,t) = \frac{16q_0L^2}{EA\pi^3}\sum_{s=1}^{\infty}\frac{1}{(2s-1)^3}\sin\left[\frac{(2s-1)\pi}{2L}x\right]\left\{1-\cos\left[\frac{(2s-1)\pi}{2}\sqrt{\frac{EA}{mL^2}}t\right]\right\}$$

例 10-7 有一左端固定、右端自由的均匀杆,在其自由端承受一谐波集中载荷 $P(t) = P\sin(\omega t)$,试求其稳态响应。

解 由式(10-77),有

$$Q_s(t) = \int_0^L \delta(x-L)P\sin(\omega t)\sqrt{\frac{2}{mL}}\sin\left[\frac{(2s-1)\pi}{2L}x\right]\mathrm{d}x$$

经积分,可得

$$Q_s(t) = (-1)^{s-1}P\sqrt{\frac{2}{mL}}\sin(\omega t), \quad s=1,2,\cdots \qquad (10\text{-}81)$$

将式(10-81)代入式(10-76)可得

$$\ddot{\Phi}_s(t) + \omega_s^2\Phi_s(t) = (-1)^{s-1}P\sqrt{\frac{2}{mL}}\sin(\omega t), \quad s=1,2,\cdots$$

求解上式可得其稳态响应为

$$\Phi_s(t) = P\sqrt{\frac{2}{mL}}\sin(\omega t)\frac{(-1)^{s-1}}{\omega^2-\omega_s^2}, \quad s=1,2,\cdots \qquad (10\text{-}82)$$

将式(10-72)和式(10-82)代入式(10-75)可得杆的全部稳态响应为

$$u(x,t) = \frac{2P}{mL}\sin(\omega t)\sum_{s=1}^{\infty}\frac{(-1)^{s-1}}{\omega^2-\omega_s^2}\sin\left[\frac{(2s-1)\pi}{2L}x\right]$$

10.4.3 剪切变形和转动惯量的影响

前面讨论梁的弯曲振动时,以欧拉-伯努利梁为研究对象,没有考虑剪切变形与转动惯量对振动的影响,适合于细长梁以低阶固有振型为主的振动。随着固有振动阶次的提高,固有振型波数的增加,梁被节点平面分成若干短粗的小段,梁的剪切变形及绕截面中性轴的转动惯量对振动产生较大影响。计入这两种因素的梁模型称为铁摩辛柯梁(Timoshenko 梁),它对变形的基本假设是:梁截面在弯曲变形后仍保持平面,但未必垂直于中性轴。

如图 10-16 所示,取坐标 x 处的梁微段 $\mathrm{d}x$ 为分离体。由于剪切变形,梁横截面的法线不再与梁轴线重合。法线转角 θ 由弯矩和剪力的共同作用产生,令 ψ 是

由弯矩引起的截面转角,由剪力引起的
剪切角为 β,则

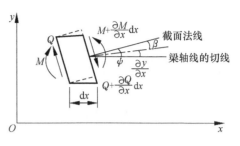

图 10-16 微段梁的剪切变形

$$\theta = \frac{\partial y}{\partial x}, \quad \beta = \psi - \frac{\partial y}{\partial x}$$

由材料力学可知

$$M = EI\frac{\partial \psi}{\partial x}, \quad \beta = \frac{kQ}{AG} \qquad (10\text{-}83)$$

式中,k 为截面的几何形状常数,圆形截面 $k=1.1$,矩形截面 $k=0.9$;G 为剪切弹性模量;A 为横截面面积,为了书写方便,令 $k'=1/k$,得到

$$Q = k'AG\beta = k'AG\left(\psi - \frac{\partial y}{\partial x}\right) \qquad (10\text{-}84)$$

由于考虑了转动的影响,该梁微段 $\mathrm{d}x$ 的运动方程可表示为

$$\rho A\,\mathrm{d}x\,\frac{\partial^2 y}{\partial t^2} = -\left(Q + \frac{\partial Q}{\partial x}\mathrm{d}x\right) + Q, \quad \rho I\,\mathrm{d}x\,\frac{\partial^2 \psi}{\partial t^2} = -M + \left(M + \frac{\partial M}{\partial x}\mathrm{d}x\right) - Q\mathrm{d}x$$

整理上式得到

$$\rho A\,\frac{\partial^2 y}{\partial t^2} = -\frac{\partial Q}{\partial x}, \quad \rho I\,\frac{\partial^2 \psi}{\partial t^2} = \frac{\partial M}{\partial x} - Q \qquad (10\text{-}85)$$

将式(10-84)代入式(10-85)的第一式,并简化得

$$\rho A\,\frac{\partial^2 y}{\partial t^2} + k'AG\left(\frac{\partial \psi}{\partial x} - \frac{\partial^2 y}{\partial x^2}\right) = 0 \qquad (10\text{-}86)$$

将式(10-83)和式(10-84)代入式(10-85)的第二式,得

$$\rho I\,\frac{\partial^2 \psi}{\partial t^2} - \frac{\partial}{\partial x}EI\left(\frac{\partial \psi}{\partial x}\right) + k'AG\left(\psi - \frac{\partial y}{\partial x}\right) = 0 \qquad (10\text{-}87)$$

对于等截面的梁,由式(10-86)和式(10-87)可以消去 ψ,则有

$$EI\,\frac{\partial^4 y}{\partial t^4} + \rho A\,\frac{\partial^2 y}{\partial t^2} - \rho I\left(1 + \frac{E}{k'G}\right)\frac{\partial^4 y}{\partial x^2 \partial t^2} + \frac{\rho^2 I}{k'G}\,\frac{\partial^4 y}{\partial t^4} = 0 \qquad (10\text{-}88)$$

与式(10-36)表示的均质等截面梁的自由弯曲振动方程比较,可以发现式(10-88)多出了第三项和第四项,这两项分别表达了剪切变形和转动惯量的影响。

方程(10-88)可以用分离变量法求解。以简支梁为例,设解为

$$y_k(x,t) = A_k \sin\left(\frac{k\pi x}{l}\right)\sin(\omega_k t - \varphi_k)$$

将上式代入式(10-88)可得

$$EI\left(\frac{k\pi}{l}\right)^4 - \rho A\omega_k^2 - \rho I\left(\frac{k\pi}{l}\right)^2\omega_k^2 - \frac{\rho IE}{k'G}\left(\frac{k\pi}{l}\right)^2 + \frac{\rho^2 I}{k'G}\omega_k^4 = 0$$

上式的末项与其他项相比是一个微小量,可以忽略不计,所以有

$$\omega_k = \omega_0 \left[1 - \frac{k^2 \pi^2 I}{2l^2 A} \left(1 + \frac{E}{k'G} \right) \right] \tag{10-89}$$

式中，$\omega_0 = \frac{k^2 \pi^2}{l^2} \sqrt{\frac{EI}{\rho A}}$ 是不计剪切变形和转动惯量影响时的简支梁的自然频率。

由式(10-89)可知，考虑了剪切变形和转动惯量的影响后，系统的自然频率降低了，这是因为自然频率取决于系统的质量和刚度，考虑剪切变形和转动惯量的影响，使系统的有效质量增加，有效刚度降低，引起了自然频率的降低，对高阶频率的影响更为显著。

只考虑转动惯量的影响时，有

$$\omega_k = \omega_0 \left(1 - \frac{k^2 \pi^2 I}{2l^2 A} \right) \tag{10-90}$$

只考虑剪切变形的影响时，有

$$\omega_k = \omega_0 \left(1 - \frac{k^2 \pi^2 I}{2l^2 A} \frac{E}{k'G} \right) \tag{10-91}$$

由式(10-90)和式(10-91)可知，剪切变形的影响比转动惯量的影响大。例如，对长方形横截面梁，设 $E = \frac{8}{3}G$，$k' = 0.833$，则 $\frac{E}{k'G} = 3.2$，即剪切变形的影响是转动惯量的影响的 3.2 倍。

10.5 连续系统的强迫振动

10.5.1 弦的横向强迫振动

一根两端固定，长为 l 的弦线上，作用分布的横向力 $q(x,t)$，如图 10-17 所示。设弦内张力为 T_0，弦线的单位体积质量 ρ 和弦线横截面面积 A 皆为常量。弦在 $q(x,t)$ 分布力作用下，将做强迫振动。可应用推导弦的自由振动的微分方程的办法，得到其强迫振动方程为

$$\frac{\partial^2 y(x,t)}{\partial t^2} = \alpha^2 \frac{\partial^2 y(x,t)}{\partial x^2} + \frac{1}{\rho A} q(x,t) \tag{10-92}$$

式(10-92)为非齐次方程。在求解时其振型函数仍可用

$$Y_k(x) = A_k \sin\left(\frac{k\pi}{l} x \right)$$

弦的振动方式 $\Phi(t)$ 为未知的时间函数。由于确定振型函数时必须满足边界条件，振型函数与未知的时间函数的乘积 $y_k(x,t) = Y_k(x)\Phi_k(t)$ 也必须满足边界条件。非齐次方程(10-92)的解也应满足边界条件，现可假设方程(10-92)的解为

$$y(x,t) = \sum_{k=1}^{\infty} C_{1k} \sin\left(\frac{\omega_{nk}}{\alpha} x \right) \cdot \Phi_k(t) \tag{10-93}$$

将式(10-93)代入式(10-92)，得

$$y(x,t)\sum_{k=1}^{\infty}C_{1k}\sin\left(\frac{k\pi x}{l}\right)\cdot\frac{\mathrm{d}^2\Phi_k(t)}{\mathrm{d}t^2}+\alpha^2\sum_{k=1}^{\infty}C_{1k}\left(\frac{k\pi}{l}\right)^2\sin\left(\frac{k\pi x}{l}\right)\cdot\Phi_k(t)=\frac{1}{\rho A}q(x,t)$$

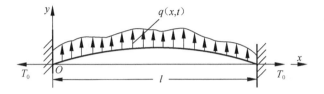

图 10-17　弦的横向强迫振动模型

设 $C_{1k}=1$,把上式的两边乘以 $\sin\left(\dfrac{j\pi x}{l}\right)$,且由 0 至 l 对 x 进行积分,根据振型函数正交性可得

$$\frac{\mathrm{d}^2\Phi_j(t)}{\mathrm{d}t^2}+\omega_{nj}^2\Phi_j(t)=Q_j(t),\quad j=1,2,3,\cdots$$

式中

$$Q_j(t)=\frac{1}{\rho A}\int_0^l q(x,t)\sin\left(\frac{j\pi x}{l}\right)\mathrm{d}x$$

此方程与受外部激励的无阻尼单自由系统的运动方程形式相同,其解可写成如下的一般形式:

$$\Phi_j(t)=\Phi_j(0)\cos(\omega_{nj}t)+\dot{\Phi}_j(0)\sin(\omega_{nj}t)$$
$$+\frac{1}{\omega_{nj}}\int_0^l Q_j(\tau)\sin[\omega_{nj}(t-\tau)]\mathrm{d}\tau,\quad j=1,2,3,\cdots \tag{10-94}$$

式中,$\Phi_j(0)$,$\dot{\Phi}_j(0)$分别表示广义坐标和广义速度的初始值;$Q_j(\tau)$称为广义力。将式(10-94)代入式(10-93),可得弦的强迫振动解,即得系统在初始条件下和任意激振的响应。

10.5.2　杆的纵向强迫振动

当杆上作用有一个分布的轴向载荷 $f(x,t)$ 时,其纵向振动运动方程为

$$\rho A\,\frac{\partial^2 u}{\partial t^2}-EA\,\frac{\partial^2 u}{\partial x^2}=f(x,t) \tag{10-95}$$

将正则变换关系式 $u(x,t)=\sum_{j=1}^{\infty}\Phi_j(x)q_j(t)$ 代入式(10-95),得

$$\sum_{j=1}^{\infty}\rho A\Phi_j(x)\ddot{q}_j(t)-\sum_{j=1}^{\infty}EA\frac{\mathrm{d}^2\Phi_j(x)}{\mathrm{d}x^2}q_j(t)=f(x,t)$$

上式乘以 $\Phi_j(x)$,并沿全杆积分,则有

$$\rho A \ddot{q}_j(t) \int_0^l \Phi_j^2(x)\mathrm{d}x - EAq_j(t) \int_0^l \Phi_j(x)\ddot{\Phi}_j(x)\mathrm{d}x = \int_0^l \Phi_j(x)f(x,t)\mathrm{d}x$$

$$(10\text{-}96)$$

根据主振型的正交性,有

$$\int_0^l \Phi_s(x)\ddot{\Phi}_s(x)\mathrm{d}x = -\frac{\omega_{ns}^2 \rho A}{EA} \int_0^l \Phi_s^2(x)\mathrm{d}x \tag{10-97}$$

将式(10-97)代入式(10-96),简化后得

$$\ddot{q}_j(t) + \omega_{nj}^2 q(t) = \frac{p_j(t)}{m_{jj}} \tag{10-98}$$

式中

$$m_{jj} = \rho A \int_0^l \Phi_j^2(x)\mathrm{d}x, \quad p_j = \int_0^l \Phi_j(x)f(x,t)\mathrm{d}x$$

分别为广义质量和广义载荷。

由式(10-98)可求得系统的振型响应,系统在原坐标中的动力响应为

$$u(x,t) = \sum_{j=1}^{\infty} \Phi_j(x)q_j(t)$$

例 10-8　如图 10-18 所示的等截面杆受到阶跃函数的轴向载荷作用,试分析该杆的强迫振动响应。

解　(1) 计算自然频率及主振型。

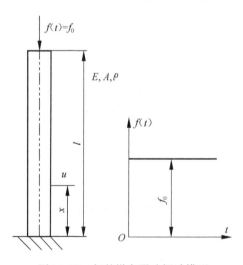

图 10-18　杆的纵向强迫振动模型

由例 10-1 可知自然频率和主振型为

$$\omega_{nk} = \frac{2k-1}{2}\pi\sqrt{\frac{E}{\rho l^2}}$$

$$\Phi_k(x) = \sin\left(\frac{2k-1}{2l}\pi x\right), \quad k=1,2,\cdots$$

(2) 计算广义质量和广义载荷。

$$m_{kk} = \rho A \int_0^l \Phi_k^2(x)\mathrm{d}x$$

$$= \rho A \int_0^l \sin^2\left(\frac{2k-1}{2l}\pi x\right)\mathrm{d}x = \frac{\rho A l}{2}$$

$$p_k = \int_0^l \Phi_k(x)f(x,t)\mathrm{d}x$$

$$= -f_0 \Phi_k(l) = \begin{cases} f_0, & k\ \text{为偶数} \\ -f_0, & k\ \text{为奇数} \end{cases}$$

(3) 计算振型响应。

$$q_k(t) = \pm \frac{f_0}{\rho A \omega_{nk}^2}[1 - \cos(\omega_{nk}t)]$$

（4）计算在原坐标中的动力响应。

$$u(x,t) = \sum_{k=1}^{\infty} \Phi_k(x) q_k(t)$$
$$= \frac{f_0 l^2}{\pi^2 EA} \Big[-\frac{1-\cos(\omega_{n1} t)}{1} \sin\Big(\frac{\pi}{2l}x\Big) + \frac{1-\cos(\omega_{n2} t)}{9} \sin\Big(\frac{3\pi}{2l}x\Big)$$
$$-\frac{1-\cos(\omega_{n3} t)}{25} \sin\Big(\frac{5\pi}{2l}x\Big) + \cdots \Big]$$

10.5.3　轴的扭转强迫振动

杆的扭转强迫振动方程为

$$\rho I_{\mathrm{p}} \frac{\partial^2 \theta}{\partial t^2} - GI_{\mathrm{p}} \frac{\partial^2 \theta}{\partial x^2} = f(x,t)$$

其动态响应可表示为

$$\theta(x,t) = \sum_{j=1}^{\infty} \Phi_j(x) q_j(t)$$

式中，正则坐标 $q_j(t)$ 由以下微分方程计算：

$$\ddot{q}_j(t) + \omega_{nj}^2 q_j(t) = p_j(t)/m_{jj}, \quad j = 1,2,\cdots$$

其中

$$m_{jj} = \rho I_{\mathrm{p}} \int_0^l \Phi_j^2(x) \mathrm{d}x, \quad p_j = \int_0^l \Phi_j(x) f(x,t) \mathrm{d}x$$

10.5.4　梁的横向强迫振动

研究梁的强迫振动，关键在于求其在外界激振力作用下的动力响应，弹性体的动力响应也可以用模态分析法来求解，因为弹性体也存在主振型正交的特性。但是，弹性体中主振型正交性的表达形式与多自由度系统有所不同，因此先研究弹性体主振型的正交性，然后介绍用模态分析法求解梁的动力响应的方法。

1. 弹性体主振型的正交性

由式（10-41），梁的振型函数关系式为

$$\frac{\mathrm{d}^4 Y(x)}{\mathrm{d}x^4} - \lambda^4 Y(x) = 0$$

设 $Y_j(x)$ 和 $Y_k(x)$ 分别表示对应于第 j 阶和第 k 阶自然频率 ω_{nj} 和 ω_{nk} 的两个主振型，则其必定满足振型函数，即

$$\frac{\mathrm{d}^4 Y_j(x)}{\mathrm{d}x^4} - \lambda^4 Y_j(x) = 0, \quad \frac{\mathrm{d}^4 Y_k(x)}{\mathrm{d}x^4} - \lambda^4 Y_k(x) = 0$$

由式（10-41），有 $\lambda^4 = \dfrac{\omega_n^2}{\alpha^2} = \dfrac{\rho A}{EI}\omega_n^2$，上述两式又可改写为

$$\frac{\mathrm{d}^4 Y_j(x)}{\mathrm{d}x^4} = \frac{\omega_{nj}^2}{\alpha^2} Y_j(x), \qquad \frac{\mathrm{d}^4 Y_k(x)}{\mathrm{d}x^4} = \frac{\omega_{nk}^2}{\alpha^2} Y_k(x) \qquad (10\text{-}99)$$

用 $Y_k(x)$ 乘以式(10-99)的两边,然后用分部积分法对梁的全长进行积分,得

$$
\begin{aligned}
\int_0^l Y_k(x) \frac{\mathrm{d}^4 Y_j(x)}{\mathrm{d}x^4} \mathrm{d}x &= Y_k(x) \frac{\mathrm{d}^3 Y_j(x)}{\mathrm{d}x^3}\Big|_0^l - \int_0^l \frac{\mathrm{d}Y_k(x)}{\mathrm{d}x} \frac{\mathrm{d}^3 Y_j(x)}{\mathrm{d}x^3} \mathrm{d}x \\
&= Y_k(x) \frac{\mathrm{d}^3 Y_j(x)}{\mathrm{d}x^3}\Big|_0^l - \Big(\frac{\mathrm{d}Y_k(x)}{\mathrm{d}x} \frac{\mathrm{d}^2 Y_j(x)}{\mathrm{d}x^2}\Big|_0^l \\
&\quad - \int_0^l \frac{\mathrm{d}^2 Y_k(x)}{\mathrm{d}x^2} \frac{\mathrm{d}^2 Y_j(x)}{\mathrm{d}x^2} \mathrm{d}x\Big) \\
&= \frac{\omega_{nj}^2}{\alpha^2} \int_0^l Y_k(x) Y_j(x) \mathrm{d}x \qquad (10\text{-}100)
\end{aligned}
$$

同理,用 $Y_j(x)$ 乘以式(10-99)的两边,然后用分部积分法对梁的全长进行积分,得到

$$
\begin{aligned}
\int_0^l Y_j(x) \frac{\mathrm{d}^4 Y_k(x)}{\mathrm{d}x^4} \mathrm{d}x &= Y_j(x) \frac{\mathrm{d}^3 Y_k(x)}{\mathrm{d}x^3}\Big|_0^l - \Big(\frac{\mathrm{d}Y_j(x)}{\mathrm{d}x} \frac{\mathrm{d}^2 Y_k(x)}{\mathrm{d}x^2}\Big|_0^l \\
&\quad - \int_0^l \frac{\mathrm{d}^2 Y_j(x)}{\mathrm{d}x^2} \frac{\mathrm{d}^2 Y_k(x)}{\mathrm{d}x^2} \mathrm{d}x\Big) \\
&= \frac{\omega_{nk}^2}{\alpha^2} \int_0^l Y_j(x) Y_k(x) \mathrm{d}x \qquad (10\text{-}101)
\end{aligned}
$$

将式(10-100)和式(10-101)相减得

$$
\begin{aligned}
&\frac{1}{\alpha^2}(\omega_{nk}^2 - \omega_{nj}^2) \int_0^l Y_j(x) Y_k(x) \mathrm{d}x \\
&= \Big(Y_j(x) \frac{\mathrm{d}^3 Y_k(x)}{\mathrm{d}x^3} - Y_k(x) \frac{\mathrm{d}^3 Y_j(x)}{\mathrm{d}x^3}\Big)\Big|_0^l \\
&\quad - \Big(\frac{\mathrm{d}Y_j(x)}{\mathrm{d}x} \frac{\mathrm{d}^2 Y_k(x)}{\mathrm{d}x^2} - \frac{\mathrm{d}Y_k(x)}{\mathrm{d}x} \frac{\mathrm{d}^2 Y_j(x)}{\mathrm{d}x^2}\Big)\Big|_0^l \qquad (10\text{-}102)
\end{aligned}
$$

式(10-102)等号右边实际上是梁的端点边界条件,无论梁的端点是自由、固定或简支,将端点边界条件(见表 10-3)代入式(10-102),右边始终为零,所以有

$$\frac{1}{\alpha^2}(\omega_{nk}^2 - \omega_{nj}^2) \int_0^l Y_j(x) Y_k(x) \mathrm{d}x = 0 \qquad (10\text{-}103)$$

式(10-103)表明,只要 $j \neq k$,则 $\omega_{nk}^2 \neq \omega_{nj}^2$,即有

$$\int_0^l Y_j(x) Y_k(x) \mathrm{d}x = 0, \quad j \neq k \qquad (10\text{-}104)$$

将式(10-104)代入式(10-100),得

$$\int_0^l Y_k(x) \frac{\mathrm{d}^4 Y_j(x)}{\mathrm{d}x^4} \mathrm{d}x = 0, \quad j \neq k \qquad (10\text{-}105)$$

式(10-100)中也含有端点条件式,该部分也为零,即

$$Y_k(x) \frac{\mathrm{d}^3 Y_j(x)}{\mathrm{d}x^3} \Big|_0^l - \frac{\mathrm{d}Y_k(x)}{\mathrm{d}x} \frac{\mathrm{d}^2 Y_j(x)}{\mathrm{d}x^2} \Big|_0^l = 0, \quad j \neq k$$

所以有

$$\int_0^l \frac{\mathrm{d}^2 Y_k(x)}{\mathrm{d}x^2} \frac{\mathrm{d}^2 Y_j(x)}{\mathrm{d}x^2} \mathrm{d}x = 0, \quad j \neq k \tag{10-106}$$

式(10-104)和式(10-106)就是均质等截面梁横向振动主振型正交性的表达式。

当 $j = k$ 时,$\omega_{nk}^2 = \omega_{nj}^2$,则式(10-100)中的积分部分可以等于常数,即

$$\int_0^l Y_k^2(x) \mathrm{d}x = \alpha_k \tag{10-107}$$

将式(10-107)和 $\alpha^2 = EI/(\rho A)$ 代入式(10-100),得

$$\int_0^l Y_k(x) \frac{\mathrm{d}^4 Y_j(x)}{\mathrm{d}x^4} \mathrm{d}x = \int_0^l \left(\frac{\mathrm{d}^2 Y_k(x)}{\mathrm{d}x^2} \right)^2 \mathrm{d}x = \alpha_k \frac{\rho A}{EI} \omega_{nk}^2 \tag{10-108}$$

为了运算方便,常将主振型正则化,取正则化因子 $\alpha_k = \dfrac{1}{\rho A}$,则式(10-107)可化为

$$\rho A \int_0^l Y_k^2(x) \mathrm{d}x = 1 \tag{10-109}$$

正则化后,式(10-108)变为

$$EI \int_0^l Y_k(x) \frac{\mathrm{d}^4 Y_j(x)}{\mathrm{d}x^4} \mathrm{d}x = EI \int_0^l \left(\frac{\mathrm{d}^2 Y_k(x)}{\mathrm{d}x^2} \right)^2 \mathrm{d}x = \omega_{nk}^2 \tag{10-110}$$

利用主振型正交性,就可以将任何由初始条件引起的自由振动和由任意激励力引起的受迫振动,简化为类似于单自由度系统那样的微分方程,用模态分析法求解。

2. 用模态分析法求梁振动响应

设等截面梁受外界横向分布力 $f(x,t)$ 作用时,梁横向振动微分方程为

$$EI \frac{\partial^4 y}{\partial x^4} + \rho A \frac{\partial^2 y}{\partial t^2} = f(x,t) \tag{10-111}$$

式(10-111)是一个四阶常系数非齐次偏微分方程,其对应的齐次方程的解就是前面讨论的梁的自由振动响应,是瞬态响应。这里只讨论非齐次方程的特解,即梁的稳态振动。

用模态分析法求梁稳态响应的步骤如下:

(1) 通过求解梁的自由振动微分方程,可求出在给定端点条件下梁的各阶自然频率 ω_{nk} 和相应的各阶主振型 $Y_k(x)$($k = 1, 2, 3, \cdots$)。

(2) 对原方程进行坐标变换,将梁的强迫振动微分方程变换成用模态方程来表达。梁的坐标变换表达式为

$$y(x,t) = \sum_{k=1}^{\infty} Y_k(x) q_k(t) \tag{10-112}$$

式中，$q_k(t)$ 为系统的模态坐标或主坐标。

将式(10-112)对变量 x 和 t 分别求偏导数，并代入式(10-111)得

$$EI\sum_{k=1}^{\infty}\frac{\mathrm{d}^4Y_k(x)}{\mathrm{d}x^4}q_k(t)+\rho A\sum_{k=1}^{\infty}Y_k(x)\frac{\mathrm{d}^2q_k(t)}{\mathrm{d}t^2}=f(x,t)$$

将 $Y_j(x)$ 乘以上式两边，并对梁的全长积分得

$$\sum_{k=1}^{\infty}\left(EIq_k(t)\int_0^l\frac{\mathrm{d}^4Y_k(x)}{\mathrm{d}x^4}Y_j(x)\mathrm{d}x+\rho A\frac{\mathrm{d}^2q_k(t)}{\mathrm{d}t^2}\int_0^lY_k(x)Y_j(x)\mathrm{d}x\right)$$
$$=\int_0^lY_j(x)f(x,t)\mathrm{d}x$$

利用主振型的正交性，由式(10-104)和式(10-105)可知，上式左边 $j\neq k$ 的各项的积分为零，只剩下 $j=k$ 的积分项，故有

$$EIq_k(t)\int_0^l\frac{\mathrm{d}^4Y_k(x)}{\mathrm{d}x^4}Y_k(x)\mathrm{d}x+\rho A\frac{\mathrm{d}^2q_k(t)}{\mathrm{d}t^2}\int_0^lY_k^2(x)\mathrm{d}x=\int_0^lY_k(x)f(x,t)\mathrm{d}x$$

将式(10-109)和式(10-110)代入上式，可得

$$\frac{\mathrm{d}^2q_k(t)}{\mathrm{d}t^2}+\omega_{nk}^2q_k(t)=Q_k(t),\quad k=1,2,3,\cdots \tag{10-113}$$

$$Q_k(t)=\int_0^lY_k(x)f(x,t)\mathrm{d}x \tag{10-114}$$

式(10-113)称为系统的**模态方程**，其中，$Q_k(t)$ 称为第 k 阶模态坐标上的广义激励力。

（3）求解模态方程，求模态坐标响应 $q_k(t)$。

式(10-113)的模态方程是无穷多个互相独立的微分方程，每个方程形式和单自由度无阻尼强迫振动方程完全相同，可以用杜阿梅尔积分求解，即

$$q_k(t)=\frac{1}{\omega_{nk}}\int_0^lQ_k(\tau)\sin[\omega_{nk}(t-\tau)]\mathrm{d}\tau,\quad k=1,2,3,\cdots \tag{10-115}$$

（4）求系统在原坐标上的响应 $y(x,t)$。

将求出的模态坐标上的响应 $q_k(t)$ 代入式(10-112)，得

$$y(x,t)=\sum_{k=1}^{\infty}Y_k(x)\frac{1}{\omega_{nk}}\int_0^lQ_k(\tau)\sin[\omega_{nk}(t-\tau)]\mathrm{d}\tau \tag{10-116}$$

例 10-9　一个长度为 l、抗弯刚度为 EI 的简支梁如图 10-19 所示，在 $x=x_1$ 处作用有一个集中简谐激振力 $p(t)=P\sin(\omega t)$。利用模态分析法，求该简支梁的动力响应。

解　由例 10-3 可知，简支梁的自然频率和主振型函数分别为

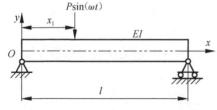

图 10-19　简支梁的强迫振动模型

$$\omega_{nk}=\alpha\lambda_k^2=\frac{k^2\pi^2}{l^2}\sqrt{\frac{EI}{\rho A}}$$

$$Y_k(x)=A_k\sin(\lambda_kx)=A_k\sin\left(\frac{k\pi}{l}x\right)$$

将主振型正则化，由式(10-109)，得

$$\rho A \int_0^l \left[A_k \sin\left(\frac{k\pi}{l}x\right) \right]^2 \mathrm{d}x = 1$$

对上式积分可得

$$A_k = \sqrt{\frac{2}{\rho Al}}$$

得正则振型函数为

$$Y_k(x) = \sqrt{\frac{2}{\rho Al}} \sin\left(\frac{k\pi}{l}x\right)$$

由式(10-114)可得，在模态坐标上的广义激振力为

$$Q_k(t) = \int_0^l Y_k(x_1) p(t) \mathrm{d}x = \sqrt{\frac{2}{\rho Al}} P \sin\left(\frac{k\pi}{l}x_1\right) \sin(\omega t)$$

将上式代入式(10-115)，得

$$q_k(t) = \frac{1}{\omega_{nk}} \int_0^l Y_k(x_1) p(t) \sin[\omega_{nk}(t-\tau)] \mathrm{d}\tau$$

$$= \frac{1}{\omega_{nk}} \sqrt{\frac{2}{\rho Al}} P \sin\left(\frac{k\pi}{l}x_1\right) \int_0^t \sin(\omega\tau) \sin[\omega_{nk}(t-\tau)] \mathrm{d}\tau$$

$$= \sqrt{\frac{2}{\rho Al}} \frac{P}{\omega_{nk}^2[1-(\omega/\omega_{nk})^2]} \sin\left(\frac{k\pi}{l}x_1\right) \left[\sin(\omega t) - \frac{\omega}{\omega_{nk}} \sin(\omega_{nk}t) \right]$$

代入式(10-116)，就得到简支梁在原坐标上的响应：

$$y(x,t) = \frac{2P}{\rho Al} \sum_{k=1}^{\infty} \frac{1}{\omega_{nk}^2[1-(\omega/\omega_{nk})^2]} \sin\left(\frac{k\pi}{l}x_1\right) \sin\left(\frac{k\pi}{l}x\right) \left[\sin(\omega t) - \frac{\omega}{\omega_{nk}} \sin(\omega_{nk}t) \right]$$

思　考　题

下列各题的说法是否正确？如不正确，说明其正确说法。

1. 客观上存在离散系统与连续系统这两类不同的系统，其数学模型也完全不同。

2. 弦、杆、轴、梁的运动方程都具有相同的形式。

3. 离散系统的各个自然频率是离散的，而连续系统的自然频率则是在一定范围内连续分布的。

4. 连续系统的自然频率的离散性来源于系统尺度的有限性。

5. $Y_r(x)$ 是某梁在简支状态下的一个振型函数，$Y_s(x)$ 是该梁在悬臂状态下的另一个振型函数，则主振型的正交性可表示为 $\int_0^l Y_r(x)Y_s(x)\mathrm{d}x = 0$。

习　题

1. 一根两端固定、长为 l 的弦，在弦线上作用着均匀分布的横向力 $f(x,t)$，方向铅垂向上。$\rho(x)$ 为弦线的单位体积的质量，$A(x)$ 为弦线横截面面积，试证明弦的振动微分方程为

$$\frac{\partial}{\partial x}\left(T(x)\frac{\partial y(x,t)}{\partial x}\right)+f(x,t)=\rho(x)A(x)\frac{\partial^2 y(x)}{\partial x^2}$$

2. 如图 10-20 所示，一端固定、一端自由的等直杆，设杆的截面抗拉刚度为 EA，A 为横截面面积，E 为弹性模量，杆的单位体积质量为 ρ、长度为 l，受轴向均布的激振力 $(P/l)\sin(\omega t)$ 的作用，试求此杆的稳态强迫振动的解。

3. 如图 10-21 所示，一根两端固定的等直杆，在其中点作用一轴向常力 Q，当力 Q 突然取消后，求系统的响应，设杆的截面抗拉刚度为 EA，A 为横截面面积，E 为弹性模量，杆的单位体积质量为 ρ、长度为 l。

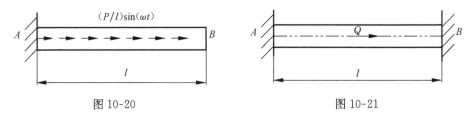

图 10-20　　　　　　　　　　　　　　　　图 10-21

4. 一根一端自由、一端固定的直杆，在其中点处作用一轴向力 $P=P_0(t/t_1)^2$，试求此杆纵向振动的响应（t_1 为常量）。

5. 试求两端均附有集中质量 m 的自由均匀梁的频率方程。

6. 一根简支工字梁，试求在其腹板平面内振动时的自然频率 f_i，设 $L=10\mathrm{m}$，$E=3\times10^7\mathrm{N/cm}^2$，$I=91060\mathrm{cm}^4$，单位长度上的质量为 $13.7\mathrm{kg/m}$。

7. 求一端铰支、一端自由的均匀梁的振动的频率方程。

8. 一简支梁，在两支承中间位置作用恒力 P 而产生挠曲，在 $t=0$ 时刻，P 力突然移开，求梁的振动。

9. 一悬臂梁在自由端受脉动力 $P\sin(\omega t)$ 的作用，试求其自由端的稳态强迫响应。

10. 如图 10-22 所示，一等直杆左端固定，右端附一质量为 m 的质块，并和一弹簧相连，已知杆长为 l，单位长度的质量为 ρA，弹簧的刚度为 k，杆的弹性模量为 E，求系统纵向自由振动的频率方程。

11. 如图 10-23 所示，一根等直的圆杆两端附有两个相同圆盘，已知杆的长度为 l，杆对自身轴线的转动惯量为 I_s，圆盘对杆的轴线的转动惯量为 I_0，求系统扭转振动的频率方程。

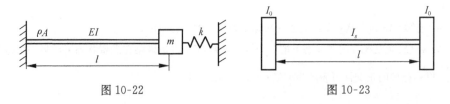

图 10-22　　　　　　　　　　　　　　　　图 10-23

12. 如图 10-24 所示,一悬臂梁左端固定,右端附有质量为 m 的质块,梁的长度为 l,抗弯刚度为 EI,单位长度重量为 ρA,试求系统横向振动的频率方程。

13. 如图 10-25 所示,一悬臂梁左端固定,右端为一弹性支撑,已知弹簧的刚度为 k,梁的长度为 l,抗弯刚度为 EI,单位长度重量为 ρA,试求系统横向振动的频率方程。

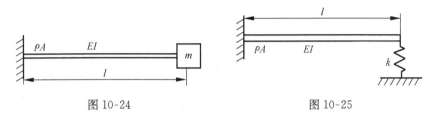

图 10-24　　　　　　　　　　　　　图 10-25

14. 如图 10-26 所示,一简支梁在其中点受到力 P 作用而产生静变形,已知梁的长度为 l,弯曲刚度为 EI,单位长度的质量为 ρA,求当力 P 突然取消后梁的响应。

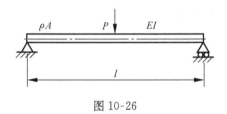

图 10-26

15. 如图 10-27 所示,写出下列弹性体振动问题的边界问题:

(1) 在悬臂梁的自由端附加集中质量 m;

(2) 圆轴的一端固定,另一端与扭转弹簧 k 相连;

(3) 圆轴的一端固定,另一端与弹簧 k_1 及扭转弹簧 k_2 相连。

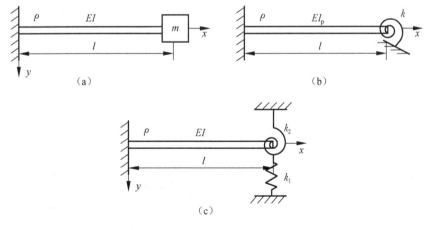

图 10-27

16. 图 10-28 所示为一长为 l 的弦,其左端固定,右端连于一质块弹簧系统的质块 m 上,m

只能做上下微幅振动,其静平衡位置即在 $y=0$ 处,若在振动过程中弦的张力 T 视为不变,试求弦横向振动的频率方程。

17. 图 10-29 所示为一变截面直杆,其两端均有弹簧与集中质量,试推导其主振型的正交性表达式。

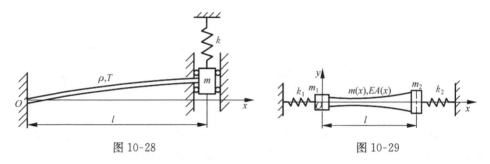

图 10-28　　　　　　　　　　　　　　　　　图 10-29

18. 试证明以下变截面杆纵向振动振型函数的正交性:

$$\int_0^l mY_r(x)Y_s(x)\,\mathrm{d}x = 0, \quad r,s = 1,2,\cdots;r \neq s$$

$$\int_0^l EA(x)\frac{\mathrm{d}Y_r(x)}{\mathrm{d}x}\cdot\frac{\mathrm{d}Y_s(x)}{\mathrm{d}x}\,\mathrm{d}x = 0, \quad r,s = 1,2,\cdots;r \neq s$$

19. 一特殊人造卫星,由钢缆连接两个相等质块 m 组成,如图 10-30 所示。钢缆长为 $2l$,单位长度的质量为 ρ,整个卫星装置以角速度 ω_0 绕其质心旋转。假设钢缆中的张力可以看作常数,试证明钢缆在旋转平面内的横向振动的微分方程为

$$\frac{\partial^2 y}{\partial x^2} = \frac{\rho}{m\omega_0^2 l}\left(\frac{\partial^2 y}{\partial l^2} - \omega_0^2 y\right)$$

20. 一简支均匀梁的右端有一悬臂,如图 10-31 所示,试证明其振型函数为

$$Y(x) = \begin{cases} \sin(\beta x) - \dfrac{\sin(\beta l_1)}{\mathrm{sh}(\beta l_1)}\mathrm{sh}(\beta x), & 0 < x < l_1 \\[2mm] \cos(\beta x') + \mathrm{ch}(\beta x') - \dfrac{\cos(\beta l_2) + \mathrm{ch}(\beta l_2)}{\sin(\beta l_2) + \mathrm{sh}(\beta l_2)}[\sin(\beta x') + \mathrm{sh}(\beta x')], & 0 < x' < l_2 \end{cases}$$

式中,$\beta^4 = \omega^2 m/(EI)$,$\omega$ 为激励频率;x,x' 分别从两端量起。

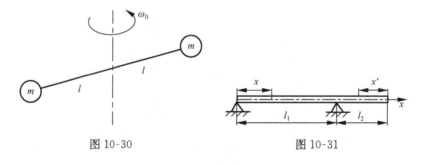

图 10-30　　　　　　　　　　　　　　　　　图 10-31

第 11 章　随机激励下的振动

11.1　引　言

激励分为确定性激励和随机性激励两类。谐波激励、周期性激励与非周期性激励等确定性激励在任何时刻 t 的激励 $f(t)$ 是完全知道的。前面介绍的是确定性振动,这些振动可以用数学公式表达任何瞬时的振动。对于线性系统来说,已经有了十分完善的办法来处理确定激励下的响应问题。工程中还存在着另一类振动,它不能用一般的确定的数学公式和时间函数加以描述,而只能用统计的方法和数据表达,这类振动是非确定性振动,即为**随机振动**。例如,行驶在高低不规则变化的路面上的汽车车身的振动,飞机在气流冲击下飞行时的振动,船舶在不规则波浪中的振动等都属于随机振动。工程问题中的随机振动,大多是由于激励的随机性造成的,因而其响应也是随机的。尽管随机振动的响应无法用确定的时间函数描述,但大量实测数据表明,随机振动服从一定的统计规律性。因此,对随机振动的研究一般采用统计学的方法。随机振动的主要问题就是研究在承受随机激励时,激励的统计特性、系统运动的统计(或平均)特性,以及研究与振动系统自身动态特性之间的关系。

本章首先简要介绍随机激励与响应的数学模型——随机过程及其描述;然后利用这一模型与有关的概念来分析系统在随机激励下的响应问题。

11.2　随机过程的基本概念

如上所述,随机振动研究的主要问题就是系统受到随机激励时,激励的统计特性、系统响应的统计特性,以及激励与振动系统自身动态特性之间的关系。统计特性是指随机变量变化的规律性及其特点。可见,概率论与数理统计中有关随机变量的相关知识是研究随机振动的基础。

11.2.1　随机过程

随机振动在数学上可以用随机过程来描述。随机振动不同于确定性振动,在工程技术中,即是各种物理量(如位移、速度、加速度、力等)随时间变化的波动过程,这个过程又不可能用确定的时间函数来描述,但具有一定的统计规律性,这样的过程就是随机过程。从技术工程试验的角度来说,随机过程就是对某一物理量变化的全过程进行一次试验观测得到的结果是时间 t 的函数,但对该物理量的变化过程独立地重复进行多次测试所得的结果是不相同的。

在同样道路、同样车速下进行一次车辆道路试验,用车载测试仪器记录车辆驾驶员座位处运动加速度的时间历程 $x_k(t)(k=1,2,\cdots,n)$,虽然试验人员能控制的因素都保持不变。但由于试验车辆行驶过的路面不平度具有随机性,使得每次测试得到的加速度时间历程都是彼此不同的。每次记录结果都可以看成一个样本函数。随机过程就是所有样本函数的集合,记作 $\ddot{X}(t)$。在任一时刻 t_1,随机过程的各个样本值都不相同,构成一个随机变量 $\ddot{X}(t_1)$。

11.2.2　随机过程的统计参数

随机过程是一个随机变量系,所以可用描述随机变量系的办法描述其统计规律性,如用一维、二维乃至 n 维分布函数和概率密度函数来描述。对于随机过程,其每一个样本函数在整个时间历程上的取值也是随机的,即在各个不同的采样时刻将得到不同的随机变量。因此还必须考察多个随机变量的联合概率分布(或概率密度)。在实际应用中,要确定随机过程的分布函数(或概率密度函数)族十分困难,甚至不可能。因而有必要像随机变量的描述一样,引入描述随机过程的以下概念。

1. 均值

可用集合平均和时间平均两种方式来描述。

1) 集合平均

设随机过程 $X(t)$ 的子样本函数为 $x_1(t),x_2(t),\cdots,x_n(t)$,任意给定一个时刻 t_1,其状态是一随机变量 $X(t_1)$,其取值为函数值 $x_1(t_1),x_2(t_2),\cdots,x_n(t_n)$,则其数学期望,即均值为

$$\mu_x(t_1) = E(X(t_1)) = \lim_{n\to\infty} \frac{1}{n} \sum_{k=1}^{n} x_k(t_1) \tag{11-1}$$

若 t_1 处的概率密度函数为 $p_1(x,t_1)$,则其数学期望的表达式为

$$\mu_x(t_1) = E(X(t_1)) = \int_{-\infty}^{\infty} x p_1(x,t_1) \mathrm{d}x \tag{11-2}$$

$\mu_x(t_1)$ 是随机过程 $X(t)$ 的所有样本函数在时刻 t_1 的函数值的平均,称这种平均为随机过程 $X(t)$ 在时刻 t_1 的集合平均。在一般情况下,它依赖于采样时刻 t_1。

2) 时间平均

随机过程 $X(t)$,理论上是指由无限多个无限长的样本组成的集合。对样本沿整个时间轴求平均值,称这种平均为时间平均,即

$$\mu_{x_k} = \lim_{T \to \infty} \int_0^T x_k(t)\,\mathrm{d}t \tag{11-3}$$

2. 自相关函数

数学期望和方差是刻画随机过程 $X(t)$ 在各个孤立时刻的统计特性的重要特征,但不能描述随机过程两个不同时刻的状态之间的联系。为此,需要引入自相关函数,用以描述不同时刻之间的联系。

1) 集合平均

设 $X(t_1)$ 和 $X(t_2)$ 为随机过程 $X(t)$ 在任意两个时刻 t_1 和 t_2 的状态,并设 $t_2 = t_1 + \tau$,定义随机过程 $X(t)$ 的自相关函数为

$$R_x(t_1, t_2) = E(X(t_1)X(t_2)) = \lim_{n \to \infty} \frac{1}{n} \sum_{k=1}^n x_k(t_1) x_k(t_2) \tag{11-4}$$

设 $p(x_1, x_2; t_1, t_2)$ 为随机过程 $X(t)$ 相应于时刻 t_1 和 t_2 的二维联合概率密度函数,则 $X(t)$ 的自相关函数可定义为

$$R_x(t_1, t_2) = E(X(t_1)X(t_2)) = \int_{-\infty}^{\infty} \int_{-\infty}^{\infty} x_1 x_2\, p(x_1, x_2; t_1, t_2)\,\mathrm{d}x_1 \mathrm{d}x_2 \tag{11-5}$$

2) 时间平均

对于随机过程 $X(t)$ 的第 k 个样本,其自相关函数可定义为

$$R_x(t_1, t + \tau) = \lim_{T \to \infty} \int_0^T x_k(t) x_k(t + \tau)\,\mathrm{d}t \tag{11-6}$$

数学期望和自相关函数能刻画随机过程 $X(t)$ 的主要统计特性,而且远比有限维分布函数族易于观测和实际计算,因而对于解决工程问题,常常能够起到重要作用。

3. 均方值

$\tau = 0$ 时的自相关函数 $R_x(0)$ 称为随机过程的均方值,表示为

$$\psi_x^2 = R_x(0) = E(X^2(t)) = \int_{-\infty}^{\infty} x^2 p(x)\,\mathrm{d}x \tag{11-7}$$

若随机变量 $x(t)$ 表示位移、速度或电流,则均方值相应地与系统的势能、动能或功率成比例。因此,可以说均方值是平均能量或功率的一种测度。例如,车辆驾驶员座位处加速度均方值是衡量车辆平顺性能的一个重要指标。

4. 方差

1) 集合平均

在任意状态 t_1 处,有

$$\sigma_x^2(t_1) = D(X(t_1)) = E((X(t_1) - \mu_x(t_1))^2) = \lim_{n \to \infty} \frac{1}{n} \sum_{k=1}^n (x_k(t_1) - \mu_x(t_1))^2$$

$$\tag{11-8}$$

2) 时间平均

对第 k 个样本,有

$$\sigma_{x_k}^2 = \lim_{n \to \infty} \frac{1}{T} \int_0^T (x_k(t) - \mu_x(t))^2 \, dt \tag{11-9}$$

例 11-1　计算以下随机过程的均值与自相关函数,并求过程的均方值 ψ_x^2 与方差 σ_x^2。该过程的一个样本函数如图 11-1 所示,而其余样本函数为该图的随机平移。

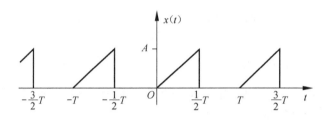

图 11-1　三角波样本函数

解　此过程为各态历经,因而可以时间平均取代总体平均。由于过程是周期性的,因此时间平均可以在一个周期内进行,即

$$x(t) = \begin{cases} 0, & -\dfrac{T}{2} < t \leqslant 0 \\ \dfrac{2A}{T}t, & 0 < t \leqslant \dfrac{T}{2} \end{cases}$$

$$\mu_x = \frac{1}{T} \int_{-T/2}^{T/2} x(t) \, dt = \frac{1}{T} \int_0^{T/2} \frac{2A}{T} t \, dt = \frac{A}{4} \tag{11-10}$$

为了计算自相关函数,需区分 $0 \leqslant \tau < T/2$ 与 $T/2 \leqslant \tau < T$ 两种情况,分别如图 11-2(a)与(b)所示。对于图 11-2(a),有

$$R_x(\tau) = \frac{1}{T} \int_{-T/2}^{T/2} x(t) x(t+\tau) \, dt = \frac{1}{T} \int_0^{T/2-\tau} \frac{2A}{T} t \, \frac{2A}{T}(t+\tau) \, dt$$

$$= \frac{A^2}{6} \left[1 - \frac{3\tau}{T} + 4 \left(\frac{\tau}{T} \right)^3 \right], \quad 0 \leqslant \tau < \frac{T}{2} \tag{11-11}$$

对于图 11-2(b),有

$$R_x(\tau) = \frac{1}{T} \int_{-T-\tau}^{T/2} \frac{2A}{T} t \, \frac{2A}{T} [t - (T-\tau)] \, dt$$

$$= \frac{A^2}{6} \left[1 - \frac{3}{\tau}(T-\tau) + \frac{4}{T^3}(T-\tau)^3 \right], \quad \frac{T}{2} \leqslant \tau < T$$

$R_x(\tau)$ 如图 11-3 所示。在绘制此图时,利用了 $R_x(t)$ 仍保持 $x(t)$ 的周期性这一性质。

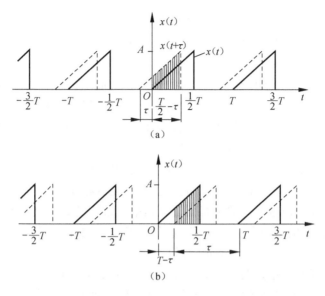

图 11-2　三角波相关函数的区分区间

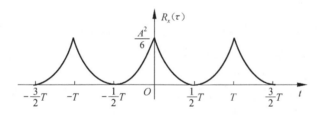

图 11-3　三角波样本函数的自相关函数

由式(11-7)及式(11-11),有

$$\psi_x^2 = R_x(0) = A^2/6$$

考虑到式(11-10),系统的方差为

$$\sigma_x^2 = \psi_x^2 - \mu_x^2 = \frac{A^2}{6} - \left(\frac{A}{4}\right)^2 = \frac{5}{48}A^2$$

11.2.3　平稳随机过程和各态历经随机过程

1. 平稳随机过程

设随机过程 $X(t)$ 的数学期望、方差和自相关函数与其集合平均和采样时间 t_1 的选取无关,或者说在时间轴上各态的数学期望、方差和自相关函数分别相等,即与时间轴起点(原点)的选取无关,这样的随机过程称为平稳随机过程(弱平稳)。

用数学式来定义:一个随机过程 $X(t)$,如果对于时间 t 的任意 n 个数值 t_1,

$t_2, \cdots, t_n$ 和任意实数 ε 随机过程 $X(t)$ 的概率密度满足下列关系：

$$p_n(x_1, x_2, \cdots, x_n; t_1, t_2, \cdots, t_n) = p_n(x_1, x_2, \cdots, x_n; t_1 + \varepsilon, t_2 + \varepsilon, \cdots, t_n + \varepsilon)$$

$$(11\text{-}12)$$

若式(11-12)的关系只在 $n = 1, 2$ 时成立，则称此随机过程为**弱平稳过程**。若上述关系式在 $n = 1, 2, \cdots$ 时都能满足，则称此随机过程为**强平稳过程**。当然有的随机过程只要满足了弱平稳的条件，其强平稳过程的条件也能满足。例如，正态过程，其弱平稳过程也就是强平稳随机过程。

在工程实际中，多数过程都可能是弱平稳过程，但不一定都是强平稳过程。平稳过程的统计特性不随时间的平移而变化，或者说不随时间轴原点的选取而变化。这一特性反应在平稳过程的数字特征上就是平稳过程的数学期望是一常数，不随时间而变化；方差也是一个常数，也不随时间而变化；自相关函数则仅是时差 τ 的函数，也不依赖于采样的绝对时间 t 的值。

强平稳过程当然也是弱平稳的，反之则不一定成立。由于高于二阶的平均数很少用到，我们不再严格区分"弱平稳"与"强平稳"，而统称为"平稳随机过程"。

2. 各态历经随机过程

对于平稳过程 $X(t)$，若其中每个样本函数按照时间平均的数字特征（数学期望、方差和自相关函数等）均相等，且等于任一状态处的集合平均，则这样的平稳过程称为各态历经过程（遍历过程）。

如果过程 $X(t)$ 是各态历经过程，就可以从一次试验所得的样本函数 $x(t)$ 确定过程 $x(t)$ 的数字特征，这对测试工作和数据处理工作都较为简便。

一般地，可以从理论上去验证判断一个随机过程是否是各态历经过程，但这样做起来十分繁杂。因此，在工程中常假定过程 $X(t)$ 是各态历经性，并按这一假定进行数据处理，在不符合假设的条件下，再另行处理。

11.2.4　几种典型的随机过程

利用上述概念，可以来定义几种典型且常用的平稳随机过程的模型。

1. 单一频率成分的随机过程

单一频率成分随机过程的样本函数、自相关函数与功率谱密度函数如图 11-4(a) 所示。各样本函数是频率 ω_0 相同而初相位不同的谐波：

$$f(t) = A\sin(\omega_0 t + \psi)$$

其中，初相位 ψ 为随机变量。自相关函数

$$R_x(\tau) = \lim_{T \to \infty} \frac{A^2}{T} \int_{-T/2}^{T/2} \sin(\omega_0 t + \psi) \sin[\omega_0(t + \tau) + \psi] \mathrm{d}t = \frac{A^2}{2}\cos(\omega_0 \tau)$$

是频率为 ω_0 的谐波,而且是 τ 的偶函数。其功率谱密度为

$$S_x(\omega) = \frac{\pi A^2}{2}(\delta(\omega + \omega_0) + \delta(\omega - \omega_0))$$

为对称分布在 $-\omega_0$, ω_0 位置上的两个 δ 函数。这是易于理解的,因为其能量集中在 ω_0 这一频率上。

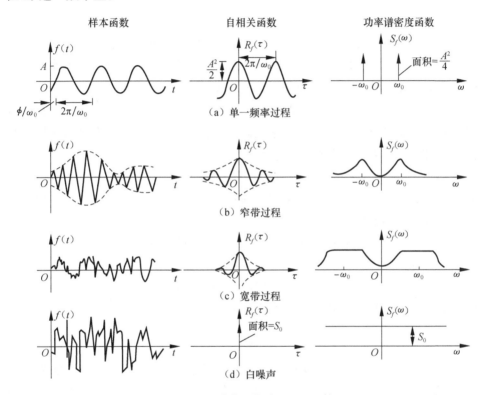

图 11-4　几种典型的随机过程函数

2. 窄带随机过程

窄带随机过程的样本函数并无确定的解析表达式,其外观好像是经过缓变随机信号的高频谐波,如图 11-4(b)所示。其自相关函数仍然包含样本函数中的主要频率成分,但其振幅逐渐衰减,这表明随着时移 τ 的增加,样本信号前后之间的相关性在下降。其功率谱密度函数表示信号的能量集中在一个比较窄的频带范围内。

3. 宽带随机过程

如图 11-4(c)所示,其样本函数包含更多的频率成分,显示出更大的随机性,或者说不确定性。其自相关函数比窄带过程衰减得更快,这表明其样本信号前后

的相关性更差而其功率谱密度函数则具有更大的频宽。

以上从单一频率过程到窄带过程,到宽带过程,是沿着信号的不确定性上升、相关性下降以及频率分布范围变宽的趋势发展的。当将这一趋势推向极端时,就得到一种理想化的随机过程——白噪声。

4. 白噪声

白噪声样本函数随时间变化剧烈,具有最大的随机性、不确定性,包含最大的频率成分,如图 11-4(d)所示。白噪声变化多端,其均值为零,谱密度为非零常数 S_0 的平稳随机过程,自相关函数称为 δ 函数,即

$$R_x(\tau) = 2\pi S_0 \delta(\tau) \tag{11-13}$$

当时移 $\tau \neq 0$ 时,$R_x(\tau)=0$,其功率谱密度函数成为一条水平线。白噪声在任意两个时刻之间都不相关,其方差或均方值

$$\psi_x^2 = R_x(0) = 2\pi S_0 \delta(0) = \infty \tag{11-14}$$

这表明白噪声信号中均等地包含各种频率成分,从 $-\infty$ 直到 $+\infty$,相应于各种颜色(即各种波长)的光可以组成白光,这里将这种信号称为"白噪声"。但在实际工程中白噪声是不存在的,常见的是限带白噪声,可以用公式表示为

$$S(\omega) = \begin{cases} S_0, & |\omega| \leqslant \omega_c \\ 0, & |\omega| > \omega_c \end{cases} \tag{11-15}$$

式中,ω_c 称为**截止频率**。相应的相关函数为

$$R(\tau) = 2S_0 \frac{\sin(\omega_c\tau)}{\tau} \tag{11-16}$$

白噪声的平均功率为无限大,这在实际上是不可能的。但白噪声仍然是非常有用的一种随机过程的模型。事实上,只要作为激励的宽带随机过程的带宽足以覆盖系统具有显著响应的频带范围,就可以将之作为一个白噪声过程来看待,从而在测试分析上带来很大的简化。

11.3　随机过程的描述

对于一个以时间 t 为参变量的随机函数——随机过程 $Y(t)$,可以从下面的三个方面进行描述。

(1) 幅域描述:描述过程 $Y(t)$ 在各个时刻状态的统计特征——概率分布。

(2) 时域描述:描述过程 $Y(t)$ 变化的平均性质和过程 $Y(t)$ 在两个不同状态(截口)相互联系的概率特性,通常称为相关分析。

(3) 频域描述:描述过程 $Y(t)$ 的频率结构,以揭示过程 $Y(t)$ 的频率成分。

11.3.1　随机过程的幅域描述

基于随机过程与随机变量存在共性联系——随机过程在每一固定时刻上的值是个随机变量。如果将随机过程 $Y(t)$ 在时间轴上按一定的间隔取值,便得到一系列的随机变量:$Y(t_1),Y(t_2),\cdots,Y(t_n),t_n\in T$。因此,可以将随机过程 $Y(t)$ 近似地看做这些随机变量的组合,即

$$[Y(t)] = [Y(t_1),Y(t_2),\cdots,Y(t_n)] \tag{11-17}$$

这样,自然地把随机过程作为随机变量系的推广。以振动量的幅值为横坐标描述振动的特征,其主要信息函数如下。

1. 概率分布函数

随机变量 $Y(t_1)$ 小于某个特定值 y 的概率为

$$p(y,t_1) = P_{\text{rob}}(Y(t_1)\leqslant y) \tag{11-18}$$

这一概率称为**概率分布函数**。对于平稳随机过程,此函数与时间无关,即有

$$p(y,t) = P(y) \tag{11-19}$$

概率分布函数具有如下性质:

(1) $P(y)$ 是不减函数;

(2) $P(-\infty)=0,P(\infty)=1$;

(3) $0\leqslant P(y)\leqslant1$。

2. 概率密度函数

随机变量 $Y(t)$ 在给定幅值上的分布密度称为概率密度函数,记作 $p(y)$,它是概率分布函数的导数:

$$p(y) = \frac{\mathrm{d}P}{\mathrm{d}y} \tag{11-20}$$

概率密度函数具有如下性质:

(1) $p(y)$ 是非负函数,即 $p(y)\geqslant0$;

(2) 在幅域上曲线所覆盖的面积等于 1,即

$$\int_{-\infty}^{\infty} p(y)\mathrm{d}y = 1 \tag{11-21}$$

(3) $p(-\infty)=0,p(\infty)=0$;

(4) 随机变量 Y 落在小区间 $(y,y+\mathrm{d}y)$ 上的概率近似为

$$P_{\text{rob}}(y\leqslant Y(t)\leqslant y+\mathrm{d}y) \approx p(y)\mathrm{d}y$$

许多实际问题的概率密度可以认为是正态分布:

$$p(y) = \frac{1}{\sqrt{2\pi}\sigma_y}\mathrm{e}^{-\frac{(y-E_y)^2}{2\sigma_y^2}}$$

式中，E_y，σ_y 为随机变量在时域中的期望值和标准方差。

3. 联合概率分布函数和概率密度函数

随机变量 Y 和 X 同时落在区域 $(-\infty, y)$ 和 $(-\infty, x)$ 内的概率，即

$$P(y,x) = P_{\text{rob}}(Y(t) \leqslant y, X(t) \leqslant x) \tag{11-22}$$

这一概率称为随机变量 Y 和 X 的**二维联合概率分布函数**，它也具有一些与一维分布函数类似的二阶偏导数，即

$$p(y,x) = \frac{\partial^2 P(y,x)}{\partial y \partial x} \tag{11-23}$$

联合概率分布函数具有如下性质：

(1) $p(y,x) \geqslant 0$；

(2) $\displaystyle\int_{-\infty}^{\infty} p(y,x)\mathrm{d}y\mathrm{d}x = 1$；

(3) $p(-\infty, y) = 0$，$p(x, -\infty) = 0$，$p(\infty, -\infty) = 1$；

(4) $p_1(x) = \displaystyle\int_{-\infty}^{\infty} p(y,x)\mathrm{d}y$，$p_2(y) = \displaystyle\int_{-\infty}^{\infty} p(y,x)\mathrm{d}x$。

随机变量 X 和 Y 落在 $(x, x+\mathrm{d}x)$，$(y, y+\mathrm{d}y)$ 面积上的概率近似为

$$P_{\text{rob}}(y \leqslant Y(t) \leqslant y+\mathrm{d}y, x \leqslant X(t) \leqslant x+\mathrm{d}x) \approx p(y,x)\mathrm{d}x\mathrm{d}y$$

在一般情况下，联合分布函数和联合概率密度函数很难用数学式子表达，但在二维正态分布的情况下，其概率密度函数可表示为

$$p(y,x) = \frac{1}{2\pi\sigma_y\sigma_x\sqrt{1-\rho_{yx}^2}} \exp\left\{ -\frac{1}{1-\rho_{yx}^2}\left[\frac{(y-E_y)^2}{\sigma_y^2} \right.\right.$$
$$\left.\left. + \frac{(x-E_x)^2}{\sigma_x^2} - \frac{2\rho_{yx}(y-E_y)(x-E_x)}{\sigma_y\sigma_x} \right]\right\} \tag{11-24}$$

式中，E_x，E_y 分别为随机变量 X 和 Y 的均值；σ_y，σ_x 分别为随机变量 Y 和 X 的标准方差；$\rho_{yx} = C_{yx}/(\sigma_y\sigma_x)$ 为互相关系数，又称**标准化协方差**，其中 $C_{xy} = E((y-E_y)(x-E_x))$ 称为协方差或相关矩。

上述这些函数可按以下步骤求得：

(1) 在各态历经过程的一个样本曲线中，考虑足够长的时间 T 内的一段波形。画一条平行于时间轴且相距为 x 的水平线。

(2) 用几何关系求出 $x(t)$ 在水平线以下的各个时间区间，应用相应公式计算概率分布函数。

(3) 将概率分布函数微分，求出概率密度函数。

(4) 分别作出概率分布函数和概率密度函数图。

11.3.2　随机过程的时域描述

概率分布函数固然可以描述随机变量的特征，但是在实际问题中，当不需要知

道随机变量的全部统计特性,或者不易得到概率分布函数时,寻求随机变量的某些重要的非随机特征来近似地代替随机变量的全部统计特性有着重要意义。一般随机变量分布函数最本质的特征是随机变量的均值、方差或均方值等。它们都以振动的时间为横坐标,所以又属于时域描述。其概率特征信息如下。

1. 数学期望

$$E_y = E(y(t)) = \int_{-\infty}^{\infty} y p(y) \mathrm{d}y \tag{11-25}$$

对各态历经过程,此值可由一个样本函数的时域平均求得,即

$$E_y = E(y(t)) = \lim_{T \to \infty} \frac{1}{T} \int_0^T p(y) \mathrm{d}t \tag{11-26}$$

2. 均方值

$$\psi_y^2 = E(y^2(t)) = \int_{-\infty}^{\infty} y^2 p(y) \mathrm{d}y \tag{11-27}$$

对各态历经过程,此值可由一个样本函数在各时刻幅值平方的平均计算,即

$$\psi_y^2 = \lim_{T \to \infty} \frac{1}{T} \int_0^T y^2(t) \mathrm{d}t \tag{11-28}$$

3. 方差

$$\sigma_y^2 = E((y(t) - E_y)^2) = \int_{-\infty}^{\infty} (y - E_y)^2 p(y) \mathrm{d}y \tag{11-29}$$

σ_y 称为标准方差,对各态历经过程,有

$$\sigma_y^2 = \lim_{T \to \infty} = \int_{-\infty}^{\infty} (y - E_y)^2 \mathrm{d}t \tag{11-30}$$

4. 时域概率特征信息间的关系

$$\sigma_y^2 = \psi_y^2 - E_y^2 \tag{11-31}$$

11.3.3　随机过程的频域描述

振动的时间历程反映振动过程随时间变化的情况,它是对于简单振动的时域的描述(简谐振动),这种描述方法也同时给出了振动的频率。但是对于复杂振动,特别是对随机振动,时域的描述往往不能全面地、深刻地反映振动的特点。从时域和频域上研究同一个信息是从不同侧面分析振动规律。也就是说把一振动曲线从时域变换到频域,或者从频域变换到时域,并不增加或减少任何内容,仅仅是数据的重新排列。就是由于这样的重新排列,使我们对曲线特性有了清晰的了解。例如,在时域不易看出振动含有哪些频率成分,何种频率成分占优势,各种频率的振

动能量分别是多少。这就需要将振动的时间历程(或自相关函数)通过傅里叶级数(对于周期函数)或傅里叶积分(对于非周期函数)变化为在频域描述的函数,或者说把振动波形在频率上进行分解,这一过程称为**频率分析**。这样得到的频率函数,其中有的可称为**功率谱密度函数**,或者简称为**谱密度**。

研究任意周期激励时需要用到频谱图这一工具。频谱图表示了各谐波成分对总响应的贡献大小,频谱图的谱线高度就是相应的傅里叶系数值。在研究其他非周期性激励时,把傅里叶级数的方法加以推广,即假定激励的周期 $T \to \infty$,从而得到傅里叶积分。这时,频谱图是连续的,它也表明各种频率成分的构成。自然产生的随机过程的样本函数,其时间历程 $x(t)$ 是非周期的,因此不能用离散的傅里叶级数表示。而且平稳过程 $x(t)$ 是无限继续下去的,不满足条件:

$$\int_{-\infty}^{\infty} \mid x(t) \mid < \infty \tag{11-32}$$

因此,除非采用特别方法,不可能通过对 $x(t)$ 的傅里叶变换得到该随机过程的频率组成信息。这个困难可以通过对该过程样本函数的自相关函数 $R_x(\tau)$ 做傅里叶分析得到解决。这一方法的根据是,自相关函数间接地给出了包含在随机过程中的频率信息。

使 $x(t)$ 和 $x(t+\tau)$ 同相的 τ 值,$R_x(\tau)$ 有极大值;而使 $x(t)$ 和 $x(t+\tau)$ 反相的 τ 值,$R_x(\tau)$ 有极小值。因此,在 $R_x(\tau)$ 对 τ 的图线上所表示的频率反映了随机过程 $x(t)$ 的样本函数所包含的频率。

在物理现象中,谱的概念总是和频率联系在一起的。光谱给出了各种单色光在频率域上的分布,声谱给出了各种声波在频率域的分解,而功率谱则给出了振动能量在频率域上的分布。因而通过对功率谱的研究,有助于理解振动的物理机理,从而有助于进行振动模拟,以解决工程设计中的一些振动问题。谱密度分析比自相关函数分析给出更多的随机振动信息,因而也应用得更广。

1. 自功率谱密度函数

由自相关函数的傅里叶变换得到

$$S_{xx}(\omega) = \frac{1}{2\pi} \int_{-\infty}^{\infty} \phi_{xx}(\tau) e^{-i\omega\tau} d\tau \tag{11-33}$$

对各态历经过程也可由单个样本函数 $x(t)$ 乘上截断函数进行傅里叶变换来计算,即

$$S_{xx}(f) = \lim_{T \to \infty} \frac{1}{T} A(f) A^*(f) \tag{11-34}$$

式中

$$A(f) = \int_{-\infty}^{\infty} x(t) u(t) e^{-i2\pi ft} dt \tag{11-35}$$

其中,$u(t)$ 为截断函数;$A^*(f)$ 表示 $A(f)$ 的共轭。

对于单边自功率谱,有

$$W_{xx}(f) = 2S_{xx}(f), \quad 0 \leqslant f \leqslant \infty \tag{11-36}$$

自功率谱密度函数 $S_{xx}(\omega)$ 的主要性质有:

(1) $\tau = 0$ 时

$$R_x(0) - E(x^2) = \int_{-\infty}^{\infty} S_{xx}(\omega)\,\mathrm{d}\omega \tag{11-37}$$

由图 11-5 可见,功率谱密度函数曲线下的阴影面积就是平稳随机过程 X 的均方值。从而可以看出,$S_{xx}(\omega)$ 的单位是 W/Hz。

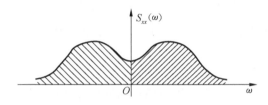

图 11-5　随机平稳过程的均方值

(2) $S_{xx}(\omega)$ 是实偶函数。

2. 互相关函数

设有两个平稳随机过程 $x(t)$ 和 $y(t)$,它们之间相隔时差 τ 的相关性由互相关函数描述表示为

$$R_{xy}(\tau) = E(X(t)Y(t+\tau)), \quad R_{yx}(\tau) = E(Y(t)X(t+\tau)) \tag{11-38}$$

在一般情况下,$R_{xy}(\tau)$ 和 $R_{yx}(\tau)$ 是不相同的,它和自相关函数不一样,互相关函数不是偶函数,但它们之间存在以下关系:

$$R_{xy}(\tau) = E(x(t-\tau)y(t)) = R_{yx}(-\tau), \quad R_{yx}(\tau) = E(y(t-\tau)x(t)) = R_{xy}(-\tau) \tag{11-39}$$

互相关函数 R_{xy} 是一个有界函数,其值介于如下不等式范围内:

$$-\sigma_x\sigma_y + \mu_x\mu_y \leqslant R_{xy}(\tau) \leqslant \sigma_x\sigma_y + \mu_x\mu_y \tag{11-40}$$

式中,σ_x,σ_y 分别是 $x(t)$,$y(t)$ 的标准差;μ_x,μ_y 分别是 $x(t)$,$y(t)$ 的均值。

对于多数随机过程,当时差 τ 很大时,两个互相关函数都要趋于确定值 μ_x,μ_y,即

$$R_{xy}(\tau \to \infty) \to \mu_x\mu_y, \quad R_{yx}(\tau \to \infty) \to \mu_y\mu_x, \quad S_x(\omega) = \omega^4 S_x(\omega) \tag{11-41}$$

对各态历经过程,自相关函数又等于单个样本函数上 $x(t)$ 和 $x(t+\tau)$ 的时间平均:

$$R_{xx}(\tau) = \lim_{T \to \infty} \frac{1}{T} \int_0^T x(t)x(t+\tau)\,\mathrm{d}t \tag{11-42}$$

计算相关函数的步骤如下：

(1) 对各态历经过程，取一个相当长时间的样本函数(对周期函数可取一个周期)，分区写出函数关系式。

(2) 若样本函数可用数学式表达，则可用时间平均法通过积分计算自相关函数(或互相关函数)。

(3) 若样本函数不能用数学式表达，则积分式只能用有限的求和式代替。将样本函数用时间间隔 Δt 分隔成一系列不连续的离散值，若采样时间为 T，则样本点数为 $N = T/\Delta t + 1$，则互相关函数为

$$E(y(t)x(t+\tau)) = \frac{1}{N}\sum_{i=1}^{N} y_i(t)x_i(t+\tau) \tag{11-43}$$

一般地，由于计算工作量大，这一工作由计算机完成。

3. 互功率谱密度

随机过程的谱密度定义为自相关函数的傅里叶变换。同样，两个随机过程的互谱密度可以定义为这两个过程相应的互相关函数的傅里叶变换。对互相关函数做傅里叶变换，可以得到互功率谱函数，简称互谱，即

$$S_{xy}(\omega) = \int_{-\infty}^{\infty} R_{xy}(\tau)\mathrm{e}^{-\mathrm{i}\omega\tau}\,\mathrm{d}\tau \tag{11-44}$$

互功率谱密度函数没有自谱那样明显的物理意义，但在工程上可利用互谱的相位信息进行参数识别和结构、机械故障诊断。互谱的相位为

$$\psi = \arctan\left[\frac{\mathrm{Im}(S_{xy}(\omega))}{\mathrm{Re}(S_{xy}(\omega))}\right] \tag{11-45}$$

互功率谱函数 $S_{xy}(\omega)$ 具有以下性质：

(1) $S_{xy}(\omega)$ 是复函数，其虚部不等于零。

(2) $S_{xy}(\omega) = S_{yx}(-\omega) = S_{xy}^*(\omega)$。

(3) $|S_{xy}(\omega)|^2 \leqslant S_{xx}(\omega)S_{yy}(\omega)$。

平稳随机过程 $x(t)$ 与 $y(t)$ 的自功率谱密度都不为零，且不含 δ 函数，则可以定义一个相关函数：

$$\gamma_{xy}^2 = \frac{|S_{xy}(\omega)|^2}{S_x(\omega)S_y(\omega)} \tag{11-46}$$

式(11-46)反映的是随机过程 $x(t)$ 与 $y(t)$ 在频域中的相关性，且存在 $0 \leqslant \gamma_{xy}^2 \leqslant 1$。

例 11-2　设有某各态历经的随机过程，如图 11-6 所示，其一个代表性样本函数为正弦函数：

$$x(t) = A\sin(\omega t) \tag{11-47}$$

而其他的样本函数为式(11-47)表示的函数的随机平移：

$$x(t) = A\sin(\omega t + \psi) \tag{11-48}$$

式中,初相位 ψ 假设在 $0\sim2\pi$ 上均匀分布,即其概率密度函数为

$$p(\psi) = \begin{cases} 1/2\pi, & 0 \leqslant \psi \leqslant 2\pi \\ 0, & \text{其他} \end{cases}$$

试计算此过程的时间概率与总体概率。

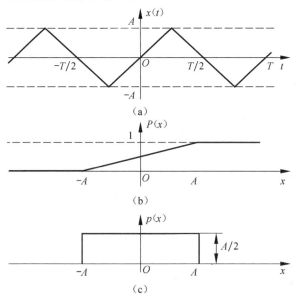

图 11-6　某各态历经的随机过程

解　对样本函数(11-47),计算时间概率。如图 11-7 所示,当 $x_1 < -A$ 时,有

$$P(x_1) = P_{\text{rob}}(x(t) < x_1) \leqslant P_{\text{rob}}(x(t) < -A) = 0$$

以上推理应用了 $P(x)$ 是 x 的非减函数这一性质,由于 $P(x)$ 不可能为负,故实际上 $P(x_1) = 0$。当 $x_1 > A$ 时,有

$$P(x_1) = P_{\text{rob}}(x(t) < x_1) = 1 - P_{\text{rob}}(x(t) \geqslant x_1)$$
$$\geqslant 1 - P_{\text{rob}}(x(t) > A) = 1 - 0 = 1$$

由于 $P(x)$ 不可能大于 1,故实际上 $P(x_1) = 1$。当 $-A < x_1 < A$ 时,有

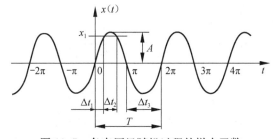

图 11-7　各态历经随机过程的样本函数

$$P(x_1) = P_{\text{rob}}(x(t) < x_1) = \frac{\Delta t_1 + \Delta t_2 + \Delta t_3}{T}$$

$$= [\arcsin(x_1/A) + \arcsin(x_1/A) + \pi]/(2\pi)$$

$$= 1/2 + \arcsin(x_1/A)/\pi$$

归纳起来,有

$$P(x_1) = \begin{cases} 0, & x_1 < -A \\ 1/2 + \arcsin(x_1/A)/\pi, & -A \leqslant x_1 \leqslant A \\ 1, & x_1 > A \end{cases} \tag{11-49}$$

概率密度函数为

$$p(x_1) = \frac{\mathrm{d}P(x_1)}{\mathrm{d}x_1} = \begin{cases} 0, & x_1 < -A \\ 1/(\pi\sqrt{A^2 - x_1^2}), & -A \leqslant x_1 \leqslant A \\ 0, & x_1 > A \end{cases} \tag{11-50}$$

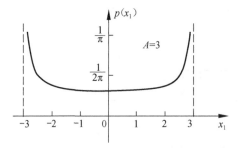

图 11-8　概率密度函数

其图形如图 11-8 所示。在 $x_1 = \pm A$ 处,$p(x_1) \to \infty$。

现在就所有样本函数的总体来计算总体概率。由于过程是平稳的,总体概率 $p(x_1, t_1)$ 应当与 t_1 的选取无关,为简单起见,可取 $t_1 = 0$,于是式(11-48)成为

$$x(t_1) = x(\psi) = A\sin\psi \tag{11-51}$$

不同的 ψ 值对应于不同的样本函数,如图 11-9 所示。而在 $t_1 = 0$ 处 $x(t_1)$ 的取值则取决于 ψ,其间关系如图 11-10 所示。随机变量的概率为

$$P_{\text{rob}}(x_1 < x(t_1) < x_1 + \mathrm{d}x) = P(x_1)\mathrm{d}x \tag{11-52}$$

另一方面,由图中曲线之间的关系有

$$P_{\text{rob}}(x_1 < x(t_1) < x_1 + \mathrm{d}x) = 2p(\psi)\mathrm{d}\psi = \frac{\mathrm{d}\psi}{\pi} \tag{11-53}$$

由式(11-51)又可得到 $\mathrm{d}x = A\cos\psi\mathrm{d}\psi$,代入式(11-53),再代入式(11-52),可得到 $p(x_1)\mathrm{d}x = \dfrac{1}{\pi A\cos\psi}\mathrm{d}x$,即

$$p(x_1) = \frac{1}{\pi A\cos\psi} = \frac{1}{\pi\sqrt{A^2 - A^2\sin^2\psi}} \tag{11-54}$$

将式(11-51)代入式(11-54),得

$$p(x_1) = 1/(\pi\sqrt{A^2 - x_1^2})$$

这是 $-A < x_1 < A$ 的结果。至于 $x_1 < -A$,$x_1 > A$ 时的 $p(x_1)$,显然也为零。此结果与式(11-50)给出的时间概率是一致的,这正是各态历经过程的特点。

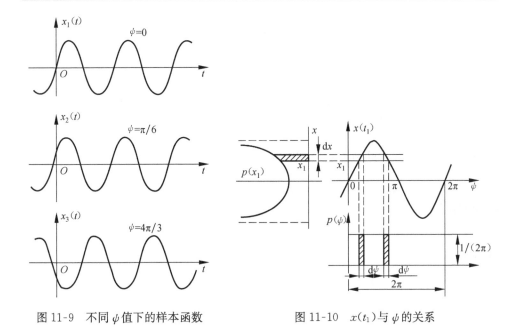

图 11-9　不同 ψ 值下的样本函数

图 11-10　$x(t_1)$ 与 ψ 的关系

11.4　单自由度系统的随机响应

11.4.1　单自由度系统振动响应的基本形式

如图 11-11 所示的单自由度系统,在质量 m 上作用有力 $F(t)$,系统的运动方程为

$$m\ddot{x}(t) = F(t) - F_{\mathrm{s}}(t) - F_{\mathrm{d}}(t)$$

由于系统具有线性的特性,弹簧力和阻尼力可分别表示为 $F_{\mathrm{s}}(t) = -k(x(t) - z(t))$,$F_{\mathrm{d}}(t) = c(\dot{x}(t) - \dot{z}(t))$,从而系统的运动方程为

$$m\ddot{x}(t) + c\dot{x}(t) + kx(t) = c\dot{z}(t) + kz(t) + F(t) \tag{11-55}$$

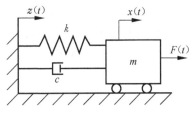

图 11-11　单自由度系统

从第 3 章的分析可知,式(11-55)可表示为

$$\ddot{x}(t) + 2\xi\omega_{\mathrm{n}}\dot{x}(t) + \omega_{\mathrm{n}}^2 x(t) = \frac{F(t)}{m} + 2\xi\omega_{\mathrm{n}}\dot{z}(t) + \omega_{\mathrm{n}}^2 z(t) = F_1(t) \tag{11-56}$$

式中,$\omega_{\mathrm{n}}^2 = k/m$,$\xi = c/(2m\omega_{\mathrm{n}})$。

根据常微分方程,方程(11-56)的通解为

$$x(t) = g(t - t_0)x_0 + h(t - t_0)\dot{x}_0 + \int_{t_0}^{t} h(t - t_0)F_1(\tau)\mathrm{d}\tau$$

式中

$$g(t) = \mathrm{e}^{-\xi\omega_\mathrm{n}t}\left[\cos(\omega_\mathrm{d}t) + \frac{\omega_\mathrm{n}\xi}{\omega_\mathrm{d}}\sin(\omega_\mathrm{d}t)\right], \quad h(t) = \frac{\mathrm{e}^{-\xi\omega_\mathrm{n}t}}{\omega_\mathrm{d}}\sin(\omega_\mathrm{d}t)$$

$$h(t,\tau) = h(t-\tau) = \frac{\mathrm{e}^{-\xi\omega_\mathrm{n}t}}{\omega_\mathrm{d}}\sin[\omega_\mathrm{d}(t-\tau)]$$

式中，$x_0 = x(t_0)$，$\dot{x}_0 = \dot{x}_0(t_0)$，$\omega_\mathrm{d} = \sqrt{1-\xi^2}\,\omega_\mathrm{n}$。

通过以上结论可对受随机激励作用的响应进行时域和频域分析。

11.4.2　初始条件是随机时的振动响应

线性时不变系统是由于对平衡位置的随机初始偏离而引起的振动，已知自由振动方程为

$$\ddot{x}(t) + 2\xi\omega_\mathrm{n}\dot{x}(t) + \omega_\mathrm{n}^2 x(t) = 0 \tag{11-57}$$

其解为

$$x(t) = \mathrm{e}^{-\xi\omega_\mathrm{n}t}\left\{ x_0\left[\cos(\omega_\mathrm{d}t) + \frac{\omega_\mathrm{n}\xi}{\omega_\mathrm{d}}\sin(\omega_\mathrm{d}t)\right] + \frac{\dot{x}_0}{\omega_\mathrm{d}}\sin(\omega_\mathrm{d}t) \right\} \tag{11-58}$$

设

$$F_1(t) = \left[\cos(\omega_\mathrm{d}t) + \frac{\omega_\mathrm{n}\xi}{\omega_\mathrm{d}}\sin(\omega_\mathrm{d}t)\right]\mathrm{e}^{-\xi\omega_\mathrm{n}t}, \quad F_2(t) = \left[\frac{\sin(\omega_\mathrm{d}t)}{\omega_\mathrm{d}}\right]\mathrm{e}^{-\xi\omega_\mathrm{n}t}$$

$$\tag{11-59}$$

则式(11-58)可以表示为

$$x(t) = x_0 F_1(t) + \dot{x}_0 F_2(t) \tag{11-60}$$

则质块的速度和加速度响应为

$$\dot{x}(t) = x_0 \dot{F}_1(t) + \dot{x}_0 \dot{F}_2(t), \quad \ddot{x}(t) = x_0 \ddot{F}_1(t) + \dot{x}_0 \ddot{F}_2(t) \tag{11-61}$$

由式(11-61)可见，速度和加速度响应均与初始值线性相关，由于初始值是随机的，经过调查和统计分析已知 E_{x0}，$E_{\dot{x}0}$，D_{x0}，$D_{\dot{x}0}$ 和 $C_{x0\dot{x}0}$，则响应也需要用概率特征表示，即需要求 $E_x(t)$，$D_x(t)$ 和 $R_x(t_1,t_2)$。

(1) 数学期望：

$$E_x(t) = E(x) = E_{x0}F_1(t) + E_{\dot{x}0}F_2(t) \tag{11-62}$$

(2) 方差：

$$D_x(t) = D_{x0}F_1^2(t) + 2C_{x0\dot{x}0}F_1(t)F_2(t) + D_{\dot{x}0}F_2^2(t) \tag{11-63}$$

(3) 自相关函数：

$$R_x(t_1,t_2) = E(X(t_1)X(t_2))$$
$$= D_{x0}F_1(t_1)F_1(t_2) + 2C_{x0\dot{x}0}F_1(t_1)F_2(t_1) + D_{\dot{x}0}F_2(t_1)F_2(t_2)$$

$$\tag{11-64}$$

计算响应的式(11-62)～式(11-64)均与 t 有关，说明初始条件是随机时，引起的响应是非平稳随机过程，所以是非平稳随机振动。

11.4.3　系统受基础运动随机激励的响应

车辆受路面高低不平位移激励的模型与上节模型的振动方程相似,即

$$\ddot{y}(t) + 2\xi\omega_n\dot{y}(t) + \omega_n^2 y(t) = -\ddot{x}(t) \tag{11-65}$$

式中,$y(t) = z(t) - x(t)$ 为相对位移。设 $\ddot{x}(t) = e^{-i\omega t}$,则 $y(t) = H(\omega)e^{i\omega t}$,代入式(11-65)得到基础加速度引起相对位移的频率响应函数为

$$H(\omega) = \frac{1}{\omega_n^2 - \omega^2 + i2\xi\omega_n\omega} \tag{11-66}$$

对式(11-66)进行逆傅里叶变换,得脉冲响应函数

$$h(t) = \begin{cases} -\dfrac{e^{-\xi\omega_n t}}{\omega_d}\sin(\omega_n t), & t \geqslant 0 \\ 0, & t < 0 \end{cases} \tag{11-67}$$

式(11-66)的模平方为

$$|H(\omega)| = \frac{1}{(\omega_n^2 - \omega^2)^2 + (2\xi\omega_n\omega)^2} \tag{11-68}$$

若激励 $x(t)$ 为各态历经的高斯过程,则响应 $y(t)$ 也是各态历经的高斯过程。因此,激励和响应均只需用均值、均方值充分描述。要讨论响应的频率结构还需要频域信息。

1. 响应的均值

利用杜阿梅尔积分可知

$$y(t) = \int_{-\infty}^{\infty} h(\tau)\ddot{x}(t-\tau)\mathrm{d}\tau \tag{11-69}$$

式(11-69)中的 $h(\tau)$ 为加速度激励引起相对位移响应的脉冲响应函数,现在 $y(t)$ 和 $x(t)$ 均是平稳随机过程的样本函数,则对式(11-68)的集合进行平均,有

$$E(Y(t)) = \int_{-\infty}^{\infty} h(\tau)E(\ddot{X}(t-\tau))\mathrm{d}\tau \tag{11-70}$$

或

$$E_y = E_x\int_{-\infty}^{\infty} h(\tau)\mathrm{d}\tau \tag{11-71}$$

2. 响应的自相关函数

$$R_Y(t) = E(Y(t)Y(t+\tau)) = \int_{-\infty}^{\infty} h(\theta_1)h(\theta_2)E(\ddot{X}(t-\theta_1)(t+\tau-\theta_2))\mathrm{d}\theta_1\mathrm{d}\theta_2$$

$$= \int_{-\infty}^{\infty} h(\theta_1)h(\theta_2)R_x(\tau+\theta_1-\theta_2)\mathrm{d}\theta_1\mathrm{d}\theta_2 \tag{11-72}$$

3. 响应的自功率密度函数

$$S_Y(\omega) = \frac{1}{2\pi} R_Y(\tau) e^{-i\omega t} d\tau \tag{11-73}$$

将式(11-67)代入式(11-73),并分解 $e^{-i\omega \tau}$,得

$$S_Y(\omega) = \int_{-\infty}^{\infty} h(\theta_1) e^{-i\omega \theta_1} d\theta_1 \int_{-\infty}^{\infty} h(\theta_2) e^{-i\omega \theta_2} d\theta_2$$

$$\times \frac{1}{2\pi} \int_{-\infty}^{\infty} R_2(\tau + \theta_1 - \theta_2) e^{-i\omega(\tau + \theta_1 - \theta_2)} d(\tau + \theta_1 - \theta_2)$$

$$= H^*(\omega) \cdot H(\omega) \cdot S_x(\omega) = |H(\omega)|^2 \cdot S_x(\omega) \tag{11-74}$$

由式(11-74)可知,单自由度线性系统受一个基础的运动激励,是单输出系统。

对于一般的工程结构来说,这是一个典型的小阻尼系统,是中心频率在自然频率 ω_n 附近有尖峰的函数。在宽带激励下,小阻尼单自由度系统的响应功率谱密度具有如下性质:

(1) 一个单自由度系统的作用如同一个中心频率为自然频率 ω_n 的窄带滤波器,这样一个系统的响应是一个平均频率为 ω_n 的窄带随机过程。

(2) 假如单自由度系统的自然频率处在输入功率谱密度较高的频率范围内,则系统的响应也很大,即产生严重的振动;反之,如果自然频率处在输入功率谱密度较低的范围内,则系统的响应较小。若激励的功率谱密度的形状为已知,则这些结果为选择单自由度系统的自然频率所处的范围提供了依据。

(3) 假如一个单自由度系统的自然频率 ω_n 处在激励的功率谱密度的频率范围内,则功率谱密度可局部地假定为一常数(白噪声)。这样可以使问题得到简化。

11.4.4　对输入是白噪声的响应

对系统在白噪声激励下的响应问题的研究有着重要的理论价值,因为很多物理现象,如地震等,可以用白噪声近似地来表达,它具有很简单的功率谱,即功率谱密度为常数。以单输入单输出系统为例,假如激励 $X(t)$ 为白噪声,输出响应为 $Y(t)$。对单自由度系统,$x(t)$ 是作用在质量上的白噪声激振力,响应 $y(t)$ 是质量的绝对位移。$x(t)$ 的自功率谱密度函数由下式给出:

$$S_{xx}(\omega) = S_0, \quad -\infty < \omega < \infty$$

S_0 自相关函数为

$$R_{xx}(\tau) = \int S_{xx}(\omega) e^{i\omega \tau} d\omega = S_0 \int_{-\infty}^{\infty} e^{i\omega \tau} d\omega = 2\pi S_0 \delta(t)$$

在 $\tau = 0$ 时,有 $R_{xx}(0) = \sigma_x^2 = \int_{-\infty}^{\infty} S_0 d\omega \to \infty$;而在 $\tau \neq 0$ 时,$R_{xx}(\tau) = 0$。所以,白

噪声的自相关函数和 $X(t)$ 的过去、未来全然无关,其变化完全是随机的,均方值无限大。

11.5　多自由度系统的随机响应

对于多自由度系统,用矩阵研究可使得公式的表达和书写变得简洁,且矩阵所表示的输入与输出之间的关系和单输入单输出之间的关系相似。当系统受到平稳随机过程 $\{F(t)\}$ 的激励时,响应 $\{X(t)\}$ 也是平稳随机过程。一个 n 自由度线性系统的振动微分方程的矩阵形式如式(5-4)所示,方程中质量矩阵 $[m]$、阻尼矩阵 $[c]$和刚度矩阵 $[k]$ 一般情况下为非对角矩阵,因而是一组耦合的方程组。如果利用自然坐标或正则坐标,则可解除方程的耦合。在自然坐标下,得到非耦合的二阶常微分方程组为

$$\ddot{p}_r(t) + 2\xi_r\omega_r\dot{p}_r(t) + \omega_r^2 p_r(t) = f_r(t), \quad r = 1,2,\cdots,n \tag{11-75}$$

式中

$$f_r(t) = \sum_{n=1}^{n} U_n^{(r)} F_n(t), \quad r = 1,2,\cdots,n \tag{11-76}$$

式中,$U_n^{(r)}$ 为固有振型 $U(r)$ 的第 r 个分量。记

$$H_r(\omega) = \frac{1}{p_r^2 - \omega^2 + \mathrm{i}2\xi_r p_r\omega}, \quad h_r(\omega) = \frac{1}{2\pi}\int_{-\infty}^{\infty} H_r(\omega)\mathrm{e}^{\mathrm{i}\omega t}\,\mathrm{d}\omega \tag{11-77}$$

则方程组(11-75)的解可以写成

$$p_r(t) = \int_{-\infty}^{\infty} h_r(t) f_r(t-\tau)\,\mathrm{d}\tau \tag{11-78}$$

这样可以得到自然坐标的有关统计性质,再通过式(5-61)变换到原来的广义坐标。

1. 响应的互相关函数矩阵

$$[R_{x_i x_j}](\tau) = E(\{x(t)\}\{x(t+\tau)\}^{\mathrm{T}}) = [U]E(\{p(t)\}\{p(t+\tau)\}^{\mathrm{T}})[U]^{\mathrm{T}}$$

$$= [U][R_{p_i p_j}(\tau)][U]^{\mathrm{T}} = [U]\int [S_{p_i p_j}(\omega)]\mathrm{e}^{\mathrm{i}\omega\tau}\,\mathrm{d}\omega[U]^{\mathrm{T}} \tag{11-79}$$

式中,$[R_{p_i p_j}(\tau)]$ 和 $[S_{p_i p_j}(\omega)]$ 分别表示 $\{p(t)\}$ 的互相关矩阵和互谱密度矩阵。

在式(11-79)中令 $\tau=0$,得到响应 $x_j(t)$ 的均方值为

$$E(\{x_i^2(t)\}) = \{u_i\}\int_{-\infty}^{\infty} [S_{p_i p_j}(\omega)]\,\mathrm{d}\omega\{u_j\}^{\mathrm{T}}, \quad i = 1,2,\cdots,n \tag{11-80}$$

式中,$\{u_i\}$ 表示矩阵 $[U]$ 的第 i 行向量。

2. 响应的互相谱密度矩阵

先求 $p_i(t)$ 与 $f_j(t)$ 的互相关函数：

$$R_{p_i f_j}(t) = E(p_i(t)f_j(t+\tau)) = \int_{-\infty}^{\infty} h_i(\lambda)E(f_i(t-\lambda)f_j(t+\tau))\mathrm{d}\lambda$$

$$= \int_{-\infty}^{\infty} h_i(\lambda)R_{f_i f_j}(\tau+\lambda)\mathrm{d}\lambda = \int_{-\infty}^{\infty} h_i(\lambda)\left[\int_{-\infty}^{\infty} R_{f_i f_j}(\omega)\mathrm{e}^{\mathrm{i}\omega(\tau+\lambda)}\right]\mathrm{d}\lambda$$

$$(11\text{-}81)$$

交换积分次序得到

$$R_{p_i f_j}(t) = \int_{-\infty}^{\infty} \left(R_{f_i f_j}(\omega)\int_{-\infty}^{\infty} h_i(\lambda)\mathrm{d}\lambda\right)\mathrm{e}^{\mathrm{i}\omega(\tau+\lambda)}\mathrm{d}\omega = \int_{-\infty}^{\infty} S_{f_i f_j}(\omega)H_i^*(\omega)\mathrm{e}^{\mathrm{i}\omega\tau}\mathrm{d}\omega$$

$$(11\text{-}82)$$

由此可得

$$S_{p_i f_j}(\omega) = S_{f_i f_j}(\omega)H_i^*(\omega) \tag{11-83}$$

类似地，得到 p_i 与 p_j 的互谱密度为

$$S_{p_i p_j}(\omega) = S_{f_i p_j}(\omega)H_i^*(\omega) \tag{11-84}$$

式中，$S_{f_i p_j}(\omega)$ 表示 $\{f(t)\}$ 与 $\{p(t)\}$ 互谱密度矩阵，由于 $S_{fp}(\omega)$ 与 $S_{pf}(\omega)$ 互为共轭复数，故有

$$[S_{f_i p_j}(\omega)] = [S_{p_i f_j}^*(\omega)]^{\mathrm{T}}, \quad [S_{f_i f_j}(\omega)] = [S_{f_i f_j}^*(\omega)]^{\mathrm{T}} \tag{11-85}$$

从而可由式(11-33)得到响应 $\{x(t)\}$ 的互谱密度矩阵为

$$[S_{x_i x_j}(\omega)] = \frac{1}{2\pi}\int_{-\infty}^{\infty} E\{x(t)\}\{x(t+\tau)\}^{\mathrm{T}}\mathrm{e}^{-\mathrm{i}\omega\tau}\mathrm{d}\tau$$

$$= [U]\left\{\frac{1}{2\pi}\int_{-\infty}^{\infty} E\{p(t)\}\{p(t+\tau)\}^{\mathrm{T}}\mathrm{e}^{-\mathrm{i}\omega\tau}\mathrm{d}\tau\right\}[U]^{\mathrm{T}}$$

$$= [U][S_{p_i p_j}(\omega)][U]^{\mathrm{T}} \tag{11-86}$$

由 $\{f(t)\} = [U]^{\mathrm{T}}[S_{f_i f_j}(\omega)][U]$，将式(11-86)变换回原来的几何坐标有

$$[S_{x_i x_j}(\omega)] = [H^*(\omega)][S_{f_i f_j}(\omega)] \tag{11-87}$$

3. 响应的均值

由式(11-78)取均值，考虑到 $E\{f_r(t)\} = $ 常数，有

$$E\{p_i(t)\} = E\{f_r(t)\}\int_{-\infty}^{\infty} h(\lambda)\mathrm{d}\lambda = H_r(0)E\{f_r(t)\} \tag{11-88}$$

式中

$$[H(0)] = [H^*(0)] = [k]^{-1}$$

例 11-3 考虑如图 11-12 所示的两自由度系统，其中激励 $p_1(t)$ 可视为各态历经的零均值白噪声，其功率谱密度函数为 $S_{p_1}(\omega) = S_0$，试求响应 $x_1(t)$，$x_2(t)$ 的

均方值。

　　解　运动方程为

$$m\ddot{x}_1(t) + 2c\dot{x}_1(t) - c\dot{x}_2(t)$$
$$+ 2kx_1(t) - kx_2(t) = p_1(t)$$
$$2m\ddot{x}_2(t) - c\dot{x}_1(t) + 2c\dot{x}_2(t)$$
$$- kx_1(t) + 2kx_2(t) = 0$$

与之联系的特征值问题为

$$\omega^2 m \begin{bmatrix} 1 & 0 \\ 0 & 2 \end{bmatrix} \begin{Bmatrix} u_1 \\ u_2 \end{Bmatrix} = k \begin{bmatrix} 2 & -1 \\ -1 & 2 \end{bmatrix} \begin{Bmatrix} u_1 \\ u_2 \end{Bmatrix}$$

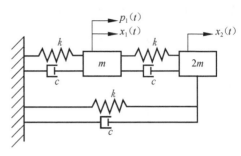

图 11-12　两自由度系统

可求出模态矩阵为

$$[u] = \frac{1}{\sqrt{m}} \begin{bmatrix} 0.459701 & 0.888074 \\ 0.627963 & -0.325057 \end{bmatrix} \tag{11-89}$$

而频率对角阵为

$$\begin{bmatrix} \omega^2 & 0 \\ 0 & \omega^2 \end{bmatrix} = \frac{k}{m} \begin{bmatrix} 0.633975 & 0 \\ 0 & 2.366025 \end{bmatrix} \tag{11-90}$$

　　与物理坐标相联系的激励功率谱矩阵为

$$[S_p(\omega)] = \begin{bmatrix} S_0 & 0 \\ 0 & 0 \end{bmatrix} \tag{11-91}$$

与自然坐标相联系的广义力的功率谱矩阵为

$$[S_f(\omega)] = \begin{bmatrix} \omega^2 & 0 \\ 0 & \omega^2 \end{bmatrix} [u]^{\mathrm{T}} [S_p(\omega)] [u] \begin{bmatrix} \omega^2 & 0 \\ 0 & \omega^2 \end{bmatrix}^{-1}$$

$$= \frac{mS_0}{k} \begin{bmatrix} 0.525784 & 0.272166 \\ 0.272166 & 0.140833 \end{bmatrix} \tag{11-92}$$

与自然坐标联系的阻尼矩阵为

$$\begin{bmatrix} 2\xi\omega & 0 \\ 0 & 2\xi\omega \end{bmatrix} = [u]^{\mathrm{T}} [c] [u] = \frac{c}{m} \begin{bmatrix} 0.633975 & 0 \\ 0 & 2.366025 \end{bmatrix} \tag{11-93}$$

这里自然坐标阻尼矩阵成为对角阵,是因为原来的阻尼矩阵$[c]$正好与刚度矩阵$[k]$成比例。与两个主坐标 $p_1(t)$, $p_2(t)$ 有关的频率响应函数为

$$H_r(\omega) = \frac{1}{1 - (\omega/\omega_r)^2 + \mathrm{i}2\xi_r\omega/\omega_r}, \quad r = 1, 2 \tag{11-94}$$

式中,ω_r,ξ_r 分别由式(11-90)、式(11-93)给出。为了确定均方值 $\psi_{x_1}^2$,$\psi_{x_2}^2$,先计算

$$\begin{bmatrix} H^*(\omega) & 0 \\ 0 & H^*(\omega) \end{bmatrix} [S_f(\omega)] \begin{bmatrix} H(\omega) & 0 \\ 0 & H(\omega) \end{bmatrix}$$

$$= \frac{mS_0}{k^2} \begin{bmatrix} 0.525784\,|H_1|^2 & 0.272166 H_1^* H_2 \\ 0.272166 H_1^* H_2 & 0.140833\,|H_2|^2 \end{bmatrix} \tag{11-95}$$

考虑到式(11-89),模态矩阵的第 i 行组成的行向量为

$$[u_1] = \frac{1}{\sqrt{m}}[0.459701 \quad 0.888074], \quad [u_2] = \frac{1}{\sqrt{m}}[0.627963 \quad -0.325057]$$

$$(11\text{-}96)$$

因此有

$$[u_1]\begin{bmatrix} H^*(\omega) & 0 \\ 0 & H^*(\omega) \end{bmatrix}[S_f(\omega)]\begin{bmatrix} H(\omega) & 0 \\ 0 & H(\omega) \end{bmatrix}[u_1]^{\mathrm{T}}$$

$$= \frac{S_0}{k^2}[0.111111 \mid H_1 \mid^2 + 0.078567(H_1^*H_2 + H_1H_2^*) + 0.055555 \mid H_2 \mid^2]$$

$$\times[u_2]\begin{bmatrix} H^*(\omega) & 0 \\ 0 & H^*(\omega) \end{bmatrix}[S_f(\omega)]\begin{bmatrix} H(\omega) & 0 \\ 0 & H(\omega) \end{bmatrix}[u_2]^{\mathrm{T}}$$

$$= \frac{S_0}{k^2}[0.207336 \mid H_1 \mid^2 - 0.039283(H_1^*H_2 + H_1H_2^*) + 0.007443 \mid H_2 \mid^2]$$

将上式代入式(11-81),即得

$$\psi_{z_1}^2 = R_{z_1}(0) = \frac{S_0}{2\pi k^2}\Big[0.111111\int_{-\infty}^{\infty} \mid H_1 \mid^2 \mathrm{d}\omega$$

$$+ 0.078577\int_{-\infty}^{\infty}(H_1^*H_2 + H_1H_2^*)\mathrm{d}\omega + 0.055555\int_{-\infty}^{\infty} \mid H_2 \mid^2 \mathrm{d}\omega_r\Big]$$

$$\psi_{z_2}^2 = R_{z_2}(0) = \frac{S_0}{2\pi k^2}\Big[0.207336\int_{-\infty}^{\infty} \mid H_1 \mid^2 \mathrm{d}\omega$$

$$- 0.039283\int_{-\infty}^{\infty}(H_1^*H_2 + H_1H_2^*)\mathrm{d}\omega + 0.007443\int_{-\infty}^{\infty} \mid H_2 \mid^2 \mathrm{d}\omega_r\Big]$$

式中

$$\int_{-\infty}^{\infty} \mid H_r \mid^2 \mathrm{d}\omega = \int_{-\infty}^{\infty} \frac{\mathrm{d}\omega}{[1-(\omega/\omega_r)^2]^2 + (2\xi_r\omega/\omega_r)^2} = \frac{\pi\omega_r}{2\xi_r}, \quad r = 1,2$$

$$\int_{-\infty}^{\infty}(H_1^*H_2 + H_1H_2^*)\mathrm{d}\omega$$

$$= \int_{-\infty}^{\infty} \frac{[1-(\omega/\omega_1)^2][1-(\omega/\omega_2)^2] + (2\xi_1\omega/\omega_1)(2\xi_2\omega/\omega_2)}{\{[1-(\omega/\omega_1)^2]^2 + (2\xi_1\omega/\omega_1)^2\}\{[1-(\omega/\omega_2)^2]^2 + (2\xi_2\omega/\omega_2)^2\}}\mathrm{d}\omega$$

为解出这几个积分,需要应用留数定理。

思　考　题

1. 做随机振动的系统,其激励和响应都是随机变化的,不确定的,那么系统本身的参数是否也是不确定的?

2. 随机过程与随机变量有何差别与联系?

3. 式(11-1)中,$\mu_x(t_1) = E(X(t_1)) = \lim_{n\to\infty}\frac{1}{n}\sum_{k=1}^{n}x_k(t_1)$ 的集合平均"E"是对 k 进行的还是

对 t_1 进行?

4. 自相关函数 $R_x(t_1,t_1+\tau)$ 中, t_1 与 τ 这两个变量的意义有什么差别? 平稳过程的自相关函数与 t_1 无关, 能否有一种过程的自相关函数与 τ 无关?

5. 自相关函数 $R_x(\tau)$ 与功率谱密度函数 $S_x(\omega)$ 的量纲各是什么? 互相关函数 $R_{xy}(\tau)$、互功率谱密度函数 $S_{xy}(\omega)$ 的量纲是什么?

6. 式(11-13)中, $S_0,\delta(\tau)$ 的量纲各是什么?

7. 已知 μ_x 的为一次原点矩, ψ_x^2 为二次原点矩, σ_x^2 为二次中心矩, 则一次中心矩是什么? 零次矩是什么?

8. 功率谱 $S_x(\omega)$ 中 ω 的取值从 $-\infty$ 至 ∞, 这里"负的频率"如何理解?

9. 如果随机过程 $\{x_r(t)\}$ 与 $\{y_s(t)\}$ 各自是平稳的, 能否保证 $R_{xy}(t_1,t_1+\tau)$ 与 t_1 无关?

10. 式(11-75)中, $f_r(t)$ 的量纲是什么?

11. 一平稳随机过程通过一线性系统以后, 其概率分布的类型一般会不会发生变化? 哪一种概率分布在经过线性系统以后, 仍保持不变?

12. 如图 11-13 所示对于随机激励的单输入单输出系统, 若已知输出的自功率谱密度 $S_y(\omega)$ 和输入、输出的互功率谱密度 $S_{xy}(\omega),S_{yx}(\omega)$, 试说明如何确定输入自谱密度 $S_x(\omega)$ 和系统的频率响应函数 $H(\omega)$, 并指出这些计算公式有什么限制。

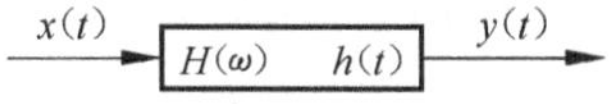

图 11-13

13. 对于一个复杂的信号或随机过程, 在时域、幅域、频域中需要哪些信息函数来描述? 试说明每个信息函数的数学性质。

习　　题

1. 若激振力的谱密度是 $S_j(\omega)=S_0$ 的理想白噪声, 位移 $E(x(t))$, 均方位移 $E(x^2(t))$, 并确定输入和输出的自相关函数 $R_j(\tau),R_y(\tau)$ 以及输出的自谱密度函数 $S_x(\omega)$。

2. 考虑某零均值的随机过程 $\{x_k(t)\}$ 的 n 个样本函数 $x_1(t),x_2(t),\cdots,x_n(t)$ 将它们在 t_1,t_2 时刻的取值记为 $\{x_k(t_1)\},\{x_k(t_2)\}(k=1,2,\cdots,n)$, 而有限的、标准化的自协方差函数定义为

$$\rho_x=\frac{\sum_{k=1}^{n}x_k(t_1)x_k(t_2)}{\sqrt{\sum_{k=1}^{n}x_k^2(t_1)\sum_{k=1}^{n}x_k^2(t_2)}}$$

当 $\{x_k(t_1)\},\{x_k(t_2)\}(k=1,2,\cdots,n)$ 两序列按大小次序排列时, 有

$$x_{k_1}(t_1)\geqslant x_{k_2}(t_1)\geqslant\cdots\geqslant x_{k_n}(t_1),\quad x_{k_1'}(t_2)\geqslant x_{k_2'}(t_2)\geqslant\cdots\geqslant x_{k_n'}(t_2)$$

试证明:若 $k_i=k_i'(i=1,2,\cdots,n)$, 即排列次序相同时, $\rho_x=1$;而 $k_i=k_{n+1-i}'(i=1,2,\cdots,n)$, 即排列次序相反时, $\rho_x=-1$;而在其他情况下, $-1<\rho_x<1$, 并说明此结果的意义。

3. 试证明如果一个线性系统的激励 $\{f_k(t)\}$ 是各态历经的, 则其响应 $\{x_k(t)\}$ 也是各态历经的。

4. 试以中心极限定理证明, 如果一个线性系统的激励 $\{f_k(t)\}$ 是正态过程, 则其响应 $\{x_k(t)\}$ 也是正态过程。

5. 设有随机过程 $\{x_k(t)\}$ 与 $\{y_k(t)\}$，它们分别在 t_1,t_2 时刻的取值 $\{x_k(t_1)\}$，$\{y_k(t_2)\}$ 对应于 (x_1,y_2) 平面上的许多点 $(x_k(t_1),y_k(t_1))$，按最小二乘法为这些点拟合一直线 $y_k(t_2)=ax_k(t_1)+b$，而拟合直线与各点所在实际位置的均方差为 $E(\delta^2(k))=E(y_k(t_2)-ax_k(t_1)-b)$，注意以上均方误差已由合理选取参数 a,b 被极小化。试证明以下关系成立：

$$\rho_{xy}^2(t_1,t_2)=1-\frac{E(\delta^2(k))}{\sigma_x(t_1)\sigma_y(t_2)}$$

式中

$$\rho_{xy}=\frac{E(x_k(t_1)y_k(t_2))-\mu_x(t_1)\mu_y(t_2)}{\sigma_x(t_1)\sigma_y(t_2)},\quad \mu_x(t_1)=E(x_k(t_1)),\quad \mu_y(t_2)=E(y_k(t_2))$$

$$\sigma_x(t_1)=E(x_k(t_1)-\mu(t_1))^2,\quad \sigma_y(t_2)=E(y_k(t_2)-\mu(t_2))^2$$

6. 均值为 0、方差为 σ_x^2 的某平稳随机过程的自相关函数为

$$R_x(\tau)=\sigma_x^2 e^{-i(\omega_1\tau)^2}\cos(\omega_2\tau)$$

式中 ω_1,ω_2 为常数，试计算其功率谱密度函数，并图示之。

提示：令 $\cos(\omega_2\tau)=(e^{i\omega_2\tau}+e^{-i\omega_2\tau})/2$，并使用积分公式

$$\int_0^\infty e^{-x^2/2\sigma_x^2}\mathrm{d}x=\sqrt{\frac{\pi}{2}}\sigma_x,\quad \int_0^\infty xe^{-x^2/2\sigma_x^2}\mathrm{d}x=\sigma_x^2,\quad \int_0^\infty x^2e^{-x^2/2\sigma_x^2}\mathrm{d}x=\sqrt{\frac{\pi}{2}}\sigma_x^3$$

7. 某平稳、正态、零平均值过程 $\{z_k(t)\}$ 的方差为 σ_x^2，功率谱密度为 $S_x(\omega)=S_0 e^{-c|\omega|}$，试求：

(1) 自相关函数 $R_x(\tau)$；

(2) $\{\dot{z}_k(t)\}$ 的自相关函数；

(3) $\{z_k(t)\}$ 与 $\{\dot{z}_k(t)\}$ 的联合密度函数。

8. 试考虑如图 11-14 所示的系统，小车相对于地面运动的加速度 $\ddot{x}(t)$ 为激励，而质块相对于小车的运动 $y(t)$ 为响应，设 $\ddot{x}(t)$ 可视为理想的白噪声，功率谱为 S_0，试求响应 $y(t)$ 的均方值 $\psi_y^2=E(y^2)$。

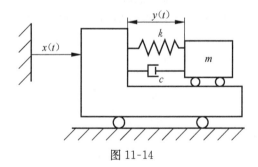

图 11-14

9. 如图 11-15 所示两自由度系统中，其激励 $p_1(t)$ 为白噪声，功率谱为 S_0。

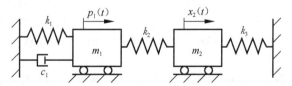

图 11-15

(1) 求其响应 $x_2(t)$ 的平均动能；

(2) 若激励 $p_1(t)$ 为平稳正态白噪声，试求其响应 $x_2(t)$ 的平均频率 v_0^+。

10. 一个单自由度系统由 m,c,k 组成，受到一平稳正态过程 $\{f_k(t)\}$ 的激励，其功率谱密度函数为 $S_x(\omega)=S_0/(1+\omega^2/\omega_0^2)$，试求其响应过程 $\{x_k(t)\}$ 的下列各统计特性的表达式：

(1) 正穿越 a 的平均频率 v_a^+；

(2) 峰值分布的概率密度函数 $p_p(a)$。

11. 如图 11-16 所示的系统，已知激励是平稳、正态、白噪声过程，即 $S_{x_1x_1}(\omega)=S_{x_2x_2}(\omega)=S_0$。已知 $x_1(t)=x_2(t+T)$，其中 T 为滞后时间，其互谱为 $S_{x_1x_2}(\omega)=S_0\mathrm{e}^{-i\omega T}$，$S_{x_2x_1}(\omega)=S_0\mathrm{e}^{i\omega T}$，求该系统质量的加速度响应谱。

12. 设随机过程 $\{x_k(t)\}$ 是一个样本函数为如图 11-17 所示的方波，而其余样本函数为图中曲线的随机平移，其初相位在 $0\sim T$ 内均匀分布，如图 11-17(b) 所示。试求其自相关函数 $R_x(\tau)$，并绘出其图形。

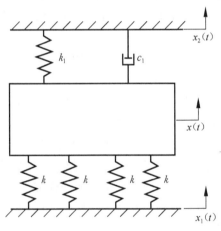

图 11-16

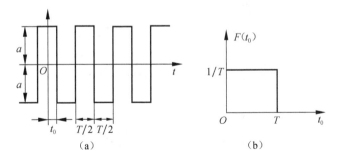

图 11-17

第 12 章　非线性振动

12.1　引　　言

线性系统的运动方程可写为

$$m\ddot{x}(t) = F(t) - c\dot{x}(t) - kx(t) \tag{12-1}$$

式(12-1)包含了一个假定,阻尼力$-c\dot{x}(t)$和弹性恢复力$-kx(t)$分别与振动速度$\dot{x}(t)$和振动位移$x(t)$成正比,但是一般阻尼力与弹性恢复力同$\dot{x}(t),x(t)$之间存在着较为复杂的非线性关系

$$m\ddot{x}(t) = F(t) - P(x,\dot{x}) \tag{12-2}$$

只有当$x,\dot{x}$均较小,即微幅振动的情况下,才可将$P(x,\dot{x})$函数在$x=0,\dot{x}=0$的附近展成泰勒级数,仅取其一次项,而略去高次项,从而得到式(12-1)的线性方程。由此可见,线性系统与非线性系统之间并无绝对的界线。一般,当一个系统做微幅振动时,可略去其弹性恢复力和阻尼力中的高次项,而将系统模型线性化,从而简化其分析与求解。可是当系统的振动幅度超过一定限度时,弹性恢复力和阻尼力中的高次项就不可忽略了,因而必须采用非线性模型。

在第 1 章中,以单摆为例说明了系统的线性化处理,下面再通过几个实例来说明振动系统的非线性模型。图 12-1(a)～(d)为产生非线性恢复力的四个例子,而

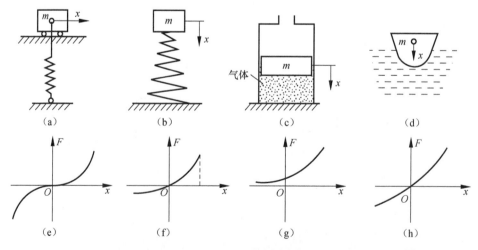

图 12-1　产生非线性恢复力的几种类型及其恢复力与位移之间的关系

图 12-1(e)～(h)分别为其恢复力与位移之间的非线性关系。以上诸例中的非线性因素,是由于刚度(即图 12-1 中 $F\text{-}x$ 曲线的斜度)随位移连续变化而形成的。当位移变化时,刚度亦发生突然变化也是一种非线性因素,图 12-2(a)～(c)所示的系统就是具有这种突变性的非线性系统,其恢复力与位移之间的关系分别如图 12-2(d)～(f)所示。图 12-2(a)中的系统称为**分段线性非线性系统**,图 12-2(b)、(c)中的系统又称为**固有非线性系统**。

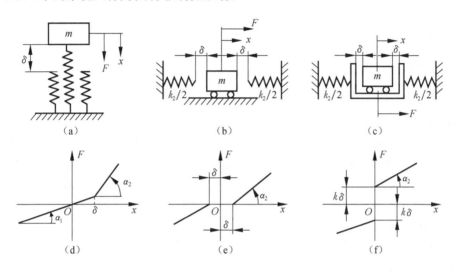

图 12-2　具有突变性的非线性系统及其力与位移之间的关系

除了以上诸例中的非线性恢复力以外,还有非线性阻尼力。图 12-3(a)～(c)为几种典型的非线性阻尼力。其中图 12-3(a)是平方阻尼,图 12-3(b)是库仑阻尼,图 12-3(c)是考虑到动、静摩擦之间差别的摩擦阻力。非线性系统需要用形如式(12-2)的非线性方程来描述。

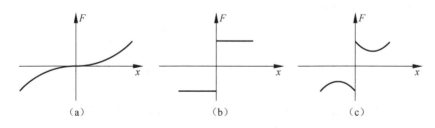

图 12-3　几种典型的非线性阻尼力

求解线性系统运动方程的各种方法都以**叠加原理**为基础。叠加原理对于非线性系统并不成立,这是非线性系统的突出特点。

为了分析与求解非线性系统,必须另辟蹊径。总的说来,有两类方法可以用于分析非线性系统:一类是定性的方法或称几何法,用以判定一个系统的发展趋势,主要是其稳定性问题;另一类是定量的方法,主要有平均法、迭代法与摄动法等,用于求出系统振动时间历程的近似表达式。本章先讲定性的方法,然后讲述定量的方法。

12.2　状态空间与相图

12.2.1　状态空间

方程(12-2)可写成

$$\dot{x}(t) = \frac{F(t)}{m} - \frac{P(x,\dot{x})}{m} = f(x(t),\dot{x}(t),t) \tag{12-3}$$

式中,f 是单位质量所受到的力(包括外力、弹性恢复力与阻尼力),是 x 与 $\dot{x}$ 的非线性函数,还直接与时间 t 有关,即为 t 的显函数。造成所受力直接依赖 t 的原因有两个:一是系统承受的外力 $F(t)$ 是随时间而变化的动态力,这时与 t 有关的这一部分可以从函数 f 中分离出来如式(12-3)所示;二是弹性恢复力和阻尼力与 $x,\dot{x}$ 的关系本身随时间而变化,即系统本身是时变的,这时 f 函数中与时间直接有关的这一部分往往不能分离。

对于多自由度系统,将其广义坐标记为 q_i,广义速度记为 $\dot{q}_i(i=1,2,\cdots,n)$,则方程(12-3)可写成

$$\ddot{q}_i(t) = f_i(q_1,q_2,\cdots,q_n;\dot{q}_1,\dot{q}_2,\cdots,\dot{q}_n;t), \quad i=1,2,\cdots,n \tag{12-4}$$

其中,$\ddot{q}_i$ 是第 i 个广义坐标的加速度;f_i 是与第 i 个广义坐标相对应而作用在单位质量(或惯量)上的广义力。

1. 位形空间

广义坐标确切地描述了系统的位置或形状,因此由广义坐标组成的向量

$$\{q(t)\} = \{q_1(t),q_2(t),\cdots,q_n(t)\}^{\mathrm{T}} \tag{12-5}$$

可称为位形向量,而此向量的端点被称为代表点。由各广义坐标 $q_i(t)(i=1,2,\cdots,n)$ 所形成的 n 维空间,称为位形空间。图12-4即为一个三维的位形空间,其中 OP 为位形向量,而 P 为代表点。当系统在运动时,代表点 P 在位形空间划出一条路径,如图中曲线 a 所示。在位形空间中以路径来描述系统的运动时,这些路径会相交。如图中 a,a' 两条路径就在 P 点相交。其原因在于代表点 P 只决定了系统在某时刻的位形,但并未确定系统在该时刻的发展趋势。事实上,处在 P 点的系统可以有不同的速度,如图中 v 及 v' 所示,因此系统可以有不同的运动趋势,即不同的路径。从总体上看,位形空间中的各条路径因相互交叉而显得杂乱无章,不便于分析。有没有办法使路径变得像流速场中的流线、电场中的电力线或磁场中的

磁力线那样互不相交(除个别点外),而显得条理井然,便于分析处理呢? 答案是肯定的。为此,除了广义坐标之外,我们必须将广义速度也纳入考虑,从而将"位形空间"拓宽为"相空间"或"状态空间"。

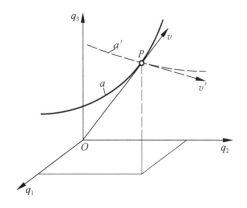

图 12-4　三维位形空间

2. 状态空间

将广义坐标 $q_i(t)$ 与广义速度 $\dot{q}(t)$ 组合成为一个向量 $\{q_1, q_2, \cdots, q_n; \dot{q}_1, \dot{q}_2, \cdots, \dot{q}_n\}$,称为**状态向量**,其各个分量称为**状态变量**,状态向量所存在的空间,即由诸 $q_i, \dot{q}_i (i=1,2,\cdots,n)$ 所形成的空间,称为**相空间**或**状态空间**。对于 n 自由度的系统,其相空间是 $2n$ 维的。状态向量的端点,称为"状态点",其运动轨迹称为相轨迹或轨线,轨线的总体称为相图。我们知道,任何时刻 $t=t_0$ 的一组广义坐标 $q_i(t_0)=q_{i0}$ 与广义速度 $\dot{q}_i(t_0)=\dot{q}_{i0} (i=1,2,\cdots,n)$ 构成一组完备的初始条件,它们以系统的运动方程组(12-2)为根据,完全决定了系统在该时刻之后的运动,即在该时刻之后的轨线。由此可见,通过相空间中一点,一般只会有一条轨线,因此其各条轨线不会相交(个别点除外),而整个相图纹理井然,便于分析,这就解释了为什么非线性系统的几何理论需要在相空间中展开,而不是在位形空间中进行。

图 12-5(a)为一谐振子,而 12-5(b)为其相图。对于单自由度系统,广义坐标只有一个,即质块的位移 $q(t)$,而状态变量有两个,即 $q(t)$ 和运动速度 $\dot{q}(t)$。由此例可见,对状态变量的要求比对广义坐标更多,前者只需要确定系统在某时刻的位移或形状,而后者还应能决定系统在该时刻的发展趋势,并通过此发展趋势,而决定系统在其后的整个发展历程。

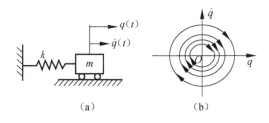

(a)　　　　　　　　(b)

图 12-5　谐振子及其相图

图 12-5(b)中以箭头标明了状态点在相轨迹上的运动方向,即顺时针方向。这一点具有普遍性,即反方向的运动是不可能的。

3. 状态方程

以状态变量作为基本变量来改写系统的运动方程(12-4),可得到状态方程。为此,令

$$x_i = q_i, \quad x_{n+i} = \dot{q}_i, \quad i = 1, 2, \cdots, n \tag{12-6}$$

而状态向量成为

$$\{x\} = \{x_1, x_2, \cdots, x_n\}^{\mathrm{T}} \tag{12-7}$$

从而有

$$\dot{x}_i = x_{n+i}, \quad i = 1, 2, \cdots, n \tag{12-8}$$

而由运动方程(12-4),有

$$\dot{x}_{n+i} = \ddot{x}_i = \ddot{q}_i = f_i, \quad i = 1, 2, \cdots, n \tag{12-9}$$

综合式(12-8)和式(12-9),有

$$\dot{x}_i(t) = X_i(x_1, x_2, \cdots, x_{2n}; t), \quad i = 1, 2, \cdots, 2n \tag{12-10}$$

式中

$$X_i(x_1, x_2, \cdots, x_{2n}; t) = x_{n+i}, \quad i = 1, 2, \cdots, n \tag{12-11}$$

$$X_{n+i}(x_1, x_2, \cdots, x_{2n}; t) = f_i(x_1, x_2, \cdots, x_{2n}; t), \quad i = 1, 2, \cdots, n \tag{12-12}$$

式(12-10)中前 n 个等式可由定义式(12-6)、式(12-7)证明是恒等式 $\dot{x}_i(t) = \dot{q}_i(t)$($i = 1, 2, \cdots, n$);而后 n 个等式则与运动方程(12-4)等价。

方程(12-10)称为系统的状态方程,这是 $2n$ 个状态变量的一阶微分方程组。写成向量式为

$$\{\dot{x}\} = \{X\} \tag{12-13}$$

状态方程在各个领域都有广泛的运用,是非线性振动的几何理论的基础。对于一组确定的初始条件(对应于状态空间中一个确定的):

$$x_i(0) = \alpha_i, \quad i = 1, 2, \cdots, 2n \tag{12-14}$$

可证明式(12-10)或式(12-12)有唯一的一组解(证明略):

$$x_i(t) = \phi_i(\alpha_1, \alpha_2, \cdots, \alpha_{2n}; t), \quad i = 1, 2, \cdots, 2n \tag{12-15}$$

这表明通过状态空间中一个确定的点,一般只有一条确定的轨线。一般轨线可由式(12-13)积分求出,因此又称为积分曲线。

4. 自治系统

状态方程(12-10)右边是各状态变量的变化率,可以称为"状态速度"。该式的右边表明,状态速度除了是状态变量的函数,并通过状态变量而间接地依赖于时间 t 以外,还是 t 的显函数,即直接依赖于 t。这表明速度场随时间变化,即状态空间

中一个确定点的速度并非定常的。

如果式(12-10)的右边不显含时间 t，即

$$\dot{x}_i(t) = X_i(x_1, x_2, \cdots, x_{2n}), \quad i = 1, 2, \cdots, 2n \tag{12-16}$$

或写成向量形式

$$\{\dot{x}\} = \{X(\{x\})\} \tag{12-17}$$

则状态空间中的流场是定常的，这种系统叫做**自治系统**。自治系统在相空间各点都有确定不变的状态速度 $\{\dot{x}\}$。自治系统在相空间中的运动路径称为**轨线**。轨线在它经过的所有点都与该点的速度 $\{\dot{x}\}$ 相切。

12. 2. 2　相图

1. 平衡点

状态空间中 $\{\dot{x}\} \neq \{0\}$ 的点称为普通点或正则点，而

$$\{\dot{x}\} = \{\dot{x}_1, \dot{x}_2, \cdots, \dot{x}_{2n}\}^{\mathrm{T}} = \{X_i(x_1, x_2, \cdots, x_{2n})\} = \{0\} \tag{12-18}$$

的点称为奇点或平衡点。在平衡点上，所有的状态变量的变化率 $\dot{x}_i (i=1, 2, \cdots, 2n)$ 均为零，因而状态变量不会改变。另一方面，状态变量不改变，按式(12-18)，其变化率又只能为零，其结果是系统就只能静止在原来的位置上，不可能运动。

如果在一个平衡点的邻域中不存在其他的平衡点，这样的平衡点称为孤立平衡点。

如果式(12-14)所定义的初始条件正好对应于状态空间中的一个平衡点，则由于系统的状态静止在该点，不会运动，因此由式(12-15)，必然有

$$\alpha_i = \phi_i(\alpha_1, \alpha_2, \cdots, \alpha_{2n}; t), \quad i = 1, 2, \cdots, 2n \tag{12-19}$$

式(12-19)可以看成是平衡点的另一种定义。

如上所述，在平衡点上状态点移动的速度和加速度都为零，而由于连续性的关系，在平衡点附近状态点移动速度和加速度也无限小。从理论上讲，系统沿着一条轨线运动到平衡点所需时间是无限长的，因此平衡点可以说是可趋近而不可达到的。但在工程实践中，当时间足够长时，就认为系统的状态点已达到平衡点。

如果状态空间的原点是平衡点，则按式(12-19)，有

$$\phi_i(0, 0, \cdots, 0; t) = 0, \quad i = 1, 2, \cdots, 2n \tag{12-20}$$

如果平衡点本来不在原点，按下式进行坐标平移：

$$y_i = x_i - \alpha_i, \quad i = 1, 2, \cdots, 2n \tag{12-21}$$

就可以将原点平移到平衡点。

2. 平衡点的稳定性

平衡点可以分为两类，即稳定的平衡点和不稳定的平衡点，其差别并不在于平

衡点本身的状态,而在于系统在略为偏离平衡点时的运动趋势是趋向于回到平衡点、保持在平衡点附近运动还是趋向于偏离该平衡点越来越远。相应地,该平衡点分为渐近稳定的、半稳定的或不稳定的,其中前两种平衡点又统称为稳定的平衡点。

例 12-1　试求单摆在大范围中运动的状态方程、相图、其平衡点及其稳定性。

解　图 12-6(a)为一大范围运动的单摆,其广义坐标为摆角,运动方程已由式(1-3)给出,若记

$$\theta = x_1, \quad \dot\theta = x_2$$

即取摆角及摆动角速度为状态变量,可得状态方程:

$$\dot{x}_1 = x_2, \quad \dot{x}_2 = -\omega_0^2 \sin x_1 \tag{12-22}$$

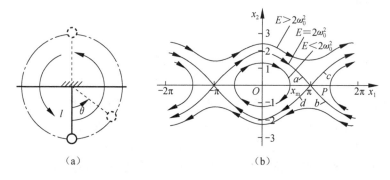

图 12-6　大范围运动的单摆及其相图

以下诸点为平衡点 $x_1 = \pm n\pi (n=0,1,\cdots)$, $x_2 = 0$。事实上,以这些点的坐标代入式(12-22),易知条件(12-18)成立。此例中相空间实际上是相平面,图 12-6(b)是其相图。为求此相图,可将状态方程(12-22)的两式相除,并消去 dt,整理得

$$\frac{dx_2/dt}{dx_1/dt} = \frac{dx_2}{dx_1} = -\frac{\omega_0^2 \sin x_1}{x_2}$$

即

$$x_2 \, dx_2 = -\omega_0^2 \sin x_1 \, dx_1$$

积分得

$$\frac{1}{2} x_2^2 + \omega_0^2 (1 - \cos x_1) = E \tag{12-23}$$

上式等号左边第一项为单位质量的摆锤的动能,第二项为单位质量、单位摆长的单摆的重力势能;而右边的 E 为积分常数,其物理意义为前述动能与势能之和,即总机械能。另一方面,从几何意义上看,式(12-23)是 (x_1, x_2) 平面上以 E 为参数的一族曲线方程,这些曲线即为相轨迹,或轨线。每一条轨线对应于一定的机械能,此例中系统沿轨线运动正体现了机械能守恒定律。图 12-6(b)中给出了三条典型的相轨迹。

1) $E = 2\omega_0^2$

如果系统的总机械能正好取此值,则当机械能全部转化为势能时,摆锤正好上升到顶点,此时 $x_1 = \pm(2j+1)\pi (j=1,2,\cdots)$, $x_2 = 0$,即对应于一系列的平衡点,如 $j=0$ 时,且上式取"+"号,得图中 P 点。从物理意义上看,所有这些平衡点对应于同一物理状态,即摆锤静止在图 12-6(a)中虚线所示的位置。此位置是平衡位置,实际上此平衡又是不稳定的,若因任何扰动,使摆锤略为偏离其平衡位置,则必然越偏越远,而终于倒向一边。到底倒向何边,问题本身无法确定,需视外界的随机扰动而定。因此,在图中通过 P 点有 c, d 两段轨线,分别表示摆锤从左、右两边倒下的运动方程,而 a, b 两段路径则分别表示摆锤从左、右两边趋向 P 点的过程。

从以上分析,可以得到关于平衡点的三点结论:

(1) 一个非线性系统可以有多个平衡点;

(2) 由于 $x_1 = x_2 = 0$,平衡点一定落在 x_1 轴上;

(3) 在平衡点处可以有多条相轨迹相交,从式(12-23)可见,在平衡点上,相轨迹的斜率 $dx_2/dx_1 = 0/0$,是不定的。

2) $E < 2\omega_0^2$

此时系统的机械能不足以使摆锤达到上顶点,而只能做来回周期摆动。其相轨迹是封闭曲线,而振幅由 E 值控制。当 E 趋近于零时,系统成为线性的,相轨迹成为环绕 $x_1 = \pm(2j+1)\pi (j=1,2,\cdots)$, $x_2 = 0$ 的椭圆,与图 12-5(b)所示的谐振子的相轨迹相同。当 $E = 0$ 时,相轨迹收缩为平衡点 $x_1 = 2j\pi (j=1,2,\cdots)$, $x_2 = 0$。物理上对应于摆锤静止在图 12-6(a)中实线所示的位置。从物理意义上不难理解,这些平衡点均为稳定平衡点,而且是半稳定的。如果考虑到系统的阻尼,这些平衡点便成为渐近稳定的。

3) $E > 2\omega_0^2$

此时摆锤将越过上顶点,而产生不均匀的转动,这时 $x_1 = \theta$ 是无限增加的,故相轨迹是开放的,不再封闭。

通过上例,我们应该弄清楚"平衡"与"稳定"这两个概念之间的联系与差别,需知"平衡"并不一定"稳定",而稳定则一定是围绕着平衡点而言的。一般说来,如果要求一个工程系统稳定地运行,则应该工作在其平衡点上,但这样说远不够确切,应该说,它必须工作在其稳定平衡点上。这是由于一个真实的系统,必然经受各种各样的扰动,只有稳定平衡点才具有抗扰动的能力,从而能将系统维系在其周围而稳定地运转。对于处在这种平衡状态下的系统,短暂的、微小的扰动,只会引起其工作状态短暂的、微小的变化,而这些变化一般是工程实践可以容忍的。可是对于不稳定平衡点来说,任何短暂的、微小的扰动,都足以使系统永远地、大幅度地偏离其正常工作点,完全破坏系统的工作条件。由于这种不稳定平衡状态不具备抗干扰的能力,因此只是一种理论上的平衡状态,实际上是观察不到的。

　　3. 自治系统的相轨迹

　　自治系统的状态方程(12-10)的意义在于其状态点的移动速度仅由状态点自身的位置确定。基于此,从一组初始条件$\{x_0\} = \{x(0)\}$出发,便可逐点求出系统运动的轨线来,其步骤如下:

$$\{x_1\} = \{x_0\} + \{X(\{x_0\})\}\Delta t$$

式中,Δt是所取的时间间隔,同理

$$\{x_i\} = \{x_{i-1}\} + \{X(\{x_{i-1}\})\}\Delta t, \quad i = 2,3,\cdots$$

如此可求出轨线上的诸点$\{x_0\}, \{x_1\}, \{x_2\}, \cdots$,连成光滑的曲线即为轨线。以上诸点所对应的时刻为

$$t_i = i\Delta t, \quad i = 0,1,2,\cdots \tag{12-24}$$

而时间历程为

$$\{x(t_i)\} = \{x_i\}, \quad i = 0,1,2,\cdots \tag{12-25}$$

　　以下介绍等倾线法,即适用于单自由度自治系统的相平面上相轨迹作图的方法。

　　当$n = 1$时,式(12-16)成为

$$\dot{x}_1 = X_1(x_1,x_2), \quad \dot{x}_2 = X_2(x_1,x_2) \tag{12-26}$$

由此

$$\frac{\mathrm{d}x_2}{\mathrm{d}x_1} = \frac{X_2(x_1,x_2)}{X_1(x_1,x_2)} = \varphi(x_1,x_2) \tag{12-27}$$

式(12-27)决定了相平面上任一点(x_1,x_2)处轨线的斜率。令

$$\frac{\mathrm{d}x_2}{\mathrm{d}x_1} = \varphi(x_1,x_2) = c$$

式中,c为常数,得到相平面上轨线倾斜度为c的诸点连成的曲线,称为"等倾线"。取不同的c值,$c = c_1, c = c_2, \cdots$,得到等倾线族,如图12-7所示。等倾线的交点必为系统的奇点,因为该点的轨线的斜率$\mathrm{d}x_2/\mathrm{d}x_1$不定。

　　设起始点A正好落在$c = c_1$的等倾线上,从该点出发,分别以c_1, c_2的斜率作射线,如图中虚线所示,分别交$c = c_2$的等倾线于两点,取此两点所截等倾线图弧段的中点B,则线段AB就是一段轨线。如法炮制,得到$A,B,C,D,\cdots$诸点,连成曲线,即为从A点出发的一条轨线。同理可作出其他各条轨线。值得注意的是,按此法作图,会有累积误差。减小误差的途径是缩小c的诸取值$c_1, c_2, \cdots$之间的间隔,即取更多的等倾线。

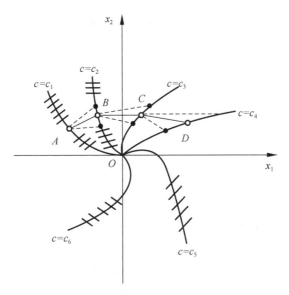

图 12-7　相平面上的等倾线

12. 2. 3　奇点邻域中相图的特性

平衡点是相空间中的奇点,奇点附近相图的几何性质决定在该点所代表的状态下工作的系统的动态特性。因此,研究奇点邻域中的相图的性质,具有重要的实际意义。掌握奇点附近的相图的特性,也是进一步确定大范围中的相图的基础与关键。

下面定性地研究奇点附近的相图,即平衡点的稳定性以及轨线趋向(或离开)平衡点的方式是单调地或是振荡地趋近(或离开)。这些性质不会因为对相平面进行连续的坐标变换而改变,即属于拓扑性质。在本节中我们将采用线性变换的方法来揭示这些拓扑性质。

对于奇点邻域中的相图,将奇点附近系统的状态方程展开,略去高次项,而仅取一次项,从而使状态方程线性化。此线性化的系统在该奇点附近的性质,可以代表原来的非线性系统在同一奇点附近的性质。

1. 单自由度自治系统状态方程在平衡点邻域的线性化

单自由度自治系统的状态方程如式(12-26)所示,设平衡点的坐标为 $x_1 = a_1$, $x_2 = a_2$,代入式(12-26)得

$$\dot{x}_1 = X_1(a_1, a_2) = 0, \quad \dot{x}_2 = X_2(a_1, a_2) = 0 \qquad (12\text{-}28)$$

由于 X_1, X_2 为非线性函数,一般会得到关于 a_1, a_2 的多组解,即可能有多个平衡点。采用式(12-19)所示的坐标平移变换,将坐标原点移到任何一个平衡点,不失

一般性,可以将原点作为平衡点,即 $a_1 = a_2 = 0$,而在原点附近将状态方程(12-26)展开为

$$\dot{x}_1 = a_{11}x_1 + a_{12}x_2 + \varepsilon_1(x_1, x_2), \quad \dot{x}_2 = a_{21}x_1 + a_{22}x_2 + \varepsilon_2(x_1, x_2)$$

$$(12\text{-}29)$$

式中

$$a_{ij} = \frac{\partial X_i(x_1, x_2)}{\partial x_j}\bigg|_{x_1 = x_2 = 0}, \quad i, j = 1, 2 \tag{12-30}$$

$\varepsilon_1, \varepsilon_2$ 是二阶以上的微量。如略去这些高阶微量,并采用矩阵记法

$$[a] = \begin{bmatrix} a_{11} & a_{12} \\ a_{21} & a_{22} \end{bmatrix}, \quad \{x\} = \begin{Bmatrix} x_1 \\ x_2 \end{Bmatrix} \tag{12-31}$$

则得到线性化的状态方程为

$$\{\dot{x}\} = [a]\{x\} \tag{12-32}$$

此式在原点(平衡点)附近近似地成立。以下分析此式所代表的近似线性系统在原点附近的相图的几何特性,并按之对平衡点进行分类。

2. 平衡点邻域中的相图及平衡点的类型

式(12-32)表明系统在平衡点附近的动态特性由矩阵 $[a]$ 确定,这里假定 $[a]$ 是非奇异矩阵。为了研究此矩阵对平衡点附近的相图性质的影响,对相平面进行线性变换,其目的是将 $[a]$ 变成尽可能简单的形式。若记

$$\{x\} = [b]\{u\} \tag{12-33}$$

其中,$[b]$ 是一非奇异的变换矩阵;$\{u\}$ 是新的状态变量。将式(12-33)代入式(12-32),并将所得等式两边左乘 $[b]^{-1}$,则得到对于新的状态变量 $\{u\}$ 的状态方程

$$\{\dot{u}\} = [b]^{-1}[a][b]\{u\} = [c]\{u\} \tag{12-34}$$

其中

$$[c] = [b]^{-1}[a][b]$$

式(12-34)表示的变换称为相似变换,而 $[c]$,$[a]$ 两矩阵称为相似矩阵。相似矩阵具有相同的特征值。矩阵 $[a]$ 的特征值满足以下方程:

$$\begin{vmatrix} a_{11} - \lambda & a_{12} \\ a_{21} & a_{22} - \lambda \end{vmatrix} = 0$$

展开上式,得到关于 λ 的二次代数方程:

$$\lambda^2 - (a_{11} + a_{22})\lambda + (a_{11}a_{22} - a_{12}a_{21}) = 0 \tag{12-35}$$

求解式(12-35)可得出两个特征值 λ_1, λ_2。这两个特征值有以下三种情形,对于每一种情形,都可以选择适当的变换矩阵 $[b]$,使得 $[c]$ 矩阵化为最简单的若尔当(Jordan)形。

（1）如 λ_1，λ_2 是相异实数，则有

$$[c] = [b]^{-1}[a][b] = \begin{bmatrix} \lambda_1 & \\ & \lambda_2 \end{bmatrix} \tag{12-36}$$

而式（12-34）成为

$$\begin{Bmatrix} \dot{u}_1 \\ \dot{u}_2 \end{Bmatrix} = \begin{bmatrix} \lambda_1 & \\ & \lambda_2 \end{bmatrix} \begin{Bmatrix} u_1 \\ u_2 \end{Bmatrix} \tag{12-37}$$

即

$$\dot{u}_1 = \lambda_1 u_1, \quad \dot{u}_2 = \lambda_2 u_2 \tag{12-38}$$

其解为

$$u_1 = u_{10} e^{\lambda_1 t}, \quad u_2 = u_{20} e^{\lambda_2 t} \tag{12-39}$$

式中，u_{10}，u_{20} 分别是 u_1，u_2 的初值。

如果 $\lambda_2 < \lambda_1 < 0$，则在原点 $u_1 = u_2 = 0$ 附近的相图如图 12-8(a) 所示。这种情况下，相平面 (u_1, u_2) 的原点称为结点。从相图中可见，从原点附近出发的所有点的轨线都单调地趋向原点。因此，此结点在 Lyapunov 意义下是渐近稳定的。

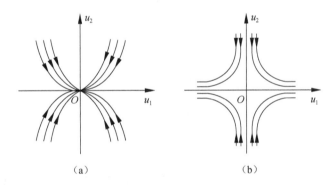

（a）　　　　　　　　　　　　　（b）

图 12-8　原点附近的相图

如果 $\lambda_2 > \lambda_1 > 0$，轨线的形状仍与图 12-8(a) 相同，但所有的箭头需反向，得到不稳定的结点。

需要说明，以上关于平衡点的类型（结点）和稳定性（渐近稳定）的结论是就状态方程（12-37）与相平面 (u_1, u_2) 上原点的邻域中的相图得出的。以上结论完全可以适用于原来的状态方程（12-32）及原来相平面 (x_1, x_2) 上原点邻域中的相图。这是由于：①线性变换式（12-33）将 (x_1, x_2) 平面的原点变为 (u_1, u_2) 平面的原点，而且前者原点的邻域变为后者原点的邻域；②线性变换式（12-33）固然会改变轨线的形状，但不会改变轨线趋近或离开原点的方向与方式（单调或振荡）；③矩阵 $[c]$ 与矩阵 $[a]$ 的特征值均为 λ_1，λ_2。这里的说明对本节后面的分析也同样适用。

如果 $\lambda_2 < 0 < \lambda_1$，则相图如图 12-8(b)所示，这时的原点称为鞍点，鞍点总是不稳定的。

（2）如果 λ_1, λ_2 是相等的实数，则 $[c]$ 的若尔当形有两种：

$$[c] = \begin{bmatrix} \lambda_1 & 0 \\ 0 & \lambda_2 \end{bmatrix}, \quad [c] = \begin{bmatrix} \lambda_1 & 1 \\ 0 & \lambda_2 \end{bmatrix} \tag{12-40}$$

对于第一种情况，与式(12-38)相应的解为

$$u_1 = u_{10} e^{\lambda_1 t}, \quad u_2 = u_{20} e^{\lambda_2 t} \tag{12-41}$$

这时原点仍为结点，但相轨迹成为过原点的直线，这种结点称为边界结点。且当 $\lambda_1 < 0$ 时，为稳定结点，而当 $\lambda_1 > 0$ 时，得到不稳定结点。至于式(12-41)所示的第二种情况，将得到一种退化的结点，轨线为曲线，仍然是 $\lambda_1 < 0$ 时稳定，而 $\lambda_1 > 0$ 时不稳定。

（3）如果 λ_1, λ_2 是共轭复数，令 $\lambda_1 = \alpha + i\beta$，$\lambda_2 = \alpha - i\beta$，$\alpha, \beta$ 为实数，则式(12-38)为

$$\dot{u}_1 = (\alpha + i\beta)u_1, \quad \dot{u}_2 = (\alpha + i\beta)u_2 \tag{12-42}$$

其解为

$$u_1 = (u_{10} e^{\alpha t}) e^{i\beta t}, \quad u_2 = (u_{20} e^{\alpha t}) e^{-i\beta t} \tag{12-43}$$

做线性变换

$$\begin{Bmatrix} v_1 \\ v_2 \end{Bmatrix} = \frac{1}{2} \begin{bmatrix} u_{20} & u_{10} \\ iu_{20} & -iu_{10} \end{bmatrix} \begin{Bmatrix} u_1 \\ u_2 \end{Bmatrix} \tag{12-44}$$

将式(12-43)中的 u_1, u_2 代入式(12-44)，并记 $u_{10} u_{20} = u_0$，得

$$v_1 = (u_0 e^{\alpha t}) \sin(\beta t), \quad v_2 = (u_0 e^{\alpha t}) \cos(\beta t)$$

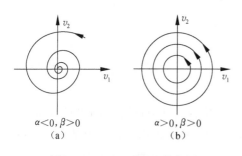

在 (v_1, v_2) 平面上，这是一对数螺旋线，如图 12-9(a)所示。β 的符号确定螺旋线的旋向：$\beta > 0$，为逆时针方向；$\beta < 0$，为顺时针方向。α 的符号则决定是向内旋，还是向外旋，即决定平衡点（原点）的稳定性：$\alpha < 0$，向内旋，渐近稳定；$\alpha > 0$，向外旋，不稳定。图 12-9(a)为 $\alpha < 0, \beta > 0$ 的情况，这种类型的平衡点称为螺旋极点或焦点。在平衡点为焦点的情况下，其附近的轨线以衰减振荡的方式趋向平衡点，或以增幅振荡的方式，偏离平衡点。

图 12-9　v_1-v_2 平面上的相图

当 $\alpha = 0$ 时，轨线成为如图 12-9(b)所示的同心圆，这种平衡点称为中心（centre），属于半稳定。

3. 按矩阵[a]来分析平衡点的类型

基于以上的讨论与分析,可以不必求出[a]的特征值,而直接按[a]的元素来判断平衡点的类型。若记

$$a_{11} + a_{22} = p, \quad a_{11}a_{22} - a_{12}a_{21} = q \qquad (12\text{-}45)$$

则式(12-35)成为

$$\lambda^2 - p\lambda + q = 0 \qquad (12\text{-}46)$$

式(12-46)就是特征方程,求解得到特征值为

$$\lambda_{1,2} = (p \pm \sqrt{p^2 - 4q})/2 \qquad (12\text{-}47)$$

由式(12-47)可见,参数 p,q 决定了特征值 λ_1,λ_2,从而决定了平衡点的性质。这种关系以图 12-10 表示。其中 SN 为稳定结点,UN 为不稳定结点,SP 为鞍点,SBN 为稳定边界结点,UBN 为不稳定边界结点,SF 为稳定焦点,UF 为不稳定焦点,C 为中心。

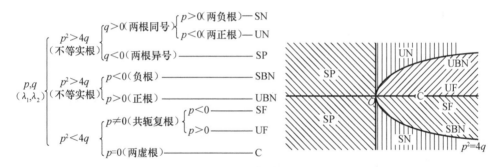

图 12-10　p,q 与平衡点性质的关系

以上结论是对经过线性化的近似系统而言的,但是除了中心(C)的情况以外,其余结论均适用于原来的非线性系统。对于中心的情况,真实的非线性系统可能是一稳定焦点(SF),也可能是不稳定焦点(UF),也可能仍为中心(C),这取决于式(12-29)中被略去的高次项的作用,仅由线性分析无法判断。

由图 12-10 可以得出一条结论,在平衡点附近线性化的系统的矩阵[a]的特征值 λ_1,λ_2 中,只要有一个是正的实数,或者其实部是正的,则原系统的平衡点是不稳定的。

由于一个非线性系统可以有多个平衡点,而每个平衡点的稳定性可以不相同,因而非线性系统的稳定性是针对某一平衡点而言,一般不能笼统地说这个系统的稳定性。而一个线性系统只能有一个平衡点,不妨将其平衡点的稳定性说成是该线性系统自身的稳定性,线性系统的稳定性问题是一个由该系统本身的性质决定的概念,而与外加激励无关。

例 12-2　试分析例 12-1 中单摆的平衡点的类型。

解　从物理意义上讲,只存在图 12-6(b)中原点 O 与 P 的两个平衡点,其坐标分别为 $x_1=0,x_2=0;x_1=\pi,x_2=0$,分别对应于摆锤铅垂向下及倒立向上两种状态,分别如图 12-6(a)中的实线及虚线所示。

将例 12-1 中式(12-22)的状态方程在原点 O 附近线性化得

$$\begin{Bmatrix} \dot{x}_1 \\ \dot{x}_2 \end{Bmatrix} = \begin{bmatrix} 0 & 1 \\ -\omega_0^2 & 0 \end{bmatrix} \begin{Bmatrix} x_1 \\ x_2 \end{Bmatrix}$$

从上式可知

$$[a] = \begin{bmatrix} 0 & 1 \\ -\omega_0^2 & 0 \end{bmatrix}$$

特征方程为

$$\begin{vmatrix} -\lambda & 1 \\ -\omega_0^2 & -\lambda \end{vmatrix} = 0$$

展开,得

$$\lambda^2 + \omega_0^2 = 0$$

其根为

$$\lambda_{1,2} = \pm i\omega_0$$

按图 12-10,原点是一中心。对于非线性系统来说,原点确为一中心,是稳定平衡点。由式(12-45)可知,$p=0,q=\omega_0^2$,从系数 p,q 也可判断平衡点 O 的类型与稳定性。

将例 12-1 中式(12-22)在 P 点附近线性化,得

$$\begin{Bmatrix} \dot{x}_1 \\ \dot{x}_2 \end{Bmatrix} = \begin{bmatrix} 0 & 1 \\ \omega_0^2 & 0 \end{bmatrix} \begin{Bmatrix} x_1 \\ x_2 \end{Bmatrix}$$

特征方程为

$$\lambda^2 - \omega_0^2 = 0$$

其根为

$$\lambda_{1,2} = \pm \omega_0$$

由图 12-10,该平衡点为鞍点。由式(12-47)可知,$p=0,q=-\omega_0^2$,按系数 p,q 也可判断平衡点 O,P 的类型与稳定性。

4. Routh-Hurwitz 判据

判断一个系统在其平衡点上工作的稳定性,需要求解特征方程(12-46)。对于单自由度系统,特征方程是二次代数方程,求解并不困难。对于多自由度系统,特征方程是高次代数方程,求解不易。如果仅仅是判断平衡点的稳定性,则并不需要

解出特征根,而可直接就特征方程的系数来判断其稳定性。Routh-Hurwitz 判据旨在解决这一问题。

设特征方程为

$$a_0\lambda^m + a_1\lambda^{m-1} + a_2\lambda^{m-2} + \cdots + a_{m-1}\lambda + a_m = 0 \qquad (12\text{-}48)$$

其中,$m = 2n$,n 为系统的自由度;$a_i(i = 0, 1, \cdots, m)$ 是实系数。

方程(12-48)有 m 个根,$\lambda_1, \lambda_2, \cdots, \lambda_m$,其中只要有一个具有正实部,则系统是不稳定的。以下两个条件是使所有的根都不具有正实部的必要条件(但并不是充分条件)。

(1) 所有的系数 $a_1, a_2, \cdots, a_m$ 具有相同的符号;

(2) 所有的系数均不为零。

满足以上两个条件,并不足以保证系统稳定,而不满足以上两个条件中的任何一个,系统肯定不是渐近稳定的。因此以上条件可用以检查系统的不稳定性。

保证系统渐近稳定的充要条件是 Routh-Hurwitz 判据,以特征方程(12-48)的系数构造以下行列式:

$$\Delta_1 = a_1, \quad \Delta_2 = \begin{vmatrix} a_1 & a_0 \\ a_3 & a_2 \end{vmatrix}, \quad \Delta_3 = \begin{vmatrix} a_1 & a_0 & 0 \\ a_3 & a_2 & a_1 \\ a_5 & a_4 & a_3 \end{vmatrix}, \cdots,$$

$$\Delta_m = \begin{vmatrix} a_1 & a_0 & 0 & \cdots & 0 \\ a_3 & a_2 & a_1 & \cdots & 0 \\ a_5 & a_4 & a_3 & \cdots & 0 \\ \vdots & \vdots & \vdots & & \vdots \\ a_{2m-1} & a_{2m-2} & a_{2m-3} & \cdots & a_m \end{vmatrix} \qquad (12\text{-}49)$$

各行列式的构造规则为:Δ_i 是 $i \times i$ 行列式$(i = 0, 1, \cdots, m)$;行列式的第一列是 $a_1, a_3, a_5, \cdots, a_{2i-1}$;每一行从其左边第一元素开始向右排列,元素的下标逐个递降;当元素的下标 $r > m$,或 $r < 0$ 时,元素取为零。

设系数 $a_0 > 0$,Routh-Hurwitz 判据为:特征方程的所有根都具有负实部的充要条件是,所有的 m 个行列式都为正。由于有 $\Delta_m = a_m\Delta_{m-1}$,因此只需检查前 $m-1$ 个行列式就够了。

例 12-3　图 12-11 为一两自由度系统,其中有一弹簧为非线性弹簧,其恢复力与位移之间的关系为

$$f(x_1) = -kx_1[1 - (x_1/a)^2]$$

试推导系统的运动方程,找出平衡点,并按 Routh-Hurwitz 判据判断诸平衡点的稳定性。

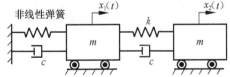

图 12-11　非线性两自由度系统

　　解　分别对两质块取脱离体,按牛顿第二定律,可得运动方程为

$$m\ddot{x}_1 + 2c\dot{x}_1 - c\dot{x}_2 + kx_1[1-(x_1/a)^2] - kx_2 = 0$$
$$m\ddot{x}_2 - c\dot{x}_1 + c\dot{x}_2 - kx_1 + kx_2 = 0$$

(12-50)

　　平衡点对应于常数解,因而令上式中 $\dot{x}_1 = \ddot{x}_2 = \dot{x}_1 = \dot{x}_2 = 0$,即得平衡点的坐标所应满足的方程为

$$kx_1[1-(x_1/a)^2] - kx_2 = 0, \quad -kx_1 + kx_2 = 0$$

从上式可得到三组解

$$E_1 : x_1 = x_2 = 0, \quad E_2 : x_1 = x_2 = a, \quad E_3 : x_1 = x_2 = -a$$

即为三个平衡点。以下判断此三个平衡点的稳定性。

　　将运动方程(12-50)在 $x_1 = 0, x_2 = 0$(即原点)附近线性化,得

$$m\ddot{x}_1 + 2c\dot{x}_1 - c\dot{x}_2 + 2kx_1 - kx_2 = 0, \quad m\ddot{x}_2 - c\dot{x}_1 + c\dot{x}_2 - kx_1 + kx_2 = 0$$

而特征方程为

$$\begin{vmatrix} m\lambda^2 + 2c\lambda + 2k & -c\lambda - k \\ -c\lambda - k & m\lambda^2 + c\lambda + k \end{vmatrix} = 0$$

展开上式,得

$$m^2\lambda^4 + 3mc\lambda^3 + (3mk + c^2)\lambda^2 + 2ck\lambda + k^2 = 0$$

于是得对应于平衡点 E_1 的特征多项式的系数为

$$a_0 = m^2, \quad a_1 = 3mc, \quad a_2 = 3mk + c^2, \quad a_3 = 2ck, \quad a_4 = k^2$$

按式(12-49),各行列式为

$$\Delta_1 = a_1 = 3mc$$

$$\Delta_2 = \begin{vmatrix} a_1 & a_0 \\ a_3 & a_2 \end{vmatrix} = \begin{vmatrix} 3mc & m^2 \\ 2ck & 3mk + c^2 \end{vmatrix} = 7m^2ck + 3mc^3$$

$$\Delta_3 = \begin{vmatrix} a_1 & a_0 & 0 \\ a_3 & a_2 & a_1 \\ a_0 & a_4 & a_3 \end{vmatrix} = \begin{vmatrix} 3mc & m^2 & 0 \\ 2ck & 3mk + c^2 & 3mc \\ m^2 & k^2 & 2ck \end{vmatrix} = 5m^2c^2k^2 + 6mc^4k$$

$$\Delta_4 = a_4\Delta_3 = k^2(5m^2c^2k^2 + 6mc^4k)$$

所有的行列式均大于零,故所有特征根具有负实部,平衡点 E_1 是渐近稳定的。

　　为了在 E_2 点附近将运动方程(12-50)线性化,引入坐标的平移变换

$$x_1 = a + y_1, \quad x_2 = a + y_2$$

(12-51)

　　将坐标原点平移到 E_2 点。将式(12-51)代入式(12-50),略去高次项,即得在 E_2 点附近线性化的运动方程

$$m\ddot{y}_1 + 2c\dot{y}_1 - c\dot{y}_2 + 2ky_1 - ky_2 = 0, \quad m\ddot{y}_2 - c\dot{y}_1 + c\dot{y}_2 - ky_1 + ky_2 = 0$$

特征方程为

$$\begin{vmatrix} m\lambda^2 + 2c\lambda - k & -c\lambda - k \\ -c\lambda - k & m\lambda^2 + c\lambda + k \end{vmatrix} = 0$$

将上式展开为

$$m^2\lambda^4 + 3mc\lambda^3 + c^2\lambda^2 - ck\lambda - 2k^2 = 0$$

由于上式特征方程中,系数的符号不一致,即可判定平衡点 E_2 不是渐近稳定的(即可能是不稳定的,或半稳定的,实际上该平衡点是不稳定的)。

对平衡点 E_3 可作出同样的结论。

12.3　保守系统及其在大范围的运动

对于保守系统,所受到的力只是位置的函数,而与速度无关。运动方程为

$$\ddot{x} = f(x) \tag{12-52}$$

式中,$f(x)$ 是作用在单位质量上的力。注意到

$$\ddot{x} = \frac{\mathrm{d}\dot{x}}{\mathrm{d}t} = \frac{\mathrm{d}\dot{x}}{\mathrm{d}x}\frac{\mathrm{d}x}{\mathrm{d}t} = \dot{x}\frac{\mathrm{d}\dot{x}}{\mathrm{d}x}$$

代入式(12-52),得

$$\dot{x}\mathrm{d}\dot{x} = f(x)\mathrm{d}x$$

对上式积分,得

$$\frac{1}{2}\dot{x}^2 + V(x) = E \tag{12-53}$$

其中左边第一项 $\dot{x}^2/2$ 代表系统的动能,而

$$V(x) = -\int_0^x f(\xi)\mathrm{d}\xi$$

是系统势能(单位质量);而 E 是积分常数,即为系统单位质量的总机械能。记

$$x = x_1, \quad \dot{x} = x_2$$

得

$$\frac{1}{2}x_2^2 + V(x_1) = E \tag{12-54}$$

12.3.1　相图与轨线

如果将 (x_1, x_2) 平面作为相平面,E 作为第三变量,并设 E 轴垂直于相平面,则式(12-54)表示的是一空间曲面,如图 12-12(a)所示。

图 12-12(b)是以上曲面在 OEx_1 平面中的截形,此时有 $x_2 = \dot{x} = 0$,代入式(12-53)得到此截形的方程 $E = V(x)$。如果将 V 看做单位质量的重力势能,即高度 h,则图 12-12(b)中的截形可以形象地看做一条无摩擦的滚道,一小球沿该滚道滚动,E 代表小球起点的高度,而 x_1 则代表小球滚动的速度 v。

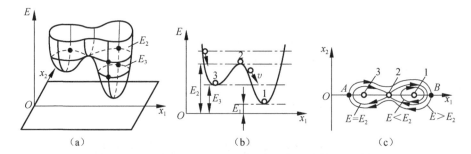

图 12-12　相空间曲面及其截面形状

图 12-12(c)是图 12-12(a)中的曲面在水平截面的截形,即等高线(轨线)。一条轨线对应于一条等高线(即一定的机械能 E),不同的轨线对应于不同的"高度"。在相平面上的一定点,只对应于曲面一定的高度(曲面是单叶的),因而一般只有一条轨线通过它。从这里可以看出,对于保守系统来说,轨线不相交其实表现为"等高线"不相交(个别点除外)。当系统在一条轨线上运行时,其机械能守恒,与外界无能量交换。而当从一条轨线跳到另一条轨线时,则有能量的释放或吸收,这就不成为保守系统了。

由式(12-54)还不难理解,轨线对于引轴是对称的。

图 12-12(c)中标有 1,2,3 这三个平衡点,其所对应的能量分别为 E_1,E_2 与 E_3。其中平衡点 1 与 3 为中心,平衡点 2 为鞍点,分别与势能的极小值和极大值相对应,如图 12-12(b)所示,前者为半稳定,后者为不稳定。而且可以直观地看出,对于保守系统来说,其平衡点不可能是结点或焦点,因而不存在渐近稳定的情况。其物理上的原因在于系统无能量耗散。

当 $E<E_2$ 时,系统在平衡点 1 或 3 周围的封闭轨线上运动,这时系统运动的轨线只包含一个中心;当 $E>E_2$ 时,轨线包含两个中心及一个鞍点(一般而言,一条封闭的轨线可以包含 i 个鞍点,$i+1$ 个中心,共 $2i+1$ 个平衡点)。

$E=E_2$ 的一条轨线将以上两种情况分开,称为分界线。

12.3.2　振动周期与极端位移

保守系统的振动周期可以采用直接积分的办法求出,即

$$T = \int_0^T \mathrm{d}t = \oint \frac{\mathrm{d}x_1}{x_2} \tag{12-55}$$

式中,$\oint$ 是沿闭合轨线的积分;$\mathrm{d}x_1/\mathrm{d}x_2 = \mathrm{d}x/(\mathrm{d}x/\mathrm{d}t) = \mathrm{d}t$。从式(12-54)中解出 x_2 代入式(12-55),并考虑到轨线对于 x_1 轴的对称性,有

$$T = \int_{x_\mathrm{B}}^{x_\mathrm{A}} \frac{\mathrm{d}x_1}{\sqrt{2(E-V(x_1))}} \tag{12-56}$$

式中,x_A,x_B 是轨线上两个极端点的坐标(图 12-12(c)),在该点上的速度 $x_2 = 0$,由式(12-54)有

$$V(x_A) = V(x_B) = E$$

由此即可确定振动时的极端位移 x_A 与 x_B。

例 12-4　试计算单摆在较大范围内振动的周期。

解　图 12-6(b)表明,单摆的封闭相轨迹对于 x_1 轴和 x_2 轴均是对称的,因此计算振动周期的积分式(12-56)可以写成

$$T = 4 \int_0^{x_m} \frac{\mathrm{d}x_1}{\sqrt{2(E - V(x_1))}} \tag{12-57}$$

式中,E 为单位质量的摆锤在上升到极端位置时的最大势能,即

$$E = \omega_0^2 (1 - \cos\theta_m) \tag{12-58}$$

式中,$\theta_m = x_m$,即摆的振幅(最大角位移)。而式(12-57)中的 $V(x_1)$ 可表示为

$$V(x_1) = V(\theta) = \omega_0^2 (1 - \cos\theta_m) \tag{12-59}$$

即以 θ 代替了 x_1。将式(12-58)、式(12-59)代入式(12-57),得

$$T = \frac{4}{\sqrt{2}\omega_0} \int_0^{\theta_m} \frac{\mathrm{d}\theta}{\sqrt{\cos\theta - \cos\theta_m}} \tag{12-60}$$

引入新的变量 ϕ,使得

$$\sin(\theta/2) = \sin(\theta_m/2)\sin\phi$$

式(12-60)成为

$$T = \frac{4}{\omega_0} \int_0^{\pi/2} \frac{\mathrm{d}\phi}{\sqrt{1 - \sin^2(\theta_m/2)\sin^2\phi}} \tag{12-61}$$

式(12-61)为第一类完全椭圆积分,可以查表得出其值。由式(12-61)可看出,周期 T 随着振幅 θ_m 的上升而加大,这是非线性系统的特征。当 θ_m 很小时,式(12-61)中 $\sin^2(\theta_m/2)\sin^2\phi$ 这一部分可略去,该积分值趋向 $\pi/2$,而该式成为 $T = 2\pi/\omega_0$,这正是线性谐振子的情形。

12.4　非线性振动分析的常用方法

12.4.1　极限环

1. 极限环的特点

保守系统存在封闭轨线,对应于系统的一种周期运动。当系统在一条轨线上运动时,其总的机械能守恒。非保守系统也可能存在封闭轨线,这种封闭轨线也代表一种周期解。但是这种封闭轨线与前述保守系统的封闭轨线有很大的不同:

第一,非保守系统在一封闭轨线上运动时,其总机械能并不守恒,它既吸收能

量,又耗散能量,总机械能在不断变化,只不过经过一周以后,能量的"收支"必须平衡,而系统的状态变量返回原状,然后开始下一个周期的运动。

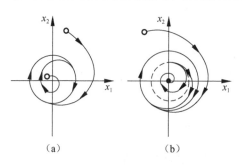

图 12-13　非保守系统的封闭轨线

第二,非保守系统的封闭轨线还可以具有一种"吸引力",它可以把从该轨线以外的其他点上出发的轨线"吸引"到该封闭轨线上来,如图 12-13(a)、(b)中以实线表示的封闭轨线即具有这种性质。因此,非保守系统的这种封闭轨线代表一种与初始条件无关的周期运动。这种周期运动是由系统本身决定的,初始条件的变化(图 12-13(a)),或者初始条件在一定范围内变化(图 12-13(b)),并不影响最后趋近的这种周期运动。而保守系统的封闭轨线是由其初始条件决定的。

具有以上特性的、非保守系统的封闭轨线称为"极限环"。除了常数解(平衡点)以外,周期解(极限环)也是动态系统的一种重要的运动方式。

2. 极限环的稳定性

极限环分为两种:稳定的与不稳定的。图 12-13(a)、(b)中以实线表示的极限环是稳定的,而图 12-13(b)中以虚线表示的极限环是不稳定的。

按照 Poincare 的轨道稳定性的定义,如果封闭轨线 c 附近的任一轨线都始终保持在附近,则封闭轨线 c 是轨道稳定的;如果附近的轨线当 $t \to \infty$ 时,都无限趋近于 c,则 c 是轨道渐近稳定的;如果附近的轨线都倾向于离开 c,则 c 是轨道不稳定的。

稳定极限环具有抗干扰的能力。当系统沿着一稳定极限环运动时,即使由于外界扰动使它暂时地偏离该极限环,它还是会回到该环上,或者保持在该环附近运动,不至于产生过大偏差。而不稳定极限环只是理论上的一种可能性,由于实际环境中各种扰动是不可避免的,因此在实验中是不可能观察到沿着不稳定极限环的运动。

图 12-13 给出了极限环与平稳点的两种典型的配置方式。图 12-13(a)中的原点是不稳定平衡点,而包围原点的极限环是稳定的。图 12-13(b)中的原点也是一个平衡点,其外包围着一个不稳定极限环(虚线),再外层是一稳定极限环(实线)。这种情况下的原点,对于小的扰动(在虚线环之内)是稳定的,而对于大的扰动(超过虚线环)则是不稳定的。这时的原点称为具有"有限振幅不稳定性"。

平衡点与极限环相结合,可用以描述自激振动的过程与特点。在图 12-13(a)的情况下,系统不可能静止在其中心的平衡点上,任何微小的初始扰动均会激起急剧上升的振动,而最后振动会被约束在稳定极限环上。在图 12-13(b)的情况下,如果扰动不超过虚线环所规定的阈值,系统可以稳定在其中心平衡点上,一旦越过这一阈值,也立即激起增幅振动,最后振动被稳定在外层的实线环上。

3. van der Pol 振子

van der Pol 振子是存在极限环的一个典型的系统,其运动方程为

$$\ddot{x} + \varepsilon(x^2 - 1)\dot{x} + x = 0, \quad \varepsilon > 0 \tag{12-62}$$

此方程的阻尼系数 $c = \varepsilon(x^2 - 1)$ 是变化的,当 $|x| < 1$ 时, $c < 0$,阻尼是负的,促使振幅上升;当 $|x| > 1$ 时, $c > 0$,阻尼为正,振幅下降。因此预期应该有极限环存在。实际上确实存在一稳定的极限环,图 12-14(a)、(b)分别给出了 $\varepsilon = 0.2$、 $\varepsilon = 1$ 两种情况下的相图,从图中可看出从相平面上任意点出发的轨线都收敛于极限环。

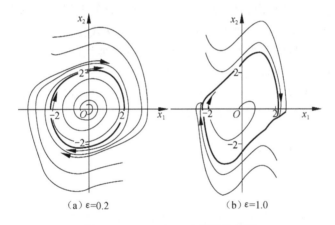

(a) $\varepsilon = 0.2$　　　　　　　　　(b) $\varepsilon = 1.0$

图 12-14　van der Pol 振子的相图

当 $\varepsilon \to \infty$ 时,极限环趋近于圆周;当 $\varepsilon < 0$ 时,极限环变成不稳定的。令 $x_1 = x$, $x_2 = \dot{x}$,则运动方程(12-62)可写成状态方程的形式:

$$\dot{x}_1 = x_2, \quad \dot{x}_2 = -x_1 + \varepsilon(1 - x_1^2)x_2 \tag{12-63}$$

在原点附近加以线性化,得

$$\begin{Bmatrix} \dot{x}_1 \\ \dot{x}_2 \end{Bmatrix} = \begin{bmatrix} 0 & 1 \\ -1 & \varepsilon \end{bmatrix} \begin{Bmatrix} x_1 \\ x_2 \end{Bmatrix} \tag{12-64}$$

特征方程为

$$\begin{vmatrix} -\lambda & 1 \\ -1 & \varepsilon - \lambda \end{vmatrix} = \lambda^2 - \varepsilon\lambda + 1 = 0 \tag{12-65}$$

解方程(12-65),可得特征根为

$$\lambda_{1,2} = \frac{\varepsilon}{2} \pm \sqrt{\left(\frac{\varepsilon}{2}\right)^2 - 1} \tag{12-66}$$

当 $\varepsilon > 0$ 时,原点是不稳定的平衡点,按线性化模型(12-64),从原点近旁出发的轨线是发散的,但对于真实的非线性系统,由于稳定极限环的存在,限制了轨线的无限发散,这是由于方程(12-63)中的非线性项。

当 $\varepsilon < 0$ 时,式(12-66)表明原点是稳定的,即从原点附近任一点出发的轨线应收敛于原点,但考虑到非线性系统存在一个不稳定的极限环,以上收敛性需限定一个范围:只有在该极限环内部的轨线才收敛于原点。

12.4.2 平均法

非线性系统响应的稳定性问题,其基础是系统的状态空间的图像表示的概念与方法,所涉及的问题基本上属于定性的问题。对于非线性系统响应,还应该考虑时间历程的定量问题。与线性系统不同,计算非线性系统的响应,很难找到广泛适用的统一方法,而只能提出各种分别适用于不同场合的近似方法,所得到的结果的精度可以视需要而确定。当要求的精度较高时,表达式变得复杂庞大,公式的推导工作量及计算工作量均急剧上升。由于较低阶的近似往往已能显示出解的全部性质,而较高阶的近似只不过是对解的具体数值作出了微小的修正而已。因此,为满足工程问题分析的需要,通常只需取较低阶的近似。下面讨论平均法、迭代法与摄动法,而且只限于将其应用于单自由度、弱非线性系统中。

1. 平均法的基本思想

对于非线性系统

$$\ddot{x} + \omega_0^2 x = \varepsilon f(x, \dot{x}) \tag{12-67}$$

式中,$f(x, \dot{x})$ 是非线性函数;$\varepsilon \ll 1$ 是某小参数,用以反映系统中比较弱的非线性。当 $\varepsilon = 0$ 时,系统退化为一线性谐振子,即

$$\ddot{x} + \omega_0^2 x = 0 \tag{12-68}$$

式中,ω_0 是谐振子的自然频率,其解为

$$x = a\cos\psi, \quad \psi = \omega_0 t + \theta \tag{12-69}$$

式中,a 与 θ 均为常数。当 $\varepsilon \neq 0$,但很小时,以上系统称为"拟线性系统"。这时非线性项的存在,必然对式(12-69)所表示的解有影响,假定这种影响表现在使原式中的常数 a,θ 变成时间的函数 $a(t)$,$\theta(t)$,来适应非线性项 $\varepsilon f(x, \dot{x})$ 的影响。这里有三个变量 $x(t)$,$a(t)$ 及 $\theta(t)$,其限制方程只有两个,即式(12-67)与式(12-69),还需再补充一个方程,才能完全确定它们之间的关系。由式(12-69),如果 a,θ 均为常数,则有

$$\dot{x} = -\omega_0 a\sin\psi \tag{12-70}$$

但由于 a,θ 均为变量,因而式(12-70)不一定成立。假定上式仍成立,并用它作为一个补充方程。现在视式(12-69)中的 a,θ 均为 t 的函数,求其对时间的导数,得

到

$$\dot{x} = \dot{a}\cos\psi - \omega_0 a\sin\psi - a\dot{\theta}\sin\psi$$

将式(12-70)代入上式,得

$$\dot{a}\cos\psi - a\dot{\theta}\sin\psi = 0 \tag{12-71}$$

对式(12-70)求导,得

$$\ddot{x} = -\omega_0^2 a\cos\psi - \omega_0\dot{a}\sin\psi - \omega_0 a\dot{\theta}\cos\psi \tag{12-72}$$

将式(12-69)、式(12-70)与式(12-72)代入式(12-67),并考虑到式(12-71),得

$$\omega_0\dot{a}\sin\psi + \omega_0 a\dot{\theta}\cos\psi = -\varepsilon f(a\cos\psi, -\omega_0 a\sin\psi) \tag{12-73}$$

从式(12-71)、式(12-73)解出 a 与 $\dot{\theta}$,得以下标准形式的方程:

$$\dot{a} = -\frac{\varepsilon}{\omega_0}\sin\psi f(a\cos\psi, -\omega_0 a\sin\psi), \quad \dot{\theta} = -\frac{\varepsilon}{\omega_0 a}\cos\psi f(a\cos\psi, -\omega_0 a\sin\psi)$$

$$\tag{12-74}$$

可以将式(12-67)与式(12-70)看成是一组方程,其独立变量是 x 与 $\dot{x}$,而式(12-74)是经过变换而得到的一组新的方程,其独立变量是 a 与 $\dot{\theta}$。以上两组方程是等价的,而且通过式(12-69)可以互相转换。方程(12-74)把 a 与 $\dot{\theta}$ 的变化率表达成为与小参数 ε 成正比的关系。当 $\varepsilon=0$ 时,$\dot{a}=\dot{\theta}=0$,即 a,θ 均为常数,回到线性系统的情况;当 $\varepsilon\neq 0$,但很小时,以上两式表明 a,θ 的变化很缓慢。

以下通过实例说明如何基于式(12-74),采用平均法计算非线性系统响应时间历程的近似解。

2. 以平均法求 van der Pol 方程的近似解

van der Pol 方程如式(12-62)所示。借助于变换:

$$x = a\cos\psi, \quad \psi = t + \theta, \quad \dot{x} = -\omega_0 a\sin\psi \tag{12-75}$$

可将式(12-62)变成标准方程:

$$\dot{a} = \frac{1}{8}\varepsilon a[4 - a^2 - 4\cos(2\psi) + a^2\cos(4\psi)], \quad \dot{\theta} = \frac{1}{8}\varepsilon[(4-2a)^2\sin(2\psi) - a^2\sin(4\psi)]$$

$$\tag{12-76}$$

现在求 $\dot{a}$ 与 $\dot{\theta}$ 在一个周期 $T=2\pi/\omega_0$ 中的平均。式(12-76)中 a 与 ψ 所含的 θ 变化十分缓慢,在平均周期中可将之视为常数,式中的 $\cos(2\psi)$,$\cos(4\psi)$,$\sin(2\psi)$,$\sin(4\psi)$ 等项均为周期是 T 的整数分之一的谐波函数,对平均的贡献为零,从而有

$$\dot{a} \approx \frac{1}{8}\varepsilon a(4-2a)^2, \quad \dot{\theta} \approx 0$$

对上式积分,可解得 a 与 θ 的一阶近似为

$$a^2 = \frac{4}{1 + (4/a_0^2 - 1)\mathrm{e}^{-\varepsilon t}}, \quad \theta = \theta_0 \tag{12-77}$$

式中，a_0，θ_0 为积分常数。式(12-77)表明作为一阶近似，初相位 θ 为一常数。在式(12-77)的第一式中，令 $t=0$，则 $a=a_0$，$a_0=0$ 为振幅的初值。令 $a_0=0$，则得 $a=0$，可见相平面的原点是系统的一个平衡点。此平衡点是不稳定的，由式(12-77)可见，只要 $a_0\neq0$，无论它多么小，当 $t\rightarrow\infty$ 时，总有 $a\rightarrow2$，而由式(12-69)，系统的运动趋向于等幅的简谐运动：

$$x(t) = 2\cos(\omega_0 t - \theta_0)$$

这对应于相平面上的一个极限环，而这一点与图 12-14(a)上的相轨迹图是一致的。

3. 分段线性非线性系统及其频率响应特性

分段线性非线性系统的弹性在位移 x 的各个范围内是线性的，但不同范围内的弹性系数不同，是具有非线性弹性的系统。对具有对称非线性弹性的系统，其弹性力 P_s，与位移 x 之间的关系如图 12-15(a)所示；而图 12-15(b)则给出了该系统的物理结构的示意图。图中 $\tan\alpha_1=k_1$，$\tan\alpha_2=k_2$ 当 $\alpha_1=0$ 时，即为图 12-2(e)的情形。

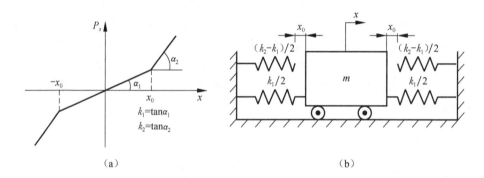

（a）　　　　　　　　　　　　　　　（b）

图 12-15　分段非线性系统

这类系统在工程实际问题中经常碰到，对其在一定初始条件下的自由振动的分析，并不困难，仅按分段线性非线性系统的分析，并注意到各段之间的位移与速度之间的衔接条件即可，而且一般可得精确解。可是欲求这种系统在谐波激励下的稳态响应，却不大容易。这里介绍一种采用平均法求这类系统在谐波激励下的稳态响应，即其频率特性的近似方法。

图 12-15(a)中 P_s 是折合到单位质量上的弹性力，与位移 x 之间的关系可以表示为

$$P_s(x) = k_2 x + \varepsilon f(x)$$

式中

$$\varepsilon f(x) = \begin{cases} (k_2 - k_1)x_0, & -\infty < x < -x_0 \\ -(k_2 - k_1)x, & -x_0 \leqslant x \leqslant x_0 \\ -(k_2 - k_1)x_0, & x_0 < x < \infty \end{cases} \tag{12-78}$$

这里 $k_1 = K_1/m, k_2 = K_2/m$，且假设 $(k_2 - k_1)$ 是与 ε 同阶的小量。

如果具有线性阻尼，则系统的运动方程可以写成

$$\ddot{x} + \omega_0^2 x = -\varepsilon f(x) - 2\varepsilon \xi \omega_0 \dot{x} + \varepsilon F \sin(\omega t) \tag{12-79}$$

式中，$\omega_0^2 = k_2$；$\varepsilon\xi$ 是线性阻尼率，εF 是单位质量上受到的简谐激振力的幅值，$\varepsilon\xi$ 与 εF 均假定是与小参数 ε 同阶的小量；ω 是激振频率。

在共振区域附近，即 $\omega = \omega_0$ 时，可假定

$$\omega_0^2 - \omega^2 = \varepsilon\Delta$$

即认为 ω^2 与 ω_0^2 之差也是与小参数 ε 同阶的小量。代入式(12-79)，得

$$\ddot{x} + \omega^2 x = -\varepsilon\Delta x - \varepsilon f(x) - 2\varepsilon\xi\omega_0\dot{x} + \varepsilon F\sin(\omega t) \tag{12-80}$$

与式(12-67)比较，可见该式中的 ω_0^2 在这里对应于 ω^2，而

$$f(x,\dot{x}) = -x\Delta - f(x) - 2\xi\omega_0\dot{x} + F\sin(\omega t)$$

则变换式(12-69)与式(12-70)成为

$$x = a\cos\psi, \quad \psi = \omega t + \theta, \quad \dot{x} = -a\omega\sin\psi$$

而标准式(12-74)成为

$$\dot{a} = \frac{1}{a\omega}\big[(\omega_0^2 - \omega^2)a^2\sin\psi\cos\psi + \varepsilon f(a\cos\psi)a\sin\psi - 2\varepsilon\xi\omega_0\omega a^2\sin^2\psi$$
$$- \varepsilon Fa\cos\theta\sin^2\psi + \varepsilon Fa\sin\theta\sin\psi\cos\psi\big]$$

$$\dot{\theta} = \frac{1}{a\omega}\big[(\omega_0^2 - \omega^2)a^2\cos^2\psi + \varepsilon f(a\cos\psi)\cos\psi - 2\varepsilon\xi\omega_0\omega a\sin\psi\cos\psi$$
$$- \varepsilon F\cos\theta\sin\psi\cos\psi + \varepsilon Fa\sin\theta\cos^2\psi\big] \tag{12-81}$$

对式(12-81)进行平均化，并且在平均时视 a 与 θ 为常数，得 $a, \dot{\theta}$ 的一次近似方程：

$$\dot{a} = \varepsilon\xi\omega_0 a - \frac{\varepsilon F}{2\omega}\cos\theta, \quad \dot{\theta} = \frac{1}{2\omega}\left(\omega_0^2 - \omega^2 + \frac{\varepsilon}{\pi a}\int_0^{2\pi} f(a\cos\psi)\cos\psi\,\mathrm{d}\psi\right) + \frac{\varepsilon F}{2\omega a}\sin\theta \tag{12-82}$$

若记

$$\omega_e^2(a) = \frac{1}{\pi a}\int_0^{2\pi} P_s(a\cos\psi)\cos\psi\,\mathrm{d}\psi \tag{12-83}$$

并考虑到式(12-78)，可将式(12-82)的第二式写成

$$\dot{\theta} = \frac{1}{2\omega}(\omega_e^2(a) - \omega^2) + \frac{\varepsilon F}{2\omega a}\sin\theta \tag{12-84}$$

而方程(12-80)在共振区附近的第一阶近似解为

$$x = a\cos(\omega t + \theta) \tag{12-85}$$

其中，a 与 θ 分别由式(12-82)、式(12-84)给出。

为了得到稳态解，必须有 $\dot{a} = \dot{\theta} = 0$，由方程(12-82)、(12-84)，有

$$-2\varepsilon\xi\omega_0\omega a = \varepsilon F\cos\theta, \quad -a(\omega_e^2(a) - \omega^2) = \varepsilon F\sin\theta \tag{12-86}$$

由式(12-86)即可得系统的幅频特性与相频特性为

$$a^2\left[(\omega_e^2(a)-\omega^2)^2+(2\varepsilon\xi\omega_0\omega a)^2\right]=(\varepsilon F)^2,\quad \tan\theta=\frac{\omega_e^2(a)-\omega^2}{2\varepsilon\xi\omega_0\omega}\quad(12\text{-}87)$$

如不计阻尼,即令 $\xi=0$,则式(12-87)成为

$$a^2(\omega_e^2(a)-\omega^2)^2=\pm\varepsilon F,\quad \theta=\pi/2\quad(12\text{-}88)$$

为计算响应曲线,需要计算 $\omega_e^2(a)$。按式(12-83)与式(12-78),该积分必须分三段进行。以 ψ_0 表示

$$x_0=a\cos\psi\quad(12\text{-}89)$$

的最小根,由式(12-78),有

$$\varepsilon f(a\cos\psi)=\begin{cases}(k_2-k_1)a\cos\psi, & \psi_0\leqslant\psi\leqslant\pi-\psi_0\\(k_2-k_1)a\cos\psi_0, & 0\leqslant\psi<\psi_0\\-(k_2-k_1)a\cos\psi_0, & \pi-\psi_0<\psi\leqslant\pi\end{cases}\quad(12\text{-}90)$$

积分式(12-83)可以分段计算如下:

$$a\omega_e^2(a)=\frac{1}{\pi}\int_0^{2\pi}P_s\cos\psi\mathrm{d}\psi=k_2a+\frac{1}{\pi}\int_0^{2\pi}f(a\cos\psi)\cos\psi\mathrm{d}\psi$$

$$=k_2a+\frac{2}{\pi}\int_0^{\psi_0}(k_1-k_2)a\cos\psi_0\cos\psi\mathrm{d}\psi+\frac{2}{\pi}\int_{\psi_0}^{\pi-\psi_0}(k_1-k_2)a\cos^2\psi\mathrm{d}\psi$$

$$-\frac{2}{\pi}\int_{\pi-\psi_0}^{\pi}(k_1-k_2)a\cos\psi_0\cos\psi\mathrm{d}\psi$$

$$=k_2a+\frac{2}{\pi}(k_1-k_2)\left[a\arcsin(x_0/a)+x_0\sqrt{1-(x_0/a)^2}\right]\quad(12\text{-}91)$$

在无阻尼情况下,由式(12-88)可得系统的幅频特性为

$$a(k_2-\omega^2)+\frac{2}{\pi}(k_1-k_2)\left[a\arcsin(x_0/a)+x_0\sqrt{1-(x_0/a)^2}\right]=\pm\varepsilon F\quad(12\text{-}92)$$

式(12-92)除以 $k_2x_0=\omega_0^2x$,并记 $a/x_0=A$,得无量纲形式的幅频特性

$$A\left[1-\left(\frac{\omega}{\omega_0}\right)^2\right]+\frac{2}{\pi}\left(\frac{k_1}{k_2}-1\right)\left[A\arcsin\left(\frac{1}{A}\right)+\sqrt{1-\frac{1}{A^2}}\right]=\pm\frac{\varepsilon F}{k_2x_0}\quad(12\text{-}93)$$

以 $\mu=\varepsilon F/(k_2x_0)$ 作为参量,可绘出 A-ω/ω_0 的图线,如图 12-16 所示,图中取 $k_1/k_2=1/2$。

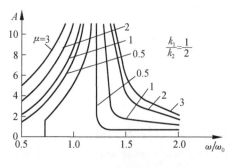

图 12-16　无量纲形式的幅频特性

当式(12-93)中 $F=0$ 时,得系统自由振动时的自然频率 $\omega=\omega_\mathrm{n}$ 与其无量纲振幅 A 之间的关系为

$$\omega_\mathrm{n}^2=\omega_0^2\left\{1-\frac{2}{n}\left(1-\frac{k_1}{k_2}\right)\right.$$

$$\left.\times\left[\frac{1}{A}\sqrt{1-\frac{1}{A^2}}+\arcsin\left(\frac{1}{A}\right)\right]\right\}$$

$$(12\text{-}94)$$

当 $x_0 \rightarrow 0, A \rightarrow \infty$，由式(12-94)得 $\omega_n^2 = \omega_0^2$。

令式(12-93)中的 $k_1 = 0$，即得图 12-2(b)中的间隙系统的幅频特性为

$$A\left[1 - \left(\frac{\omega}{\omega_0}\right)^2\right] - \frac{2}{\pi}\left[A\arcsin\left(\frac{1}{A}\right) + \sqrt{1 - \frac{1}{A^2}}\right] = \pm\frac{\varepsilon F}{k_2 x_0} \tag{12-95}$$

当 $x_0 \rightarrow 0, A \rightarrow \infty$，由式(12-95)得无阻尼单自由度系统的幅频特性为

$$a = \frac{\varepsilon F}{k_2}\frac{1}{1 - (\omega/\omega_0)^2} \tag{12-96}$$

若令式(12-95)中的 $F = 0$，则得该系统自由振动情况下自然频率 ω_n 与相对振幅的关系为

$$\omega_n^2 = \omega_0^2\left\{1 - \frac{2}{n}\left[\frac{1}{A}\sqrt{1 - \frac{1}{A^2}} + \arcsin\left(\frac{1}{A}\right)\right]\right\} \tag{12-97}$$

令式(12-93)中的 $k_1 = 0, x_0 \rightarrow 0, k_1 x_0 \rightarrow \delta k_2, A \rightarrow \infty$，得到如图 12-2(c)所示系统的幅频特性：

$$a = \left(\frac{\varepsilon F}{k_2} - \frac{\pi}{\delta}\right)\frac{1}{1 - (\omega/\omega_0)^2} \tag{12-98}$$

令式(12-98)中 $F = 0$，得自由振动条件下自然频率 ω_n 与振幅 a 之间的关系为

$$\omega_n^2 = \omega_0^2\left(1 + \frac{\delta}{\pi a}\right) \tag{12-99}$$

12.4.3　迭代法

1. 无阻尼 Duffing 方程及其迭代解法

1）迭代解法

考虑以下无阻尼 Duffing 方程：

$$m\ddot{x} + k_1 x + k_3 x^3 = F'\cos(\omega t) \tag{12-100}$$

此式描述由一非线性弹簧与一质块构成的系统的谐波激励运动，如图 12-17 表示。式中

$$k_1 x + k_3 x^3 = P_s \tag{12-101}$$

为弹簧的恢复力，其中 $k_3 x^3$ 这一部分为恢复力中的非线性项。当 $k_3 = 0$ 时为线性弹簧；当 $k_3 > 0$ 时为硬弹簧；当 $k_3 < 0$ 时为软弹簧。对应的 P_s-x 曲线如图 12-18 所示。

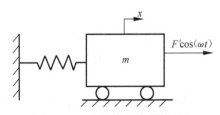

图 12-17　非线性质块弹簧系统

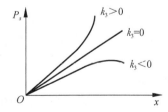

图 12-18　非线性质块弹簧系统的力-位移关系

令 $k_1/m = \omega_0^2, k_3/m = \beta, F'/m = F$,式(12-100)成为

$$\ddot{x} + \omega_0^2 x = -\beta x^3 + F\cos(\omega t) \tag{12-102}$$

式中,F 是激励的幅值;ω 是激励的频率;βx^3 为非线性项,设这一项相对较小;ω_0 为当 $\beta=0$ 时的相应的线性谐振子的自然频率。

下面采用迭代法寻求周期为 $T = 2\pi/\omega$ 的周期解。以相应的线性谐振子在谐波激励下的稳定解

$$x_0 = A\cos(\omega t) \tag{12-103}$$

作为迭代的起点,即作为式(12-102)的解的"零次近似解"。为了迭代方便,将该式移项得

$$\ddot{x} = -\omega_0^2 x - \beta x^3 + F\cos(\omega t) \tag{12-104}$$

将式(12-103)代入式(12-104)的右边,并考虑到三角恒等式

$$\cos^3(\omega t) = \frac{3}{4}\cos(\omega t) + \frac{1}{4}\cos(3\omega t) \tag{12-105}$$

得到

$$\ddot{x} = -\omega_0^2 A\cos(\omega t) - \beta A^3\left[\frac{3}{4}\cos(\omega t) + \frac{1}{4}\cos(3\omega t)\right] + F\cos(\omega t) \tag{12-106}$$

将式(12-106)中的高次谐波 $\cos(3\omega t)$ 略去,并将该式积分两次,即得到式(12-102)的解的"一次近似解"

$$x_1 = \frac{1}{\omega^2}\left(\omega_0^2 A + \frac{3}{4}\beta A^3 - F\right)\cos(\omega t) \tag{12-107}$$

这里两个积分常数 C_1, C_2 均需要为零。否则,上式中会出现 $C_1 t + C_2$ 的非周期项。

将以式(12-107)表示的 x_1 代入式(12-104)的右边,再积分两次,就可得到"二级近似解"x_2。同理依次可得 $x_3, x_4, \cdots$。假设 x_0 与 x_1 均是比较接近真实的周期解 x,即有 $x_1 = x_0$,将式(12-103)、式(12-107)代入,消去等式两边的公因子 $\cos(\omega t)$ 并整理,即得

$$A\left(1 - \frac{\omega^2}{\omega_0^2}\right) + \frac{3}{4}\frac{A^3\beta}{\omega_0^2} - \frac{F}{\omega_0^2} = 0 \tag{12-108}$$

此即表示激振频率 ω 与振幅 A 之间的关系的幅频特性。当系统参数 ω_0^2, β 以及激振力的幅值 F 与频率 ω 确定后,由式(12-108)可以求出响应的振幅 A,代回式(12-103),即得到一次近似解。

以上关系还可用"谐波平衡法"获得,即以近似解(12-103)代入运动方程(12-102)的两边,略去高次谐波项,并令等式两边的 $\cos(\omega t)$ 项的系数相等,即得式(12-108)。

式(12-108)虽然是一个十分粗糙的近似解,但仍可以反映非线性系统的本质与特性。

2) 自由振动的频率与振幅的关系

令式(12-108)中激振力 $F=0$，得到该系统进行自由振动的频率 ω 与振幅 A 之间的关系为

$$\frac{\omega^2}{\omega_0^2} = 1 + \frac{3}{4}\frac{\beta A^2}{\omega_0^2} \tag{12-109}$$

式(12-109)表明非线性系统自由振动的频率 ω 与其振幅 A 有关。当 $\beta>0$ 时，ω 随 A 的上升而增高；当 $\beta<0$ 时，ω 随 A 的上升而下降。这是系统的刚度随着振幅而变化的缘故。系统自由振动时的周期 $T=2\pi/\omega$ 也随着振幅而变化，于是"等时性"不再存在。

当 $\beta=0$ 时，回到线性谐振子的情况，这时恒有 $\omega=\omega_0$，即无论振幅如何，其自由振动的频率恒等于相应线性系统的自然频率 $\omega_0=k_1/m$。

对应于 $\beta>0$、$\beta<0$ 与 $\beta=0$ 三种情况下的 A-ω/ω_0 曲线，如图 12-19(a)、(b)、(c)中的虚线所示。

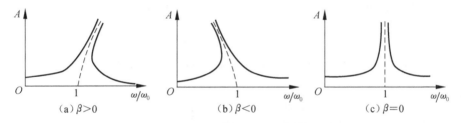

图 12-19　非线性系统频率与振幅的关系

3) 强迫振动、幅频特性

当 $F\neq0$ 时，式(12-108)与图 12-19 表示该非线性系统的幅频特性。

$\beta=0$ 时，线性系统的共振峰是竖直向上的；$\beta>0$ 或 $\beta<0$ 时，非线性系统的共振峰则向高频方向或低频方向倾斜。这种变化与虚线表示的系统自然频率随振幅的变化是一致的。

2. 有阻尼 Duffing 方程及其周期解

1) 谐波平衡解法

在无阻尼 Duffing 方程(12-100)中加入阻尼项，即得有阻尼 Duffing 方程

$$\ddot{x} + 2\omega_0\xi\dot{x} + \omega_0^2 x + \beta x^3 = F\cos(\omega t + \varphi) \tag{12-110}$$

式中，ξ 是线性阻尼率；φ 是激励力的初相位，表示激励力 $F(t)$ 与响应 $x(t)$ 之间的相位差。引入记号

$$F\cos(\omega t + \varphi) = F_1\cos(\omega t) - F_2\sin(\omega t) \tag{12-111}$$

式中

$$F = \sqrt{F_1^2 + F_2^2}, \quad \tan\varphi = F_2/F_1, \quad F_1 = F\cos\varphi, \quad F_2 = F\sin\varphi$$

采用"谐波平衡法"来求式(12-110)的周期解的一次近似。为此仍取相应线性系统的周期解作为非线性系统的一种形式解

$$x_0 = A\cos(\omega t) \tag{12-112}$$

将式(12-112)代入式(12-110),并考虑到式(12-111),得到

$$\left[(\omega_0^2 - \omega^2)A + \frac{3}{4}\beta A^3\right]\cos(\omega t) - 2\omega_0\xi\omega A\sin(\omega t) + \frac{1}{4}\beta A^3\cos(3\omega t)$$

$$= F_1\cos(\omega t) - F_2\sin(\omega t) \tag{12-113}$$

略去高次谐波项,并使等式两端 $\cos(\omega t)$,$\sin(\omega t)$ 项的系数分别相等得

$$(\omega_0^2 - \omega^2)A + \frac{3}{4}\beta A^3 = F_1, \quad 2\omega_0\xi\omega A = F_2 \tag{12-114}$$

将式(12-114)的两式分别平方、相加,并考虑到 $F = \sqrt{F_1^2 + F_2^2}$,得到

$$F^2 = \left[(\omega_0^2 - \omega^2)A + \frac{3}{4}\beta A^3\right]^2 + (2\omega_0\omega\xi A)^2 \tag{12-115}$$

将式(12-114)的两式相除,并考虑到 $\tan\varphi = F_2/F_1$,得到

$$\tan\varphi = \frac{2\omega_0\omega\xi A}{(\omega_0^2 - \omega^2)A + (3/4)\beta A^3} \tag{12-116}$$

式(12-115)和式(12-116)分别为该系统的幅频特性与相频特性,此两式也可以用迭代解法得出。

$\beta > 0$ 的幅频特性曲线如图 12-20 所示。与图 12-19(a)不同,这时幅频特性曲线是封顶的。这是由于阻尼的作用,限制了共振振幅的无限上升。

2)跳跃现象

对于线性系统的强迫振动,激励频率的连续变化,只会导致响应幅值的连续变化。可是对于非线性系统,即使激振频率进行连续扫描,在某些特定点上,也会导致振幅突跳。在图 12-20 中,当激励频率连

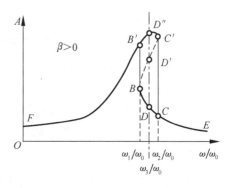

图 12-20 非线性系统的振幅突跳

续上升时,响应幅值将沿曲线段 $FB'D''C'$ 上升,当频率增至 ω_2,而振幅达到 C' 点时,如果频率再有极其微小的增加,则振幅会从 C' 点突然跌落到 C 点。反之,当激振频率从大到小连续变化时,振幅将沿曲线 $ECDB$ 移动,当频率达到 ω_1 时,振幅达到 B 点。这时,频率如再有微小的下降,则振幅将从 B 点突然跃升到 B' 点。这种现象称为**跳跃现象**,是非线性系统所特有的现象。

在图 12-20 中横坐标的 ω_1 与 ω_2 两点之间,任一频率与振幅曲线上的三点相对应,如 ω_3 所对应的振幅为 D,D' 与 D'' 三点。究竟哪一个振幅可以实现,需视激振频率变化的"历史"而定。当激振频率由小到大,增加到 ω_3 时,振幅将取 D'' 点的

值,当激振频率由大到小,下降到 ω_3 时,振幅将取 D 点的值。至于 D' 点所对应的振幅,实际上是不可能实现的。因为它代表一种不稳定情况,任何一个不可避免的扰动,都会使振幅跳离 D' 点,不是上升到 D'' 点就是下降到 D 点。图中虚线线段 BC' 上所有的点都具有这种不稳定性,因此它们所对应的振幅在实验中都是不可能观察到的。

3. 组合谐波与次谐波

以上在分析讨论非线性系统谐波激励的幅频特性时,认为响应的频率与激励的频率相同,这是略去了式(12-113)中的高次谐波项以后的近似结果。其实一个非线性系统在谐波激励下的响应有一个重要特点:除了与激励同频率的成分以外,还有高次谐波、组合谐波与次谐波等多种成分。假设作用在系统上的激振力具有 ω_1 与 ω_2 这两个频率成分,于是运动方程为

$$\ddot{x} = -\omega_0^2 x - \beta x^3 + F_1\cos(\omega_1 t) + F_2\cos(\omega_2 t) \qquad (12\text{-}117)$$

如果系统是线性的,即 $\beta=0$,则响应中也应该包含与激励相同的两个频率成分,即

$$x_0(t) = A\cos(\omega_1 t) + B\cos(\omega_2 t) \qquad (12\text{-}118)$$

将式(12-118)作为迭代的起点,代入式(12-117)的右边,得

$$\ddot{x} = -\omega_0^2[A\cos(\omega_1 t) + B\cos(\omega_2 t)] - \beta[A\cos(\omega_1 t) + B\cos(\omega_2 t)]^3$$
$$+ F_1\cos(\omega_1 t) + F_2\cos(\omega_2 t)$$

将上式积分两次,并利用三角函数的降幂公式与积化和差公式,得

$$
\begin{aligned}
x_1 = &-\frac{1}{\omega_1^2}\left(F_1 - \omega_0^2 A - \frac{3}{4}\beta A^3 - \frac{3}{2}AB^2\right)\cos(\omega_1 t) \\
&-\frac{1}{\omega_2^2}\left(F_2 - \omega_0^2 B - \frac{3}{4}\beta B^3 - \frac{3}{2}A^2 B\right)\cos(\omega_2 t) \\
&+\frac{A^3}{36}\frac{\beta}{\omega_1^2}\cos(3\omega_1 t) + \frac{B^3}{36}\frac{\beta}{\omega_2^2}\cos(3\omega_2 t) \\
&+\frac{3}{4}\beta A^2 B\left\{\frac{\cos[(\omega_2+2\omega_1)t]}{(\omega_2+2\omega_1)^2} + \frac{\cos[(\omega_2-2\omega_1)t]}{(\omega_2-2\omega_1)^2}\right\} \\
&+\frac{3}{4}\beta AB^2\left\{\frac{\cos[(\omega_1+2\omega_2)t]}{(\omega_1+2\omega_2)^2} + \frac{\cos[(\omega_1-2\omega_2)t]}{(\omega_1-2\omega_2)^2}\right\} \qquad (12\text{-}119)
\end{aligned}
$$

从式(12-119)可见,仅迭代一次,在响应中已经出现频率为 $3\omega_1$ 与 $3\omega_2$ 的高次谐波项以及频率为 $(\omega_1\pm2\omega_2)$ 与 $(\omega_2\pm2\omega_1)$ 的组合谐波项。如果再继续迭代下去,还会出现更高阶的高次谐波项及更复杂的组合谐波项,具体的形式与非线性项的幂次有关。

系统在频率为 ω 的谐波激励下,在响应 $x(t)$ 中还可能出现频率为 $\omega/3$ 的**次谐波**。

从上面的分析可知,非线性系统具有不同于线性系统的以下特点:

(1) 其自由振动的频率与周期随振幅而变化,其振动周期的等时性不再成立。

(2) 其谐波激励响应的振幅在某些频率处会出现跳跃现象,在频率扫描下振

幅变化的连续性不再成立。

（3）其谐波激励响应中包括高次谐波、组合谐波与次谐波，响应频率与激励频率的一致性不再成立。

12.4.4　摄动法

摄动法的基本思想是首先就一种比较基本、简单的情况，确定一个分析问题的基本解答，然后考虑与问题有关的参数的微小变化对基本解答所造成的影响，即"摄动"。这种影响是以级数的形式给出的，其目的是对基本解答进行修正。所取级数的项数越多，修正就越完善，其结果就越精确，另一方面，公式也越复杂，计算量也越大。摄动法被用于解决拟线性系统的振动分析问题，其要点是将系统运动方程中的非线性项看成是一种微小的摄动项，而设法寻求此摄动项对相应的线性系统的解的影响与修正。

1. Lindstedt 法

Lindstedt 法是比较典型的摄动法。仍考虑拟线性系统

$$\ddot{x} + \omega_0^2 x = \varepsilon f(x, \dot{x}) \tag{12-120}$$

当 $\varepsilon = 0$ 时，该系统成为一线性谐振子，其自由振动的解为 $x_0(t)$。当 $\varepsilon \neq 0$，但 $\varepsilon \ll 1$ 时，一方面其解由 $x_0(t)$ 变为 $x(t, \varepsilon)$，即 x 与小参数 ε 有关；另一方面 x 的频率也由 ω_0 变为 $\omega(\varepsilon)$，也与 ε 有关。将 $x(t, \varepsilon)$ 与 $\omega(\varepsilon)$ 表示成为 ε 的幂级数，有

$$x(t, \varepsilon) = x_0 + \varepsilon x_1(t) + \varepsilon^2 x_2(t) + \cdots \tag{12-121}$$

$$\omega(\varepsilon) = \omega_0 + \varepsilon \omega_1 + \varepsilon^2 \omega_2 + \cdots \tag{12-122}$$

式（12-121）和式（12-122）等号右边的第一项分别表示相应的线性系统的振动位移及其振动频率，而其后的各项则分别表示由于微小非线性项 $\varepsilon f(x, \dot{x})$ 的存在对系统的解所造成的影响和修正，这里同时考虑到非线性项对振动位移 $x(t)$ 和振动频率 ω 的双重影响。如果以上形式的解确实适合方程（12-120），则 $x_1(t), x_2(t), \cdots$，$\omega_1, \omega_2, \cdots$ 应如何确定？为便于后面的推导，这里先作变量代换，$\tau = \omega t$，即以相位 τ 来代表时间，于是对 t 和对 τ 的导数有以下关系：$\dot{x} = \mathrm{d}x/\mathrm{d}t = \omega \mathrm{d}x/\mathrm{d}\tau = \omega x'$，这里撇号"'"表示对 τ 求导，于是运动方程（12-120）成为

$$\omega^2 x'' + \omega_0^2 = \varepsilon f(x, \omega x') \tag{12-123}$$

将 $f(x, \omega x')$ 在 x_0, ω_0, x_0' 附近展成幂级数，在展开时 x, ω 与 x' 均需看成独立变量，则

$$f(x, \omega x') = f(x_0, \omega_0 x_0) + \frac{\partial f(x_0, \omega_0 x_0')}{\partial x} \mathrm{d}x + \frac{\partial f(x_0, \omega_0 x_0')}{\partial x'} \mathrm{d}x'$$

$$+ \frac{\partial f(x_0, \omega_0 x_0')}{\partial \omega} \mathrm{d}\omega + \cdots \tag{12-124}$$

由式（12-121），有

$$\mathrm{d}x = \varepsilon x_1 + \varepsilon^2 x_2 + \cdots \tag{12-125}$$

式(12-125)对 τ 求导,得到

$$\mathrm{d}x' = \varepsilon x_1' + \varepsilon^2 x_2' + \cdots \tag{12-126}$$

而由式(12-122),有

$$\mathrm{d}\omega = \varepsilon \omega_1 + \varepsilon^2 \omega_2 + \cdots \tag{12-127}$$

将式(12-125)~式(12-127)代入式(12-124),得

$$\begin{aligned} f(x, \omega x') = & f(x_0, \omega_0 x_0') \\ & + \varepsilon \Big(x_1 \frac{\partial f(x_0, \omega_0 x_0')}{\partial x} + x_1' \frac{\partial f(x_0, \omega_0 x_0')}{\partial x'} + \omega_1 \frac{\partial f(x_0, \omega_0 x_0')}{\partial \omega} \Big) \\ & + \varepsilon^2(\cdots) + \cdots \end{aligned} \tag{12-128}$$

将式(12-122)两边平方,得

$$\omega^2 = (\omega_0 + \varepsilon \omega_1 + \varepsilon^2 \omega_2 + \cdots)^2 \tag{12-129}$$

将式(12-121)对 τ 求导两次,得

$$x'' = x_0'' + \varepsilon x_1'' + \varepsilon^2 x_2'' + \cdots \tag{12-130}$$

将式(12-129)、式(12-130)、式(12-121)代入式(12-123)的左边,而将式(12-128)代入式(12-123)的右边,则两边都成为 ε 的幂级数。比较 ε 的同次幂的系数,有以下方程组:

$$\begin{aligned} & \omega_0^2 x_0'' + \omega_0^2 x_0 = 0 \\ & \omega_0^2 x_1'' + \omega_0^2 x_1 = f(x_0, \omega_0 x_0') - 2\omega_0 \omega_1 x_0'' \\ & \omega_0^2 x_2'' + \omega_0^2 x_2 = x_1 \frac{\partial f(x_0, \omega_0 x_0')}{\partial x} + x_1' \frac{\partial f(x_0, \omega_0 x_0')}{\partial x'} + \omega_1 \frac{\partial f(x_0, \omega_0 x_0')}{\partial \omega} \\ & \qquad - (2\omega_0 \omega_2 + \omega_1^2) x_0'' - 2\omega_0 \omega_1 x_1'' - \cdots \end{aligned} \tag{12-131}$$

方程组(12-131)可以递归求解,即先由第一式求出 x_0,这是线性谐振子的情况,易知其解为

$$x_0 = A\cos\tau \tag{12-132}$$

将式(12-132)代入式(12-131)的第二式,即可解出 x_1,再以求得的 x_0 与 x_1 代入第三式,即可求出 x_2,$\cdots$。在求解以上方程组时,还必须同时解决确定 ω_1,ω_2 等参数的问题,否则方程的解仍不能确定。确定 $\omega_i(i = 1, 2, \cdots)$ 的原则如下:由于 $x(\tau)$ 应该是自变量 τ 的周期为 2π 的周期函数,因而所有的 $x_i(i = 1, 2, \cdots)$ 也必须具备同样的性质,即

$$x_i(\tau + 2\pi) = x_i(\tau) \tag{12-133}$$

按式(12-133)即可确定 $\omega_i(i = 1, 2, \cdots)$。

2. Duffing 方程的摄动解法

将 Duffing 方程(12-102)写成

$$\ddot{x} + \omega_0^2(x + \varepsilon x^3) = 0, \quad \varepsilon \ll 1 \tag{12-134}$$

这里考虑的是自由振动（$F=0$），而且参数之间有以下关系：

$$\varepsilon = \beta/\omega_0^2 \tag{12-135}$$

比较式(12-134)与式(12-120)，有 $f(x, \omega x') = -\omega_0^2 x^3$，代入方程组(12-131)，得

$$x_0'' + x_0 = 0, \quad x_1'' + x_1 = -x_0^3 - 2\frac{\omega_1}{\omega_0}x_0''$$

$$x_2'' + x_2 = -x_0^3 - \frac{1}{2\omega_0^2}(2\omega_0\omega_1 + \omega_1^2)x_0'' - 2\frac{\omega_1}{\omega}x_1'' \tag{12-136}$$

不失一般性，假设系统运动的初速度为零，即

$$x_i''(0) = 0, \quad i = 0, 1, 2, \cdots \tag{12-137}$$

引入一个初相位 φ，即令 $\tau = \omega t + \varphi$，则总能够选择时间 τ 的起点即 φ 值，使式(12-137)得到满足。

在初始条件(12-137)下，式(12-136)的第一式的解为式(12-132)，代入第二式，并利用三角函数积化和差与降阶公式，得

$$x_1'' + x_1 = -A^3\cos^3\tau + 2\frac{\omega_1}{\omega_0}A\cos\tau = \frac{1}{4}\frac{A}{\omega_0}(8\omega_1 - 3\omega_0 A^2)\cos\tau - \frac{1}{4}A^3\cos(3\tau) \tag{12-138}$$

在式(12-138)中，将其左边看成是一个自然频率为 1 的线性谐振子，而右边是作用在其上的激振力。此激振力由两部分组成，其中含有 $\cos\tau$ 的第一部分的激振频率也正好为 1，这种激振力必然使系统产生共振，导致振幅无限上升，这与式(12-133)的周期性条件相悖。因此 $\cos\tau$ 的系数必须为零，即

$$\frac{1}{4}\frac{A}{\omega_0}(8\omega_1 - 3\omega_0 A^2) = 0 \tag{12-139}$$

由式(12-139)可解出

$$\omega_1 = \frac{3}{8}\omega_0 A^2 \tag{12-140}$$

这是由式(12-133)的周期性条件确定 ω_1 的关系式。式(12-138)成为

$$x_1'' + x_1 = -\frac{1}{4}A^3\cos(3\tau) \tag{12-141}$$

考虑到 $x_1'(0) = 0$，式(12-141)的解为

$$x_1 = \frac{1}{32}A^3\cos(3\tau) \tag{12-142}$$

将式(12-132)、式(12-142)代入式(12-136)的第三式，得

$$x_2'' + x_2 = \frac{1}{128}\frac{A}{\omega_0}(256\omega_2 + 15\omega_0 A^4)\cos\tau + \frac{21}{128}A^5\cos(3\tau) - \frac{3}{128}A^5\cos(5\tau) \tag{12-143}$$

基于同样的理由，上式 $\cos\tau$ 的系数也应该为零，由此解出

$$\omega_2 = -\frac{15}{256}\omega_0 A^4 \tag{12-144}$$

式(12-143)成为

$$x_2'' + x_2 = \frac{21}{128}A^5\cos(3\tau) - \frac{3}{128}A^5\cos(5\tau) \tag{12-145}$$

上式在 $x_2'(0)=0$ 的初始条件下得解为

$$x_2 = -\frac{21}{1024}A^5\cos(3\tau) + \frac{1}{1024}A^5\cos(5\tau) \tag{12-146}$$

将式(12-132)、式(12-142)与式(12-146)代入式(12-121),得到二阶近似解

$$x(t) = A\cos(\omega t + \varphi) + \varepsilon\frac{1}{32}A^3\left(1 - \varepsilon\frac{21}{32}A^2\right)\cos[3(\omega t + \varphi)]$$

$$+ \varepsilon^2\frac{1}{1024}A^5\cos[5(\omega t + \varphi)] \tag{12-147}$$

而将式(12-140)、式(12-144)代入式(12-122),得

$$\omega = \omega_0\left(1 + \varepsilon\frac{3}{8}A^2 - \varepsilon^2\frac{15}{256}A^4\right) \tag{12-148}$$

以上两式中的 A 与 φ 可由初始条件确定。设 $\tau = \omega t + \varphi$,而当 $\tau = 0$ 时,有初始时刻

$$t = -\varphi/\omega \tag{12-149}$$

设对于时间 t_0 的初始条件为

$$x(t_0) = A_0, \quad \dot{x}(t_0) = 0 \tag{12-150}$$

式(12-150)的第二个初始条件已在解题过程中满足,现在将式(12-147)代入第一个初始条件,得

$$x(t_0) = A + \varepsilon\frac{1}{32}A^3\left(1 - \varepsilon\frac{21}{32}A^2\right) + \varepsilon^2\frac{1}{1024}A^5 = A_0 \tag{12-151}$$

本来可以由上式解出 A,但考虑到式(12-151)本来只准确到 ε 的二阶微量,因此不必解五次代数方程,而采用以下幂级数的近似解法。将 A 表示成 ε 的幂级数

$$A = A_0 + \varepsilon A_1 + \varepsilon^2 A_2 + \cdots \tag{12-152}$$

这里 $A_1, A_2, \cdots$ 是待定常数。将式(12-152)代入式(12-151),得

$$A_0 + \varepsilon A_1 + \varepsilon^2 A_2 + \cdots$$

$$+ \varepsilon\frac{1}{32}(A_0 + \varepsilon A_1 + \varepsilon^2 A_2 + \cdots)^3\left[1 - \varepsilon\frac{21}{32}(A_0 + \varepsilon A_1 + \varepsilon^2 A_2 + \cdots)^2\right]$$

$$+ \varepsilon^2\frac{1}{1024}(A_0 + \varepsilon A_1 + \varepsilon^2 A_2 + \cdots)^5 = A_0$$

从上式中略去包含 ε 的三次以上幂的项,并令等式两边 ε 的一次幂与二次幂的项的系数相等,得

$$A_1 + \frac{1}{32}A_0^3 = 0, \quad A_2 + \frac{3}{32}A_0^2 A_1 - \frac{20}{1024}A_0^5 = 0$$

联立以上两式,可解出

$$A_1 = -\frac{1}{32}A_0^3, \quad A_2 = \frac{23}{1024}A_0^5$$

代回式(12-152),得 A 的二阶近似

$$A = A_0 - \varepsilon\frac{1}{32}A_0^3 + \varepsilon^2\frac{23}{1024}A_0^5 \tag{12-153}$$

代入式(12-152),得

$$x(t) = A_0\cos(\omega t + \varphi) - \varepsilon\frac{1}{32}A_0^3\{\cos(\omega t + \varphi) - \cos[3(\omega t + \varphi)]\}$$

$$+ \varepsilon^2\frac{1}{1024}A_0^5\{23\cos(\omega t + \varphi) - 24\cos[3(\omega t + \varphi)] + \cos[5(\omega t + \varphi)]\}$$

$$\tag{12-154}$$

将式(12-153)代入式(12-148),只保留 ε 的二次幂的项,而略去高次项。即可确定频率 ω 与初始条件 A_0 的关系:

$$\omega = \omega_0\left(1 + \varepsilon\frac{3}{8}A^2 - \varepsilon^2\frac{21}{256}A_0^4\right) \tag{12-155}$$

由式(12-149),可以将初相位 φ 与初始条件 A_0 联系起来,得

$$\varphi = -\omega t_0 = -\omega_0 t_0\left(1 + \varepsilon\frac{3}{8}A_0^2 - \varepsilon^2\frac{21}{256}A_0^4\right) \tag{12-156}$$

特殊地,如果 $t_0 = 0$,则有 $\varphi = 0$。

3. 次谐波

现在以摄动法证明 Duffing 方程在谐波激励下确实可以产生次谐波的响应。考虑 Duffing 方程的强迫振动:

$$\ddot{x} + \omega_0^2 x + \beta' x^3 = F\cos(\omega t) \tag{12-157}$$

式中,F 是谐波激励的幅值,并不要求它是小量;ω 是激振频率。下面探讨系统存在频率为 $\omega/3$ 的次谐波响应的可能性,为此令

$$\omega_0^2 = (\omega/3)^2(1 + \varepsilon a) \tag{12-158}$$

式中,ε 是小参数($\varepsilon > 0$);a 是某一参数。式(12-158)表示相应的线性系统(当 $\beta' = 0$ 时)的自然频率 ω_0 要求接近 $\omega/3$,令

$$\beta' = \varepsilon(\omega/3)^2\beta \tag{12-159}$$

式(12-159)以另一参量 β 代替原来的参量 β'。将式(12-158)、式(12-159)代入式(12-157),得

$$\ddot{x} + (\omega/3)^2 x = -\varepsilon(\omega/3)^2(ax + \beta x^3) + F\cos(\omega t), \quad \varepsilon \ll 1 \tag{12-160}$$

将式(12-160)的解写成 ε 的幂级数的形式

$$x(t) = x_0(t) + \varepsilon x_1(t) + \varepsilon^2 x_2(t) + \cdots \tag{12-161}$$

将式(12-161)代入式(12-160)，并比较等式两边 ε 的同次幂的系数，得以下微分方程组：

$$\ddot{x}_0 + (\omega/3)^2 x_0 = F\cos(\omega t)$$
$$\ddot{x}_1 + (\omega/3)^2 x_1 = -(\omega/3)^2(\alpha x_0 + \beta x_0^3)$$
$$\ddot{x}_2 + (\omega/3)^2 x_2 = -(\omega/3)^2(\alpha_1 x_1 + 3\beta x_0^2 x_1)$$

(12-162)

方程(12-162)可以递归求解，但是 $x_i(t)(i=0,1,2,\cdots)$ 都必须满足周期条件：

$$x_i\left(\frac{\omega}{3}t + 2\pi\right) = x_i\left(\frac{\omega}{3}t\right), \quad i = 1,2,\cdots$$

(12-163)

而初速度为

$$\dot{x}_0(t) = 0, \quad i = 0,1,2,\cdots$$

(12-164)

在以上条件下，利用式(12-162)的第二式，并采用三角函数降阶及积化和差公式，得

$$\ddot{x}_1 + \left(\frac{\omega}{3}\right)^2 x_1 = -\left(\frac{\omega}{3}\right)^2 \left\{ A_0\left[\alpha + \frac{3}{4}\beta A_0^2 - \frac{3}{4}\beta A_0 \frac{9F}{8\omega^2} + \frac{3}{2}\beta\left(\frac{9F}{8\omega^2}\right)^2\right]\cos\left(\frac{\omega}{3}t\right) \right.$$
$$- \left[\alpha\frac{9F}{8\omega^2} - \frac{1}{4}\beta A_0^3 + \beta A_0^2 \frac{9F}{8\omega^2} + \frac{3}{4}\beta\frac{9F}{8\omega^2}\right]\cos\left(\frac{\omega}{3}t\right)$$
$$- \frac{3}{4}\beta A_0 \frac{9F}{8\omega^2}\left(A_0 - \frac{9F}{8\omega^2}\right)\cos\left(\frac{5\omega}{3}t\right) + \frac{3}{4}\beta A_0\left(\frac{9F}{8\omega^2}\right)^2\cos\left(\frac{7\omega}{3}t\right)$$
$$\left. - \frac{1}{4}\beta\left(\frac{9F}{8\omega^2}\right)^2\cos(3\omega t) \right\}$$

(12-165)

为满足周期性条件(12-163)，式(12-165)等号右边 $\cos(\omega t/3)$ 项的系数必须为零，即

$$A_0^2 - \frac{9F}{8\omega^2}A_0 + 2\left(\frac{9F}{8\omega^2}\right)^2 + \frac{3}{4}\frac{\alpha}{\beta} = 0$$

由此式可解出

$$A_0 = \frac{1}{2}\frac{9F}{8\omega^2} \pm \frac{1}{2}\sqrt{\left(\frac{9F}{8\omega^2}\right)^2 - 8\left(\frac{9F}{8\omega^2}\right)^2 - \frac{16}{3}\frac{\alpha}{\beta}}$$

如果式(12-165)的解(含有次谐波成分)确实存在，则 A_0 当为实数时，上式根号中的量不得为负，故有

$$-7\left(\frac{9F}{8\omega}\right)^2 - \frac{16}{3}\frac{\alpha}{\beta} \geqslant 0$$

(12-166)

只有当 α 与 β 异号时才能成立。考虑到式(12-158)，可将上式写为

$$\omega_0^2 - \left(\frac{\omega}{3}\right)^2 \geqslant -\frac{21}{16}\left(\frac{3F}{8\omega}\right)^2\varepsilon\beta, \quad \beta < 0, \alpha > 0$$

(12-167)

$$\left(\frac{\omega}{3}\right)^2 - \omega_0^2 \geqslant -\frac{21}{16}\left(\frac{3F}{8\omega}\right)^2\varepsilon\beta, \quad \beta > 0, \alpha < 0$$

(12-168)

式(12-167)和式(12-168)表明为使频率为 $\omega/3$ 的次谐波响应成为可能，三分之一激振频率 $\omega/3$ 需偏离相应的线性系统的自然频率 ω_0 一个距离。

12.5 非线性振动的应用

12.5.1 利用复摆测量轴与轴套的干摩擦系数

复摆在摆动过程中,由于轴与轴套间的摩擦,在缺乏外部和内部激励的情况下,摆幅将逐渐减小直至停止。假设轴与轴套间的摩擦力为与速度无关的常数,则复摆的运动微分方程为

$$I\ddot{\theta} = \varepsilon M_r - mgl\sin\theta \tag{12-169}$$

式中,I 为摆的转动惯量;m 为摆的质量;M_r 为摩擦力矩;l 为摆的质心至悬挂点的距离;r 为滑动面半径。摩擦力矩 M_r 可表示为

$$M_r = (mg\cos\theta + ml\dot{\theta}^2)rf(\dot{\theta}) \tag{12-170}$$

摩擦系数与相对速度相反,将式(12-170)代入式(12-169),得

$$I\ddot{\theta} = \varepsilon(mg\cos\theta + ml\dot{\theta}^2)rf(\dot{\theta}) - mgl\sin\theta$$

由于摩擦的存在,当摆的初始摆角为 θ_0 时,经过一个振动周期后,摆幅将减小至 θ_1,再经过一个振动周期后,又减小至 θ_2,每一振动周期,摆动幅角的减小值为 $\Delta\theta = \theta_n - \theta_{n-1}$。这一数值与摩擦系数的大小有直接关系,可以根据这一数值计算出摩擦系数的值。

设滑动摩擦系数 $f(\dot{\theta})$ 有以下表达式:

$$f(\dot{\theta}) = \mathrm{sgn}\dot{\theta} = \begin{cases} -f, & \dot{\theta} \geqslant 0 \\ f, & \dot{\theta} < 0 \end{cases} \tag{12-171}$$

式中,f 为滑动摩擦系数,通过实验测出 $\Delta\theta$,再按理论公式计算出 f 的具体数值。

设方程的一次近似解为

$$\theta = a\cos(\omega_e t), \quad \dot{\theta} = -a\omega_e\sin(\omega_e t) \tag{12-172}$$

则有

$$\frac{\mathrm{d}a}{\mathrm{d}t} = -\delta_e a$$

式中,$\delta_e = \dfrac{c_e}{2I}$;$\omega_e = \sqrt{\dfrac{k_e}{I}}$,$\omega_e^2 = \dfrac{mgl}{I}$,则有

$$c_e = -\frac{1}{\pi\omega_0 a}\int_0^{2\pi} f_0(a\cos\theta, -a\omega_0\sin\theta)\sin\theta\mathrm{d}\theta$$

$$k_e = \frac{1}{\pi a}\int_0^{2\pi} f_0(a\cos\theta, -a\omega_0\sin\theta)\cos\theta\mathrm{d}\theta$$

$$f_0(a\cos\theta, -as\omega_0\sin\theta) = mgla\cos\theta + \left(mg - mg\frac{a^2\cos^2\theta}{2} + mla^2\omega_0^2\sin^2\theta\right)$$

$$\times rf(-a\omega_0\sin\theta) + \frac{1}{6}mgla^3\cos^3\theta \tag{12-173}$$

将非线性函数代入式(12-173),可求得

$$c_e = -\frac{4m}{\pi\omega_0}\left(\frac{g}{a}+a\omega_0^2 l\right)rf, \quad k_e = mgl\left(1-\frac{1}{8}a^2\right)$$

$$\delta_e = \frac{c_e}{2I} = \frac{2}{\pi}\left(\frac{1}{l}+\frac{a\omega_0^2}{g}\right)rf\omega_0, \quad \omega_e = \sqrt{\frac{mgl}{I}\left(1-\frac{1}{8}a^2\right)}$$

(12-174)

因为摩擦阻力矩的存在,振幅是衰减的,其方程为

$$\frac{\mathrm{d}a}{\mathrm{d}t} = -\delta_e a = -\frac{4m}{\pi\omega_0}(g+a^2\omega_0^2 l)rf$$

(12-175)

根据以上方程可作出振幅的衰减曲线,进而可算出干摩擦系数的值。

12.5.2 利用弗洛特摆测量滑动轴承的动摩擦系数

1. 轴与轴套之间的动摩擦系数的测量

通过摩擦摆试验可以测定轴与轴套之间的动摩擦系数,图 12-21 为其力学模型,转动轴上的外套及摆的内套为一组试件,滑动面及轴的半径为 r,摆的质心至转动轴心的距离为 l。当轴以角速度 ω 逆时针转动时,摩擦力将带动摆偏转 θ 角度。

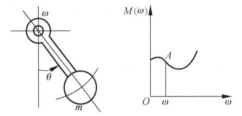

图 12-21 弗洛特摆力学模型

摆的运动方程为

$$I\ddot\theta = M_r - mgl\sin\theta - \mu l\dot\theta$$

(12-176)

式中,I 为摆的转动惯量;m 为摆的质量;M_r 为摩擦力矩;μ 为空气阻力系数。摩擦力矩可表示为

$$M_r = (mg\cos\theta + ml\dot\theta^2)rf(\omega-\dot\theta)$$

(12-177)

式中,摩擦系数 $f(\omega-\dot\theta)$ 是相对速度的函数。将式(12-177)代入式(12-176)可得

$$I\ddot\theta = (mg\cos\theta + ml\dot\theta^2)rf(\omega-\dot\theta) - mgl\sin\theta - \mu l\dot\theta$$

(12-178)

当转轴以角速度 ω 转动而摆处于静止状态时,有 $\ddot\theta=\dot\theta=0$,这时 $\theta=\theta_0$,则可得到 $rf(\omega)\cos\theta_0 - l\sin\theta_0=0$,即

$$f(\omega) = f(v) = \frac{l}{r}\tan\theta_0$$

(12-179)

由此可见,在实验过程中摆处于静止不动时,则偏角 θ_0 容易测出,从而可算出动摩擦系数 $f(v)$ 的值,改变轴的转速,又可测出另一转速下试件的动摩擦系数。

通过大量的试验,动滑动摩擦系数 $f(v)$ 有以下表达式:

$$f(v) = a - bv + c\,|\,v\,|\,v + dv^3$$

(12-180)

式中,a,b,c,d 为系数,可由实验确定。

2. 轴在静平衡位置邻域振动的情况下摩擦系数的测定

设

$$
\begin{aligned}
F(\omega - \dot{x}) &= A - B(\omega - \dot{x}) + C(\omega - \dot{x})^2 + D(\omega - \dot{x})^3 \\
&= (A - B\omega + C\omega^2 + D\omega^3) + (B - 2C\omega - 3D\omega^2)\dot{x} \\
&\quad + (C + 3D\omega)\dot{x}^2 - D\dot{x}^3
\end{aligned}
\tag{12-181}
$$

将式(12-181)代入式(12-178)，整理得

$$
\ddot{x} + \frac{1}{I}(B_0 - C_0\dot{x} + D\dot{x}^2)\dot{x} + \frac{A_0}{I} + \omega_0^2 x = 0
\tag{12-182}
$$

式中

$$
A_0 = -(A - B\omega + C\omega^2 + D\omega^3) + mgl\sin\theta_0, \quad B_0 = \mu l - B + 2C\omega + 3D\omega^2
$$

$$
C_0 = C + 3D\omega, \quad \omega_0^2 = \frac{mgl\cos\theta_0}{I}
\tag{12-183}
$$

设 $x_1 = A_0/(\omega_0^2 I) + x$，当转速固定时，$A_0$ 为常数，则式(12-182)变为

$$
\ddot{x}_1 + \omega_0^2 x_1 = \varepsilon F(x_1, \dot{x}_1) = -\frac{1}{I}(B_0 - C_0\dot{x}_1 + D\dot{x}_1^2)\dot{x}_1
\tag{12-184}
$$

式(12-184)的一次近似解为

$$
x_1 = \theta_0\cos\theta, \quad \frac{\mathrm{d}\theta_0}{\mathrm{d}t} = \varepsilon\delta_e(\theta_0)\theta_0, \quad \frac{\mathrm{d}\theta}{\mathrm{d}t} = \omega_0 + \varepsilon\omega_1(\theta_0)
\tag{12-185}
$$

式中

$$
\begin{aligned}
\varepsilon\delta_e(\theta_0)\theta_0 &= -\frac{1}{2\pi\omega_0}\int_0^{2\pi} F(\theta_0\cos\theta, -\theta_0\omega_0\sin\theta)\sin\theta\,\mathrm{d}\theta \\
&= -\frac{1}{2\pi\omega_0}\int_0^{2\pi} \frac{1}{I}(B_0\theta_0\omega_0\sin\theta + C_0\theta_0^2\omega_0^2\sin^2\theta + D\theta_0^3\omega_0^3\sin^3\theta)\sin\theta\,\mathrm{d}\theta \\
&= -\frac{B_0}{2I}\theta_0 - \frac{3D\omega_0^2}{8I}\theta_0^3
\end{aligned}
\tag{12-186}
$$

由此可得

$$
\frac{\mathrm{d}\theta_0}{\mathrm{d}t} = -\frac{\theta_0}{2I}\left(B_0 + \frac{3}{4}D\omega_0^2\theta_0^2\right)
\tag{12-187}
$$

对式(12-187)积分，可得

$$
\theta = \frac{\theta_0}{\sqrt{\mathrm{e}^{[B_0/(2mI)]t} + \dfrac{3D\omega_0^2\theta_0^2}{4B_0}\{\mathrm{e}^{[B_0/(2mI)]t} - 1\}}}
\tag{12-188}
$$

由式(12-188)可看出，当角速度很小时，$B_0 < 0$；当角速度很大时，$B_0 > 0$。

当 $B_0 > 0$ 时，式(12-188)分母随时间的增加趋于无穷大，所以 $\theta_0 \rightarrow 0$，θ_0 是渐近的；当 $B_0 < 0$ 时，即低转速时，随时间的增大则有

$$\theta = \frac{4B_0}{3D\omega_0^2} \tag{12-189}$$

当 $B_0 = 0$，$\theta = \theta_0$，则有稳态等幅振动，可由下式求出：

$$\theta_{\max} = \theta_0 + \theta_{01}, \quad \theta_{\min} = \theta_0 - \theta_{01}, \quad \theta_0 = (\theta_{\max} + \theta_{\min})/2 \tag{12-190}$$

从测试仪表上可以读出 $\theta_{\max}$ 和 $\theta_{\min}$ 的值,由式(12-190)可以求出摆在平衡位置时的偏角 θ_0,代入式(12-179)可求得摩擦系数 $f(v)$ 的值。

12.5.3　利用硬式光滑非线性振动系统来增加振动机振幅的稳定性

对于一些在共振情况下工作的振动机械,如电磁振动给料机、近共振型振动输送机和共振筛等,往往存在振幅不稳定的缺点。振幅不稳定会给机械的工作性能带来不良影响,为了消除这些缺点,可以采用具有硬式非线性恢复力的振动系统。

为了消除电磁振动给料机械振幅不稳定的缺点,可将主共振板弹簧的两端固接处做成带有曲线的形式,随着振幅的增大,板弹簧的工作长度将变短,弹簧刚度随振幅的增大而增加。其表示式为

$$\phi(x) = kx + Q(\dot{x}, x) = f\dot{x} + kx + bx^3 + dx^5 \tag{12-191}$$

式中,k 为线性部分的刚度;f 为阻力系数;b, d 为常数。

电磁振动给料机为双质体振动系统,参照图 12-22 的力学模型图,这种振动给料机的运动微分方程为

$$m_1 \ddot{x}_1 + k_1 x_1 + k(x) = F_0 + F_1 \sin(\omega t_1) + F_2 \sin(2\omega t_2) - \varepsilon Q(\dot{x}, x)$$

$$m_2 \ddot{x}_2 + k_2 x_2 - k(x) = -[F_0 + F_1 \sin(\omega t_1) + F_2 \sin(2\omega t_2)] + \varepsilon Q(\dot{x}, x)$$

$$x = x_1 - x_2, \quad \dot{x} = \dot{x}_1 - \dot{x}_2 \tag{12-192}$$

式中,m_1, m_2 分别为质体 1 和 2 的质量;k_1, k_2 和 k 分别为质体 1 和 2 上的弹簧的刚度及两个质体间的弹簧刚度;x_1, x_2 和 x 分别为质体 1 和 2 上的位移及两个质体间的相对位移;ω 为激振频率。

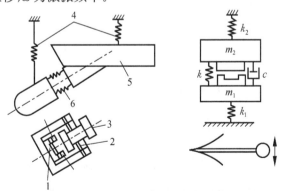

（a）电磁振动给料机原理图　　　（b）振动系统及弹簧结构原理图

图 12-22　电磁振动给料机的工作机构及力学模型

1—质体 1 附加装置;2—质体 1;3—质体 1、2 的连接装置;4—辅振弹簧;5—质体 2;6—主振弹簧

可将方程(12-192)写成矩阵形式为

$$[m]\{\ddot{x}\} + [k]\{x\} = \{F\} + \varepsilon\{Q\}$$

$$[m] = \begin{bmatrix} m_{11} & 0 \\ 0 & m_{22} \end{bmatrix} = \begin{bmatrix} m_1 & 0 \\ 0 & m_2 \end{bmatrix}, \quad [k] = \begin{bmatrix} k_{11} & k_{12} \\ k_{21} & k_{22} \end{bmatrix} = \begin{bmatrix} k_1 + k & -k \\ -k & k_2 + k \end{bmatrix}$$

$$\{F\} = \begin{Bmatrix} F_0 + F_1 \sin(\omega t_2) + F_2 \sin(2\omega t_2) \\ -[F_0 + F_1 \sin(\omega t_2) + F_2 \sin(2\omega t_2)] \end{Bmatrix}, \quad \{Q\} = \begin{Bmatrix} -Q(\dot{x}, x) \\ Q(\dot{x}, x) \end{Bmatrix}$$

$$(12\text{-}193)$$

为了求出方程(12-192)的解,先将方程变换到主坐标上,为此必先求出系统的两个自然频率与振型函数。系统的特征方程为

$$\begin{vmatrix} k_{11} - m_{11}\omega^2 & k_{12} \\ k_{21} & k_{22} - m_{22}\omega^2 \end{vmatrix} = 0 \tag{12-194}$$

求解方程(12-194)可得

$$\omega_{0i} = \sqrt{\frac{m_{11}k_{22} + m_{22}k_{11} \mp \sqrt{(m_{11}k_{22} + m_{22}k_{11})^2 - 4m_{11}m_{22}(k_{11}k_{22} - k_{12}^2)}}{2m_{11}m_{22}}},$$

$$i = 1, 2$$

而振型函数可由下式给出:

$$\phi_1^{(i)} = 1, \quad \phi_2^{(i)} = -\frac{k_{11} - m_{11}\omega_{0i}^2}{k_{12}} = -\frac{k_{12}}{k_{22} - m_{22}\omega_{0i}^2}, \quad i = 1, 2$$

电磁振动给料机通常在第二自然频率附近工作,在自然频率和振型函数已知的情况下,可设方程的解为

$$x_i = \phi_i^{(2)} x_0 = \phi_i^{(2)}[a_1 \sin\theta_1 + a_2 \sin(2\theta_2)], \quad i = 1, 2$$

$$x_0 = a_1 \sin\theta_1 + a_2 \sin(2\theta_2), \quad \theta_i = \omega t_i + \varphi_i \tag{12-195}$$

代入原振动方程中并化简,得第二主坐标上的方程:

$$m(\ddot{x} - \omega^2 x_0) = \sum_{r=1}^{2} \varepsilon Q_r \phi_r^{(2)} + \sum_{r=1}^{2} \phi_r^{(2)}[F_{0r} + F_{1r}\sin\theta_1 + F_{2r}\sin(2\theta_2)]$$

$$m = m_1 \phi_1^{(2)^2} + m_2 \phi_2^{(2)^2}, \quad F_{01} = -F_{02}, \quad F_{11} = -F_{12}, \quad F_{21} = -F_{22}$$

$$(12\text{-}196)$$

方程(12-195)的 a_i 和 φ_i 可由下列方程求出:

$$\frac{\mathrm{d}a_i}{\mathrm{d}t} = -a_i \delta_e^{(2)} - \sum_{i=1}^{2} \sum_{r=1}^{2} F_i \phi_r^{(2)} \cos\varphi_i / [m(i\omega + \omega_2)]$$

$$(12\text{-}197)$$

$$\frac{\mathrm{d}\varphi_i}{\mathrm{d}t} = \omega_e^{(2)} - \omega + \sum_{i=1}^{2} \sum_{r=1}^{2} F_i \phi_r^{(2)} \sin\varphi_i / [ma_i(i\omega + \omega_2)]$$

式中,$\delta_e^{(2)}$,$\omega_e^{(2)}$ 为等效衰减率和等效自然频率,可分别由下式求解:

$$\delta_e^{(2)} = \frac{1}{2\pi m a_i i\omega} \int_0^{2\pi} \sum_{r=1}^{2} \varepsilon Q_{r0}^{(2)}(a_i, \theta_i) \phi_r^{(2)} \sin(i\theta_i) \mathrm{d}\theta_i$$

$$\omega_e^{(2)} = -\frac{1}{2\pi m a_i i\omega} \int_0^{2\pi} \sum_{r=1}^{2} \varepsilon Q_{r0}^{(2)}(a_i, \theta_i) \phi_r^{(2)} \cos(i\theta_i) \mathrm{d}\theta_i \qquad (12\text{-}198)$$

定常情况下,由于有 $\dfrac{\mathrm{d}a_i}{\mathrm{d}t}=0$,$\dfrac{\mathrm{d}\varphi_i}{\mathrm{d}t}=0$,于是

可得到以下方程:

$$m^2 a_i^2 \{[\omega_e^{(2)2} - (i\omega)^2]^2 + 4\delta_e^{(2)2}(i\omega)^2\} = F_i^{(2)2}$$

$$\varphi_i = \arctan\{[\omega_e^{(2)2} - (i\omega)^2]/(2i\omega\delta_e^{(2)})\}$$

$$F_i^{(2)} = F_{i1}\phi_1^{(2)} + F_{i2}\phi_2^{(2)} \qquad (12\text{-}199)$$

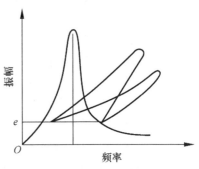

由于该系统为硬式非线性系统,其共振
曲线与线性系统有着本质的区别,如图 12-23
所示。当频率或阻尼发生变化时,在亚共振
区域振幅稳定性明显优于线性振动系统。

图 12-23　硬式非线性系统
与线性系统振幅稳定的比较

12.5.4　硬式对称分段线性非线性振动系统

有些弹性连杆式振动输送机采用硬式分段线性非线性振动系统,其工作机构
如图 12-24(a)所示,其力学模型如图 12-24(b)所示。上方的质体用于输送物料,
下方的质体做平衡质体使用。在两个质体之间,装有线性弹簧和带有间隙的分段
线性的非线性弹簧,连杆头部装有连杆弹簧,平衡质体下方还有隔振弹簧。按照力
学模型图,可列出该振动系统的运动微分方程为

$$m_1\ddot{x}_1 + c_1\dot{x}_1 + c_1\dot{x} + (k_0 + k)x = k_0 r\sin(\omega t) - Q(\dot{x}, x)$$

$$m_2\ddot{x}_2 + c_2\dot{x}_2 - c_2\dot{x} + k_2 x - (k_0 + k)x = -k_0 r\sin(\omega t) + Q(\dot{x}, x) \qquad (12\text{-}200)$$

$$x = x_1 - x_2$$

式中,x_1,x_2 和 x 分别为质体 1 和 2 相对于静平衡位置的位移及相对位移;m_1,m_2
分别为质体 1 和 2 的质量;ω 为偏心转子的回转角速度;r 为偏心距;k_0 为连杆弹
簧刚度;k 为线性弹簧刚度;k_2 为质体与基础间的弹簧的刚度;c_1,c_2 为与 $\dot{x}_1$ 和 $\dot{x}_2$
成正比的阻尼系数;$Q(\dot{x}, x)$ 为间隙弹簧与线性弹簧的分段作用力:

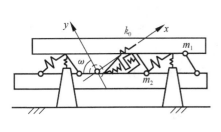

（a）弹性连杆式共振筛示意图

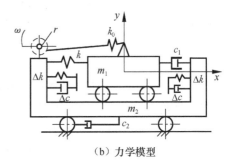

（b）力学模型

图 12-24　弹性连杆式振动输送机及其力学模型

$$Q(\dot{x},x) = \begin{cases} 0, & -e \leqslant x \leqslant e \\ \Delta c\dot{x} + \Delta k(x-e), & x > e \\ \Delta c\dot{x} + \Delta k(x+e), & x < -e \end{cases} \tag{12-201}$$

式中，Δk 为 m_1 两侧间隙弹簧的刚度；Δc 为与 m_1 两侧间隙弹簧的刚度成正比的阻尼系数；e 为 m_1 两侧的间隙。

由于左右两个间隙弹簧的刚度及间隙为对称，当机器正常工作时，在一次近似情况下，振动中心将不会发生偏移。为计算方便，对 x 做形如 $y=x+d$ 的坐标变换，再把 y 用 x 替换，方程可化为

$$m_1\ddot{x}_1 + C\dot{x} + c_1\dot{x}_1 + K(x_1 - x_2) = k_0 r\sin(\omega t) + \varepsilon Q_1$$

$$m_2\ddot{x}_2 - C\dot{x} + c_2\dot{x}_2 - K(x_1 - x_2) + k_2 x_2 = -k_0 r\sin(\omega t) + \varepsilon Q_2$$

式中

$$C = c + c_e, \quad K = k_0 + k + k_e$$

$$k_e = k_0 + k + \Delta k\left\{1 - \frac{2}{\pi}\left[\theta_e - \frac{1}{2}\sin(2\theta_e)\right]\right\}, \quad \theta_e = \arccos\left(\frac{e}{a}\right)$$

$$\tag{12-202}$$

其中，c_e 和 k_e 分别为等效线性化得出的阻尼系数和弹簧刚度，非线性作用力可表示为

$$\varepsilon Q_1 = -\varepsilon Q_2 = c_e\dot{x} + k_e x = \begin{cases} 0, & -e \leqslant x \leqslant e \\ -\Delta c\dot{x} - \Delta k(x-e), & x > e \\ -\Delta c\dot{x} - \Delta k(x+e), & x < -e \end{cases}$$

$$\tag{12-203}$$

式(12-202)可写成矩阵形式为

$$[M]\{\ddot{x}\} + [C]\{\dot{x}\} + [K]\{x\} = \{F\} + \varepsilon\{Q\}$$

$$[M] = \begin{bmatrix} m_1 & 0 \\ 0 & m_2 \end{bmatrix}, \quad [C] = \begin{bmatrix} c_1 + C & -C \\ -C & c_2 + C \end{bmatrix}, \quad [K] = \begin{bmatrix} K & -K \\ -K & k_2 + K \end{bmatrix}$$

$$\{F\} = \begin{Bmatrix} k_0\sin(\omega t) \\ -k_0\sin(\omega t) \end{Bmatrix}, \quad \{Q\} = \begin{Bmatrix} Q_1 \\ Q_2 \end{Bmatrix} \tag{12-204}$$

由于这种机器一般在第二自然频率附近工作，通常按下述方法求其一次近似解：先求出其第二阶自然频率及其振型函数，再将方程转换到第二主坐标上求解：

$$\phi_1^{(2)} = 1, \quad \phi_2^{(2)} = (K - m_1\omega_2^2)/K = K/(K + k_2 - m_2\omega_2^2)$$

$$m_1 m_2\omega_j^4 - [(K + k_2)m_1 + Km_2]\omega_j^2 + Kk_2 = 0, \quad j = 1,2 \tag{12-205}$$

在振型及自然频率已知的情况下，设

$$x_i = \phi_i^{(2)} x_0 = \phi_i^{(2)}(a_1\cos\theta_1 + a_2\cos\theta_2), \quad i = 1,2$$

$$x_0 = a_1\cos\theta_1 + a_2\cos\theta_2, \quad \theta_i = \omega t_i + \varphi_i \tag{12-206}$$

代入式(12-204)可得第二主坐标上的方程：

$$m(\ddot{x}_0 - \omega^2 x_0) = \sum_{r=1}^{2} \varepsilon Q_r \phi_r^{(2)} + \sum_{r=1}^{2} \varepsilon E_r \phi_r^{(2)} \cos(\omega t) \tag{12-207}$$

$$m = m_1 \phi_1^{(2)^2} + m_2 \phi_2^{(2)^2}, \quad E_1 = m_0 \omega^2 r, \quad E_2 = 0$$

方程(12-206)的 a_i 和 φ_i 可由下列方程求出：

$$\frac{\mathrm{d}a_i}{\mathrm{d}t} = -a_i \delta_e^{(2)} - \sum_{i=1}^{2} \varepsilon E_r \phi_r^{(2)} \cos\varphi_i / [m(\omega + \omega_2)]$$

$$\frac{\mathrm{d}\varphi_i}{\mathrm{d}t} = \omega_e^{(2)} - \omega + \sum_{i=1}^{2} \varepsilon E_r \phi_r^{(2)} \sin\varphi_i / [ma(\omega + \omega_2)] \tag{12-208}$$

式中，$\delta_e^{(2)}, \omega_e^{(2)}$ 为等效衰减率和等效自然频率，可分别由下式求解：

$$\delta_e^{(2)} = \frac{1}{2\pi ma\omega} \int_0^{2\pi} \sum_{r=1}^{2} \varepsilon Q_{r0}^{(2)}(a,\theta) \phi_r^{(2)} \sin\theta \mathrm{d}\theta$$

$$\omega_e^{(2)} = \omega_2 - \frac{1}{2\pi ma\omega} \int_0^{2\pi} \sum_{r=1}^{2} \varepsilon Q_{r0}^{(2)}(a,\theta) \phi_r^{(2)} \cos\theta \mathrm{d}\theta \tag{12-209}$$

定常情况下，由于有 $\dfrac{\mathrm{d}a_i}{\mathrm{d}t} = 0, \dfrac{\mathrm{d}\varphi_i}{\mathrm{d}t} = 0$，于是可得到以下方程：

$$m^2 a^2 \left[(\omega_e^{(2)^2} - \omega^2)^2 + 4\delta_e^{(2)^2} \omega^2 \right] = E^{(2)^2}$$

$$\varphi_i = \arctan\left[(\omega_e^{(2)^2} - \omega^2)/(2\omega\delta_e^{(2)}) \right], \quad E^{(2)} = E_1 \phi_1^{(2)} + E_2 \phi_2^{(2)} \tag{12-210}$$

由该方程可得系统的幅频特性和相频特性曲线如图 12-25 所示。图 12-25 反映了系统硬式非线性的特点。因为系统的实际工作频率通常略低于系统的二阶自然频率，一般为 $(0.85 \sim 0.95)\omega_e^{(2)}$，为提高计算精度，可按下述方法进一步求系统改进的一次近似解。

$$x_s = \phi_s^{(2)} a \cos\theta + \varepsilon u_s^{(2)}(a,\theta), \quad s = 1,2$$

$$u_s^{(2)} = \frac{1}{2\pi} \sum_{\substack{n=-\infty \\ n \neq 1, -1}}^{\infty} \phi_r^{(2)} \frac{\int_0^{2\pi} \phi_r^{(2)} Q_{r0}^{(2)}(a,\theta) \mathrm{e}^{-i\omega t} \mathrm{d}\theta}{m(\omega_r^{(2)^2} - n\omega^2)} \mathrm{e}^{i\omega t} \tag{12-211}$$

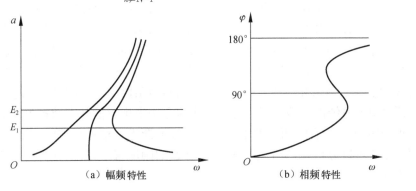

图 12-25　幅频与相频特性曲线

12.5.5　软式不对称分段线性非线性振动系统

在工业部门中为了完成所需的工艺过程,往往要求工作机体有一定运动轨迹,在选矿工业中用的弹簧摇床,就是根据所要求的运动轨迹而采用一种特殊的非线性振动机构及系统。图 12-26 表示了这种机械工作机构和力学模型,由图可见,该机构由两个振动质体组成,两个振动质体的左右侧分别安装有线性软弹簧和工作时带有间隙的硬弹簧,使质体 1 产生振动的单惯性激振器装于质体 2 上。

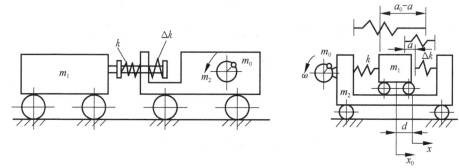

（a）弹簧摇床工作机构　　　　　　　　（b）弹簧摇床力学模型

图 12-26　弹簧摇床的工作机构及其力学模型

该两自由度系统的运动微分方程为

$$m_1\ddot{x}_1 + k_1 x_1 + k_e x = \varepsilon \Delta Q(\dot{x}, x)$$
$$m_2\ddot{x}_2 + k_2 x_2 - k_e x = m_0 r \omega^2 \cos(\omega t) - \varepsilon \Delta Q(\dot{x}, x) \qquad (12\text{-}212)$$
$$x = x_1 - x_2, \quad \dot{x} = \dot{x}_1 - \dot{x}_2$$

$$\Delta Q(\dot{x}, x) = \begin{cases} -k(b_0 - b - x) - \Delta k(b + x) - (f + \Delta f)\dot{x} + k_e x, & x \geqslant -b \\ -k(b_0 - b - x) - f\dot{x} + k_e x, & x < -b \end{cases}$$

$$(12\text{-}213)$$

式中,m_1,m_2 分别为质体 1 和 2 的质量;x_1,x_2 和 x 分别为质体 1 和 2 上的位移及两个质体间的相对位移;m_0 为偏心块质量;ω 为偏心转子的回转角速度;r 为偏心距;k_1,k_2 为质体 1 和 2 上的弹簧的刚度;$Q(\dot{x}, x)$ 和 $\Delta Q(\dot{x}, x)$ 分别为非线性作用力与残余非线性作用力;b 为静止状态下硬弹簧压缩量;$b_0 - b$ 为静止状态下软弹簧压缩量;b_0 为软弹簧与硬弹簧预压量之和;k 和 Δk 分别为软弹簧和硬弹簧的刚度;f 和 Δf 为软弹簧和硬弹簧的工作区段的阻力系数;k_e 为等效化的弹簧刚度。

两自由度系统的运动方程可先按前面的方法求出自然频率及振型函数,然后将方程变换到主坐标上,再按照单自由度系统的渐近方法进行求解。下面将用较简便的方法进行分析,由于上述方程隔振弹簧的刚度很小,近似计算时可以略去。这时方程可写为

$$m_1\ddot{x}_1 + k_e x = \varepsilon \Delta Q(\dot{x}, x), \quad m_2\ddot{x}_2 - k_e x = m_0 r \omega^2 \cos(\omega t) - \varepsilon \Delta Q(\dot{x}, x)$$

$$x = x_1 - x_2, \quad \dot{x} = \dot{x}_1 - \dot{x}_2 \tag{12-214}$$

第一式乘以 $m_2/(m_1+m_2)$ 减去第二式乘以 $m_1/(m_1+m_2)$，即得

$$\frac{m_1 m_2}{m_1 + m_2}\ddot{x} + k_e x = \varepsilon \Delta Q(\dot{x}, x) - \frac{m_2 m_0}{m_1} r\omega^2 \cos(\omega t) \tag{12-215}$$

$$m_2 \ddot{x}_2 - k_e x = m_0 r\omega^2 \cos(\omega t) - \varepsilon \Delta \theta(\dot{x}, x)$$

在前面的表示式中直接引入了等效刚度，目的是使方程的一次近似解更接近于实际工作的系统，将非线性作用力表示为某一等效线性恢复力和残余非线性恢复力之和，即

$$Q(\dot{x}, x) = k_e x + \Delta Q(\dot{x}, x), \quad k_e = \frac{-1}{2\pi\omega m}\int_0^{2\pi} Q(a\cos\theta, -a\omega\sin\theta)\cos\theta \mathrm{d}\theta \tag{12-216}$$

由于弹性力的不对称性，机器正常工作时，振动中心相对于原始静止位置偏移距离 d，此值可根据位能平衡条件求出

$$\int_{a-d}^{a+d} Q(x)\mathrm{d}x = 0 \tag{12-217}$$

即

$$\frac{1}{2}\Delta k(a - d + b)^2 = 2k(b_0 - b + d)a$$

式中，a 为相对振幅。根据力的平衡条件 $\Delta kb = k(b_0 - b)$，即

$$b = \frac{kb_0}{k + \Delta k} \tag{12-218}$$

振动中心相对于原始静止位置偏移距离 d 可按下式求出：

$$d^2 - 2\Big[\Big(\frac{2b}{b_0 - b} + 1\Big)a + b\Big]d + (a + b)^2 - 4ab = 0 \tag{12-219}$$

这种振动机在近共振情况下工作，按相对位移表示的运动微分方程的解可设为

$$x = -d + a\cos(\omega t + \varphi) = d + a\cos\theta \tag{12-220}$$

$$\frac{\mathrm{d}a}{\mathrm{d}t} = -\varepsilon\delta_e(a) + \cdots, \quad \frac{\mathrm{d}\varphi}{\mathrm{d}t} = \omega_0 - \omega + \varepsilon\omega_e(a) + \cdots \tag{12-221}$$

式中，δ_e，ω_e 分别为等效衰减率和等效自然频率，可分别由下式求解：

$$\delta_e = \frac{1}{2\pi ma\omega}\int_0^{2\pi} \Delta Q_0(a, \theta)\sin\theta \mathrm{d}\theta = \frac{1}{2m}\Big\{f + \frac{1}{2}\Delta f\Big(1 - \frac{2}{\pi}\Big)\Big(\theta_e + \frac{1}{2}\sin(2\theta_e)\Big]\Big\}$$

$$\omega_e = \omega_0 - \frac{1}{2\pi ma\omega}\int_0^{2\pi} \Delta Q_0(a, \theta)\cos\theta \mathrm{d}\theta = \sqrt{\frac{k + \frac{1}{2}\Delta k\Big\{1 - \frac{2}{\pi}\Big[\theta_e + \frac{1}{2}\sin(2\theta_e)\Big]\Big\}}{m}}$$

$$\theta_e = \arcsin[(d - b)/a] \tag{12-222}$$

在定常情况下，由于有 $\dfrac{\mathrm{d}a}{\mathrm{d}t} = 0$，$\dfrac{\mathrm{d}\varphi}{\mathrm{d}t} = 0$ 成立，于是得到以下方程：

$$m^2 a^2[(\omega_e^2 - \omega^2)^2 + 4\delta_e^2\omega^2] = E^2, \quad \varphi = \arctan[(\omega_e^2 - \omega^2)/(2\omega\delta_e)] \tag{12-223}$$

由该方程可得到系统的幅频特性曲线，如图 12-27 所示。该图反映了系统软

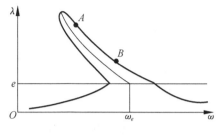

图 12-27　幅频特性曲线

式非线性的特点。

　　因为系统的工作频率通常略低于系统的二阶自然频率，一般为 $(0.85\sim0.95)\omega_e^{(2)}$。这种振动机之所以采用不对称非线性振动系统，其目的是要获得不对称的运动轨迹。但前面求出的一次近似解只含有二次谐波成分，因此必须求出高次谐波成分，特别是二次谐波成分，由各次谐波合成的曲线呈不对称型，这种曲线可使床面上的物料向某一方向运动。

　　高次谐波可以按下述方法进一步求系统改进的一次近似解。设

$$x = a\cos\theta + \varepsilon u_1(a,\theta), \quad \varepsilon u = \frac{1}{2\pi}\sum_{\substack{n=-\infty\\n\neq1,-1}}^{n=\infty}\frac{\int_0^{2\pi}Q_0(a,\theta)\mathrm{e}^{-in\omega t}\mathrm{d}\theta}{m(\omega_r^{(2)2}-n^2\omega^2)} \quad (12\text{-}224)$$

将 $Q_{r0}^{(2)}(a,\theta)$ 代入式(12-224)，不考虑 $F_m(\dot{x}_1)$ 的影响时，可得

$$x_s = \phi_s^{(2)}a\cos\theta$$
$$+ \sum_{n=2}^{\infty}\phi_s^{(2)}(\phi_1^{(2)}-\phi_2^{(2)})^2\frac{a\big[(k_{01}c_{n1}-k_{02}c_{n2})\cos(n\theta)+\omega(c_{01}d_{n1}-c_{02}d_{n2})\sin(n\theta)\big]}{\pi m\omega^2(1-n^2)}$$

$$c_{ni} = \frac{2}{n}\cos(n\theta_{0i})\sin(n\theta_{0i}) - \frac{\sin[(n-1)\theta_{0i}]}{n-1} - \frac{\sin[(n+1)\theta_{0i}]}{n+1}, \quad i=1,2$$

$$d_{ni} = \frac{\sin[(n-1)\theta_{0i}]}{n-1} - \frac{\sin[(n+1)\theta_{0i}]}{n+1}, \quad i=1,2 \quad (12\text{-}225)$$

　　根据以上各式可算出二次谐波成分的具体数值，与一次谐波成分相加以后，可得如图 12-28 所示的曲线，这与试验得到的曲线是一致的。

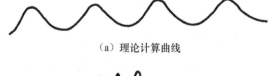

（a）理论计算曲线

（b）实际测得的曲线

图 12-28　理论计算曲线与实际测得的曲线

思　考　题

1. 弄清楚以下各概念之间的差别与联系：

(1) 位形空间与状态空间；广义坐标与状态变量。

（2）运动方程与状态方程。

（3）平衡点与相空间的原点。

（4）平衡与稳定。

（5）Lyapunov 意义下的稳定性,平衡点邻域的稳定性与轨道稳定性。

（6）自治系统、保守系统与定常系统。

（7）结点、鞍点、焦点与中心。

（8）保守系统的封闭轨线与非保守系统的极限环。

2. 与线性系统比较起来,非线性系统有哪些特点?

3. 我们可以说一个线性系统是稳定的,或是不稳定的,但是为何不能笼统地说一个非线性系统的稳定性?

4. 式(12-115)、式(12-116)分别给出了有阻尼 Duffing 方程的幅频特性与相频特性,而对于无阻尼 Duffing 方程,为什么只由式(12-108)给出其幅频特性,为何未提到其相频特性?

5. 频率俘获是非线性振动系统的特性之一,试说明频率俘获原理的工程应用,并写出同步运转的条件及同步运转状态的稳定性条件。

习　题

1. 一质量为 m 的质点,置于长为 $2l$ 的张紧的钢丝中间,如图 12-29 所示,设钢丝的初张力为 T_0,钢丝的横截面面积为 A,弹性模量为 E。试写出质点在大范围中自由振动的微分方程。

2. 一物体由两个正圆锥组合而成,如图 12-30 所示,它们的地面半径为 r,高为 h。整个物体的质量为 m。该物体浮出水面,露出水面的高度为 p。试求物体在铅垂方向自由振动的运动方程。

3. 一单摆的摆线绕在一半径为 R 的圆柱上,如图 12-31 所示。当摆锤处于铅垂向下的位置时,摆线长为 l。试求其运动方程。

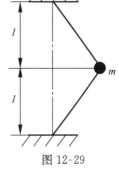

图 12-29

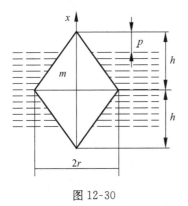

图 12-30

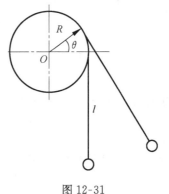

图 12-31

4. 试写出如图 12-32 所示不对称分段线性非线性系统自由振动的运动方程。

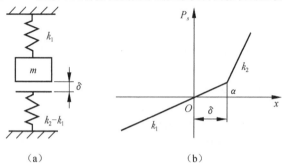

图 12-32

5. 具有黏滞阻尼的摆的运动微分方程可写成下列形式：

$$\ddot{\theta} + 2\xi\omega_n\dot{\theta} + \omega_n^2\sin\theta = 0$$

试将该式改写成状态方程，并确定其平衡点。

6. 考虑由如下运动微分方程所描述的质块弹簧系统：

$$\ddot{x} + x - \frac{\pi}{2}\sin x = 0$$

试将该式改写成状态方程并确定其平衡点。

7. 试用等倾斜线法绘制如图 12-33 所示系统对应于初始条件 $x(0)=2.5, \dot{x}(0)=3.2$ 的一条相轨迹。图中弹簧与阻尼器均为线性的，且 $k/m=1, c/m=0.2, \delta=1$。

8. 试导出如图 12-34 所示系统的运动方程，弹簧力是非线性的：$F=k[x-(\pi/2)\sin x]$，而阻尼是线性黏滞的。识别系统的平衡点，并用 Routh-Hurwitz 判据判别其稳定性。

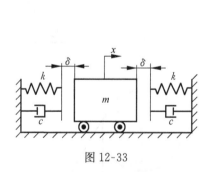

图 12-33

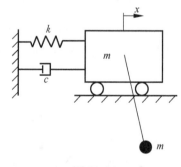

图 12-34

9. 用等倾斜线法给出 van der Pol 方程 $\ddot{x}+\mu(x^2-1)\dot{x}+x=0, \mu=0.1$ 的极限环。

10. 试采用线性化模型分析本章习题 1 中系统平衡点的类型及其稳定性。

11. 以线性化模型分析本章习题 5 中系统平衡点的类型及其稳定性。

12. 试判断以下系统的各平衡点的类型及其稳定性：$\ddot{x}-(0.1-3x^2)\dot{x}+x+x^2=0$。

13. 试求出式(12-40)的若尔当形所对应的平衡点附近方程，并绘制其相图。

14. 对本章习题 6 的运动方程积分，求出轨线方程。注意可以求得封闭形式的解。引入一个积分常数,使在原点的能量 E 等于常数的各等高线。计算对应于 $E=-0.25,0,0.5$ 的轨线,并讨论各种运动形式。

15. 对本章习题 6 的系统,做出单位质量的弹簧力 $f(x)$ 对 x 的曲线及势能 $V(x)$ 对 x 的曲线。绘出总能量 E 等于常数的各等高线。计算对应于分界线的能量。E 值很大时,等高线是什么形状?

16. 如果势能曲线为 $V(x)=8-2\cos(\pi x/4)$,试绘出 $E=6,7,8,12$ 的各条轨线,并讨论这些曲线。

17. 设系统的状态方程为 $\dot{x}_1=x_2+x_1(1-x_1^2-x_2^2)$,$\dot{x}_2=-x_1+x_2(1-x_1^2-x_2^2)$,试作坐标变换:$x_1=r\cos\theta$,$x_2=r\sin\theta$,以极坐标 r 与 θ 表示轨线的微分方程,加以积分,将 r 表示为 θ 的函数。证明 $r=1$ 是系统的一个极限环。对应于 $r<1$ 与 $r>1$ 的初值,作出在 $r=1$ 的邻域中的几条轨线,并且用此法证实 $r=1$ 代表一稳定的极限环。判断原点的类型及其稳定性。

18. 试求如图 12-15 所示分段性系统的自由振动频率 ω_n 的精确解,设振幅 $a>x_0$。将所得结果与近似解式(12-97)相比较。

19. 试求图 12-32 所示系统的振幅 a 与其自由振动频率 ω_n 的精确关系。

20. 试以迭代法(或谐波平衡法)证明式(12-62)表示的 van der Pol 方程存在一个稳定的周期解:$x=2\cos t$。

21. 试证明图 12-20 中 A-ω/ω_0 平面上的曲线与横轴所围成的区域具有这样的性质:在一个振动周期中,系统从激振源吸收的能量大于系统内的阻尼所消耗的能量。而在此区域之外的其他部分,则正相反。曲线上的点则代表能量的吸收与消耗相平衡这一种情况。在此基础上,试说明图中实线段所表示的等幅谐波相应是稳定的,而虚线则表示一种不稳定的响应。

22. 试用 Lindstedt 法求以下系统的二阶近似的周期解,$\ddot{x}+x=\varepsilon x^2$,$\varepsilon\ll1$。令初始条件为 $x(0)=A_0$,$\dot{x}(0)=0$。

23. 试以 Lindstedt 法求 van der Pol 方程的一阶近似的周期解。令 $\varepsilon=0.2$,在相平面上给出此周期解的轨线。

第 13 章 自 激 振 动

13.1 引　　言

自激振动是工程中常见的振动现象。自激振动并非不需要外界的激励,而是发端于某一个偶然的外界扰动的一种**扰激振动**。就其研究目标和方法而言,自激振动同自由振动和强迫振动都有所不同。自由振动主要考虑引起振动的初始激励的大小和形式,强迫振动主要探讨激励与振动响应之间的关系,而自激振动重点是研究形成系统自身的不稳定性的机理与规律。

图 12-13 与图 12-14 的平衡点和极限环正好说明了自激振动系统的基本特点。自激振动的发生需要两个条件:第一,系统在平衡点附近的不稳定性;第二,迫使系统的工作点略微偏离平衡点的外界扰动。自激振动可分为软自激振动和硬自激振动两类。

如图 12-13(a)所示,原点是平衡点,如果系统的状态点停留在原点,则不可能自行离开该点。如果任何偶然的外界扰动,使状态点略微偏离原点,则系统本身在原点附近的不稳定性会立即迫使状态点沿螺线迅速偏离原点,即产生急剧上升的振动。在实际工程中,微小的扰动随处可见,因此,系统在平衡点附近的不稳定性一旦形成,则立即会有某一个偶然的扰动闯过来,引发急剧上升的振动。这类振动称为**软自激振动**。如图 12-13(b)所描述的系统也是一种自激振动系统,但要求激发振动的扰动具有一定的大小,即其幅度需超过图中的虚线圆圈,才能激发起自行上升的振动。这种振动称为**硬自激振动**,其中虚线圆圈的半径称为**激振阈值**。

自激振动和自由振动具有本质区别。由于阻尼的存在,自由振动的振幅会不断衰减。而自激振动一旦被激起,其振幅会迅速上升。这表明在自激振动系统中存在着一种与阻尼的作用正好相反的负阻尼。此外,多自由度系统的各个模态之间的耦合也可能成了一种助长振动的因素。对于线性系统,自由振动的周期由系统本身特性决定,振幅和初相位由初始条件决定。而自激振动在被激发后,振幅上升到一定的程度以后,会自行稳定下来,从而形成一种稳定的周期振动。稳态自激振动的形式与周期由系统本身的特点决定,而与振动开始被激发的初值无关,即激起自激振动的干扰的具体形式并不重要,如图 12-14(a)、(b)所示。自激振动的这种振幅自稳定性是由于系统中的某些非线性因素的作用而发生的。

为描述与解释这种现象,需要非线性模型与非线性理论。而如果只需研究系统开始发生自激振动的条件,即判明稳定性阈值,那么采用线性模型即可解决问题。

自激振动和强迫振动具有本质区别。强迫振动需要持续的外界交变激励才能维持。自激振动不需要持续的外加交变激励,而是靠系统内部各部分之间的相互作用,就能得以维持与扩大。可见,在自激振动系统内部一定存在某种反馈关系,以实现各部分之间的相互作用。

振动需要消耗能量,自由振动是将开始就储存在系统中的机械能转化为交变的振动,强迫振动是将交变激励的能源转化为交变的振动。与自由振动和强迫振动均不同,自激振动并不是自给振动,在能量上并不能自给自足,而需依赖于外界的能源供给,以补充由不可避免的阻尼所造成的能量耗散,并扩大振幅。自激振动是将一种"直流"的能源转化成为交变的振动,即振动系统通过某种机构或机制从外界摄取能量,来维持或扩大其振动。可见,自激振动系统很像一个将直流电转化成为交流电的变流器。

自激振动系统一般应该由振动体、能源、调节能源供给的**阀**,以及按照振动体的振动反过去控制阀的能量供给的反馈机构组成,其原理如图 13-1 所示。

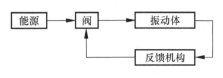

图 13-1 自激振动系统的原理

实际工程中应用的一些机械系统,都是应用自激振动原理而设计的。例如,内燃机、直流电动机、风动工具、钟表的擒纵机构等都是某种自激振动系统,其目的是利用一种直流的或单向作用的能源来产生交变的或往复运动(或通过连杆机构将这种往复运动转化成旋转运动)。

工程中的自激振动更多的是由于系统内部自然形成的内在反馈所引起的,这种自激振动又称为**颤振**。它一旦产生,往往对机器或设备的工作造成不利影响,因此对这类自然形成的自激振动必须加以控制。可是对这类自激振动机理的揭示以及对它的控制往往比对强迫振动的研究和控制要困难得多,因为自激振动并无外界的交变激振源,其振动是由于内在反馈引起的。这些内在反馈寄生于机器或装置的正常运行过程中,要揭示、研究与控制这些内在反馈一般比较困难。

本章讲述由于**速度反馈**、**位移延时反馈**与**模态耦合**引起的三类自激振动,并以导轨爬行现象和金属切削机床的自激振动为例,说明如何分析内在反馈,建立数学模型,并讨论自激振动的防治和应用问题。

13.2　由速度反馈引起的自激振动

13.2.1　速度反馈与负阻尼

对于一个单自由度振动系统,其所受到的激振力 F 又受到其自身振动速度的控制,即成为振动速度 $\dot{x}$ 的函数 $F(\dot{x})$。这种系统称为速度反馈系统,其框图如图 13-2 所示。该图由**振动体**与**力的控制机构**两部分组成,后者即为上述的**反馈机构**。这里因为是针对力学系统而言,故改写成力的控制机构。该系统的运动方程可写成

$$m\ddot{x} + c\dot{x} + kx = F(\dot{x}) \tag{13-1}$$

为了说明这种系统会失去稳定性而产生自激振动,来考察一个比较简单的情况,即令阻尼系数 $c=0$,且假定

$$F(\dot{x}) = F_0 \operatorname{sgn}(\dot{x}) \tag{13-2}$$

式中,F_0 为常数;$\operatorname{sgn}(\dot{x})$ 为符号函数。当 $\dot{x}>0$ 时,$\operatorname{sgn}(\dot{x})=1$;当 $\dot{x}<0$ 时,$\operatorname{sgn}(\dot{x})=-1$;当 $\dot{x}=0$ 时,$\operatorname{sgn}(\dot{x})=0$。这表明此系统受到的激励是一个大小恒定的力,而力的方向总是与其振动方向相同,如图 13-3 中的单摆的受力情况。显然,此系统必然会不断地从推力中获取能量,而越振越猛烈。

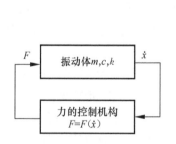

图 13-2　速度反馈系统框图

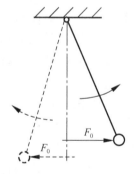

图 13-3　单摆的受力情况

注意:虽然这里振幅的扩大与强迫振动中的**共振效应**类似,且为了使推力 $F(\dot{x})$ 与 $\dot{x}$ 同步,激振力的基频必然正好等于系统的自然频率 ω_n,但这与强迫振动有着本质的区别。这里激振力 F 是受所激起振动运动控制,F 既是振动的原因,也是振动的后果。如果系统本身不振动,即 $\dot{x}\equiv0$,则有 $F(\dot{x})=F_0\operatorname{sgn}(\dot{x})\equiv0$,即不可能有这个交变的激振力。因此,不能将激振力 $F(\dot{x})$ 与振动系统分开,即不能将之视为一种外力,而必须将被激励的振动系统以及由系统的运动所控制的激振力作为一个整体来加以研究。

现在来研究 $F(\dot{x})$ 的比较一般的情况,假定 $F(\dot{x})$ 可在 $\dot{x}=0$ 的附近展成幂级数为

$$F(\dot{x}) = F(0) + \frac{\mathrm{d}F(0)}{\mathrm{d}\dot{x}}\dot{x} + \frac{1}{2!}\frac{\mathrm{d}^2F(0)}{\mathrm{d}\dot{x}^2}\mathrm{d}\dot{x}^2 + \cdots \tag{13-3}$$

如果只关心自激振动发生的条件,可以认为 $\dot{x}$ 很小,因而可略去 $\dot{x}$ 的高次项,而仅取其一次项。式(13-3)中第一项为一恒力,对系统的振动无影响,故可略去。如果记 $c' = -\mathrm{d}F(0)/\mathrm{d}\dot{x}$,则得到

$$F(\dot{x}) = \frac{\mathrm{d}F(0)}{\mathrm{d}\dot{x}} = -c'\dot{x} \tag{13-4}$$

将式(13-4)代入式(13-1),整理得

$$m\ddot{x} + (c + c')\dot{x} + kx = 0 \tag{13-5}$$

这是一个单自由度线性系统自由振动的运动方程。这个系统所受到的阻尼由两部分组成:一部分是系统本身的阻尼,其阻尼系数为正,即对振动运动的一种阻碍,这种阻尼称为**正阻尼**;另一部分是由于速度反馈而造成的等效阻力,其阻尼系数 c' 可正可负,需视函数 $F(\dot{x})$ 的特点而定。如果在 $\dot{x}=0$ 附近,$F(\dot{x})$ 是 $\dot{x}$ 的增函数,则 $c'<0$,这时称等效阻尼是一种**负阻尼**。当这种负阻尼超过系统本身的正阻尼时,系统的总阻尼则为负,即有

$$c + c' < 0 \tag{13-6}$$

负阻尼实际上是一种**助力**,它不仅不会阻碍系统的振动,反而会推波助澜地扩大系统的振动。记

$$\omega_0^2 = k/m, \quad \xi = (c + c')/(2m) \tag{13-7}$$

式(13-5)成为

$$\ddot{x} + 2\xi\omega_0\dot{x} + \omega_0^2 x = 0 \tag{13-8}$$

式中,ξ 为系统的总阻尼率,不仅可以为正、为零,还能为负。式(13-8)的通解为

$$x(t) = A\mathrm{e}^{-\xi\omega_0 t}\cos(\omega_0 t - \psi) \tag{13-9}$$

对应于 $\xi>0,\xi=0$ 与 $\xi<0$ 三种情况的振动的时间历程分别如图 13-4(a)、(b)、(c) 所示。其中,图 13-4(a)与(b)的两种响应分别为有阻尼($\xi>0$)与无阻尼($\xi=0$)两

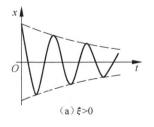
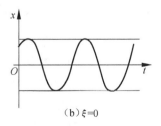
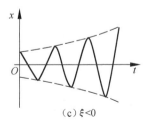

(a)$\xi>0$　　　　　　(b)$\xi=0$　　　　　　(c)$\xi<0$

图 13-4 三种情况下的时间历程

种情况下自由振动的时间历程；而图 13-4(c)则是具有负阻尼($\xi<0$)的系统自由振动的时间历程。这三种情况下的系统分别称为稳定的、临界的与不稳定的。一个具有负阻尼的系统之所以是不稳定的，是因为它处在一种一触即发的状态下，只要有任何一个扰动，激起哪怕是非常微小的初始振动（位移或速度），也会由于负阻尼之助，而不断扩大，发展成为强烈的自激振动。

13.2.2　爬行现象及其机理

　　金属切削机床等工作机械的导轨副可看成是一个刚体被驱动在另一个支承刚体表面上滑动，其经过简化以后的示意图如图 13-5(a)所示，图中 R 为作用在驱动点上的力，而 v_0 为驱动速度，$x(t)$ 为被驱动刚体的运动速度，k 与 c 分别为驱动链的刚度与阻尼。在润滑不太充分的条件下，即使驱动点处的运动速度 v_0 是均匀的，被驱动的质块的运动速度 $\dot{x}(t)$ 也是波动的，时快时慢，甚至时停时续。这种现象称为"爬行"，是一种自激振动，对机器的工作精度与寿命可造成不利影响。

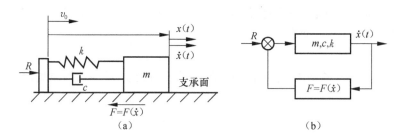

图 13-5　金属切削机床的导轨副模型及其原理

　　爬行的主要原因是质块的运动速度 $\dot{x}(t)$ 影响质块与其支承面之间的摩擦力 $F(\dot{x})$，而 $F(\dot{x})$ 又反过来影响质块的运动，因而形成速度反馈。其框图如图 13-5(b)所示，其中上面一个方框是振动体，而下面一个方框是力的控制机构。

　　以下我们先定性地分析爬行产生的原因，然后给出并分析其数学模型。

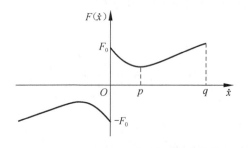

图 13-6　摩擦力与滑动速度的关系

1. 爬行的物理根源

　　在润滑不充分的情况下，刚体之间的摩擦力 F 与其间的相对滑动速度 $\dot{x}$ 之间的关系大致如图 13-6 所示。图中 F_0 是相对滑动速度为零时的最大静摩擦力。当滑动开始以后，摩擦力会随着滑动速度的上升而下降，这是由于润滑条件得到了改善。当相对滑动速度增加到一定程度以后,形成油膜,摩擦力性质转变为液体的内摩擦,因而摩擦力又会随相对滑动速度的上升而增加。图中 O-p 区域和 q-p 区域分别称为摩擦力的下降特性区域与上升特性区域。

　　下面按图 13-7 定性分析图 13-5(a) 中质块 m 的运动规律。假定驱动点处的移动速度 v_0 为恒量,且摩擦力在其下降特性区域中变化,略去阻尼 c 的作用。图 13-7(a)表示质块滑动速度 $\dot{x}$ 的变化规律,图 13-7(b)则表示弹簧恢复力 F_s (实线,即质块 m 受到的推力)与摩擦力 F(虚线)的变化规律。以下将两图对照起来分几个阶段来分析:

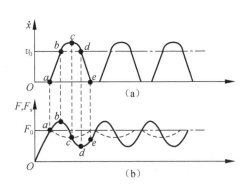

图 13-7　质块运动规律的定性分析图

　　(1) Oa 段:驱动点以速度 v_0 匀速前进,压缩弹簧,而弹簧的恢复力 F_s 也均匀上升。但在此阶段中,F_s 小于静摩擦力 F_0,故质块不运动,即 $\dot{x}=0$。在此阶段的终点 a 处,$F_s=F_0$。

　　(2) ab 段:弹簧对质块的推力 F_s 达到并超过静摩擦力,质块开始加速运动,$\dot{x}$ 上升,而这又进一步导致动摩擦力下降。另一方面,在此阶段中,质块的运动速度小于驱动点的运动速度 v_0,故弹簧继续被压缩,恢复力 F_s 进一步上升。综上所述,质块运动速度 $\dot{x}$ 以变加速方式上升。至 b 点,$\dot{x}$ 达到驱动速度 v_0。这时弹簧停止压缩,弹簧恢复力 F_s 达到其极大值。

　　(3) bc 段:由于弹簧恢复力 F_s 仍大于当时的动摩擦力 $F(\dot{x})$,质块继续做加速运动。但由于 $\dot{x}$ 超过 v_0,弹簧的压缩量开始下降,弹簧恢复力 F_s 也下降(但仍大于摩擦力 F),质块的加速度开始减小,$\dot{x}$ 上升的趋势减缓,与此同时,动摩擦力 F 仍在随着 $\dot{x}$ 的上升而下降。至 c 点,达到 $F_s=F$,质块受到的合力为零,加速度为零,$\dot{x}$ 达到其最大值。

　　(4) cd 段:由于 $\dot{x}$ 仍大于 v_0,故弹簧压缩量及其恢复力均继续减小,弹簧对质块的推力小于摩擦力,质块的运动变为减速运动。至 d 点,$\dot{x}=v_0$,弹簧压缩量停止变化,F_s 达到其最小值。

　　(5) de 段:由于 $F_s<F$,质块速度 $\dot{x}$ 继续下降,至 e 点,$\dot{x}=0$,质块静止下来,$F(t)$ 又上升到静摩擦力 F_0。而另一方面,在此阶段由于 $\dot{x}<v_0$,故弹簧又开始被压缩,F_s 有所回升。

　　此后,由于驱动点继续匀速前进,而质块已停下不动,于是如 Oa 段一样,进行下一循环。

　　从整个过程来看,质块的运动是在平均速度 v_0 之上叠加了一个往复运动,此即自激振动。显然,这一振动并不是由于外界的周期性激励造成的,而是由于速度反馈所造成的。

2. 平衡点及其稳定性

在上面的分析中,只有当相对滑动速度 $\dot{x}$ 落在摩擦力的下降特性区域(即图 13-6 中的 $O\text{-}p$ 区域),才有可能出现"爬行"现象。在其上升特性区域(图中 $p\text{-}q$ 区域),是不会出现"爬行"的。为了说明这一差异,让我们来仔细分析一下图 13-8

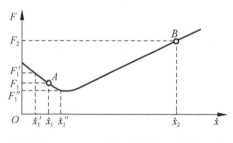

图 13-8　不同的平衡点及其稳定性

中 A,B 两个工作点的情况。这两个工作点所对应的相对滑动速度及动摩擦力分别为 $\dot{x}_1,\dot{x}_2$ 与 F_1,F_2。设对于 A,B 两个工作点所选用的驱动点的移动速度分别为 $v_{01}=\dot{x}_1$, $v_{02}=\dot{x}_2$,如图 13-5(a)所示,给弹簧 k 预设的压缩量分别是 $\sigma_1 = F_1/k$ 及 $\sigma_2 = F_2/k$,弹簧的恢复力为 $F_{s1}=k\sigma_1=F_1$, $F_{s2}=k\sigma_2=F_2$,即正好等于摩擦力。于是在 A,B 两个工作点上,质块 m 受到的合力为零,加速度也为零。在此种布置下,质块 m 会一直以速度 $\dot{x}_1=v_{01}$ 或 $\dot{x}_2=v_{02}$ 匀速运动下去。如果没有外界的干扰,从理论上来讲,系统会一直在工作点 A 或 B 上运动下去,质块 m 的运动速度及其所受到的摩擦力与弹簧恢复力均不会变化。由此看来,A 与 B 这两个点都可以成为系统的平衡点,似乎没有什么区别。但这两个工作点在抗干扰的能力上却有着本质的差别。对于 A 点,如果由于任何偶然因素的影响(这些因素虽属偶然,但总是不可避免的,可以说这是包含着必然性的偶然),使质块的移动速度 $\dot{x}_1$ 略为降低了一点,而成为 $\dot{x}_1'$,于是摩擦力 F_1 相应上升为 F_1',质块运动受到的阻力上升,而这一因素又更加促使 $\dot{x}_1$ 下降……如此反复循环影响,最后 $\dot{x}_1$ 可能降到零(当然,由于弹簧的不断压缩,质块还是会再度运动起来)。反之,若 $\dot{x}_1$ 因偶然干扰而上升成为 $\dot{x}_1''$,则摩擦力降为 F_1'',而这一因素又更加促使 $\dot{x}_1$ 上升……如此反复影响,可以使 $\dot{x}_1$ 上升到相当的数值(由于弹簧的不断拉伸,最后还是会限制 $\dot{x}_1$ 的上升)。由此可见,在摩擦力的下降特性区域中的 A 点是一个不稳定的平衡点,系统不可能在该点所代表的状态下稳定运行,而必然会激起自激振动,即出现爬行现象。

若将同样的分析施之于图 13-8 上的 B 点,可以看出,若因偶然因素使 $\dot{x}_2$ 偏离原来的数,则会引起一个因素,将之拉回到原有数值。因此,处在摩擦力的上升特性区域中的 B 点是稳定的平衡点。在该工作点上运行的系统可以不产生爬行现象。

13. 2. 3　爬行的数学模型

1. 运动方程

对图 13-5(a)中的质块列出运动方程,有

$$m\ddot{x} + c(\dot{x} - v_0) + k(x - v_0 t) = -F(\dot{x}) \tag{13-10}$$

上式等号右端的负号,是因为在图中 F 的方向与 x 的方向的规定相反。

设系统的工作点为图 13-9 中的 O'
点,为了研究该系统围绕工作点的波动,
将坐标原点移到工作点上,即进行以下的
坐标平移变换:

$$\dot{y} = \dot{x} - v_0 \tag{13-11}$$

$$P(v_0 + \dot{y}) = F(\dot{x}) - F(v_0) \tag{13-12}$$

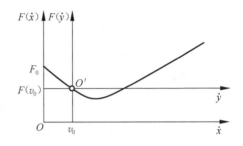

图 13-9　坐标平移变换

积分式(13-11),得

$$y = x - v_0 t - D \tag{13-13}$$

式中,D 为积分常数。将以上三式代入式(13-10),得

$$m\ddot{y} + c\dot{y} + ky + kD = -P(v_0 + \dot{y}) - F(v_0)$$

令积分常数 $D = -F(v_0)/k$,有

$$m\ddot{y} + c\dot{y} + ky = -P(v_0 + \dot{y}) \tag{13-14}$$

其中,y 是质块 m 的移动速度围绕其平均速度 v_0 的波动量;$P(v_0 + \dot{y})$ 则是质块与
其支承面之间的摩擦力围绕其均值 $F(v_0)$ 的波动量。假定 $\dot{y} \ll v_0$,则可在 v_0 的附
近将 $P(v_0 + \dot{y})$ 展成幂级数:

$$P(v_0 + \dot{y}) = P(v_0) + \frac{dP(v_0)}{d\dot{y}}\dot{y} + \frac{1}{2!}\frac{d^2 P(v_0)}{d\dot{y}^2}\dot{y}^2 + \frac{1}{3!}\frac{d^3 P(v_0)}{d\dot{y}^3}\dot{y}^3 + \cdots$$

$$\tag{13-15}$$

由式(13-11)与式(13-12)知 $P(v_0) = 0$,记 $dP(v_0)/d\dot{y} = c'$,$d^2 P(v_0)/d\dot{y}^2 = c''$,
$d^3 P(v_0)/d\dot{y}^3 = c'''$,$\cdots$,式(13-15)成为

$$P(v_0 + \dot{y}) = c'\dot{y} + \frac{1}{2}c''\dot{y}^2 + \frac{1}{6}c'''\dot{y}^3 + \cdots \tag{13-16}$$

作为一种线性近似,仅取以上幂级数的线性项,代入式(13-14),并整理得到运动方
程为

$$m\ddot{y} + (c + c')\dot{y} + ky = 0 \tag{13-17}$$

该方程的形式与式(13-5)完全相同。采用式(13-7)的记号,即得

$$\ddot{y} + 2\xi\omega_0\dot{y} + \omega_0^2 y = 0 \tag{13-18}$$

此式与前面得到的一般方程(13-8)具有完全相同的形式。

当图 13-9 中的工作点 O' 处在摩擦力的下降特性区域时,有 $c'<0$,即由于速度反馈而形成的等效阻尼是负的。又如果 $|c'|>c$,则系统的总阻尼 $c+c'<0$,即 $\xi<0$,成为负阻尼,系统成为不稳定状态,发生自激振动。如果工作点处在摩擦力的上升特性区域,则 $c'>0$,另一方面由于 $c>0$,故系统的总的阻尼 ξ 总是正的,不可能发生自激振动,这与前面得到的结论是一致的。上述结论表明,当相对滑动速度较低时,容易产生自激振动,即出现爬行。

2. 能量输入机制

下面研究作用在质块 m 上的各个力在一个振动周期中所做的功。由图 13-5 可见,作用在质块上的力有弹簧恢复力 F_s、阻尼力 F_d 与摩擦力 F。

弹簧恢复力 F_s 在一个振动周期中所做的功为

$$W_s = \int_0^T F_s \mathrm{d}y = \int_0^T -ky\mathrm{d}y \tag{13-19}$$

由式(13-9)可得 y 的通解。当阻尼很小时,$\omega_d \approx \omega_0$,略去在一个振动周期中振幅的变化,即取 $e^{-\xi\omega_0 t} \approx 1(t=0\sim2\pi/\omega_0)$,通过适当选择时间起点,使初相位 $\psi=0$,从而可得振动位移为

$$y(t) = A\cos(\omega_0 t) \tag{13-20}$$

代入式(13-19),得

$$W_s = -kA^2 \int_0^{2\pi} \cos(\omega_0 t)\sin(\omega_0 t)\mathrm{d}(\omega_0 t) = 0 \tag{13-21}$$

即弹簧的恢复力在质块的一个振动周期中所做的功为零,因而不可能是引起自激振动的原因。

阻尼力 F_d 在一个振动周期中所做的功为

$$W_d = \int_0^T F_d \mathrm{d}y = \int_0^T -c\dot{y}\mathrm{d}y \tag{13-22}$$

将式(13-20)代入式(13-22),得

$$W_d = -cA^2\omega_0 \int_0^{2\pi} \sin^2(\omega_0 t)\mathrm{d}(\omega_0 t) = -c\pi\omega_0 A^2 \tag{13-23}$$

由于 $c>0$,故 $W_d<0$,这表明驱动链的阻尼只能对振动系统做负功,即只会消耗振动系统的能量,是一种稳定因素,而不可能是自激振动的原因。

摩擦力 F 在一个振动周期内所做的功为

$$W_f = \int_0^T -F(\dot{x})\mathrm{d}y \tag{13-24}$$

由式(13-12)、式(13-16),得到

$$F(\dot{x}) = F(v_0) + P(v_0 + \dot{y}) = F(v_0) + c'\dot{y} + \frac{1}{2}c''\dot{y}^2 + \frac{1}{6}c'''\dot{y}^3 + \cdots \tag{13-25}$$

略去常数项 $F(v_0)$ 及二次以上的项,并代入式(13-24),得

$$W_f = \int_0^T -c'\dot{y}\,\mathrm{d}y$$

将式(13-20)代入上式,并积分得到

$$W_f = -c'A^2\omega_0 \int_0^{2\pi} \sin^2(\omega_0 t)\,\mathrm{d}(\omega_0 t) = -c'\pi\omega_0 A^2 \tag{13-26}$$

当工作点处于摩擦力的下降特性区域时,$c' < 0$,因而 $W_f > 0$,即摩擦力做正功,因而不断向振动系统输入能量。而如果 $|c'| > c$,$W_f > |W_d|$,则由于摩擦力而积聚的能量将大于由于系统中正阻尼而耗散的能量,振动的能量将不断增加,振动不断加剧,从而发生自激振动。

以下从摩擦力 F 与振动位移 y 之间的回线关系来说明摩擦力做功的情况。图 13-10 表明在一个振动周期中这种回线关系,其中图 13-10(a)是工作在摩擦力的下降特性区域的情况,图 13-10(b)是工作在摩擦力的上升特性区域的情况。对图 13-10(a)的情况,在 y 增加的半个周期中,F 与 y 的关系如曲线 abc 所示,在 y 减小的半个周期中 F 与 y 的关系如曲线 cda 所示。这两者的差别是由于速度的不同而引起的:在前半个周期中 $\dot{y} > 0$,$\dot{x} = v_0 + \dot{y}$ 比较大,摩擦力 F 比较小;在后半周期中 $\dot{y} < 0$,$\dot{x} = v_0 + \dot{y}$ 比较小,摩擦力比较大,由此 F-y

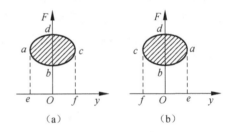

图 13-10 振动周期中摩擦力与振动位移的回线关系

的关系分成两支,而成为回线。由于摩擦力的方向总是指向 y 轴的负向(图 13-5(a)),因而在前半周期中摩擦力做负功,负功的数量由图形 $abcfOea$ 的面积给出,而在后半周期中摩擦力做正功,正功由图形 $cdaeOfc$ 的面积给出。在数量上正功大于负功,而闭曲线 $abcda$ 的面积给出了在一个振动周期中,摩擦力所做的净的正功,即输入振动系统的能量。

以同样的方法来分析图 13-10(b),可见闭曲线 $abcda$ 的面积给出了一个周期中摩擦力所做的净的负功,即耗散掉的振动系统的能量。

通常以为摩擦力是一个阻碍振动的因素,可是从以上的分析中可以看到,在一定的条件下摩擦力也可以成为一个激励振动的因素。已经有大量的事例和工程实践证明了这一点。

3. 振幅稳定性

以下从能量平衡关系来讨论此系统的振幅稳定性与稳定振幅。由式(13-24)表示的由于系统的阻尼而在一个振动周期中消耗的能量 $-W_d$ 与振幅 A 之间的关系在图 13-11 中以实线绘出;而式(13-26)所示摩擦力所做正功 W_f 则以点划线表

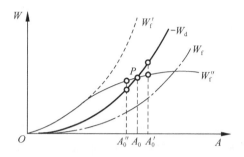

图 13-11　振动周期中能量与振幅间的关系

示。由于在任何振幅 A 下，均有 $-W_d >$ W_f，因而在这种情况下不可能发生颤振。以上曲线 W_f 是对 c' 的一定的值绘出的，设想 $|c'|$ 取另一更大的数值，得到另一曲线 W_f'，如图中虚线所示。由于在任一振幅 A 下，总有 $W_f' > -W_d$，因而将发生自激振动，而振幅将不断扩大。

上述诸曲线均为抛物线，除了在原点相切以外，再无别的交点，即能量的积聚与能量的耗散总是无法平衡，要么如曲线 $-W_d$ 与 W_f 所示，并不能产生自激振动，要么如曲线 $-W_d$ 与 W_f' 所示，振幅将无限上升，总之是无法实现一种稳定的自激振动。事实上，自激振动系统一般都具有振幅稳定性。为了说明这一问题，需将式(13-26)表示的摩擦力中的高次项，即非线性项纳入考虑。将式(13-26)取至 $\dot{y}^3$ 项(仍略去常数项)，代入式(13-25)，得摩擦力在一个振动周期中所做的功为

$$W_f = -\int_0^T \left(c'\dot{y} + \frac{1}{2}c''\dot{y}^2 + \frac{1}{6}c'''\dot{y}^3 \right)\mathrm{d}y$$

将式(13-20)代入上式，并积分得到

$$W_f = -\int_0^T \left[c'\omega_0 A^2 \sin^2(\omega_0 t) - \frac{1}{2}c''\omega_0^2 A^3 \sin^3(\omega_0 t) + c'''\omega_0^3 A^4 \sin^4(\omega_0 t) \right]\mathrm{d}(\omega_0 t)$$

$$= -c'\pi\omega_0 A^2 - c'''\frac{3\pi}{4}\omega_0 A^4 \tag{13-27}$$

在达到能量平衡时应有 $W_d + W_f = 0$，将式(13-23)、式(13-27)代入，有

$$-c\pi\omega_0 A^2 - c'\pi\omega_0 A^2 - c'''\frac{3\pi}{4}\omega_0 A^4 = 0$$

由此可解出达到能量平衡的稳定振幅为

$$A_0 = \frac{2}{\omega_0}\sqrt{-\frac{c+c'}{3c'''}} \tag{13-28}$$

要使自激振动有可能发生，应有 $c + c' < 0$，而由式(13-28)，为了使振幅能得以稳定，即能得到稳定振幅 A_0 的实数解，要求 $c''' > 0$。由式(13-27)知，其中第一项 $-c'\pi\omega_0 A^2$ 取正值，其值随 A^2 而上升；而第二项 $-c'''(3\pi/4)\omega_0 A^4$ 则是一种抑制 W_f 上升的因素，取负值。当振幅 A 较小时，此因素并不显著，可是当 A 上升时，这一抑制因素的作用会急剧地上升。在图 13-11 上，曲线 W_f''(细实线)是将后面这一项非线性因素纳入考虑以后的 W_f 与 A 的关系曲线。将之与曲线 W_f'(虚线)比较，可以明显地看出非线性项的抑制作用。W_f'' 与 $-W_d$ 两曲线的交点 P 即给出系统的稳定振幅 A_0。为了说明此振幅 A_0 是稳定的，假设由于偶然因素的干扰，使振幅由 A_0 突然增加到 A_0'，这时从图中可见有 $-W_d > W_f''$，即能量的耗散大于能量的积聚，

系统的总能量下降，因而振幅下降，由 A_0' 点回降至 A_0 点；反之，若由于偶然干扰使 A_0 下降至 A_0''，则由类似的分析也可看出系统的总能量将会上升，而使振幅由 A_0'' 回升至 A_0。

13.3　由位移的延时反馈引起的自激振动

13.3.1　位移反馈、负刚度与静态不稳定性

前文讨论了由于速度反馈引起的负阻尼及动态失稳现象。现在来考察振动位移的反馈及其效果。设系统的框图如图 13-12 所示，运动方程为

$$m\ddot{x} + c\dot{x} + kx = F(x) \qquad (13-29)$$

该系统的特点是，作用在振动体上的力本身又受到其振动位移的控制。上式中 $F(x)$ 一般是非线性函数，当 x 较小时，可将之在 $x=0$ 附近展成幂级数，仅取其一次项，而略去高次项和常数项，得

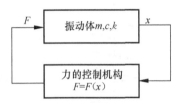

图 13-12　位移反馈系统框图

$$F(x) \approx -k'x, \quad -k' = \frac{\mathrm{d}F(0)}{\mathrm{d}x} \qquad (13-30)$$

代入式(13-29)，并移项，得

$$m\ddot{x} + c\dot{x} + (k+k')x = 0 \qquad (13-31)$$

式(13-31)从形式上看是一个单自由度系统自由振动的运动方程，但不同的是，其刚度系数由两部分组成：其第一部分 k 即为振动体的刚度，一般是正的；而第二部分 k' 则是由于位移反馈而产生的**等效刚度**，其正负需视函数 $F(x)$ 的性质而定。如果在 $x=0$ 附近，函数 $F(x)$ 随 x 的增加而降低，则 $-k'<0$，如果系统的总刚度 $k+k'>0$，则式(13-32)与第 3 章的单自由度系统的自由振动运动方程没有本质上的差别，仅仅是两刚度由于位移反馈而有所增加，相应的自然频率也有所提高。

$$\omega_0^2 = \frac{k+k'}{m} = \omega_n^2 + \frac{k'}{m} \qquad (13-32)$$

如果函数 $F(x)$ 随 x 的增加而增加，则 $-k'>0$，又如果 $-k'>k$，则系统的总刚度 $k+k'<0$，即成为**负刚度**。

弹簧的刚度 k 可以定义为其弹性恢复力的增量 $\mathrm{d}F_s$ 与其变形的增量 $\mathrm{d}x$ 之比，即 $k=-\mathrm{d}F_s/\mathrm{d}x$，式中的负号定义为，当 $\mathrm{d}F_s$ 与 $\mathrm{d}x$ 两者方向相反时，k 取正值，即为正刚度，如图 13-13(a) 所示。在这种情况下，由 $\mathrm{d}x$ 所引起的 $\mathrm{d}F_s$ 倾向于抵消 $\mathrm{d}x$ 的变化，系统是稳定的。图 13-13(b) 则为负刚度的情形，这时 $\mathrm{d}F_s$ 与

$\mathrm{d}x$ 同向,由 $\mathrm{d}x$ 引起的 $\mathrm{d}F_s$ 反过来助长 $\mathrm{d}x$ 的增加,而增加了的 $\mathrm{d}x$ 又会引起更大的 $\mathrm{d}F_s$……如此互为影响,会使系统越来越偏离原来的平衡位置。因此负刚度会成为一种不稳定的因素。

图 13-14(a)与(b)分别给出了具有正刚度和负刚度的系统的两个例子,即正摆与倒摆。显然,后者是不稳定的。但是这种不稳定性与由于负阻尼引起的不稳定性有很大的不同。由式(13-32),系统的自然频率为

$$\omega_0 = \sqrt{\frac{k+k'}{m}} \tag{13-33}$$

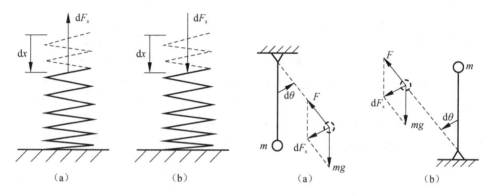

图 13-13　弹簧正负刚度的定义　　　　图 13-14　正刚度和负刚度系统实例

在负刚度的情况下,ω_0 成为虚数,即自然频率并不存在,这表明系统不可能做如图 13-5 所示的往复振动,而是以一种位移单调增加的方式偏离其平衡位置。

在方程(13-31)中,如果 $k+k'<0$,即负刚度的情况下,引入以下记号:

$$\omega_p = \sqrt{-\frac{k+k'}{m}}, \quad \xi = \frac{c}{2\sqrt{-(k+k')m}} \tag{13-34}$$

显然,ω_p,ξ 均为正实数,采用以上记号可将方程(13-31)写成

$$\ddot{x} + 2\xi\omega_p\dot{x} - \omega_p^2 x = 0 \tag{13-35}$$

令

$$x(t) = A\mathrm{e}^{st} \tag{13-36}$$

代入式(13-35),即特征方程为

$$s^2 + 2\xi\omega_p s - \omega_p^2 = 0 \tag{13-37}$$

由上式可解出

$$s_{1,2} = (-\xi \pm \sqrt{1+\xi^2})\omega_p \tag{13-38}$$

从而得到方程(13-35)的通解为

$$x(t) = A_1\mathrm{e}^{s_1 t} + A_2\mathrm{e}^{s_2 t} \tag{13-39}$$

由于 $s_1>0$,$s_2<0$,故式(13-39)等号右边第一项会单调增加,而第二项则单调下降

到零,如图 13-15 所示。总的趋势是当时间充分大时,$x(t)$ 会单调增加(但是如果 A_2 较大或 s_2 比较小,则在 t 较小的阶段,$x(t)$ 可能先下降,再上升)。

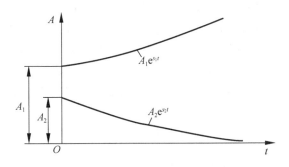

图 13-15　系统振幅的变化情况

　　前文所述的由于负阻尼引起的失稳现象称为**动态不稳定**,这里由于负刚度引起的失稳现象称为**静态不稳定**,这两种情况具有明显的区别。

　　下面以金属切削过程为例分析由于刀具变形引起的负刚度及静态失稳现象。图 13-16 表示经过简化了的切削过程,当工件以速度 v 向下运动时,其上厚度为 s_0 的一层金属被刀刃切下。在向下的切削力 P_0 作用下,刀具发生弹性变形,刀刃位置由其不切削时的 O 点移到 O' 点,刀具的弹性恢复力 F_s 与切削力 P_0 相平衡。应该注意,图例中所示这种平衡是不稳定的。在切削过程中若有任何偶然的干扰,如刀刃碰到工件材料中的某一个硬质点,则切削力 P_0 会获得一个增量 $\mathrm{d}P$,在 $\mathrm{d}P$ 作用下,刀刃再沿 $OO'O''$ 曲线下移($OO'O''$ 曲线由刀杆和夹持机构的静刚度特性决定)至 O'' 点,此时刀刃下降了 $\mathrm{d}x$,而向左伸出 $\mathrm{d}s$,伸出量 $\mathrm{d}s$ 使瞬时切削厚度增加一个同样的数量,切削厚度的增加又再度引起切削力的上升,更加使得刀刃下移,刀尖则更深地扎入工件。由此导致刀尖部分会由于迅速上升的切削载荷的作用而崩

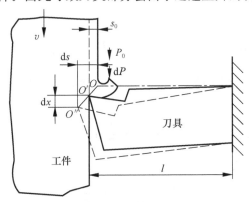

图 13-16　金属切削过程

图 13-17　系统框图

掉。这种现象称为"轧刀"。此系统的框图可用图 13-17 来表示,其中上面一个方框是刀具,其输入是作用在刀具上的切削力的变化量 dP,而输出 dx 则是刀刃在铅垂向的变形量;下面一个方框表示切削力的控制机构,其输入是 dx,即刀尖在铅垂方向上的移动量,而输出是切削力的变化量 dP,后者被反馈回刀具上。可见,这是一个具有位移反馈的系统。

刀具可近似为一悬臂梁,假设刀具的装夹是完全刚性的,则由材料力学可知刀具的刚度为

$$k = \frac{dP}{dx} = \frac{l^3}{3EI} \tag{13-40}$$

式中,l 为刀具的悬伸长度;EI 为正的抗弯刚度。

由位移反馈所产生的等效刚度 k' 可按下列方法推算,首先求图 13-16 中刀切的纵向下沉量 dx 与其横向伸出量 ds(即切削厚度的增量)之间的关系。

视刀杆为一悬臂梁,在其端部作用有集中载荷 dP,则其端部的挠度与转角分别为 $f = dPl^3/(3EI)$,$\theta = dPl^2/(2EI)$,设刀刃到刀杆的中性面之间的距离为 z,并假定中性面端点由 A 点在铅垂线向上移动到 A' 点,且有 $dx = \overline{AA'} = f$,则由图 13-18 的几何关系,可求得

$$ds = \frac{3z}{2l}dx \tag{13-41}$$

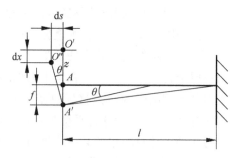

图 13-18　金属切削中的几何关系

将切削力与切削厚度之间的函数关系 $P(s_0 + ds)$ 在 s_0 附近展成幂级数:

$$P(s_0 + ds) = P(s_0) + \frac{dP(s_0)}{ds}ds + \cdots$$

切削力的增量为

$$dP = P(s_0 + ds) - P(s_0) = \frac{dP(s_0)}{ds} + \cdots = k_s ds + \cdots \tag{13-42}$$

由于 $P(s_0 + ds)$ 是 ds 的增函数,故应有 $k_s > 0$。将式(13-41)代入式(13-42),并略去高阶微量,得

$$dP = k_s \frac{3z}{2l}dx$$

从而得等效刚度系数为

$$k' = \frac{dP}{dx} = k_s \frac{3z}{2l} \tag{13-43}$$

由式(13-33),系统总刚度为

$$k - k' = \frac{l^3}{3EI} - k_s \frac{3z}{2l} \tag{13-44}$$

其中，$-k_s 3z/(2l)$ 是由位移反馈所造成的等效负刚度。从而可知，产生轧刀现象的条件为

$$\frac{l^3}{3EI} - k_s \frac{3z}{2l} < 0 \tag{13-45}$$

防止轧刀的一个有效措施，是改变刀杆
的形状，使得当刀刃向下变形的同时退
离工件，这样式(13-45)左边第二项会变
成正刚度，不会再有失稳问题。如
图 13-19 所示的弹簧刀杆就可以满足以
上要求，这种刀具的刀刃在切削力作用
下，大体上沿一个圆弧移动，在向下移动
的同时，也向后退。

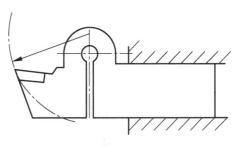

图 13-19　弹簧刀杆

　　由此可见，单纯的位移反馈或者只能使系统原来的正刚度增加，或者使刚度减
小甚至形成负刚度，而引起静态不稳定性，但不可能引起动态不稳定性，即不可能
引起自激振动。

13.3.2　位移的延时反馈

　　如果作用在系统上的瞬时激振力 $F(t)$ 不是受到当时的振动位移 $x(t)$ 的控制，
而是受到在一段时间 T 之前的振动位移
$x(t)$ 的控制，则得到位移的延时反馈系统，
或称为"时延系统"。其框图如图 13-20 所
示，运动方程为

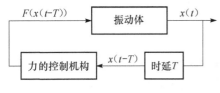

图 13-20　位移延时反馈框图

$$m\ddot{x}(t) + c\dot{x}(t) + kx(t) = F(x(t-T)) \tag{13-46}$$

　　将式(13-46)中的函数 $F(x(t-T))$ 线性化，得

$$m\ddot{x}(t) + c\dot{x}(t) + kx(t) = px(t-T) \tag{13-47}$$

式中

$$p = \frac{\mathrm{d}F(0)}{\mathrm{d}x} \tag{13-48}$$

时延系统可以是稳定的，即其振幅是收敛的；也可能是不稳定的，即其振幅是发散
的。下面分析由稳定过渡到不稳定的一种中间极限状态，即系统产生等幅振动的
可能性。为此，设

$$x(t) = a_0 \cos(\omega t) \tag{13-49}$$

则有

$$\dot{x}(t) = -\omega a_0 \sin(\omega t) \tag{13-50}$$

而

$$x(t-T) = a_0 \cos[\omega(t-T)] = a_0 \cos(\omega t - \varphi) = a_0 \cos\varphi\cos(\omega t) + a_0 \sin\varphi\sin(\omega t)$$

$$= \cos\varphi[a_0 \cos(\omega t)] - \frac{1}{\omega}\sin\varphi[-\omega a_0 \sin(\omega t)]$$

式中，$\varphi = \omega T$ 是由于时延引起的相位滞后。将式(13-49)、式(13-50)代入上式，并引入记号

$$-p\cos\varphi = k', \quad p\sin\varphi/\omega = c' \tag{13-51}$$

得

$$px(t-T) = -k'x(t) - c'\dot{x}(t) \tag{13-52}$$

将式(13-52)代入式(13-47)，并移项整理，得

$$m\ddot{x}(t) + (c+c')\dot{x}(t) + (k+k')x(t) = 0 \tag{13-53}$$

由此可见，位移的延时反馈等价于位移与速度同时反馈，同时改变了系统的阻尼与刚度。式(13-51)的两式分别给出了由于延时反馈产生的等效刚度与等效阻尼系数。视时延 T 的长短，可以出现负的刚度或负的阻尼，从而引起静态或动态的不稳定。

下面以金属切削过程中的再生颤振为例，说明时延反馈所引起的动态不稳定现象的机制及其规律。

13.3.3　金属切削过程中的再生颤振

1. 再生颤振系统

金属切削过程中发生的再生颤振是一种典型的由于振动位移延时反馈所导致的动态失稳现象，也是金属切削机床发生自激振动的主要机制之一。

图 13-21 是车削外圆的示意图，机床结构被简化成一个单自由度系统，切削运动由工件的自转转速 $N(\mathrm{r/s})$ 与刀具沿工件径向的进给量 $s_0(\mathrm{mm/r})$ 组成，s_0 在量值上等于平均切削厚度。$x(t)$ 是刀具相对于工件在水平方向的振动位移，即机床结构的变形，而 $F(t)$ 是作用在刀具上的切削力。机床结构相当于图 13-12 中的振动体，$F(t)$ 作用在其上产生振动位移 $x(t)$；另一方面，$x(t)$ 又引起瞬时切削厚度 $s(t)$ 围绕其均值 s_0 变化，这一变化又会反过来引起切削力 $F(t)$ 变化。因此，切削过程即成为图 13-12 中的力的控制机构，按照振动位移来控制激振力，从而实现位移反馈。实际上，$s(t)$ 不仅与刀刃在当时的振动位移 $x(t)$ 有关（图中阴影部分的内表面），而且与工件在上一圈时的振动 $y(t)$ 有关（图中阴影部分的外表面）。由此可见，系统存在振动位移的延时反馈。

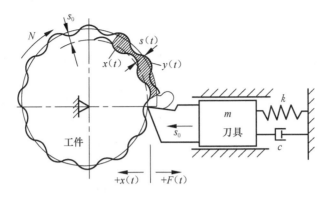

图 13-21 车削外圆的示意图

在平稳切削条件下,工件表面上厚度为 s_0 的一层金属被均匀地切下,刀刃相对于工件的运动轨迹为阿基米德螺线,如图 13-21 中细实线与虚线所示。恒定的切削力 F_0 作用在机床结构上,引起恒定的变形 x_0。恒定的 x_0 又反过来保证切削厚度 s_0 恒定不变。从理论上讲,如果没有外界干扰,此平稳切削过程似乎可以一直进行下去。但在实际的条件下,总会有这样或那样的扰动,上述平稳切削过程注定要受到扰动。如果受扰后,切削过程仍能回复到平衡状态,则过程仍然是平稳的;如果一个扰动引起切削过程越来越远地偏离上述平衡状态,则切削过程是不稳定的。

现在假设在切削过程中突然碰到某一个干扰(如刀刃碰到工件材料中的某一个硬质点),切削力立即获得一个动态的增量 $\Delta F(t)$,$\Delta F(t)$ 作用在机床结构上,引起振动 $x(t)$,$x(t)$ 又改变了瞬时切削厚度 $\Delta s(t)$,从而引起切削力的二次变化 $\Delta F'(t)$,切削力的变化增加了,即 $\Delta F' > \Delta F$。同理,再转一次以后,又会有 $\Delta F'' > \Delta F'$ ……如此周而复始,$\Delta F(t)$ 及 $x(t)$ 不断上升,愈演愈烈,终于形成强烈的自激振动。切削过程中的这类自激振动,称为**再生颤振**。

这里需要说明两点:第一,引起上述变化,并发展成自激振动的**初始扰动**,实际上只作用一次,此后的响应是由于系统内部的**机床结构**与**切削过程**这两个矛盾着的方面相互作用而维持与扩大的,与外界的扰动无关;第二,上述各因素是在相互影响、相互制约中同时地连续变化的,并无确定的先后次序,不应该理解为一个因素改变以后,下一个因素才跟着变。

2. 运动方程

按照图 13-21,系统的运动方程为

$$m\ddot{x}(t) + \frac{h}{\omega}\dot{x}(t) + kx(t) = -\Delta F(t) \qquad (13\text{-}54)$$

式中,h 是滞后阻尼系数,当阻尼较小且系统做简谐振动时,无论采用滞后阻尼模型或黏滞阻尼模型,其差别并不大,采用滞后阻尼系数仅仅为了方便而已。式(13-54)等号右边的负号是由于按照习惯,对作用在刀具上的切削力 $F(t)$ 的正向与工具振动位移 $x(t)$ 的正向作了相反的规定,如图 13-21 所示。

如果切削厚度的变化 $\Delta s(t)$ 比较小,则切削力的动态增量 $\Delta F(t)$ 可以表示为

$$\Delta F(t) = W k_s \Delta s(t) \tag{13-55}$$

式中,W 为切削宽度(mm),即图 13-21 中工件的厚度(垂直于图面度量);k_s 为切削力的切削厚度系数($\mathrm{N/mm^2}$),即单位 $W\Delta s(t)$ 下的切削力。

以下求切削厚度的动态变化 $\Delta s(t)$ 与刀具、工件之间的相对振动 $x(t)$ 之间的关系。将图 13-21 中的阴影部分放大,如图 13-22 所示。图 13-21 中的平稳切削所对应的刀刃轨迹(阿基米德螺线)在图 13-22 中被展成了两条相距为 s_0 的平行直线。围绕这两条直线的波浪线,即细实线与粗实线,分别是刀刃在本圈和上一圈中的切削轨迹 $x(t)$ 及 $y(t)$,构成被切削层的下表面和上表面。两者之差,即振动切削条件下的瞬时切削厚度为

$$s(t) = x(t) - y(t) \tag{13-56}$$

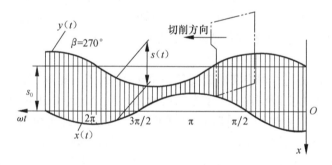

图 13-22　切削厚度变化

对于 $x(t)$ 为等幅谐波的情况,即稳定与不稳定之间的临界状态,有

$$x(t) = a_0 \cos(\omega t), \quad \dot{x}(t) = -\omega a_0 \sin(\omega t) \tag{13-57}$$

由图 13-22,有

$$y(t) = x(t - T) - s_0 = a_0 \cos(\omega t - \beta) - s_0 \tag{13-58}$$

式中,T 为工件每转的时间(s),$T = 1/N$;β 为相邻两圈刀刃波纹间的相位差,$\beta = T\omega = \omega/N$。将式(13-57)、式(13-58)代入式(13-56),得

$$s(t) = a_0 \cos(\omega t) - a_0 \cos(\omega t - \beta) + s_0$$

$$= s_0 + a_0 \left[(1 - \cos\beta)\cos(\omega t) - \frac{1}{\omega}\sin\beta\omega\sin(\omega t) \right] \tag{13-59}$$

记

$$1 - \cos\beta = A, \quad \sin\beta = B \tag{13-60}$$

并考虑到式(13-57),得到

$$s(t) = s_0 + Ax(t) + \frac{B}{\omega}\dot{x}(t)$$

切削厚度围绕其均值 s_0 的动态变化为

$$\Delta s(t) = s(t) - s_0 = Ax(t) + \frac{B}{\omega}\dot{x}(t) \qquad (13\text{-}61)$$

将式(13-61)代回式(13-55),即得动态切削力的表达式为

$$\Delta F(t) = Wk_s\left(Ax(t) + \frac{B}{\omega}\dot{x}(t)\right) \qquad (13\text{-}62)$$

式(13-62)表示激振力受到振动位移与振动速度的控制,说明位移的延时反馈相当于位移与速度同时反馈。将式(13-62)代入运动方程(13-54),并移项,得系统自由振动的运动方程为

$$m\ddot{x}(t) + \frac{1}{\omega}(h + Wk_s B)\dot{x}(t) + (k + Wk_s B)x(t) = 0 \qquad (13\text{-}63)$$

在该运动方程中,刚度系数与阻尼系数均由两部分组成:一部分是机床结构本身的刚度和阻尼;而另一部分则是由于位移延时反馈,即**再生效应**造成的切削过程的等效刚度与等效阻尼。

由式(13-61)知 $A \geqslant 0$,且通常有 $Wk_sA \ll k$,即切削过程的等效刚度为正,且远小于机床结构本身的刚度。由此看来,等效刚度只可能使系统的总刚度略有增加,对系统的特性并无本质影响。另一方面,等效阻尼 Wk_sB 却有可能使整个切削系统失去动态稳定性。由式(13-61),B 视 β 角而定,可正可负。当 $\beta = 180° \sim 360°$ 时,$B = \sin\beta < 0$,等效阻尼 Wk_sB 是负的。如果切削宽度 W 足够大,则可使 $h + Wk_sB < 0$,即系统的总的阻尼成为负的,从而发生自激振动。

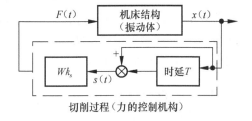

根据以上分析,可得再生颤振系统的框图如图 13-23 所示。

图 13-23　再生颤振系统框图

3. 稳定性方程与稳定性图

在再生颤振系统模型中,工件转速 N 与切削宽度 W 是两个主要的工艺参数。下面基于运动方程来分析工艺参数对切削系统稳定性的影响。

对于等幅振动,即稳定与不稳定之间的临界状态,式(13-63)中的总阻尼系数应该为零,即

$$h + Wk_s\sin(\omega/N) = 0 \qquad (13\text{-}64)$$

由此可求出临界的切削宽度为

$$W_{cr} = -\frac{h}{k_s B} = -\frac{h}{k_s}\frac{1}{\sin(\omega/N)} \qquad (13\text{-}65)$$

当 $W > W_{cr}$ 时,系统的总阻尼为负,将会发生自激振动。W_{cr} 又称为**稳定性阈值**。

在满足式(13-64)的条件下,式(13-63)成为

$$m\ddot{x}(t) + (k + Wk_s A)x(t) = 0 \qquad (13\text{-}66)$$

这是无阻尼系统自由振动的运动方程,其自然频率为

$$\omega = \sqrt{(k + Wk_s A)/m} \qquad (13\text{-}67)$$

或写成

$$\omega^2 = \omega_n^2 + Wk_s A/m \qquad (13\text{-}68)$$

这里 ω 即为系统自激振动的频率,而 ω_n 是机床结构本身的自然频率。显然,$\omega > \omega_n$,即自激振动的频率总是略高于机床结构某个失稳模态的自然频率。这是由于切削过程的等效刚度使得整个切削系统的刚度略有上升。

式(13-64)、式(13-68)构成系统的稳定性方程,当机床结构的动态特性 m,k,h 与切削过程的特性 k_s 给定以后,由这两式可解出在某一切削速度(N)下,发生颤振的临界切削宽度 W_{cr},以及在该临界条件下的颤振频率 ω。W_{cr} 与 ω 都与工件的转速 N 有关,表示这种关系的图线,称为系统的**稳定性图**。图 13-24 给出了典型的稳定性图。图 13-24(a)中具有耳垂状的阴影区是不稳定区域,而水平虚线下的区域是在所有工件转速下均属稳定的无条件稳定区。令式(13-65)中的 $\sin(\omega/N) = -1$ 时,得最小的临界切削宽度

$$W_{crmin} = W_{un} = h/k_s \qquad (13\text{-}69)$$

此即图 13-24(a)中的无条件稳定区域的宽度,即当 $W < W_{un}$ 时,切削系统在任何工件转速 N 下均为稳定的。图 13-24(b)表示在稳定性阈值上(即 $W = W_{cr}$ 时),颤振频率 ω 与工件转速 N 的关系呈锯齿状。

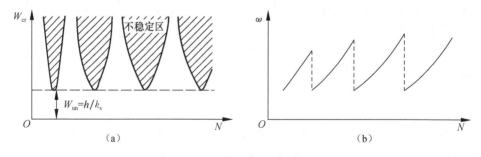

图 13-24　典型的稳定性图

4. 再生颤振的物理机制

前面讲过,当 $\beta = 180° \sim 360°$ 时,切削过程的等效阻尼是负的。现在来分析负

阻尼的成因及其作用。

图 13-25(a)与(b)分别给出了振动切削条件下 $\beta=90°$ 与 $\beta=270°$ 两种情况的被切削层的图形。对 $\beta=90°$ 的情况,图中上下两波纹线之间的距离即为瞬时切削厚度 $s(t)=x(t)-y(t)$;而 $s(t)=s_0+\Delta s(t)$,即为均值 s_0 及围绕均值的波动 $\Delta s(t)$ 两部分之和。可能激起振动的是 $\Delta s(t)$ 这一部分,而 s_0 只是产生一恒力,引起系统平衡位置的变动而已。为了从图中消除 s_0,可以将曲线 $y(t)$ 向下平移一个距离 s_0,得到虚线所示的曲线 $y'(t)$,$y'(t)$ 与曲线 $x(t)$ 之间的距离即为 $\Delta s(t)$。需要说明,切削厚度 $s(t)$ 只能是正的,而 $\Delta s(t)$ 却可正可负,当 $y'(t)$ 在 $x(t)$ 之上时,$\Delta s(t)>0$,反之 $\Delta s(t)<0$。同样,切削力 $F(t)$ 也只会是正的,其方向如图 13-21 所示。可是从式(13-56)可见,由于 $\Delta s(t)$ 的符号可变,切削力的动态分量 $\Delta F(t)$ 亦可正可负。按图 13-21 中规定的切削力 $F(t)$ 的正向可知,正的切削力会把刀具从工件推开,而负的切削力则倾向于把刀具拉向工件。

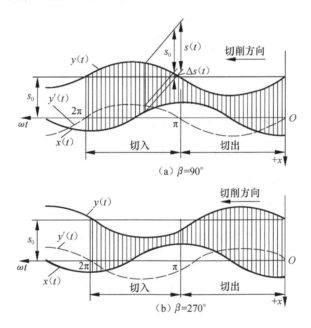

图 13-25 振动切削条件下被切削层的图形

从图 13-25(a)知道,在一个运动周期中,刀具的运动轨迹可分为切出与切入两个阶段,在切出阶段刀具退出工件,而在切入阶段刀具趋向工件。当 $\beta=90°$ 时,在切出阶段的大部分时间内,$\Delta s(t)<0$,因而 $\Delta F(t)<0$,即切削力力图把刀具拉向工件;而在切入阶段的大部分时间内,$\Delta s(t)>0$,因而 $\Delta F(t)>0$,即切削力力图将刀具从工件中推开。切削力的方向与刀具运动速度的方向的这种关系如图 13-26(a)所示。从图中可见,当 $\beta=90°$ 时动态切削力 ΔF 的方向基本上与刀具的振动运动的速度 $\dot{x}$ 的方向相反,这时切削力起一种阻力的作用,因此系统是稳定的,不会发生自激振动。

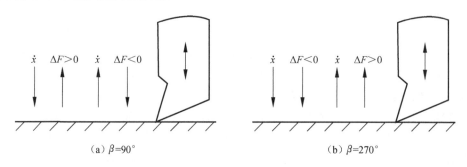

(a) $\beta=90°$　　　　　　　(b) $\beta=270°$

图 13-26　切削力的方向与刀具运动速度的关系

对于图 13-25(b)中 $\beta=270°$ 的情况,则会得到图 13-26(b)的结果。可见这时动态切削力 ΔF 基本上与刀具的振动方向 $\dot{x}$ 相同,对于机床结构的振动来说,切削力助长已经发生的振动,使之不断扩大,因而是“助力”,而不是阻力。因此,系统是不稳定的。

5. 能源传输机制

在一个振动周期中,切削力对于振动系统所做的功可表示为

$$A = -\int_0^T \Delta F(t) x(t) \mathrm{d}t \tag{13-70}$$

式中的负号是 $F(t)$ 与 $x(t)$ 的正向规定不同所致,如图 13-21 所示。将式(13-62)、式(13-60)及式(13-57)的第二式代入上式,并积分,得到

$$A = -\pi a_0^2 W k_s \sin\beta \tag{13-71}$$

可见当 $\beta=0\sim180°$ 时,$A<0$,即切削力对振动系统做了负功,振动系统将机械能馈送回切削过程,作为热能消耗掉,因此切削过程是稳定的;当 $\beta=180°\sim360°$ 时,$A>0$,切削力做正功,如果此正功大于机床结构的阻尼所消耗的能量,振动能量将不断积累,振动加剧,切削过程是不稳定的。此结论与前面由等效阻尼导出的结论一致。

从图 13-25 也可以直观地看出以上结果。在刀具切出时,切削力做正功,这是因为 $F(t)$ 的方向总是要将刀具推离工件;而在刀具切入时,切削力做负功。如图 13-25(a)所示,在切出阶段的切削厚度一般比切入阶段的切削厚度小,因而切出时切削力所做的正功就比较小,而切入时切削力所做的负功就比较大(指其绝对数量),正负相消,切削力做了净的负功。对图 13-25(b)中 $\beta=270°$ 的图形作同样的分析,可知切削力做了净的正功。此结论验证了式(13-71)的一般规律。

13.4　由模态耦合引起的自激振动

前面两节内容讲述了由于速度反馈或位移的延时反馈而产生负阻尼，从而激起系统在一个自由度上自激振动的现象。本节将要讲述各个自由度之间（或各个模态之间）由于位移反馈使得振动系统从外界摄取能量，从而引发自激振动的现象。

13.4.1　模态耦合系统的稳定性

考虑一个两自由度系统，其自由振动的运动方程为

$$m_1\ddot{x}_1 + k_{11}x_1 + k_{12}x_2 = 0, \quad m_2\ddot{x}_2 + k_{21}x_1 + k_{22}x_2 = 0 \tag{13-72}$$

其中，$k_{ij}(i,j=1,2)$ 是系统的刚度系数，通常应满足以下条件：

$$k_{11} > 0, k_{22} > 0 (正刚度) \tag{13-73}$$

$$k_{12} = k_{21} (对称性) \tag{13-74}$$

$$k_{11}k_{22} - k_{12}k_{21} > 0 (正定性) \tag{13-75}$$

由于此系统是保守的，不可能产生自激振动。

现在假定此系统的两个自由度上分别受到激振力 $-F_1$ 与 $-F_2$ 的作用，并且假定 F_1, F_2 本身又受到振动位移 x_1 与 x_2 的控制，即

$$F_1 = F_1(x_1, x_2), \quad F_2 = F_2(x_1, x_2) \tag{13-76}$$

将上式线性化，得

$$F_1 = \lambda_{11}x_1 + \lambda_{12}x_2, \quad F_2 = \lambda_{21}x_1 + \lambda_{22}x_2 \tag{13-77}$$

于是式(13-72)成为

$$\begin{aligned} m_1\ddot{x}_1 + k_{11}x_1 + k_{12}x_2 &= -\lambda_{11}x_1 - \lambda_{12}x_2 \\ m_2\ddot{x}_2 + k_{21}x_1 + k_{22}x_2 &= -\lambda_{21}x_1 - \lambda_{22}x_2 \end{aligned} \tag{13-78}$$

这里略去了系统本身的阻尼，而且假定只有位移反馈。因此，如果是单自由度系统，则如前所述，不会发生自激振动。对于目前的两自由度系统，自激振动是可能发生的。将式(13-78)移项，得

$$\begin{aligned} m_1\ddot{x}_1 + (k_{11} + \lambda_{11})x_1 + (k_{12} + \lambda_{12})x_2 &= 0 \\ m_2\ddot{x}_2 + (k_{21} + \lambda_{21})x_1 + (k_{22} + \lambda_{22})x_2 &= 0 \end{aligned} \tag{13-79}$$

式(13-79)是一个两自由度系统自由振动的运动方程，其每一个刚度系数均由两部分组成：振动系统本身的刚度系数 $k_{ij}(i,j=1,2)$ 与位移线性反馈的系数 $\lambda_{ij}(i,j=1,2)$。令

$$K_{ij} = k_{ij} + \lambda_{ij}, \quad i,j = 1,2 \tag{13-80}$$

可将式(13-79)写成

$$m_1\ddot{x}_1 + K_{11}x_1 + K_{12}x_2 = 0, \quad m_2\ddot{x}_2 + K_{21}x_1 + K_{22}x_2 = 0 \tag{13-81}$$

式(13-81)在形式上与式(13-72)相似，但是实质上可能有很大的不同，就是它不一

定满足式(13-73)～式(13-75)。正因如此,有可能发生动态或静态不稳定。其关键在于位移反馈的方式,即函数(13-76)的具体形式。

为了判断此系统的稳定性,设形式解为

$$x_1(t) = A_1 e^{\omega_p t}, \quad x_2(t) = A_2 e^{\omega_p t} \tag{13-82}$$

代入式(13-81),得

$$(m_1 \omega_p^2 + K_{11})A_1 + K_{12}A_2 = 0, \quad K_{21}A_1 + (m_2 \omega_p^2 + K_{12})A_2 = 0 \tag{13-83}$$

为有非零解,必有

$$\begin{vmatrix} m_1 \omega_p^2 + K_{11} & K_{12} \\ K_{21} & m_2 \omega_p^2 + K_{22} \end{vmatrix} = 0$$

展开,得

$$m_1 m_2 \omega_p^4 + (K_{11}m_2 + K_{22}m_1)\omega_p^2 + K_{11}K_{22} - K_{12}K_{21} = 0 \tag{13-84}$$

此即特征方程。可以 Routh-Hurwitz 判据来判断系统的稳定性,这里采用更直接的方法来分析。假定对于系统运动方程(13-81),条件(13-73)仍然满足,即有 $K_{11} > 0, K_{22} > 0$。否则系统是静态不稳定的,正如 13.3.1 节所述,先排除这种情况。令

$$K_{11}/m_1 = n_1^2 > 0, \quad K_{22}/m_2 = n_2^2 > 0 \tag{13-85}$$

可将式(13-84)改写成

$$\omega_p^4 + (n_1^2 + n_2^2)\omega_p^2 + (K_{11}K_{22} - K_{12}K_{21})/m_1 m_2 = 0 \tag{13-86}$$

从式(13-86)解出

$$(\omega_p^2)_{1,2} = \frac{1}{2}\left[-(n_1^2 + n_2^2) \pm \sqrt{(n_1^2 + n_2^2)^2 - 4\frac{K_{11}K_{22} - K_{12}K_{21}}{m_1 m_2}} \right] \tag{13-87}$$

或改写成

$$(\omega_p^2)_{1,2} = \frac{1}{2}\left[-(n_1^2 + n_2^2) \pm \sqrt{(n_1^2 - n_2^2)^2 + 4\frac{K_{12}K_{21}}{m_1 m_2}} \right] \tag{13-88}$$

将解出的 $(\omega_p^2)_1$ 与 $(\omega_p^2)_2$ 开方,分别得 ω_{p1}, ω_{p2} 与 ω_{p3}, ω_{p4},系统的稳定性即取决于这四个数的取值,以下扼要分析 K_{ij} 之间的关系对 $\omega_{p1} \sim \omega_{p4}$ 的取值以及系统的稳定性的影响。

(1) 对于两自由度系统,式(13-73)～式(13-75)诸条件均满足,则由式(13-73)与式(13-85)知 $n_1^2 > 0, n_2^2 > 0$,由式(13-74)知式(13-88)中根号中的部分取正值,即

$$(n_1^2 - n_2^2)^2 + 4\frac{K_{12}K_{21}}{m_1 m_2} > 0 \tag{13-89}$$

因此该根式取实数值,而由式(13-75)和式(13-87)知该根式取值小于 $|n_1^2 + n_2^2|$,于是 $(\omega_p^2)_1, (\omega_p^2)_2$ 均取负的实数值,设分别为 $-\omega_1^2, -\omega_2^2$,这里 ω_1, ω_2 为正实数。再开方,得

$$(\omega_p)_{1,2} = \pm\sqrt{(\omega_p^2)_1} = \pm i\omega_1, \quad (\omega_p)_{3,4} = \pm\sqrt{(\omega_p^2)_2} = \pm i\omega_2$$

这对应于等幅的定常振动,与第 4 章的结论一致,这时系统是稳定的。

(2) 假设式(13-89)仍然成立,这时式(13-88),即式(13-87)中的根式取实数值,如果式(13-75)不满足,即假定有 $K_{11}K_{22}-K_{12}K_{21}<0$,则根式取值必大于 $|n_1^2+n_2^2|$,于是 $(\omega_p^2)_1>0$,再开方,得

$$(\omega_p)_{1,2}=\pm\sqrt{(\omega_p^2)_1}=\pm i\xi$$

式中,ξ 为正实数,解中包含 $e^{\xi t}$ 的成分,为非周期发散的不稳定解,即静态不稳定解。

综合以上两点,可知在式(13-89)的条件下,系统要么存在稳定的周期运动(由于系统中实际存在的阻尼,此周期运动必然会衰减掉),要么会出现静态不稳定,但不会产生动态不稳定性,即不会发生自激振动。

(3) 如果有

$$(n_1^2-n_2^2)^2+4\frac{K_{12}K_{21}}{m_1m_2}<0 \tag{13-90}$$

则由式(13-89)知两根为共轭复数

$$(\omega_p^2)_{1,2}=-h\pm il$$

再开方,得

$$(\omega_p)_{1,2,3,4}=\sqrt{(\omega_p^2)_{1,2}}=\pm(\xi\pm i\omega)$$

式中,h,l,ξ,ω 均为正实数。而系统的解为(以 x_1 为例)

$$x_1(t)=Ae^{\xi t}e^{i\omega t}+Be^{\xi t}e^{-i\omega t}+Ce^{-\xi t}e^{i\omega t}+De^{-\xi t}e^{-i\omega t}$$

其中前两项即为自激振动项。

两自由度(或多自由度)系统因满足式(13-90)而出现的自激振动,称为**模态耦合型自激振动**。这不同于前面讲过的由于负阻尼激发的自激振动,因为这里并未涉及阻尼问题。

回顾式(13-86),n_1,n_2 是系统的两个自由度在不存在相互耦合的条件下($k_{12}=k_{21}=0$)的自然频率,而式(13-90)表明,n_1 与 n_2 这两个频率相距越近,则越易于引起模态耦合的自激振动。

13.4.2　金属切削过程中的模态耦合自激振动

下面以金属切削过程中的模态耦合颤振为例,来进一步说明这类自激振动发生的机理、条件及其分析方法。

考虑一镗杆,其截面为长方形,在其端部装有刀夹与镗刀,如图 13-27 所示。刀夹连同镗刀可在 x_1,x_2 两个相互垂直的方向上振动。设镗杆(可视为一悬臂梁)在此两方向上的刚度系数分别为 k_1 与 k_2,由图可见满足 $k_1<k_2$。刀夹连同镗杆的质量设为 m,该振动系统的简图可以图 13-27(b)来表示。图中 y 轴为工件上被切削表面的法线方向,切削厚度 s_0 即在此方向上测量;F_0 为工具所受切削力。如果不考虑切削力的作用,此系统的运动方程为

$$m\ddot{x}_1 + k_1 x_1 = 0, \quad m\ddot{x}_2 + k_2 x_2 = 0 \tag{13-91}$$

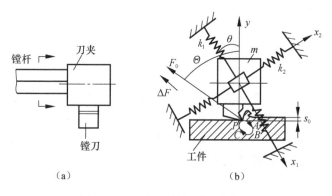

（a）　　　　　　　　　　　　（b）

图 13-27　镗杆及其振动系统简图

　　这是两个独立的单自由度系统的运动方程,其间并无耦合。两个自由度的质量均为 m。正是切削力的作用,使这两个自由度上的运动耦合起来,并导致自激振动。在这里切削过程起着力的控制机构与位移反馈的作用。

　　考虑到切削力的作用,运动方程成为

$$m\ddot{x}_1 + k_1 x_1 = -\Delta F_{11} - \Delta F_{12}, \quad m\ddot{x}_2 + k_2 x_2 = -\Delta F_{21} - \Delta F_{22} \tag{13-92}$$

式中,ΔF_{11} 是 x_1 轴正向上的振动位移在该轴负向上引起的切削力的增量,可推导如下:设刀刃在 x 轴正向的位移量为 x_1,其在 y 轴负向的投影为 $x_1\cos\theta$,此即切削厚度的变化 Δs,Δs 引起切削力的增量 $\Delta F = Wk_s\Delta s = Wk_s x_1\cos\theta$,假定 ΔF 作用在平均切削力 F_0 的方向上,而 ΔF 在 x_1 轴负向上的投影为 ΔF_{11},则有

$$\Delta F_{11} = Wk_s x_1\cos\theta\cos(\Theta-\theta) \tag{13-93}$$

式中,W, k_s 分别为切削宽度(或工件的厚度)和切削力的切削厚度系数,其意义与式(13-55)中同样符号的意义相同;角度 θ 与 Θ 的意义如图 13-27(b)所示。

　　由于 ΔF_{11} 的作用方向是指向 x_1 轴的负向,故在式(13-92)等号右边的 ΔF_{11} 前冠以负号。其他负号的来源也相同。

　　ΔF_{12} 是 x_2 轴正方向的振动位移,在 x_1 轴负方向上引起的切削力的变化为

$$\Delta F_{12} = Wk_s x_2\cos(90°+\theta)\cos(\Theta-\theta) \tag{13-94}$$

$\Delta F_{21}, \Delta F_{22}$ 的意义可类推为

$$\Delta F_{21} = Wk_s x_1\cos\theta\cos[90°-(\Theta-\theta)] \tag{13-95}$$

$$\Delta F_{22} = Wk_s x_2\cos(90°+\theta)\cos[90°-(\Theta-\theta)] \tag{13-96}$$

　　除了上述切削力的诸动态变化量 $\Delta F_{ij}(i,j=1,2)$ 外,作用在刀具上的还有由平均切削厚度 s_0 引起的平均切削力 F_0。在式(13-92)的等号右边,并未计入 F_0,这是由于图 13-36(b)中 Ox_1x_2 坐标系的原点 O 放在 F_0 作用的平衡点上,即位移 x_1, x_2 是从该平衡点开始计算的。

将式(13-93)～式(13-96)代入式(13-92),并移项,得

$$\begin{cases} m\ddot{x}_1 + [k_1 + Wk_s\cos\theta\cos(\Theta - \theta)]x_1 + Wk_s\cos\theta'\cos(\Theta - \theta)x_2 = 0 \\ m\ddot{x}_2 + Wk_s\cos\theta\cos(\Theta - \theta')x_1 + [k_2 + Wk_s\cos\theta'\cos(\Theta - \theta')]x_2 = 0 \end{cases}$$

$$(13\text{-}97)$$

式中

$$\theta' = \theta + \frac{\pi}{2} \qquad (13\text{-}98)$$

记

$$K_{11} = k_1 + Wk_s\cos\theta\cos(\Theta - \theta), \quad K_{12} = Wk_s\cos\theta'\cos(\Theta - \theta)$$
$$K_{21} = Wk_s\cos\theta\cos(\Theta - \theta'), \quad K_{22} = k_2 + Wk_s\cos\theta'\cos(\Theta - \theta') \qquad (13\text{-}99)$$

则可将式(13-97)写为

$$m\ddot{x}_1 + K_{11}x_1 + K_{12}x_2 = 0, \quad m\ddot{x}_2 + K_{21}x_1 + K_{22}x_2 = 0 \qquad (13\text{-}100)$$

式(13-100)与式(13-81)的形式相同,但有

$$m_1 = m_2 = m \qquad (13\text{-}101)$$

按照式(13-81)所示系统的稳定性和自激振动的分析与结论,可以分析式(13-100)所表示的切削系统的动态稳定性问题。式(13-89)与式(13-90)分别表示了不会出现与将会出现自激振动的条件。现在来分析这两种条件之间的临界状态:

$$(K_{11} - K_{22})^2 + 4K_{12}K_{21} = 0 \qquad (13\text{-}102)$$

这里已经考虑了式(13-101),因而消去了 m_1 和 m_2。将式(13-99)代入式(13-102),可解出临界切削宽度为

$$W_{cr} = \frac{1}{k_s} \frac{k_2 - k_1}{u_1 - u_2 + 2\sqrt{-u_1 u_2}} \qquad (13\text{-}103)$$

式中

$$u_1 = \cos\theta\cos(\Theta - \theta), \quad u_2 = \cos\theta'\cos(\Theta - \theta') \qquad (13\text{-}104)$$

分别称为 x_1, x_2 轴的方向系数。在给定的条件$(k_s, k_1, k_2, u_1, u_2)$下,如果切削宽度 $W > W_{cr}$,切削系统将会发生自激振动(振幅上升);如果 $W < W_{cr}$,则不会发生自激振动(初始振幅会因为实际上存在的阻尼作用而衰减)。

从物理意义上看,W_{cr} 应为正实数,为此要求式(13-103)中的

$$u_1 u_2 < 0 \qquad (13\text{-}105)$$

将式(13-104)、式(13-98)代入式(13-105),并化简得

$$\cos^2\Theta - \cos^2(2\theta - \Theta) < 0 \qquad (13\text{-}106)$$

为使式(13-106)成立,一定要有

$$0 < \theta < \Theta \qquad (13\text{-}107)$$

从图 13-27(b)可见,以上条件相当于 x_1 轴(即刚度较小的轴)应落在工件表面法线方向 y 与切削力 F_0 的方向之间时,才可能发生自激振动。而在此角度范围之

外，$\sqrt{-u_1u_2}$为虚数，W_{cr}不存在，系统不会由于模态耦合而发生自激振动。

上述结论表明，对于刀具系统的刚度主轴方向，应尽可能避开 $\theta=\Theta/2$ 的位置，也应该尽量避免将最小刚度的方向布置在 F_0 与 y 的夹角内。式(13-103)表明，W_{cr} 与刚度差 k_2-k_1 成正比，因此圆形截面的镗杆($k_1=k_2$)最容易产生模态耦合的自激振动。而对镗杆在两个相对的方向上加以削扁，使得 $k_1<k_2$，这样似乎是削弱了系统的刚度，但事实上只要合理布置刚性立轴的方向，反而有利于提高 W_{cr}，即提高系统抗模态耦合自激振动的能力。

从图 13-27(b)可以看出，由于自激振动，刀刃在工件中的移动轨迹为一椭圆 $PABCP$，其长轴沿 x_1 轴的方向。注意到切削力 F_0 与 ΔF 的方向，在刀刃沿 PAB 切入工件时，切削力做负功，而在刀刃沿 BCP 切出工件时，切削力做正功。可是刀刃在行程 PAB 时的切削厚度比较小，因而负功的数量较小，而在行程 BCP 时的切削厚度比较大，因而正功较大，正负相消，在每个振动周期中切削力都对振动系统做了净的正功，这正是自激振动所赖以不断扩大的能量来源。

13.5　自激振动的识别、建模、防治及应用

13.5.1　自激振动的识别

当工作机械或系统发生了强烈的振动，而需加以抑制或消除时，首先应判明所发生的振动到底是自激振动还是强迫振动，然后根据自激振动和强迫振动的原理分别进行减振和消振。

1. 根据设备工作特点识别

有些自激振动是与系统的工作相联系的，如金属切削过程中的自激振动，只有当刀具实际上在进行切削时才会发生。刀具一旦退出工件，即使机床还在空运转，也不会发生自激振动。而由于失衡，回转部件或往复运动部件引起的强迫振动在机器空运转中也会出现。因此可以让系统退出工作，而仅做空运转，观察振动是否消失，如果消失，则这种振动可能是由于系统工作过程中的内在反馈激起的自激振动。

2. 根据系统工作参数识别

自激振动的幅值往往对系统的工作参数非常敏感，当某个工作参数达到某一阈值时，自激振动会突然发生或突然消失，表现出一种"陡起陡落"的特征。可是强迫振动对于工作参数的依赖关系，却往往比较平缓，或者不明显。因此可以采取调整系统工作参数，观察振动强度变化性态的办法，来判别是强迫振动或自激振动。

3. 根据系统振动频率识别

自激振动的频率一般接近于机器结构的某一个失稳模态的自然频率，而较少

受到机器运转速度和其他外界扰动的影响。而强迫振动的频率则取决于激振源的频率,因而较易于受到机器工作条件(如转速等)的影响。因此可以改变系统工作条件或工作参数,观察振动频率的变化,借以判明振动的类型。

一旦判明所发生的振动确属自激振动以后,最重要、最困难的工作是要查明其物理机制,建立其数学模型,借以指导自激振动的防治。由于引发自激振动的各种内在反馈往往比较隐蔽,而其变化规律又相当复杂,往往难以预料。因此对它的防治需要基于一定的理论模型,否则难以收到全面、持久的效果。

13.5.2　自激振动的建模

自激振动的机理一般都比较复杂,在揭示其机理、建立其模型时,需要将试验与理论分析结合起来。一般是由理论分析确定模型的种类与形式,而由试验确定其中的参数。在建模时还要注意抓住主要因素,而略去一些次要的因素。模型的繁简需要适度,过简,则有可能漏掉主要因素和规律,造成假象;过繁,则难以分析求解,看不清各种主要因素之间的关系。自激振动系统的建模往往很难一蹴而就,而必须反复检验、比较、修改,才能臻于完善。

所建立的模型很可能是时延的、非线性的或变参数的微分方程,往往难以用精确的解析方法来分析求解。需要用各种近似方法或者以数值仿真的方法来分析与求解。将对于模型的分析结果与实际系统的设计、改进、控制与操作的可能性结合起来,就会得到关于防治自激振动的措施与方法的启示。其中有些措施会是出人意料而无法由直观的想象得出来的。但只要这些结论是基于正确的理论分析并得到实验的验证,我们就没有必要为之感到惊异和难以接受。正如前文讲到的削扁镗杆反而比未削扁的圆截面镗杆更能抵抗自激振动,即为一例。

13.5.3　自激振动的防治

防治颤振的最根本、最有效的办法,是在机器、结构或系统的设计阶段就考虑到其抗自激振动的功能,基于一定的模型,现在已经有可能采用虚拟设计的办法,预测各种设计方案的动态稳定性与抗振性,从而对设计方案进行优化,以确保设备制造出来以后,具有良好的稳定性与防止自激振动的能力。由于在设计阶段受到的限制比较少,有较多的回旋余地,可决定采用各种可能的措施,有效地抑制或切断设备中的内在反馈链,或增强结构的抗振能力。

在设备的运行过程中,合理优选与调节其工作参数,也是防治颤振的有效措施。使工作点落在不发生自激振动的稳定区域,如图 13-25(a)中没有阴影的区域,当然能防止自激振动的发生。但是这样做往往要付出降低生产率的代价。近年来关于金属切削过程非线性颤振理论的研究成果表明,即使在发生自激振动的**不稳定区域**,颤振振幅也在很大的程度上受到工艺参数的控制,合理选取这些参数,有可能将振幅抑制到一个可以接受的水平。因此,不稳定的阴影区域并不一定是工作中的禁区,而抑制颤振也并不一定要以牺牲生产率作为代价。

对于生产设备或系统的自激振动模型的分析与研究,已揭示出优化与调节运行参数,以抑制颤振的广阔的可能性。

更周全的办法如第8章所述,对生产设备发生自激振动的可能性进行在线监视、早期诊断与及时报警或实时调控,以期将自激振动扑灭在其孕育阶段,而防患于未然。

13.5.4 自激振动的应用

自然界中存在的自激振动现象很多,在实际生活和工业生产中也得到了广泛应用。常见的类型有机械控制的自激振动、摩擦引起的自激振动和空气(或液体)流动引起的自激振动等。

机械控制的自激振动,比较典型的有采矿工业中应用的气动式与液压式凿岩机与破碎机,蒸汽机或内燃机的调速器,采煤用的风镐,铸造车间清理铸件的风铲,锻造车间使用的蒸汽锤,选煤厂使用的气动无活塞跳汰机,由液压阀控制的往复油缸或活塞驱动的各种机件所组成的系统等。

摩擦引起的自激振动很普遍,常见的有琴弦的振动(提琴、胡琴),切削振动(切割加工时刀具或工件的振动)等。当物体之间的接触面上有正压力及相对运动趋势时,会发生沿接触面的切向形变。当切向应力连续增加时,形变也相应增大,并在弹性力超过静摩擦力时,产生跳脱或滑动。这种跳跃式的摩擦移动造成的弹性体振动,就是摩擦引起的自激振动。

流体流动引起的自激振动也很常见,如笛、笙等管乐器的发声,液固相互作用时突发的喘振等。均匀气流流过圆柱形固体时,会在其背后的两侧轮流产生不对称的内卷涡旋,风对柱体产生横向力,这种横向力使柱体产生横向加速度。顺时针和逆时针的两种涡旋交替生成,导致柱体发生横向的振动。

研究自激振动,主要目标是解决两个问题:如果自激振动是有利而需要的,就要研究如何获得所需的频率、功率和波形的振动;如果自激振动是有害的,就要研究如何设置各种减振装置进行消除。解决问题的关键是掌握相位关系和能量关系。

图13-28为气动冲击器的自激振动。活塞运动的微分方程为

$$m\ddot{x} = F_2 p_2(t) - F_1 p_1(t) - G + f(|\dot{x}|/\dot{x})$$

(13-108)

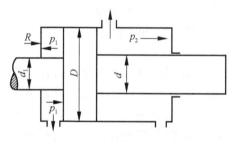

图13-28　气动冲击器的工作原理

式中,m为活塞的质量;F_1和F_2为汽缸后

室与前室的有效面积;$p_1(t)$和$p_2(t)$为汽缸后室与前室的压力;G为活塞重力在冲击方向的分力;$f(|\dot{x}|/\dot{x})$为非线性作用力:

$$f(|\dot{x}|/\dot{x}) = \begin{cases} R_1, & \dot{x} \leqslant 0 \\ -R_2, & \dot{x} \geqslant 0 \end{cases} \tag{13-109}$$

式中,R_1和R_2为干摩擦力。

根据以上方程,可在相平面上作出如图13-29所示的振动曲线。这表明该系统能获得稳定的周期振动。

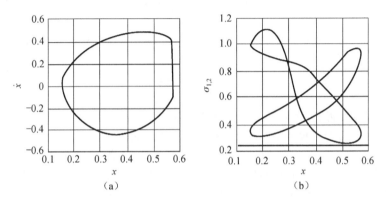

(a)　　　　　　　　　　　　(b)

图13-29　气动冲击器活塞在相平面上的振动曲线

图13-30是电子振荡器的自激振动。电子振荡器电流的微分方程为

$$CL\ddot{x} - \alpha\dot{x} + \frac{\beta}{3}\dot{x} + x = 0 \tag{13-110}$$

式中,C为振荡器回路中的电容;L为振荡器回路中的电感;α和β为两个正值的常数。若设

$$\omega_0^2 = \frac{1}{CL}, \quad \varepsilon = \frac{\alpha}{CL}, \quad \mu = \frac{3\alpha}{\beta} \tag{13-111}$$

则式(13-110)可变为标准的瑞利方程

$$\ddot{x} - \varepsilon\left(\dot{x} - \frac{1}{\mu}\dot{x}^3\right) + \omega_0^2 x = 0 \tag{13-112}$$

将式(13-112)变换成一阶方程组,即

$$\frac{\mathrm{d}x}{\mathrm{d}t} = y, \quad \frac{\mathrm{d}y}{\mathrm{d}t} = \left(1 - \frac{1}{\mu^2}y^2\right) - \omega_0^2\frac{x}{y} \tag{13-113}$$

根据以上方程,可在相平面上作出如图13-31所示的振动曲线。这表明该系统能获得稳定的周期振动。

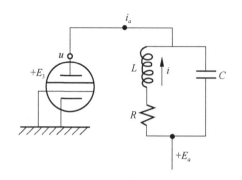

图 13-30　电子振荡器的工作原理图

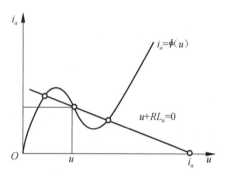

图 13-31　电子振荡器的电流波动曲线

思　考　题

以下的说法是否正解？是否准确？是否需要补充？

1. 自激振动是自行激起的振动，而无需外界的任何激励。

2. 自激振动系统是一触即发的，无论多么小的扰动都可以激起自激振动。

3. 自激振动的产生是基于负阻尼的作用，如果没有负阻尼，就不可能产生自激振动。

4. 自激振动在充分扩大以后，一定会因为某种或某些非线性因素的作用，而稳定下来。

5. 稳态自激振动的振幅与周期是由系统本身决定的，而与初始扰动无关。

6. 自激振动系统能自行扩大与维持振动，无需外界能源。

习　　题

1. 举出由于速度反馈、位移延时反馈与模态耦合所导致的自激振动各一例，并对其机理做出定性的说明。

2. 举出一个静态不稳定的实例，并加以定性的说明。

3. 假设瞬时切削厚度、切削力由式(13-55)～式(13-62)表示，而机床结构的动态性能由其动柔度 $R(\omega)=a(\omega)+ib(\omega)$ 表示，试推导切削系统的稳定性方程。

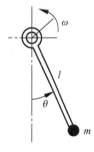

图 13-32

4. 图 13-32 为一弗洛特摆，摆锤 m 连于长度为 l 的摆杆，摆杆的上端为套筒，套在轴上，而轴以等角速度 ω 旋转。轴与轴筒之间的摩擦力矩 M 与其间的相对转速 $(\omega-\dot\theta)$ 之间的关系如图 13-6 所示。此摆还受到与 $\dot\varphi$ 成正比的黏滞阻力。试写出此摆以摆角 θ 为坐标的运动方程，然后将函数 $M(\omega-\dot\theta)$ 在 ω 的附近线性化，解释此摆发生自激振动的机理与条件。

参 考 文 献

陈安华,刘德顺,郭迎福,等. 2002. 振动诊断的动力学理论与方法[M]. 北京:机械工业出版社

陈文一,张庸一. 1989. 应用机械振动学[M]. 重庆:重庆大学出版社

胡宗武,吴天行. 1999. 工程振动分析基础[M]. 上海:上海交通大学出版社

李润方,王建军. 1994. 齿轮系统动力学[M]. 北京:科学出版社

李有堂. 2010. 机械系统动力学[M]. 北京:国防工业出版社

李有堂. 2019. 高等机械系统动力学[M]. 北京:科学出版社

林鹤. 1990. 机械振动理论与应用[M]. 北京:冶金工业出版社

倪振华. 1992. 振动力学[M]. 西安:西安交通大学出版社

屈维德,唐恒龄. 2000. 机械振动手册[M]. 北京:机械工业出版社

邵忍平. 2005. 机械系统动力学[M]. 北京:机械工业出版社

师汉民,黄其柏. 2013. 机械振动系统[M]. 武汉:华中科技大学出版社

石端伟. 2007. 机械动力学[M]. 北京:中国电力出版社

孙进才,王冲. 1993. 机械噪声控制原理[M]. 西安:西北工业大学出版社

唐锡宽,金德闻. 1983. 机械动力学[M]. 北京:高等教育出版社

闻邦椿,刘树英,何勖. 2001. 振动机械的理论与动态设计方法[M]. 北京:机械工业出版社

闻邦椿,李以龙,张义民,等. 2005. 振动利用工程[M]. 北京:科学出版社

闻邦椿,刘树英,陈照波,等. 2009. 机械振动理论及应用[M]. 北京:高等教育出版社

谢官模. 2007. 振动力学[M]. 北京:国防工业出版社

徐铭陶,肖明葵. 2004. 工程动力学 振动与控制[M]. 北京:机械工业出版社

徐章遂,房立清. 2000. 故障信息诊断原理及应用[M]. 北京:国防工业出版社

阎以诵. 1991. 工程机械振动分析[M]. 上海:同济大学出版社

杨义勇,金德闻. 2009. 机械系统动力学[M]. 北京:清华大学出版社

张策. 2000. 机械动力学[M]. 北京:高等教育出版社

张建民. 1995. 机械振动[M]. 北京:中国地质大学出版社

张义民. 2010. 机械振动学漫谈[M]. 北京:科学出版社

朱位秋. 1998. 随机振动[M]. 北京:科学出版社

庄表中,刘明杰. 1989. 工程振动学[M]. 北京:高等教育出版社

Abdeljaber O, Avci O, Kiranyaz S, et al. 2017. Real-time vibration-based structural damage detection using one-dimensional convolutional neural networks[J]. Journal of Sound and Vibration, 388(3): 154-170

Ágoston K. 2014. Fault detection with vibration transducers[J]. Procedia Technology, 12: 119-124

Barati M, Abbasi M, Abedini M. 2019. The effects of friction stir processing and friction stir vibration processing on mechanical, wear and corrosion characteristics of Al6061/SiO₂ surface composite[J]. Journal of Manufacturing Processes,45：491-497

Döhler M,Zhang Q H,Mevel L. 2015. Vibration monitoring by eigenstructure change detection based on perturbation analysis[J]. IFAC-PapersOnLine,48(28)：999-1004

Girondin V,Loudahi M,Morel H,et al. 2012. Vibration-based fault detection of accelerometers in helicopters[J]. IFAC Proceedings,45(20)：720-725

Jammes Y,Guimbaud J,Faure R,et al. 2016,Psychophysical estimate of plantar vibration sensitivity brings additional information to the detection threshold in young and elderly subjects[J]. Clinical Neurophysiology Practice,1：26-32

Kelly S G. 2002. 机械振动[M]. 贾启芬,刘习军,译. 北京：科学出版社

Kemiklioglu U,Baba B O. 2019. Mechanical response of adhesively bonded composite joints subjected to vibration load and axial impact[J]. Composites Part B：Engineering,176：107317

Kim W,Bhatia D,Jeong S,et al. 2019. Mechanical energy conversion systems for triboelectric nanogenerators：Kinematic and vibrational designs[J]. Nano Energy,56：307-321

Li Y T,Yan C F,Kang Y P. 2006. Transition method of geometrically similar element for dynamic V-notch problem[J]. Key Engineering Materials,306-308：61-66

Li Y T,Rui Z Y,Yan C F. 2008. A new method to calculate dynamic stress intensity factor for V-notch in a bi-material plate[J]. Key Engineering Materials,385-387：217-220

Li Y T,Yan C F,Feng R C. 2010. Dynamic stress intensity factor of fixed beam with several notches by infinitely similar element method[J]. Key Engineering Materials,417-418：473-476

Li Y T,Wang Y D,Yang L. 2018. Effect of stress ratio on stress intensity factor of type I crack in A7N01 aluminum alloy[J]. Key Engineering Materials,774：259-264

Niu H H,Li Y T,He Y,et al. 2017. The mechanical design and fabrication of 162. 5MHz buncher for China accelerator driven sub-critical system injector II[J]. Nuclear Engineering and Technology,49：1071-1078

Ogata K. 2004. 系统动力学[M]. 北京：机械工业出版社

Rao S S. 2009. Mechanical Vibrations[M]. 李欣业,张明路,译. 北京：清华大学出版社

Siano D,Panza M A. 2018. Diagnostic method by using vibration analysis for pump fault detection [J]. Energy Procedia,148：10-17

Thomson W T,Dahleh M D. 2005. 机械振动理论及应用[M]. 5 版. 北京：清华大学出版社

Urbano S,Chaumette E,Goupil P,et al. 2018. Aircraft vibration detection and diagnosis for predictive maintenance using a GLR test[J]. IFAC-PapersOnLine,51(24)：1030-1036

Wen B C,Zhang H,Liu S Y,et al. 2010. Theory and Techniques of Vibrating Machinery and Their Applications[M]. Beijing：Science Press

Wickramasinghe W R,Thambiratnam D P,Chan T H T. 2016. Vibration characteristics and damage detection in a suspension bridge[J]. Journal of Sound and Vibration,375：254-274

Xu L Y,Rui Z Y,Feng R C. 2008. Gear faults diagnosis based on wavelet neural networks[C]. IEEE International Conference on Mechatronics and Automation,Takamatsu：367-372